金属材料热处理

易丹青　许晓嫦◎主编

清华大学出版社
北京

内 容 简 介

本书是国家级精品课金属材料热处理的课程教材，既包括金属热处理的基本理论，又包括黑色金属与有色金属的热处理工艺，覆盖黑色金属、有色金属、结构材料和功能材料的热处理。随着材料科学和技术的快速发展，热处理理论和技术也不断创新；本书从内容的均衡、全面出发，并兼顾有时代特征的金属材料热处理教学，将全书分为五篇，即金属热处理原理、金属材料的基础热处理、特定环境中的金属热处理、结构合金的热处理和典型功能合金的热处理。在有限的篇幅内，扼要而又系统地介绍热处理的基本理论和基本工艺方面的知识；重点介绍了如何运用热处理理论解决实际问题；并尽可能反映金属材料热处理理论研究和技术发展的新成果。

图书在版编目（CIP）数据

金属材料热处理 / 易丹青，许晓嫦主编. — 北京：清华大学出版社，2020.8（2025.5 重印）
ISBN 978-7-302-52339-0

Ⅰ. ①金… Ⅱ. ①易… ②许… Ⅲ. ①金属材料—教材 ②热处理—教材 Ⅳ. ①TG14 ②TG15

中国版本图书馆CIP数据核字（2019）第029076号

责任编辑：宋成斌
封面设计：傅瑞学
责任校对：赵丽敏
责任印制：丛怀宇

出版发行：清华大学出版社
网　　址：https://www.tup.com.cn, https://www.wqxuetang.com
地　　址：北京清华大学学研大厦A座　　**邮　　编：**100084
社 总 机：010-83470000　　**邮　　购：**010-62786544
投稿与读者服务：010-62776969, c-service@tup.tsinghua.edu.cn
质量反馈：010-62772015, zhiliang@tup.tsinghua.edu.cn
印 装 者：三河市龙大印装有限公司
经　　销：全国新华书店
开　　本：185mm × 260mm　　**印　　张：**26.25　　**字　　数：**582千字
版　　次：2020年8月第1版　　**印　　次：**2025年5月第3次印刷
定　　价：96.00元

产品编号：038885-02

致　谢

感谢中南大学本科生院和材料科学与工程学院对国家级精品资源共享课程建设的支持以及对本教材出版的资助。

前　言

金属材料热处理是材料类专业学生必须学习的一门重要的课程。课程内容涉及的面很宽，既包含金属热处理的基本理论，又包括黑色金属与有色金属的热处理工艺。本书是为这门课程编写的一本教科书。

自20世纪50年代以来，中南大学先后为材料、冶金和机械类专业本科学生开设了金属材料热处理这门课。所用的教材经过了多次变迁；从50年代翻译的苏联教材、70年代自编的油印教材，到后来正式出版的《金属热处理》（李松瑞、周善初编）和《金属材料热处理》（邓至谦、周善初编），反映了中南大学在金属材料热处理课程及其教材建设上所作的探索和努力。

进入21世纪以来，随着材料科学和技术的快速发展，热处理理论和技术也不断创新；在这个大背景下，中南大学加快了金属材料热处理课程教学改革的步伐。一方面我们将课程的总学时数压缩了20%，另一方面还更新了课程内容，将热处理研究的一些新成果引入课堂。在这个过程中，我们深感现有的教材内容或侧重于黑色金属热处理，或侧重于有色金属的热处理，知识的系统性和篇章结构也不能完全满足教学的要求，因此，急需编写一本内容均衡、全面，并有时代特征的金属材料热处理新教材。为此，从四年前开始，我们组织力量开始编写新教材，经过四年努力，数易其稿，终于把这本书呈现在读者面前。由于编者的学识和时间的限制，本书肯定还存在许多不足乃至错误之处，我们会在今后的教学实践中归纳整理，并在下次印刷时一一改正。

作为一本新编教材，与众多的金属热处理教科书相比，我们希望它在编写结构上和内容选择上都有其特色。在结构上，我们将全书分为五篇，即金属热处理原理、金属材料的基础热处理、特定环境中的金属热处理、结构合金的热处理和典型功能合金的热处理。在内容的选取上，我们遵循了几条基本原则。第一是知识的系统性，我们希望用有限的篇幅，简明扼要而又系统地介绍热处理的基本理论和基本工艺方面的知识；第二是知识的实用性，教材内容覆盖黑色金属、有色金属、结构材料和功能材料的热处理，通过案例分析，介绍如何运用热处理理论解决实际问题；第三是知识的新颖性，教材尽可能反映金属材料热处理理论研究和技术发展的新成果。

本教材是中南大学金属材料热处理课程小组集体劳动的成果。参加编写的人员有易丹青教授（前言、绪论、第6、16章）、许晓嫦教授（第4、5、7、8、12章）、刘华山教授（第1～3章）、王斌副教授（第9～11、14章）、陶颖副教授（第17～21章）、刘会群副教授（第13、15章）。全书由易丹青、许晓嫦统稿。

中南大学金属材料热处理教材编写组

2019年8月

目　录

第 4 篇 结构合金的热处理

第 5 篇 典型功能合金的热处理

绪　论

金属热处理是一门科学，研究金属和合金在加热和冷却过程中相和组织的演变规律及其对性能的影响。广义地讲，金属热处理还研究金属和合金在热和其他外场（如应力场、磁场、电场和化学场）的共同作用下相和组织的演变规律及其对性能的影响。金属热处理也是一门技术。在生产中，按特定的作业制度（热作用方式和时间、冷却速度和环境介质）调控金属和合金的内部组织，使之朝人们所希望的方向变化，最终达到改善金属和合金性能的目的。

热处理理论是材料科学的重要组成部分。金属和合金在热的作用下可能发生原子分子层次（如结构）、微观结构层次（如晶粒）以及宏观尺度的变化，而且在热作用停止时，这些变化并不会随之消失；多尺度的结构变化必然对材料的性能产生影响。热处理理论研究的基本任务是阐明这些变化的物理本质，揭示这些变化的规律，在此基础上，发展新的工艺技术对金属材料的微观结构和性能进行调控。因此，热处理理论研究对于热处理技术的发展有重要的指导作用。

热处理技术广泛应用于冶金工业、机械工业和现代制造业，主要通过热的作用使金属或合金产品的相和内部组织发生改变，也可以通过化学作用以及与应力场、电场、磁场等外场的作用相结合，获得特定的成分分布、特定的组织形态和特定的性能。因此，热处理是机械零件制造的主要手段之一。在金属加工过程中，热处理既可作为中间工序改进金属材料的加工性能（如轧制性能、锻造性能），也可作为最终工序赋予金属与合金服役时所需的物理、力学和化学性能。

根据热处理过程中金属的相和组织变化，可以用不同的分类方式对热处理进行分类。苏联科学家提出过一种包括钢铁、有色金属热处理的分类方法，即常规热处理、化学热处理和形变热处理。常规热处理又包括第一类和第二类退火、无晶型转变淬火、有晶型转变淬火、时效和回火。在常规热处理过程中，热作用只对金属材料的内部组织、结构、状态和性能起决定性的影响，材料的化学成分、形状和尺寸不发生变化。化学热处理是对金属或合金施加热与化学的双重作用，利用高温扩散和化学反应来改变金属表面层（有时是整个金属）的成分和组织，主要适用于表面需要特殊性能的工件。形变热处理是变形加工和热处理的有机组合，通过热与力的共同作用，使材料组织性能趋于更佳，更加充分发挥材料潜力。所有这些工艺都可用于钢铁和有色金属材料。

此外，也可根据材料的生产流程对热处理的方式进行分类，如金属材料的基础热处理，金属材料加工过程的热处理（中间退火与预备退火），金属材料的最终热处理（固溶与时效，淬火与回火），特定环境下的热处理等；还可根据材料的应用状态进行分类，如结构合金的热处理，功能合金的热处理等。

热处理技术有着悠久的历史。考古学研究表明人类在远古就使用了这种技术。古代中国人也创造了很多独特的热处理工艺方法，为热处理技术的发展做出了卓越的贡献。

火的使用和高温的获得是远古热处理技术发展的基础。在远古时期，中国已经出现热处理技术的萌芽。现有考古资料表明，中国的陶器出现在距今 7000~10000 年以前，它是世界上最早出现的陶器。经测定，早期的陶器大都经历 750~1000℃的温度处理，这使得泥坯中的石英、云母、长石等黏土矿物发生高温转变，泥坯的性质由此发生了根本性的变化。

再结晶退火是最早应用的金属热处理技术之一。早在新石器时代，古代人类就开始利用铜、银、金等天然金属制作器物。要将铜等金属制作成薄刃、箭头等器具，必须经过锻打加工，而金属经过反复锤打变形后会变硬（即产生了形变硬化现象），但古代人类发现将变形硬化的铜加热会使其重新变软，塑性得以恢复（退火软化的现象）并发明了再结晶退火技术。这一技术以后广泛应用于兵器和生活器具的制造。南土库曼（位于中亚地区）新文化遗址中出土的纯铜刀的加工就采用了这种退火技术，其年代可追溯到公元前 4000 多年。

淬火现象的发现及应用在热处理技术发展史上具有里程碑式的意义。古希腊诗人荷马（公元前 8~ 前 7 世纪）创作的史诗《奥德赛》第九卷中写道：“铁匠把灼热的斧头浸入冷水中，就有狂暴的嘶嘶声响”。这是现在称为淬火的热处理工艺。中欧哈尔希塔特文化遗址出土的铁制文物的分析表明：铁器（刀和箭头）的渗碳及随后在水中淬火的方法，在公元前 1000 多年就为人们所熟知。对欧洲考古发掘实物的冶金分析表明：公元前 5~ 前 4 世纪意大利西北部 Etruscan 人和公元前 4~ 前 2 世纪居住在伏尔加河流域的 Sarmatian 人铸造的高锡青铜镜都曾进行过水淬处理，产生了马氏体强化效应。在中世纪的俄国，大多数的工具和武器经过淬火或者淬火加回火处理。在汉代的中国，局部淬火技术已被用于刀剑的打造。汉代出土的钢剑仅在刃部观察到马氏体，脊部却未见淬火组织。

古代人类在应用淬火工艺的同时，逐渐认识了不同淬火介质冷却能力和淬火效果的差别。公元 1 世纪，欧洲人就已知道薄钢件必须在油中淬火，才能避免开裂和翘曲。中国的制刀名家，南北朝人綦毋怀文（公元 6 世纪）在制刀过程中对比过不同淬火介质的淬火效果。他发现动物油脂（五牲之脂）淬火应力小，淬火后开裂的倾向小，动物尿液（五牲之溺）含盐分，冷却能力强，淬硬层深。通过比较不同淬火介质的淬火效果，并反复摸索，綦毋怀文获得了令人满意的淬火效果，造出了锋利无比的宿铁刀。明代科学家宋应星（1587~1666）在其所著的《天工开物》一书中总结了多种热处理方法，也描述了多种金属淬火工艺，如液体淬火、空气硬化、预冷淬火等。

除了退火和淬火之外，中国古代还发明了正火技术。人们发现淬火器物太硬，退火器物又太软，加热后空冷却能得到软硬适中的器物。这种处理方法后来称为正火。正火技术最早出现于战国时期。

中国的冶铁术发源于周朝，在春秋战国时期得到较大发展。这期间出现了固体渗碳制钢术。固体渗碳是一种将铁质工件埋入固体富碳物质中进行处理的工艺，它是最古老的热处理技术之一。利用这一技术可以提高铁器表层的碳含量，获得更高的硬度，制造出更加锋利的兵器。在这个意义上，古代的固体渗碳制钢术可以看作是金属化学热处理的开端。

古代人类早已认识到金属热处理的作用，通过经验的积累和总结，发明了很多实用的热处理技术，并在生产实践中运用这些热处理技术制造出性能更加优异的金属器物，创造了灿烂的古代金属文明。但是，人们并不清楚热处理过程中金属内部组织发生的变化，对热处理的本质完全没有认识，古代工匠甚至把热处理后金属获得的高性能归结为超自然的因素，一些中古代文献中记载的钢的热处理方法明显带有迷信的色彩。

18 世纪下半叶，英国和欧洲大陆相继发生了工业革命。生产质量可靠、性能优良的机器需要更好的冶金产品，这需要热处理技术的支撑。因此，冶金学家、化学家和工程师们开始对热处理过程中金属的组织和性能变化进行实验研究和理论研究，促使热处理从传统技艺发展为现代科学技术。

1866 年，俄国冶金学家契尔诺夫发表了一个钢锻件破裂原因的研究报告，他指出钢结构的变动应归于温度的影响，而不是机械处理本身。他进一步指出：钢件加热烧红到两个颜色不同的温度，冷却后表面看不出有什么变化。钢性能的差别应归因于钢件内部组织的改变。他用肉眼估计了这两个温度，并用 a 和 b 来标志它们。“一块钢（不论是中碳钢，还是高碳钢）若加热温度低于 a 点，不管它冷得多快，都不能硬化。”这就是今天我们所知的临界转变温度。这样契尔诺夫发现了钢内部组织的转变，并把这些转变与锻造加热条件及热处理技术联系起来，开启了金属热处理理论研究的先河。1886 年，法国工程师奥斯蒙德使用热分析技术确定了钢的临界转变温度，他的工作证实和发展了契尔诺夫的结论，从而引起了许多冶金学家、化学家对金属内部组织转变的兴趣。19 世纪末到 20 世纪初，物理冶金学得到长足的发展。多相平衡的热力学理论被广泛用到金属系统。物理冶金学者开始系统绘制合金状态图。这些状态图显示了合金中可能的相变，为进行热处理操作提供了科学依据。

20 世纪上半叶，热处理理论和实用技术都取得了令人瞩目的成就。1916 年，D. K. 布伦斯出版《钢和它的热处理》一书，这本书是最早的钢铁热处理专著之一，它对钢的热处理的基本原理和基本方法做了比较全面的阐述。最值得称道的理论贡献是：① E. C. 贝茵 、P. 梅拉和威列尔在 20 世纪 20 ~ 30 年代对钢和硬铝相变机制的系统研究成果。② P. 德拜、G. V. 沃尔富、W. G. 布拉格等从 20 世纪 20 年代开始的用 X 射线法对金属和合金中相的晶体结构的一系列研究结果。③ G. V. 库久莫夫和萨克斯对低碳马氏体相变的晶体变化的共格特征进行了精确测定，确立了著名的马氏体相变的晶体 K–S 关系。④金属晶体结构缺陷—位错的发现和位错强度理论的建立，圆满地诠释了金属材料热处理强韧化的机理。在此基础上开发的一系列热处理新技术，可以将热和力同时作用于金属的形变热处理工艺。

真空热处理在20世纪60年代从热壁式炉中的真空退火发展到冷壁式炉中的真空加热油中淬火，随后发展到在还原性、中性、惰性气体中常压气冷淬火、0.2~2MPa高压气体淬火、真空常温渗碳、高温渗碳、低压离子渗碳。真空加热高压汽淬在工模具的应用获得了提高质量、减小变形、延长寿命的显著效果。真空渗碳技术于20世纪90年代问世，作为气体渗碳的替代技术备受瞩目。真空渗碳所用的气体有甲烷、丙烷和乙炔。乙炔真空渗碳解决了丙烷等真空渗碳积碳严重的问题，其应用日益广泛。真空低压渗碳具有渗碳温度高、渗速快、渗碳层均匀、构件变形小、可渗复杂形状构件等优点，已应用于汽车、航空等工业领域。

在不同气氛中进行金属热处理，即化学热处理，已有百年以上的历史。目前各种金属的光亮热处理、渗碳、渗氮、碳氮共渗、氮碳共渗等化学热处理工艺被广泛应用于铜材、汽车零件、飞机零件、轴承等的大批量生产。自20世纪90年代以来，可控气氛热处理一直是热处理技术重要的发展方向之一，由于能实现可控渗碳、避免氧化，该技术在碳素钢和合金钢构件的渗碳淬火、碳氮共渗淬火、光亮淬火等方面得到实际应用。

20世纪下半叶以来，有色金属热处理技术得到长足的发展。强化固溶、多级时效、回归再时效、形变热处理等新的热处理技术相继应用于铝合金的热处理。在热处理装备方面，发明了气垫式退火炉、辊底式淬火炉、时效成形炉等新型装备。这些新技术和装备的应用，大大提高了铝材的质量、性能和生产效率。

进入21世纪，热处理的生产技术又有了新的发展。当代热处理技术的重要发展方向是热处理技术的绿色化、精密化、智能化，热处理装备模块化和多功能化。热处理绿色化指的是热处理过程尽量减少碳排放和油、气污染并降低能耗；激光淬火无需任何介质，是一种清洁、节能和快速的热处理技术。激光热处理的能耗仅为传统热处理能耗的3%~15%，目前在汽车、航空航天、模具、化工、冶金等工业领域得到广泛应用。真空高压气淬、可控气氛热处理、等离子热处理等先进热处理技术也属于绿色热处理技术的范畴。热处理智能化主要体现在计算机技术、精密传感技术、精密控制技术的综合应用，建立物理数学模型，通过各种物理和数学方法对热处理过程的组织演变进行物理模拟和数学模拟。热处理精密化是采用先进的工艺设计、设备和检测体系精密控制热处理工艺过程，从而实现组织、尺寸和残余应力场的精密控制。为了提高生产效率，许多热处理企业用机器替代人，热处理机器人产品已进入人们视野，传统的热处理车间正迎来一场革命性的变革。

热处理既是一门古老而又年轻的技术，又是一门前沿的科学。今天，我们在阐明热处理过程金属内部组织变化及其对性能的影响方面已经取得了很大的成功，但仍有很多问题没有完全解决，还有很多现象需要去解释。热处理科学技术还在继续发展。借助于高分辨率电子显微镜、三维原子探针等现代分析技术，人们可以在原子尺度研究金属热处理过程中早期原子团簇的形成；使用带加热装置的透射电子显微镜，人们可以原位研究在热的作用下，金属的脱溶相的形成与演变；利用计算机和功能强大的计算模拟软件，人们可以在原子尺度上对热处理过程中相的形成与长大进行计算和模拟。可以预见，随着科学技术的发展，热处理理论研究必将进一步深入，热处理技术必将得到更大的发展，这将为新合金的研制、金属材料性能的提升提供更加广阔的空间。

第 1 篇　金属热处理原理

任何热处理操作都会引起金属合金内部组织的变化。热处理理论将这些变化统称为固态转变。其中，最重要的一类固态转变叫固态相变。根据相变发生时原子的迁移方式与距离，固态相变可分为扩散型相变和非扩散型相变两大类。固态相变的内容非常丰富，是金属热处理理论的核心。金属热处理过程中，如果发生了固态相变，其组织和性能均将发生明显变化。因此，研究固态相变有助于揭示热处理引起的金属组织与性能变化的物理本质，具有十分重要的意义。本篇将介绍不同类型的金属在加热、冷却过程中发生的相变，阐明固态相变的特点及其对金属结构与性能的影响规律。

第1章

固态相变基础理论

固态材料中发生的相变称为固态相变。一般地，相变过程包括晶体结构的变化（包括原子、离子或电子位置和位向的变化），化学成分的变化及某些物质性质的变化（如有序度、电子结构、原子的配位变化等）。

系统各组元在各相中的化学位 μ 相等，则每一组元的原子在相邻两相之间的转移达到动态平衡，相界面不移动，各相成分和数量稳定不变，称为相平衡状态。只有当某相的自由能最低时，该相才是稳定的，且处于平衡态；若某相的自由能并不处于最低，但是与最低自由能态之间有能垒相分隔，则该相处于亚稳态；若不存在这种能垒，体系就处于非稳定态，易转变为平衡态或亚稳态。

相变的热力学、动力学和结构学分别解释相变发生的方向、途径及相变结果。掌握并利用固态相变的规律，可以有方向、有计划地控制相变过程，从而控制材料性能。

1.1 金属固态相变基础

1.1.1 相变的热力学基础

学习固态相变理论，首先应该掌握一些热力学基本知识。

1. 系统与环境

热力学所研究的具体对象是由大量微观粒子组成的宏观物体与空间，而且热力学通常根据所面对问题的需要和处理问题是否方便来划定要研究对象的范围，把这部分物质、空间与其余的分开，这样划定的研究对象称为系统。系统之外与系统密切相关的部分，则称为环境。

根据系统和环境之间物质和能量交换的差异，可以对系统进行分类：完全不受环境影响，并与环境之间没有物质和能量交换的系统称为隔离系统或孤立系统；与环境没有物质交换，只有能量交换的系统称为封闭系统；与环境既有物质交换，又有能量交换的系统是敞开系统。

2. 系统的状态

对于一个指定的宏观热力学系统，它所表现的宏观性质都是可以测量的。例如，封闭在一个容器中的气体，其体积 V、压力 P 及温度 T 等宏观性质都具有一定的数值，当这些性质确定之后，系统的状态也就确定了。若系统的任一性质发生变化，系统的状态也就随之发生变化，这些由状态所决定的性质，统称为状态函数。状态函数只取决于系统的初态及终态，而与变化所经历的细节无关。

在空间不均匀的隔离系统中，宏观性质将随时间变化，经过足够长的时间后，变化会停止。隔离系统达到宏观量不再随时间变化的状态，称为热力学平衡态，简称平衡态，否则称为非平衡态。热力学中要求平衡态必须满足热平衡、力学平衡、相平衡和化学平衡。

3. 过程与途径

系统状态发生的变化称为过程，而完成变化过程的具体步骤或细节称为途径。对热力学过程的描述包括系统状态的变化、经历的途径，以及系统和环境间能量的传递。在实际过程中，系统所经历的一系列状态，一般都是不平衡状态。如果所经历的状态都无限接近平衡态，并且没有摩擦，则为可逆过程，可逆过程是理想过程，实际中并不存在，只能无限接近。

4. 热容

当一个系统由于吸收了一个微小的热量 δq 而温度升高 $\mathrm{d}t$ 时，$\delta q/\mathrm{d}t$ 就是热容。若以 1mol 物质计量，则称为摩尔热容；以 1g 物质计量，称比热容。如果温度改变很小，则热容 $c=\delta q/\mathrm{d}t$。如果升温过程中体积不变，得到的热容为定容热容 c_V；如果升温过程中压力不变，则得到的热容为定压热容 c_P。

5. 热力学基本公式

对于封闭体系，且只有体积功的可逆过程，有以下热力学关系式：

$$\mathrm{d}U = T\mathrm{d}S - p\mathrm{d}V \tag{1-1}$$

$$\mathrm{d}H = T\mathrm{d}S + V\mathrm{d}P \tag{1-2}$$

$$\mathrm{d}F = -S\mathrm{d}T - p\mathrm{d}V \tag{1-3}$$

$$\mathrm{d}G = -S\mathrm{d}T + V\mathrm{d}P \tag{1-4}$$

$$\left(\frac{\partial F}{\partial T}\right)_V = -S \tag{1-5}$$

$$\left(\frac{\partial F}{\partial V}\right)_T = -P \tag{1-6}$$

$$\left(\frac{\partial G}{\partial T}\right)_P = -S \tag{1-7}$$

$$\left(\frac{\partial G}{\partial P}\right)_T = V \tag{1-8}$$

式中，U、H、F、G 分别代表体系内能、焓、自由能和自由焓（或吉布斯能）；S、P、V 分别代表熵、压强和体积。在金属材料研究中的体系通常为凝聚态体系，可以视为封闭体系，其热力学变化通常以自由焓或吉布斯能 G 具有最小值的状态为稳定状态。

1.1.2 金属固态相变的主要类型

固态相变常见的分类方法有以下几种。简单而言，按热力学特征可以分为一级相变、二级相变或其他高级相变；按原子迁移特征可以分为扩散型相变和非扩散型相变。

1. 按热力学分类

1）一级相变

一级相变是指由旧相 1 转变为新相 2 时，组元在新旧两相中的化学位 μ 相等，但化学位的一级偏导数不等的相变。即对于纯组元，有 G_1=G_2 或 $\mu_1=\mu_2$，但

$$\left(\frac{\partial G_1}{\partial T}\right)_P \neq \left(\frac{\partial G_2}{\partial T}\right)_P \tag{1-9}$$

$$\left(\frac{\partial G_1}{\partial P}\right)_T \neq \left(\frac{\partial G_2}{\partial P}\right)_T \tag{1-10}$$

因为

$$\left(\frac{\partial G}{\partial T}\right)_P = -S \tag{1-11}$$

$$\left(\frac{\partial G}{\partial P}\right)_T = V \tag{1-12}$$

所以 $\Delta S \neq 0$，$\Delta V \neq 0$，即一级相变时熵和体积呈不连续变化，相变时具有相变潜热和体积突变。S、V 是不连续函数，可以出现两相共存，且一级相变在动力学上常出现相变滞后现象。

2）二级相变

二级相变是指由相 1 转变为相 2 时，不仅 G_1=G_2 或 $\mu_1=\mu_2$，且其一阶偏导数相等，但二阶偏导数不相等，即

$$\left(\frac{\partial G_1}{\partial T}\right)_P = \left(\frac{\partial G_2}{\partial T}\right)_P \tag{1-13}$$

$$\left(\frac{\partial G_1}{\partial p}\right)_T = \left(\frac{\partial G_2}{\partial p}\right)_T \tag{1-14}$$

$$\left(\frac{\partial^2 G_1}{\partial T^2}\right)_P \neq \left(\frac{\partial^2 G_2}{\partial T^2}\right)_P \tag{1-15}$$

$$\left(\frac{\partial^2 G_1}{\partial P^2}\right)_T \neq \left(\frac{\partial^2 G_2}{\partial p^2}\right)_T \tag{1-16}$$

$$\left(\frac{\partial^2 G_1}{\partial P \partial T}\right) \neq \left(\frac{\partial^2 G_2}{\partial P \partial T}\right) \tag{1-17}$$

因为

$$\left(\frac{\partial^2 G}{\partial T^2}\right)_P = \left(-\frac{\partial S}{\partial T}\right)_P = -\frac{C_P}{T} \tag{1-18}$$

$$\left(\frac{\partial^2 G}{\partial P^2}\right)_T = \frac{V}{V}\left(\frac{\partial V}{\partial P}\right)_T = -V\beta \tag{1-19}$$

$$\left(\frac{\partial^2 G}{\partial P \partial T}\right) = \left(\frac{\partial V}{\partial T}\right)_P = \frac{V}{V}\left(\frac{\partial V}{\partial T}\right)_P = V\alpha \tag{1-20}$$

其中，$\beta = -\frac{1}{V}\left(\frac{\partial V}{\partial P}\right)_T$ 为等温压缩系数；$\alpha = \frac{1}{V}\left(\frac{\partial V}{\partial T}\right)_P$ 为等压膨胀系数。所以 $S_1 = S_2$，$V_1 = V_2$，$\Delta C_P \neq 0$，$\Delta\beta \neq 0$，$\Delta\alpha \neq 0$，这意味着，二级相变时，没有相变潜热和体积突变，但热容、压缩系数、膨胀系数有突变（见图 1-1）。二级相变是连续相变，无相变滞后和两相共存的现象，在相图上没有两相区，如图 1-2 所示。

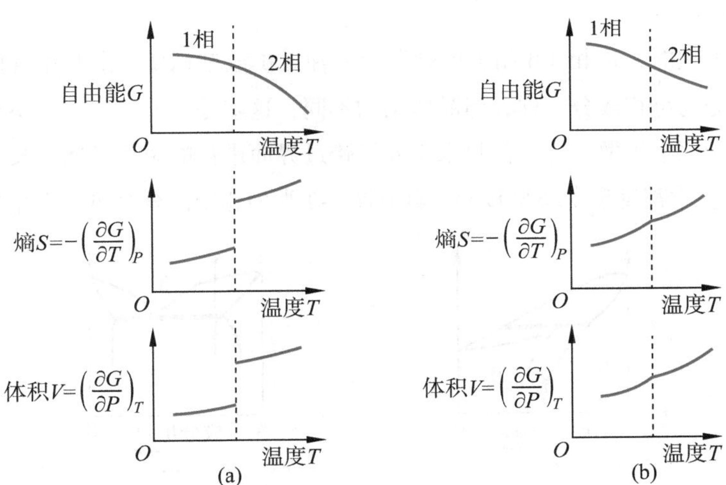

图 1-1　一级相变和二级相变时两相的自由能 *G*、熵 *S* 及体积 *V* 随温度 *T* 的变化

（a）一级相变；（b）二级相变

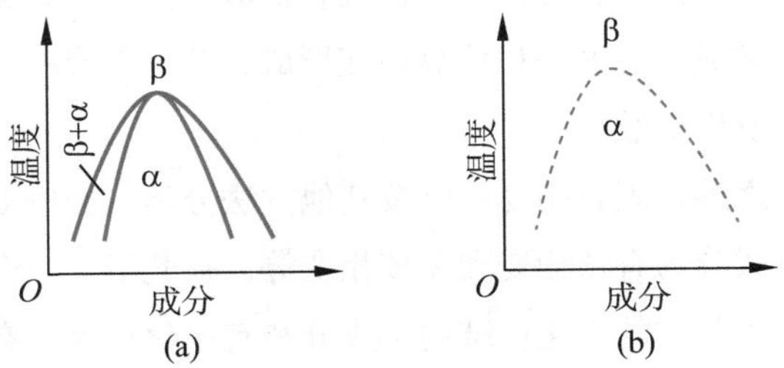

图 1-2　相图上一级相变和二级相变的区别

（a）一级相变；（b）二级相变

大部分固态相变属于一级相变，有一部分属于二级相变，如有序—无序转变、磁性转变、超导态转变属于二级相变。

2. 按原子迁移特征分类

1）扩散型相变

该类相变依靠原子或离子的长距离扩散进行。由于原子的扩散系数与温度呈指数关系，所以温度对相变过程有重要影响。

2）无扩散型相变

相变过程中原子不发生扩散，原子或离子仅作有规则的迁移以使点阵发生改组，相对移动距离不超过原子间距，这种相变称为无扩散型相变。相变前后原子的相邻关系不变化。

无扩散型相变在原子不易扩散的低温条件下易发生，相变不需要通过扩散，新相和母相的结构不同，但化学成分相同，且存在一定的晶体学位向关系。

3）过渡型相变

过渡型相变包括块型转变和贝氏体转变。

（1）块型转变

冷却速度不够快时，母相（β 相）可能发生一种无扩散型相变，由 β 相直接转变为 α 相。其特点是新相成分与母相成分一样，但晶体结构不同，这就是块型转变。在块型转变中，相界面的移动通过原子逐个扩散进行，但只限于原子跨过界面进行的短程扩散，没有长程扩散。在 Fe-Ni、铜、铝合金中都发现了块型转变。具有图 1-3 类型相图的合金可能发生块型转变。

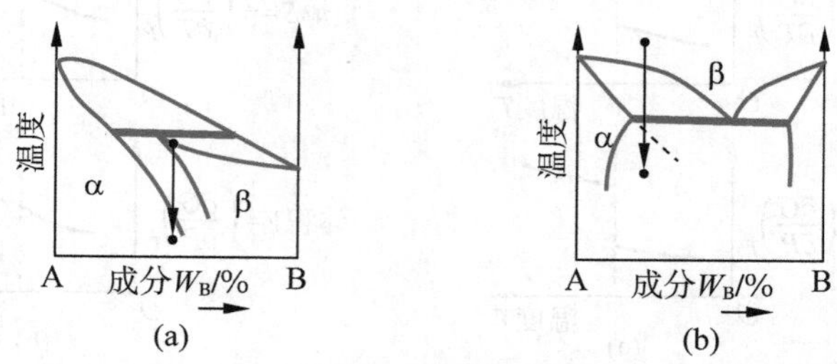

图 1-3　可能发生块型转变的合金相图

（2）贝氏体转变

贝氏体转变是以钢中的贝氏体转变命名的，既有扩散特征，又有无扩散特征。若生成两个新相，则其中一相依靠扩散成长，另一相依靠切变形成；若只生成一相，则其中只有一个组元进行扩散，另一个组元不发生扩散。

除了按上述方法分类之外，固态相变还可按其他方法分类，如按动力学机制分为匀相转变和非匀相转变，按相变方式分为有核相变和无核相变等，在此不一一介绍。虽然固态相变分类方式很多，但都归结于三种基本的变化：结构、成分和有序化程度。有些相变只具有某一种变化，而有些相变则同时兼有两种或两种以上的变化。同一种金属材料在不同条件下可以发生不同的相变，获得不同的组织和性能。例如，多型性转变和马氏体相变只有结构上的变化，调幅分解只有成分上的变化，而共析相变和脱溶沉淀既有结构变化又有成分变化。

1.1.3　固态相变的基本特征

固态相变以新相和母相之间的自由能差作为相变驱动力。多数固态相变（除调幅分解外）都包含形核和长大两个过程，液—固相变理论仍适用于固态相变，但由于晶体中原子排列紧密、原子结合强，且还存在各种晶体缺陷，情况要比液—固相变复杂得多。例如，液—固相变时，固态材料中的晶界、位错、空位等结构因素对新相的形核和长大没有影响，但是在固—固相变时却使新相的形核和长大表现出独有的特征。

1. 相界面

固态相变时，新旧相均为固体，它们之间必然有界面隔离（一般具有2~3个原子层厚度），其界面结构对新相的形状、相变的动力学有重要的影响。如图1-4所示，按晶体学上匹配程度的不同，新相和母相的界面可分为共格界面、半共格界面和非共格界面。

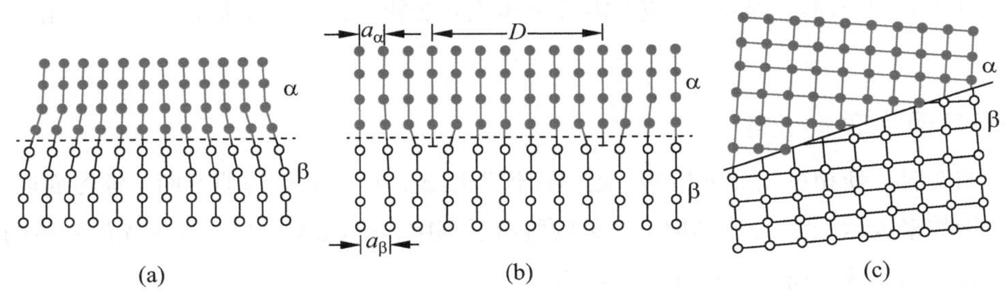

图1-4　固态相变界面结构示意图

（a）共格界面；（b）半共格界面；（c）非共格界面

1）共格界面

共格界面指两相界面上的原子排列完全匹配，即界面上的原子为两相所共有。共格界面上两点阵的晶向和晶面有严格的对应关系。

共格界面上弹性应变能的大小取决于相邻两相界面上原子间距的相对差值$\varDelta$（即错配度）。若界面两侧晶体的晶格常数分别为a_1和a_2，且$a_1>a_2$，则$\varDelta=\dfrac{|a_1-a_2|}{a_2}$。一般认为，当$\varDelta<0.05$时，两相构成共格界面。

2）半共格界面

新、旧相晶格常数相差越大，错配度$\varDelta$也越大，弹性应变能相应增大。当$\varDelta$增大到一定程度，新、旧相面界难以维持完全共格关系，于是在相界面上将产生一些位错，以降低界面的弹性应变能。这时，界面上两相原子只能部分地保持匹配，形成半共格界面。半共格界面上错配度可由位错周期性地调整。对于一维点阵，位错周期长度$d=a_\beta/\varDelta$（a_β为β相的晶格常数）；若错配度$\varDelta$小，则$d=b/\varDelta$，其中b为柏氏向量。一般认为，$\varDelta=0.05\sim0.25$时易形成半共格界面。半共格界面上分布有刃型位错，有部分晶格点阵为共格。

3）非共格界面

两相结构相差大或晶格常数差别很大时，界面两侧原子不匹配，此时两相界面为非共格界面，类似于大角度晶界。非共格界面具有较大的界面能，可高达 500~1000mJ/m^2（0.05~0.1mJ/cm^2）。一般认为，$\varDelta$>0.25 时易形成非共格界面。

2. 弹性应变能

金属固态相变时，因新相和母相的比容不同而发生体积变化。但由于受到了母相的约束，新相不能自由胀缩，导致新相与其周围母相之间产生弹性应变和应力，使系统增加了一项弹性应变能。

金属固态相变的弹性应变能包括共格应变能和体积应变能。一方面，固态相变时新相与母相界面上的原子由于要强制性地匹配以建立共格或半共格联系，在界面附近区域内将产生应变能，这种应变能称为共格应变能。这种应变能以共格界面为最大，半共格界面次之，而非共格界面为零。另一方面，由于新相和母相的比容（或摩尔体积）不同，新相形成时的体积变化将受到周围母相的约束而产生的弹性应变能称为体积应变能。这种应变能的大小与新相的几何形状有关。

3. 惯习面和位向关系

固态相变时，新相往往沿母相的一定晶面优先形成，该晶面称为惯习面。惯习面通常以母相的晶面指数来表示。例如，在 Al-Cu 合金的脱溶过程中，θ′（$CuAl_2$）相往往优先沿基体的 {100} 晶面呈片状析出，该晶面即为 θ′ 相的惯习面。

当界面为共格或半共格时，新、旧两相间必然存在一定的晶体学位向关系。如果两相之间没有确定的晶体学位向关系，则其界面一定是非共格界面。例如，黄铜中面心立方的 α 相从体心立方的 β 相中析出时，两者之间便存在着（111）β//（111）α，[111]β//[110]α 的晶体学位向关系。

4. 晶体缺陷的影响

晶体缺陷对相变，尤其对固态相变，有明显的促进作用。晶体缺陷是能量起伏、结构起伏和成分起伏最大的区域，在这些区域形核时，原子扩散起动能低，扩散速度快，相变应力容易松弛。因此，晶体缺陷能够促进原子扩散和新相的形核、长大。

1.2 新相的形核

形核要解决相变的热力学问题，包括相变驱动力和相变阻力。相变驱动力是在形核过程中使系统吉布斯能降低的因素，相变阻力是使系统吉布斯能升高的因素。固态相变时，由于新相和旧相的比容差别和位向差，在形核的一定区域内存在弹性应力场，它使固态相变与凝固过程相比增加了一项晶格畸变能（亦称应变能），即

$$\Delta G=\Delta G_{体积}+\Delta G_{界面}+\Delta G_{畸变}=V\Delta G_V+A\sigma+\varepsilon V \tag{1-21}$$

式中，V 为新相体积；ΔG_V 为新旧相单位体积自由能差；$-V\Delta G_V$ 是相变驱动力（可见，只有当 $\Delta G_V<0$ 时，才能有相变驱动力）；A 为界面积；σ 为界面能；ε 为单位体积新相形成导致的畸变能；$A\sigma+\varepsilon V$ 构成相变阻力。

1.2.1　相变驱动力

固态相变的驱动力来源于新相与母相的体积自由能的差 ΔG_V（如图 1-5 所示）。在高温下母相能量低，新相能量高，母相为稳定相。随温度的降低，母相吉布斯能降低的速度比新相慢。达到某一个临界温度 T_c，母相与新相之间自由能相等。低于温度 T_c，母相与新相自由能之间的相对关系发生了变化，母相能量高，新相能量低，可发生母相向新相的转变。实际过程中，固态相变往往需要低于 T_c 一定程度才能发生，即需要一定过冷度 ΔT。

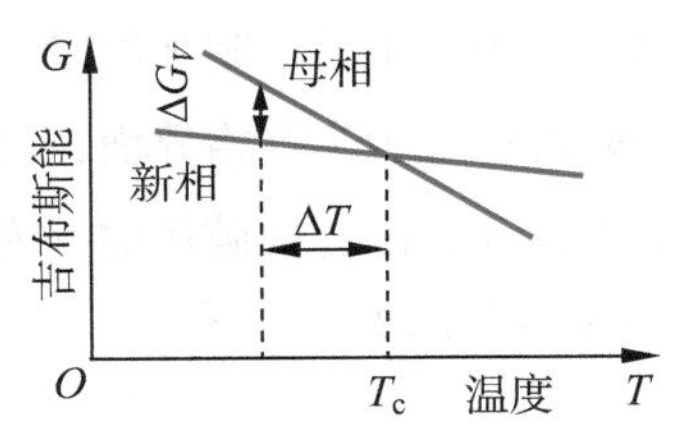

图 1-5　母相与新相的吉布斯能 G 随温度 T 变化示意图

同素异构转变、马氏体转变、块型转变等，新相与母相的成分一致，是没有发生成分变化的相变，则在低于 T_c 的某一温度，相变驱动力直接可以表示为同成分（C_0）的两相吉布斯能差，如图 1-6（a）所示。

对于有成分变化的沉淀析出型固态相变，相变驱动力的计算则比较复杂，具体计算由图 1-6（b）可知。当相变达到平衡状态时，母相成分为 C_α，新相成分为 C_β，相变驱动力 ΔG_V，称为总相变驱动力。

在相变刚刚开始时，母相成分基本保持原始状态（C_0），新相成分为 C_β。形核时，由于新相晶核体积很小，新相析出导致母相的成分变化也很小，其最大形核驱动力为 ΔG_N。当新相成分范围很窄时，ΔG_N 即可视为其形核驱动力。可见，相变的形核驱动力远远大于总相变驱动力，且随着新相的长大和母相的成分变化，相变的驱动力逐渐减小，最后达到平衡状态。

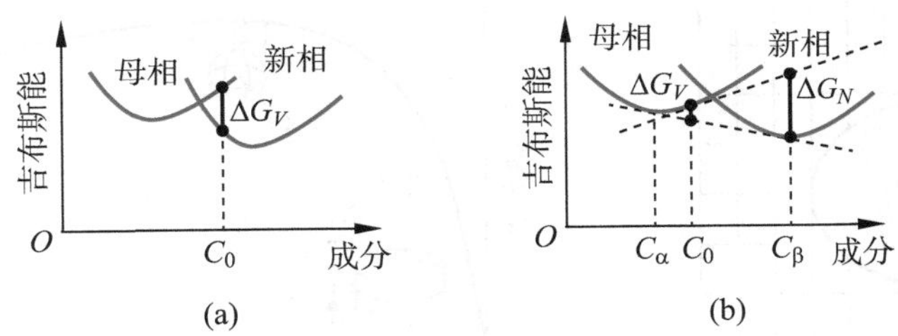

图 1-6　沉淀析出相变的相变驱动力示意图

（a）无成分变化；（b）有成分变化

1.2.2　相变阻力

系统从旧相向新相转变，除了要有相变驱动力以外，还必须克服相变阻力。固态相变与任何自发进行的过程一样，总是倾向于阻力最小、速度最快的途径。

1. 界面能阻力

界面能 σ 由结构界面能 σ_{st} 和化学界面能 σ_{ch} 组成，即 $\sigma=\sigma_{st}+\sigma_{ch}$。结构界面能是由于原子键合在界面被切断或减弱，导致势能升高而引起的界面能。化学界面能是由界面原子对与两相内部原子对的差别而产生的。由于相界面两侧成分变化，界面原子通常“错误”地与界面另一侧近邻键合，产生附加能量，即界面能中的化学分量。如果相界面两侧存在由错配位错产生的结构畸变，则产生另一附加能量，即界面能中的结构分量。对于共格界面，化学分量是界面能唯一的来源；对于半共格界面，其界面能由化学分量和结构分量两部分组成。非共格界面原子排列最为混乱，键合被破坏的程度最大，界面能最高。实际的金属材料中，非共格界面能大约为 0.07mJ/cm^2 量级。

2. 应变能阻力

新相形核时，在核的周围一定范围内可引发弹性畸变，相应地形成应力场。如果两相的力学性能差别不大，则应变能在两相中协调分布，畸变区的形状、大小和应变能在新相和旧相中的分配对讨论应变能阻力并不重要，形核的应变能阻力只与应变能总值有关。

应变能分非共格应变能与共格应变能。

1）非共格应变能

非共格相形成时，应变能与体积差、新相形状及母相的力学性能有关。Nabarro 提出在各向同性基体上被包裹的均匀的不可压缩椭球状生成相（长轴为 a，短轴为 c）的应变能为

$$\Delta G_S = \frac{2}{3}E\varDelta^2 f(c/a) \tag{1-22}$$

式中，E 为基体弹性模量；$\varDelta$ 是体积错配度；等于 $\Delta V/V$，其中 V 是母相基体中不受胁的空洞体积（如图 1-7）；f 是形状因子。如图 1-8 所示为新相形状与应变能之间的关系。可见，圆盘（片状）的体积应变能最小，针状次之，球形最大。

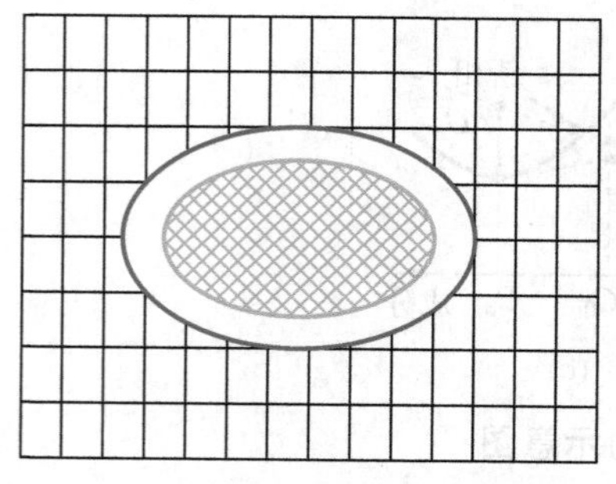

图 1-7　母相基体中不受胁的空洞

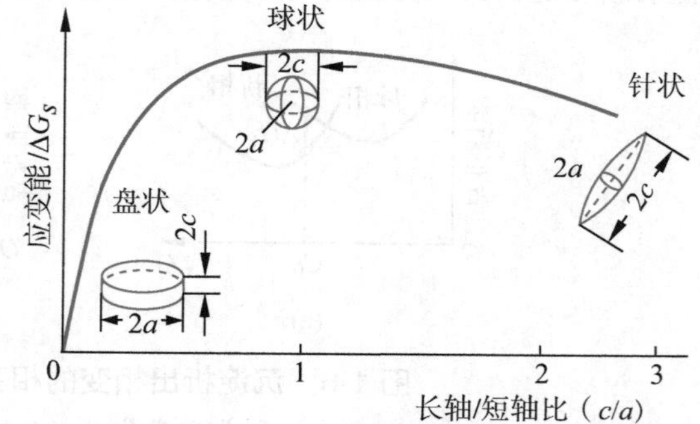

图 1-8　新相形状（c/a）与应变能 ΔG_s 的关系

2）共格应变能

两相之间的共格关系依靠正应变来维持时，称为第一类共格；两相之间的共格关系依靠切应变来维持时，称为第二类共格。图 1-9 显示了两类共格在新相周围引发的应力场。

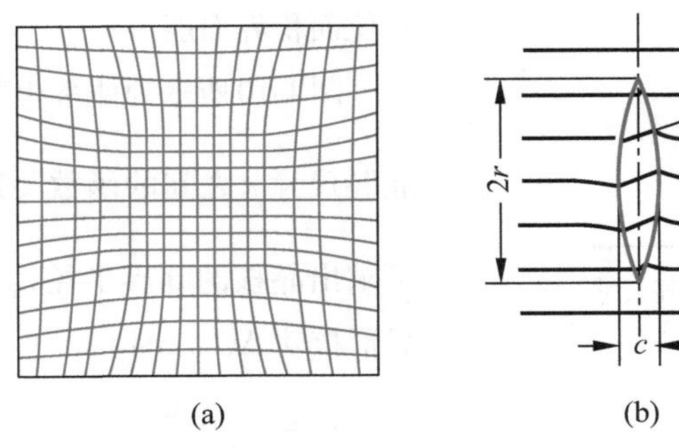

图 1-9　两类共格相的应力场

（a）正弹性共格；（b）切弹性共格

正弹性共格应变能与母相弹性模量和两相晶格常数的差别有关。当泊松比 $\nu=1/3$ 时，体积应变能可由式（1-22）计算。当两相的弹性模量相等时，应变能和新相的形状没有关系。如果两相的弹性模量不相等，则形状因素的影响就会增大，导致实际应变能偏高。而切弹性共格应变能与新相的形状、母相切变模量 G 及相变中原子面的转动角 φ 有关。例如，Fe-C 变温马氏体相变在母相奥氏体中引发的应变能为

$$\Delta G_E \approx \frac{1}{2} G\varphi^2 \left(\frac{c}{r}\right)^2 \tag{1-23}$$

式中，ΔG_E 是以 r 为半径的球体内的应变能体积密度，假设核类似于双球冠形，其半径为 r，厚度为 c，式（1-23）表明切变弹性应变能与形状因素有着很大的关系。

1.2.3　形核

绝大多数金属材料固态相变都是通过形核和长大过程完成的。若母相中任一形核点都具有相同的驱动力和阻力，晶核在母相中无择优地任意均匀分布，称为均匀形核；若母相中的形核功不均匀，晶核在某些区域择优地不均匀分布，则称为不均匀形核。

在实际的固态相变中很少发生均匀形核，但是对均匀形核的分析是随后讨论非均匀形核的基础。

1. 均匀形核

在宏观上均匀的母相中，总存在着一些微观的不均匀性和差别，如能量、组态、成分和密度的差别等。如果母相中的某些微小区域的组态、成分和密度与新相的组态、成分和密度相近，则在这些区域中就有可能形成新相晶胚，当这些晶胚大到一定的尺寸，就可以作为稳定的晶核长大。

假设新相晶胚为半径为 r 的球形，由式（1-21）可得

$$\Delta G = \frac{4}{3}\pi r^3\left(\Delta G_V + \varepsilon\right) + 4\pi r^2\sigma \tag{1-24}$$

式中，ΔG_V 是单位体积晶胚与母相的吉布斯能差（只有为负值时才可能形成新相，因此，$-\Delta G_V$ 才是相变驱动力）；ε 为形成单位体积晶胚时所产生的应变能；σ 为晶胚与基体之间的

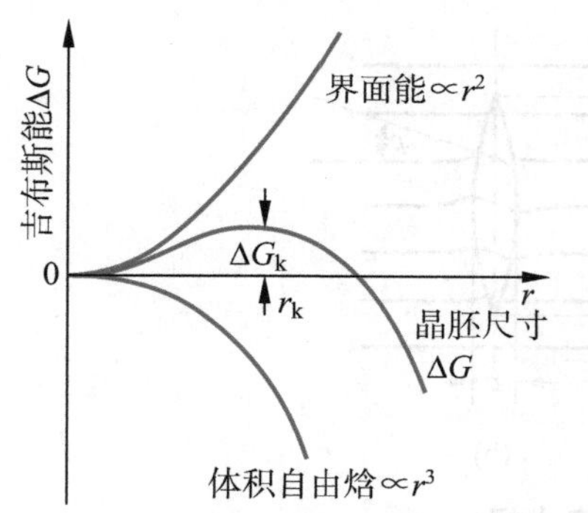

图 1-10　均匀形成球形晶核的吉布斯能变化 ΔG 与晶胚尺寸 r 之间的函数关系

单位面积界面能。

图1-10所示为体系相变时的能量变化 ΔG 与晶胚尺寸 r 之间的函数关系。令 $\frac{\partial(\Delta G)}{\partial r}=0$，可求出晶核的临界半径 r_k 以及与之相对应的临界形核功 ΔG_k，即

$$r_k=-\frac{2\sigma}{\Delta G_V+\varepsilon} \tag{1-25}$$

$$\Delta G_k=\frac{16\pi\sigma^3}{3(\Delta G_V+\varepsilon)^2} \tag{1-26}$$

可见，只有当晶胚尺寸大于晶核的临界半径 r_k 时，晶胚的长大才可使系统的自由能降低，所以只有这种晶胚才可以作为稳定的晶核长大。

固态相变时体积应变能和界面能的共同作用决定了新相的形状。当新相和母相保持弹性联系，对于相同体积的晶核，新相呈盘状或片状时应变能最小，针状时次之，球形时最大。但对于体积相等的新相来说，盘状的表面积比针状和球形的表面积都大，因此，应变能和界面能对新相形状的影响是互相矛盾的，到底是哪一个起支配的作用，要根据具体情况来分析。一般来说，界面能大而应变能小的新相常呈球形，应变能大而界面能小的新相常呈盘状或片状。当这两个因素的作用相近时，新相往往呈针状。

临界晶核半径和与之相对应的临界形核功将随过冷度而变化。随过冷度增加，临界晶核半径和临界形核功都减小，新相形核几率增大，新相晶核的数量也增多，相变容易发生。形核需要的能量来自两方面：一是依靠母相内存在的能量起伏提供；二是依靠变形等因素引起的内应力提供。

金属固态相变均匀形核的形核率 I 可以表示为

$$I=nf_{v_0}\exp\left(-\frac{Q+\Delta G_k}{kT}\right) \tag{1-27}$$

式中，n 为单位体积母相中的原子数；f_{v_0} 为原子振动频率；Q 为原子扩散激活能；ΔG_k 为形核功；k 为玻尔兹曼常数；T 为绝对温度。

由于在固态转变时的形核功比结晶时的要大，固态扩散的起动能要比液态的大几个数量级，这使得固态相变的形核率比相似条件下金属结晶的形核率小很多。由此不难理解，固态下为什么可以用激冷的方法抑制其相变，并使激冷后的合金长期处于亚稳态而不发生可以察觉的变化。

2. 非均匀形核

在金属固态相变过程中除极少数情况（如过饱和固溶体中偏聚区的脱溶）外，大多数是非均匀形核，晶核常常在缺陷处优先形成，如晶界、相界、孪晶界、位错、层错等。这些非平衡缺陷提高了系统的自由能，新相依附它们形核时，可以降低形核功。

晶界缺陷对形核的作用表现在以下几个方面：母相界面有现成的部分与新相结构相近，因而只需要部分重建；界面处的原子扩散速率比晶内快得多；相变引起的应变能可以较快地通过晶界流变而松弛；溶质原子易于偏聚在晶界处，有利于提高形核率；缺陷能可以贡献给形核功，相当于降低了新相形核功。

1）表面形核

θ 表示晶核与基底的接触角，$\sigma_{\alpha\beta}$ 表示 α 晶核与 β 相之间的表面能，$\sigma_{\alpha s}$ 表示 α 相与基底之间的表面能，$\sigma_{\beta s}$ 表示 β 相与基底 S 之间的表面能。当晶核稳定存在时，三种表面张力在交点处平衡，可以写出以下表达式

$$\sigma_{\beta s}=\sigma_{\alpha\beta}\cos\theta+\sigma_{\alpha s} \tag{1-28}$$

由此可得

$$\cos\theta=\frac{\sigma_{\beta s}-\sigma_{\alpha s}}{\sigma_{\alpha\beta}} \tag{1-29}$$

进一步可以推导出 α 相在 β 相与夹杂物 s 界面上形核时的形核功为

$$\Delta G_{H}=\frac{16\pi\sigma_{\alpha\beta}^{3}}{3\left(\Delta G_{V}+\Delta G_{\varepsilon}\right)^{2}}\times\frac{2-3\cos\theta+\cos^{3}\theta}{4}=\Delta G_{k}\times\frac{2-3\cos\theta+\cos^{3}\theta}{4} \tag{1-30}$$

可见，ΔG_H 与晶核在基底表面上的接触角 θ 有密切的关系。当 $\theta=0°$ 时，$\Delta G_H=0$；当 $\theta=180°$ 时，$\Delta G_H=\Delta G_k$。通常情况下，$0°<\theta<180°$，即

$$\frac{2-3\cos\theta+\cos^{3}\theta}{4}=\frac{(2+\cos\theta)(1-\cos\theta)^{2}}{4}<1 \tag{1-31}$$

也就是说 $\Delta G_H<\Delta G_k$，说明在夹杂物表面上形核总比均匀形核容易，θ 越小越有利于非均匀形核。

2）晶界形核

多晶体中两个相邻晶粒的边界叫做界面；三个晶粒的共同交界是一条直线，叫做界棱；四个晶粒交于一点，构成一个界隅。界面、界棱和界隅都不是几何意义上的面、线和点，都占有一定的体积。

界面、界棱和界隅都可以提供其所储存的畸变能来促进形核。在界面形核时有一个界面可供晶核吞食，界棱形核时有三个界面供晶核吞食，界隅形核时，被晶核吞食的界面有 6 个。界面、界棱和界隅形核与均匀形核形核势垒之间的比值与 $\cos\theta$ 之间的关系见图 1-11。可见，在同样润湿角时，界隅形核比界棱形核容易，界棱形核比界面形核容易。

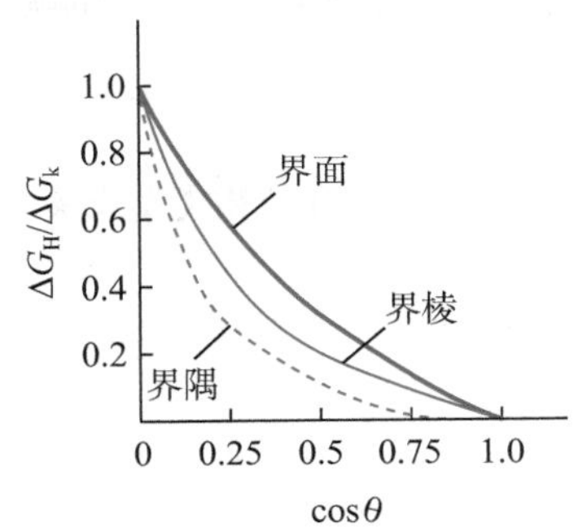

图 1-11　界面、界棱和界隅形核与均匀形核形核势垒之间的比值与 cosθ 之间的关系

晶界的不同位置非均匀形核率 I 可以表示为

$$I=nv_{0}\left(\frac{\delta}{L}\right)^{3-i}\exp\left(-\frac{Q}{kT}\right)\exp\left(-\frac{A_{i}\Delta G_{k}}{kT}\right) \tag{1-32}$$

式中，δ 和 L 分别为界面厚与长；$i=0$，1，2，3 分别表

示界隅形核、界棱形核、界面形核和均匀形核。A_i 为在晶界不同位置形核的形核功与均匀形核的形核功的比值，$A_0 < A_1 < A_2 < 1$，$A_3 = 1$。

为减少晶核表面积，降低界面能，非共格形核时各界面均呈球冠形。界面、界棱和界隅上的非共格晶核分别呈双凸透镜片、两端尖的曲面三棱柱体及球形四面体等形状，如图 1-12 所示。共格和半共格界面一般呈平面。

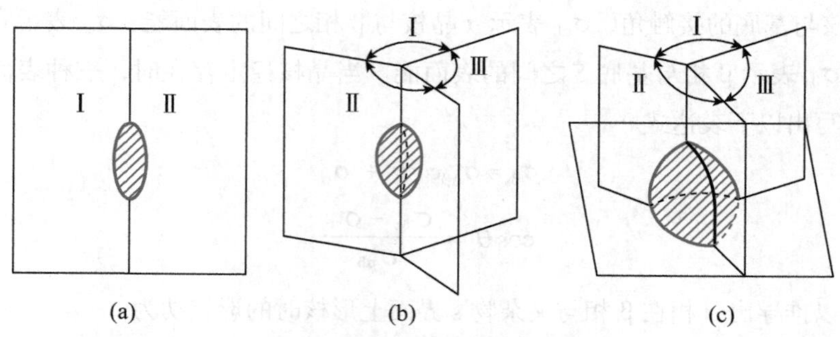

图 1-12　晶界上非共格晶核的形状

（a）界面形核；（b）界棱形核；（c）界隅形核

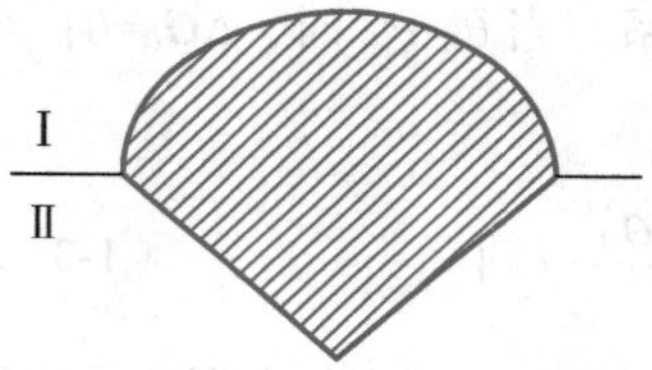

大角度晶界具有较高的界面能，在晶界上形核可利用晶界能量，使形核功降低。在大角度晶界形核时，因为不能同时与晶界两侧的晶粒都具有一定的晶体学位向关系，所以新相晶核只能与一侧母相的晶粒共格或者半共格，而与另一侧的母相晶粒非共格，这样就使晶核形状发生改变，一侧为球冠形，另一侧为平面，如图 1-13 所示。

图 1-13　一侧共格的界面晶核

3）位错形核

位错作为晶体缺陷亦能促进形核，表现为三种形式。

（1）位错线上形核时，新相形成处的位错线消失，释放畸变能使形核功降低，从而促进形核。假设围绕位错形成的新相晶核为半径为 r 的圆柱（如图 1-14 所示），则单位长度新相形成时由于位错线消失而释放的畸变能为

$$A_D \ln\frac{r}{r_0} = A_D(\ln r - \ln r_0) \tag{1-33}$$

式中，系数 A_D 和位错类型有关。

刃型位错

$$A_D = \frac{Gb^2}{4\pi(1-\nu)} \tag{1-34}$$

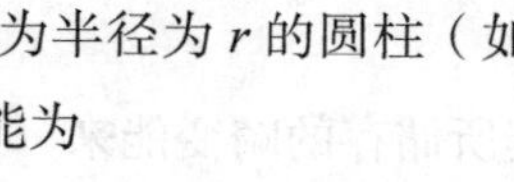

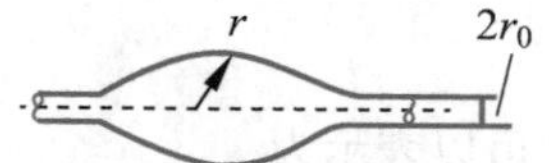

图 1-14　位错线上的晶核

螺型位错
$$A_D = \frac{Gb^2}{4\pi} \tag{1-35}$$

式中，r_0 为假想的位错中心小孔半径；G 为切变模量；b 为柏氏向量；v 为泊松比。可见，位错的畸变能与柏氏向量 b 有关，b 值越大，位错促进形核的作用也越大。形成单位长度的晶核时系统自由能的变化为

$$\Delta G = -A_D \ln r + A_D \ln r_0 + \pi r^2 \Delta G_V + 2\pi r\sigma \tag{1-36}$$

对式（1-36）微分，并令 $\frac{\partial(\Delta G)}{\partial r}=0$，考虑到 $\Delta G_V < 0$，且 r 不能为负值，可得晶核临界半径 r_k 为

$$r_k = \frac{-2\pi\sigma - \sqrt{4\pi^2\sigma^2 + 8\pi A_D \Delta G_V}}{4\pi \Delta G_V} \tag{1-37}$$

进一步分析不难知道，位错形核时，晶胚临界半径 $r_k < \frac{-\sigma}{\Delta G_V}$，小于均匀形核的临界尺寸。可见，位错处形核较均匀形核容易。

（2）位错线不消失，依附在新相界面上，成为半共格界面中的位错部分，补偿了错配，从而降低了界面能，亦使新相的形核半径或形核功降低。

（3）在新相与基体成分不同的情况下，由于溶质原子在位错线附近的偏聚，有利于沉淀相晶核的形成，对相变起催化作用。

根据估算，当相变驱动力很小（即 $-\Delta G_V \leqslant 0.01RT$）且新相和母相之间的界面能约为 $2\times10^{-5}\mathrm{J/cm^2}$ 时，均匀形核的形核率仅为 $10^{-7}/(\mathrm{cm^3 \cdot s})$。即使晶体中的位错密度很低，比如为 10^8/cm，由位错促成的形核率约为 $10^8/(\mathrm{cm^3 \cdot s})$。可见，当晶体中位错密度较高时，固态相变很难以均匀形核方式进行。

总之，在位错线非共格形核时，位错应变能得到释放，或者界面位错补偿点阵错配，降低了界面能。位错形核是固态相变中不均匀形核的一种主要机制。一般而言，晶核易于在刃型位错上形成，易于在柏氏向量大的位错处形成，更易于在位错结合位错割阶处形成。

4）空位形核

空位通过影响扩散或者利用自身的能量提供形核驱动力促进形核，空位群可以凝聚成位错而促进形核。比如，过饱和固溶体的脱溶分解过程中，当固溶体从高温快速冷却下来时，在溶质原子过饱和地留在固溶体内的同时，很多过饱和空位也保存下来。这些空位既能促进溶质原子在基体中的扩散，又能作为沉淀相的形核位置进而促进非均匀形核过程，使得沉淀相弥散地分布在整个基体中。而在靠近晶界附近处，因为过饱和空位扩散到晶界消失，新相形核困难，可形成看不到沉淀相的无析出区（PFZ）；在远离晶界处仍保留较多的空位，沉淀容易形核长大。

3. 形核率

形核率是指在单位时间、单位体积母相中形成的新相晶核数目。根据式（1-32）可知，当过冷度较小时，形核率主要受能量起伏的几率因子 $\exp\left(-\frac{A_i \Delta G_k}{kT}\right)$ 控制，随着过冷度的增加，

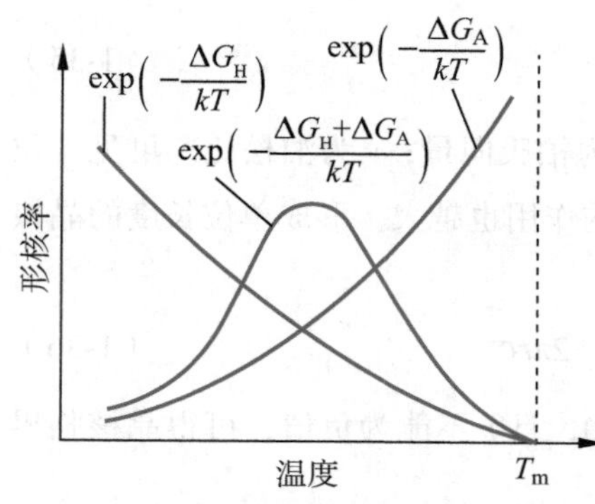

图 1-15　形核率中各因子与过冷度的关系

形核率急剧增加；但当过冷度很大时，形核率逐渐受原子扩散的几率因子$\exp\left(-\frac{Q}{kT}\right)$的控制，随着过冷度的增加，形核率反而下降。由图 1-15 可知，形核率随过冷度的变化有一个极大值，超过极值点以后，形核率又开始随着过冷度的增加而减少。

如果一定体积内非均匀形核位置的浓度是 C_1，那么非均匀形核速率 I_H 可由以下方程表示：

$$I_H = \omega C_1 \exp\left(-\frac{Q}{kT}\right)\exp\left(-\frac{\Delta G_H}{kT}\right) \tag{1-38}$$

式中，Q 为原子扩散激活能；ΔG_H为非均匀形核功；ω 为一个常数，ΔG_A 为形核激活能（能量起伏）。

对于非均匀形核，在很小的驱动力下就可以获得较高的形核率。非均匀和均匀体积形核率的相对大小可由以下公式表示

$$\frac{I_H}{I} = \frac{C_1}{C_0}\exp\left(\frac{\Delta G_k \Delta G_k}{kT}\right) \tag{1-39}$$

式中，C_1、C_0 分别代表单位体积内部，非均匀形核的位置浓度与均匀形核的位置浓度。

因为 ΔG_H 总是非常小，上述公式中的指数项数值会很大，会使非均匀形核速率很高。对于晶界形核过程，有

$$\frac{C_1}{C_0} = \frac{\delta}{d} \tag{1-40}$$

式中，δ 为晶界厚度；d 为晶粒尺寸。

对于晶棱和晶隅上的形核过程，C_1/C_0 会减小到（δ/d）^{2} 和（δ/d）^{3}。

上面讨论的是恒定温度下等温转变过程中的形核。在连续冷却过程中，形核驱动力将随时间的延长而增大，引起形核率变化。

1.3　新相的长大

固态相变中的新相晶核形成后，一部分超过临界晶核尺寸的晶核继续增大导致体系能量进一步下降，有进一步自发长大的趋势。新相晶核的长大表现为相界面朝着母相方向的迁移，界面的迁移涉及界面两侧结构和成分的变化，不同的体系和外界条件下界面迁移的微观机制不相同。

1.3.1　晶核长大机制

新相的稳定核胚一旦形成，随之便是通过相界面的移动而长大，即开始核胚的长大。

有些固态相变，比如共析相变、脱溶、贝氏体转变等，由于其新旧相的成分不同，新相晶核的长大必须依赖于溶质原子在母相中作长程扩散，使相界面附近的成分符合新相晶核长大的要求，伴随着传质过程。而有些固态相变，比如同素异构转变、块型转变和马氏体相变等，其新旧相的成分相同，界面附近的原子只需作短程扩散，甚至完全不需扩散亦可使新相晶核长大，不需要有传质过程。

在实际金属材料中，新相晶核的界面结构出现完全共格的情况极少，即使界面上原子匹配良好，其界面上也难免存在一定数量的夹杂，故通常所见的大都是半共格和非共格两种界面。这两种界面有着不同的迁移机理。

1. 半共格界面的迁移

当新旧相间的半共格相邻时，晶核的长大通过半共格界面上靠母相一侧的原子以切变方式来完成，其特点是大量的原子有规则地沿某一方向作小于一个原子间距的迁移，并保持各原子间原有的相邻关系不变，如图 1-16 所示。

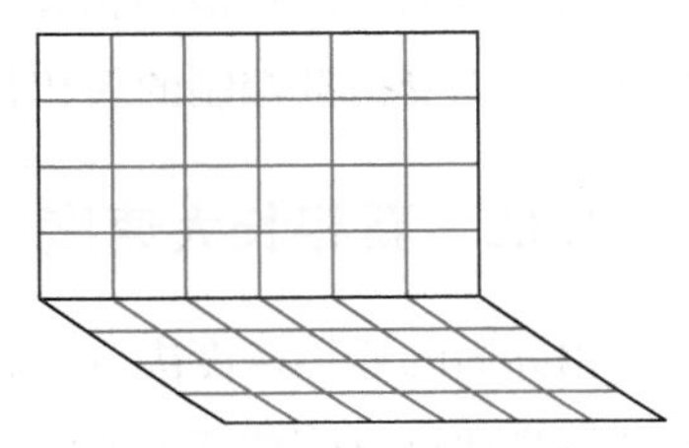

图 1-16　晶核的切变长大模型

这种晶核长大过程也称为协同型长大或位移式长大。由于该相变中原子的迁移都小于一个原子间距，所以又称为无扩散型相变。

2. 非共格界面的迁移

在许多情况下，晶核与母相间呈现非共格界面，这种界面处的原子排列紊乱，形成一不规则排列的过渡薄层，如图 1-17（a）所示。在这种界面上原子移动是非协同的，即没有一定的先后顺序，相对位移不等，相邻关系也可能变化。随母相原子不断以非协同方式向新相中转移，界面便沿其法向母相推进，从而使新相逐渐长大。这就是非协同型长大。相变时无论新相与母相的成分是否相同，这种非共格界面的迁移都是通过界面扩散进行的。因此这种相变又称为扩散型相变。

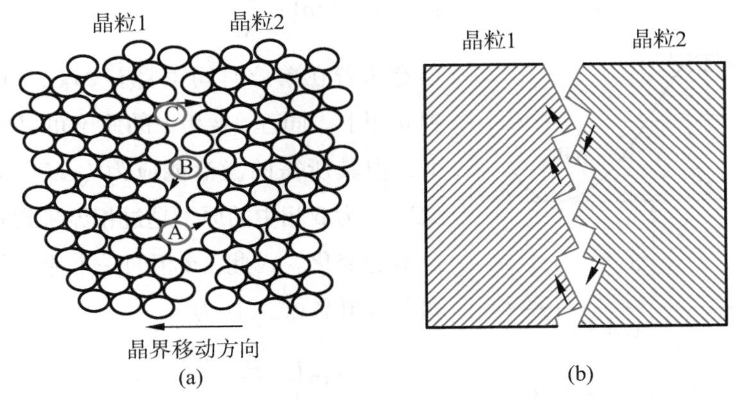

图 1-17　非共格界面的可能结构

（a）原子不规则排列的过渡薄层；（b）台阶状非共格界面

扩散型相变中的长大，又可以分为“受界面控制的新相长大”和“受扩散控制的新相长大”两种类型。

1）受界面控制的新相长大

对于无成分变化的扩散型相变，比如有序—无序转变、同素异构转变、再结晶和晶粒长大等，新相的长大主要依赖于母相中靠近相界面的原子作短程扩散，跨越相界面，进入新相中，使界面向母相中推进来实现，此时的长大速率主要受到界面控制，称为受界面控制的新相长大。个别有成分变化的相变速率也可能受界面控制。

2）受扩散控制的新相长大

对于多数有成分变化的扩散型相变，比如过饱和固溶体的分解，新相的长大需要溶质原子从远离相界的地区扩散到相界处，界面的移动速率主要受到溶质原子长程扩散时的扩散速率的控制，称为受扩散控制的新相长大。

1.3.2 新相长大速度

相界面的迁移速度决定了新相的长大速度。对于无扩散型相变，如马氏体转变，由于界面的迁移是通过点阵切变完成的，不需原子扩散，故具有很高的长大速度。但对于扩散型相变来说，由于界面迁移需要借助于原子的短程或长程扩散，故新相的长大速度相对较低。

1. 受界面控制的新相长大

令母相为β，新相为α，两者成分相同。母相中的原子通过短程扩散越过相界面进入新相中，便导致相界面向母相中迁移，使新相逐渐长大。图 1-18 为固态相变阻力示意图。

如图 1-18 可见，β 相的一个原子越过相界跳到 α 相上所需的激活能为 ΔG，两相的自由能差为 $\Delta G_{\beta\to\alpha}$。振动原子中能够具有这一激活能的概率应为 $\exp\left(-\frac{\Delta G}{kT}\right)$。若原子振动频率为 v_0，则 β 相的原子能够越界跳到 α 相上的频率 $\Delta v_{\beta\to\alpha}$ 为

$$v_{\beta\to\alpha}=v_0\exp\left(-\frac{\Delta G}{kT}\right) \tag{1-41}$$

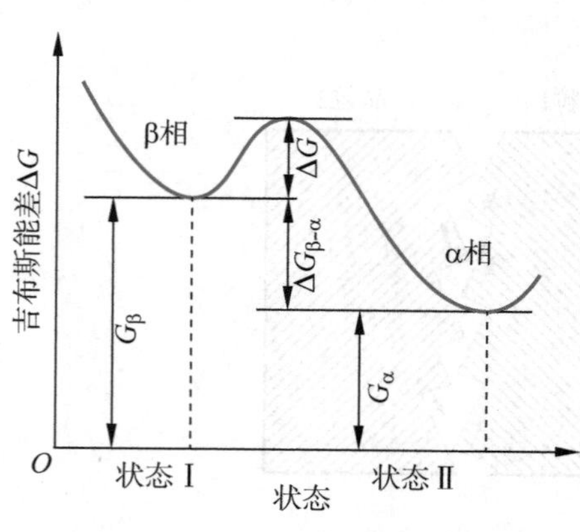

图 1-18 固态相变阻力示意图

这意味着在单位时间里将有 $\Delta v_{\beta\to\alpha}$ 个原子从 β 相跳到 α 相上。同理，α 相中的原子也可能越界跳到 β 相上，但其所需的激活能应为（$\Delta G+\Delta G_{\beta\to\alpha}$），其中 $\Delta G_{\beta\to\alpha}$ 为 β 相中的原子越过相界跳到 α 相上所引起的自由能变化。因此，α 相的一个原子能够越界跳到 β 相上的频率 $v_{\alpha\to\beta}$ 应为

$$v_{\alpha\to\beta}=v_0\exp\left(-\frac{\Delta G+\Delta G_{\beta\to\alpha}}{kT}\right) \tag{1-42}$$

亦即单位时间里可能有 $v_{\alpha\to\beta}$ 个原子从 α 相跳到 β 相上。这样，原子从 β 相跳到 α 相的净频率为 $v_{\beta\to\alpha}-v_{\alpha\to\beta}$。若原子跳一次的距离为 λ，每当相界上有一层原子从 β 相跳到 α 相上后，α 相便增厚 λ，则 α 相的长大速度为

$$u=\lambda v=\lambda v_0\exp\left(-\frac{\Delta G}{kT}\right)\left[1-\exp\left(-\frac{\Delta G_{\beta\to\alpha}}{kT}\right)\right] \tag{1-43}$$

若相变时过冷度很小，则 $\Delta G_{\beta\to\alpha}\to 0$。根据近似计算，$e^x=1+x$（当 $|x|$ 很小时），故

$$\exp\left(-\frac{\Delta G_{\beta\to\alpha}}{kT}\right)\approx 1-\frac{\Delta G_{\beta\to\alpha}}{kT} \tag{1-44}$$

把式（1-44）代入式（1-43）中，得到

$$u=\frac{\lambda v_0}{k}\left(\frac{\Delta G_{\beta\to\alpha}}{T}\right)\exp\left(-\frac{\Delta G}{kT}\right) \tag{1-45}$$

由式（1-45）可知，当过冷度很小时，新相长大速度与新、母相间吉布斯能差（即相变驱动力）成正比。但实际上相间吉布斯能差是过冷度或温度的函数，故新相长大速度随温度降低而增大。

当过冷度很大时，$\Delta G_{\beta\to\alpha}>kT$，根据 $e^x=\frac{1}{e^x}\to 0$，式（1-45）可以变化为

$$u=\lambda v_0\exp\left(-\frac{\Delta G}{kT}\right) \tag{1-46}$$

由此可知，当过冷度很大时，新相长大速度随温度降低呈指数函数减小。

综上所述，在整个相变温度范围内，新相长大速度随温度降低呈现先增后减的规律，如图 1-19 所示。

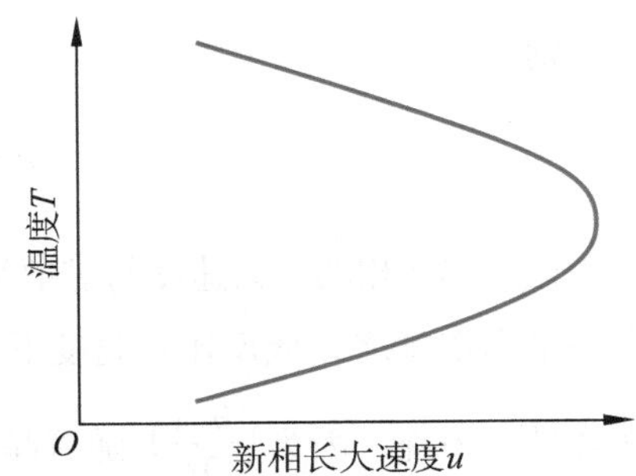

图 1-19　新相长大速度 u 与温度 T 的变化规律

2. 受扩散控制的新相长大

当新相与母相的成分不同时，新相的长大必须通过溶质原子的长程扩散来实现，速度受原子长程扩散所控制。生成新相时的成分变化有两种情况：一种是新相 α 中溶质原子的浓度 C_α 低于母相 β 中的浓度 C_∞；另一种则恰恰相反，前者高于后者，如图 1-20 所示。在某一转变温度下，设相界面上处于平衡的新相和母相的成分分别为 C_α 和 C_β。由于 C_β 小于或大于 C_∞，故在界面附近的母相 β 中存在一定的浓度梯度 $C_\beta-C_\infty$ 或者 $C_\infty-C_\beta$。在这一浓度梯度的推动下，将引起溶质原子在母相内扩散，以降低浓度差，结果便破坏了相界上的浓度平衡。为了恢复相界上的浓度平衡，就必须通过相间扩散，使新相长大。新相长大的过程需要溶质原子由相界处扩散到母相一侧远离相界的地区（如图 1-20（a）所示），或者由母相一侧远离相界的地区扩散到相界处（如图 1-20（b）所示）。在这种情况下，相界的迁移速度即新相的长大

速度将由溶质原子的扩散速度所控制。

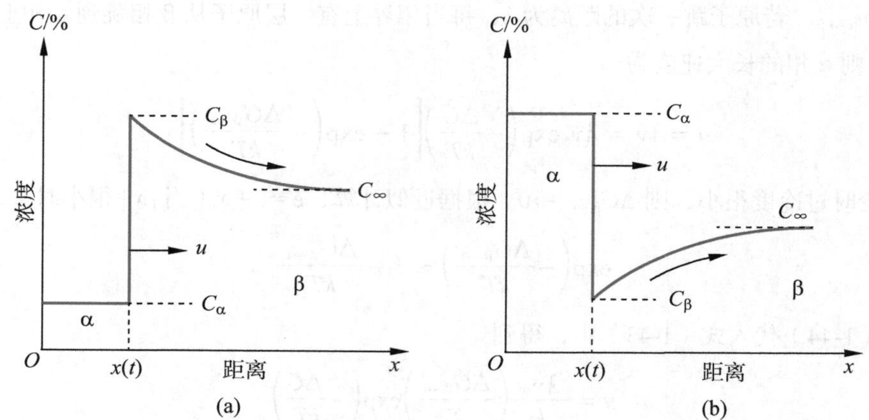

图 1-20 新相生长过程中溶质原子的浓度分布

设在 dt 时间内相界面向 β 相一侧推移 dx 距离，则新增的 α 相单位界面面积所需的溶质量为 $|C_\beta - C_\alpha|\,\mathrm{d}x$。这部分新增加的溶质量是依靠溶质原子在 β 相中的扩散提供的。设溶质原子在 β 相中的扩散系数为 D，并假定其不随位置、时间和浓度而变化；而相界面附近 β 相中的浓度梯度为 $\left(\frac{\partial C_\beta}{\partial x}\right)_{x_0}$，由菲克（Fick）第一定律可知，扩散通量为 $D\left(\frac{\partial C_\beta}{\partial x}\right)_{x_0}\mathrm{d}t$，得到

$$|C_\beta - C_\alpha|\,\mathrm{d}x = D\left(\frac{\partial C_\beta}{\partial x}\right)_{x_0}\mathrm{d}t$$

则

$$u = \frac{\mathrm{d}x}{\mathrm{d}t} = \frac{D}{|C_\beta - C_\alpha|}\left(\frac{\partial C_\beta}{\partial x}\right)_{x_0} \tag{1-47}$$

这表明新相的长大速度与扩散系数和相界面附近母相中浓度梯度成正比，而与两相在界面上的平衡浓度之差成反比。温度下降时，扩散系数 D 降低，新相的长大速度也随着温度下降而降低。另外，因为 $\left(\frac{\partial C_\beta}{\partial x}\right)_{x_0}$ 随着晶核的长大而不断降低，当温度不变时，新相的长大速度还随着时间的延长而变化。

1.4 固态相变中新相与晶粒的粗化

新相形成后，由于系统中储存着大量界面，其能量很高而不稳定，因此新相晶粒有进一步长大、聚集的趋势，以降低界面能，从而使系统向着能量更低、更加稳定的状态过渡。

单相系统组织的粗化是通过大的晶粒吞并相邻的小晶粒来实现的，其速率受界面处原子穿越晶界的短程扩散控制，即界面控制。在含有成分不同的两相系统中，组织粗化的速率在绝大多数情况下是由溶质原子的长程扩散控制的。近年的研究表明，粗化不只发生在转变的后期，

亦可发生于新相生长甚至在形核阶段。

1）球形晶粒的长大粗化

图 1-21 为球形晶粒长大粗化示意图。

设晶粒为球形，半径为 R，晶界总面积为 $4\pi R^2$，总界面能为 $4\pi R^2\gamma$。又设作用于晶界的驱动力为 F，面积为 A 的晶界在驱动力的作用下移动 $\mathrm{d}x$ 时吉布斯能的变化为 $\mathrm{d}G$，则

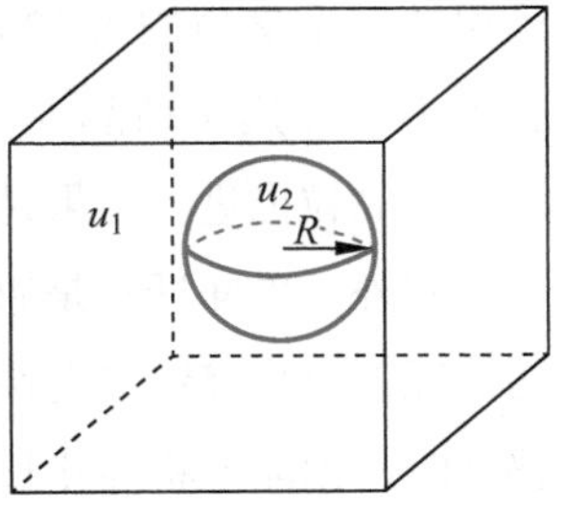

图 1-21　球形晶粒

$$FA\mathrm{d}x = -\mathrm{d}G \qquad (1\text{-}48)$$

于是有

$$F = -\frac{\mathrm{d}G}{A\mathrm{d}x} \qquad (1\text{-}49)$$

晶界沿球直径向球心移动时，界面将缩小，界面能将下降，由此可得

$$\frac{\mathrm{d}G}{\mathrm{d}x} = -\frac{\mathrm{d}\left(4\pi R^2\gamma\right)}{\mathrm{d}R} = -8\pi R\gamma \qquad (1\text{-}50)$$

界面 $4\pi R^2$ 在 F 的作用下，移动 $\mathrm{d}R$ 时，引起的吉布斯能变化为 $\mathrm{d}G$，有

$$F = -\frac{\mathrm{d}G}{4\pi R^2\mathrm{d}R} = \frac{2\gamma}{R} \qquad (1\text{-}51)$$

式（1-51）表明，由界面能提供的作用于单位面积晶界的驱动力 F 与界面能 γ 成正比，与界面曲率半径 R 成反比。力的方向指向曲率中心。可见，当界面平直时，$R=\infty$，驱动力为零。界面能 γ 越大，驱动力越大。如果界面处溶入降低界面能的合金元素，那么，驱动力变小，界面的移动速度变小。

对于曲率变化的晶界，R 可以表达如下

$$\frac{1}{R} = \frac{1}{2}\left(\frac{1}{R_1} + \frac{1}{R_2}\right) \qquad (1\text{-}52)$$

式中，R_1 和 R_2 分别为曲面晶界的最大及最小半径。

2）二维晶粒的长大粗化

二维晶粒的长大粗化以薄片样品的晶粒粗化为例。若薄片厚度小于晶粒直径，且晶界垂直于薄片表面，则可将其看成是二维晶粒。设所有晶粒均为六边形，每个晶粒均与 6 个晶粒相邻，三个相交晶界之间的夹角均为 120°，这时所有晶界均为平直晶界（如图 1-22 所示），驱动力 F=0。那么，晶界不能移动，晶粒稳定，不会长大。

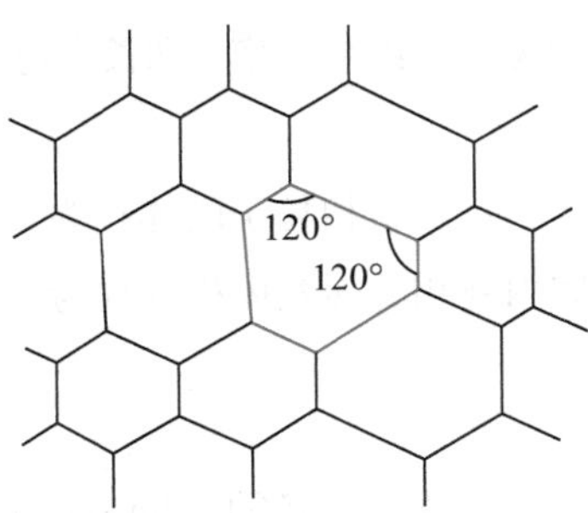

图 1-22　稳定的二维晶粒

但是实际上，由于形核有先后，长大条件也有差异，故晶粒大小不会一样。由于晶粒大小不同，每个晶粒的边数也就不可能一样。小晶粒的边界数可能小于 6，大晶粒的边界数将大于 6，即每个晶粒相邻的晶粒数目不同。晶粒越大，边界数也就越多。在三个晶界交点处，为了保持界面张力平衡，也就必

须保持三个交角均为 120°，晶界必将凸向大晶粒一方，出现曲面晶界。根据式（1-51）将有驱动力 F 作用于该晶界，促使晶界移动。如果没有大于 F 的阻止晶界移动的阻力，那么晶界将向小晶粒推进。结果是：大晶粒不断长大，小晶粒逐渐变小，导致晶粒粗化。

此外，界面迁移是原子扩散过程，温度越高，扩散速度越大，晶界迁移速度在存在驱动力的情况下也将移动得越快，一直到晶界趋向于平直，驱动力变小。当驱动力 F 不足以推动晶界移动时，则晶粒将停止长大。

1.5 固态相变动力学

相变动力学是关于相变过程进行的速度和程度等涉及时间变化的相变基本理论。多数相变发生的过程包括形核和长大两个阶段，相变动力学也可分为形核动力学和长大动力学。在大部分情况下，相变动力学理论主要以原子热激活运动和扩散理论为基本，研究相转变总量与温度和时间的关系。对于包括形核和长大两个过程的扩散型相变，相变动力学是形核动力学和长大动力学两部分的综合效果。

基于微观动力学过程的不同，可以将固态相变分为形核、生长和粗化三个阶段。实际相变过程中，这三个阶段并不能完全分开。实际上，从第一批晶核出现的时候生长就已经开始了，而且一旦系统中出现了不同尺寸的新相区，粗化的条件也已经具备了。因此，仅仅给出三阶段单独的微观动力学描述，虽然从物理过程上来考虑是十分重要的，但并不能反映实际相变过程中的宏观动力学行为。本书只给出新相的转化率与温度、时间的关系。

1.5.1 相变动力方程

1. Johnson−Mehl 方程

相变动力学取决于新相的形核率和长大速率。设在某一温度下，经过 τ 时间（孕育期）后，在母相 α 基体中产生了新相 β 的球形晶核，转变过程中基体成分保持不变，新相长大速率与时间无关，即形核率 I 和长大速度 u 恒定，则新相 β 的半径 R 与时间 t 之间为线性关系

$$R = u\,(t - \tau) \qquad (1\text{-}53)$$

每个新相粒子的体积为 $4/3\pi R^3$，即每一个新相晶核的体积为 $4/3\pi u^3(t-\tau)^3$。可得在 t 时间内新相的转变体积分数为

$$x = 1 - \exp\left[-\frac{\pi}{3} I u^3 (t-\tau)^4\right] \qquad (1\text{-}54)$$

这就是著名的 Johnson-Mehl 方程（也称 J-M 方程）。由上述假设不难理解，该方程基本上适用于所有形核—长大型相变的早期阶段，特别是新相晶核长大过程中不发生碰撞（或对于合金，新相周围的浓度场无重叠）时，其转变动力学可由 J-M 方程来描述。

2. Avrami 方程

J-M 方程仅适用于形核率和线生长速度为常数的扩散型相变过程。在固态相变中，均匀形核几乎不可能，且形核率和线生长速度均随时间变化，因此，J-M 方程不能直接使用，应进行如下修正，即

$$x = 1 - \exp\left(-Kt^n\right) \tag{1-55}$$

式（1-55）即为 Avrami 方程成 JMA 方程，其中 K、n 都是常数，随相变类型的不同而发生变化，且 n 位于 1~4 之间。显然，对应于 J-M 方程，$K = \frac{\pi}{3}Iu^3$，$n=4$。

Cahn 讨论了晶体形核，其中包括界面、界棱以及界隅形核时 Avrami 方程的形式。如果母相晶粒不太小，晶界形核很快可以达到饱和，假定晶核形成后为恒速长大，即 v 为常数，则形核的位置饱和后，转变过程仅由长大控制，形核率为零，此时 Avrami 方程分别为

界面形核：$$x = 1 - \exp\left(-2Avt\right) \tag{1-56}$$

界棱形核：$$x = 1 - \exp\left(-\pi L v^2 t^2\right) \tag{1-57}$$

界隅形核：$$x = 1 - \exp\left(-\frac{4\pi}{3} C v^3 t^3\right) \tag{1-58}$$

其中，A、L、C 分别为单位体积体系中界面面积、界棱长度以及界隅数。若设母相晶粒直径为 D，则 $A=3.35D^{-1}$，$L=8.5D^{-2}$，$C=12D^{-3}$。

应注意，J-M 方程和 Avrami 方程仅适于扩散型转变的等温转变过程。

最后需要说明的是，由于相变的类型较多，针对每种相变对应相应的相变机制，其动力学也是不同的。

1.5.2　相变动力学曲线

针对 J-M 方程中不同 r 和 I 值（实际是不同温度）绘出的新相转变体积分数与时间的关系曲线称相变体积动力学曲线，如图 1-23（a）所示。这些相变体积动力学曲线都呈 S 形，即相变初期和后期的转变速度较小，而相变中期的转变速度最大，具有形核和长大过程的所有相变均具有此特征。

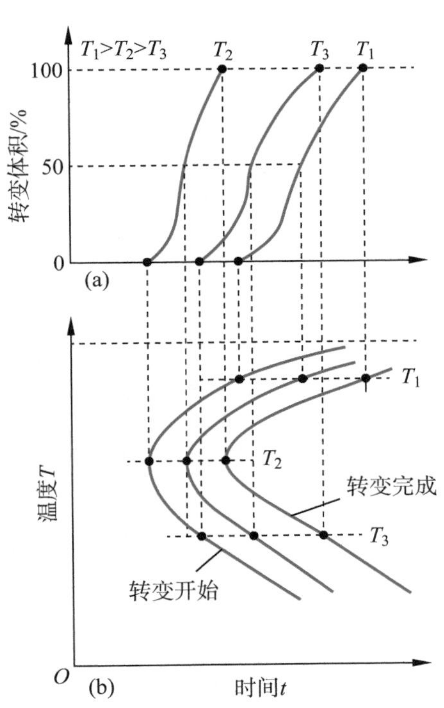

图 1-23　相变动力学曲线及等温转变图
（a）相变动力学曲线；（b）等温转变图

若将图 1-23（a）改绘为时间（time）、温度（temperature）与转变变量（transformation）的关系曲线，即变成如图 1-23（b）所示，得到的

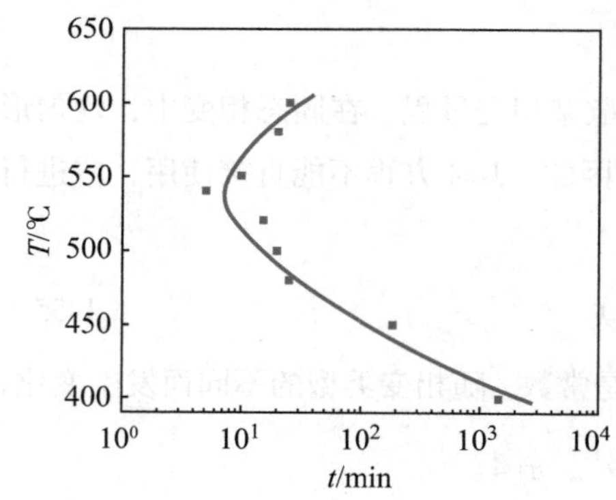

图 1-24 Ti-6Cr-5Mo-5V-4Al 钛合金的 TTT 曲线

即为等温转变曲线，也称 TTT 曲线（或称等温转变图、TTT 图），该曲线常呈 C 字形，所以又称为 C 曲线。这是扩散型相变典型的等温转变曲线，转变开始阶段取决于形核，它需要一段孕育期。转变温度较高时，形核孕育期很长，转变延续时间亦很长；随温度下降，孕育期缩短，转变加速，至某一温度（对应于鼻尖）时，孕育期最短，转变速度最快；温度再降低，孕育期又逐渐加长，转变过程持续的时间也加长；当温度很低时，转变基本上被抑制而不能发生。由这些曲线可清楚地看出：某相过冷到临界点以下，在某温度保温时，相变何时开始，何时转变量达 50%，何时转变终止。图 1-24 为李成林等采用淬火金相法测得的 Ti-6Cr-5Mo-5V-4Al 钛合金（即 Ti-6554 合金）的 β 相中析出 α 相时的 TTT 曲线。可见，等温转变的“鼻温”即时效响应最快的温度在 540℃左右，α 相析出仅需 5min。该合金在 480~600℃时效时，α 相从亚稳 β 相中析出的开始时间均少于 30min。相变动力学曲线是金属热处理时制订工艺参数的重要依据。

第 2 章

无多型性转变金属热处理原理

在固态相变过程中，合金基体固溶体的晶体结构不因温度的变化而改变，只出现新相的生成或合金中原有相消失的转变，称无多型性转变。

本章以铝及铝合金，铜及铜合金为例，学习热处理过程中，金属无多型性转变时的相变规律，包括脱溶分解、Spinodal 分解和有序—无序相变等。

2.1 脱溶分解

脱溶分解（简称脱溶）是从过饱和固溶体中析出第二相（沉淀相）或形成溶质原子偏聚区以及亚稳定过渡相的过程，也称为过饱和固溶体的脱溶，是典型的扩散性转变。

2.1.1 脱溶的条件

合金能否发生脱溶可由相图确定。在平衡状态图中，若一个合金相的固溶度随温度的变化而变化，则从单相区进入两相区或多相区时可能出现脱溶，这是发生脱溶的最基本条件。脱溶在冷却或加热过程中均可发生但以冷却中脱溶最常见。以图 2-1 所示的二元相图为例，阴影部分为 α 单相固溶体稳定的范围，若将成分为 C_1 的合金在 T_1 以上温度保持足够长时间，使之成为单相固溶体；当该固溶体缓慢冷却至低于 T_1，可以发生新相 β 的脱溶；但是，如果以足够快的冷却速度冷至室温，将得到单相的过饱和固溶体而不发生脱溶现象。

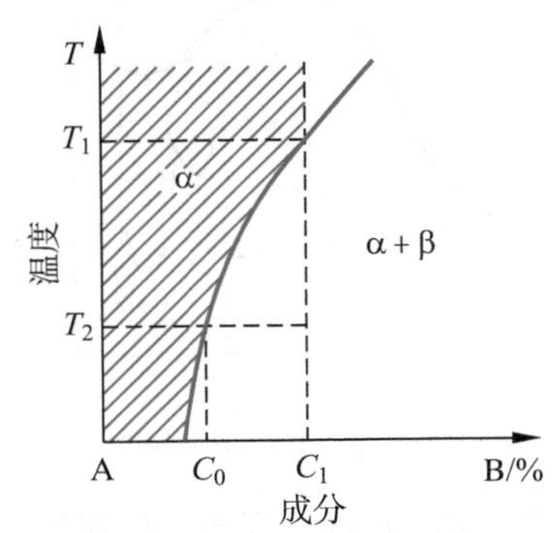

图 2-1 具有溶解度变化的二元相图

过饱和固溶体是亚稳的，在室温下保持一段时间或加热到一定温度，将发生分解而析出脱溶相。

脱溶驱动力是新相状态和母相状态的体积吉布斯能差。如图 2-2 所示，浓度为 C_0 的母相 α 在温度 T_1 时析出浓度为 C_β 的脱溶相 β（$C_\beta>C_0$），而与之平衡的母相的浓度降至 C_α（$C_\alpha<C_0$）。该合金在 T_1 温度完全转变时，摩尔吉布斯能减少 ΔG_m，为相变驱动力。在 β 晶核形成过程中，只有当其核心成分大于 j 点对应的成分时，体系能量才可能降低。对于成分范围不大的脱溶相 β，其形核驱动力为 ΔG_D，即母相吉布斯能—成分曲线上对应该母相成分点 C_0 的切线与脱溶相 β 的吉布斯能—成分曲线之间的最大垂直距离。可见，随母相成分的不同，脱溶相形核驱动力亦不同。在转变过程中，随着母相过饱和度的减小，脱溶相形核驱动力将不断减小。

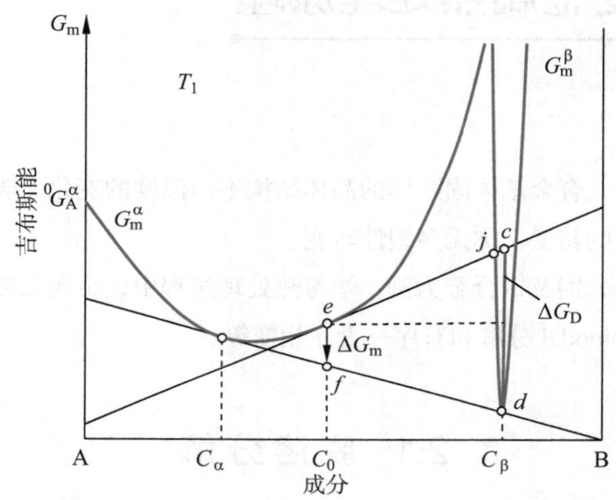

图 2-2　二元脱溶合金反应驱动力和形核驱动力示意图

2.1.2　脱溶序列

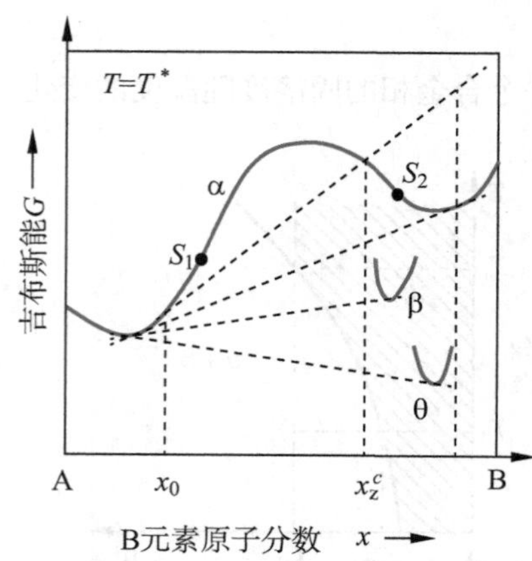

图 2-3　A-B 二元合金的脱溶序列的热力学解释

由前述固态相变的热力学分析可知，新相的形核与长大是驱动力与弹性应变能、界面能的阻力之间协调的结果。固态相变时，最稳定相形成前往往经历其他能量较高的亚稳定相形成阶段，体系的总能量随转变的进行表现出由高到低的多级台阶。这被称为相变阶次规则。过饱和固溶体的脱溶遵循这一规则，相应地在平衡脱溶相出现之前出现一种或多种亚稳定结构相。研究表明，过饱和固溶体的脱溶过程一般顺序为：偏聚区（或称 G.P 区）→过渡相（亚稳相）→平衡相。这就是完整的脱溶序列。

设 A-B 二元合金在某温度 T 保温时，各相的吉布斯能—成分曲线如图 2-3 所示，其中 α 相吉布斯能曲线带有拐点（S_1、S_2），从图中可以看出，对于拐点外的成分为 x_0 的 α 固溶体在 T^* 时的脱溶产物有三种可能：β、θ 及含 B 量多的 x_z^c 的 α 相，当形成 B 含量大于 x_z^c 的 α 相晶核时，脱溶驱动力为正，且析出物的结构与母相相同，通常称此富 B 相为偏聚区（也可称为 G.P 区）。虽然 β 相的形核驱动力大于富 B 的 α 相，但它的晶体结构与母相 α 不同，其形核阻力也远大于富 B 原子的 α 相，因而使偏聚区可能成为优先脱溶相。同理，虽然 θ 相的形核驱动力最大，若 β 相在晶体结构和成分方面有利，它会于 θ 相析出，即 β 相成为稳定 θ 相的过渡相。可见，x_0 的合金在 T^* 时的完整脱溶顺序是：过饱和的 α 相中先析出富 B 原子的 α 相（G.P 区），接着形成 β 相，最后是 θ 相脱溶析出。

几种典型合金系的脱溶序列列于表 2-1 中。由该表可见“偏聚区—过渡相（亚稳相）—平衡相”的序列具有普遍性，但脱溶过程极其复杂，具体表现如下：合金种类不同，脱溶序列会表现出不同；同一体系的不同成分合金，也可能出现不同的脱溶序列；同一合金加热温度不同，也可能出现不同的脱溶序列；同一合金的不同部位，或者不同加工状态由于能量条件不同，也可能出现不同的脱溶序列，导致在同一时期可能出现不同的脱溶产物，即偏聚区、过渡相及平衡相可同时出现。

表 2-1　几种典型合金的脱溶序列

基体金属	合金	脱溶序列	平衡脱溶相
铝	Al-Ag	偏聚区（球状）→γ′（片）→	γ（Ag_2Al）
	Al-Cu	偏聚区（盘状）→θ″（盘状）→θ′→	θ（$CuAl_2$）
	Al-Zn-Mg	偏聚区（球状）→η′（片）→	η（$MgZn_2$）
		→T′→	T（$Mg_3Zn_3Al_2$）
	Al-Mg-Si	偏聚区（杆状）→β′→	β（Mg_2Si）
	Al-Cu-Mg	偏聚区（杆状或球状）→S′→	S（Al_2CuMg）
铜	Cu-Be	偏聚区（盘状）→γ′	β（$γ_2$）（CuBe）
	Cu-Co	偏聚区（球状）→	β
铁	Fe-C	ε 碳化物（盘状）→	Fe_3C（板条状）
	Fe-N	α″（盘状）→	Fe_4N
镍	Ni-Cr-Al-Ti	γ′（立方体）→	γ′（Ni_3Ti, Al）

脱溶相的结构、尺寸、形态及分布特征直接影响合金的性能。材料研究者通常通过调整热处理工艺或材料缺陷状态来调控脱溶相或脱溶组织从而调控合金性能。

需要指出，有些成分的合金可发生另一种方式的脱溶分解，称为 Spinodal 分解（亦称自发分解），获得结构相同而成分不同的两相。比如，图 2-3 中 S_1 和 S_2 之间的合金即可发生此类分解。关于失稳分解的知识将在 2.2 节中进行详细介绍。

2.1.3 脱溶动力学及其影响因素

1. 等温脱溶曲线

如前所述，过饱和固溶体的脱溶驱动力来自化学吉布斯能差，而脱溶过程须通过原子扩散进行。随着温度升高，原子可动性增强，扩散率增大，脱溶速度加快；但温度升高时，固溶体过饱和度减小，吉布斯能差则减小，临界形核功增大，临界晶核尺寸增大，又使脱溶速度减慢。图 2-4（a）为过饱和固溶体的等温脱溶动力学曲线即 TTT 图，呈 C 字形。不难看出，不同脱溶相有自身的脱溶动力学，低温（T_3）加热时，保温 $\tau_{G.P}$ 时长后出现 G.P 区，达 $\tau_{\beta'}$ 出现过渡相，平衡相经 τ_β 时长后才出现，说明该温度下的脱溶序列为：G.P 区→β′→β。对于图 2-4（b）所示 Al-Cu 合金而言，其脱溶序列为：过饱和相 α → G.P 区→ θ″→ θ′→ θ，且只有在较低温下才优先形成 G.P 区。

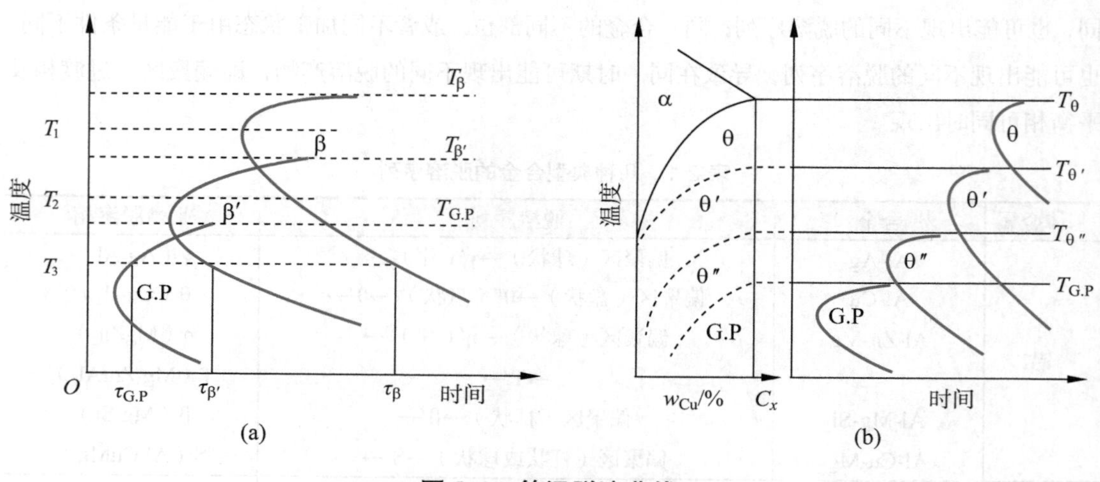

图 2-4 等温脱溶曲线

（a）无多型性转变合金在不同温度下，脱溶产物 TTT 图；（b）Al-Cu 合金的固溶度曲线及各相开始析出的动力学图

图 2-4 中，G.P、β′和 β 分别表示溶质原子偏聚区、过渡相和平衡相；$T_{G.P}$、$T_{\beta'}$ 和 T_β 等分别表示各脱溶相在 α 相中完全溶解的最低温度。

由等温脱溶 C 曲线可以看出，无论是 G.P 区、过渡相及平衡相，都要经过一定的孕育期才能形成。脱溶时，加热温度越高，固溶体的过饱和度就越小，脱溶阶段少；在同一温度下，合金中溶质原子浓度越低，固溶体过饱和度越小，则脱溶阶段亦少。

不同温度下可能的脱溶序列示于表 2-2 中。对 Al-Cu 系合金脱溶相结构的详细研究证实了上述规律（表 2-3）。

表 2-2　同一成分合金在不同温度下可能的脱溶序列

时效温度	驱动力			可能的脱溶序列
	$\Delta G_{G.P}$	$\Delta G_{\beta'}$	ΔG_{β}	
高	负→	负→	正	平衡相
中	负→	正→	更正	过渡相→平衡相
低	正→	较正→	最正	G.P 区→过渡相→平衡相

表 2-3　Al-Cu 合金脱溶时首先析出的脱溶相*

时效温度 /℃	2%	3%	4%	4.5%
110	G.P 区	G.P 区	G.P 区	G.P 区
130	θ′或 θ′与 G.P 区同时出现	G.P 区	G.P 区	G.P 区
165	—	θ 和少量 θ″	G.P 区及 θ″	—
190	θ′	θ 和很少量 θ″	θ″ 和少量 θ′	θ″和 G.P 区
220	θ′	—	θ′	θ′
240	—	—	θ′	—

注：表中成分为 Cu 的质量百分比。

各种脱溶相之间大体有三种关系：

（1）各种脱溶相均独立形核—长大。在不同条件下，G.P 区、过渡相及平衡相都可能是首先观察到的脱溶产物。这至少说明它们都能单独形核。在较稳定脱溶相形核时，较不稳定的脱溶相逐渐溶解。所偏聚的溶质逐渐转移到较稳定的脱溶相中。如图 2-5 所示，若在合金的其一微观区域存在一过渡相及一平衡相，与过渡相平衡的基体浓度将大于与平衡相平衡的基体浓度，因而在基体中就会形成某一组元的浓度梯度，造成箭头所示方向的溶质原子扩散。溶质原子扩散破坏了两种脱溶相与基体间的热力学平衡关系，导致过渡相不断溶解，平衡相不断长大。

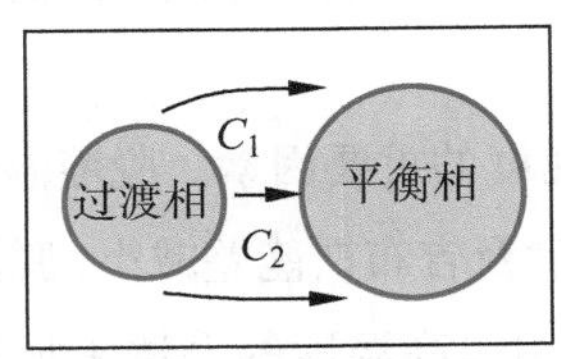

图 2-5　不同脱溶相在基体中形成的浓度梯度

（2）稳定性较小的脱溶相经晶格改组转变成更稳定的脱溶相。这种情况只在脱溶相的结构相差不大时才有可能。例如，Al-Cu 系合金中 G.P 区可直接改组成 θ″，θ 可由 θ′演变而来。

（3）较稳定的相在较不稳定的相中形核，然后在基体中长大。例如，Al-Zn-Mg 系合金人工时效时，η′相在自然时效的 G.P 区上形核；铍青铜的 γ′相亦在 G.P 区中形核。

2. 影响等温脱溶曲线的因素

固溶体合金的脱溶是形核和长大的过程。因此，凡影响形核率及长大速率的因素，都会影响合金的脱溶动力学。

1）晶体缺陷的影响

晶体缺陷处由于易于满足形核的能量条件和成分条件，往往是优先形核的地方。实验发现，Al-Cu 合金中 G.P 区的形成速度比按 Cu 在 Al 中的扩散系数计算出的形成速度高 10^7 倍之多。这是因为空位促进溶质原子扩散，促进 G.P 区形成。对于 Al-Cu 合金，G.P 区、θ′、θ″以及 θ 的形成和析出都与 Cu 原子的扩散有关，合金中的空位浓度越高，越有利于 Cu 原子扩散，脱溶速度就越快。

位错具有与空位相似的作用。位错可以促进 Al-Cu 合金中 θ′相的析出，还可成为扩散通道而促进析出相粒子的长大。原因在于：①位错可以部分抵消过渡相和平衡相形核时所引起的点阵畸变；②溶质原子在位错处发生偏聚，形成溶质高浓度区，易于满足过渡相和平衡相形核时对溶质原子浓度的要求。

塑性变形可以增加晶内缺陷，因此固溶处理后的塑性变形可以促进脱溶过程。

虽然增加晶体缺陷可以使脱溶速度加快，但不同的晶体缺陷对不同的脱溶相的影响不一样。例如，Al-Cu 合金中空位促进 G.P 区的形成，而位错有利于 θ′相的脱溶。

2）合金成分的影响

一般来说，溶质原子与溶剂原子性能差别越大，脱溶速度就越快；固溶体过饱和度增加，脱溶过程加快。其他组元的存在对合金的时效脱溶速度也有影响，这主要取决于组元的存在情况。如果合金元素以固溶状态存在，对脱溶速度影响不大；若以化合物状态存在，且化合物高度弥散，有可能作为脱溶相的非自发晶核时，将促进脱溶相的析出。例如，在 Al-Zn-Mg 合金中加入 Cr 将使脱溶过程显著加快，加入 Zr 和 Mn 也加快脱溶过程。

有些元素对脱溶过程中的不同阶段的影响不同，如 Cd、Sn 与空位极易结合，故在 Al-Cu 合金中加入 Cd 和 Sn 将使空位浓度下降，使 G.P 区形成速度显著降低，但 Cd 和 Sn 又是内表面活性物质，极易偏聚在相界面而使界面能显著降低，因而能促进 θ′相沿晶界析出。

3）脱溶温度的影响

温度是影响过饱和固溶体脱溶速度的重要因素。脱溶温度越高，原子活动能力越大，脱溶速度就越快。但随温度升高，过饱和度及吉布斯能差减小，脱溶驱动力减少，又使脱溶速度降低，甚至不再脱溶。在一定范围内可以用提高温度的办法来加快时效过程，例如，Al-4Cu-0.5Mg 合金时效温度从 200℃提高 220℃，时效时间可以从 4h 缩短为 1h。

2.1.4 脱溶组织

根据固态相变的阶次规则，脱溶往往具有多阶段性，各阶段脱溶相结构有一定的区别，因而微观组织也不同。脱溶后的性能与脱溶相的种类、形状、大小、数量及分布等密切相关。为了调控脱溶后的性能，有必要了解脱溶后的显微组织。习惯上，按脱溶后的组织形态特征及基体相成分分布特点，将合金的脱溶分为连续脱溶和不连续脱溶。在连续脱溶中，又进一步细分为普遍脱溶与局部脱溶。

1. 连续脱溶及其组织

连续脱溶是过饱和固溶体最重要的脱溶方式。连续脱溶时，脱溶相在母相中的形核、长大，既可能是非均匀的，也可能是均匀的。

连续脱溶时，脱溶相的分布特征和基体的主要变化如下：脱溶可以在整个体积内各部分均匀进行，也可以优先发生于晶界等缺陷处；各脱溶相晶核长大时，周围基体的浓度连续降低，点阵常数连续变化，这种变化一直进行到所有多余的溶质排出为止。在整个转变过程中，原固溶体基体晶粒的外形及位向保持不变。

当脱溶过渡相转变为平衡相时，脱溶物与基体之间的共格关系逐渐被破坏，由完全共格变为部分共格，甚至为非共格关系。虽然如此，在连续脱溶的显微组织中，脱溶物与基体相之间往往仍然保持着一定的晶体学位向关系。连续脱溶产物呈针状、球状（等轴状）或立方体状等。

根据显微组织特征，连续脱溶又可进一步分为普遍脱溶和局部脱溶。

1）普遍脱溶

在整个固溶体中普遍地发生脱溶并析出均匀分布的脱溶相，而与晶界、位错线等无关。一般情况下，普遍脱溶对力学性能有较好的影响，它使合金具有较高的疲劳强度，并减轻合金晶间腐蚀及应力腐蚀的敏感性。

2）局部脱溶

在普遍脱溶前，脱溶相较早地从晶界、滑移带、夹杂物分界面以及其他晶格缺陷处优先形核，使该地区较早地出现脱溶相质点，出现局部脱溶。局部脱溶是不均匀形核引起的。脱溶相最易在晶界、亚晶界、孪晶界、滑移线等晶内缺陷处形核，因为这些地区能量高，可以提供形核所需能量。

某些合金（如铝基、钛基、铁基、镍基合金等）在晶界脱溶的同时，还会在晶界附近形成一个无脱溶相析出区，显微组织表现为一亮带，通常称为无沉淀带（PFZ），如图 2-6 所示。有些情况下无沉淀带的宽度很小，如铝合金无沉淀带的宽度仅有 1μm，只有在电镜下才能观察到；有些情况下会较宽，如 β 型钛合金的无沉淀带宽度有几微米，在光学显微镜下就能观察到。

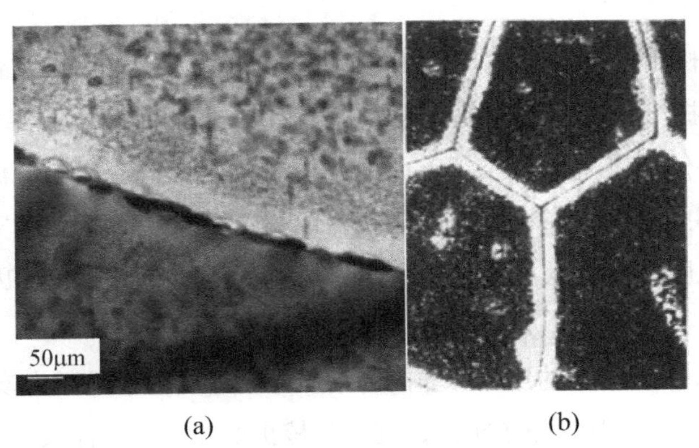

(a)　　(b)

图 2-6　晶界沉淀及晶界无沉淀带

（a）7 系铝合金；（b）BT15（苏联牌号）钛合金

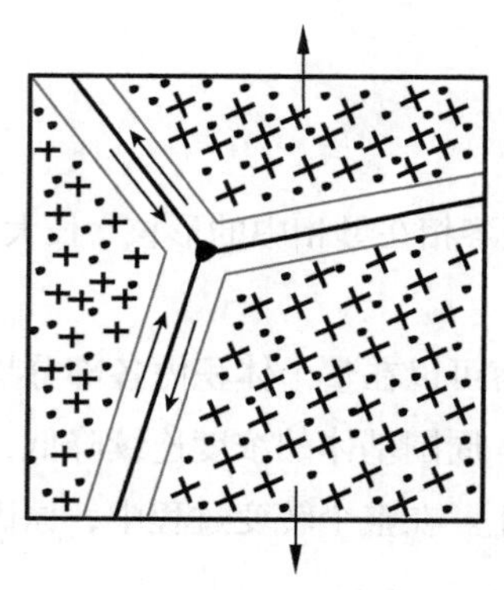

图 2-7　在应力作用下沿晶界无沉淀带开始破裂的模型

一般认为，无沉淀带的存在会降低合金的屈服强度，在应力作用下易于在该区发生塑性变形，导致合金沿晶界无沉淀带开始破裂（图 2-7）。关于无沉淀带对应力腐蚀的影响目前尚未有一致意见。图 2-8 所示为 Al-6Zn-1.2Mg 合金在 450℃加热，200℃分级淬火并在 120℃时效 24h 后测得的力学性能与无沉淀带宽度的关系。可见，无沉淀带宽度对抗拉强度影响较小，而塑性随无沉淀带宽度的增加而降低。值得指出的是，无沉淀带的宽度增加时，晶界上优先脱溶相的数量和尺寸均增加，直至形成连续薄膜，所以并不能肯定塑性降低仅由无沉淀带加宽造成。

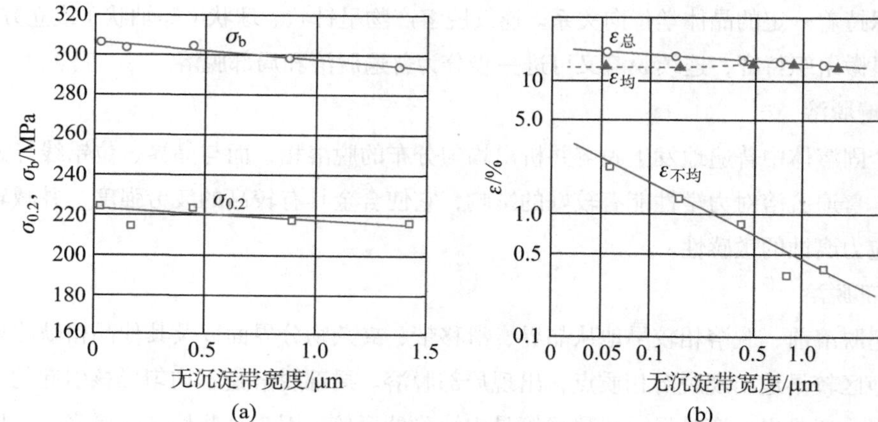

图 2-8　Al-6Zn-1.2Mg 合金力学性能和无沉淀带宽的关系
（a）强度；（b）塑性

也有人认为无沉淀带的存在是有益的，原因在于无析出区较软，应力易松弛。无沉淀带越宽，应力松弛越完全，因而裂纹越难以萌生和发展，这对力学性能特别是塑性是有利的。

迄今，对无沉淀带的利弊尚无定论，不过从改善力学性能和耐蚀性的角度看，应尽量缩小和消除无沉淀带。

无沉淀带产生的机制目前主要提出了两种，分别是贫溶质机制和贫空位机制。

贫溶质机制较早提出，该机制认为晶界处脱溶较快，较早地析出脱溶相，因而吸收了附近基体中的溶质原子，使周围基体溶质贫乏而无法析出脱溶相，造成无沉淀带。事实上，经常观察到无沉淀带中部晶界上存在粗大的脱溶相，说明这种机制有一定事实作依据。但也存在“纯粹”的不含粗大脱溶相的无沉淀带，用这种机制就不能充分解释，因此又提出了贫空位机制。

贫空位机制认为，无沉淀带的形成并非因为溶质原子的贫化而是因为该区域的空位浓度低。空位有利于脱溶相形核，有利于原子扩散，促进晶核扩散式生长。淬火加热时获得的过饱和空位不稳定，在冷却、停放及随后再加热时空位容易逸出至晶界及其他缺陷处，使晶内到晶界产生空位浓度梯度。当晶界附近空位浓度低于一定值时，脱溶相不易生成，在一定条件下就导致"贫空位的无沉淀带"。

图 2-9 所示为不同温度淬火后，固溶体晶界附近空位浓度分布，其中 C_1 和 C_2 分别为高温时效和低温时效时脱溶相析出所需的最低空位浓度。以曲线 1 为例，在该时效温度下因距晶界 Ob_1 的范围内空位浓度小于 C_1，故 Ob_1 所代表的宽度就表示晶界一侧无沉淀带的宽度。时效温度降低，固溶体过饱和度增加，生成脱溶相所需的空位浓度降低，即 $C_2 < C_1$，相应的无沉淀区宽度减小，即 $Ob_2 < Ob_1$。淬火温度升高至 T_2（$T_2 > T_1$），则空位过饱和程度增大，近晶界区空位浓度梯度变得更陡（图 2-9 曲线 2），因此在同一时效温度和同一临界空位浓度下，无沉淀带缩小（$Ob_4 < Ob_1$）。若淬火时缓冷，那么更多空位会流入晶界（图 2-9 曲线 3 表示自 T_2 缓冷），使无沉淀带加宽（$Ob_3 > Ob_4$）。

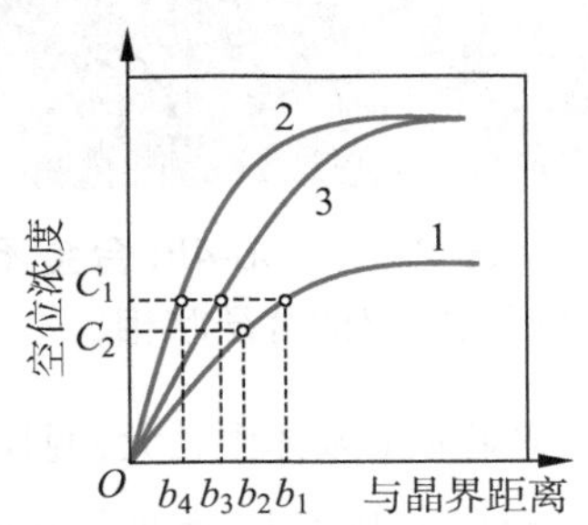

图 2-9　不同淬火规程下近晶界区的空位浓度分布

由以上分析可知，为减小无沉淀带的宽度，应提高淬火加热温度、加大淬火冷却速度并降低时效温度。这些都与实验观察一致，如图 2-10 所示。

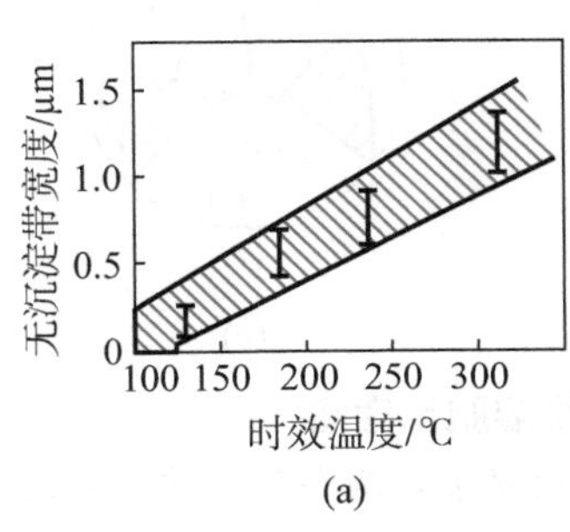

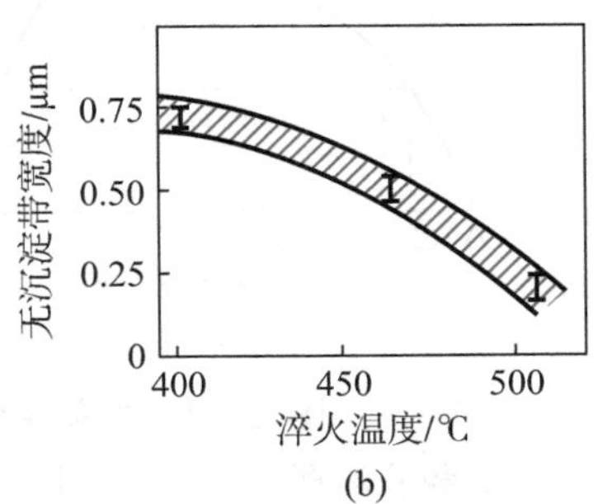

图 2-10　Al-5.9Zn-2.9Mg 合金无沉淀带宽度随工艺变化的产生

（a）时效温度；（b）淬火温度的关系

目前广泛接受的观点是晶界无沉淀带在高温时效以贫溶质机制为主，低温时效则以贫空位机制为主。

此外，电镜观察发现，在固溶处理状态下无沉淀带中无位错环存在，位错密度低，而其他区域都有大量的位错环，脱溶相往往易于在位错密度高的区域形核。因此认为，无沉淀带的形成可能是由于该区位错密度低而不易形核所致。

为了避免出现无沉淀带，可以采用一定的预变形，使晶内和晶界附近产生少量位错，促进普遍脱溶。如 Al-7Mg 合金时效前，经 15% 的拉伸变形便可消除晶界附近的无沉淀带。

2. 不连续脱溶及其组织

在某些合金中，或者同一合金在某种工艺条件下，脱溶相首先在晶界上形核，但并不沿

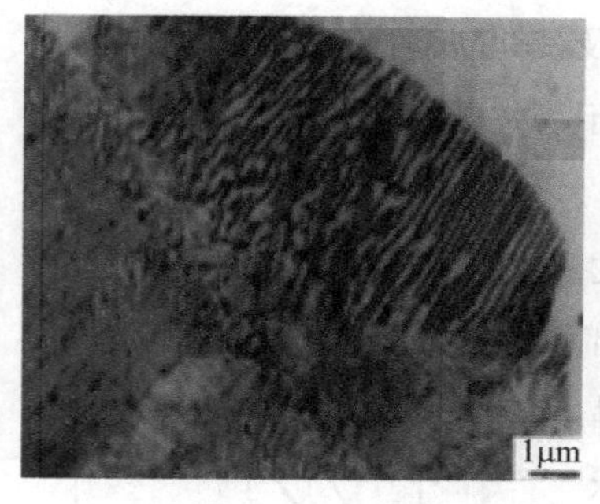

图 2-11 Cu-4In 合金不连续脱溶析出的片层状相

着晶界长大，也不像针状、片状的魏氏体沿着一定的结晶方向朝晶内生长，而是与过饱和度降低了的基体相一起生长，形成胞状组织。此时，胞内基体相与脱溶相呈层状分布，如图 2-11 所示。这种转变与共析反应很类似，形成类似于珠光体的显微组织，固溶体的浓度分布类似于双相分解。

不连续脱溶可用图 2-12 来说明，当成分为 C_{α_0} 的 α 相冷却至 T_1 温度（图 2-12（a）），在晶界上优先形成成分为 C_β 的 β，此时与 β 平衡的母相 α 的成分为 C_{α_1}，二者形成一个胞状产物，与原过饱和基体之间有明显界面，之后胞状脱溶产物向 α 基体中长大，见图 2-12（b）。胞状脱溶产物是由 α 相及 β 相交替组成（通常为片层状）。对于基体相而言，胞外的 α 成分为 C_{α_0}，胞内的 α 成分为 C_{α_1}，在界面处成分突变，即由基体中的 C_{α_0} 突然改变为胞状区的 C_{α_1}，因而界面处 α 相的晶格常数也呈不连续变化。这也是不连续脱溶名称的由来。不连续脱溶可表示为：$\alpha \rightarrow \alpha_1+\beta$，因其从晶界开始，有时亦称晶界反应。

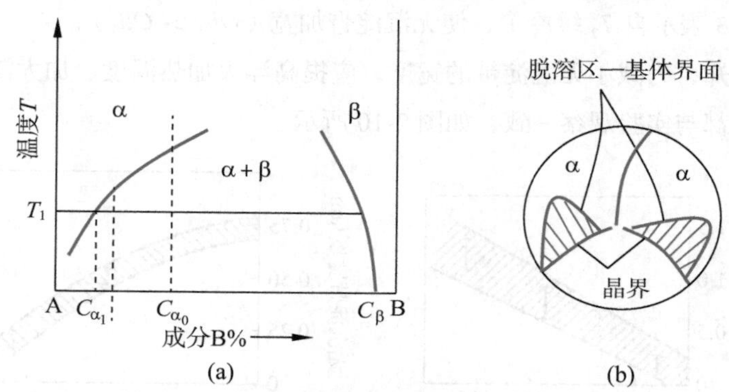

图 2-12 相关相图及脱溶胞示意图

（a）α 和 β 溶解度曲线；（b）不连续脱溶之两个脱溶胞示意图

不连续脱溶时，脱溶胞与基体间界面是非共格的大角度界面，脱溶胞中的 α 片和 β 片都与原始 α 基体形成非共格界面，说明脱溶胞与基体间结晶学位向也是不连续的。

1）不连续脱溶机理

目前已提出多种不连续脱溶机理，其中之一如图 2-13 所示。

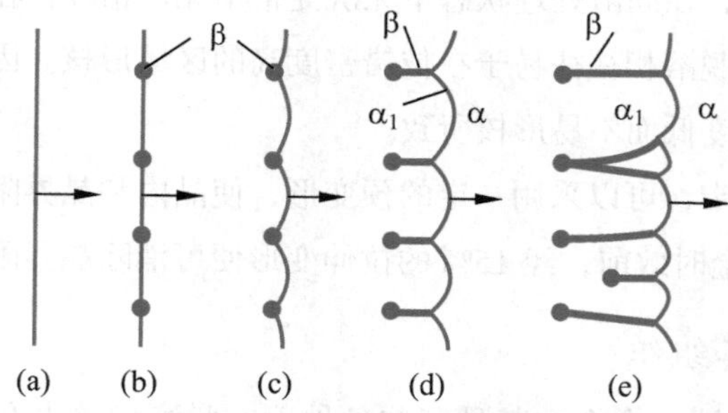

图 2-13 不连续脱溶机理示意图

反应初期，部分晶界发生运动（图 2-13（a））。吸附它所扫过地区的溶质原子，形成高浓度溶质偏聚，当偏聚达一定程度就会以脱溶相形式析出，如图 2-13（b）所示。晶界继续运动，脱溶相的钉扎作用使晶界弓出（图 2-13（c）），但因已析出脱溶相区域与未发生析出区域间存在较大体积吉布斯能差，脱溶的驱动力足以补偿脱溶相质点对晶界运动的阻滞，晶界得以继续迁移。晶界迁移又进一步促进脱溶相朝界面迁移方向长大，最后形成 α 片和 β 片相间的层状组织（图 2-13（d）、（e））。

在界面迁移过程中，由于溶质偏聚程度增高以及各种偶然性，可能造成脱溶相分枝或重新形核。所以一般情况下，不连续脱溶开始阶段层片间距较大，后阶段层片间距变小。

胞状组织与珠光体组织的区别在于：由共析转变形成的珠光体中的两相（$\gamma \rightarrow \alpha+Fe_3C$）与母相在结构和成分上完全不同，而由非连续脱溶所形成的胞状物内的两相（$\alpha \rightarrow \alpha_1+\beta$）中必有一相的结构与母相相同，只是其溶质原子的浓度不同。

2）不连续脱溶相的长大

不连续脱溶的机理随合金虽然有所不同，但其长大过程有如下相同的特征：

（1）脱溶物在晶界形核，只朝着相邻晶粒的一边生长，而与另一相邻晶粒共格。

（2）脱溶相形状一般为片层状，垂直于移动的边界，由端向延伸长大，侧向是分枝增厚。

（3）脱溶胞内基体相和脱溶相以层片状相间析出向晶内生长，转变区域与未转变区域有明显边界。

（4）胞状脱溶区内与脱溶相相间分布的基体相的成分与胞外母相成分在胞区界面上发生突变。

（5）胞区生长前沿界面是非共格的。

导致不连续脱溶的条件如下：①晶界能量高，在晶界上有利于非均匀形核；②晶界具有较高的界面扩散系数（或可动性）；③具有高的脱溶驱动力。

3. 脱溶过程显微组织变化

过饱和固溶体的显微组织变化可有三种情况：局部脱溶加均匀脱溶、不连续脱溶加连续脱溶以及仅发生不连续脱溶，如图 2-14 所示。

不连续脱溶胞长大依靠溶质原子在界面的扩散，扩散路程短，因此这种脱溶过程在较低温度下也能迅速进行。如果脱溶胞长大的同时晶粒内部又发生了连续脱溶，则因固溶体过饱和度降低，驱动力减小，脱溶胞的长大速率会变慢，甚至停止。最终组织形态为原始晶粒中部分布着连续脱溶析出相，晶界则分布着瘤状脱溶胞，这种组织往往使材料脆化，对力学性能不利，所以不连续脱溶是不希望发生的。多年来，人们在防止合金不连续脱溶方面进行了很多研究工作。例如，赵继成系统研究了 Cu-15Ni-8Sn 合金的脱溶过程发现，若使时效温度低于 520℃并控制一定的时间，则可使该合金仅发生单纯的 Spinodal 分解或同时发生有序相组成的强化过程，从而避免不连续脱溶。

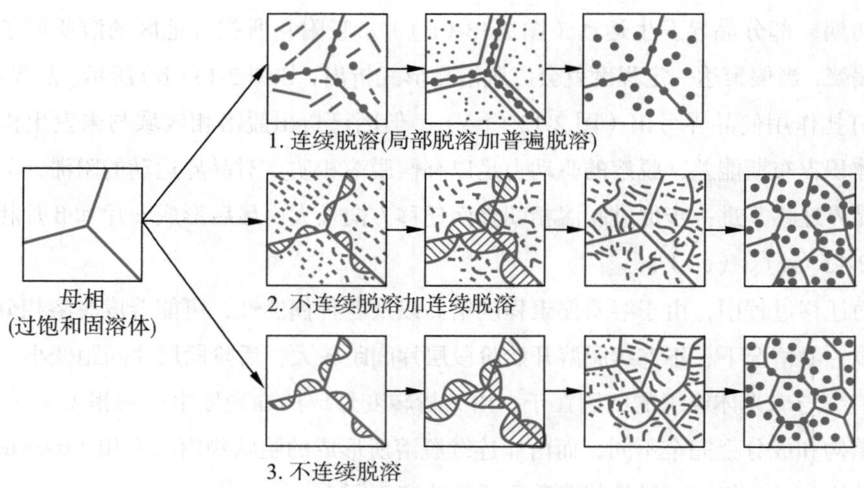

图 2-14　脱溶析出产物显微组织变化示意图

2.2 Spinodal 分解

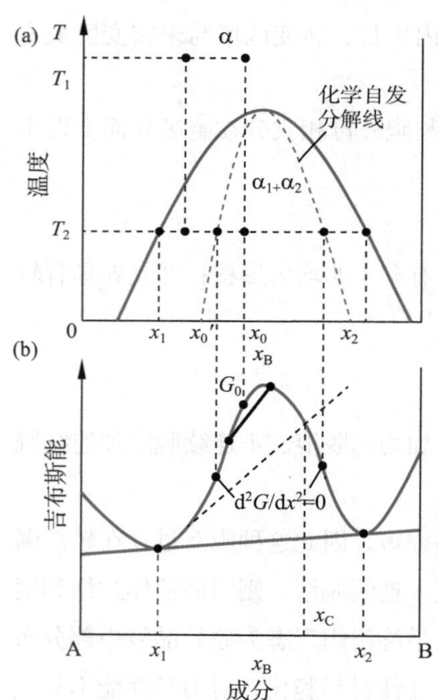

图 2–15　具有 Spinodal 分解的固溶体的热力学特征

（a）具有混合间隙的 A-B 二元相图；（b）T_2 温度时吉布斯能—成分变化曲线

前述过饱和固溶体脱溶过程是通过形核—长大机制进行的。固溶体的另一脱溶方式是由非局域的无限小成分涨落导致失稳分解，转变为结构相同而成分不同的两相，称为 Spinodal 分解，表达式为 $\alpha \rightarrow \alpha_1+\alpha_2$。又称增幅分解、失稳分解、拐点分解、自发分解。

Spinodal 分解是固溶体分解的一种特殊形式，属于典型的匀相转变。它按扩散偏聚机制转变，成分波动自动调整，分解产物只有溶质的富集区与贫乏区，二者之间没有清晰的相界面。因而具有很好的强韧性和某些理想的物理性能（如磁性等）。

许多合金系及玻璃系中均观察到 Spinodal 分解，如 Ni 基、Al 基、Cu 基等有色金属中，近年来在 Fe 基合金中也有观察到。

2.2.1　Spinodal 分解的热力学条件

图 2-15（a）为具有混合间隙的 A-B 二元相图，图 2-15（b）为 T_2 温度下相应的吉布斯能—成分变化曲线，存在二阶导数$\frac{d^2G}{dC^2}=0$的两个点。这两个点称为拐

点或旋点。成分在两拐点间的合金，$\frac{d^2G}{dC^2}<0$；而成分在两拐点以外时，$\frac{d^2G}{dC^2}>0$。若将不同温度下旋点的成分表示在相图上，则有图 2-15（a）中所示的虚线，称拐点线，也称为化学 Spinodal 或自发分解线。发生 Spinodal 分解的条件是，合金的成分必须位于特定温度下吉布斯能—成分曲线的两拐点之间。

如图 2-16 所示，在$\frac{d^2G}{dC^2}>0$的范围内具有 C_0 成分的合金。它的吉布斯能 G_1 大于平衡两相混合物自由能 G_2。因此，仍存在分离成成分为 C_a 和 C_b 两相的趋势。若浓度起伏造成了微观区域中的成分偏离 C_f 及 C_g，则因这一段吉布斯能曲线下凹，成分分离后体系的能量 G_3 较原始固溶体能量 G_1 高，故这种偏离是不稳定的，只能消失而不能继续发展。只有产生大的浓度起伏如 C_m 及 C_n 时，体系的自由能才会降低（$G_4<G_1$），合金成分的偏聚才会继续发展，直到达到平衡成分 C_a 及 C_b 为止。一般情况下，这类合金常常在位错及晶界上进行非均匀形核，为形核—长大型分解过程。

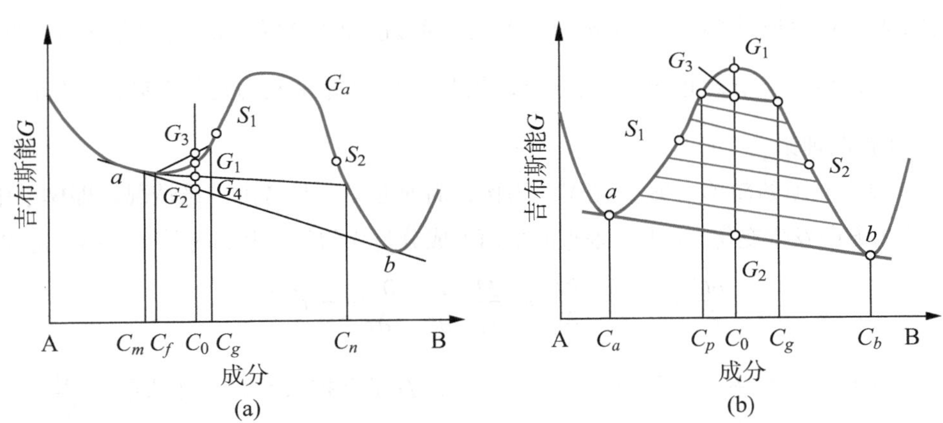

图 2-16　温度为 T_2 时吉布斯能—成分变化曲线

（a）连续固溶体中 C_0 合金；（b）连续固溶体系统中的以形核—长大机制进行分解的 Spinodal 分解

但是，对于两拐点间的 S_1 和 S_2 合金而言，由于曲线上凸，即$\frac{d^2G}{dC^2}<0$，一旦微观区域中发生微小的浓度起伏，造成很小的成分偏离 C_p 及 C_q，都将导致系统能量由 G_1 降至 G_3。这意味着，在这种状态的固溶体中，不论多么微小的浓度起伏，都能使体系能量降低。因此，在反应开始时，不需要任何临界晶核，分解一旦开始就将迅速席卷整个体积的原始 α 相。由此可见，只有成分点在$\frac{d^2G}{dC^2}<0$的范围内的合金才能进行 Spinodal 分解。

Spinodal 分解不经历形核阶段，也不出现另一种晶体结构，也不存在明显的相界面。从体积吉布斯能来看，Spinodal 分解的任何阶段都无能垒，其生长过程通过原子上坡扩散，并使浓度起伏不断增加，直至分解为成分不同的两相。但在实际固态合金中，却有来源于两方面的阻力，即成分梯度能与共格应变能，它们都会阻碍 Spinodal 分解。这意味着 Spinodal 分解仍需要一定过冷度来驱动。

当固溶体合金发生 Spinodal 分解时，出现溶质原子的贫区和富区，并非均匀连续介质，由此产生的浓度梯度会明显改变在原子作用距离内同类和异类原子的数目，因而增加额外的能量，称为梯度能。梯度能为自由能正项，阻碍进一步成分分离。浓度梯度越大，梯度能作用越明显。另外，成分分离必然会带来晶格常数的连续变化，晶格常数的连续改变会造成整个体积中晶格均匀的共格应变，引起共格应变能。因此，Spinodal 分解的真实过程应该是化学吉布斯能、梯度能和共格应变能之间协调的结果。

2.2.2 动力学机制

与形核—长大方式脱溶不同，Spinodal 分解单纯是个扩散过程，为连续上坡扩散聚集，可按扩散方程进行数学处理。经典扩散理论仅解决了上坡扩散问题，不能解释周期性浓度起伏。周期性浓度起伏可以通过 Cahn-Hilliard 方程解决。通过前面的分析，在吉布斯能—成分曲线上，两个拐点之间，$\frac{\partial^2 G}{\partial C^2} < 0$，相变可自发进行，由此可见，扩散驱动力是化学势，而不是浓度差。

1）经典扩散理论

以具有混合间隙的简单 A-B 二元相图为例，简便起见，只考虑一维情况，即体系中溶质的浓度只在 x 方向发生变化，在与 x 垂直的平面上成分是均匀的。由 Fick 第一、第二定律可知，

$$\frac{\partial C}{\partial t} = -\frac{1}{N_V}\frac{\partial J}{\partial x} = \frac{M}{N_V}\frac{\partial^2 G}{\partial C^2}\frac{\partial^2 C}{\partial x^2} = \tilde{D}\frac{\partial^2 C}{\partial x^2} \tag{2-1}$$

式中，M 是 B 组元迁移率；N_V 是单位体积原子数；$\tilde{D}$ 是互扩散系数。可见 $\tilde{D} = \frac{M}{NV}\frac{\partial^2 G}{\partial C^2}$，当 $\frac{\partial^2 G}{\partial C^2} < 0$ 时即可发生上坡扩散。

2）Cahn-Hilliard 非均匀连续介质理论

Cahn 和 Hilliard 认为，实际 Spinodal 分解过程中浓度起伏导致的弥散界面能和共格畸变能抑制了短成分波的快速生长，由此推导出非均匀机制的扩散方程（Cahn-Hilliard 方程）为

$$\frac{\partial C}{\partial t} = \tilde{D}\left\{\left[1 + \frac{2\eta^2 E}{1-\nu}\frac{1}{G''(C)}\right]\frac{\mathrm{d}^2 C}{\mathrm{d}x^2} - \frac{2K}{G''(C)}\frac{\mathrm{d}^4 C}{\mathrm{d}x^4}\right\} \tag{2-2}$$

式中，K 为梯度能系数；η 为错配度；E 为弹性模量；ν 为泊松比；$G''(C) = \frac{\partial^2 G(C)}{\partial C^2}$。

2.2.3 Spinodal 分解与形核—长大两种脱溶方式的区别

两种机制作用下的过饱和固溶体分解示于图 2-17。成分处于两拐点间的合金任何浓度起伏都是稳定的，都可以成为进一步分解的基础。设想在这种固溶体中早期产生了一个高于平均浓度 C_0 的溶质原子偏聚区（图 2-17（a）），偏聚区周围将出现溶质贫乏区。贫乏区又造成其外

沿部分的浓度起伏，从而又构成原子偏聚的条件。如此连锁反应将使浓度起伏迅速遍及整个固溶体。这种浓度起伏具有周期性，恰似弹性波的传递，称为成分波。成分波具有正弦波性质。随后进入中期，溶质进一步偏聚，成分波的振幅加大。最后，浓度不同造成的弹性应变能增加会使共格性消失而出现明显的相界面。Spinodal 分解时成分波的形成及振幅增大依靠溶质原子的上坡扩散。成分波的波长 λ 可以用来作为新相大小的度量。根据合金成分等条件的不同，波长 λ 在 5~100nm 的范围内变化。波长与 Spinodal 分解的过冷度有关。Spinodal 分解温度高（即过冷度小），波长大；分解温度低（即过冷度大）则波长小，同时，因原子扩散困难而使 Spinodal 分解速度减慢。

按形核—长大机制进行分解时（图 2-17（b）），新相 β 晶核形成后，新相与母相间有一明显的界面，界面两侧通过原子交换在瞬间即可达到平衡状态，母相中将形成浓度梯度。此时，晶核长大依靠周围基体中溶质原子的正常扩散来进行，母相中的溶质原子将向低浓度的边界扩散，破坏边界平衡。为恢复平衡，新相将不断长大，直到母相成分全部下降到 C_{α_1} 为止。

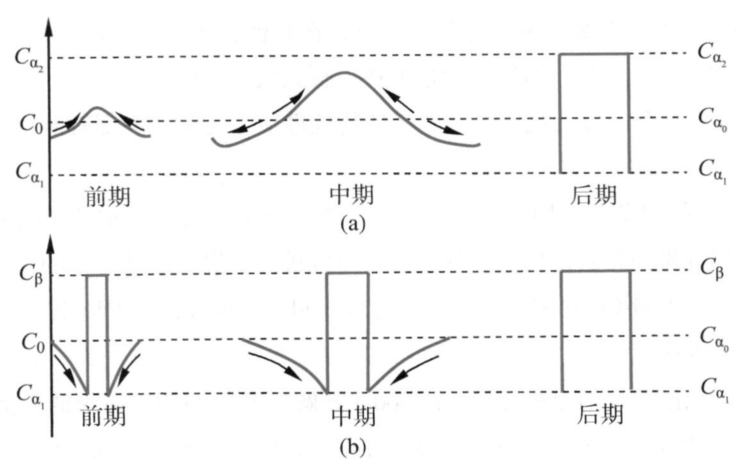

图 2-17　过饱和固溶体分解过程

（a）Spinodal 分解；（b）形核—长大分解

Spinodal 分解时仅需要基体中的浓度起伏，便可按扩散—偏聚机制进行；而形核—长大机制的过饱和固溶体分解，晶核形成不仅需要基体中的浓度起伏，更需要较大的能量起伏。Spinodal 分解与形核—长大两种脱溶方式有明显的区别，如表 2-4 所示。

表 2-4　Spinodal 分解、形核长大两种沉淀方式对比

沉淀类型	吉布斯能成分曲线特点	条件	形核特点	新相成分、结构特点	界面特点	扩散方式	转变速率	颗粒大小
Spinodal 分解	凸	自发涨落	非形核	仅成分变化，结构不变	宽泛	上坡	快	数量多，颗粒小
形核—长大	凹	大过冷度，临界形核功	形核	成分、结构均变化	明晰	下坡	慢	数量少，颗粒大

2.2.4 Spinodal 分解组织、性能与应用

经 Spinodal 分解得到的两相，新相与母相一般会保持完全共格关系。这是因为两相仅在化学成分上不同，而晶体结构相同，故分解时产生的应力和应变相对较小，共格关系不易破坏。实验与理论证明，共格应变能不仅影响共格脱溶相的形状，而且在脱溶相体积分数较大时，还会影响到它们的分布。只有脱溶相彼此按一定间隔呈周期性分布，才会使共格应变能减至最小。这种共格脱溶相周期性分布的组织称为调幅组织。图 2-18 为 Al-Zn 系合金的调幅组织示意图。由于实际晶体的弹性模量总是各向异性的，大多数调幅组织具有定向排列的特征。因此，Spinodal 分解所形成的新相将择优长大，即选择弹性变形抗力较小的晶向优先长大。Spinodal 分解组织的方向性容易受应力场和磁场的影响，利用这一点可以调整 Spinodal 分解组织的结构。

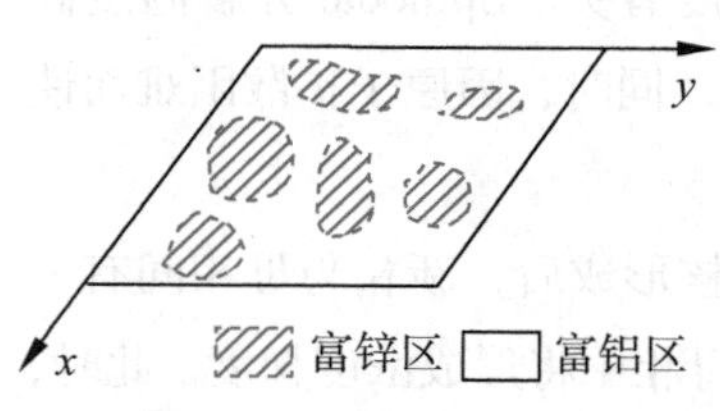

图 2-18 Al-Zn 系合金的调幅组织

当然，调幅组织不仅在 Spinodal 分解中形成，在其他转变中也可以形成，如在 Ni 基高温合金中观察到的“编织状花纹”组织是通过形核—长大机制形成的。

Spinodal 分解对合金的强韧化以及对合金的物理性能、化学性能都有显著的影响，已得到了广泛的应用。

（1）硬磁合金的制备。利用 Spinodal 分解组织的方向性容易受磁场影响的特点，对合金进行一定的调幅热处理而得到定向分布的磁畴，可以进一步提高磁性合金的永磁性能。例如，在制备 Fe-Ni-Co 和 Al-Ni-Co 硬磁合金中，通过 Spinodal 分解可在其中形成富铁、钴区和富镍、铝区，具有单磁畴效应。

（2）调幅强韧化。在一般情况下，Spinodal 分解后所得的调幅组织的弥散度很高，特别是在形成初期这种组织的分布很均匀，因而这种组织具有较高的屈服强度，如 Cu-9Ni 与 Cu-6Sn 合金经 Spinodal 分解后，σ_s 可达 500MPa。这种方式的强化作用对韧性的削弱较小，这可能与组织中的晶体结构相同、定向生长畸变较小以及组织中无过多的位错堆积有关。

（3）改善金属陶瓷性能。含 Zr、B 等元素金属陶瓷烧结过程中可发生 Spinodal 分解，形成两个端际固溶体相，产生的组织弥散细小，获得具有优良性能的纳米金属陶瓷材料。利用这种转变的热处理是金属陶瓷增韧的一个重要技巧，对金属陶瓷性能改善有着重要意义。

2.3 脱溶相的粗化

脱溶相（包括 G.P 区、过渡相及平衡相）形核后，溶质原子继续向晶核聚集使脱溶相不断长大。当脱溶相的量十分接近相图上用杠杆原理确定的分数时，长大并不会停止，因为，此时脱溶相的尺寸比较小，存在大量的脱溶相和母相的界面，系统的界面能很高，脱溶相将以界面

能差为驱动力，尺寸大的脱溶相进一步长大，小的不断缩小甚至消失，在脱溶相总的体积分数基本不变的情况下，系统的吉布斯能进一步降低。这个过程称为脱溶相的粗化（聚集）过程，又称为 Ostwald 熟化过程。

Ostwald 熟化过程是普遍存在的，是 Gibbs-Thompson 效应的具体体现。图 2-19 所示为脱溶相颗粒长大原理示意图。由于脱溶相粒子长大的局部条件不同，所以在脱溶基本结束时粒子的大小也不同。从 A-B 二元固溶体 α 中析出半径分别为 r_1 和 r_2，且 $r_1<r_2$ 的 β 相颗粒，其吉布斯能曲线分别为G_β^{r1}和G_β^{r2}。对于同一类型的脱溶相，尺寸小者由于其表面原子分数较大，因而 1mol 小尺寸脱溶相占有的平均吉布斯能较尺寸大的高，即$G_\beta^{r1}>G_\beta^{r2}$。由相平衡规则（图 2-19（a））不难知道，与小颗粒脱溶相处于平衡态的基体中溶质浓度高于大颗粒脱溶相处于基体中溶质浓度，即 $C_{r1}>C_{r2}$。

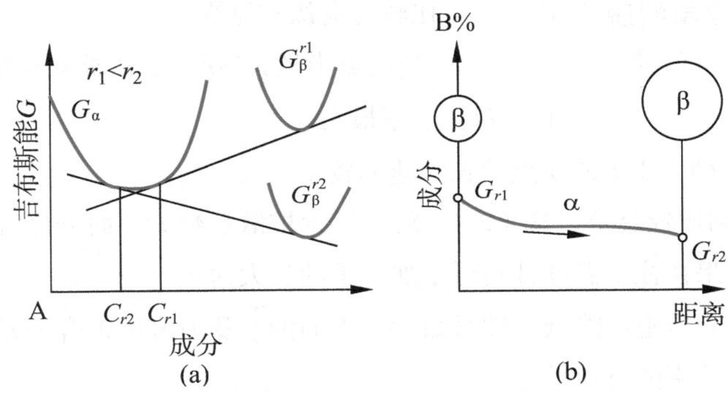

图 2-19　脱溶相颗粒的 Ostwald 熟化过程的原理图解

（a）α 相、小颗粒 β 相（半径 r_1）、大颗粒 β 相（半径 r_2）的自由能—成分曲线；（b）Gibbs-Thompson 效应产生的扩散流

另外，根据 Gibbs-Thompson 效应可定量计算溶解度与脱溶粒子尺寸的关系。当温度一定时，溶解度与颗粒半径 r 的关系计算如下：

$$\ln\frac{C_{\alpha_{(r)}}}{C_{\alpha_{(\infty)}}}=\frac{2\gamma V_\beta}{RTr} \tag{2-3}$$

式中，$C_{\alpha(r)}$ 和 $C_{\alpha(\infty)}$ 分别为颗粒半径为 r 和 ∞ 时溶质原子 B（或 β 相）在 α 相中的溶解度；γ 为第二相粒子与基体界面的单位面积界面能；V_β 为 β 相的摩尔体积；T 为绝对温度；R 为气体常数。这意味着，半径不同的 β 脱溶相周围基体中存在浓度差，将会出现由小粒子向大粒子的原子扩散流。如图 2-19（b）所示，溶质原子 B 将按箭头所示方向从小颗粒周围向大颗粒周围扩散，为维持平衡，小颗粒必须不断溶解，而大颗粒将长大。该过程不断进行，其结果是小颗粒溶解而大颗粒继续粗化。

这种分析同样适用于形状不规则质点。在继续保温时质点曲率较大的区段溶解，曲率较小的区段长大，最后趋向于等轴状。这就是通常所称的球化过程。

Ostwald 熟化机制只考虑了两个尺寸不同的脱溶相颗粒在母相中析出时的粗化趋势。而实际的脱溶系统包括很多大小不均的脱溶相颗粒，并且在粗化过程中颗粒尺寸还有所变化。为了考虑整个体系的粗化动力学，Greenwood 提出了新的扩散控制的 Ostwald 长大规律表达式：

$$\frac{\mathrm{d}r}{\mathrm{d}t}=\frac{2DV_{\mathrm{m}}C_{\alpha(\infty)}}{RTr}\left(\frac{1}{\overline{r}}-\frac{1}{r}\right) \tag{2-4}$$

式中，D 为扩散系数；$\overline{r}$ 为颗粒平均半径；$C_{\alpha(\infty)}$ 为质点曲率半径为∞时 α 基体浓度；V_{m} 为粒子摩尔体积。

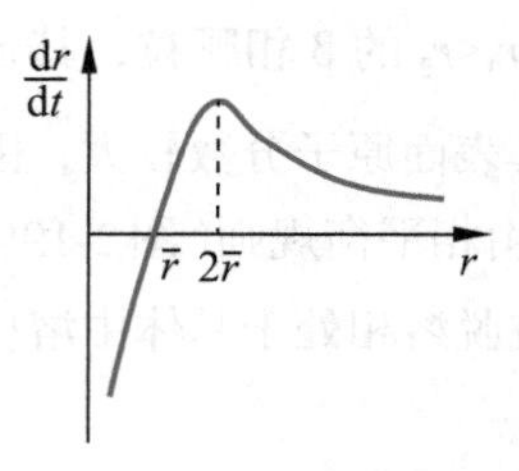

图 2-20　扩散控制的脱溶相粒子 Ostwald 长大规律

由式（2-4）可以绘出 $\frac{\mathrm{d}r}{\mathrm{d}t}$ 关系曲线（图 2-20）。

由图 2-20 和式（2-4）可知脱溶相粗化的以下规律：

（1）当 $r=\overline{r}$ 时，$\mathrm{d}r/\mathrm{d}t=0$。

（2）当质点半径 $r<\overline{r}$ 时，沉淀颗粒都将收缩或溶解，收缩的速率将随 r 变小而加大，这些粒子最终必然消失。粗化是一个比较与淘汰的过程。

（3）当质点半径 $r>\overline{r}$ 时，沉淀颗粒都会长大；当 $r=2\overline{r}$ 时，粗化速率最大。

（4）开始时，r 稍大于 $\overline{r}$ 的质点的长大速率较小。

（5）温度的影响比较复杂，式（2-4）的分子含扩散系数 D，而分母含温度，二者的作用是相反的，综合的效果往往是温度升高可增加粒子的长大速率。

（6）降低 $\mathrm{d}r/\mathrm{d}t$ 的措施：降低扩散系数 D、界面能 γ 及固溶体中合金元素的平衡溶解度。这是发展耐热合金已采用的有效措施。

此外，共格脱溶相的界面能 γ 较非共格的小，共格脱溶相的粗化速率较慢。

2.4　有序—无序相变

材料研究中，狭义上的有序—无序相变包括原子或离子排列位置的变化。对于由 A、B 两种原子组成的置换式固溶体，若固溶体中不同种类的原子完全随机排列，则每个原子位置都是等价的，该状态称为完全无序态。而当合金中每种原子（或离子）在点阵中的位置固定而不是随机的，这样的晶体点阵排列状态，称为完全有序态。

随温度升高，由于原子或其群体的热运动，原子的位置及排列状态的有序程度减小，晶体由有序状态转变为无序状态（温度降低则由无序状态转变为有序状态），这一转变称为有序—无序相变。这类相变属于结构性转变，它们发生于某一温度区间并涉及原子或离子排列位置的有序程度的变化。广义上，有序—无序相变除了上述情形外，也包括电子自旋有序化（铁磁相变）、偶极矩的有序化（铁电相变）以及热激活电子的有序化（超导相变）等。本节只讨论狭义上的有序—无序相变。

对某些一定原子比（如 AB 或 AB_3）的无序固溶体，当它从高温缓冷到某一临界温度以下时，两种原子的占位会从随机分布状态过渡到各种原子优先占据一定位置的状态，即发生有序化而形成有序固溶体。如图 2-21 所示，相对于完全无序结构的衍射谱，长程有序的固溶体的 X 射线衍射谱含有附加衍射线条，称为超结构线，所以有序固溶体通常被称为超结构或超点阵。

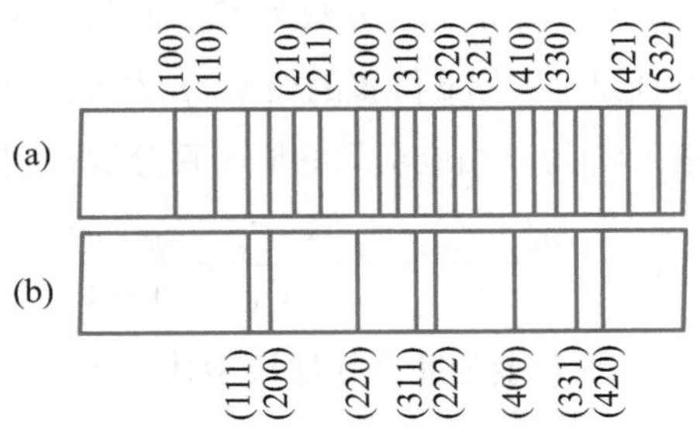

图 2-21　$CuAu_3$ 德拜相衍射图

（a）有序；（b）无序

有序固溶体的类型很多，常见的主要几种见表 2-5 和图 2-22。虽然它们的成分表达式类似于金属间化合物，但在临界转变温度以上转变为完全无序、结构类型相同的固溶体。

表 2-5　几种典型的有序固溶体

结构类型	典型合金	合金举例
以面心立方为基的有序固溶体	Cu_3Au Ⅰ型	Ag_3Mg，Au_3Cu，$FeNi_3$，Fe_3Pt
	CuAu Ⅰ型	AuCu，FePt，NiPt
	CuAu Ⅱ型	CuAu Ⅱ
以体心立方为基的有序固溶体	CuZn（β 黄铜）型	β′-CuZn，β-AlNi，β-NiZn，AgZn，FeCo，FeV，AgCd
	Fe_3Al 型	Fe_3Al，α'-Fe_3Si，β-Cu_3Sb，Cu_2MnAl
以密排六方为基的有序固溶体	$MgCd_3$	$CdMg_3$，Ag_3In，Ti_3Al

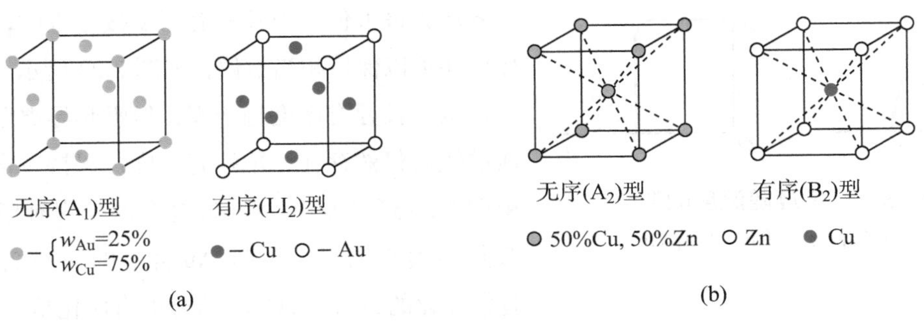

图 2-22　几种典型的有序 / 无序晶体结构

2.4.1　有序度参量

为了定量描述不同温度下固溶体的有序化程度，引入长程有序度 ω 和短程有序度 σ。

1）长程有序度 ω

AB 型二元合金，若形成无序固溶体，点阵中的阵点可以任意地由 A 或 B 原子占据；若形成有序固溶体，假设点阵阵点 α 位置全部由 A 原子占据，β 位置全部由 B 原子占据，即各原子占据在自己固定的正确位置上。如果 A、B 原子并不会全部占据在自己固定的位置上，则可用长程有序度 ω 表示。现设 A 组元的原子百分数为 C_A，B 组元的原子百分数为 C_B；p_A^α 为 A 原子占据 α 位置的几率，p_B^β 为 B 原子占据 β 位置的概率；p 为 A、B 组元中的一种组元的原子（A 或者 B）处于正确位置的几率，C_x 为其相应组元的原子百分数，则长程有序度 ω 定义为

$$\omega = \frac{p_A^\alpha - C_A}{1 - C_A} = \frac{p_B^\beta - C_B}{1 - C_B} = \frac{p - C_x}{1 - C_x} \tag{2-5}$$

可见，当 $p = C_x$ 时，$\omega = 0$，则合金为完全无序固溶体；当 $p = 1$ 时，$\omega = 1$，则为完全有序固溶体。

2）短程有序度 σ

若从一个原子的近邻对出发，可引出短程有序的概念。仍以 AB 型合金为例，短程有序度 σ 定义为

$$\sigma = \frac{q - q_u}{q_0 - q_u} \tag{2-6}$$

式中，q 是 A—B 键（与总键数之比）比率；q_u 是完全无序时 A—B 键比率；q_0 是完全有序时 A—B 键比率。显然，$q = q_u$ 时，$\sigma = 0$，合金为完全无序固溶体；$q = q_0$ 时，$\sigma = 1$，合金形成完全有序固溶体。

短程有序度只考虑固溶体中异类原子对出现的比率，没有考虑异类原子对出现的位置或排列形式，因此，不能判断合金是否出现长程有序固溶体。

3）ω 和 σ 关系

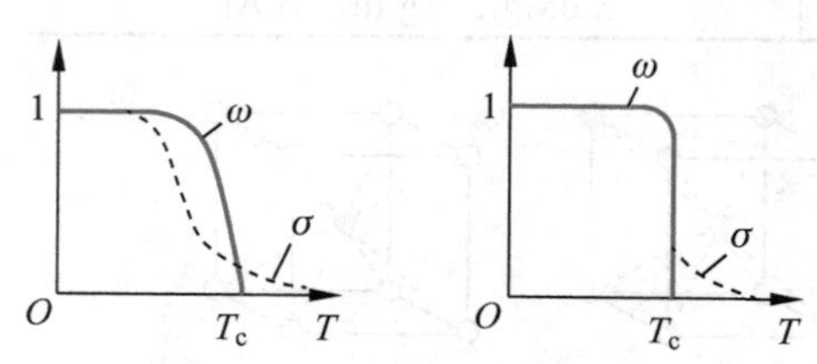

图 2-23　有序度随温度的变化

（a）CuZn；（b）Cu_3Au

完全无序时，ω 和 σ 均为零；完全有序时，ω 和 σ 均为最大值。当长程有序度接近零时，短程有序度还可以保持相当数值，如图 2-23 所示。由此可见，虽然长程有序度趋于零，但吸收异类原子作邻居的倾向仍然存在，短程有序度仍保持一定数值。由图 2-23 还可看出，CuZn 合金的长程有序度 ω 在 T_c 是连续变化的，而 Cu_3Au 合金的 ω 在 T_c 却是不连续变化的，这说明 CuZn 合金的有序化是二级相变，而 Cu_3Au 合金的有序化是一级相变。

“长程”与“短程”是相对的概念，一般将畴尺寸约达到 10^4 个原子并在 X 射线衍射谱上获得超结构线条时的有序状态称为长程有序态。

2.4.2　有序化机制

有序化过程需要原子的迁移。与脱溶沉淀和共析转变不同，有序化不引起宏观的成分改变，仅仅是邻近亚点阵上原子的换位。

1. 形核—长大机制

有序化的主要过程是有序畴的长大。在固溶体内部某些原子率先克服形核势垒，与邻近亚点阵上的原子交换位置，形成有序排列的微小区域，称为有序畴。发生有序化时，依靠畴界的推移，有序畴向无序区扩展，一直长大与其他正在生长的有序畴相遇。若它们之间是反相的，即A原子和B原子占据的亚点阵在各自的有序区域中正好相反，则把这两个有序畴的交界面称为反相畴界，如图2-24所示。反相畴界是内界面的一种，具有畴界能，其数值与畴的取向有关。随着转变的继续进行，有些畴消失，有些畴继续长大，从而使系统的能量进一步下降。

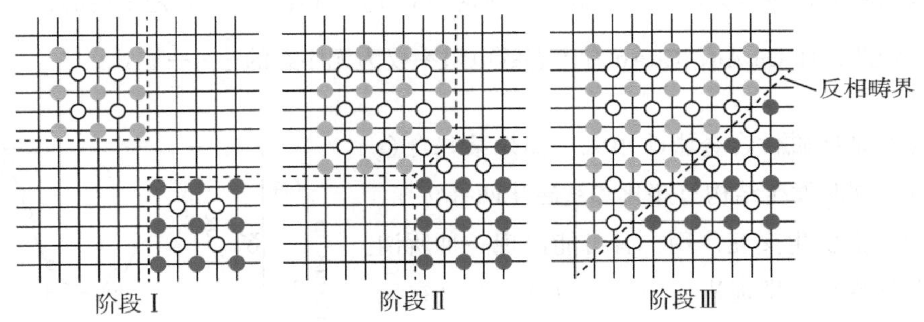

图2-24　有序畴长大相遇形成反相畴

根据热力学，当真正达到平衡时，畴界会消失。但有时可能产生一种亚稳定结构，此时反相畴结构会长期保存下来。有序畴的长大分为两阶段。首先畴界收缩形成一系列平面或接近平面的畴界，此后畴的长大变得更为缓慢，畴界处原子改变相位可通过位错的移动或高度协同的运动来达到。在条件允许时，通过小畴消失，大畴长大，有序畴将一直长大到晶粒尺寸数量级为止。形核—长大机制适用于过冷度较小的一级有序—无序转变。

2. 类似于Spinodal分解的机制

该观点认为，生成超结构的反应是在整个晶体的所有部分同时发生的，以连续的原子交换方式进行，因而是一种均匀反应。反相畴界的产生是各个不同区域原子交换情况不同所致。这种观点也得到一些实验的支持。Spinodal分解机制适用于二级相变的有序—无序相变、过冷度很大的一级有序—无序相变。

2.4.3　有序化动力学

有序化不引起大的成分变动，不涉及长程的物质迁移，主要涉及邻近亚点阵上原子的换位。形核—长大有序化转变通常经历孤立的有序化晶核阶段，所形成的有序畴向外扩展，一直到与其他正在生长中的有序畴相遇。最后，亚稳畴结构粗化，一直进行到没有反相畴界的有序晶体（Ostwald熟化）形成。

在有序化速度方面，不同类型的有序化转变有着明显的差异。例如CuZn的二级相变$\beta \rightarrow \beta'$，有序化速度相当快，以致用淬火的方法也几乎得不到无序的bcc结构。与此相反，

Cu_3Au 的有序化按形核—长大的方式发生，进行得相当缓慢，一般需要几个小时才能完成。

2.4.4 有序化对材料性能的影响

合金有序化以后，物理、力学性能都可能发生显著变化。

1）电阻

固溶体有序化后，合金中异类原子间的结合力加强，电子的结合也较无序态加强，故使导电的自由电子数减少，电阻率增加。然而，晶体的离子势场在有序化时更为对称，使得电子散射的概率大为降低，所以又使电阻率减小。在这一对矛盾因素中，后者是主要的，所以有序合金的电阻率较低，如 Cu_3Au、CuAu 有序态的电阻率仅为无序态的$\frac{1}{3}\sim\frac{1}{2}$。

2）磁性

有序化对某些磁性合金影响很大。如果某些合金在降温过程中同时发生结构有序化和铁磁化两种转变，则它们之间将会发生交互作用，有可能出现一种所谓“合作化”的现象，即促进作用。如 Ni_3Mn 合金在无序态为顺磁性，有序态时则呈铁磁性，其饱和磁矩比纯镍还大。Ni_3Mn 合金系饱和磁矩与锰含量（摩尔分数）之间的关系如图 2-25 所示。可见，成分为 Ni_3Mn 的合金在退火时饱和磁矩具有极大值，呈强铁磁性，这是有序化和铁磁化“合作”的结果。

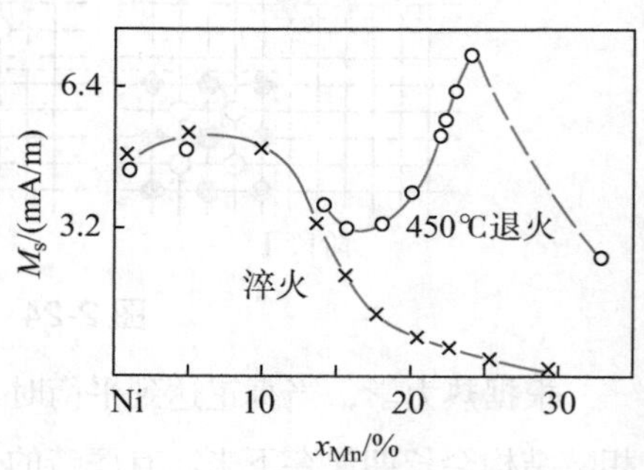

图 2-25 Ni-Mn 合金系的饱和磁矩与成分的关系

3）力学性能

合金由无序状态向有序状态转变时，屈服强度及硬度等强度性能均随之增加，在达到一定的有序程度（即一定尺寸的有序畴）时，硬度等达到最大值。此后，有序程度增加，强度性能重新降低，当完全有序化时，强度性能处于较低数值。

目前认为，有序化过程中合金强化可能有两个原因：一是位错运动在有序畴内造成反相畴界；二是应变强化。有序化除使近邻原子种类发生变化外，还使一些合金的原子间距也发生明显变化。例如，由无序的立方晶转变成有序的正方晶格，就会在点阵中造成一种应变，产生很大的强化效应。这个因素对 CoPt 等合金的有序化强化起着重要的作用。

一般来说，有序化能量（异类原子间键能）太高的合金太脆，不宜作结构材料，而有序化能量太低的合金，有序转变的临界温度太低，又不能在高温保持超结构。在镍基高温合金中，应用有序结构的 Ni_3Al 弥散脱溶相作为硬质点阻碍位错运动，使 Ni 基合金获得了优异的高温力学性能。

第 3 章

有多型性转变金属热处理原理

具有同素异构转变的金属，其固溶体的晶体结构因温度的变化而发生转变即多型性转变。多型性转变主要类型有共析分解、马氏体相变、相间沉淀等。多型性转变常见于钢铁和钛合金中。本章节以 Fe-C 合金为例，了解金属有多型性转变时的相变规律。

3.1 共析分解

共析转变时，由一个固相转变为两个或更多个固相，典型的反应可用下式表示：

$$\gamma \longrightarrow \alpha+\beta \tag{3-1}$$

共析反应产物 α 相和 β 相在共析组织中呈片状交替分布，并且在 α 和 β 两相之间的界面上往往存在着某种择优位向关系。

Fe-C 合金中的珠光体相变是典型的共析转变。含碳量为 0.77% 的奥氏体（γ）平衡冷却时发生共析转变，生成铁素体和渗碳体两相组织，一般表现为层片状的珠光体，对应的反应式为

$$\gamma \longrightarrow \alpha+Fe_3C \tag{3-2}$$

3.1.1 共析分解热力学条件

下面以 Fe-C 合金中的珠光体相变为例阐述共析分解热力学条件。珠光体转变的驱动力是珠光体与奥氏体的吉布斯能差。共析分解时，奥氏体、铁素体和渗碳体的吉布斯能—成分曲线如图 3-1 所示。可见，T_1（即 A_1）温度三个相的吉布斯能—成分曲线有一条公切线（图 3-1(a)），说明铁素体和渗碳体双相组织（即珠光体）的吉布斯能与共析成分的奥氏体的吉布斯能相等，吉布斯能差为零，没有相变驱动力，即在 T_1 温度共析成分的奥氏体不能转变为珠光体。

当温度下降到 T_2 时，奥氏体、铁素体和渗碳体的吉布斯能曲线的相对位置发生了变化

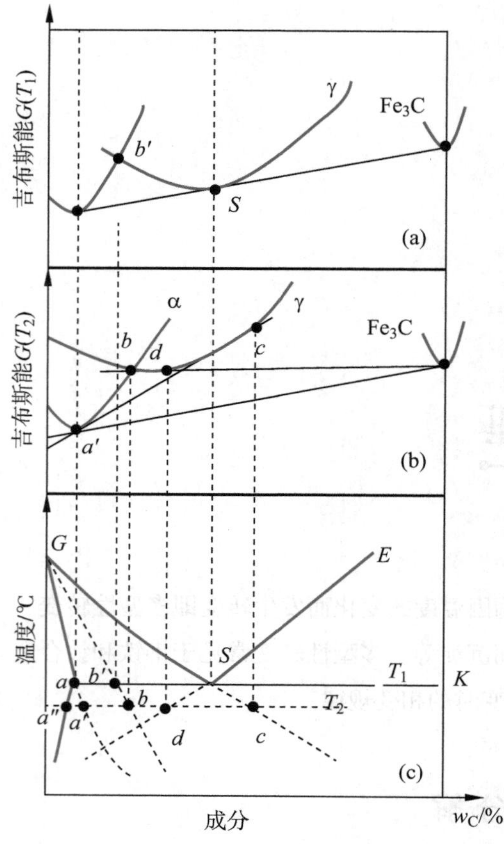

图 3-1 Fe-C 合金各相在 T_1、T_2 温度的吉布斯能—成分曲线

（图 3-1(b)），由相平衡规则不难理解共析成分的奥氏体转变为 a' 浓度的 α 和 Fe_3C（即珠光体）时，即反应驱动力较高，在热力学上发生珠光体转变的可能性最大。

另外，碳的质量分数大于 c 点对应的γ，可以转变为 d 点浓度对应的 γ 和 Fe_3C，更可以转变为 a'' 对应浓度的 α 和 Fe_3C。但是，当共析成分的 γ 转变为 d 对应浓度的 γ 和 Fe_3C 或者转变为 a 对应浓度的 α 相和 c 对应浓度的 γ 相时，奥氏体的成分是不均匀的，在与铁素体接界处含碳量较高，为 c 对应成分，与渗碳体接界处含碳量较低，为 d 对应成分。因此，奥氏体内部将出现碳的浓度梯度，碳从高碳区向低碳区扩散，使奥氏体的上述转变过程得以继续进行，直至奥氏体消失，全部转变为吉布斯能最低的、a'' 对应的铁素体与渗碳体组成的两相混合物，即珠光体。

由此可知，过冷奥氏体在临界点 A_1 以下，将发生珠光体转变。对于实际转变温度 T，过冷度 $\Delta T = A_1 - T$，ΔT 越大则相变驱动力越大，形核越容易。过冷度不太高时，形核过程的驱动力可以简化计算如下：

$$\Delta G_V = \frac{\Delta T \Delta H_V}{T_0} \tag{3-3}$$

式中，ΔG_V 和 ΔH_V 分别是单位体积的体系转变的吉布斯能变化和相变潜热；T_0 是平衡温度（即 A_1）。形核过程中的阻力是新相出现后引起的界面能和应变能的增加。由于珠光体转变温度较高，原子能够充分扩散，珠光体又在晶界处形核，形核所需要的驱动力较小，所以在较小的过冷度下即可发生珠光体转变。此外，新相 Fe_3C 和 α 相中的含碳量与母相 γ 不同，形核速率和长大速率都受碳扩散控制。

3.1.2 珠光体相变过程

珠光体的形成包含着两个同时进行的过程：①基体相点阵的重构，即由面心立方的奥氏体转变为体心立方的铁素体和复杂单斜点阵的渗碳体；②通过碳的扩散改变成分，即由共析成分的奥氏体转变为高碳的渗碳体和低碳的铁素体。珠光体转变是典型的扩散型相变，在较高的转变温度下发生，铁、碳原子都能扩散。

3.1.3　珠光体转变机制

1. 有效晶核

珠光体转变通过形核—长大机制进行。一般认为，渗碳体和铁素体均可成为珠光体相变时的领先相，这与钢的成分、奥氏体化温度、保温时间和过冷度等因素密切相关。先出现的相并不一定能成为珠光体的有效晶核，关键的因素是两个相在生长过程中要有“协作”关系，只有它们成为相互协作的有效晶核时，才能促使珠光体团的形成。至今，尚未发现珠光体转变时单独的铁素体领先相晶核或单独的渗碳体领先相晶核。

2. 片状珠光体形成机制

本节假定渗碳体作为领先相，说明片状珠光体的形成过程。

1）端向和横向长大

图 3-2 为渗碳体作为领先相的片状珠光体形成过程示意图。首先，因为晶界处位错等晶体缺陷较多，能量较高，原子易于扩散，易于满足形核的需要，因而在奥氏体晶界上优先形成渗碳体的核。刚形成的渗碳体核可能与奥氏体保持共格关系，为减小形核时的应变能，而呈片状。这种片状渗碳体晶核不仅向端向增厚，也向端向方向增长。渗碳体端向长大时，吸收了两侧奥氏体中的碳原子而使其碳浓度降低，当碳含量降低到足以形成铁素体时，就在渗碳体片两侧形成铁素体片。铁素体端向长大时，必然要向侧面的奥氏体排出多余碳原子，因而增加了铁素体侧面的奥氏体碳浓度，当碳浓度达到该温度下的渗碳体的固溶线时，就在铁素体侧面形成新的渗碳体片。如此反复进行，就形成了铁素体—渗碳体相间的片层组织。

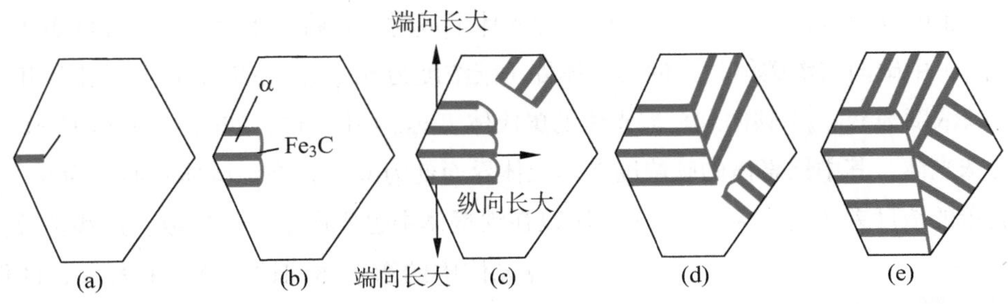

图 3-2　片状珠光体形成过程

珠光体的端向长大靠渗碳体片和铁素体片不断增厚增多来实现，而端向长大是渗碳体片和铁素体片同时连续地向奥氏体中延伸。端向长大有赖于碳从铁素体前沿富碳奥氏体向渗碳体前沿贫碳奥氏体中扩散，于是失碳奥氏体发生晶格重构转变成铁素体，增碳奥氏体便析出渗碳体，使铁素体与渗碳体实现端向长大。端向长大时碳的扩散示意图如图 3-3 所示。

与此同时，在晶界其他部分以及长大着的珠光体与奥氏体相界上有可能产生新的具有另外生长方向的晶核（渗碳体小片），如图 3-2（c）所示。在奥氏体中，各种不同取向的珠光体不断长大，同时在晶界上或相界上又不断产生新的晶核并不断长大（图 3-2（d））。直到长大的各个珠光体群相碰，奥氏体全部转变为珠光体时，珠光体形成结束，见图 3-2（e）。

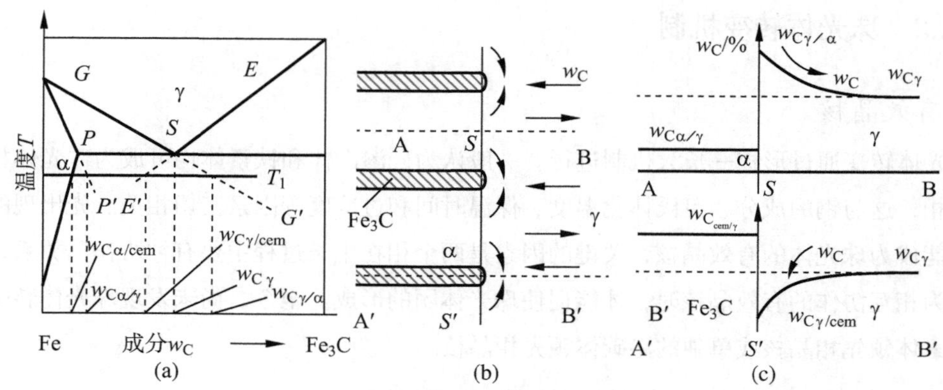

图 3-3　片状珠光体形成时碳的扩散示意图

（a）Fe-C 相图；（b）碳扩散；（c）成分变化

端向长大时，由于三相（奥氏体、铁素体、渗碳体）共存，过冷奥氏体中的碳浓度是不均匀的（图 3-3（a））。这可以通过界面处奥氏体分别与铁素体和渗碳体间的局部平衡来理解。与铁素体相接触的奥氏体碳浓度中碳的质量分数 $w_{C\gamma/\alpha}$ 较高，与渗碳体相接触的奥氏体碳浓度中碳的质量分数 $w_{C\gamma/cem}$ 较低，因此奥氏体中产生碳浓度差（$w_{C\gamma/\alpha}-w_{C\gamma/cem}$），从而引起界面附近奥氏体中碳的扩散，其扩散的示意图见图 3-3（b）。碳在奥氏体中扩散的结果，导致铁素体前沿奥氏体的碳浓度降低（小于 $w_{C\gamma/\alpha}$），渗碳体前沿奥氏体的碳浓度增高（大于 $w_{C\gamma/cem}$），破坏了 T_1 温度下奥氏体与铁素体及渗碳体界面碳浓度的平衡。为维持这一平衡，铁素体前沿的奥氏体必然析出新的铁素体，渗碳体前沿的奥氏体必须析出渗碳体，以使其碳浓度恢复至平衡浓度。这样，珠光体便端向长大，直至过冷奥氏体全部转变为珠光体为止。

从图 3-3 可以看出，在过冷奥氏体中，珠光体形成时，还将发生远离珠光体的奥氏体（碳浓度为 $w_{C\gamma}$）中碳向与渗碳体相接的奥氏体处（碳浓度为 $w_{C\gamma/cem}$）扩散，而与铁素体相接的奥氏体处（碳浓度为 $w_{C\gamma/\alpha}$）碳向远离珠光体的奥氏体（$w_{C\gamma}$）中扩散，如图 3-3（c）所示。此外，已形成的珠光体，其中铁素体的碳浓度在奥氏体界面处为 $w_{C_{\alpha/\gamma}}$，在渗碳体界面处为 $w_{C_{\alpha/cem}}$，两者也形成碳的浓度差（$w_{C_{\alpha/\gamma}}-w_{C_{\alpha/cem}}$），所以在铁素体中也要产生碳的扩散。这些扩散都促使珠光体中的渗碳体和铁素体不断长大，即促进了过冷奥氏体向珠光体的转变。

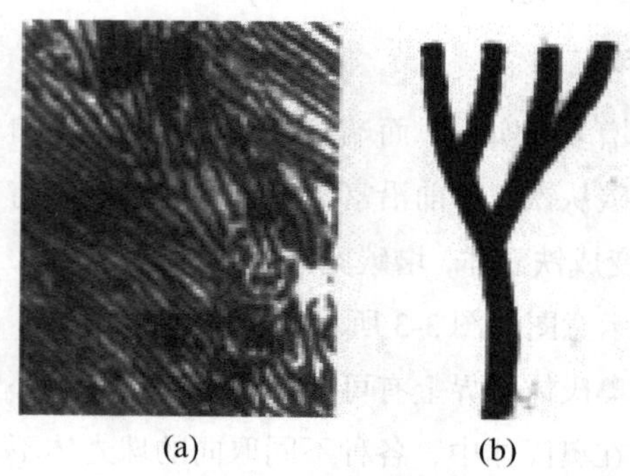

图 3-4　片状珠光体中渗碳体的分枝长大

（a）金相照片；（b）示意图

如图 3-4 所示，渗碳体片在端向长大的过程中，有可能不断分枝，而铁素体则协调地在渗碳体枝间形成。珠光体团由渗碳体晶粒和铁素体晶粒互相穿插起来而形成。

2）珠光体的反常长大

正常的片状珠光体形成时，铁素体和渗碳体是交替配合、协同长大的。但在某些情况下，在过共析钢中片状珠光体形成时，渗碳体和铁素体不一定交替配合长大。图 3-5 表示过共析钢珠光体转变因渗碳体和铁素体不协同形核而产生的几种反常组织。图 3-5（a）中，晶界渗碳体网的一侧长出一片铁素体，此后却不再配合形核长大。图 3-5（b）所示为从晶界上形成的渗碳体中，长出一个分枝伸向晶粒内部，但无铁素体与之配合，因此形成一条孤立的渗碳体片。图 3-5（c）则表示，由晶界长出的渗碳体片，伸向晶内后在分枝的端部形成一个珠光体团。图 3-5（a）和（b）所示也称离异共析组织。

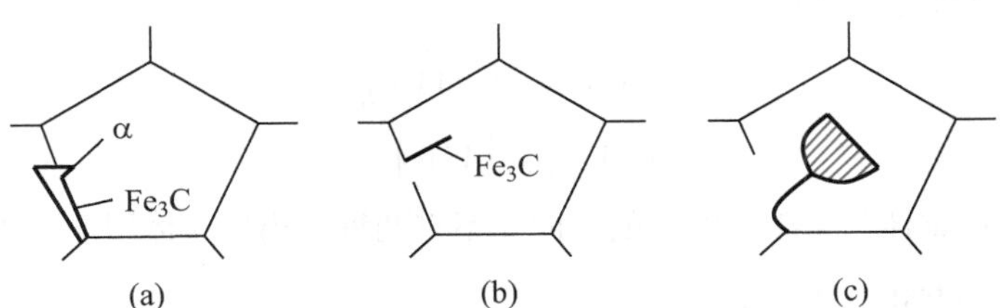

图 3-5　过共析钢中的几种反常组织

3）台阶机制长大

这个机制认为共析铁素体和渗碳体两相与母相的相界面由连续的长大台阶所构成，台阶推进有利于共析转变的协同进行。转变时各相的界面关系如图 3-6 所示。

按照珠光体长大的经典理论，铁素体 F/ 奥氏体 A、渗碳体 C/ 奥氏体 A 界面端刃部都是非共格结构。显然，这与各相之间确实存在晶体学取向关系的观察结果有矛盾之处。这说明，经典长大理论不完善。已有许多实验表明，晶界、孪晶界可使长大停止或改变单个珠光体的长大方向，晶界往往阻碍珠光体的发展，破坏珠光体片层特征。这些结果都说明界面非共格无序长大是不正确的。

S. A. Hackney 用高分辨透射电子显微镜研究了 Fe-0.8C-12Mn 合金的珠光体转变，观察了 α/ γ 、Fe_3C/ γ 界面的结构及界面形成过程，发现在界面上存在平直的相界面、错配位错和台阶缺陷。台阶高度为 4~8nm，且台阶是可动的。并据此提出珠光体长大时，界面依靠台阶的横向移动而迁移。

4）位向关系

共格转变时，各相之间的位向关系与过冷度有关。只有过冷度较大时，由于相变驱动力增大，共格界面也可向奥氏体内移动，各相间才可能呈现一定的位向关系，如图 3-7 所示。

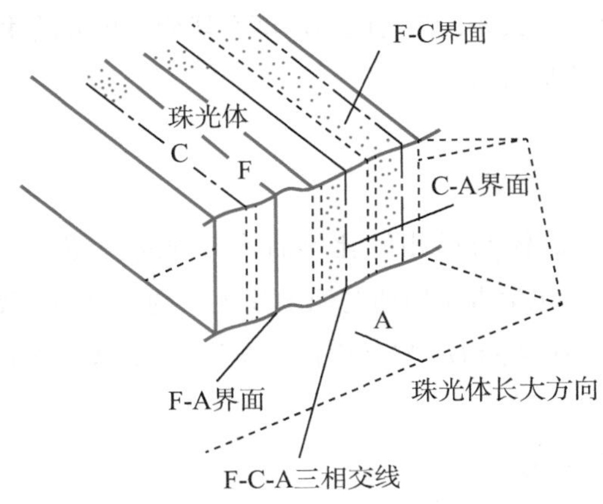

图 3-6　珠光体转变时各相界面位置示意图

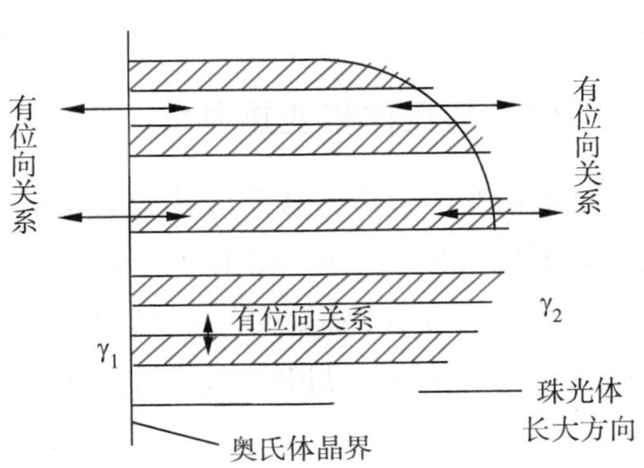

图 3-7　珠光体相变时同一领域内各相间的取向关系

研究发现，渗碳体与两个奥氏体晶粒中的一个（γ_1）保持位向关系：

$$(100)_{Fe_3C}//(1\bar{1}1)_{\gamma_1}$$

$$(010)_{Fe_3C}//(110)_{\gamma_1}$$

$$(101)_{Fe_3C}//(\bar{1}12)_{\gamma_1}$$

铁素体与 γ_1 保持 K-S 关系：

$$(110)_{\alpha}//(111)_{\gamma_1}$$

$$[111]_{\alpha}//[110]_{\gamma_1}$$

在珠光体中，铁素体与渗碳体之间的位向关系有两种。当珠光体团形核于先共析渗碳体上时，两相符合 Bagayatski 位向关系：

$$(001)_{Fe_3C}//(211)_{\alpha}$$

$$[100]_{Fe_3C}//[0\bar{1}1]_{\alpha}$$

$$[010]_{Fe_3C}//[1\bar{1}\bar{1}]_{\alpha}$$

当珠光体团直接在奥氏体晶界上形核，则两相间符合 Pitsch-Petch 关系：

$$(001)_{Fe_3C}//(5\bar{2}\bar{1})_{\alpha}$$

$$[100]_{Fe_3C}//[1\bar{3}1]_{\alpha}\ \text{相差}\ 2^\circ 36'$$

$$[010]_{Fe_3C}//[113]_{\alpha}\ \text{相差}\ 2^\circ 36'$$

3.2 马氏体相变

当钢中奥氏体快速冷却至某一临界温度以下时，会发生晶体结构变化而成分无变化的相变。该相变产物在显微镜下似针状，最先由德国冶金学家 Adolph Martens 观察到，故称马氏体，这种相变称为马氏体相变，它具有以下特征：①无扩散性；②金相上表现出表面浮凸；③晶体学上有惯习面及其应变性；④新旧相之间有位向关系；⑤马氏体内部有切变；⑥可逆性。马氏体相变不仅在钢铁中存在，在钛合金、铜合金中同样存在。

3.2.1 马氏体相变热力学

根据相变热力学，马氏体转变的驱动力是马氏体与母相的化学吉布斯能差的负值。图 3-8 为某一成分合金的马氏体和母相（奥氏体）的化学吉布斯能与温度间关系的示意图。图中 T_E 是两相热力学平衡温度，在该温度下马氏体吉布斯能 G_M 与母相吉布斯能 G_A 相等。若以 $\Delta G_{A\to M}$ 表示马氏体与母相的吉布斯能之差，则有

$$\Delta G_{A\to M} = G_M - G_A \qquad (3\text{-}4)$$

当 $\Delta G_{A\to M}>0$ 时，马氏体的吉布斯能高于母相吉布斯能，不会发生母相向马氏体的转变；当 $\Delta G_{A\to M}<0$ 时，马氏体比母相稳定，母相有向马氏体转变的趋势。故 $\Delta G_{A\to M}$ 的负值才为母相向马氏体转变的驱动力。由图 3-8 还可看到，马氏体转变的开始温度 M_s 是处于 T_E（即两相吉布斯能相等的温度）以下的某一温度。这表明，只有当温度达到 M_s 以下时，才有足够的驱动力促使马氏体转变发生。在 M_s~T_E 之间的温度，尽管有一定的驱动力，但还不足以克服马氏体的形核功而发生马氏体相变。

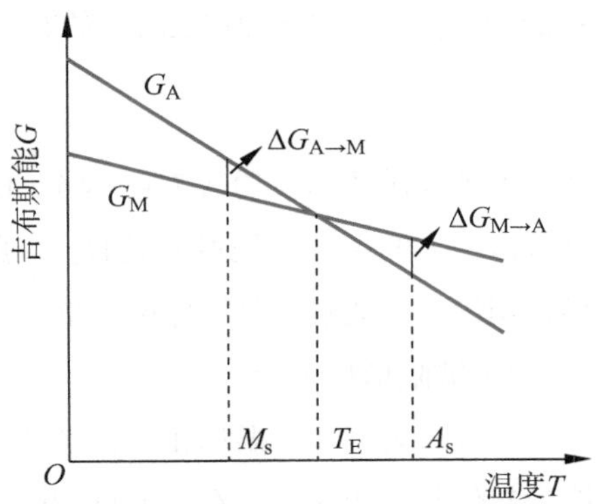

图 3-8　马氏体和母相（奥氏体）的化学吉布斯能随温度的变化

马氏体重新加热时的逆转变可采用类似的方法处理。以 $\Delta G_{A\to M}$ 表示母相与马氏体的吉布斯能之差，当 $T>T_E$ 时 $\Delta G_{A\to M}>0$，即有逆转变的驱动力，当温度达 A_s 以上时其驱动力便可大到能促使马氏体逆转变为奥氏体。

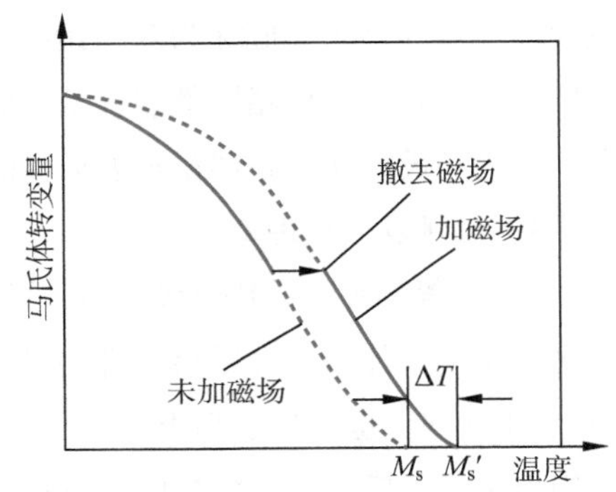

图 3-9　外加磁场对马氏体转变过程的影响

外场对马氏体转变影响明显。实验证明，钢在磁场中淬火冷却时，外加磁场也可以诱发马氏体相变，与不加磁场相比，M_s 点升高，并且相同温度下的马氏体转变量增加。但是，外加磁场只使 M_s 点升高，而对 M_s 点以下的相变行为并无影响。如图 3-9 所示，淬火冷却时外加磁场使 M_s 升高。但转变量增加趋势与不加磁场时基本一致。而当相变尚未结束时撤去外加磁场，则相变立即恢复到不加磁场时的状态，并且马氏体最终转变量也不发生变化。外加磁场影响马氏体相变的原因，主要是外加磁场使具有最大磁饱和强度的马氏体相趋于更稳定，在磁场中马氏体的吉布斯能降低。

一定温度下的塑性变形亦可促进马氏体转变。可以认为，外场实际上是改变各相的相对稳定性，补偿了一部分化学驱动力，使马氏体相变在 M_s 点以上亦可发生。

3.2.2　马氏体相变的形核

马氏体相变是在无扩散情况下，母相由一种结构通过切变方式转变为另一种结构的相变。在相变过程中，点阵重构是由原子集体的、有规律的近程整齐移动完成的，原子之间相对位置无明显变化，亦无成分变化。马氏体相变是一个形核—长大的过程。

关于马氏体转变的形核问题，长期以来曾出现过许多理论探讨，但均不够完善。

1）经典形核理论

这种理论的基本出发点是把马氏体转变看作为单元素的同素异构转变。Cohen 把 Fe-

30 at%Ni 合金（M_s 点为 233K）的有关数值代入按经典形核理论推导的形核功，即

$$\Delta G_k = \frac{32\pi A^2 \sigma^3}{3(\Delta G_V)^4} \tag{3-5}$$

计算得到马氏体形核功 $\Delta G_k = 5.44 \times 10^8$J/mol。显然，在 233K 这样低的温度下，通过热激活来克服这么大的形核功是不可能的。因此，即使对可观测形核孕育期的等温马氏体转变，经典的形核理论也不能解释马氏体的形核。

2）缺陷形核理论

一般认为，在高温母相中已经预先存在具有马氏体结构的微区（即核胚），这些微区通过能量起伏及结构起伏，在高温母相中某些有利位置，如位错、层错、亚晶界、晶界或由夹杂物造成的内表面以及由于晶体成长或塑性形变所造成的畸变区等形成。从能量的观点看，是由于上述区域具有较高的吉布斯能，因而可作为马氏体的核胚。最广泛接受的位错形核模型是弗兰克模型，认为马氏体胚芽为双凸镜状，其界面由不同符号的螺位错和刃位错构成。当淬火时，只要驱动力足够，位错圈就能移动，胚芽就长大。另外，在钴、镍铬不锈钢中观察到面心立方向六方的马氏体转变是层错扩展形核的结果，由此提出了层错形核理论。

3）自触发形核理论

Cohen 等学者曾对 Fe-0.5C-25Ni 单晶作过研究，将奥氏体状态的试样一端冷至 M_s 点（−77℃），使之发生马氏体转变，随后立即使试样温度回升至室温，发现试样上温度比 M_s 点高 58℃（即 −19℃）的部位也发生了马氏体转变。可见，已存在的马氏体能触发未转变的母相形核。据此，人们提出了马氏体转变的自触发形核理论。自触发形核实际上是因先生成的马氏体与其周围母相发生协作形变而产生位错，从而促成了马氏体核胚形成。

3.2.3 马氏体的长大

相对于马氏体的形核研究，对马氏体长大的研究工作很少。马氏体长大时，界面的运动除了受驱动力的控制外，还受材料本身组元和界面运动本身阻力即界面摩擦的影响，也受晶体内其他缺陷或障碍（夹杂物和晶界等）交互作用的影响。另一个重要的问题是基体对马氏体形状改变的协作，当基体主要以弹性形变进行协作时，马氏体以热弹性方式长大；当基体主要以塑性形变进行协作时，马氏体以非热弹性方式长大。在极端情况下，马氏体瞬间长大至给定形状。长大的不同机制不但决定长大的速率，也决定马氏体的形态。

1）热弹性马氏体的长大

理想（完全）热弹性马氏体因驱动力增减而消长。事实上，发生热弹性马氏体相变时，相界面只呈现宏观的可逆运动，界面运动时还会产生位错，形成运动阻力，表现出热滞（和非热弹性马氏体相比，热滞较小）。在 M_s 点，与马氏体并存的塑性区域的大小可用以评价材料的热弹长大的特性和倾向性。林鸿麒和 Owen 以 Fe_3Pt 为例，发展了三维热弹性连续长大模型，他们认为，在 $T \leqslant M_s$ 时，一片马氏体在一个晶粒中形核后，将在其径向很快伸长，直至遇到

障碍（如晶界）而停止；接着 c 轴方向长厚，形成以 r 为圆片半径、椭圆截面的半厚度为 c 的透镜状马氏体，见图 3-10。

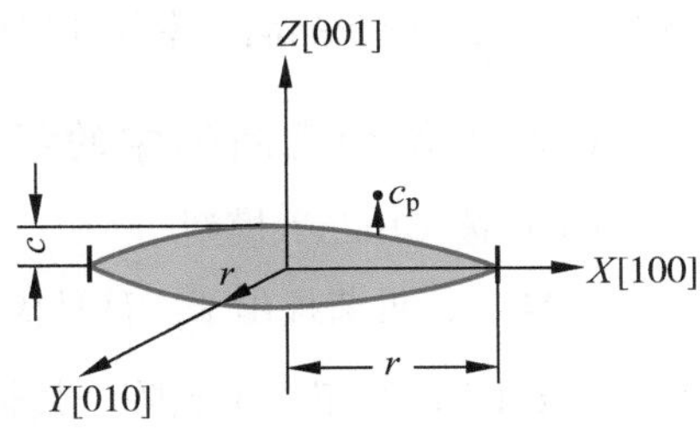

图 3-10　扁圆状马氏体在特定坐标系上的断面

热弹性合金一般显示弹性的各向异性。但计算结果表明，弹性各向同性和各向异性合金中，马氏体长大的 c/r 临界值相差很小。Fe_3Pt 单片马氏体热弹性长大的理论模型显示，即使在最有利的情况下（母相完全有序），热弹性只限于 c/r 值极小的马氏体薄片中出现。宏观上认为是完整的热弹性相变，实际上会含有微观的塑性变形。

当热弹性马氏体片加厚时，在端际和面际会形成大的切变应力，促发邻片马氏体的形核。在端部的塑性区域附近，会应变诱发另一马氏体变体，呈端部连端部分布。宽面际由应力诱发平行马氏体变体，沿 Z 轴作相反切变。

2）非热弹性马氏体的长大

非热弹性马氏体长大时产生显著的基体塑性协作，主要有三个因子：①塑性形变功以热的形式耗散，使材料升温，减小了化学驱动力；②基体塑性形变使运动界面前沿产生位错，形成界面摩擦，对运动造成阻力；③塑性协作也是一个弛豫过程，使界面弹性能降低。

非热弹性材料发生相变时往往具有很大的化学驱动力，促使界面以较大的速率运动（长大速率很大），直至界面遇到塑性区内形成的障碍（位错）而停止生长。

余振中和 Clapp 应用磁感和声发射技术，测得 Fe-30Ni 中单片马氏体的长大速率在切变波速的 0.25~0.65 之间，温度和应变条件决定马氏体实际的长大速率。

由于马氏体的形核和长大在实验观察和测定有较大的困难（微观和快速），理论和验证之间还有不小距离，随着这方面研究的进展，当理论探索、计算模拟和实验测试结果相互趋近时，比较理想的形核和长大模型自当脱颖而出。

3.2.4　马氏体相变晶体学

对马氏体相变晶体学的认识有助于揭示马氏体相变的物理本质。马氏体相变晶体学研究马氏体和母相间晶体点阵对应性等一系列晶体学特征参数之间的关系。它的产生和发展经历了三个阶段。第一阶段是贝茵（Bain）于 1924 年提出的 Bain 模型。由于该应变模型不能说明惯习面的形成机制，故并未引起人们多大的注意。第二阶段是从 1930 年 K-S 模型的提出开始，到 20 世纪 50 年代初，在这阶段提出了几种切变模型。这些模型都是对某一具体实例，设计一种切变（一次，或分阶段的）晶体学模型，说明位向关系、惯习面和外形变化（倾动角）的形成原因，但各个切变模型之间缺乏统一性。第三阶段是 20 世纪 50 年代初形成的马氏体相变晶体学唯象理论，它吸收了贝茵应变和切变模型研究的合理部分，从不变平面应变这个基本观点出发，设计了一套可以定量处理的应变模型，包括改变点阵结构和不改变点阵结构的两类模型，全面说明母相、新相的点阵结构、对应性、位向关系、惯习面（指数）、外形变化及马氏体中亚结构参数（如孪晶面、孪晶片厚度、密度）之间的关系。

1. 马氏体相变晶体学的经典模型

1）贝茵（Bain）模型

1924 年，贝茵提出了一种马氏体相变机制，称为贝茵模型。在该模型中，可以把 fcc 点阵看成是 bct（体心正方）点阵，其轴比为 1.414（即$\sqrt{2}/1$），见图 3-11（a），当面心立方转变为体心正方的马氏体时只需沿一个立方体轴进行均匀压缩，以调整到马氏体的点阵常数，如 1%C 钢的马氏体轴比为 1.05，则沿体心立方的 c 轴方向压缩 20%，沿 a 轴的方向伸长 12%，使轴比由 1.414 变为 1.05，就成为马氏体晶胞（图 3-11（b）、（c））。

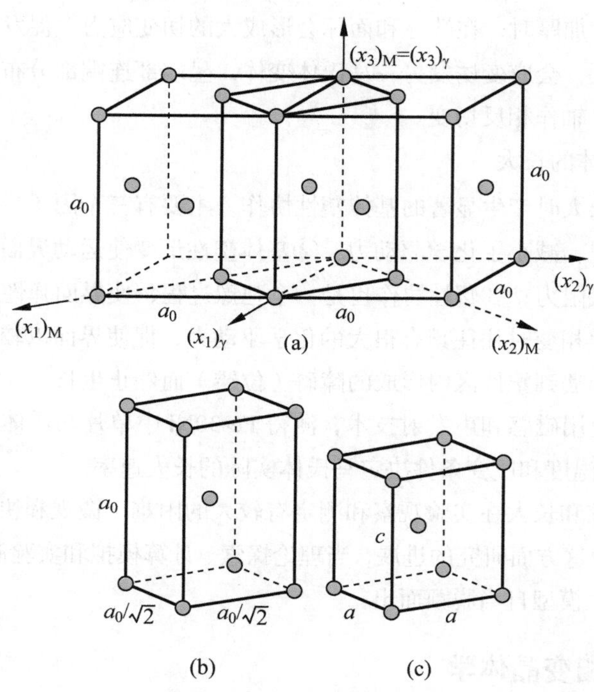

图 3-11　贝茵模型示意图

（a）相变前两个奥氏体面心立方单胞中间的体心正方单胞；（b）相变前的体心正方单胞；（c）相变后的体心立方马氏体

贝茵模型只使原子移动很小距离就可完成转变，能说明在转变前后，新、旧相晶体结构中共同的面和方向的晶体学特性，但未能说明相变时产生的表面浮凸、惯习面和亚结构等的存在，因此不能完整地说明马氏体转变的特征。

2）K-S（Kurdjumov-Sachs）模型

20 世纪 30 年代初期，Kurdjumov 和 Sachs 确定了 1.4%C 钢中马氏体（α'）和母相（γ）之间存在的位向关系为

$$\{110\}_\alpha // \{111\}_\gamma，\langle 111\rangle_{\alpha'} // \langle 110\rangle_\gamma$$

称为 K-S 模型。K-S 模型展示了面心立方奥氏体改组为体心正方马氏体的切变过程，并能很好地反映出新相和母相的晶体取向关系。该模型虽然可以解释低碳钢中位错型马氏体的特征，但不能解释高碳钢惯习面为 $\{225\}_\gamma$ 和 $\{259\}_\gamma$ 的切变过程。

3）G-T（Greninger-Troiano）模型

1949 年，Greninger 和 Troiano 对 Fe-22Ni-0.8C 合金进行了惯习面和位向关系的测定，提出了既符合浮凸效应又符合位向关系的双切变模型，称为 G-T 模型。

G-T 模型能较好地解释马氏体转变的点阵改组、浮凸效应、惯习面及取向关系，特别是较好地解释了马氏体内的两种主要的亚结构——位错和孪晶，但尚不能解释某些 Fe-C 合金中母相与新相的惯习面取向关系。

2. 马氏体转变的唯象理论

唯象理论的提出是有关马氏体相变晶体学研究的重要进展。该理论根据惯习面必须是不变平面的实验事实来描述相变前后晶体点阵的转化，而不追究马氏体相变时原子迁移的细节。

唯象理论把马氏体相变看成是一个形变过程，此形变过程包括三种相互配合的运动。

现以 Fe-C 合金中马氏体转变为例说明，如图 3-12 所示。首先，母相中产生贝茵形变，使母相奥氏体的面心立方点阵改造成新相马氏体的体心正方（立方）点阵。

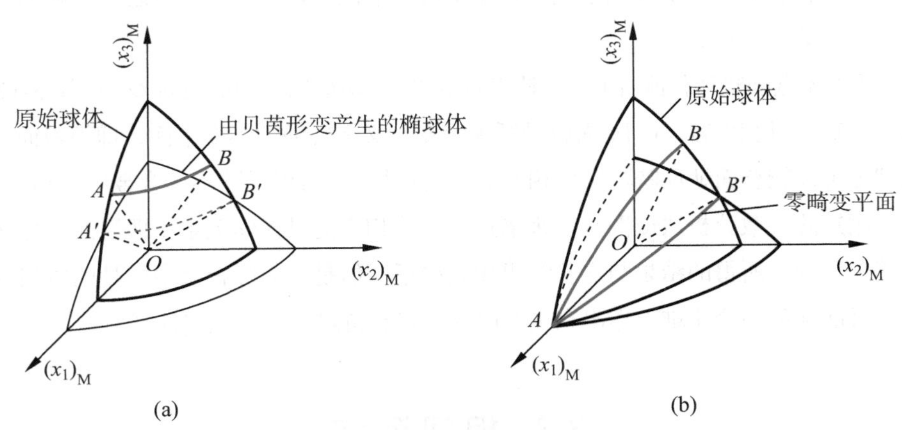

图 3-12 Fe-c 合金中马氏转变的形变过程

（a）贝茵形变对在奥氏体基体中所作球体的影响；（b）贝茵形变后切变和转动的结果

但单纯的贝茵形变不能得到无畸变、不转动的惯习面。图 3-12（a）是奥氏体中的一个单位圆球$\left(取\dfrac{1}{8}\right)$，它的三个主轴为 $(x_3)_M$、$(x_1)_M$ 和 $(x_2)_M$。在发生贝茵形变，即圆球沿 $(x_3)_M$ 收缩、沿 $(x_1)_M$ 和 $(x_2)_M$ 膨胀改造成马氏体后，圆球将变成椭圆球体。在此椭圆球体上，$A'B'$ 圆（形变前为 AB 圆）上的各点都在原始球体上，因此各点与原点 O 的距离都等于原始球体的半径。若建立大小不同的圆球，经贝茵形变后可得到大小不同的一系列 $A'B'$ 圆，这些 $A'B'$ 圆将构成一圆锥面，圆锥面上母线的长度与原始球体的半径相等（例如 $OA'=OA$，$OB'=OB$），这表明贝茵形变时圆锥面沿母线方向未发生应变，但圆锥面并非平面，而且该面还发生了转动（由原来的 *OAB* 位置转动至 *OA'B'* 位置）。由此可见，单纯的贝茵形变不存在不变平面。

于是，进行新点阵不改变其点阵的切变，从而得到一个零畸变平面。从图 3-12（b）中看出：在贝茵形变之后，若沿 $(x_1)_M$ 的膨胀复又收缩至原始位置，即相当于沿 $-(x_1)_M$ 进行一次切变，则此时的 *OAB'* 面显然为一个零畸变平面。

点阵不变应变可以通过新点阵内微细区域的周期性滑移或周期性孪生来实现（图 3-13）。这种应变不仅可以解释惯习面为一个宏观零畸变平面的重要事实，还很好地说明了马氏体内位错亚结构或孪晶亚结构的由来。

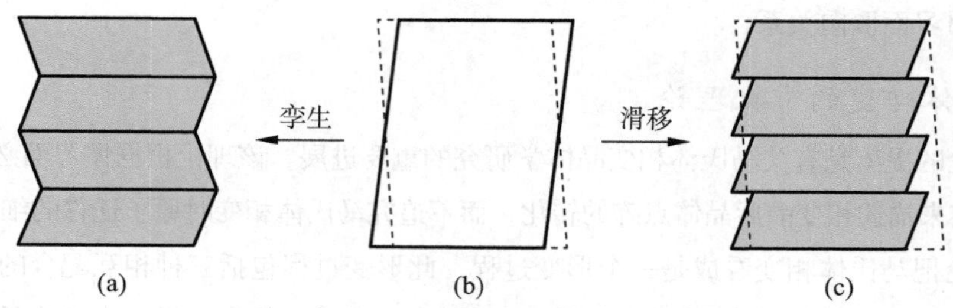

图 3-13　点阵不变应变

由于马氏体相变时发生滑移或孪生，在原子尺度上说，马氏体与母相之间一般不是完全共格相界，而是部分共格相界。

最后，马氏体点阵整体作刚性转动，使零畸变平面 *OAB'* 回到原始位置 *OAB*（图 3-12（b））。不难看出，相对于母相而言，*OAB* 面就是既无畸变，又无转动的不变平面，即惯习面。

唯象理论可以较全面地反映马氏体相变的主要特征，它可以描述不少合金中的马氏体相变，特别是可以用矩阵代数分析法或图解法来描述和推算相变的晶体学关系（惯习面、形状应变及位向关系等），并且所得的结果与实验结果比较接近。但是，实际合金中的马氏体相变十分复杂而多样，目前唯象理论还难以作出完美的解释，仍有待进一步研究和发展。

3.3　相间沉淀

相间沉淀由 Davenport 和 Honeycombe 于 1968 年首先在含有 Nb、V 等强碳化物形成元素的钢中发现，属于扩散性相变。20 世纪 60 年代，有科研工作者发现在控轧控冷非调质低碳钢中加入微量 Nb、V、Ti 等合金元素能有效提高钢的强度。透射电子显微镜观察表明，这种钢在轧后冷却过程中析出了细小的特殊碳化物颗粒，直径为几纳米到几十纳米，呈不规则分布或者点列状规则分布。随后在中高碳合金钢中也发现存在细小弥散的第二相析出粒子，而且除了碳化物外，还有氮化物。由于碳氮化物在奥氏体—铁素体相界面上形成，所以称这种现象为相间沉淀。相间沉淀析出的碳（氮）化物起着重要的沉淀强化作用，已成功应用于发展微合金钢。

3.3.1　相间沉淀的条件

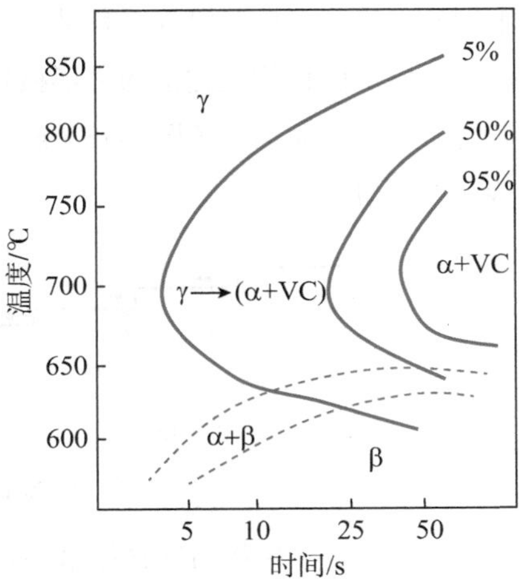

图 3-14　C 质量分数为 0.23%~0.85% 的钢过冷奥氏体等温转变动力学图

相间沉淀指碳氮化物在奥氏体—铁素体相界面上形核和长大。该过程首先要求奥氏体中必须溶有足够的碳（氮）元素和碳化物形成元素，而且所形成的碳（氮）化物在奥氏体中的溶解度随温度的降低而下降；其次，必须采用足够高的奥氏体化温度，使碳（氮）化物能够溶解到奥氏体中。

低碳合金钢中，相间沉淀的等温转变动力学图呈 C 字形特征，与珠光体转变相似，如图 3-14 所示。相间沉淀发生有一定的温度范围，转变温度较高或较低时转变速度都会变慢。除温度以外，其他合金元素的加入和塑性变形也会影响相间沉淀动力学。如 V 钢中加入 Ni、Mn、Cr 会使相间沉淀变慢；塑性变形一般会加速相间沉淀的进行。

在连续冷却条件下发生相间沉淀时，当冷却速度较慢，在较高的温度停留的时间较长，特殊碳（氮）化物聚集长大，组织粗大，会使钢的强度、硬度下降；如果冷却速度过快，在可发生相间沉淀的温度范围内停留的时间过短，细小的碳（氮）化物来不及形成，过冷奥氏体将转变为先共析铁素体和珠光体以及贝氏体，钢的强度、硬度也会降低。

因此，利用相间沉淀发展微合金钢，必须合理选择钢的成分、奥氏体化温度和钢材的冷却条件，保证过冷奥氏体以相间沉淀的形式分解，获得最好的强化效果，使钢的强度大大提高。

3.3.2　相间沉淀机理

相间沉淀是奥氏体分解的一种特殊形式，是与共析转变相关的一种现象，其热力学机理与共析转变类似。低、中碳微合金钢经奥氏体化后过冷到 A_1 以下，在贝氏体转变开始温度 B_s 以上的某一温度等温或以一定的冷却速度连续冷却经过 A_1~B_s 区间时均可发生相间沉淀。

相间沉淀也是一个形核和长大过程，晶核包括（F+MC）两相，然后长大，并受合金元素和碳原子的扩散所控制。由于合金元素 V、Nb 等含量低，而且它们的原子扩散速度极为缓慢，扩散的距离较短，加之钢中碳含量也低，单位体积中可能供给的碳原子和 V、Nb 等合金元素的原子数量少，不能长大成较大的片状碳化物，而形成细小颗粒，随即终止长大，而呈现颗粒状，或呈点列状分布。随着特殊碳化物的形成的同时，铁素体基体共析共生，不断向前生长。

Honeycombe 提出了相间沉淀的台阶机制，如图 3-15 所示。图中台阶沿箭头方向从左向右移动，而 γ/α 界面则由下向上移动。通常 γ/α 界面是低能量、低可动性的共格或半共格平面，而台阶面（垂直于界面的小平面）则是高能量、高可动性的非共格平面。由于台阶面太容易移动，碳原子来不及在该处积累，虽然能量高，也不容易在那里形核，因此碳化物只能在 γ/α 界面上形核。每一个台阶沿界面移动一次，界面就前进一个台阶的高度，与此同时，一列（实际上就是一层）碳化物沉淀也随之形核长大，因此碳化物列（层）之间的距离就是台阶的高度。有时台阶高度小而均匀（图 3-15（a）），而有时台阶高度大而不均匀（图 3-15（b）），原因还有待进一步研究。

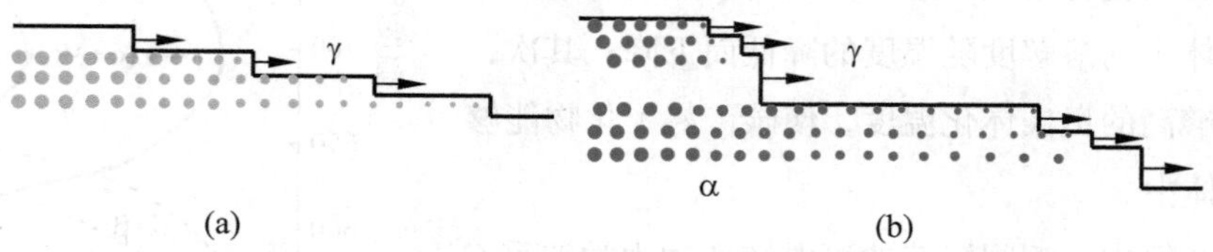

图 3-15　相间沉淀的台阶机制模型

相间沉淀碳化物与铁素体呈一定的晶体学位向关系。对于等温沉淀的 VC，其位向关系为

$$\{100\}_{VC}//\{100\}_{\alpha}；\ [110]_{VC}//[100]_{\alpha}$$

对于连续冷却沉淀的 V_4C_3，其位向关系符合 Beker-Nutting 关系：

$$(100)_{V_4C_3}//\{100\}_{\alpha}；\ [010]_{V_4C_3}//[011]_{\alpha}$$

这说明了相间析出碳化物，是按共格或半共格关系与铁素体相一起配合，共析长大的。

3.3.3　相间沉淀产物

相间沉淀可发生在铁素体、珠光体或贝氏体内。现今使用的低碳或中碳微合金钢，均是添加少量的强碳化物形成元素，使之发生相间沉淀，得到由相间沉淀碳化物与铁素体组成的相间沉淀组织以及珠光体组织。在光学显微镜下，相间沉淀组织与典型的先共析铁素体毫无区别，只有借助电子显微镜，才能观察到铁素体中析出的极细小的颗粒状碳化物，一般呈不规则分布或点列状分布（图 3-16）这与电镜入射电子束和碳化物析出平面所呈角度有关，当二者平行时，所观察到的颗粒碳化物呈规则的点列状分布。

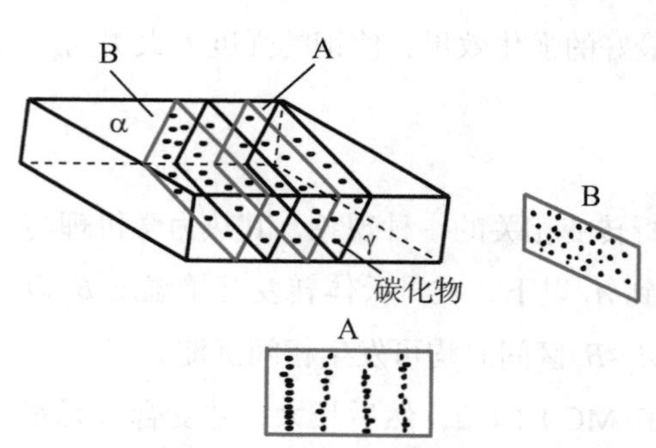

图 3-16　相间析出物空间分布图

相间沉淀是过冷奥氏体分解的一种特殊形式，是在铁素体基体上分布着弥散的碳（氮）化物颗粒，是珠光体的一种特殊的组织形态。相间沉淀组织也被称为变态珠光体或退化珠光体。

相间沉淀的碳（氮）化物是纳米级的碳（氮）化物。析出物的直径随钢的成分和等温温度的不同而有所改变，一般平均直径为 10~20nm。析出相相邻析出平面之间的距离称为面间距或层间距。面间距通常在 5~230nm 之间。颗粒尺寸越小，铁素体晶粒越细，钢的强度越高。

相间沉淀碳化物颗粒的大小和层间距主要取决于析出时的温度（冷却速度）和奥氏体的化学成分。随冷却速度的增大，析出温度的降低，碳化物颗粒尺寸和层间距均减小。钢中碳氮化物形成元素和碳含量增加时，碳氮化物的体积分数将增加，碳化物的颗粒尺寸及面间距略有减小。钢中氮含量对层间距也有很大影响，一般氮含量升高，析出物的层间距会减小。

3.3.4 应用

相间沉淀研究多用于发展含有 Nb、V、Ti 等合金化元素的微合金钢，其主要目的在于通过相间沉淀实现碳化物弥散沉淀强化的作用。相间沉淀最大的优点是在提高钢的强度的同时并不明显降低钢的韧性。微合金化钢配合控制轧制技术可以把细晶强化、沉淀强化和形变强化结合起来，从而获得良好的强度和韧性的配合，其经济效益十分显著。采用控制轧制技术的目的在于保证奥氏体以相间析出的形式分解，并使转变前的奥氏体和转变后的铁素体尽可能达到晶粒细化。

世界各国都十分重视相间沉淀微合金钢的研发。如采用 V 对中碳微合金非调质钢进行微合金化，我国已开发出 YF35MnV、YF40MnV、YF45MnV、F35MnV 等中碳微合金非调质钢。由于中碳微合金非调质钢不需要提高淬透性的 Cr、Mo 等贵重合金元素，取消了调质工序，故可大幅度节约能源、降低成本。

微合金钢的应用对于节约能源和资源都有重要意义，经济效益十分显著，目前在机械、汽车等行业已获得广泛的应用。

第 2 篇　金属材料的基础热处理

金属材料热处理的内容极为丰富，可以按材料类型、作用效果和操作方式的不同进行分类，但其基本目的都是通过加热和冷却操作来调控金属材料的内部组织，以改善材料的工艺性能或使用性能。第 2 篇按照金属材料生产加工过程的顺序，把熔炼铸造之后塑性加工过程和加工后对金属和合金所实施的各种热处理操作，统一称为基础热处理，把铸锭和铸件的热处理也归入这一类。至于金属制品如金属模具、金属焊接件、机械加工件的热处理，不在本篇内容里介绍。

钢铁材料的生产，其基本流程如图 4-01 所示。从图可知，钢铁的生产是以生铁为主要原料。生铁装入高温的炼钢炉里，通过氧化作用降低生铁中的碳和硫、磷等杂质的含量以达到钢液的要求，而后将钢液浇铸成钢锭，钢锭经过塑性加工最终形成板材、管材、型材、线材及其他类型的材料。

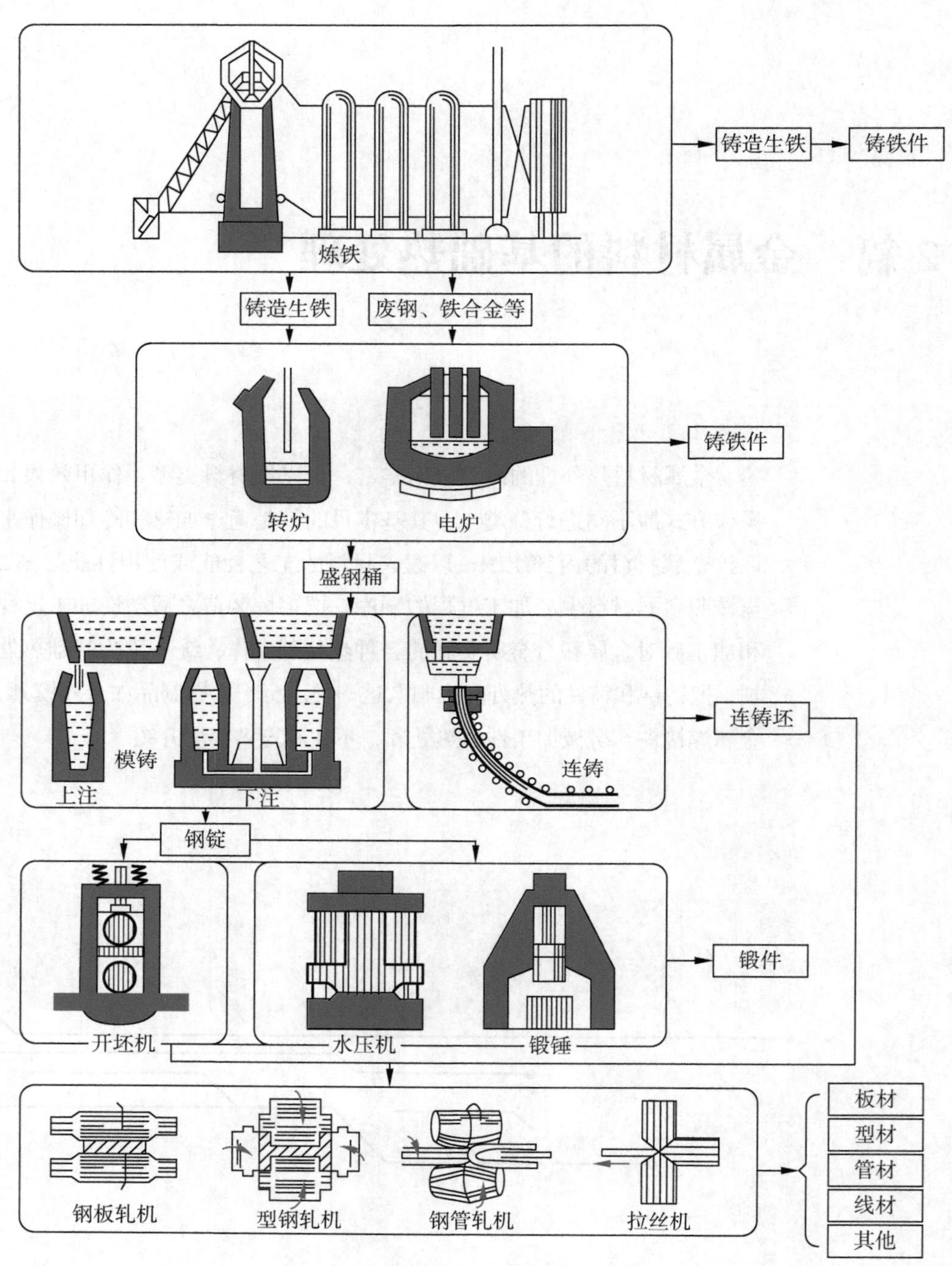

图 4-01　钢铁材料的生产过程

有色金属材料的生产与钢铁材料的生产相同，也是从铸锭开始，经过轧制、挤压、铸造、冲压等热加工或冷加工，生产出板材、带材、箔材、管材、棒材、型材、锻件和冲压件等加工产品。在加工过程中，为满足加工工艺对材料工艺性能的要求，可能会对中间产品进行各种中间热处理。加工完成后，为保障产品的使用性能，可能会进行最终热处理。典型的有色金属板带材基本生产流程如图 4-02 所示。

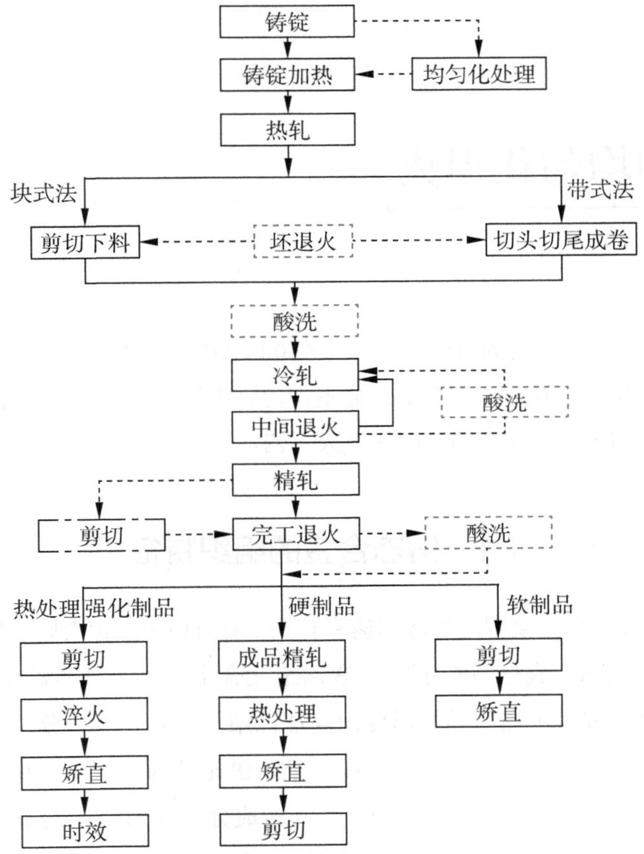

图 4-02　有色金属及其合金板带材基本生产流程示意图

按照金属材料生产加工过程的顺序，本篇各章将分别论述熔炼铸造之后铸锭（铸件）的均匀化退火；加工过程中去回复（应力退火）与再结晶退火；加工完成后的热处理，包括有色金属材料的固溶与时效，钢铁材料的退火与正火和钢铁材料的淬火与回火。

第 4 章

铸态合金的均匀化退火

在工业生产条件下，合金凝固时的冷却速率在 0.1~100℃/s 的范围内，由于冷却速度较快，其铸态组织呈非平衡状态，导致铸态合金成分不均匀、组织不均匀。均匀化退火是以减少合金化学成分及组织的不均匀程度为主要目的的退火工艺。

4.1 铸态合金的组织特征

在工业生产条件下，合金凝固时的冷却速率较快，使固相和液相内原子扩散不能充分进行，尤其是在固相 α 内。例如，成分为 C_0 的 A、B 两组元合金，以匀晶形式在极其缓慢的冷却条件下转变成固态，其过程为平衡结晶，温度由高往低结晶的 α 相成分分别为 α_1、α_2、α_3、α_4、α_5。但在快速冷却过程中。由于扩散不能充分进行，α 相成分却分别为 α_1'、α_2'、α_3'、α_4'、α_5'，如图 4-1 所示。这时的结晶过程为非平衡结晶。非平衡结晶使不同温度下结晶的局部区域出现成分差别，造成先结晶的区域含较多的高熔点组元，后结晶的区域含较多低熔点组元。这种在一个晶粒内出现化学成分不均匀的现象称为晶内偏析或枝晶偏析。

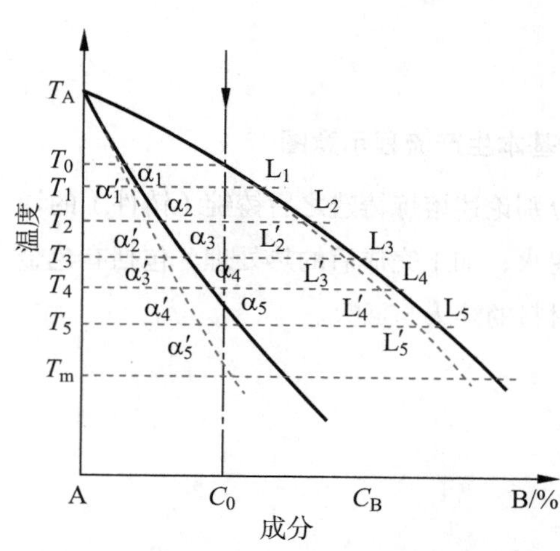

图 4-1 A、B 两组元固溶体合金的不平衡结晶示意图

平衡和非平衡固相线不仅在量的方面不同（具有不同的温度点），而且在基本性质方面也不同。平衡固相线具有两个含义：它是合金结晶过程终了温度点的轨迹；它也是在结晶温度范围内固相与液相平衡成分点的轨迹。然而，非平衡固相线却只是在特殊冷却速度下合金结晶过程完成点的轨迹。

简单二元共晶系相图以及非平衡固相线见图 4-2。设有 x_1 成分的合金，在平衡结晶时，α 固溶体成分沿 *bd* 线变化，并在 *d* 点结晶完毕，此时的组织为成分均匀的固溶体。若在非平衡条件下凝固，则首先结晶的固相与随后析出的固相成分就来不及扩散均匀。在整个结晶过程中，α 固溶体平均成分将沿 *bc* 线变化，达共晶温度的 *c* 点后，余下的液相则以 α+β 共晶的方式最后结晶。因此，在工业生产非平衡结晶条件下，x_1 合金的组织由枝晶状的 α 固溶体及非平衡共晶组成。合金元素 B 的浓度在枝晶网胞心部 (最早结晶的枝晶干) 最低，并逐渐向枝晶网胞界面的方向增加，在非平衡共晶中达到最大值（如图 4-3 所示）。

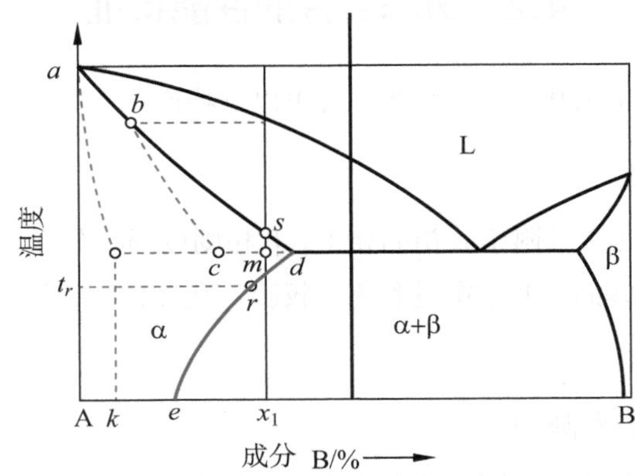

图 4-2　非平衡凝固二元共晶系相图及非平衡凝固相线

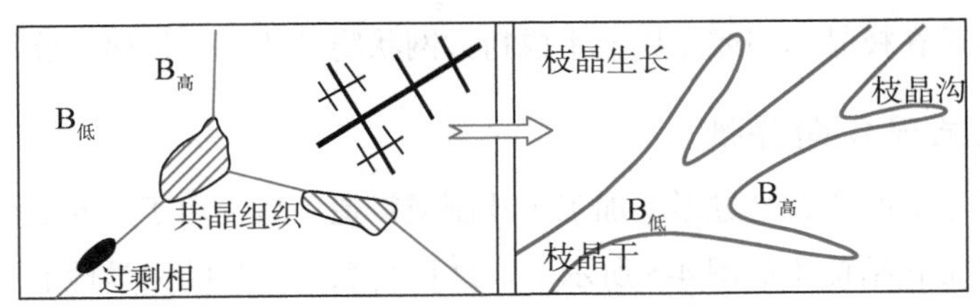

图 4-3　合金元素 B 的浓度变化趋势

在工业生产条件下，铸态合金基体固溶体成分不均匀，出现晶内偏析，组织呈树枝状，产生非平衡共晶组织；可溶相在基体中的最大溶解度发生偏移，在某些情况下，平衡状态为单相成分的合金可能出现非平衡的第二相，而多相合金过剩相的数量会增多；高温形成的不均匀固溶体，其浓度高的部分在冷却时来不及充分扩散，有的处于过饱和状态。如图 4-4 为工业生产条件下铸态合金的非平衡组织。

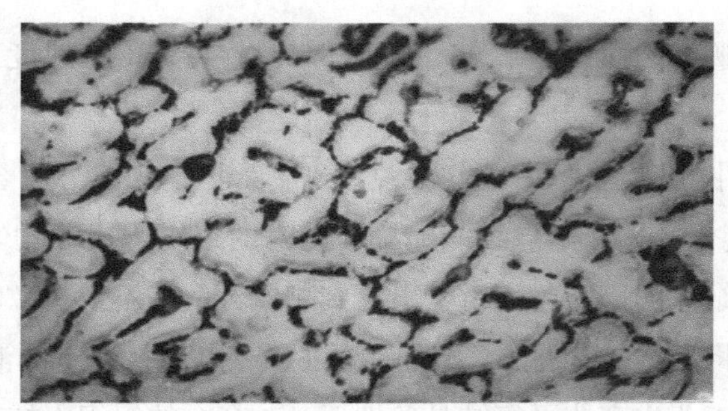

图 4-4　在工业生产条件下，铸态合金的非平衡组织

4.2　铸态合金的性能特征

铸态合金在其非平衡组织状态下，性能呈现出以下特征：

1. 合金的塑性降低

非平衡组织中，α 相通常依附于 α 初晶相上，β 相则以网状分布在枝晶网胞周围。由于枝晶网胞间及晶界上非平衡共晶（非平衡过剩相）较脆，塑性较低，加工性能差，对热、冷压力加工过程不利。

2. 合金的抗腐蚀能力降低

由于树枝状晶体的局部成分不同，枝晶胞中心与胞界电位差大，形成浓差微电池。微电池增多，降低合金对电化学侵蚀的抗力。此外，在固溶体中过剩相的形成，使合金的抗电化学腐蚀能力下降，尤其是在枝晶网胞或晶界上生成粗大网状脆性相，使抗腐蚀能力严重下降。

3. 力学性能呈现各向异性

非平衡组织状态下的合金经过形变加工（轧制或锻造）后，由于不同成分的显微区域被拉长，变形组织出现带状结构（如图 4-5 所示）。这种组织使产品的力学性能呈现各向异性。尤其是在枝晶网胞或晶界上粗大网状脆性相破碎，而且沿晶（带）间分布，使层状开裂和晶（带）间断裂的倾向增大，并使合金的各向异性增大。

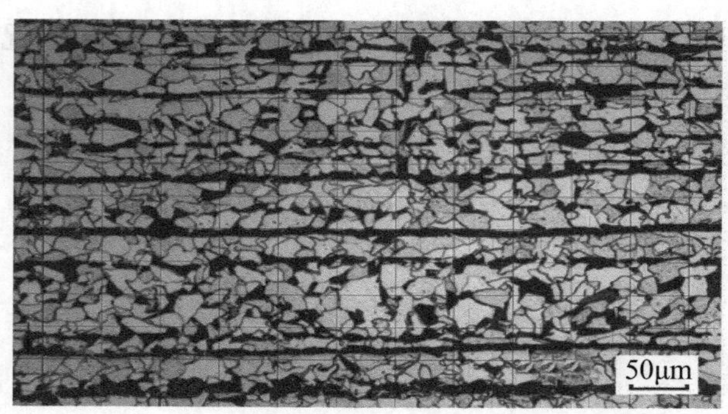

图 4-5　45 钢的带状组织（两相组织：铁素体（白亮区）+ 珠光体）

4. 加工工艺参数难以控制

由于非平衡组织成分不均匀，其固相线温度相对平衡组织的固相线温度发生变化，因此在后续热加工和热处理过程中其工艺参数难以控制。尤其是非平衡组织中存在枝晶网胞或晶界低熔点化合物或共晶混合物时，易出现过热、过烧现象。

5. 产生淬火效应

在非平衡冷却过程中，固溶体形成时由于冷却速度相对较快，固溶体中合金元素浓度相对高的局部区域存在合金元素来不及析出来的可能，因此，对基体无多型性转变的合金，表现为非平衡组织状态下，铸态合金中的固溶体可能会处于过饱和状态；对有多型性转变的合金，则表现在均匀化退火后空冷时可能引起表层形成一定深度的马氏体层，产生淬火效应。

6. 处于亚稳定状态

非平衡组织状态是亚稳定状态，在高温工作或长时间服役过程中，可能发生固溶体成分和非平衡相的变化。这种变化造成组织、性能、形状和尺寸的相应改变，在生产实际中有可能导致产品提前失效。

由于铸态合金的非平衡组织状态导致铸件在使用过程中出现上述诸多的不利性能，因此应采取措施尽可能消除铸态非平衡组织。均匀化退火（或扩散退火）是专用于消除或减少非平衡组织的热处理工艺。因为非平衡组织是由于结晶时扩散过程受阻所造成，这种状态在热力学上是亚稳定的，有自动向平衡状态转化的趋势。若将其加热至一定温度，提高原子扩散能力，就可较快完成由非平衡向平衡状态的转化过程。

4.3　均匀化退火过程组织与性能变化

在均匀化退火（扩散退火）时，合金组织与性能将发生变化。

4.3.1　非平衡相的溶解与溶质分布状态变化

成分均匀化及非平衡组织平衡化是均匀化退火的主要过程。对于非平衡状态下仍为单相的合金，均匀化退火所发生的主要过程是固溶体晶粒成分的均匀化，也就是树枝状偏析的消除。在含有非平衡过剩相的合金中，均匀化退火包含两个主要过程：固溶体晶粒内各组元浓度的均匀化和非平衡过剩相的溶解，二者是相互制约的两个过程，如图4-6和图4-7所示。

通常，非平衡过剩相溶解后，固溶体的成分仍然不均匀，还需保温一定时间才能使固溶体内的成分完全均匀。在大多数情况下，可以用非平衡相完全溶解所需要的时间来估计均匀化时间。而非平衡相完全溶解所需要的时间可由金相观察来确定。应该指出的是，均匀化处理只能消除或减少晶内偏析，而对区域偏析的影响甚微，另外，消除区域偏析需晶间扩散，而晶间扩散会因晶间夹杂和空隙等的阻碍而难以实现。

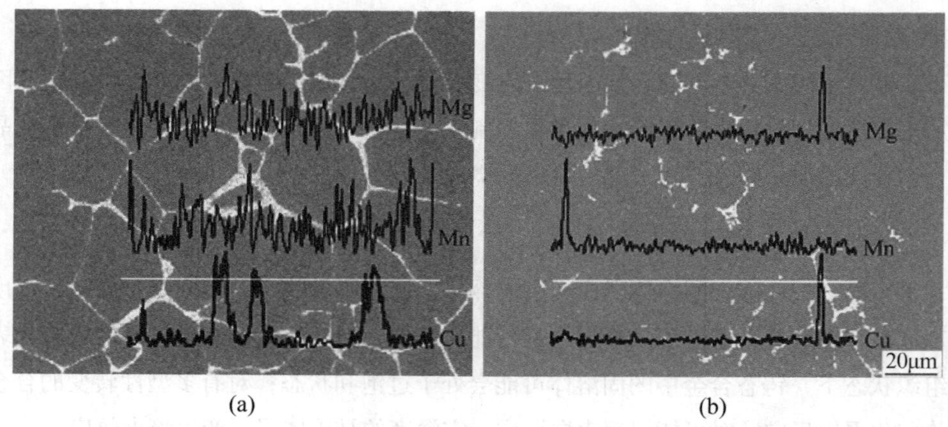

图 4-6　2124 铝合金中 Cu、Mn、Mg 元素的线扫描分析曲线

（a）铸态；（b）经过 490℃ /24h 均匀化退火

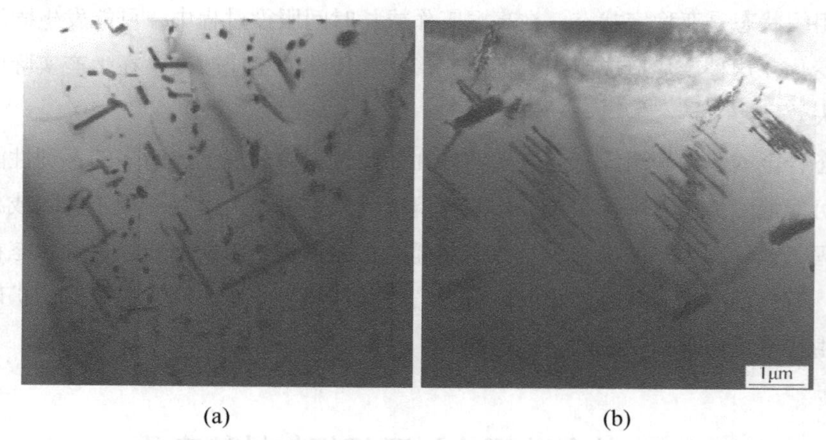

图 4-7　2124 铝合金中过剩相的形貌与分布的 TEM 组织

（a）铸态；（b）经过 490℃ /24h 均匀化退火（可以清晰地看出 2124 铝合金经过均匀化退火后，非平衡过剩相溶解）

图 4-8 为 Al-Zn-Mg-Cu 高强铝合金均匀化退火前后同一枝晶网胞范围内显微偏析的变化。

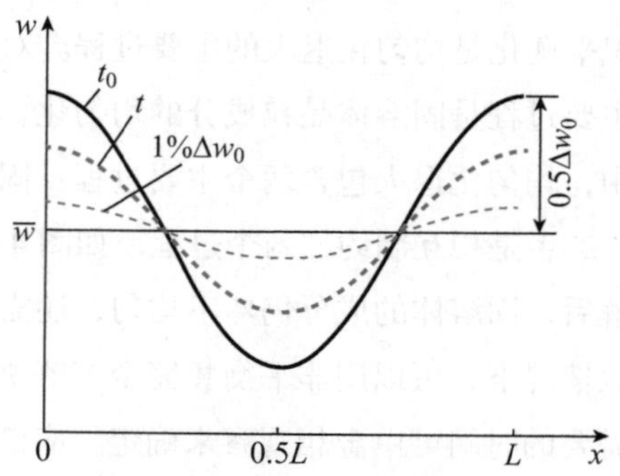

图 4-8　Al-Zn-Mg-Cu 合金均匀化退火前后同一枝晶网胞范围内显微偏析的变化

图 4-8 中，L 为枝晶间距；$\overline{w}$ 为完全均匀化后合金元素的平均含量；Δw_0 为晶界与晶内合金元素含量差；t_0 为均匀化开始时间；t 为均匀化进行到一定程度；$0.5\Delta w_0$ 为铸态时元素含量起伏的波幅；$1\%\Delta w_0$ 为均匀化基本结束时元素含量起伏的波幅。

铸态合金在高温下进行均匀化退火时，如果组织中存在亚稳相，则可能出现亚稳相向平衡相的转变（此时的相变仅为均匀化退火中的伴生现象，因此将均匀化退火仍归于无固态相变热处理）。平衡第二相则在加热过程中球化和聚集（块状、网状第二相消失），非平衡铸态组织在均匀化后成为均匀的近平衡组织。

4.3.2　次要的组织变化

随着上述非平衡相的溶解与溶质分布状态变化，还有如下次要的组织变化，在选择热处理条件时，应加以考虑。

1. 晶粒大小的改变

在高温区域均匀化可能产生晶粒粗化。例如，合金钢铸件在高温下均匀化退火，将形成粗的奥氏体晶粒，必须通过后续的热处理工艺来重新细化晶粒，消除过热缺陷。

2. 过剩相的微粒粗化

含有过剩相的合金中，在均匀化温度下未能全部溶解的过剩相随着退火时间的延长，将凝聚形成圆形微粒。

3. 过饱和固溶体分解

为了把非平衡过剩相转移到固溶体中去，均匀化退火温度必须选择基体金属中过剩相组元有足够高溶解度的温度，因此，主要的过剩相组元在固溶体中有很高的固溶度，在均匀化退火过程中将发生非平衡过剩相的溶解；但是在多组元合金中，普遍存在铸态淬火效应（由于结晶时的快速冷却，导致某些不包含在过剩相中的组成元素来不及从固溶体中析出，使固溶体呈过饱和状态），在均匀化退火过程中，如果这些组元处于低溶解度状态，则这种呈过饱和状态的固溶体中将析出其他组元相，导致组织多相化。这种组织多相化在许多铝合金的均匀化退火中占有重要地位。例如，2E12 铝合金（Al-Cu-Mg）在 485℃ /0.5h 均匀化后，在晶内和晶界附近析出 T 相（$Al_{20}Cu_2Mg_3$）。T 相的熔点高，尺寸细小，在后续加工中十分稳定，具有明显的强化效果。

4.3.3　性能变化

合金经过均匀化退火后，枝晶偏析大部分消除，成分均匀化程度提高；非平衡相溶解及过剩相聚集、球化；同时，均匀化退火消除了铸锭的残余应力。因此合金性能相应发生以下变化：

1. 综合力学性能提高

表4-1为7075铝合金均匀化退火前后力学性能比对表。从表中数据可得出，均匀化退火后的7075铝合金其强度及塑性都比未均匀化退火时大幅提高。

表4-1 7075铝合金均匀化退火前后力学性能比对表

是否均匀化退火	固溶与时效	R_m, σ_b/MPa	$R_{m0.2}, \sigma_{0.2}$/MPa	A, δ/%
未均匀化退火	常规	409	370	3.7
均匀化退火	常规	572	503	11

2. 耐蚀性提高

均匀化退火后，由于导致合金耐蚀性降低的枝晶偏析、过剩相，特别是枝晶网胞或晶界上生成粗大网状脆性相全部或大部分消除，因此，合金耐蚀性提高。表4-2为6063铝合金均匀化退火前后耐蚀性能比对表。

表4-2 6063铝合金均匀化退火前后耐蚀性能比对表

H_t	W_f/g	W_a/g	S_{lip}/%
未均匀化退火	5.23	5.21	0.42
均匀化退火后慢冷	5.19	5.18	0.30
均匀化退火后快冷	5.36	5.35	0.20

注：此表格中的试验数据的腐蚀环境为：在室温下，将三种不同热处理状态的6063铝合金试样分别称重后，浸入到3.5%NaCl+1%H_2O_2的腐蚀介质中72h，取出晾干后再称重得到的数据。W_f、W_a分别表示试样腐蚀前后的质量；S_{lip}表示相对损失率。

3. 组织稳定性提高

均匀化退火消除或减少了铸锭中非平衡组织，并伴随有第二相溶解与析出，粗化和球化，晶粒长大等现象，使组织趋于平衡态，组织稳定性提高。因此，由于非平衡组织成分不均匀引起的固相点降低，导致后续热加工和热处理工艺参数难以控制的问题得到解决。在高温工作或长时间服役过程中，由于固溶体成分的均匀化和非平衡相的溶解，组织、性能、形状和尺寸不稳定的问题也可得到解决。例如，在生产实际中，均匀化退火后的半连续铸锭，其变形抗力降低，塑性提高，内应力消除，形变不均匀性减小，降低存储、运输、机加工和压力加工中开裂的危险，提高加工制品的表面质量，也降低能耗，提高生产效率。均匀化退火后的压力加工件，由于过剩相减少，减弱了变形时形成带状组织的趋向，使合金制品的各向异性减小，耐蚀性提高，晶粒粗化趋向减小（尤其是Al-Mn合金），从而避免过热、过烧。均匀化退火后的铸件，力学性能和耐蚀性明显改善，几何稳定性与热稳定性明显提高。

4.4　均匀化退火工艺

4.4.1　均匀化退火工艺制定原则

均匀化退火的主要工艺参数是加热温度与保温时间及加热与冷却速度，具体参数的制定需要根据合金本身的特点而决定，但遵循以下原则：

1. 温度

均匀化退火基于原子的扩散运动。

按照菲克（Fick）扩散第一定律，在时间 dτ 内，通过垂直于扩散方向 x 的面积 ds 而扩散的物质质量 dm，正比于时间 dτ、面积 ds 和浓度梯度 dc/dx，即

$$\mathrm{d}m = -D(\mathrm{d}c/\mathrm{d}x)\mathrm{d}s\mathrm{d}\tau \tag{4-1}$$

式中，D 为扩散系数，其数值取决于合金的本性、固溶体的类型和成分、晶粒大小，特别是与均匀化退火时的温度相关。D 与温度关系可用阿伦尼乌斯方程表示：

$$D=D_0\exp(-Q/RT) \tag{4-2}$$

式中，R 为气体常数；T 为温度；Q 为扩散激活能；D_0 为与温度无关的常数。此式表明，温度稍有升高将使扩散过程大大加速。因此，为了提高扩散速率，加速均匀化过程，提高均匀化效果，应尽可能地提高均匀化退火温度，但必须防止因温度太高而引起的过热、过烧、氧化、吸气、变形等问题。通常采用的均匀化退火温度为 0.9~0.95T_m。T_m 表示铸锭实际开始熔化的温度，它低于平衡相图上的固相线。理论上，某个具体合金的均匀化温度可以参考其相图来确定。实际上，合适的均匀化退火温度需要通过实验来测定，如采用金相法或热分析法确定过热或过烧的最低温度，某些情况下，合金的均匀化温度可能在 0.8~0.9T_m 范围内。

2. 保温时间

保温时间从铸锭（件）表面到达均匀化退火工艺设定的温度开始计算。合适的保温时间基本上取决于非平衡相溶解及晶内偏析消除所需的时间。由于这两个过程同时发生，故保温时间并非此两过程所需时间的代数和。实验证明，铝合金固溶体成分充分均匀化的时间仅稍长于非平衡相完全溶解的时间。在生产实际中，主要取决于退火温度、合金本性、偏析严重程度、非平衡相的形状、大小和分布状况以及铸锭的致密性。此外，还与加热设备、铸锭尺寸、装炉量和装料方式有关。多数情况下，均匀化完成时间可按非平衡相完全溶解的时间来估计。

非平衡相在固溶体中溶解的时间 τ_0 与这些相的平均厚度 m 之间有下式经验关系：

$$\tau_0 = am^b \tag{4-3}$$

式中，a 及 b 为系数，依均匀化温度及合金成分而改变。对铝合金，指数 b 为 1.5~2.5。

随着均匀化过程的进行，晶内浓度梯度不断减小，扩散的物质量也会不断减少，从而使均匀化过程有自动减缓的倾向。图 4-9 为 2A12 铝合金铸锭均匀化退火时，溶解的过剩相百分比

与均匀化时间的关系曲线，从图中可发现，前30min非平衡相减少的量明显多于7h减少的总量。此实例说明过分延长均匀化退火时间不但效果不大，反而会降低生产效率，增加热能消耗。合理的均匀化退火保温时间由实验确定，一般为数小时至数十小时。

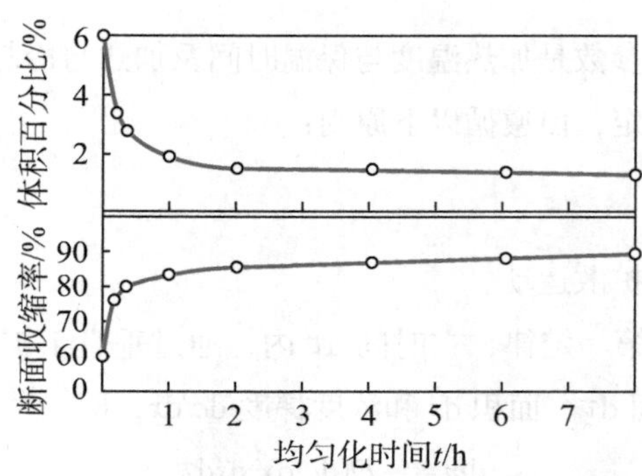

图 4-9　2A12 铝合金铸锭在 500℃均匀化退火时，溶解的过剩相体积百分比（*V*）及 400℃时的断面收缩率（*ψ*）与均匀化时间（*t*）的关系

3. 加热速度及冷却速度

加热速度以铸锭不开裂、不发生大变形、不产生大裂纹为原则，可快，可慢。若采用分级加热，每阶段加热速度可不相同。几乎所有的热处理的加热速率控制原则都如此。冷却速度不宜快，也不宜慢。太慢，产生粗大相，且第二相析出不均，易沿晶界析出，甚至呈链、带、网状分布；太快，产生淬火效应，增大后续变形抗力。在生产实际中，需具体问题具体分析。例如，6063 铝合金型材，均匀化退火后通常需要风冷，甚至需要水冷。原因在于其均匀化的目的是改善表面质量和表面阳极氧化着色的均匀性。6063 铝合金均匀化退火后快冷和慢冷后的加工变形抗力相差不太大，但慢冷时，β（Mg_2Si）相粗大，且沿晶分布，在后续加工和热处理时不易溶解、均匀化，影响型材的阳极氧化着色；而快冷，β细小，且分布均匀，有利于型材的阳极氧化着色。

4.4.2　主要工业合金的均匀化退火工艺

均匀化退火根据退火温度的不同有如下工艺：

1. 普通均匀化退火

普通均匀化退火也称低温均匀化退火。其退火温度由合金相图上的非平衡固相线决定，选择非平衡固相线以下尽可能高的温度，如图 4-10（Ⅰ为普通均匀化）。但实际操作时，主要是参考合金相图上的固相线，因为非平衡固相线一般不会在相图标示。

普通均匀化退火，由于其退火温度低于非平衡固相线，不会出现过烧、过热，氧化、吸气、变形等问题也不严重。但原子扩散相对较慢，因此在保温时间不长的情况下难以达到组织均匀化的目的。极长的保温时间下能达到均匀化退火目的，但工时太长会导致成本上升。

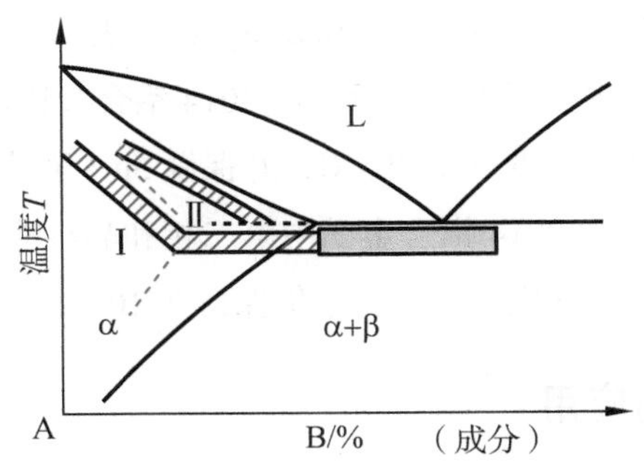

图 4-10　均匀化退火温度范围

Ⅰ—普通均匀化；Ⅱ—高温均匀化

2. 高温均匀化退火

选择在非平衡固相线温度以上但在平衡固相线温度以下尽可能高的温度下退火，称为高温均匀化退火，如图 4-10 所示（Ⅱ为高温均匀化）。高温均匀化退火时，因高温下原子长程扩散容易，因此工件均匀化效果好，且需要的时间短，生产效率高。但易出现过热、过烧、氧化、吸气、变形等问题。大多数合金不可以进行高温均匀化退火，易氧化、吸气的合金更不可。铝合金由于存在致密的表面氧化膜，可以高温均匀化退火，但须慎重。铝合金铸锭在高温均匀化退火时，非平衡共晶在开始阶段熔化，但保温相当长时间后，液相消失，溶质元素进入固溶体中，在原来生成液相的部位（晶间及枝晶网胞间）留下显微孔穴。若铸锭氢含量不超过一定值或不产生晶间氧化，则这些显微缺陷可以修复，不会影响制品品质。ZA12 及 7A04 等合金在实验室条件下进行过高温均匀化试验，证明了此种工艺的可行性。

3. 分级均匀化退火

分级均匀化退火是先低温均匀化，后高温均匀化。通过低温均匀化可以降低高温均匀化时过烧的可能性，而高温均匀化又可加速均匀化。兼有低温均匀化退火和高温均匀化退火的优点，但工艺相对复杂，操作难度比单一低温或高温均匀化大。镁合金多采用分级加热工艺来实现均匀化。

4. 强化均匀化退火

合金铸锭的强化均匀化退火是相对于传统均匀化退火而言，在传统的均匀化退火基础上，大幅度延长均匀化时间，在略高于传统均匀化温度条件下进行的均匀化退火。或常规均匀化退火完成后，立即以某一升温速度升至略高于常规均匀化温度，并保温一段时间的均匀化退火。

传统的铸锭均匀化温度均远低于非平衡低熔共晶点，粗大化合物相不可能彻底溶解，有部分保留至合金最终组织中，对合金性能带来不利的影响。经过强化均匀化退火后，材料的铸态组织得到明显的改善，非平衡凝固形成的多相组织基本上转变成均匀化组织，合金元素的有益作用得到了充分的发挥。铸锭的强化均匀化通常与变形组织的固溶强化结合起来，与传统的热处理工艺相比，可大大减少粗大第二相的尺寸和数量，组织更均匀，显著提高合金的综合性能。

强化均匀化退火在铝合金中应用较为广泛。如 2014 铝合金铸锭在 485℃保温 20h（常规均匀化工艺），再以 1℃ /h 的升温速度升至 495℃，并保温 5h（强化均匀化），结果表明：强化均匀化处理能很好地消除或减少 2014 铝合金晶内第二相和晶界非平衡共晶相，使合金的组织更均匀，同时大幅度提高了合金强度，且伸长率仍保持在 10% 以上。

4.4.3 均匀化退火的应用

对合金进行均匀化退火有利有弊。有利是改善了合金铸态组织所带来的缺点，提高了合金的综合性能；不利是费时耗能，且由于退火温度高、时间长，易带来变形、吸气、氧化、过热、过烧等问题。有些材料均匀化退火后强度下降，对力学性能有不利的影响。

实际生产中，铸态合金是否进行均匀化退火主要根据合金本性及铸造方法而定，同时也考虑产品使用性能的要求。

例如，合金本性易产生偏析，组织不均，塑性差，残余应力大的合金需要进行均匀化退火。采用连续或半连续等冷却速度较大的铸造方法生产的铸锭由于非平衡组织形成的趋向大，需要进行均匀化退火。产品要求防止晶粒异常粗大时，需要均匀化退火。例如 Al-Mn 系合金为热处理不可强化铝合金，其产品使用状态为加工态或退火态，Mn 可明显地提高 Al 的再结晶温度，若 Mn 分布不均匀，加工后的退火工艺中，个别再结晶晶粒会异常粗大。因此需要均匀化退火使 Mn 元素分布均匀。产品需表面化学处理时，需要均匀化退火。例如 6063 型材氧化着色，电镀前需要均匀化退火，以保证产品表面成分均匀，化学性质均匀，从而提高表面处理层的质量。

但需要保持挤压效应的产品，不进行均匀化退火。如含 Cr、Mn、Ti 等元素的热处理可强化铝合金中由于存在 Al_7Cr、Al_6Mn、Al_3Ti 等金属间化合物，挤压过程中更易形成位错、亚晶界等亚结构，有利于实现高温形变热处理；在淬火后的时效过程中可促使第二相分布均匀，产生挤压效应（即材料相同的挤压产品，其强、硬度高于其他热加工状态下的产品）。但均匀化退火过程中金属间化合物可能会溶解或粗化，导致挤压效应消失。因此有此使用性能要求时不能进行均匀化退火。

1. 在铁碳合金中的应用

碳钢一般没有必要进行均匀化退火，因为碳为间隙元素，在奥氏体中的扩散速率较一些合金元素大几个数量级，在热变形加热及变形过程中，碳在奥氏体中的迅速扩散使晶内偏析得以消除。均匀化退火能源消耗大，金属氧化损失严重，中、低合金钢一般不进行均匀化退火，只有少数合金元素含量很高，并有特殊用途的钢才进行均匀化退火。例如，兵器工业上应用的合金结构钢 32Cr2Mo2NiVNb，合金元素含量近 10%，在冶炼、凝固过程中易产生带状偏析，致使该钢在常规工艺处理后横向冲击韧性偏低，严重影响了特种构件工作的安全性。因此，采用 1100℃ × 8h 均匀化退火处理。退火后带状组织基本消除，横向冲击韧性由 42J / cm^2 提高到

60J / cm^2，改善效果十分显著。

表 4-3 为几种常用铁碳合金的均匀化退火工艺规程。

表 4-3　几种常用铁碳合金的均匀化退火工艺

种类	加热速度 /h	加热温度 /℃	保温时间
碳钢	100~120	1100~1200	按有效厚度每 1mm 保温 1.5~2.5min 来计算
高速钢	100~120	1200~1300	按有效厚度每 1mm 保温 0.2min 再加上 5~10min 来计算
W18Cr4V	100~120	1300~1315	15~20min（以 25mm 计算）
W6Mo5Cr4V2	100~120	1245~1255	15~20min（以 25mm 计算）

注：钢件的均匀化退火温度选择在 A_{c3} 或 A_{cm} 以上 150~300℃；装炉量较大时，可按 $\tau=8.5+Q/4$ 计算，式中 τ 为保温时间（h），Q 为装炉量（t），一般保温时间不超过 15h，否则氧化损失过于严重。

2. 在铝合金中的应用

除纯铝和少数低合金铝，几乎所有铝合金铸锭都进行均匀化退火。对于合金组元较多的 2A12、7A04、5A05 等铝合金铸锭，必须进行均匀化退火才能保证热变形工艺性能及相应的产品性能。如 2124 铝合金是 Al-Cu-Mg 系高强高韧铝合金，是广泛应用的航天航空材料。但该合金的铸态组织枝晶偏析严重，在晶界存在很多低熔点共晶相，合金中 Cu、Mg、Mn 元素在晶内及晶界分布不均匀。该铝合金经过 490℃ × 24h 均匀化处理后，组织中的非平衡相逐渐溶解，各组元分布趋于均匀。对于组成元素较简单或塑性较好的铝合金，如 6A02、5A02、2A21 等，则可根据生产条件及产品性质决定是否采用均匀化退火。表 4-4 为常用铝合金的均匀化退火工艺规程。

表 4-4　常用铝合金的均匀化退火工艺规程

合金牌号	加热温度 /℃	保温时间 /h
5A02、5A03、5A05	465~475	12~24
3A21	595~620	4~12
2A06	475~490	24
2A11、2A12、2A14	480~495	10~15
2A16	515~530	12~24
2A10	500~515	20
6A02	525~540	12
2A50、2B50	515~530	12
2A70、2A80	485~500	12
7A04	450~465	12~38
7A09	445~470	24
2024、2124	490~495	24

3. 在镁合金中的应用

镁合金多数情况不进行均匀化退火，因为镁合金中的合金元素扩散慢，为达到均匀化的目的必须长时间保温，经济效果差，氧化损失严重。为防止未均匀化铸锭热轧开裂，可适当降低最大压下量及热轧温度。晶内偏析严重的镁合金铸件，需要采用均匀化退火。AZ61 镁合金铸件是采用均匀化退火的典型代表，由于合金化程度比较高，在铸造过程中存在枝晶偏析，枝晶网状组织，晶界粗大共晶组织，晶内和晶界化学成分分布不均匀等不良组织导致合金的热加工性能恶化，使制品强度和塑性降低。所以对铸造后的 AZ61 镁合金进行 400℃ ×12h 的均匀化处理，可以显著地减少或者消除铸态组织中的晶内偏析，再加上合金相的溶解，从而使试样硬度值下降，这有利于材料的加工成形性能。表 4-5 为常用镁合金的均匀化退火工艺规程。

表 4-5　常用镁合金的均匀化退火工艺规程

合金牌号	加热温度 /℃	保温时间 /h
MB1、MB8	410~425	12
MB2	390~420	18
MB3	385~420	14~18
MB5、MB7	390~405	18
MB15	360~390	10~13
AZ10	400~440	18
AZ31B	395~405	15
AZ61	395~400	12

4. 在其他有色金属合金中的应用

铜、镍、锌、钛各稀有金属合金铸锭很少采用独立的均匀化退火工艺，因为对性能提高的效果不显著。但锡磷青铜、白铜等枝晶偏析较严重的合金，为提高塑性，有时采用均匀化退火。表 4-6 为常用铜合金的均匀化退火工艺规程。

表 4-6　常用铜合金的均匀化退火工艺规程

合金牌号	加热温度 /℃	保温时间 /h
QSn6.5–0.1 QSn6.5–0.4 QSn7–0.2	650~700	4~8
B19、B30 BFe30–1–1	1000~1050	2~4.2
BMn40–1.5	1050~1150	2~4.2
BZn15–20	940~970	2~3.5
BMn3–12	830~870	1.5~2.5

第 5 章

回复与再结晶退火

工业上采用不同的压力加工工艺（如锻造、轧制、挤压、冲压等），经过塑性变形改变金属材料外形与尺寸，最终生产出特定规格和性能的产品。但变形过程中伴随材料内部组织结构及性能的变化，如晶粒破碎拉长、晶体缺陷大量增加，产生加工硬化及残余内应力等。这种变化使塑性变形后的金属具有高的自由能，处于非平衡状态，有自发向自由能较低的平衡态转变（即从变形状态恢复至非变形状态）的趋势。这种转变主要通过原子扩散使晶体缺陷减少以及在晶粒中再分布以形成更接近平衡的组织状态。在室温下大多数工业金属与合金（低熔点合金例外）这种转变不能有效进行，因此，在工业生产中，往往通过热处理在实际可行的时间内来完成这种转变，以消除或减少塑性变形后的非平衡组织。根据非平衡组织的转变程度，可分为回复与再结晶退火，以达到不同的生产应用目的。为了正确掌握不同目的的退火工艺，有必要了解塑性变形对金属材料组织结构、性能的影响以及变形后金属材料在加热时组织、性能的变化。

5.1　塑性变形对金属组织、结构的影响

塑性变形对金属组织主要有三个方面的影响：一是晶粒形状；二是晶体空间取向；三是晶粒内部结构。

5.1.1　对金属晶粒形状的影响

塑性变形对金属晶粒形状的影响主要是使金属内部晶粒发生塑性变形。变形前呈等轴状的晶粒在变形过程中逐渐沿主要变形方向发生破碎、拉长，当变形量增大到一定程度后，各晶粒间的晶界模糊，晶粒拉长成纤维条状，称纤维组织，如图 5-1 所示。

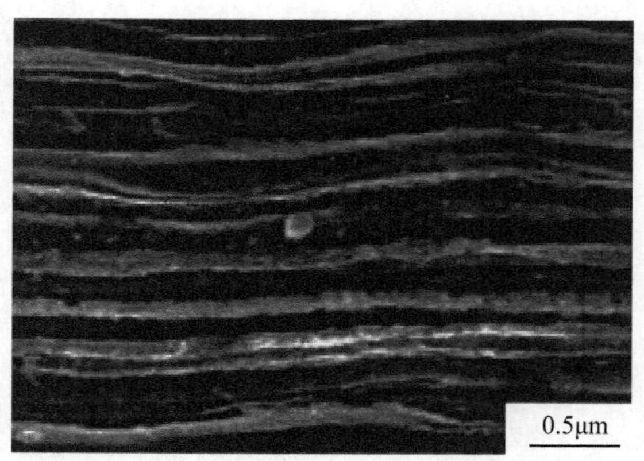

图 5-1　Cu-12%Fe 合金纵截面的显微组织（冷轧）

5.1.2　对金属晶体空间取向的影响

塑性变形对金属晶体空间取向的影响主要是导致晶粒出现择优取向，产生变形织构。在塑性变形过程中，随着变形程度的增加，各个晶粒的滑移面与滑移方向逐渐向外力方向转动。当变形量大到一定程度，各晶粒的某一晶向或晶面的取向会基本上趋于一致，从而破坏了变形前各晶粒取向的无序性。这一现象称晶粒的择优取向。变形金属中具有择优取向的组织状态称为变形织构，或形变织构。变形织构是所有晶粒沿着空间点阵的一定平面和方向滑移及晶粒朝外力方向转动的重要结果之一，其本性取决于塑性加工的种类（主要取决于基本形变方式），如拉拔时出现的织构其主要特征是各个晶粒的某一晶向大致与拉拔方向平行，这种织构称为丝织构，如图 5-2 为金丝拉拔后横截面上的微观组织及织构，金丝拉拔后的形变织构主要由 <111> 和 <100> 两种丝织构组成。轧制时出现的织构其主要特征是各个晶粒的某一晶面大致与轧制面平行，这种织构称为板织构，如图 5-3 为 7050 铝合金厚板不同厚度层的织构，由图可知板材中主要有三种类型织构：剪切织构（旋转立方织构 r-cube{001}<110>，{111}<110> 织构）、再结晶织构（立方织构 cube{001}<100>、$Cube_{ND}$ 织构）和变形织构（黄铜织构

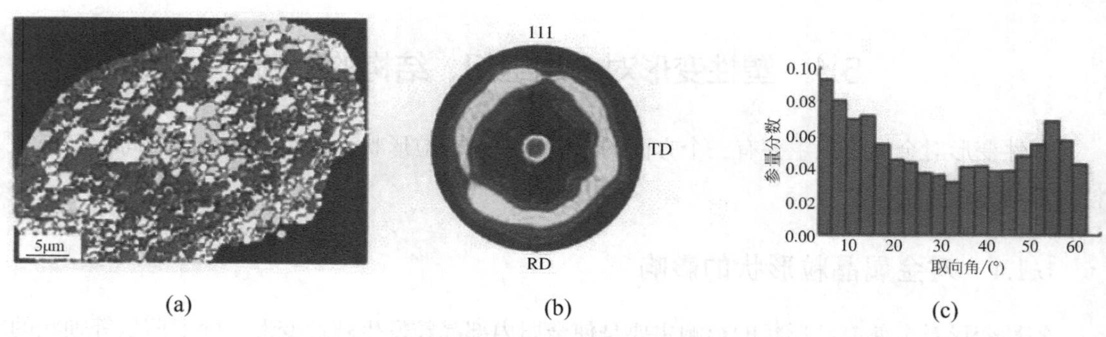

(a)　(b)　(c)

图 5-2　金合金丝微观组织及织构

（a）取向成像，红：<111>；黄：<100>；（b）取向分布，{111} 极图；（c）取向差分布

Brass{011}<211>(B)、S 织构 {123}<634> 和铜织构铜 {112}<111>）。金属的本性 (晶格类型和堆垛层错能) 对织构的形成也有重要的作用。表 5-1 示出各类晶格最典型的冷拉织构和冷轧织构。

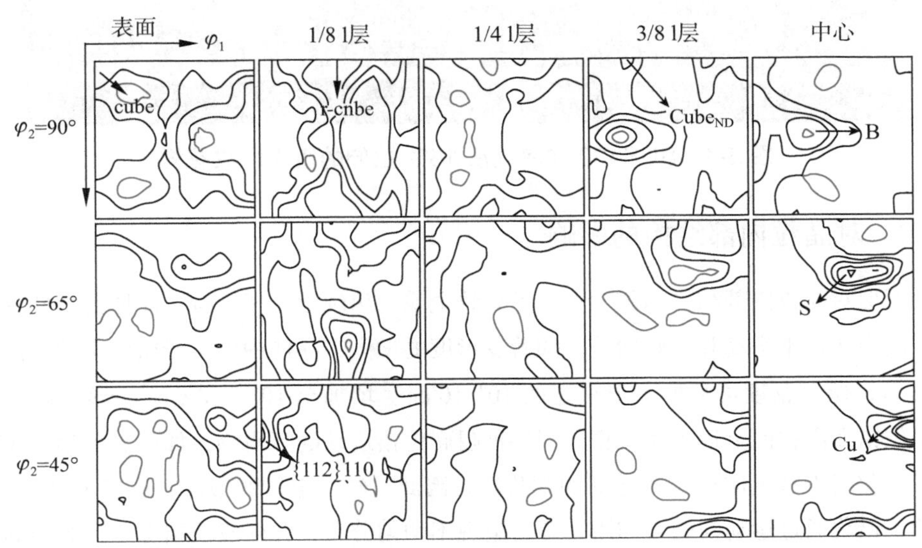

图 5-3　7050 铝合金板不同厚度层的织构

表 5-1　冷塑性加工的典型形变织构

塑性加工	晶体点阵	织构
拉制	面心立方	<111> 和 <100>
	体心立方	<110>
	密排六方	<1010>
轧制	面心立方	{110}<112> 和 {112}<111>
	体心立方	{100}<110>
	密排六方	{0001}<1120>

在大多数情况下，由于织构所造成的金属材料的各向异性是有害的，它使金属材料在冷变形过程中的变形量分布不均。特别是用具有明显板织构的材料深冲、深拉或冷轧时，会由于织构导致力学性能各向异性，出现所谓的制耳现象及表面呈木纹花样等，如图 5-4 所示，SUS430 不锈钢在冷轧后 15% 拉伸制品表面起皱呈木纹花样。用 3004 铝合金做刚性饮料罐体材料时，在高度自动化的罐体连续冲压设备上制耳是非常有害的现象，严重干扰冲压设备的正常运转，降低生产效率和经济效益，甚至导致设备损坏。但某些情况下，织构的存在是有利的。例如，硅钢片沿 [110] 方向最易磁化，因此，当采用具有（110）[001] 织构的硅钢片制作电动机或变压器的铁芯时，可以减少铁损。

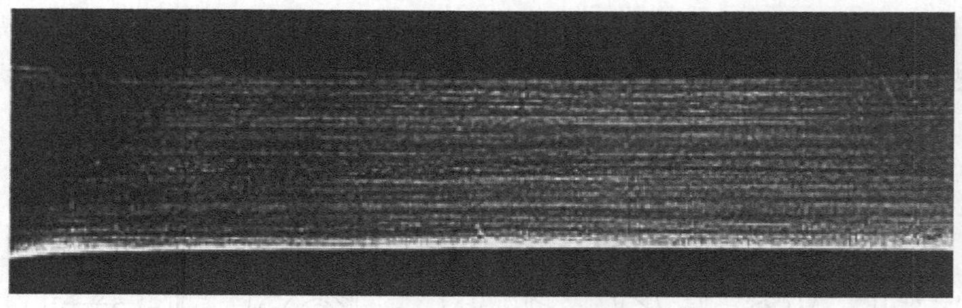

图 5-4　SUS430 在冷轧后 15% 拉伸的表面木纹花样

5.1.3　对晶粒内部结构的影响

塑性变形对晶粒内部结构的影响主要是导致金属内出现形变亚结构。晶体的塑性变形是借助位错在应力作用下运动和不断增殖。随着变形度的增大，晶体中的位错密度迅速提高，经严重冷变形后，位错密度可从原来退火态的 10^6~10^7cm^{-2} 增加至 10^{11}~$10^{12}cm^{-2}$。形变亚结构形成的原因是位错在滑移面上运动时，将遇到各种阻碍位错运动的障碍物，如晶界、第二相颗粒，以及多系滑移时形成的阻碍位错运动的割阶等，因此，经一定量的塑性变形后（5%~10%），晶体中的位错线通过运动与交互作用，开始呈现不均匀分布，并形成位错缠结，缠结的位错相互连接形成网状组织，空间边界区变得模糊不清，如图 5-5（a）箭头所示。这些区称为胞状结构。各胞之间存在微小的位向差。随着变形度的增大，变形胞的数量增多、尺寸减小。正常形成的胞具有扁平壁，相应的结构称为亚结构或亚晶。如图 5-5（b）箭头所示。

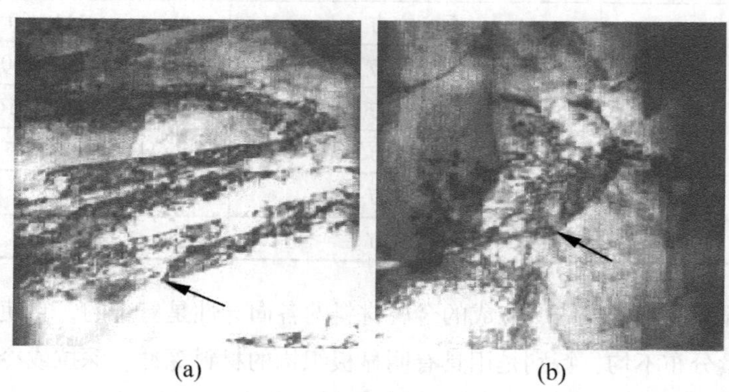

图 5-5　AZ31 镁合金挤压样品的 TEM 像

（a）变形带上的胞状结构；（b）变形带上的亚结构

5.2　塑性变形对金属性能的影响

由于塑性变形对金属组织、结构的影响，导致其性能也产生相应的改变。在力学性能方面，主要是产生加工硬化，呈现各向异性及产生残余内应力。

5.2.1　加工硬化

塑性加工会使金属的力学性能产生明显的改变。总的规律是：随着形变程度的增大，金属的强度、硬度上升，塑性、韧性下降，这一现象称为加工硬化或冷作强化。图 5-6 为 CP-Ti 合金轧制前、后的拉伸曲线，原始热轧态材料的强度为 450MPa，伸长率大于 25%。经过 83% 的异步轧制后，强度提高到 800MPa 左右，而伸长率则下降到 9%。再经过进一步同步轧制后（轧下量 80%），材料的强度由 800MPa 提高到了 960MPa，伸长率则降为 7%。

图 5-7 是金属单晶体的典型应力—应变曲线（也称加工硬化曲线），其塑性变形部分由三个阶段组成。

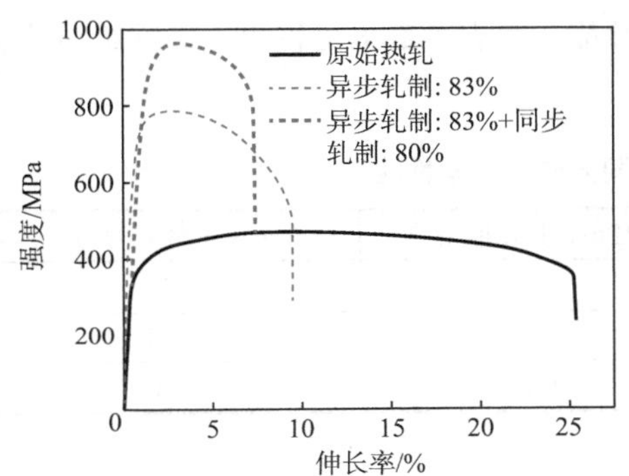

图 5-6　不同工艺路线轧制工业 CP-Ti 的拉伸曲线

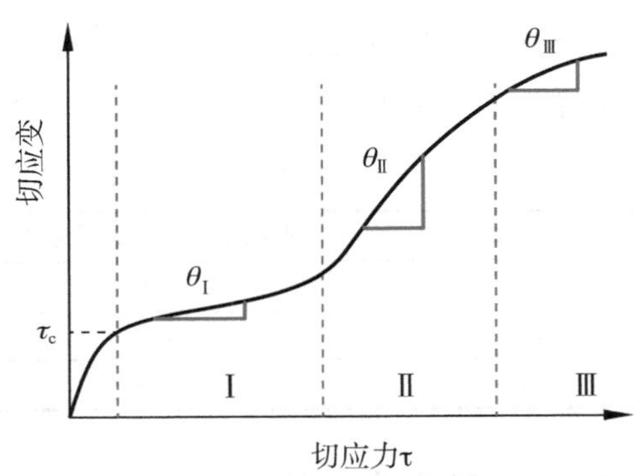

图 5-7　单晶体的应力—应变曲线显示塑性变形的三个阶段

Ⅰ阶段为易滑移阶段：此段接近于直线，其斜率 θ_{I} $\left(\theta=\dfrac{\mathrm{d}\tau}{\mathrm{d}\gamma}\text{或}\theta=\dfrac{\mathrm{d}\sigma}{\mathrm{d}\varepsilon}\right)$ 即加工硬化率低，一般 θ_{I} 为 $10^{-4}G$ 数量级（G 为材料的切变模量）。Ⅱ阶段为线性硬化阶段：随着应变量增加，应力线性增长，此段斜率较大，加工硬化十分显著，$\theta_{\text{II}} \approx G/300$，近乎常数。Ⅲ阶段为抛物线型硬化阶段：随应变增加，应力上升缓慢，呈抛物线型，θ_{III} 逐渐下降。加工硬化率下降。

各种晶体的实际应力—应变曲线因其晶体结构类型、晶体位向、杂质含量，以及试验温度等因素的不同而有所变化，但总的说，其基本特征相同，只是各阶段的长短受到位错的运动、增殖和交互作用的影响，甚至某一阶段可能不出现。

有关加工硬化的机制曾提出不同的理论，但最终的表达形式基本相同，即流变应力是位错密度的平方根的线性函数，这已被许多实验证实。因此，塑性变形过程中位错密度的增加及其所产生的钉扎作用是导致加工硬化的决定性因素。

加工硬化现象在金属材料生产过程中有重要的实际意义，是金属材料拉伸或冷加工成形的重要基础，如果没有加工硬化现象，金属材料将难以产生均匀的塑性变形。此外，加工硬化现象可提高零件或构件在使用过程中的安全性，当零件或构件在使用过程中出现局部过载，导致局部变形时，加工硬化可使这种局部变形自行停止。加工硬化也广泛应用于提高金属材料的强度。如塑性很好但强度很低的铝、铜及某些不锈钢，在生产上常用冷拔棒材或冷轧板材作供应状态。但加工硬化使金属材料在变形过程中的抗力不断增大，导致丧失继续变形能力。为了消除加工硬化，恢复金属变形能力，必须对金属进行退火，导致金属制品生产成本上升，生产周期延长。

5.2.2 金属性能的各向异性

对于晶粒无规则取向的多晶金属，其性能在各方向是统计平均值，这种金属叫做准各向同性。由于金属变形后存在纤维组织和形变织构，导致性能呈现出各向异性。例如，沿纤维组织横切加工的力学性能试样，其内含晶界数比沿纤维组织纵切加工的试样要多，由于晶界杂质和非金属夹杂（如氧化薄膜）的聚集，导致横向试样通常比纵向试样具有较低的塑性和冲击韧性。

表 5-2 为轧制态 AZ31 镁合金在不同方向的力学性能，由表中数据可得出，纤维组织使金属的性能具有明显方向性。

表 5-2 轧制态 AZ31 镁合金不同方向的力学性能

取向	R_m/MPa（抗拉强度）	R_{eH}/MPa（上屈服点）	A/%（伸长率）
0°	369	175	27
45°	383	194	27.7
90°	373	196	26

5.2.3 残余应力的产生

金属塑性变形时，外力所做的功小部分消耗在克服金属与工具之间的摩擦阻力（外耗）上，大部分消耗在金属塑性变形（内耗）中。内耗功大部分转化成热，热量使加工金属的温度上升。内耗功小部分被金属所吸收，以晶体畸变能的形式留存在形变金属内部，这部分能量叫做储存能，其大小因形变量、形变方式、形变温度，以及材料本身性质而异，约占总形变功的百分之几到百分之十几。残余应力是晶体畸变能（储存能）的具体表现形式。

残余应力是一种内应力，它在工件中处于自相平衡状态，其产生是由于工件内部各区域变形不均匀性，以及相互间的牵制作用所致。按照残余应力平衡范围的不同，通常可将其分为三种：宏观残余应力，又称第一类内应力，它是由工件不同部分的宏观变形不均匀性引起的，故其应力平衡范围包括整个工件；微观残余应力，又称第二类内应力，它是由晶粒或亚晶粒之间的变形不均匀性产生的。其作用范围与晶粒尺寸相当，即在晶粒或亚晶粒之间保持平衡。这种内应力有时可达到很大的数值，甚至可能造成显微裂纹并导致工件破坏；点阵畸变导致的内应力，称第三类内应力。塑性变形使金属内部产生大量的点阵缺陷（如空位、间隙原子、位错等），使点阵中的一部分原子偏离其平衡位置，造成点阵畸变，其作用范围是几十至几百纳米，只在晶界、滑移面等附近的少量原子群范围内维持平衡。各类内应力的大小与金属变形后留存的晶体畸变能（储存能）有一定的比例关系，一般来说，储存能在第一、第二、第三类内应力间的分配比例约 1∶10∶100。

金属材料经塑性变形后的残余应力是不可避免的，残余应力的存在易导致工件在加工、使用过程中变形、开裂，易于产生应力腐蚀。但是，在某些特定条件下，可利用残余应力的存在提高工件的耐疲劳抗力。例如，承受交变载荷的零件，采用表面滚压或喷丸处理，使零件表面因塑性变形产生存在残余压应力的应变层，既可达到强化表面的目的，又使其疲劳寿命成倍提高。

金属经塑性变形后，其物理性能、化学性能也有改变。例如，传导电子分布在点缺陷和位错处，因此金属的电阻随着塑性变形所引起的晶体缺陷数目的增加而增大。在一个铁磁体中，被位错约束的畴壁，将会阻挠磁化或退磁，因此在较高的冷变形后由于位错密度的大幅增加，导致磁导率降低，矫顽力增加。冷变形能够改变热电动势，在两个相同金属电极(一个加工硬化，另一个退火)制成的热电偶中，热电动势将随着其中一个电极冷变形比的增加而增加。此外，冷变形增加金属的化学活度，导致金属在酸中的溶解速度加快，从而降低了耐蚀力。

5.3　变形金属与合金在加热时的组织变化

金属塑性变形过程中的组织与性能变化在某些生产应用中起非常重要的作用，但加工硬化现象给进一步的冷加工带来困难，且变形金属中储存能的绝大部分 (80% ~ 90%) 用于形成点阵畸变，这部分能量提高了变形晶体的能量，使之处于热力学不稳定状态，存在重新恢复到自由焓最低的稳定结构状态的自发趋势。在多数工业金属与合金中，在室温下原子的可动性不足以保证这种恢复过程有效发展，因此，为了在技术和经济上允许的时间内使变形金属或合金的组织性能恢复到变形前的状态，需要采用加热的措施，即退火工艺。

退火工艺中的加热温度可分为：低温加热（加热范围为 $0.1<T_H<0.3$）；中温加热（加热范围为 $0.3<T_H<0.5$）；高温加热（加热范围为 $T_H>0.5$）。（T_H：绝对温标表示的加热温度 T 与用绝对温标表示的金属熔点温度 T_m 之比，即 $T_H=\dfrac{T(K)}{T_m(K)}$）。

在不同的退火温度与时间下，变形金属可出现各种结构的变化。根据变形金属在不同加热温度与时间下结构变化的特点可将退火过程分为回复、再结晶和晶粒长大三个阶段（如图 5-8 所示），与此同时，变形金属与合金的性能也会发生相应的变化。储存能是这一转变过程的驱动力。

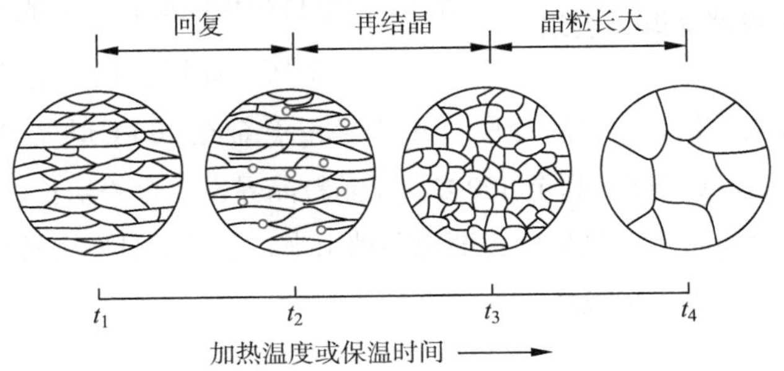

图 5-8　冷变形金属退火时晶粒形状和大小的变化

5.3.1 回复

回复是指变形金属加热过程中，无畸变晶粒出现之前所产生的亚结构和性能变化的阶段。在此阶段，变形金属在低温加热范围内加热，原子的活动能力有限，仅能发生点缺陷和位错的迁移，晶粒的形状和大小与变形态相同，仍保持着纤维状或扁平状。根据回复过程中变形金属与合金内的亚结构变化特点，回复阶段可分为低温回复、中温回复及高温回复。

1. 低温回复

低温回复的主要机理是点缺陷的运动，因为点缺陷运动所需的热激活能较低，可在较低温度下进行。在低温回复阶段，金属与合金在冷变形时产生的大量点缺陷—空位和间隙原子迁移至晶界（或金属表面），并通过空位与位错的交互作用、空位与间隙原子的重新结合以及空位聚合起来形成空位对、空位群和空位片崩塌成位错环而消失，从而使点缺陷密度明显下降。

2. 中温回复

中温回复的主要机理涉及位错的运动，但不发生位错的攀移。位错运动所需的热激活高于点缺陷运动所需的热激活，因此加热温度需要比低温回复时高。在此温度范围内可发生位错运动和重新分布。涉及位错的运动有：缠结位错的重新排列；同一滑移面上异号位错的相互吸引而抵消；位错偶极子的两根位错线相消；亚晶的生长等。

3. 高温回复

当加热温度进一步提高，位错可被充分激活，不但能发生滑移，而且同一滑移面上的同号刃型位错在本身弹性畸变应力场相互作用下，还可发生攀移运动，即刃型位错可以沿攀移后所在的滑移面滑移，最终使这些原在同一滑移面平行排列的同号位错变为处于各滑移面上的竖直排列的方式，通常称为位错墙。形成的位错墙具有一定取向差，构成小角度亚晶界，形成回复后的亚晶结构（称为回复亚晶），这一过程称为多边化。如图 5-9 为 9SiCr 钢锻材组织经退火后形成的多边化组织。

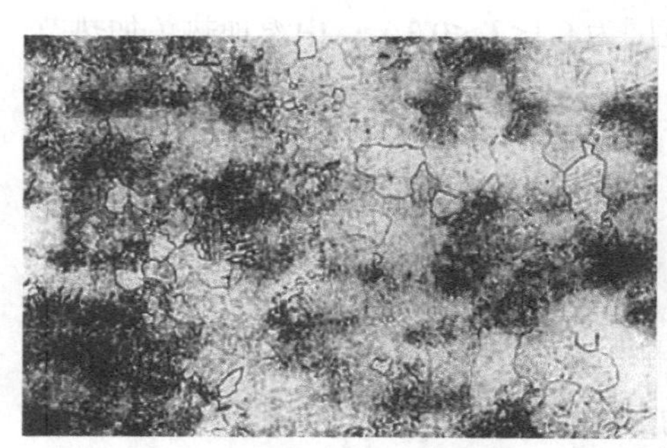

图 5-9　9SiCr 钢锻材试样退火组织

很多金属（如铜、铝、锆等）在回复阶段相邻亚晶会相互合并而长大。例如，叠轧变形的 Al-1%Mg 合金经 200℃退火 1h 后形成亚晶粒，如图 5-10（a）所示。当退火温度升高至 300℃，亚晶粒晶界发生合并生长，如图 5-10（b）中 B 处所示。位错通过攀移由某个亚晶界中逐渐地移动出来，亚晶本身发生转动，亚晶界消失。合并后的亚晶为再结晶形核提供了条件。

(a)

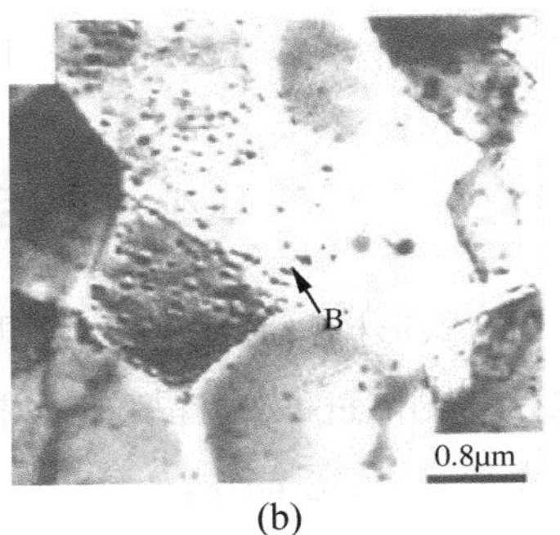

(b)

图 5-10　叠轧 Al-1%Mg 合金退火时回复阶段组织演化

（a）200℃；（b）300℃退火 1h

4. 退火温度和时间对回复过程的影响

回复是变形金属在退火时发生组织性能变化的早期阶段，回复是一个热激活过程，它需要一定的激活能。短时间回复时主要依靠空位的运动，长期回复时主要依靠空位的形成。图 5-11 为拉拔变形 50% 的 Cu-12%Ag 合金的性能随退火温度和退火时间变化曲线，由图可知，在此阶段内力学性能 (如强度和硬度) 的回复程度是随温度和时间而变化的。

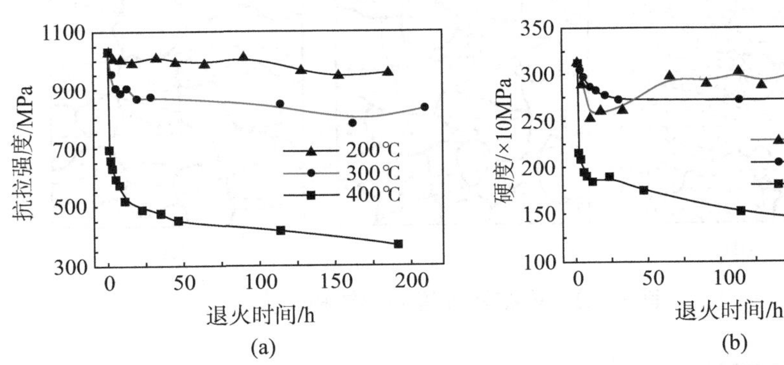

图 5-11　不同退火温度下拉拔变形 50% 的 Cu-12%Ag 合金性能随时间的变化

（a）合金强度；（b）合金硬度

5.3.2　再结晶

回复后的变形金属，点缺陷大为减少，晶格畸变有所降低，但晶粒破碎拉长的状态仍未改变，组织仍处于不稳定的状态。因此当它加热至较高温度，将通过形核及核长大的过程重新形成内部缺陷较少的等轴小晶粒，这些小晶粒不断向周围的变形金属中扩展长大，直到变形晶粒完全消失为止，这一过程称金属的再结晶。再结晶使变形后的金属在原变形组织中重新产生了无畸变的新晶粒，位错密度下降到 10^6~10^8cm^{-2}，无畸变的新晶粒称为再结晶晶粒。与回复阶段的变化不同，再结晶是一个显微组织重新改组的过程。再结晶的驱动力是变形金属经回复后未被释放的储存能。变形金属通过再结晶可以消除冷加工的影响，因此再结晶过程在实际生产中起着重要作用。

5.4 再结晶晶核的形成与长大

再结晶是晶核形核和长大过程，但再结晶的晶核不是新相，这是与其他固态相变不同的地方。图 5-12 为再结晶过程中新晶粒的形核与长大示意图，其中，影线部分代表塑性变形基体，白色部分代表无畸变的新晶粒。

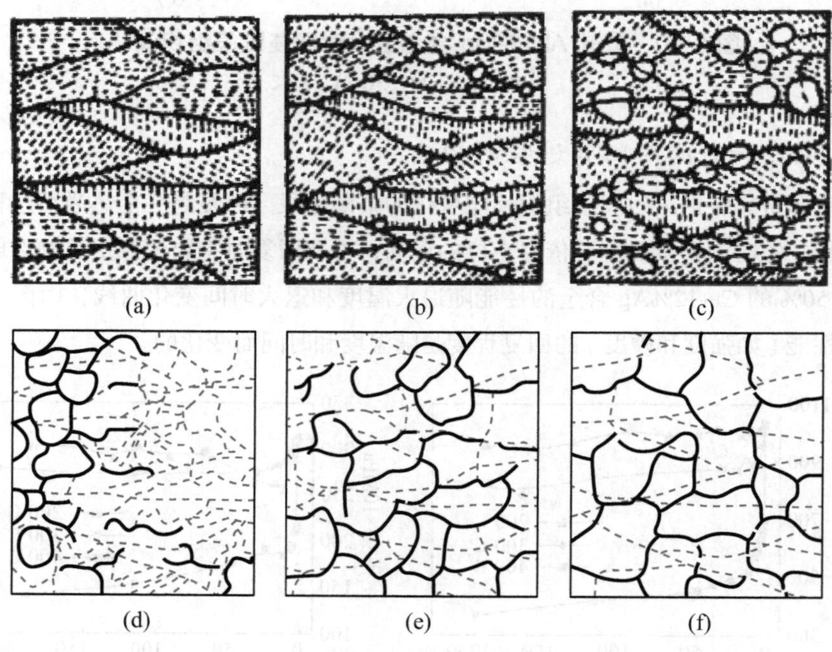

图 5-12 再结晶过程的形核和长大

5.4.1 再结晶形核

再结晶形核必备条件是晶核能以界面移动方式吞并周围基体而形成一定尺寸的新生晶粒，因此，只有与周围变形基体有较大角度界面的亚晶才能成为潜在的再结晶晶核。透射电镜观察表明，再结晶时通常在变形金属中能量较高的局部区域优先形核，这也是一种广义的非均匀形核，这些形核地点一般为晶界、孪晶界、亚晶界、夹杂物或形变带等处。根据金属及变形程度不同，目前主要有两种形核机制。

1. 晶界弓出机制（或应变诱发的晶界迁移机制）

对于冷变形程度较小的金属，变形在各晶粒中分布不够均匀，处于软取向的晶粒变形相对大于硬取向的晶粒。设相邻晶粒 A、B 如图 5-13 所示，B 晶粒变形时处于软取向，则变形程度相对大于 A 晶粒，变形后畸变能及位错密度均高于 A 晶粒，因此多边化后，其中所形成亚晶尺寸也相对较为细小。A 晶粒变形量小，畸变能低，位错密度低，故亚晶尺寸相对比 B 晶粒中的亚晶较大（亚晶界少）。为了降低系统的自由能，在一定温度条件下，以变形不均匀而导致晶界两侧的位错密度差（畸变能差）作为驱动力，晶界处 A 晶粒的某些亚晶将开始通过晶界弓出迁移而凸入 B 晶粒中，其结果使 B 晶粒中亚晶界减少，位错密度也大大降低，从而释放变形畸变能，降低系统自由能。从图 5-13 可看出，原有晶界弓出部分的后面留下一个无位错区，此无位错区（新晶粒）中由变形所引起的畸变能增高部分几乎完全消失，取向也基本与原旧晶粒（A 晶粒）相同，这个新推进的区域（无位错区）便可作为再结晶的核心。

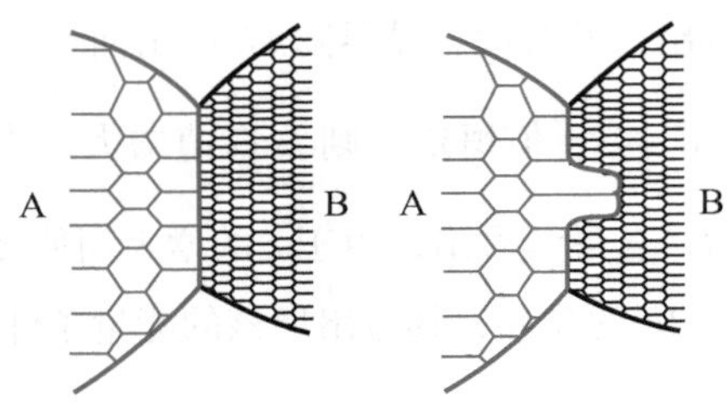

图 5-13　具有亚晶粒组织的晶粒间的弓出形核示意图

这种机制的特点是原始晶粒大角度界面中的一小段（尺寸约几个微米）突然向一侧弓出，弓出的部分即作为再结晶晶核吞食周围基体而长大，因此这一机制又称晶界弓出机制。弓出形核机制实际上是 A 晶粒的局部生长。A 晶粒的晶界局部推进实质是其中某些亚晶界与大角度晶界重合部分长入 B 晶粒的过程。

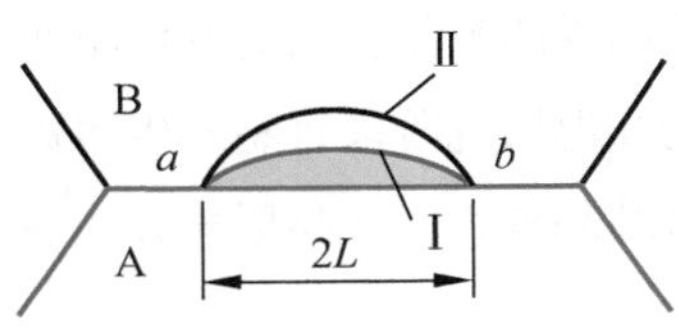

图 5-14　晶界弓出形核模型

并非任一晶界的任一小段都能够产生移动作为弓出形核的核心，只有符合一定能量条件的晶界区段，才有弓出形核的可能。再结晶时，晶界弓出形核的能量条件可根据图 5-14 所示的模型推导。

设弓出形核核心为球状，晶粒 B 变形量比晶粒 A 大。弓出的晶界由位置Ⅰ移到位置Ⅱ时扫过的体积为 dV，面积为 dA。位置移动引起的单位体积总的自由能变化为 ΔG。晶界的表面能为 y，变形晶粒中单位体积的储存能为 E_S。假定晶界扫过的变形晶粒区域，其储存能全部释放，则弓出的晶界由位置Ⅰ移到位置Ⅱ时的自由能变化可用公式（5-1）表示：

$$\Delta G = -E_s + y\frac{dA}{dV} \tag{5-1}$$

对任意曲面，可以定义两个曲率半径 r_1 与 r_2，当这个曲面移动时，其扫过的体积 dV、面积 dA 与曲率半径 r_1 与 r_2 的关系可以用公式 (5-2) 表示：

$$\frac{dA}{dV} = \frac{1}{r_1} + \frac{1}{r_2} \tag{5-2}$$

如果该曲面为一球面，则 $r_1=r_2=r$，公式 (5-2) 可用公式 (5-3) 替换：

$$\frac{dA}{dV} = \frac{2}{r} \tag{5-3}$$

因此，当弓出的晶界为一球面，其自由能变化可用公式 (5-4) 表示：

$$\Delta G = -E_S + 2\frac{y}{r} \tag{5-4}$$

设晶界弓出段两端点 a、b 固定，a、b 两端距离为 $2L$，且晶界的表面能 y 值恒定，则晶界弓出开始阶段，晶界随 ab 弓出而弯曲，曲率半径 r 逐渐减小。由公式 (5-4) 可得出，曲率半径 r 减小，y 值恒定，则 ΔG 值增大，当 r 达到最小值 $r_{\min}=\dfrac{ab}{2}=L$ 时，ΔG 将达到最大值。此后，若继续弓出，由于 r 的增大而使 ΔG 减小，于是，晶界将自发地向前推移。因此，一段长为 $2L$ 的晶界，其弓出形核的能量条件为 $\Delta G<0$，可用公式 (5-5) 表示：

$$E_S \geqslant \frac{2y}{L} \tag{5-5}$$

这样，再结晶的形核将在晶界上两点间距离为 $2L$，而在弓出距离大于 L 的凸起处进行。使弓出距离达到 L 所需的时间即为再结晶的孕育期。

2. 亚晶形核机制

对于冷变形度较大的金属，再结晶形核主要是亚晶形核机制。

金属变形程度较大时，每个晶粒变形程度大致相同，故大角度晶界两侧晶粒内的变形畸变能相近。但大变形过程中由位错缠结组成的胞状结构在再结晶前的高温回复阶段容易发生多边化而形成回复亚晶。此状态下，可直接借助晶粒内部的亚晶作为再结晶核心。亚晶形核方式通常有成组的亚晶合并及个别亚晶选择性增大，如图 5-15 所示。

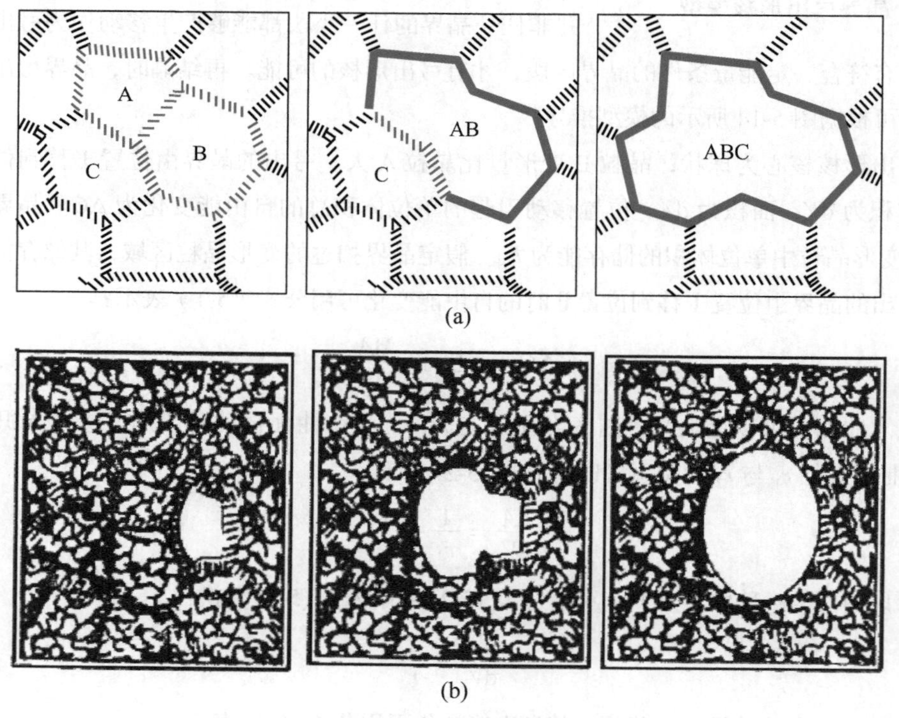

图 5-15　亚晶形核机制

（a）亚晶合并；（b）亚晶选择性增大

（1）亚晶合并形核：在回复阶段形成的亚晶，其相邻亚晶边界上的位错网络通过解离、拆散，以及位错的攀移与滑移，逐渐转移到周围其他亚晶界上，从而导致相邻亚晶边界的消失和亚晶的合并。合并后的亚晶，由于尺寸增大，以及亚晶界上位错密度的增加，使相邻亚晶的位向差相应增大，并逐渐转化为大角度晶界，它比小角度晶界具有大得多的迁移率，故可以迅速移动，清除其移动路程中存在的位错，使它后面留下无畸变的晶体，从而构成再结晶核心。在变形程度较大且具有高层错能的金属中，多以这种亚晶合并机制形核。

（2）亚晶长大形核：位错密度较高的亚晶界，其两侧亚晶的位向差较大，故在加热过程中容易发生迁移并逐渐变为大角度晶界，于是就可作为再结晶核心直接长大。此机制常出现在变形度很大的低层错能金属中。

5.4.2　再结晶晶核的长大

再结晶晶核是消除了加工硬化、结构上较为完整的新晶粒，但晶核外的基体仍处于变形状态，它们间的储存能差就成为晶界迁移的驱动力。在局部范围内，晶界迁移的驱动力是两种状态晶粒间的畸变能差（晶核为非变形态，基体晶粒为变形态）。在这种驱动力作用下，晶核借界面的移动以向周围变形基体中推进的方式长大。晶界总是背离其曲率中心，向着畸变区域推进，直至无畸变（或畸变较小）的等轴晶粒全部取代畸变严重的变形晶粒为止，再结晶即告完成。图 5-16 为再结晶晶核长大示意图。

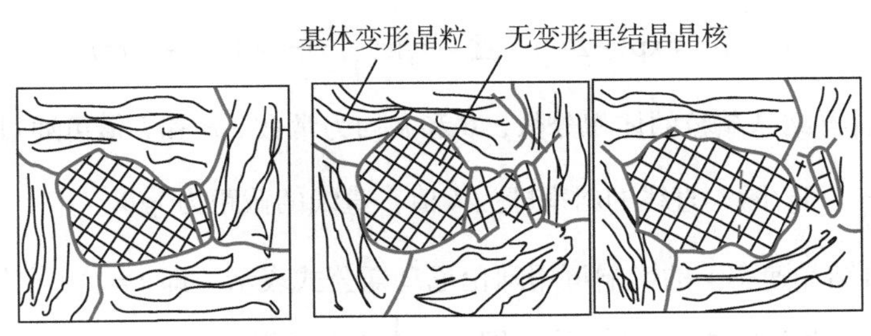

图 5-16　再结晶晶核长大

以弓出形核方式形成的再结晶晶核，其晶界可以自发地向畸变能较高的基体中推进，以亚晶形核方式形成的再结晶晶核，其边界已接近大角度晶界的取向差，而核心相当于一个较大的亚晶粒（或相当于一个具有大角度晶界的微小晶粒），核心中的畸变能已基本消除，但周围基体中仍存在较高的畸变能，因此，在亚晶形核过程中，核心与周围基体交界处某一区域一旦达到 $\Delta G \leqslant 0$，$E_S \geqslant \dfrac{2y}{L}$ 的能量条件，便开始以类似于弓出形核方式迅速吞食变形畸变能高的晶粒而自发生长。

5.5　再结晶动力学

再结晶动力学取决于形核率 N 和长大速率 G。若以纵坐标表示已发生再结晶的体积分数，横坐标表示时间，则由试验可得到恒温再结晶动力学曲线。图 5-17 为冷轧变形 20.5% 的

Haynes230 高温合金再结晶动力学曲线，该图表明，再结晶过程有一孕育期，退火温度较低时（1100~1150℃），再结晶开始的速率较小，随着退火时间的增加而逐渐加快，再结晶体积分数为 20%~70% 时，速率最大，然后又逐渐减缓，直至再结晶结束。而在较高温度下退火时（1175~1200℃），再结晶速率较快，在 10min 内就基本完成再结晶。

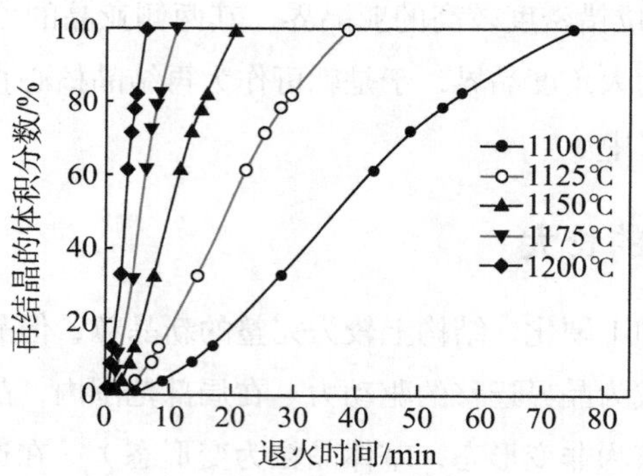

图 5-17 冷轧 Haynes230 高温合金再结晶动力学曲线

由于恒温再结晶时的形核率 N 是随时间的增加而呈指数关系衰减的，故通常采用阿弗拉密（Avrami）方程进行描述，即

$$f = 1 - \exp(-Bt^k) \quad 或 \quad \lg\ln\frac{1}{1-f} = \lg B + k\lg t \tag{5-6}$$

式中，f 为 t 时间后再结晶晶粒的体积分数，B 和 k 均为常数。B 和 k 值可通过实验确定。确定方法：作 $\lg\ln\frac{1}{1-f} - \lg t$ 图，直线的斜率即为 k 值，直线的截距为 $\lg B$。

等温温度对再结晶速率 v 的影响可用阿伦尼乌斯公式表示，即 $v = Ae^{-Q/RT}$。再结晶速率和产生某一体积分数 f 所需的时间 t 成反比，即 $v \propto \frac{1}{t}$，由此得出：

$$\frac{1}{t} = Ae^{-Q/RT} \tag{5-7}$$

式中，A 为常数；Q 为再结晶激活能；R 为气体常数；T 为绝对温度。对上式两边取对数，则得

$$\ln\frac{1}{t} = \ln A - \frac{Q}{R} \cdot \frac{1}{T} \tag{5-8}$$

在两个不同的恒定温度产生同样程度的再结晶时，可得

$$\frac{t_1}{t_2} = e - \frac{Q}{R}\left(\frac{1}{T_2} - \frac{1}{T_1}\right) \tag{5-9}$$

这样，若已知某晶体的再结晶激活能及此晶体在某恒定温度完成再结晶所需的等温退火时间，就可以计算出它在另一温度等温退火时完成再结晶所需的时间。

通过式（5-8）可以用作图法求得再结晶激活能 Q。例如，对于变形量为 12.5% 和 15% 的 AZ31 镁合金压缩试样选择显微硬度下降到 59HB 时的时间 t 作为再结晶完成的时间，作出 ln (1/t)–1/T 曲线（图 5-18），变形量为 15% 的试样的再结晶激活能为 211.7kJ/mol，12.5% 的试样的再结晶激活能为 243.4kJ/mol。

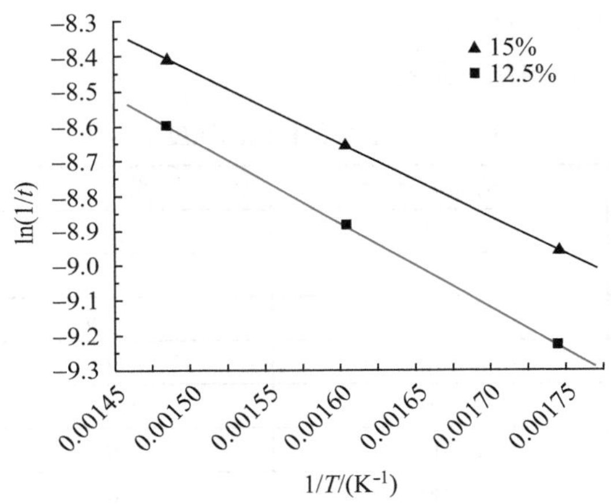

图 5-18　不同变形量 AZ31 镁合金压缩试样 ln(1/*t*) 与 1/*T* 的关系

5.6　再结晶温度及其影响因素

5.6.1　再结晶温度

再结晶过程是热激活过程，因此发生再结晶必须具备一定的温度条件，通常将发生再结晶的温度称为再结晶温度。再结晶温度不是一个物理常数，它不仅随材料成分而改变，而且，在材料成分一定的情况下，它也与其冷变形程度、退火时间、原始晶粒度等因素有关。当变形程度、退火时间等工艺因素确定后，再结晶开始发生的温度与再结晶结束时的温度不同。工程上将变形金属开始进行再结晶的最低温度称为再结晶起始（开始）温度；在规定的退火时间内，变形基体完全消失的温度，称为再结晶终了（结束）温度。由于再结晶可以在一定温度范围内进行，为了便于讨论和比较不同材料再结晶的难易，以及各种因素的影响，需对再结晶温度进行定义。

通常将变形金属开始发生再结晶的最低温度定义为再结晶温度，它可用金相法或硬度法测定，即以显微镜中出现第一颗新晶粒时的温度或以硬度下降 50% 所对应的温度，定义为再结晶温度。但工业生产中将经过大变形量（约 70% 以上）冷变形的金属，经 1h 退火能完成再结晶 (f>95%) 所对应的温度定义为再结晶温度。它可以用光学显微镜根据变形基体深腐蚀残余的消失进行实验判定，或者用 X 射线分析方法，根据德拜漫射环的消失来判定。此外，也可以根据 X 射线照片上再结晶晶粒所产生的反射斑点数目来确定。反射斑点数最大的时刻表明一次再结晶终了。因为随后由于晶粒长大，再结晶晶粒数量将减少。

再结晶过程与原子的扩散能力有关，而原子的扩散能力与温度有关。因此，苏联学者博奇瓦尔总结了一个计算再结晶温度的经验公式：

工业纯金属　　　$T_{再} = (0.3 \sim 0.4)\ T_m$ (T_m：金属熔点，单位为绝对温度 K)

特别纯金属　　　$T_{再} = (0.25 \sim 0.3)\ T_m$

单相固溶体合金　　$T_{再} = 0.6\,T_m$

表 5-3 列出了常见金属的再结晶温度。

表 5-3　常见金属的再结晶温度（$T_{再}$）

金属	再结晶温度 /℃	熔点 /℃	$T_{再}/T_m$
Sn	<15	232	—
Pb	<15	327	—
Zn	15	419	0.43
Al	150	660	0.45
Mg	150	650	0.46
Ag	200	960	0.39
Cu	200	1083	0.35
Fe	450	1538	0.40
Ni	600	1455	0.51
Mo	900	2625	0.41
W	1200	3410	0.4

注：工业纯度，经 70% 以上冷变形，在 1h 退火后完全再结晶。

再结晶温度是金属的一种重要特性，依据它可较为合理地选择再结晶退火温度范围，也可用它来衡量材料在高温使用时的行为，是合理制定变形工艺的主要依据（冷变形、温变形与热变形），是判断材料耐热性好坏的依据之一，因此，具有重要的实用意义。

5.6.2　影响再结晶的因素

1. 加热规范

加热温度、加热速度与加热时间等退火工艺参数，对变形金属的再结晶有着不同程度的影响。

1）加热温度与加热时间

通常确定再结晶温度时需要给定加热时间，一般为 1~2h。若加热温度过低，达不到激活面缺陷运动的动力学条件，理论上只能发生回复，不能发生再结晶。若加热温度达到激活面缺陷运动的动力学条件后，则再结晶完成时间与温度高低相关。加热温度对再结晶完成时间的影响规律如图 5-19 所示。在一定范围内延长保温时间则会降低再结晶温度，如图 5-20 所示。

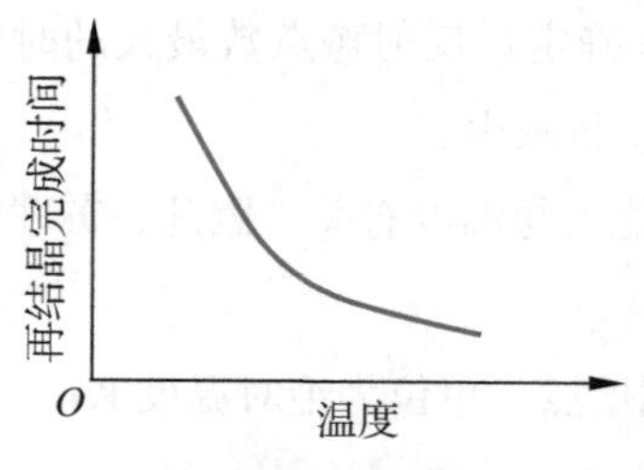

图 5-19　温度对再结晶的影响

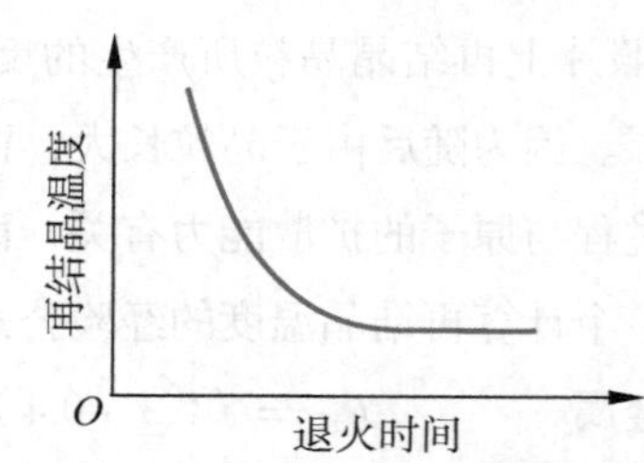

图 5-20　退火时间与再结晶温度的关系

2）加热速度

由于再结晶过程需要晶核形成及晶核长大，如果加热速度过快，变形金属在各温度下停留时间过短，致使在常规的再结晶温度下，再结晶形核与长大来不及发生，则再结晶温度有提高的趋势。若加热速度过于缓慢，变形金属在加热过程中有足够的时间进行回复，使点阵畸变度降低，储能减小，从而使再结晶的驱动力减小，再结晶温度同样存在提高的趋势。

2. 变形工艺参数

1）变形温度

较高的变形温度会使再结晶的开始温度升高，因为较高温度下的变形，在变形的同时产生了回复，降低了变形所存储的能量，从而减少再结晶的驱动力。

2）变形程度

变形金属在加热时产生再结晶的驱动力主要是变形储能（畸变能），因此，变形程度对再结晶的影响至关重要。在给定温度下发生再结晶需要一个最小变形量(临界变形度)，低于此变形度，不能发生再结晶。随着变形程度的增加，再结晶温度降低。这是因为变形程度越大，位错密度增量越大，变形储能增量越高，再结晶驱动力越大。此外，变形程度增加，会使空位浓度升高，从而在较低温度下，促进再结晶晶核形成。但变形量增大到一定程度后(如大于 50% ~ 60% 后），再结晶温度基本稳定不变。铁和铝的开始再结晶温度与变形量的关系曲线（图 5-21）证明了这一规律。

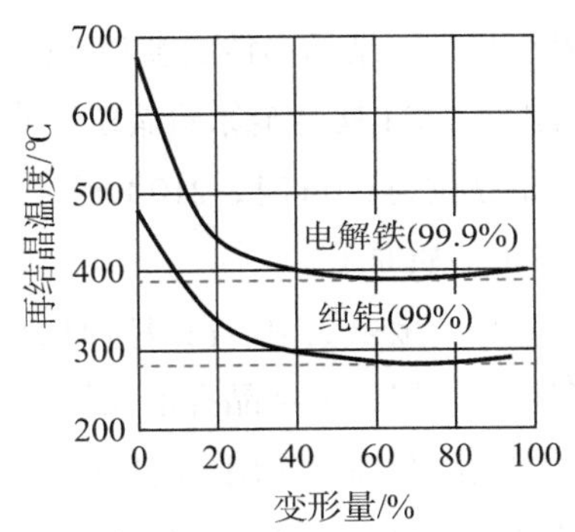

图 5-21　再结晶温度与变形量的关系

等温退火时，随着变形程度的增加，再结晶速度也增快。图 5-22 为不同压缩变形量下，AZ31 镁合金在 350℃等温退火 2h 后的金相组织。结果表明：变形量 2.5 % 的试样几乎没有发生再结晶，7.5 % 的试样部分发生再结晶，15 % 的试样已经完全再结晶。

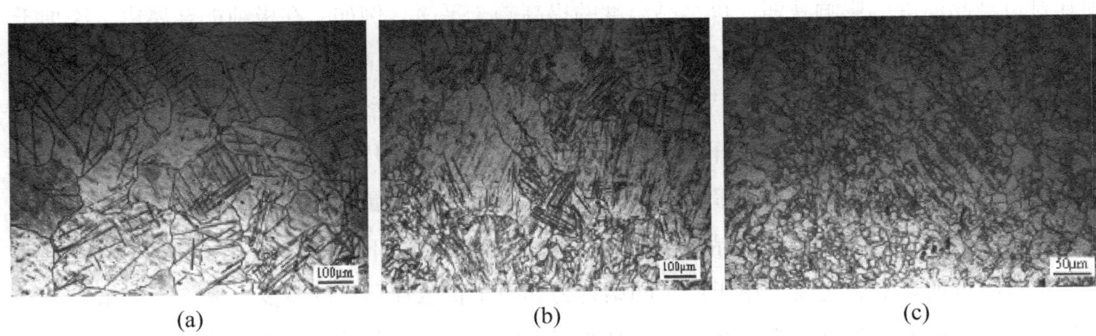

图 5-22　不同变形量的 AZ31 镁合金在 350℃等温退火 2h 后的金相组织

（a）2.5%；（b）7.5%；（c）15%

当变形量较小时，若要完成再结晶，则必须提高加热温度或延长保温时间。图 5-23 为变形量为 15% 和 12.5% 的 AZ31 镁合金试样在 350℃等温退火时再结晶体积分数随保温时间的变化曲线。结果表明：两个试样再结晶体积分数都随着保温时间的延长逐步增加。保温时间短时，大变形量试样的再结晶体积分数较高，但延长保温时间到 120min 后，两试样的再结晶体积分数变化趋缓。延长保温时间到 300min 后，两试样的再结晶体积分数接近。

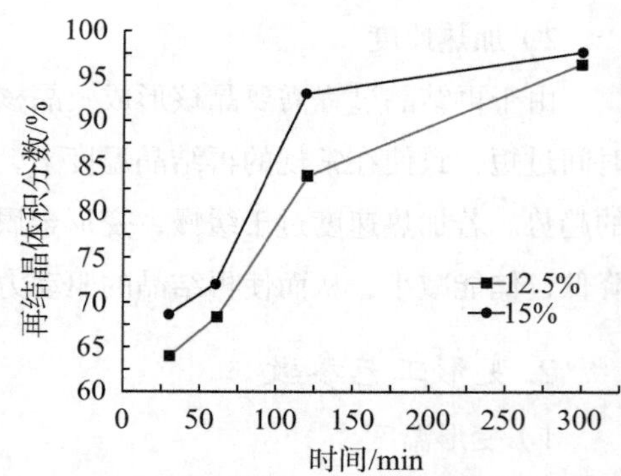

图 5-23　不同变形量的 AZ31 镁合金在 350℃退火时再结晶体积分数随保温时间的变化规律

3. 变形前金属的组织特征

1）原始晶粒尺寸

在其他条件相同的情况下，金属的原始晶粒越细小，则变形的抗力越大，变形对金属所做的机械功越大，变形后储存的能量较高，有利于再结晶的发生。此外，原始晶粒越细，晶界越多，晶界往往是再结晶形核的有利地区，因此原始晶粒细小的变形合金再结晶温度较低。有研究结果得出，AZ31 镁合金原始晶粒尺寸为 20μm 时，在 210℃退火发生了再结晶，但再结晶不完全；而原始晶粒为 5μm 时，210℃退火已经完全再结晶。

2）溶质原子

许多合金系统中，在溶质原子浓度较低的区域内（千分之几或万分之几），微量溶质原子的存在对金属的再结晶有很大的影响。微量溶质原子或杂质原子以固溶态存在于金属中，会产生一定的固溶强化作用。仅从这个方面而言，微量溶质原子可增加变形储存能，有利于再结晶，但微量溶质原子或杂质与位错及晶界间存在着交互作用，使溶质原子倾向于偏聚在位错、晶界等处，阻碍位错的滑移与攀移及晶界的迁移，对降低界面迁移速度有很大作用，不利于再结晶的形核和长大。因此，在固溶体的范围内，微量溶质原子实际上阻碍再结晶过程，使再结晶温度提高；当溶质原子浓度提高（百分之几或百分之几十），在位错、晶界等处逐渐处于饱和，则其对再结晶温度的影响减弱，再结晶温度的提高趋于平缓。例如，在极纯的金属中，添加千分之几或万分之几的合金化元素有时能够将再结晶开始温度提高 100℃或 100℃以上。然而，溶质元素浓度进一步增加，再结晶温度的增量减少。在合金元素含量高的金属中（百分之几或更高），添加合金元素对再结晶开始温度的影响不大。再结晶开始温度与熔点的比值，在固溶体中比在纯金属中更高，在单相固溶体中不大于 0.6，在纯金属中为 0.25~0.4。当合金中溶质原子浓度升高到一定程度，再结晶开始温度达到最大值后可能下降。合金中溶质原子对大浓度区再结晶温度的影响，主要是由于原子间结合力和原子扩散迁移率的改变。例如，如果合金元素降低了熔点和原子间结合力，在固溶体高浓度区中的再结晶开始温度将持续降低。由固溶体过渡至两相区时，随着第二相数量的增加，再结晶温度又呈现快速上升的趋势，如图 5-24 所示。

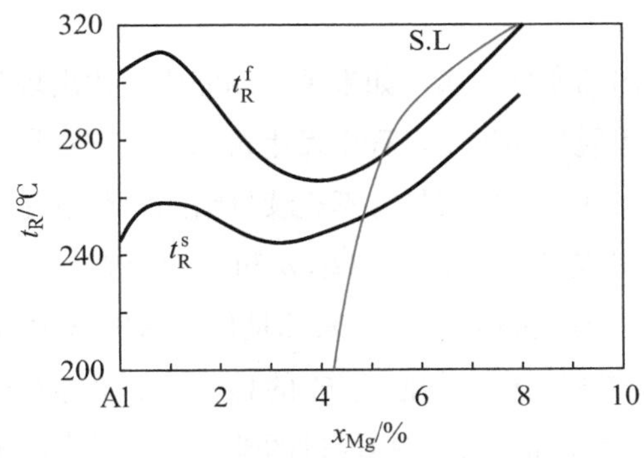

图 5-24　Al–Mg 二元合金再结晶开始温度与终了温度与成分的关系

S.L—溶解度曲线；t_R^S及t_R^f—再结晶开始及终了温度

实验表明，固溶体合金的再结晶温度往往高于纯金属，或者可以说，金属越纯，其再结晶温度越低，如表 5-4 所示。

表 5-4　微量溶质元素对再结晶温度的影响

材料	再结晶温度 /℃	材料	再结晶温度 /℃
高纯铜（99.99%）	120	高纯铝（99.999%）	80
无氧铜（99.95%）	200	工业纯铝（99.7%）	150
Cu+0.01%Sn	315	工业纯铝（99.0%）	240
Cu+5%Zn	320	铝合金	320
高纯铁	400	高纯镁（99.99%）	65
工业纯铁	450	工业纯镁（99.9%）	150
低碳钢	540	镁合金	230

3）第二相粒子

当合金中存在第二相粒子（或化合物相）时，硬脆的第二相粒子在合金变形过程中一般不发生变形，合金的变形及再结晶主要发生在固溶体基体上。但分布于基体上的第二相粒子，根据其大小及分布情况的不同，影响变形基体的再结晶。当第二相粒子尺寸较大，间距较宽(一般大于 1μm) 时，位错只能绕过第二相颗粒，或塞积在颗粒周围。两种状态都使第二相颗粒附近积聚高密度的位错，导致变形畸变能较高，亚结构不稳定，为再结晶形核与晶粒长大提供有利场所，再结晶核心可在尺寸较大的第二相粒子表面产生，因此第二相粒子促进再结晶，使再结晶温度下降。在钢中常可见到再结晶核心在夹杂物 MnO 粒状表面上产生；当第二相粒子尺寸很小且均匀、弥散地分布时，位错主要以切割方式与第二相颗粒相互作用，因此，合金变形时位错在基体中的分布也比较均匀，第二相颗粒在再结晶形核时起不到有利作用，却在再结晶形核和生长时，对位错的热运动及晶界的迁移起到钉扎作用，增加了亚晶界的稳定性，阻碍了再结晶时晶界的推进，使再结晶变得困难，使再结晶温度提高。在钢中常加入 Nb、V 或 Al 形成 NbC、V_4C_3、AlN 等尺寸很小的化合物 (<100nm) 来抑制再结晶形核与晶核长大。

4）脱溶相的影响

加热过程中存在脱溶相析出的变形金属，如果再结晶完成后才出现脱溶相析出，则其再结晶过程不受脱溶相的影响；如果脱溶相析出过程中发生再结晶，则再结晶与脱溶相析出过程交叠，脱溶与再结晶相互影响，出现连续再结晶与不连续再结晶两种情况。

再结晶前沿的移动速度 v 依赖于晶界的迁移率 B 和驱动力 F，$v=BF$。B 的大小与温度、晶界的结构和杂质的含量有关。有效驱动力 F 的来源是位错密度减少所需要的力 F_ρ，脱溶相脱溶的化学力 F_c 及脱溶相对晶界移动产生的阻力 F_p 的总和。如果存在可能移动的晶界，并且 $F_\rho+F_c>F_p$，此时，晶界作为一个反应前沿，它扫掠过的地方，位错密度下降，此种再结晶过程称为不连续再结晶。如果可移动晶界不存在，或可移动晶界被脱溶相颗粒钉扎不能移动，此时不能发生不连续再结晶，再结晶只能通过脱溶相颗粒的集聚改变位错密度、排列方式及亚晶的尺寸和取向差来进行，这种再结晶过程称连续再结晶或原位再结晶。

5.7 再结晶晶粒尺寸及影响因素

再结晶结束后的晶粒尺寸是重要的组织特征，直接影响材料的使用性能与工艺性能，如冲压性能、表面品质等。因此，调整再结晶退火参数，控制再结晶的晶粒尺寸，在生产中具有一定的意义。

5.7.1 再结晶起始晶粒尺寸

当变形晶粒全部被新生的、无应变的再结晶晶粒取代时，晶粒尺寸称为再结晶的起始晶粒尺寸（起始晶粒度）。由于变形金属在加热时各局部区域再结晶开始的时间不尽相同，再结晶晶粒相互接触也不同步，再结晶与晶粒长大是有交叉的，因此无法准确掌握再结晶刚好完成的时刻，起始晶粒尺寸难以把握与控制。

5.7.2 再结晶实际晶粒尺寸

在实际生产工艺中，变形金属的退火时间较再结晶所需时间长，再结晶的起始晶粒在后续的加热过程中势必发生长大，因此，通常将再结晶退火结束后的晶粒尺寸称为再结晶实际晶粒尺寸（实际晶粒度）。

5.7.3 再结晶晶粒的长大

再结晶结束时，变形金属通常得到细小等轴的起始再结晶晶粒。在晶界表面能的驱动下，某些再结晶晶粒通过大角度边界的迁移，吞并邻近另一些再结晶晶粒而长大，从而得到一个在该条件下较为稳定的尺寸，此现象称为晶粒长大。

晶粒长大的驱动力是晶粒边界自由能。晶粒长大的必要条件是晶粒边界处的表面张力处于不平衡状态。再结晶晶粒长大按其特点可分为两类：正常晶粒长大与二次再结晶。

1. 再结晶晶粒的正常长大

再结晶晶粒的正常长大是指晶粒长大过程中，所有晶粒基本上是均匀地长大，可以用平均晶粒尺寸指数来描述，也称为连续晶粒长大。

对于恒温下的正常晶粒长大，许多实验观察得到其平均晶粒尺寸与保温时间的关系式为：$\overline{D_t}=Kt^n$，式中 t 为保温时间，$\overline{D_t}$ 为对应于保温时间 t 的平均晶粒直径，指数 n 一般小于 1，它主要取决于金属中所含杂质。系数 K 可表示为：$K=K_0\exp(-Q_m/RT)$，其中，K_0 为常数，Q_m 为晶界迁移激活能，R 为气体常数，T 为绝对温度。实际上，恒温下的正常晶粒长大，经过不长的时间后即停止。这往往是因为晶界上存在阻碍晶粒长大的因素。

再结晶晶粒正常长大时，晶界的平均移动速度 v 由下式决定

$$\overline{v}=\overline{m}\cdot\overline{p}=\overline{m}\cdot\frac{2\gamma_b}{\overline{R}}\approx\frac{d\overline{D}}{dt} \tag{5-10}$$

式中，$\overline{m}$为晶界的平均迁移率；$\overline{p}$为晶界的平均驱动力；$\overline{R}$为晶界的平均曲率半径；γ_b 为单位面积的界面能；$\frac{d\overline{D}}{dt}$为晶粒平均直径的增大速度。对于大致均匀的晶粒组织而言，分离变量并积分可得

$$\overline{D}_t^2-\overline{D}_0^2=Kt \tag{5-11}$$

式中，$\overline{D_0}$为恒定温度情况下的起始平均晶粒直径；$\overline{D_t}$ 为 t 时间时的平均晶粒直径；K 为常数。

若$\overline{D_t}>>\overline{D_0}$，则式（5-11）中$\overline{D}_0^2$项可略去不计，则近似有

$$\overline{D}_t^2=Kt \quad 或 \quad \overline{D}_t=Kt^{1/2} \tag{5-12}$$

这是理想情况下的晶粒长大动力学方程，其中的指数 1/2 称为晶粒长大指数，但对于实际的金属或合金体系，由于存在杂质原子、夹杂物和晶体缺陷等诸多因素的影响，晶粒长大指数难以达到理论值 1/2，在普适性的方程中，一般用 n 表示，它是晶粒长大动力学的一个关键参数。将式中的 1/2 用 n 取代，并对等式两边取对数，则式转变为

$$\lg D_t=K+n\lg t \tag{5-13}$$

采用式（5-13）对实验数据进行拟合，即可得到不同温度下的 n 值。图 5-25 为冷旋 U-6.5Nb 合金晶粒长大曲线，可以看到，700℃和 800℃保温过程中的晶粒长大动力学指数分别约为 0.47 和 0.31。

晶粒正常长大时遵循以下规律：弯曲晶界趋向于平直，即晶界向其曲率中心方向移动，以减少表面积，降低表面能。当三个晶粒的晶界夹角不等于 120° 时，则晶界总是向角度较锐的晶粒方向移动，力图使三个夹角都趋向于 120° 。在二维坐标中，晶粒边数少于 6 的晶粒，其晶界向外凸出，必然逐步缩小，甚至消失。当晶粒的边数为 6，晶界很平直，且夹角为 120° 时，则晶界处于平衡状态，不再移动。而边数大于 6 的晶粒，其晶界向内凹，则将逐渐长大。所有的晶界均为直线，且晶界间的夹角均为 120° 时达到稳定状态。

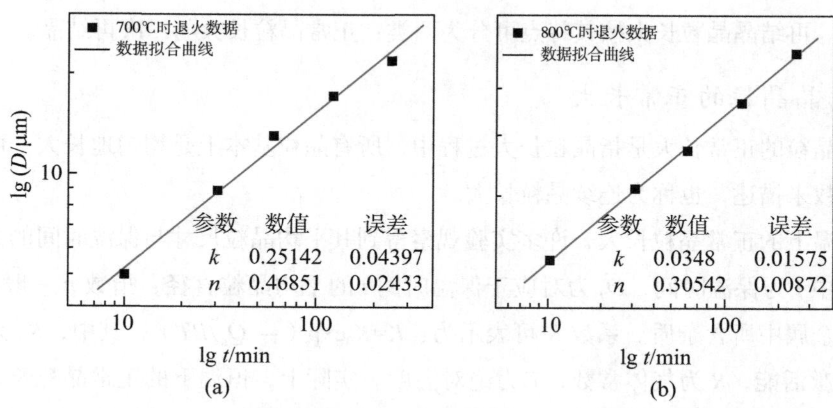

图 5-25 不同温度下冷旋 U-6.5Nb 合金晶粒长大曲线

（a）700℃；（b）800℃

在实际情况下，由于各种原因，晶粒不会长成这样规则的六边形，但是它仍然符合晶粒长大的一般规律。

图 5-26 为 T10A 钢试样真空加热到 1300℃冷却后的室温组织，图中标出的 A↑向上迁移，B↓向下、向左迁移，形成弯曲较小（曲率半径更大）较平直的新晶界；而该四方形晶粒的左下和左上方向的旧晶界朝左下及左上方向扩展，结果使三个新晶粒交点各顶角均接近 120°，这是一种比较平衡、稳定的晶粒结构形式。

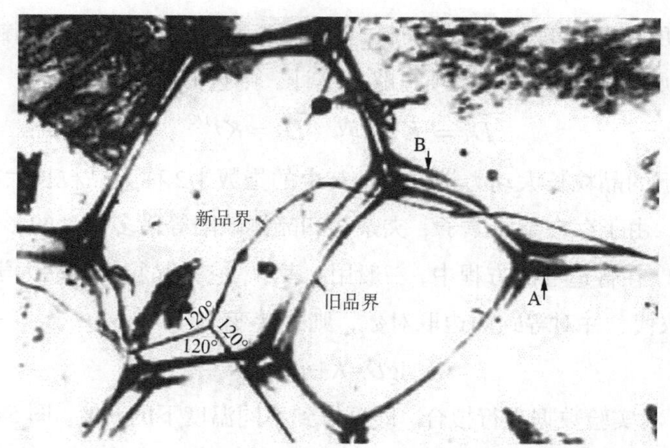

图 5-26 T10A 钢试样真空加热到 1300℃后冷却后的室温组织状态

2. 二次再结晶

某些严重变形的金属材料在较高温度下退火时，当再结晶完成后，其晶粒并非相对均匀的长大，而是少数再结晶晶粒具有特别大的长大能力，逐步吞食掉周围的大量小晶粒而急剧长大，其尺寸超过原始晶粒的几十倍或者上百倍，比临界变形后形成的再结晶晶粒还要粗大，这种现象称为二次再结晶。与再结晶类似，二次再结晶的驱动力仍为界面能的降低，但再结晶发生于变形金属，而二次再结晶发生于已再结晶的基体，没有重新形核的过程。因此，严格说来它是在特殊条件下的再结晶晶粒异常长大（又称不连续晶粒长大），并非是再结晶。

目前关于二次再结晶的机理研究还不足够充分。实验表明，对于一个特定的金属或合金，其再结晶完成后是否会发生二次再结晶与多个因素有关，具有不确定性。但是，在所有因素中，二次再结晶形成的前提条件是基体的稳定化。即一次再结晶形成的大多数晶粒的长大被强烈地阻挠。当稳定化后的基体中少数几个晶粒在某些特殊情况下能长大，且它们被不能长大的小晶粒所包围时，发生二次再结晶。引起二次再结晶的因素主要有：①弥散微粒阻碍效应。例如，铝合金的二次再结晶首先与合金元素有关。铝合金中含有铁、锰、铬等元素时，由于生成 $FeAl_3$，$MnAl_6$，$CrAl_3$ 等弥散相，可阻碍再结晶晶粒均匀长大，但加热至高温时，有少数晶粒晶界上的弥散相因溶解而首先消失，这些晶粒就会率先急剧长大，形成少数极大的晶粒。这些元素在一定条件下可细化晶粒组织，但在另一条件下，则可能促进二次再结晶。②织构阻碍效应。当再结晶基体被织构稳定化，则多数晶粒将由具有少许位向差的边界分开，由于低边界能，这些边界的可动性较低。但少数位向同稳定基体的主要位向有明显差别的晶粒可以选择地长大，因而发生二次再结晶。③板材厚度效应。当板材晶粒尺寸达到厚度的 2~3 倍时，则正常晶粒长大会完全停止。由于再结晶晶粒存在择优取向，板材表面上少数具有低表面能的晶粒会成为二次再结晶晶核。因此板材中晶粒的表面能差将对晶粒长大速度产生决定性的影响。例如，在变压器钢中，晶体的 {110} 面具有最小的表面能（因为体心立方晶体 {110} 面具有最大原子堆垛密度）。据此，当 {110} 面与薄板平面重合时，晶粒长大极为便利，因而产生二次再结晶。

二次再结晶导致材料晶粒粗大，降低材料的强度、塑性和韧性，尤其是当晶粒很不均匀时，对产品的性能非常有害，一般应避免发生二次再结晶。但在某些情况下可利用二次再结晶达到某种特殊的目的。如在硅钢片的生产中，可利用二次再结晶形成所希望的晶粒择优取向（再结晶织构），从而使硅钢片沿某些方向具有最佳的导磁性。

5.7.4　影响再结晶晶粒长大的因素

再结晶后晶粒尺寸与形核率 N 和长大速率 G 相关。若形核率大而长大速率小，则起始晶粒小。在生产实际中，晶粒长大速率是影响再结晶晶粒尺寸的主要因素。晶粒长大速率取决于晶界的迁移速度，因此，影响再结晶形核率、长大速率和晶界迁移速度的所有因素都将影响再结晶晶粒尺寸。归纳起来，主要有以下影响因素：

1. 加热规范

由于晶界迁移的过程是原子的扩散过程，因此温度越高，晶粒长大速度越快。例如，AZ31B 镁合金冷轧板材平均晶粒尺寸与退火温度的关系如图 5-27 所示，由图可知

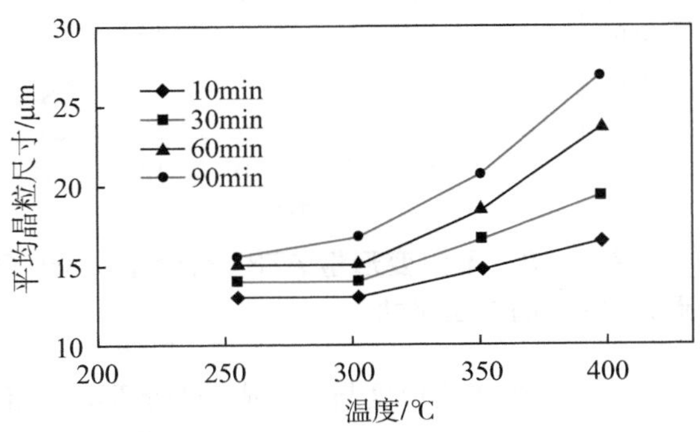

图 5-27　AZ31B 镁合金冷轧板材平均晶粒尺寸与退火温度的关系

在退火时间一定的情况下，随着退火温度的提高晶粒尺寸增大。在退火温度一定的情况下，随着退火时间的延长，晶粒尺寸增大。

除退火温度与保温时间外，加热速度对晶粒尺寸也有影响（如表 5-5 所示）。加热速度快，再结晶后晶粒细小。主要原因是快速加热提高了实际再结晶开始温度，使形核率加大，而且能减少阻碍晶粒长大的第二相及其他杂质质点的溶解，使晶粒长大趋势减弱。

表 5-5　不同加热速度退火后晶粒的大小（冷轧 30%，退火温度 420℃）

加热方式	成分			
	99.95%	Al+4%Cu	Al+0.5%Si	Al+1%Mg2Si
	晶粒大小（晶粒数 / mm^2）			
箱式炉随炉加热	36	225	49	30
盐浴炉加热	36	1150	64	145

2. 变形工艺参数

变形程度对再结晶后晶粒大小的影响如图 5-28 所示。由图可见，当变形程度很小时，AZ31 镁合金晶粒尺寸即为原始晶粒的尺寸。这是因为变形量过小，造成的储存能不足，导致 AZ31 镁合金中不存在符合能量条件的晶界区段，不能引发再结晶，所以晶粒大小没有变化。

当变形程度增大到一定数值后，此时的畸变能已足以引起再结晶。但由于变形程度小，仅个别晶界区段达到能量条件可形成再结晶核心，但形核率极低，形核率与长大率的比值 N/G 很小（图 5-29），因而再结晶结束后晶粒极为粗大。通常，把对应于再结晶后得到特别粗大晶粒的变形程度称为“临界变形度”。

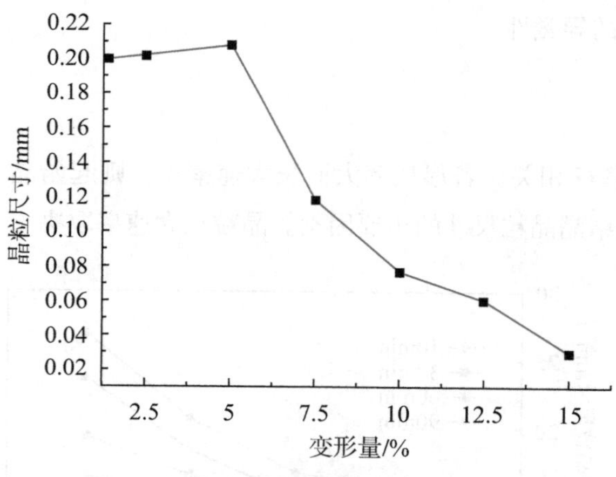

图 5-28　不同变形量 AZ31 镁合金，350℃ 退火 2h 后的晶粒尺寸

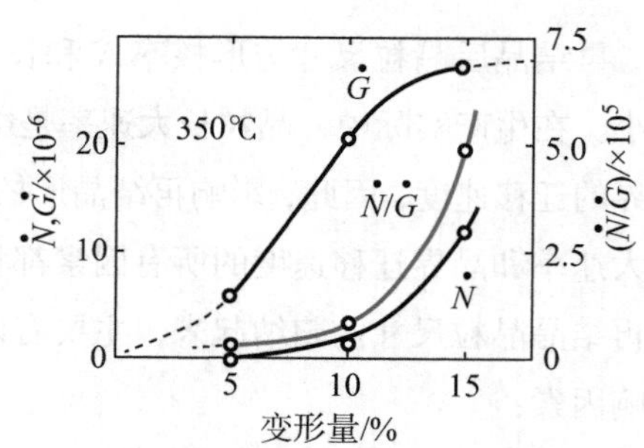

图 5-29　变形量对纯铝再结晶形核率 *N* 及长大速率 *G* 的影响

金属的临界变形度与金属成分及变形温度相关。金属越纯，临界变形程度越小。合金元素或杂质元素提高金属临界变形度，但不同元素的影响程度有差异。如在铝中加入少量锰可显著提高铝的临界变形度（如图 5-30 所示），这与锰能生成阻碍晶界迁移的弥散质点 MnAl 有关。变形温度升高，变形后退火时所呈现的临界变形程度亦增加，这是因为高温变形的同时会发生动态回复，使变形储存能降低。这一现象说明，为得到较细晶粒，高温变形可能需要更大的变形量。图 5-31 为铝的变形温度与临界变形度的关系示意图。一般金属的临界变形度为 2%~10%。

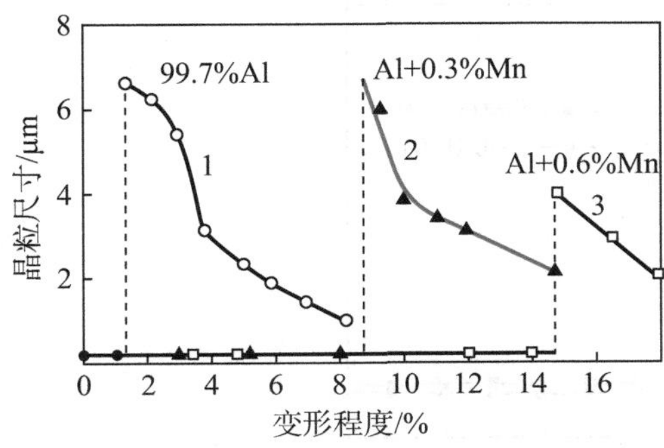

图 5-30　变形程度对不同含锰量的铝合金再结晶晶粒尺寸的影响

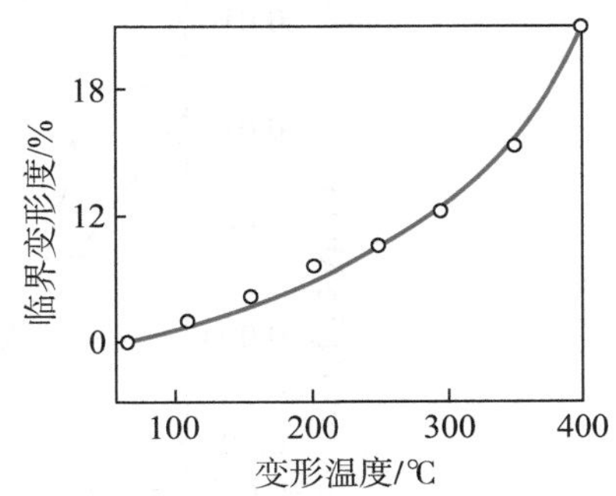

图 5-31　铝的临界变形度与变形温度的关系，450℃退火 30min

当变形度超过临界变形度后，则变形度越大，再结晶晶粒越细小。由于变形度增加，变形储能增加，此时虽然 G、N 同时增加，但是 N 的增加率大于 G 的增加率，所以 G/N 比值减小，再结晶晶粒小于原始晶粒。因此变形程度和再结晶的适当组合也是细化组织的有效方法之一。

当变形度达到一定程度后，再结晶晶粒大小基本保持不变。但是某些金属与合金，当变形度相当大时，再结晶晶粒又会出现粗化的现象。这是二次再结晶造成的，这种现象只在特殊条件下产生。

3. 金属本质特性

1）合金元素及杂质

溶于基体中的合金元素及杂质，一方面增加变形金属的储存能，另一方面阻碍晶界的运动，有细化晶粒的作用。因为金属中存在微量可溶性合金元素或杂质原子时，它们常聚集在晶界上，这种现象称为内吸附。发生内吸附的驱动力是杂质原子在晶界的偏聚使晶界能减小，从而降低了界面移动的驱动力，使晶界不易移动。

图 5-32 模拟出高纯铝材杂质浓度对晶界迁移速度的影响。从图中可以看出，曲线可以分为明显不同的两个区域，在浓度较低的区间，杂质元素浓度的影响非常明显，随着杂质含量 C_0 的增加，晶界迁移速度急剧下降；而在 C_0 较高的区间，C_0 的影响就很小了，曲线几乎为一水平直线。

2）成分均匀性

合金元素不论是溶入固溶体中还是生成弥散相，均阻碍界面迁移，有利于得到细晶粒。但合金元素在固溶体中分布不均匀时，可能出现粗大晶粒。如 Al-Mn 合金 3A21 加工材的局部粗大晶粒现象，这是因为合金在半连续铸造时冷却速度大，加上锰本身具有晶界吸附现象，不可避免地出现晶内偏析，使晶界附近区域含锰量较晶粒内部高。锰含量不同的区域再结晶温度不同，当温度升高至高锰区能发生再结晶时，低锰区晶粒早已经完成再结晶并长大，最后形成局部粗大的晶粒组织。

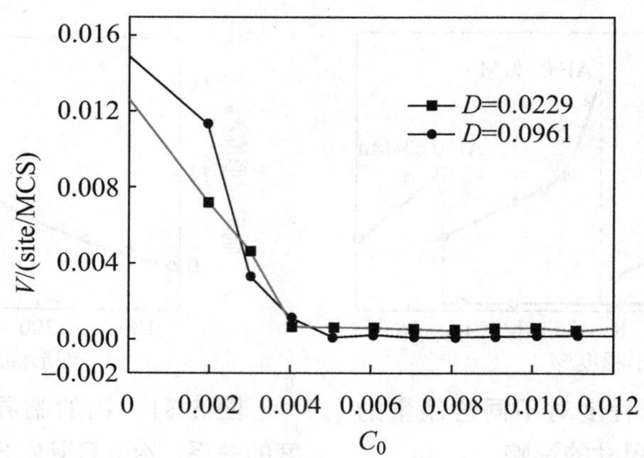

图 5-32　Monte Carlo 模拟的纯铝基体杂质浓度 C_0 对晶界迁移速度 V 的影响

模拟条件：P=0.046J，T=0.5J/K

3）原始晶粒尺寸

在合金成分一定且变形程度一定时，变形前的原始晶粒对再结晶后晶粒尺寸也有影响。一般情况下，原始晶粒越细，则再结晶后的晶粒也越细。这是因为细晶粒金属存在较多的晶界，而晶界又往往是再结晶形核的有利区域。原有大角度晶界越多，形核率越高，再结晶后晶粒尺寸越小。但变形程度增至一定程度后，原始晶粒的影响减弱。

4. 第二相粒子

大量的实验研究结果表明，第二相质点对晶粒长大速度的影响与第二相质点半径 r 和单位体积内的第二相质点的数量（体积分数 φ）有关。晶粒大小与第二相质点半径成正比，与第二相质点体积分数成反比，也就是说，第二相质点越细小，数量越多，则阻碍晶粒长大的能力越强，晶粒越细小。

工业上利用第二相质点控制晶粒大小的实例很多。例如，铝合金材料在加工成形前，采取强化固溶和过时效等预处理手段，使合金内形成合理的第二相分布，通过第二相质点对晶界的钉扎，使晶粒尺寸在加工过程中得到有效控制，最终获得高综合力学性能的细晶组织材料。这是因为合金中存在弥散的第二相粒子时，由于移动中的晶界与粒子的交互作用，阻碍晶界移动，从而使晶粒长大速度降低。图 5-33 为移动中的晶界与第二相粒子的交互作用示意图。

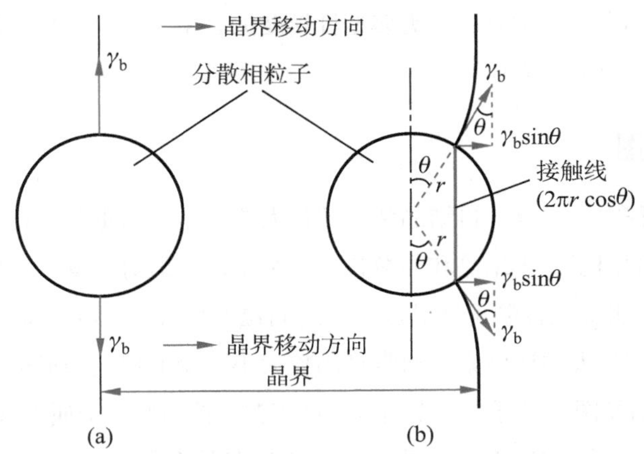

图 5-33　移动中的晶界与分散相粒子的交互作用示意图

5.7.5　再结晶晶粒不均匀性及产生的原因

变形金属在正常再结晶后的晶粒组织应是大致均匀的，但实际情况中会因为不同的原因而造成晶粒不均匀。这些不均匀性的基本形式及产生条件大致如下：

1. 均匀分布的晶粒尺寸不均匀性

整个体积中粗晶粒及细晶粒群大致均匀交替分布，产生原因是实际晶粒处于二次再结晶未完成阶段。

2. 局部的晶粒尺寸不均匀性

其特征是粗晶粒分布在某一特定区域中。这种情况往往发生在强烈局部变形时，此时变形程度由强烈变形区的最大值一直过渡到远离该区的未变形状态。在过渡区中必然会存在处于临界变形程度附近的区域，退火时该区域就会成为粗晶区。假如这种局部变形情况在工艺上无法避免，则应采用回复退火以防粗晶出现。

3. 带状晶粒尺寸分布不均匀性

其特征是粗、细晶粒分别沿主变形方向呈带状分布。产生原因在于变形过程中弥散质点沿主变形方向呈纤维或带状分布，再结晶退火可能造成带状的晶粒尺寸不均匀性。

4. 岛状晶粒尺寸不均匀性

其特征是粗晶粒群与细晶粒群在整个体积中无规律地分布。这种不均匀性原因之一是铸锭中成分偏析，进而造成变形不均匀以及再结晶不均匀，最后形成粗、细晶粒群。

以上所述的各种晶粒尺寸不均匀性及其产生条件都是一般性的，在生产实际情况中，再结晶晶粒的不均匀性多种多样，往往不是由单一的原因所造成，因此分析其产生的原因时一般要从整个加工（包括熔炼、变形、退火等）工艺中去寻找，具体问题具体分析。再结晶晶粒尺寸不均匀性对材料性能不利，特别是基体无多型性转变的合金，一旦产生不均匀组织，则无法用热处理方法消除，因此要力求避免。

5.7.6　再结晶图

在再结晶退火过程中，回复、再结晶和晶粒长大往往是交错重叠进行的。对于一个变形晶粒来说，它具有独立的回复、再结晶和晶粒长大三个阶段，但对于变形金属整体而言，三者是相互交织在一起的。因此，在控制再结晶退火后的晶粒大小时，必须全面考虑影响再结晶温度、再结晶晶粒尺寸及晶粒长大的诸因素。通常将晶粒大小、变形程度和退火温度之间的关系绘制成立体图形，称为再结晶图。它可以用作制订生产工艺、控制变形金属退火后晶粒大小的依据。图 5-34 为 AZ31 镁合金保温 1h 的再结晶图。再结晶图是在保温时间一定的条件下（如保温 1h）测定的，因此实际制订工艺时，要综合考虑保温时间的作用，若保温时间变化，再结晶图形也会随之而变。

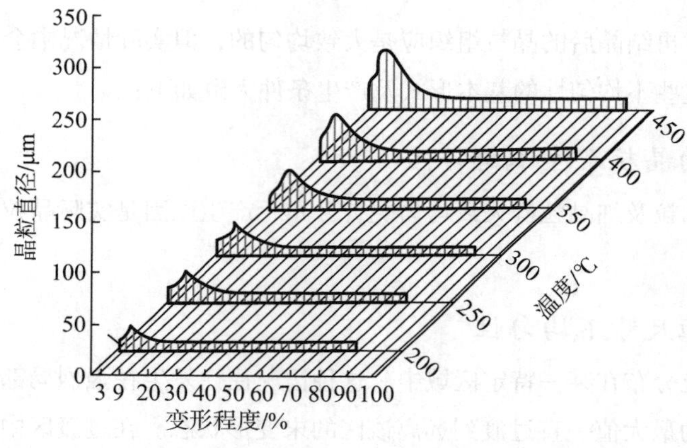

图 5-34　AZ31 镁合金再结晶图 (保温 1h)

5.8　再结晶退火孪晶及织构

1. 退火孪晶

某些面心立方结构的金属及合金，如铜及铜合金、奥氏体不锈钢等在冷变形并再结晶退火后，在晶粒内会形成具有平直界面的片状孪晶。图 5-35（a）显示了 Fe-Mn TWIP 钢板 900℃退火后的退火孪晶的微观形貌，退火孪晶的宽度达到 1μm 左右。图 5-35(b) 显示同一钢板 1000℃退火后退火孪晶的厚度增加到 5μm 左右。这些孪晶的界面是 {111} 面。它们在再结晶退火后才会出现，因而称退火孪晶，以便与在塑性变形时得到的变形孪晶相区别。晶粒内形成孪晶，其效果与细化晶粒相似。

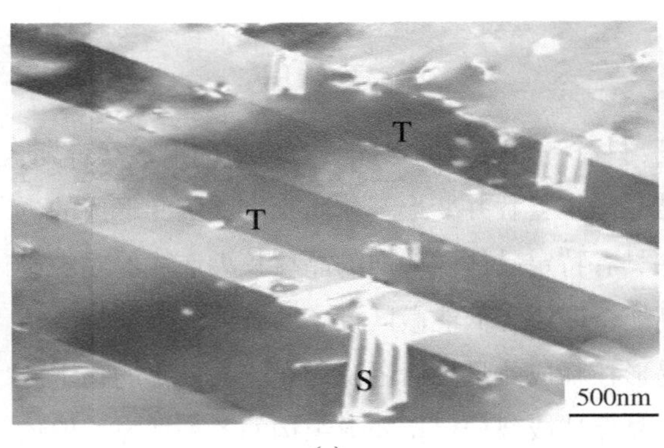

(a)

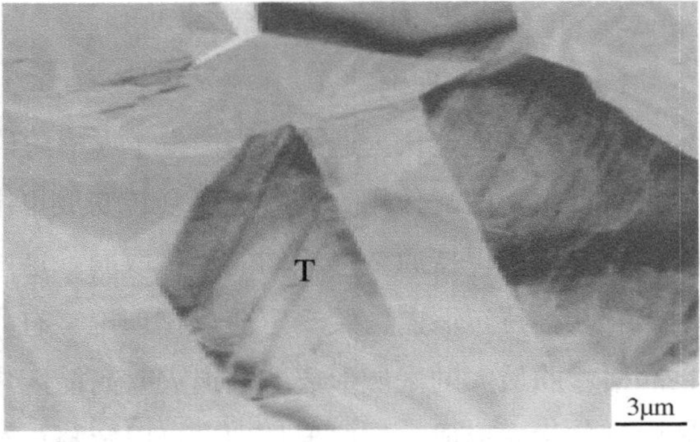

(b)

图 5-35　Fe-Mn TWIP 钢板轧制退火后 TEM 组织

（a）900℃；（b）1000℃

2. 退火织构

织构是多晶体取向分布状态明显偏离随机分布的取向分布结构，通常用晶体的某晶面和晶向在参考坐标系中的排布方式来表达晶体的取向。对于立方晶体轧制样品，常用 (HKL)[UV W] 来表达某一晶粒的取向。这种晶粒的取向特征为 (HKL) 晶面平行于轧面，[UVW] 晶向平行于轧向。立方系金属中常见的一些织构有，{001}<100> 立方织构，{001}<110> 旋转立方织构，{011}<100> 高斯织构，{112}<111> 铜型织构，{011}<211> 黄铜型织构，{124}<211>R 型织构。另外也可以用 [RST]=[HKL]×[U VW] 表示平行于轧板横向的晶向。

金属经大变形量的冷加工后，由于在形变过程中各晶粒的取向发生转动而出现某取向择优，这种组织称形变织构。具有形变织构的金属在退火过程中，由于再结晶晶粒的形核和长大均具有某种位向关系，因此金属再结晶后的新晶粒仍具有择优取向，即退火织构。冷变形金属在退火时可能发生回复、再结晶及二次再结晶。因此，退火织构包括回复织构、再结晶织构和二次再结晶织构。回复织构是变形金属在退火过程中的回复阶段形成的织构，再结晶过程中形成的织构称再结晶织构。如果对再结晶后的组织继续高温加热，再结晶织构有可能诱发二次再结晶，二次再结晶时形成的织构称二次再结晶织构。通常，回复织构与变形织构是相同的，因为回复阶段仅发生点缺陷运动，位错重排，只涉及亚晶的形成和长大（原位再结晶），而晶体取向分布不会发生改变（晶界没有明显变化），所以回复织构和变形织构基本一致。实践发现，再结晶织构（或二次再结晶织构）与形变织构之间有三种可能关系：①退火过程形成的织构与变形织构存在继承关系，再结晶织构（或二次再结晶织构）与原有的变形织构相同。②原有的织构消失，出现新的织构。再结晶（或二次再结晶）织构与变形织构可能相同，也可能不同（也就是说二者之间没有明显的继承关系）。例如，β 钛合金在大变形量冷轧之后，变形织构为 {001}<110>，退火后形成的再结晶织构为 {112}<110>。③经再结晶退火所形成的晶粒呈现任意取向，即原有的织构消失不再形成新的织构，这种情况少见。

3. 再结晶织构的形成机制

1）定向形核理论

定向形核理论认为退火织构产生于形核阶段，只有一定位向的亚晶具有较短的形核孕育期，退火时，由于回复作用，这些亚晶会转变成再结晶晶核且吞并变形基体而长大，因此形成的再结晶核心大多保持原变形织构的择优取向。这些具有特定晶体学取向的晶核长大而成的晶粒必然具有某种特定取向。关于定向形核理论，有高能微区说和低能微区说。前者认为再结晶晶核在晶格弯曲最大的区域形成，因退火时高能区易形核释放能量。后者认为在能量最小的稳定区域内晶核优先形成。定向形核理论可以解释再结晶保持或部分保持变形织构的各种情况，但该理论不能说明再结晶过程中织构类型的变化。

2）定向长大理论

定向长大理论认为，再结晶晶核的位向是无规律的，即使金属中存在强烈的变形织构，但再结晶形核的取向与变形织构无关，任何取向的亚晶均可能发展成晶粒。晶核生长时，晶界迁移速率与晶界两侧的位向差有关，因此当存在形变织构时，只有具有某些有利位向的晶核才能迅速长大，即发生定向成长，而其他取向的晶核生长则被抑制，因而最终的再结晶晶粒取向基本一致，形成再结晶织构。这种再结晶织构与原变形织构取向既可能相同也可能不同。试验表明，具有最大晶界迁移速度的晶核与基体之间的取向关系视金属的晶体结构不同而不同。

定向长大理论可以较好地解释许多织构的规律性，如具有铜型形变织构的金属，在再结晶时形成立方织构。

3）综合理论

定向形核、定向长大两种理论虽然都有一定的实验依据，并各自能解释一些再结晶织构的形成，但是各有不完善的地方。考虑两种理论的实验基础，有人根据电镜研究材料微区位错结构及晶体学位向的结果而提出了“定向形核—选择长大”的综合再结晶织构形成理论。该理论认为，再结晶晶核的位向实际上与它们所在的变形基体局部区域的位向相同，但在存在织构的材料中，不同位向晶核具有不同长大速率，再结晶织构是定向形核及其选择性长大的结果。该理论可以比较简单地说明再结晶织构的各种类型。

4. 再结晶织构的影响因素

所有影响基体稳定化以及选择性晶粒长大的因素，都会对再结晶织构的本质及完成程度产生影响。归纳起来，其主要影响因素有：

1）化学成分

化学成分对再结晶织构影响很大，有时微量元素或杂质元素都会对织构种类产生明显的影响。例如，在铜中加入质量百分比为 0.2% 铝、0.1% 镉，促进再结晶立方织构的形成。加入摩尔分数为 0.0025% 的磷，则可阻止再结晶时出现立方织构。Fe-Si 合金中如果杂质含量极低，则高温退火时只发生正常的晶粒长大，若含有少量锰、硫等杂质则在高温退火时发生二次再结晶，出现 {110}<001> 高斯织构。

化学成分对织构的影响规律极为复杂，在生产实际中需要通过具体实验来分析、了解其作用规律。

2）原始晶粒尺寸

原始晶粒尺寸对织构类型有影响。例如，有研究结果发现，在一定的冷轧变形率下，原始晶粒尺寸越小，铜的立方织构越容易形成。

3）冷变形程度

冷变形程度从两个方面影响织构类型的形成。一方面冷变形度越大，越容易产生变形织构，在再结晶时，变形织构促进与变形基体有一定位向关系的再结晶晶核的形成，从织构的定向形核理论角度可以认为再结晶织构与变形织构存在某一位向关系；另一方面是冷变形程度越大，切变带、过渡带等组织不均匀区域增多，再结晶时形核位向的混乱度也随之增大。因此，在实际生产中冷变形程度对织构类型的影响难以预测。

4）退火工艺参数

退火温度及保温时间是影响再结晶织构的重要因素。很多金属在低温退火或快速加热至高温短时退火，再结晶织构和变形织构基本相同。原因是在这种条件下生成的各种再结晶晶核与变形材料各微观区域中胞状亚晶位向一致（定向形核）。升高温度和延长保温时间，再结晶晶粒发生长大，一定条件下发生二次再结晶等过程。此时，因某些位向晶粒择优生长导致再结晶织构发生重大变化。

影响再结晶织构的形成及其类型的因素很多、很复杂。实验表明，金属本质特征，如金属材料的晶体结构、合金元素、杂质种类和第二相弥散微粒；塑性加工方式，如变形织构和变形组织、晶界和相界特征、晶粒形状、中间变形程度及变形温度，最终变形程度和变形温度；退火工艺，如中间退火温度和退火时间，最终退火温度和退火时间，退火气氛，一次再结晶织构，工件厚度等各种内部和环境因素都对再结晶织构的类型、强弱及漫散程度产生影响。

与变形织构相同，再结晶织构同样有利有弊，需要加以控制来兴利除弊。

5.9　金属热加工时的动态回复与动态再结晶

在金属学的范畴，热加工是指金属在再结晶温度以上的加工过程。在再结晶温度以下的加工过程称为冷加工。例如，铅的再结晶温度低于室温，因此在室温下对铅进行加工属于热加工。钨的再结晶温度约为 1200℃，因此即使在 1000℃拉制钨丝也属于冷加工。

金属在塑性变形结束后再进行退火时产生的回复和再结晶称为静态回复与静态再结晶（如前所述）。由于热加工是在高于再结晶温度以上进行塑性变形，所以热加工过程中因塑性变形引起的硬化过程和回复再结晶引起的软化过程几乎同时存在。这时的回复与再结晶是在加工过程中动态产生，因此称为动态回复与动态再结晶。

热加工过程中的回复与再结晶，就其性质来讲可分为五种形态，即动态回复、动态再结晶、静态回复、静态再结晶、亚动态再结晶。其中亚动态再结晶是热加工变形中断或终止后的保温过程中或者在随后的冷却过程中所发生的回复与再结晶，它们与前面提及的静态回复和静态再结晶一致，唯一的区别是它们利用热加工的余热进行，而不需要重新加热。

关于动态回复与动态再结晶的其他内容将在第 11 章“形变热处理”中进一步介绍。

5.10 再结晶过程中金属性能的变化

1. 储存能、内应力的变化

储存能的释放主要通过三种机理：一是位错偶极子对消；二是同一滑移面上的异号位错对消；三是位错重新调整排列成稳定组态。5083 铝合金冷轧板材退火前后的 TEM 照片如图 5-36 所示。结果显示合金在经过变形量 75% 的冷轧变形后，形成条带状显微组织结构，冷轧板材的亚晶内部位错密度较高，位错缠结形成了胞状亚结构。200℃保温 1h 退火后，合金的亚晶组织变粗且等轴化，位错缠结程度明显下降。

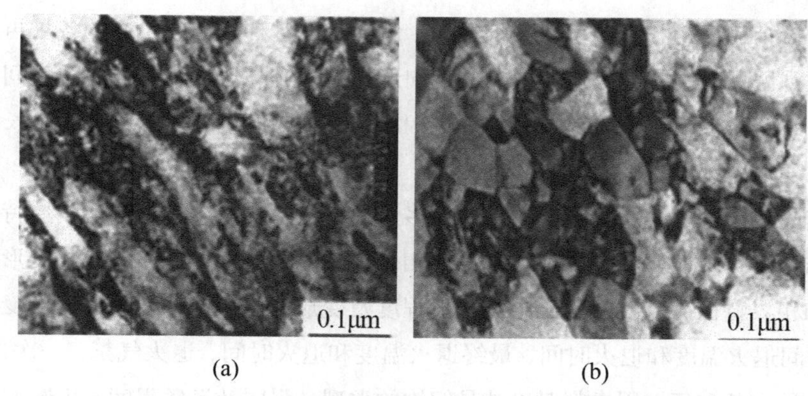

图 5-36 5083 铝合金板材冷轧退火前后的 TEM 照片

（a）冷轧；（b）冷轧后 200℃，1h 退火

功率示差法可测量储存能的释放。将两个尺寸与质量相同的试样，一个为经退火未变形者，一个为已变形者，分别放置在两个加热炉中加热，令二者以相等速度升温，因形变试样中有储存能释放，提供一部分热能将试样加热，故二者虽以同速升温，但所需外部供应的能量不同，即所需功率不同，测量此功率之差 ΔP，即可换算出释放的储存能。

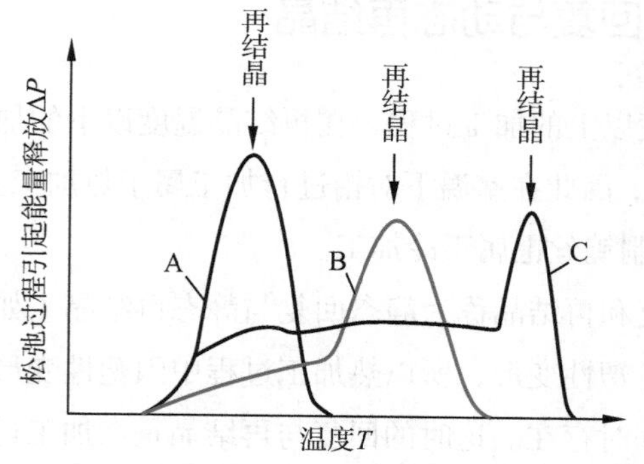

图 5-37 储存能释放（ΔP）谱的三种类型

根据材料种类的不同，储存能释放曲线如图 5-37 所示有三种形式。曲线 A 为纯金属的曲线，称为 A 型；B 与 C 为合金的储存能释放谱，

分别称为 B，C 型。它们的共同特点是每一个曲线都出现一个高峰，高峰开始出现的地方，如图中箭头所示，对应于第一批再结晶晶粒的出现温度。在此温度前，只发生回复，不发生再结晶。在回复期间，A 型的储存能释放很少，C 型的储存能释放较多。若 S 代表总的储存能，S_r 代表回复期间释放的储存能，S_r/S 的变化范围，大约由 0.03 到 0.7，前者为纯金属的数值，后者为某些合金的数值。

储存能释放曲线可说明，杂质原子和合金元素使变形金属在回复过程中释放了大部分储存能，从而使以后再结晶的驱动力大大降低，显著推迟金属的再结晶过程。

金属塑性变形后存在三种内应力。回复阶段第一类内应力大部分可消除，但此时硬度基本不变，说明造成加工硬化的第三类内应力变化很少。第二类内应力在回复阶段的消除程度介于第一类和第三类内应力之间。内应力的降低主要是由于晶体内弹性应变的基本消除；硬度及强度下降不多则是由于位错密度下降不多，亚晶还较细小。经再结晶后，因塑性变形而造成的内应力可以完全消除。

2. 性能的变化

随着回复、再结晶和晶粒长大过程的进行，变形金属的性能也发生相应的变化。回复阶段主要发生物理、化学性能的变化。例如，金属的电阻与晶体中点缺陷的密度相关。点缺陷所引起的晶格畸变会使电子产生散射，提高电阻率，它的散射作用比位错所引起的更为强烈，因此变形金属的电阻在回复阶段表现出明显下降。此外，点缺陷密度的降低，还将使金属的密度不断增加，应力腐蚀倾向显著减小。由于力学性能对点缺陷变化不敏感，所以回复阶段变形金属的力学性能不出现明显改变。在再结晶阶段，由于变形组织被无畸变的再结晶晶粒所取代，因此强度、硬度显著下降，塑性显著升高。再结晶完成后，随着再结晶晶粒的长大，强硬度继续下降，塑性在晶粒粗化不十分严重时仍有继续升高的趋势，晶粒粗化严重时，塑性也下降。例如，图 5-38 为静液挤压成形的直径 6mm 铜包铝线材，其抗拉强度和伸长率随退火温度的变化曲线图。结果表明，当退火温度在 200℃以下，抗拉强度、伸长率变化很小（回复阶段）；而 250℃退火时，抗拉强度大幅下降，伸长率大幅提高（再结晶阶段）；继续升温到 400℃以上，抗拉强度、伸长率都略有降低（晶粒长大）。

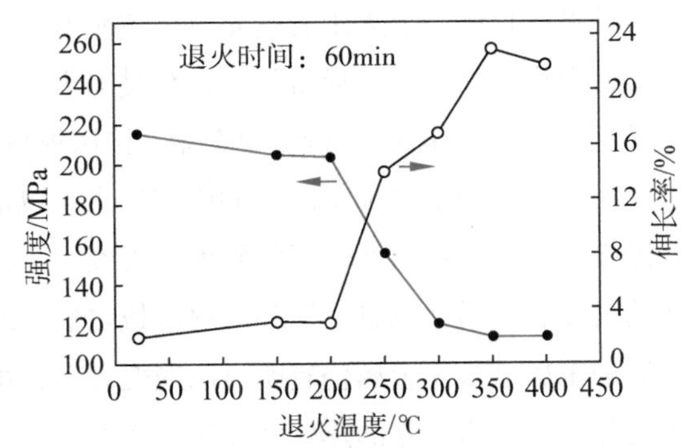

图 5-38　退火温度对冷静液压铜包铝线材力学性能的影响

5.11 冷变形金属退火工艺与规程

按照退火时的组织与性能的变化，冷变形金属的退火可分为回复退火和再结晶退火两大类。

1. 回复退火及应用

回复退火在工程上称为去应力退火，一般作为半成品或制品的最终热处理，多用于热处理不可强化合金，目的是使冷加工后的金属件在基本保持加工硬化状态的条件下降低内应力（主要是第一类内应力），减轻工件的变形，降低电阻率，提高材料的耐腐蚀性并改善其塑性和韧性，提高工件使用时的安全性。例如，第一次世界大战时，经深冲压成形的黄铜弹壳，放置一段时间后自动发生晶间开裂（称为季裂）。研究发现，这是由于冷加工残余内应力和外界的腐蚀性气氛的联合作用而造成的应力腐蚀开裂。解决这一问题只需在深冲加工后于 260℃进行回复退火，消除弹壳中残留的第一类内应力。此外，对于铸件和焊接件都要及时进行去应力退火，以防止其变形和开裂。对于精密零件，如机床厂制造机床丝杠时，在每次车削加工之后，都要进行消除应力的退火处理，防止变形，保持尺寸精度。

2. 再结晶退火及应用

对需要进行大变形量冷加工的金属或合金，当冷变形到一定程度后塑性大幅下降，强度大幅上升，使继续加工时设备功率消耗增大，模具损耗增加，而且容易使材料开裂。由于再结晶可使冷形变金属的性能恢复到冷形变前的水平，因此再结晶退火成为金属冷形变加工不可缺少的中间工序。冷加工变形量大的金属经中间退火后可顺利地继续进行冷形变加工。此外，对于没有同素异构转变的金属（如铝、铜等），将冷变形和再结晶退火工艺适当组合起来是获得细晶粒组织的一个重要途径。

常见的再结晶退火工艺有完全再结晶退火和不完全再结晶退火。

完全再结晶退火，通常称为再结晶退火，是最广泛使用的一项热处理操作。在工业上，再结晶退火可以用作变形材料（如轧制、挤压板材）冷加工之前的预备工序（以提高材料的塑性），也可用作工件两次冷加工之间的中间退火（以消除应变硬化），或者用作变形材料热处理的最后操作（以赋予产品所需要的硬度、强度）。钢、非铁金属和合金的再结晶退火，是在板、带和箔材冷轧之后，或管、棒和线材冷拔之后，或冷冲压和其他种类的冷加工之后进行，也可经低温加工后进行（金属仍有明显的应变硬化，虽然不如冷加工后那么强烈）。在非铁金属中，再结晶退火作为独立的热处理操作，比在钢产品中应用得还要广泛。这是因为非铁金属和合金的冷塑性加工比钢更普遍。

不完全再结晶退火是在高于再结晶开始温度而低于再结晶终了温度的温度范围内进行的，以便部分地消除应变硬化。例如，采用不完全再结晶退火，有可能把没有热硬化效应的铝合金制成半加工硬化薄板。这样，热处理所形成的组织是部分再结晶组织和部分多边形化组织。

生产中很少按再结晶退火过程中组织变化的特征来划分退火类型，通常按退火温度的不同分类为高温退火（完全软化）、低温退火（消除应力，获得半硬品）、中温退火（获得半硬品）。

3. 再结晶退火工艺规程

再结晶退火规程通常根据技术条件所需性能（退火目的）和合金本性来选择。

1）再结晶退火温度的选择

再结晶温度是再结晶退火温度选择的主要参照点。再结晶退火温度选择应遵循以下原则：①加热温度应在再结晶开始温度以上，保温后缓慢冷却；②对于形状复杂的工件宜采用较高的再结晶结束温度，以保证好的塑性以便进一步加工；③如果合金要保持一定的强度和硬度，则采用较低的再结晶开始温度；④为消除强化和冷作硬化效应以利于继续进行复杂的变形加工的材料，应选择较高的再结晶结束温度。

在实际生产中，再结晶退火温度的选择还应考虑合金本质属性，对纯金属或单相合金通常以再结晶温度为依据；对多相合金，除以再结晶温度为依据外，还应考虑第二相的溶解和析出等问题。如果金属或合金在固态发生相变，则再结晶退火温度应低于临界相变温度。例如，对钢应低于 A_{c1} 温度；对钛合金应低于其多晶型转变温度，如果加热温度高于 α+β → β 转变点，钛合金就形成很粗的晶粒。

最佳退火温度可根据性能—温度关系曲线来选择，由图 5-39 可以看出，冷轧压下率 83% 的 IF 钢试样在 60s 恒时条件下，随着退火温度的升高，硬度降低。在 60s 恒时条件下再结晶温度范围为 740~750℃，在此范围内进行线性插值，计算得在 60s 恒时条件下该 IF 钢试样再结晶温度为 748℃。

在选择退火条件时，可根据再结晶图，以避免金属的晶粒粗化和粒度不均。例如，图 5-40 为某低碳低合金钢的变形奥氏体再结晶区域图，其轧制工艺参数根据再结晶区域图制定。再结晶区轧制的终轧温度应高于 1000℃，采用多道次轧制累积变形量大于 60%；在非再结晶区轧制开轧温度应低于 950℃，第一道次变形量应控制在 15%~20%。

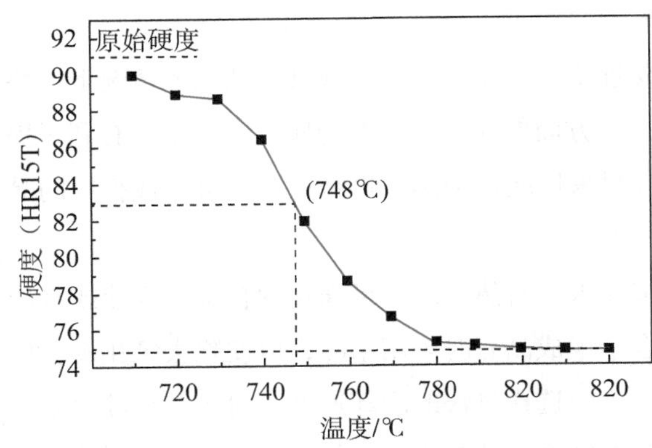

图 5-39　IF 钢式样冷轧后 60s 恒时条件下退火温度与硬度的关系

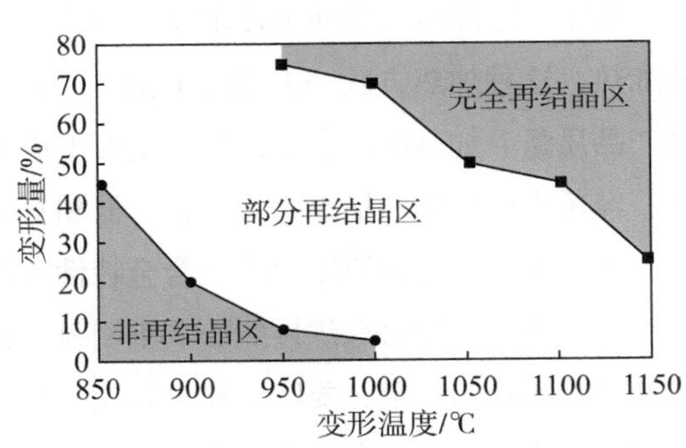

图 5-40　变形奥氏体再结晶区域图

表 5-6 给出部分金属与合金材料完全再结晶退火温度范围。

表 5-6 部分金属与合金材料的完全再结晶退火温度

材料	再结晶退火温度 /℃	材料	再结晶退火温度 /℃
碳钢	650~710	镍合金	800~1150
铜	500~700	钛	670~690
黄铜和青铜	600~700	铝	300~500
铜镍合金	700~850	铝合金	350~430
镍	700~800	镁合金	300~400

2）再结晶退火时间的选择

在选择再结晶退火时间时，必须根据实际需要来确定。例如冷加工钢在低于 A_{c1} 温度退火时，主要过程是铁素体的再结晶，但也可能伴有渗碳体球化。所以其完全再结晶退火时间，如果仅要求铁素体的再结晶，则不宜超过 60min；但是，假如要求渗碳体转变为粒状（这种粒状渗碳体最有利于随后的冷加工），则保温时间就应增加到几小时。工业实际中，取决于装炉量、工件尺寸、加热炉控制等情况。除了参考上述原则，最佳的退火时间需要通过实验确定。表 5-7 为变形铝合金生产实际中的再结晶退火工艺参数。

表 5-7 变形铝合金再结晶退火工艺

牌号	退火温度 /℃	保温时间 /min		冷却方法
		厚度（<6mm）	厚度（6mm）	
工业纯铝	350~400	热透为止	30	空冷或炉冷
3A21/LF21	350~420			
5A02/LF2	350~400			
5A06/LF6	310~335			
2A11LY11	350~370	40~60	60~90	炉冷
6A02LD2	350~370			
7A04/LC4	370~390			

3）再结晶退火加热速度与冷却速度的选择

确定再结晶退火加热速度的基本原则是在保证不发生变形、裂纹或其他缺陷的情况下，快速加热。这种加热方式一方面能节能、高效，另一方面能使被加热的金属组织细小，有利于提高产品质量。如 AlMn 合金，其冷变形半成品如果采用缓慢加热，再结晶后就会形成很粗的晶粒，经矫直后产生粗糙表面，并且降低相对伸长率。

冷却速度的选择原则取决于合金特性和性能要求。对热处理不可强化的合金，空冷或水冷均可以，冷却速度对组织性能影响不明显。铜合金半成品有时采用水冷，以便除去氧化皮。但热处理可强化的合金，要防止淬火效应，退火后不应选择过快的冷却速度。对于存在淬火效应或时效硬化效应的合金，有时应规定其从再结晶温度冷却的速度。例如，经冷加工的可热处理强化铝合金，退火后冷却时会引起部分淬火和随后时效，此过程与再结晶过程同时发生，最后因淬火效应而得不到足够的软化效果。因此，大部分可热处理强化的铝合金必须由再结晶退火温度在炉内缓慢冷却到 150℃，且冷却速度不大于 30℃ /h。

4）再结晶退火后产品质量要求

（1）外观质量：再结晶后的产品要求表面不存在氧化、吸气、污染、裂纹等缺陷，同时尺寸、形状的变化也不能超出公差范围。

（2）内部质量：再结晶退火后产品质量要求除力学性能需要满足规定指标外，再结晶晶粒度也是一项指标。如果再结晶退火后晶粒粗大，将导致各晶粒的塑性变形不均匀，甚至在单个晶粒内也存在这种变形不均匀性。例如，在粗晶粒的铝试样中，各个晶粒的相对伸长率可以相差 10 倍。这种粗晶粒的不均匀变形，容易引起产品表面的“橘皮皱”（工件表面由于深冲或拉延而出现的一种典型粗糙的花纹），甚至在深冲时断裂。例如，在实际生产中，用于深冲的单相铜合金板带的晶粒尺寸不应超过 0.05mm。黄铜和青铜的晶粒尺寸必须用标准结构图表来对比判定。

除了要符合性能要求和晶粒尺寸要求外，再结晶退火后产品还应考虑允许的各向异性程度。各向异性程度与带状组织、纤维组织、织构等因素相关。

第6章 固溶与时效

固溶处理（淬火）是将合金在高温下所具有的状态以过冷、过饱和状态固定至室温，或使基体转变成晶体结构与高温状态不同的亚稳状态的热处理形式。

合金能否固溶处理可由相图确定。若合金在相图上有多型性转变或固溶度改变，原则上可以固溶处理。固溶处理后大多数合金得到亚稳定的过饱和固溶体。因为是亚稳定的，所以存在自发分解趋势。有些合金室温就可分解，但它们中的大多数需要加热到一定温度，增加原子热激活几率，分解才得以进行。这种室温保持或加热以使过饱和固溶体分解的热处理称为时效。

基体不发生多型性转变的典型二元合金相图如图 6-1 所示。成分为 C_0 的合金，室温平衡组织为 α+β。α 为基体固溶体，β 为第二相。合金加热至 T_q 时，β 相将溶于基体而得到单相 α 固溶体，这就是固溶化。如果合金自 T_q 温度以足够大的速度冷却下来，合金元素原子的扩散和重新分配来不及进行，β 相就不可能形核和长大，α 固溶体中就不可能析出 β 相。由于基体固溶体在冷却过程中不发生多型性转变，这时合金的室温组织为成分 C_0 的 α 单相过饱和固溶体，此过程即固溶处理。

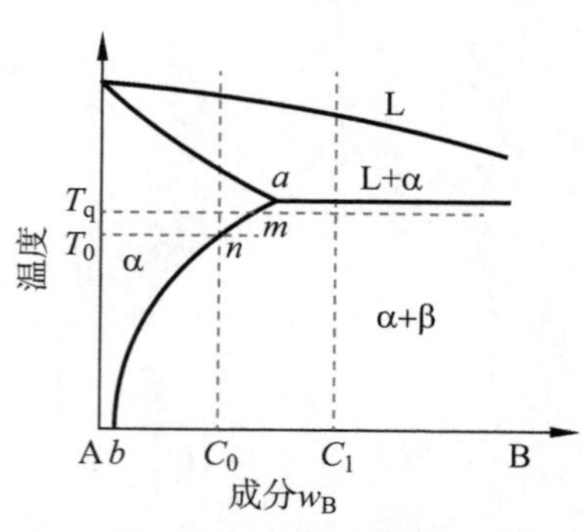

图 6-1　具有溶解度变化的二元系相图

固溶处理后的组织不一定仅为单相过饱和固溶体。如图 6-1 中的 C_1 合金，在共晶温度以下的任何温度都包含有 β 相。加热至 T_q，合金的组织为 m 点成分的饱和 α 固溶体加 β 相。若自 T_q 淬火，α 固溶体中过剩 β 相来不及析出，合金室温的组织仍与高温相同，只是 α 固溶体成为过饱和（成分仍为 m）。可见，在不同温度下平衡相成分不同的合金原则上均可运用固溶处理工艺。这种工艺不仅广泛应用于铝合金、镁合金、铜合金、镍合金及其他有色合金，而且一些合金钢也采用。

6.1　固溶处理后合金组织与性能的变化

固溶处理后合金组织的变化分为两种情况。第一种情况是固溶处理的初始组织为铸造组织。由于固溶处理通常在较高温度（接近液相温度）下进行，与均匀化退火时的组织变化相似，固溶处理可消除铸造组织中的枝晶偏析并使非平衡过剩相溶解。就这方面的作用效果而言，固溶处理与均匀化退火是等效的。但是，两者之间有重大的区别：首先，两者的目的不同，均匀化退火的目的是尽可能消除非平衡组织，处理时间一般比较长；而固溶处理的目的是将高温处理后的状态保留到室温以获得过饱和固溶体（非平衡态组织），处理时间一般较均匀化处理短。其次，均匀化处理后的冷却方式是随炉慢速冷却；而固溶处理后一般采用淬火的方式快速冷却。第二种情况是固溶处理前的组织为冷变形组织。在这种情况下，固溶处理过程将发生再结晶，沿加工方向拉长的纤维状组织逐渐演变成等轴晶组织，长时间固溶处理还会导致晶粒长大。

固溶处理对强度及塑性的影响，取决于固溶强化程度及过剩相对材料的影响。若过剩相质点对位错运动的阻滞不大，则过剩相溶解造成的固溶强化必然会超过溶解而造成软化，使合金强度提高；若过剩相溶解造成的软化超过基体的固溶强化，则合金强度降低；若过剩相属于硬而脆的大尺寸质点，它们的溶解也必然伴随塑性提高。因此合金固溶处理后性能的改变与相成分、合金原始组织及固溶处理状态的组织特征等一系列因素有关，不同合金性能的变化大不相同。一些合金固溶处理后，强度提高，塑性降低，而另一些合金则相反，经处理后强度降低，塑性提高，还有一些合金强度与塑性均提高。此外，有很多合金固溶处理后性能变化不明显。

固溶处理的主要目的是获得高浓度的过饱和固溶体，为时效处理作准备。在基体不发生多型性转变的合金中，经固溶处理后，尚未发现强度急剧上升及塑性明显降低的现象。最常见的情况是在保持高塑性的同时提高强度，如 2Al2 铝合金。固溶处理可作为一些合金（如铍青铜和不锈钢 Cr18Ni9 等）冷变形之前的软化工序，也可在它们的半成品生产过程中作为中间热处理工序。对有些铸造合金，固溶处理则可作为最终热处理工序，赋予产品所需的综合性能。例如 ZL301 合金（w_{Al}=9.5%，w_{Mg}=11.5%），固溶处理后得到单相固溶体，其强度、塑性和耐蚀性相对于铸态都有显著提高。表 6-1 为部分有色合金铸态、固溶态及退火态的力学性能。

表 6-1　一些有色金属合金铸态、固溶态及退火态的力学性能

合金	σ_k/MPa		δ_k/%	
	退火	固溶处理	退火	固溶处理
2A11	196	294	25	23
2A12	255	304	12	20
QBe2	539	500	22	46
ZL301	147	294	1	2
ZL101	157	196	2	6
ZM5	157	246	3	9

6.2 时效过程合金性能的变化

时效过程发生的组织变化必然伴随着物理、化学和力学性能的改变。了解这些变化的规律不但有利于充分发掘金属材料的潜在能力及合理地制订生产工艺，而且性能变化是时效过程中脱溶相在“量”与“质”方面变化的反映，因此研究时效时各种性能的变化也有助于了解时效过程的本质。

6.2.1 力学性能

时效过程中合金力学性能的变化与过饱和固溶体脱溶产物的类型、数量、尺寸和分布密切相关。例如，Al-Cu 合金时效时硬度与时效时间的关系及不同条件下相应的脱溶产物如图 6-2 所示。由图可知：硬度随时间延长而增高，这种现象称为时效硬化；130℃时效时，时效曲线上出现双峰，第一峰相当于 G.P 区，第二峰相当于 θ″，一旦出 θ′ 就进入过时效阶段。说明不同脱溶产物有着不同的强化效果；不同成分合金在不同温度下具有不同的脱溶序列，过饱和度大的合金易首先出现 G.P 区。以上力学性能变化特征也适用于其他类型的合金。

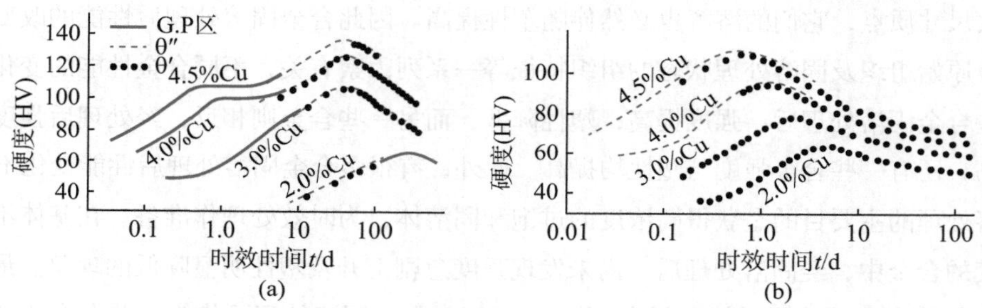

图 6-2 Al-Cu 合金时效时硬度与时效时间和脱溶相结构的关系

（a）130℃；（b）190℃

6.2.2 物理性能

1. 电阻

物理性能中，电阻在时效过程中的变化研究得最多。低温时效时，许多合金电阻开始增加，然后降低，即在电阻与时效时间的关系上呈现最大值。合金过饱和固溶体分解，固溶体内合金元素贫化，合金电阻应降低而不是升高。因此，电阻的这种变化不仅与固溶体基体的成分改变有关，而且也与发生的组织变化有关。

莫特（N. F. Mott）认为，低温时效初期电阻增高与产生了尺寸接近于传导电子波长的脱溶质点有关。这种尺寸的脱溶质点会导致电子强烈的散射。由于时效初期，析出的相的分数较少，基体仍为过饱和的，故此时脱溶质点（如 G.P 区）对电子散射而导致的电阻升高值超过了基体固溶体贫化而导致的电阻降低值，因而合金的总电阻升高。在质点尺寸约为几个原子直径数量级时，电阻达最大值。脱溶质点尺寸较传导电子波长小很多或大很多时，则电阻值较低。

盖斯勒（A. H. Geisler）认为，时效时电阻值升高是共格脱溶相周围的应变场及基体贫化作用的综合结果。若新相质点和母相间的点阵错配度小，则畸变所造成的电阻升高为基体贫化所抵消，此时总电阻降低。当新相长大到一定程度（如由 G.P 区转变成过渡相），畸变增大到一定值，电阻才升高。Al-Ag 合金电阻变化就是如此。新相和母相间点阵错配度大的合金，G.P 区周围应变场一开始就很大，故合金电阻在时效一开始就增加，如 Al-Cu、Cu-Be 合金就属于这种情况。

总的来说，基体贫化、脱溶质点尺寸及它们周围的应变场都可能对时效时电阻的变化有所贡献，不同合金时效时电阻变化规律的差别与哪个因素占主导地位有关。

2. 磁性

居里点几乎只与固溶体成分有关。连续脱溶时，居里点随时效时间连续改变，不连续脱溶时，出现两个居里点。

永磁材料的矫顽力取决于铁磁相的应力状态及磁性质点与非磁性质点的形状、大小及分布。矫顽力低的合金，H_c 与基体的应变及非磁性质点的分布有关。H_c 的变化规律与硬度类似，在 Cu-Ni-Co、Cu-Ni-Fe 及 Fe-Ni-Al 系合金中，当存在畸变的正方点阵过渡相时，矫顽力达到最大。在置换式固溶体中，H_c 与固溶体浓度关系不大，但发现由共格关系造成的点阵畸变与最高矫顽力数值呈直线关系。Cu-Ni-Co 合金时效温度越低，H_c 的最大值越高。而 Fe-Ni-Al、Ni-Au 及 Cu-Ni-Fe 合金最大 H_c 与时效温度无关。实验也指出，当铁磁质点的大小为单畴数量级（大多数磁性材料为数百埃（Å），1Å=10^{-10}m）时具有最高的矫顽力。Cu-Co 合金在 Co 完全溶解时具顺磁性，而 Co 脱溶时，H_c 最大值超过 8×10^4Å/m，随后又降低，H_c 最大值相当于出现单畴大小的铁磁质点。

影响剩磁 B_r 及最大磁能积 HB_{max} 的因素大致与矫顽力相同。磁导率与矫顽力相反，在矫顽力增高时，磁导率降低。时效通常使软磁材料磁导率下降，这是由于脱溶相妨碍磁畴壁移动之故。

当由一个非铁磁基体中析出铁磁相（或相反）时，强的外磁场作用不会直接影响脱溶的机制和动力学，但因磁畴的顺向排列可能使磁性受到影响。因此，很多工业磁性合金常用磁场热处理来提高性能。

其他物理性能，如热学性质、比容等，在时效过程中均有变化。

6.2.3　耐蚀性

一般情况下，单相固溶体状态的合金具有较高的腐蚀抗力。合金脱溶时，若脱溶相与基体具有不同结构和成分，则由于新相和基体在腐蚀介质中的溶解电势存在差别，将会产生微电池作用，加快合金的腐蚀速率。若脱溶相是阳极性的，它们在电解质中必然会溶解。若脱溶相是阴极性的，那么它们本身不溶解，而环绕它们的基体金属趋于溶解。

当发生局部脱溶时，某些部位（晶界、滑移面等）会发生优先腐蚀。例如，Al-Mg、Al-Zn-Mg 系合金晶界局部脱溶相呈阳极性；Al-Cu 系合金发生晶界局部脱溶时，晶界附近贫化的基体与晶内过饱和固溶体比较，前者呈阳极性。所以，这些合金在腐蚀介质中必然会发生晶间腐蚀（最坏的情况是这些阳极性物质呈连续网状分布在晶界上）。在局部脱溶后又发生了普遍脱溶时，晶界和晶内电势差减小，腐蚀速率开始降低。最后，当发生过时效时，晶界上脱溶相往往粗化，各质点的相互间距增加，使晶间腐蚀速率进一步降低。由此可见，在人工时效时，对应于局部脱溶的某一中间阶段会出现最大的晶间腐蚀速率。

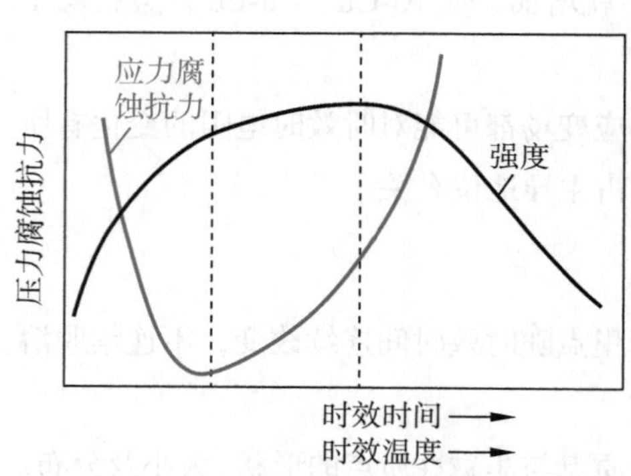

图 6-3　铝合金时效温度和时间与应力腐蚀抗力的关系

应力腐蚀是指腐蚀性介质和张应力共同作用下产生的一种腐蚀，严重时造成应力腐蚀断裂。在固溶状态下，合金具有较高的应力腐蚀抗力，随着时效时间的延长，强度升高，应力腐蚀敏感性增加。当强度达峰值时，合金的应力腐蚀抗力最低，进入过时效阶段后，耐蚀性重新提高。铝合金时效温度和时间与应力腐蚀抗力之间的关系可用图 6-3 表示。

有研究指出，铝合金自然时效或不完全人工时效后，脱溶产物以 G.P 区为主。塑性变形时，位错切割 G.P 区。当滑移的第一根位错将 G.P 区切割后，后续的位错容易沿同一滑移面滑动，造成塑性变形在少数滑移带上集中（即所谓“共面滑移”），提高了滑移带中的位错密度，在晶界上形成位错塞积，使滑移带与晶界交点易于成为应力腐蚀开裂点，因而增加了合金的应力腐蚀倾向。过时效状态，脱溶相以半共格或非共格的过渡相或平衡相为主，位错运动主要是绕过而形成位错环，此时只产生位错缠结，不出现高位错密度的滑移带与晶界的交点，故应力腐蚀抗力较高。

关于无沉淀带对应力腐蚀的影响目前尚无一致意见。

根据上面分析，可得出铝合金耐蚀性能与时效工艺间的大致关系。自然时效合金晶间腐蚀倾向低于人工时效合金，过时效状态又可使晶间腐蚀抗力增高。应力腐蚀情况则不相同，一般硬铝和超硬铝自然时效状态对应力腐蚀最敏感，人工时效态次之，过时效态最低。

6.3　时效硬化及时效硬化曲线

如前所述，具有溶解度变化的合金固溶淬火后得到过饱和固溶体；由于过饱和固溶体是亚稳相，存在自发分解的趋势。有些过饱和固溶体在室温下可以分解，大多数需要加热到一定温度，激活原子的热运动，分解才得以进行。这种淬火后在室温保持一段时间或加热到一定温度使过饱和固溶体分解的处理称为时效或回火。根据过饱和固溶体分解的特点，将在室温放置时发生的分解称为自然时效；将加热到一定温度发生的分解称为人工时效。大量的研究表明，许多合金在时效过程中硬度和强度都明显增大，这一现象称为时效硬化。1906 年，德国工程师威尔姆在研究硬铝时偶然发现了这一现象。后来在很多铝合金、铜合金、镁合金、钛合金乃至合金钢中都发现了时效硬化现象。可以说时效硬化是有色合金最重要的强化途径。

时效硬化曲线是描述时效过程中合金的硬度随着时间变化的曲线。按时效时硬度随时间变化的规律，时效硬化曲线可分为两种不同的类型。

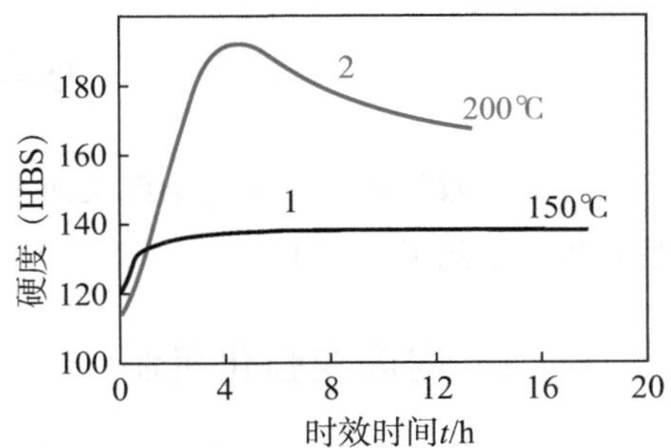

图 6-4　不同温度下时效的 Al-3.8% Ag 合金的硬度变化规律对比

1—第一类时效硬化曲线；

2—第二类时效硬化曲线

1. 第一类时效硬化曲线

这一类时效硬化曲线的特点是时效一开始硬度就迅速上升，达一定值后硬度缓慢上升或者基本保持不变。图 6-4 反映了 Al-3.8%Ag 合金在不同温度时效时硬度随时间的变化规律。图中 150℃的时效硬化曲线属于这一类型。许多铝基合金和铜基合金在较低温度时效时，其硬度的变化规律也呈现出这样的特点。原因在于当温度较低时，这些合金时效时仅形成 G.P 区。

2. 第二类时效硬化曲线

若时效在较高温度下进行，时效硬化曲线可分为三个阶段，在初期有一个孕育期，以后硬度迅速升高，达到一极大值后，硬度又随时间延长而下降；具有这种变化规律的硬度—时间曲线属于第二类时效硬化曲线。从初期硬度升高至极大值的阶段为欠时效；达到硬度极大值时为峰时效；超过极大值后出现的硬度下降阶段为过时效。一般认为硬度呈现出这一变化规律对应的是过渡相与平衡相的析出。图 6-4 中 Al-3.8%Ag 合金在 200℃的时效曲线属于这一类型。

上述的时效硬化曲线的划分是粗略的，实际的时效硬化曲线形状可能更为复杂，可能出现台阶、双峰甚至多峰。例如，Al-Cu 合金在 130℃时效时的硬度变化曲线（图 6-2）就具有这样的特点。

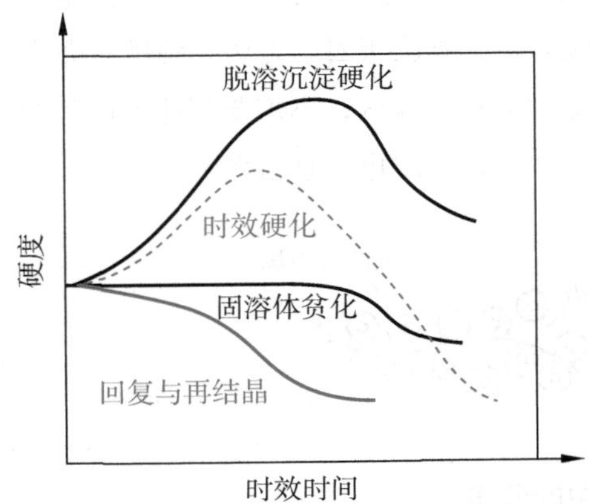

图 6-5　各因素对硬度的影响

3. 时效硬化曲线分析

时效时发生的硬度变化是由以下几个因素引起的：①固溶体的贫化；②基体的回复与再结晶；③脱溶相的析出。前两个因素均使硬度随时效时间的延长而单调下降。第三个因素则使硬度升高，但当析出相与母相的共格联系遭到破坏以及析出相粗化后，硬度又将下降。图 6-5 是各因素对硬度影响的示意图。由图可见，在时效前期，由于析出相所引起的硬化超过了另两个因素所引起的软化，故硬度将升高并沿有极大值的曲线变化（图 6-5 中的虚线）。在时效后期，由于析出相引起的硬化小于另两个因素引起的软化，故时效后的硬度低于时效前硬度。如时效时仅形成 G.P 区，则硬度将单调上升并趋于一恒定值。

6.4　时效硬化机理

合金时效强化是一个复杂而又使人感兴趣的问题，前人经过大量研究之后提出了多种机制，择其最主要的说明如下。

6.4.1　内应变强化机制

所谓内应变强化，是指沉淀相或者溶质原子，当其与母体金属之间存在一定的错配度时，在其周围将产生畸变区，便产生应变场，或者说应力场。这些应力场阻碍位错的滑移运动。这是一种比较经典的理论。这种理论既可以用到沉淀强化合金中，也可以用到固溶强化的合金中。

对于新淬火（固溶处理），或经过轻微时效的合金，其溶质原子（或者是小的溶质原子集团）是高度弥散的。因此，这些溶质原子或原子团簇与母相之间的错配度所引起的应力场也是高度弥散的。这种情况如图 6-6（a）所示（以小圆圈代表应力场）。在这种应力场中的位错取低的能量方式，弯弯曲曲地绕着应力场，在应力谷中通过。位错的弯曲曲率半径非常小，大约为粒子间距的数量级。假定溶质原子含量为 1at%，那么溶质原子的间距仅有 4~5 个原子间距。使位错弯曲到这种程度所需应力很高，远远超过新淬火合金的实际强度。换句话说，原子错配度所产生的应力场大小不足以使位错弯成这样的曲率半径。因此，位错就只能取大致是直线的途径，好似一个刚体线，有时穿过应力谷（应力最小处），有时穿过应力峰，有时在峰这边，有时在峰那边。作用在位错线上的应力代数和大致相消，所以此时位错运动的阻力不大，合金处于比较软的状态。当合金进一步时效时，溶质原子开始聚集，从而使应力场的间距开始拉开，当拉开距离达到可以使位错线绕应力场呈弯曲状态时，合金开始变硬（见图 6-6（b））。弯曲半径和应力之间有 $\gamma=Gb/2\tau$ 的关系，其中 γ 为弯曲半径，G 为切变模量，b 为位错的柏氏矢量，τ 为相应的切应力。因为这时位错弯弯曲曲地全部通过应力谷，故位错因应力场间距增大而变成“柔性”。这种柔性位错滑移时，每一段位错都可独立地通过反应区，不需要其他段位错的帮助，因此位错运动阻力当然比前述的刚性位错大得多，这是合金硬化的原因之一。

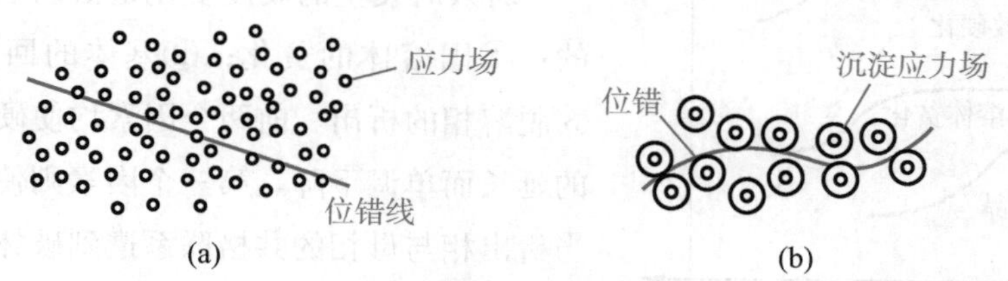

图 6-6　位错线在应力场中的分布

（a）位错线通过高度弥散应力场；（b）应力场间距较大时位错弯曲的情况

造成上述硬化时，第二相质点或溶质原子集团不必处于位错所在滑移面上，只需其应力场能达到位错通过的滑移面即可。

6.4.2　脱溶质点被位错绕过机制（奥罗万机制）

图 6-7 表示在质点周围生成位错环的基本过程。一根位错线在遇到坚硬的脱溶微粒不能通过而又无法切过时，受阻呈弓形。当施加的切应力增加，位错线进一步弯曲，达一定程度后，弯曲的位错线会在一些点（如图 6-7 中 t_2 时 A 和 B 点）相遇。因这些点（A、B）位错方向相反，它们相遇时就会湮灭，使主要的位错段与环形区分离，呈 t_3 所示情况；最后达 t_4 时，位错通过质点，在质点周围留下一个位错环。此机制是 1948 年奥罗万（E. Orowan）提出的，因而称奥罗万机制。

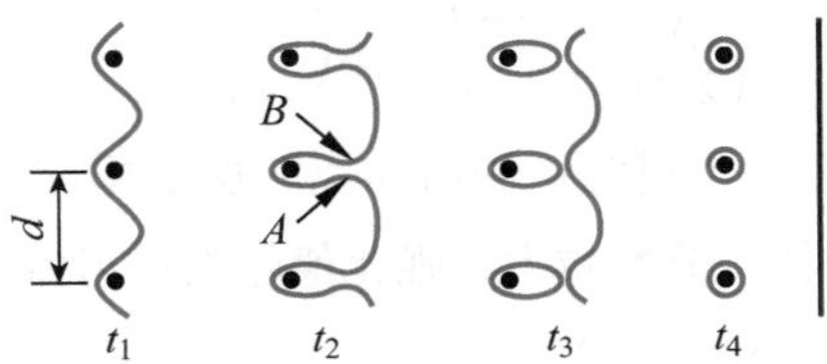

图 6-7　一位错与一排脱溶相质点相互作用示意图

位错线具有线张力。根据位错理论，要使具有线张力 T 的位错线弯成曲率半径为 R 的曲线，需施加切应力$\Delta\tau \approx \dfrac{T}{bR}$，$b$ 为该位错的柏氏矢量。这个关系式说明，切应力与位错线弯曲曲率半径成反比。位错线因受脱溶质点的钉扎而弓出时，最小的曲率半径相当于质点间间距的一半，即 $R_{最小}=d/2$。此时位错在两质点间形成半径为 $d/2$ 的半圆，所需切应力为最大，也就是

$$\Delta\tau_{最大} = \frac{T}{bR_{最小}} = \frac{2T}{bd} \tag{6-1}$$

$\Delta\tau_{最大}$就是位错绕过质点所需的临界切应力。

根据位错理论，位错线张力的表达式为

$$T = \frac{Gb^2}{4\pi K}\ln\frac{R}{r_0} \tag{6-2}$$

式中，R 为位错线曲率半径；r_0 为位错中心区半径；G 为剪切模量；K 为系数：螺位错，$K=1$，刃位错，$K=1-v$，v 为波桑系数。

代入式（6-1），得

$$\Delta\tau = \frac{1}{2\pi K}\frac{Gb}{d}\ln\left(\frac{d}{2r_0}\right) \tag{6-3}$$

下面求质点间平均距离 d_0：

设单位体积中的质点数为 n_v，单位面积上质点数为 n_s，

则

$$n_s = 2rn_v \tag{6-4}$$

式中，r 为质点平均半径。

脱溶质点的体积分数 f 为

$$f = n_v \frac{3}{4}\pi r^3 = \frac{4}{3}\pi n_v r^3 \tag{6-5}$$

所以

$$n_s = \frac{3}{2} f / \pi r^2 \tag{6-6}$$

单位长度上的质点数：

$$n_1 = \sqrt{n_s} = \left(\frac{3}{2}\frac{f}{\pi}\right)^{1/2}\frac{1}{r} \tag{6-7}$$

若质点间距为 d，则 $dn_1 = 1$，所以

$$d = 1/n_1 = \left(\frac{2\pi}{3f}\right)^{1/2} r \tag{6-8}$$

代入式（6-3）

$$\Delta\tau = \frac{\sqrt{3}}{(2\pi)^{3/2}K}\frac{Gbf^{1/2}}{r}\ln\left(\frac{d}{2r_0}\right) \approx \alpha f^{1/2} r^{-1} \tag{6-9}$$

式（6-9）说明，按奥罗万机制，位错绕过脱溶质点时所需增加的切应力（即强化值）与质点的体积分数及质点半径有关。体积分数越大，强化值越大；当体积分数一定时，强化值与脱溶质点半径成反比，质点越小，强化值越大。

6.4.3 脱溶质点被位错切割机制

当脱溶质点可能被位错运动所割裂时，一根运动的位错线就会使脱溶质点通过滑移面发生一个 b 矢量的位移，如图 6-8 所示。可把这种位错—质点作用分为两种类型：若位错—质点作用距离较 $10b$ 短，称为短程作用；若作用距离大于 $10b$，则叫长程作用。

1. 短程作用

当单位面积上有一个半径为 r 的球状质点时，与无质点的滑移面比较，位错切割此单位滑移面所做的功为 $\Delta\tau_1 b$，这部分功可转化为两种能量：一是基体与脱溶质点间产生新界面，使界面能增加，二是产生反相畴界。如图 6-8 中阴影区 A 即表示新增加的界面，$A \approx 2rb$。

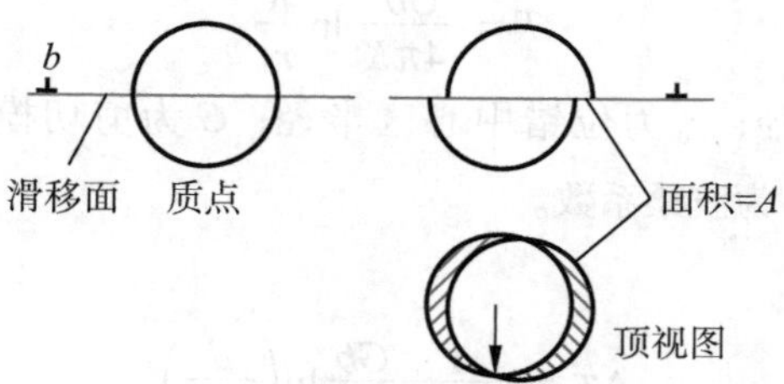

图 6-8 质点被位错运动所切割

若界面能为 σ_s，则由于增加界面 A 导致界面能的增量为

$$\Delta\tau_1 b = A\sigma_s$$

设单位面积上的质点数为 n，则由于产生新界面而增加的界面能为

$$\Delta\tau_1 b = n_s A\sigma_s = \left[\frac{3f}{2\pi r^2}\right]A\sigma_s$$

所以
$$\Delta\tau = \frac{1}{b}\left[\frac{3f}{2\pi r^2}\right]A\sigma_s = \frac{3}{\pi}\frac{f\sigma_s}{r} \tag{6-10}$$

考虑到位错线在质点前首先会弯成弓形，用此因素校正后式（6-10）改变成

$$\Delta\tau = \frac{1.1}{\sqrt{\alpha}}\frac{\sigma_s^{2/3} f^{1/2}}{Gb^2} r^{1/2} \tag{6-11}$$

式中，α 为位错线张力的函数。

若脱溶相质点呈有序结构，则位错切割时质点中会产生一反相畴。此时，位错切割质点所做的功将转化为反相畴界能。反相畴界能往往很大，例如，有序的共格脱溶相仅具有（1~3）× 10^{-6}J/cm^2 的界面能，而反相畴界能 σ_A 可高达（1~3）× 10^{-5}J/cm^2。

设有序结构的脱溶质点半径为 r，位错切割后生成面积为 πr^2 的反相畴界，则为使一个质点出现反相畴界所需做的功为

$$\Delta\tau_1 b = \pi r^2 \sigma_A \tag{6-12}$$

单位面积质点数为 n_s 时，所需增加功的总量为

$$\Delta\tau b = n_s \pi r^2 \sigma_A = \frac{3}{2} f\sigma_A \tag{6-13}$$

所以
$$\Delta\tau = \frac{3f}{2b}\sigma_A \tag{6-14}$$

考虑到位错在质点前弯曲变形以及有序相中超位错（位错成对）的影响，此项切应力增量呈如下形式：

$$\Delta\tau = 0.28\frac{\sigma_A^{3/2} f^{1/2}}{\sqrt{G}b^2} r^{1/2} \tag{6-15}$$

除上述两个主要方面，还有一些其他因素也增加切应力。如位错在脱溶质点上的滑移与基体中的滑移不在同一平面上，就会在质点与位错交界面形成某种割阶，割阶运动需有一切应力增量 $\Delta\tau$。总之，短程作用的全貌十分复杂，但由式（6-11）及式（6-14）可知，$\Delta\tau$ 与 f 及脱溶质点平均半径 r 具有 $\Delta\tau = \beta f^{1/3\sim1/2} r^{1/2}$ 的关系。

2. 长程作用

位错的应变场与质点在基体中产生的应变场相互作用为长程作用。当一位错接近一脱溶质点时，此质点在基体中产生的应变场会阻碍此位错的运动。这种机制的切应力增量为

$$\Delta\tau = \left[\frac{27.4E^3\varepsilon^3 b}{\pi T(1+\nu)^3}\right]^{1/2} f^{5/6} r^{1/2} \tag{6-16}$$

式中，E 为弹性模量；T 为位错线张力；ν 为波桑系数；ε 为两相晶格错配度 δ 的函数。当位错克服质点周围应变场后仍需切割质点时，若切割质点所需的切应力增量 $\Delta\tau$ 超过长程作用所造成的 $\Delta\tau$，则长程作用无重要意义；反之，则以长程作用为主。

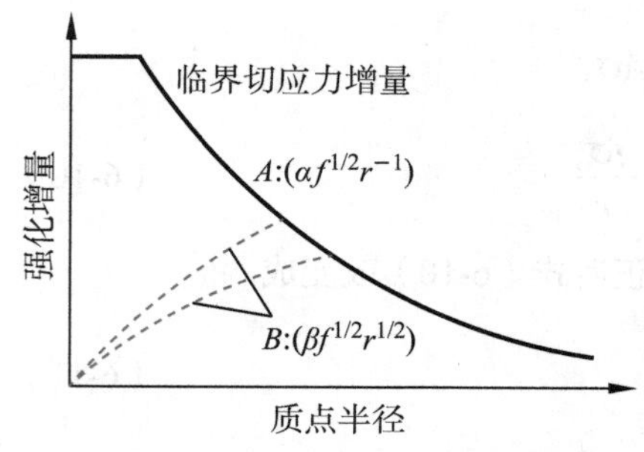

图 6-9 强化增量与质点半径关系图

图 6-9 综合了脱溶质点被位错绕过、切割两种机制的强化值，即屈服切应力增量。由位错绕过机制（奥罗万机制）所产生的屈服切应力增量 $\Delta\tau$ 与质点半径关系用 A 线表示。原则上，在达到临界切应力增量前，随质点尺寸减小而增大，临界切应力增量就是强化的上限。质点被位错切割机制导致的强化增量如曲线 B 所示。位错在质点周围成环只是在位错无法切过质点时才有可能，因此，当质点半径由零开始增加时，屈服应力增量会循 B 曲线增大直至与 A 线相交为止。此后位错在质点周围成环较切割质点易于进行。因此，在质点半径继续增大时，屈服应力增量不断减小，说明强化作用在质点粗化时降低。

可知，合金在时效过程中强度变化的特征如下：开始阶段的脱溶相（G.P 区或某种过渡相）与基体共格、尺寸很小，因而位错可以切过。此时的屈服切应力增量取决于切割脱溶相所需的应力。继续时效时，脱溶相体积分数 f 及尺寸 r 均增加，切割它们所需应力加大，使强化值增加，经一段时间后，f 会达到一定值，脱溶相将按奥斯瓦尔特熟化过程规律增大尺寸，使合金进一步强化。最后，脱溶相质点逐渐向半共格或非共格质点（过渡相或平衡相）转变，尺寸也不断加大，一旦达到一定尺寸时，位错在质点周围成环所需应力会小于切割质点的应力，奥罗万机制开始发生作用，这时合金强度随着脱溶相质点尺寸进一步增大而降低。但应注意，在奥罗万机制起作用时，由于每一位错线通过质点后将留下一个位错环，使质点周围位错密度增加，这就相当于质点有效尺寸不断增大，质点间距不断减小，因而使加工硬化系数加大。

在实际工作中，要得到高强度合金首先希望获得大体积分数的脱溶相。因为在一般情况下，如果其他条件相同，脱溶相的体积分数 f 越大，则强度越高。例如 Cu-Be 合金和一些镍基合金具有较高的 f 值，前者的强度可达 980MPa，后者可达 1370MPa，这是时效强化合金的突出例子。f 值大的合金要求高温下固溶度大，通常可由相图来确定获得高固溶度的成分及工艺。一般来说，平衡脱溶相与基体不共格，界面能比较高，形核的临界尺寸大，晶粒长大的驱动力也大，不易获得高度弥散的质点。因此，生成 G.P 区以及共格或部分共格的过渡相可使合金得到高的强度。通常，为使合金有效强化，脱溶相粒子的间距应小于 1μm。

此外，大的错配度引起大的应变场，对强化有利；界面能或反相畴界能高，也对强化有利。增大脱溶相质点本身对位错的阻力等都是发展时效强化合金所考虑的因素。

6.5 有色合金的固溶与时效工艺

合理的固溶处理（淬火）—时效规程能够赋予材料最优良的使用性能。材料的使用条件和环境是多种多样的（如承受的负荷不同，使用温度不同），因此对材料的使用性能就有不同要求。一般结构材料，最主要的要求是强度特性。常温下使用的材料，应能使材料获得高的强度性能。高温下使用的材料，则必须考虑其热强度。材料使用过程中，接触到各种各样的介质，材料在介质中的化学稳定性与其内部结构及组织有很大关系。因此，调控合金的内部组织使之满足不同条件下材料对耐蚀性能的要求十分重要。对于有特殊性能要求的材料，规程的合理性在于能否保证材料的特殊性能得到满足。此外，材料的表面质量、尺寸及形状都应予保证。所有这些方面的问题，都是在制订规程时应该考虑的问题。

6.5.1　固溶处理（淬火）规程的选择原则

1. 加热温度

无多型性转变的有色金属原则上可根据相图来确定加热温度。加热温度的下限为固溶度曲线（*ab*），上限为开始熔化温度。一般进行固溶（淬火）—时效的合金，含合金元素浓度高。对加热温度的要求比较严格，容许的波动范围小，例如某些铝合金固溶（淬火）温度仅容许有（±2~±3）℃的波动，还要求在加热过程中金属温度能够保证较好的均匀性。因此，固溶处理（淬火）加热所采用的设备一般为温度能准确控制以及炉内温度均匀的浴炉和气体循环炉，工件以单片或单件的方式悬挂于炉中，这不仅能保证工件各部位均匀加热，而且能保证淬火时各部位均匀冷却。

在确定温度时，应根据不同合金的特点予以考虑。例如，在不发生过烧的前提下，提高固溶（淬火）温度有助于提高淬火态合金基体的过饱和程度，从而增大时效强化效果，但某些合金（6A02 铝合金）在高温下晶粒长大倾向大，则应限制最高的加热温度。

过烧是固溶（淬火）时易于出现的缺陷。轻微过烧时，表面特征不明显，显微组织观察到晶界稍变粗，并有少量球状易熔组成物，晶粒亦较大。反映在性能上，冲击韧性降低，腐蚀速率大为增加。严重过烧时，除了晶界出现易熔物薄层，晶内出现球状易熔物外，粗大的晶粒晶界平直、严重氧化，三个晶粒的衔接点呈黑三角，有时出现沿晶界的裂纹。在制品表面，颜色发暗，有时也出现气泡等凸出颗粒。一种工业铝合金的正常淬火组织和过烧组织如图 6-10（a）和（b）所示。

2. 保温时间

保温的目的在于使相变过程能够充分进行（过剩相充分溶解）。在工业生产条件下，保温时间应当自炉料最冷部分达到固溶（淬火）温度的下限算起。保温时间的长短，主要取决于成分、原始组织及加热温度。

温度越高，相变速率越大，所需保温时间越短。例如，2Al2 在 500℃加热，只需保温 10min 就足以使强化相溶解，自然时效后获得最高强度（441MPa）；若 480℃加热，则需保温 15min，自然时效后的最高强度也较 500℃淬火的低（412MPa）。

材料的预先处理和原始组织（包括强化相尺寸、分布状态等）对保温时间也有很大影响。通常，铸态合金中的第二相较粗大，溶解速率较小，它所需的保温时间远比变形后的合金长。就同一变形合金来说，变形程度大的要比变形程度小的所需时间短。由于退火态合金的强化相

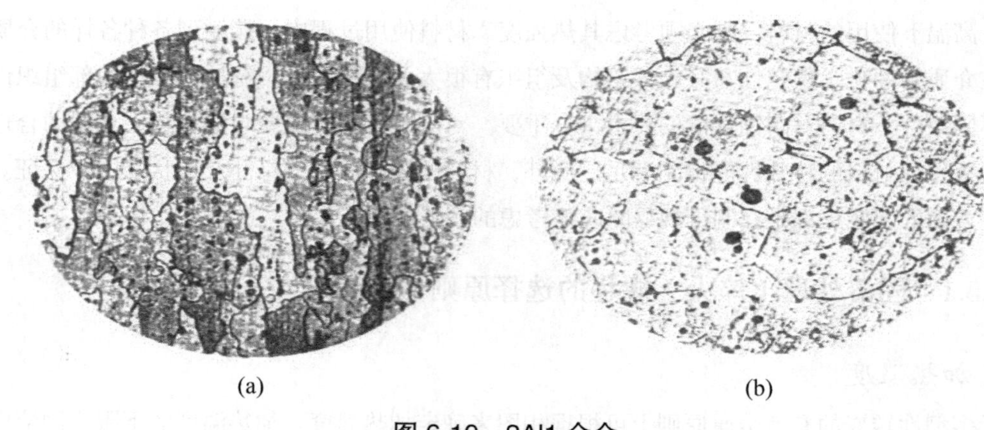

图 6-10　2Al1 合金

（a）正常淬火组织；（b）过烧组织（×200）

尺寸较固溶（淬火）—时效态合金粗大，故退火状态合金加热保温时间较重新固溶（淬火）的保温时间长得多。

保温时间还与装炉量、工件厚度、加热方式等因素有关。装炉量越多、工件越厚，保温时间应越长。浴炉加热比气体介质加热（包括热风循环炉）速度快，时间短。

为获得细晶粒组织并防止晶粒长大，在保证强化相全部溶解的前提下，采用快速加热及短的保温时间是合理的。

3. 冷却速度

冷却速度是重要工艺参数之一，其大小取决于过饱和固溶体的稳定性。过饱和固溶体稳定性可根据 C 曲线位置来估计。若合金从固溶（淬火）温度下以图 6-11 所示的不同速度 v_1、v_2、…进行冷却，则与 C 曲线相切的冷却速度 v_c 称为临界冷却速度，即可防止固溶体在冷却过程中发生分解的最小冷却速度。

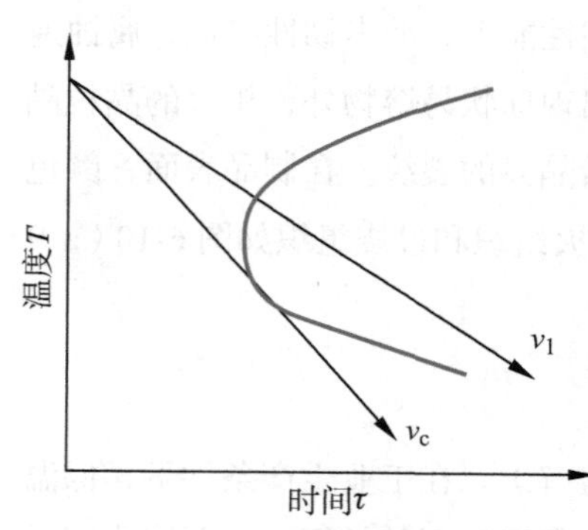

图 6-11　临界冷却速度

临界冷却速度与合金系、合金元素含量和固溶（淬火）前合金组织有关。

不同系的合金，原子扩散速率不同，基体与脱溶相间表面能以及弹性应变能不同。因此，不同系中脱溶相形核速率不同，使固溶体稳定性有很大差异。如 Al-Cu-Mg 系合金中，固溶体稳定性低，因而 v_c 大，必须在水中淬火；而中等强度的 Al-Zn-Mg 系合金，固溶体稳定性高，可以在静止空气中淬火。空冷淬火在由金属间化合物强化的耐热奥氏体时效钢、尼木尼克型耐热合金以及 Al-Zn-Mg 系等合金中广泛应用。

同一合金系中，当合金元素浓度增加，基体固溶体过饱和度增大时，固溶体稳定性降低，因而需要更大的冷却速度。

若固溶（淬火）温度下合金中存在弥散的金属间相和其他夹杂物相，这些相可能诱发固溶体分解而降低过冷固溶体的稳定性。例如，铝合金中加入少量锰、铬、钛，在熔体结晶时，这些元素就以过饱和状态存在于固溶体中，随后的均匀化退火、变形前加热及淬火加热，均可从固溶体中析出这些元素的弥散化合物。这些化合物本身可作为主要脱溶相的晶核，它们的界面也是主要脱溶相优先形核的场所，因而使固溶体稳定性降低。对于这类合金，固溶（淬火）需要采用较大冷却速度。

水中固溶（淬火）所能达到的冷却速度高于大多数铝、镁、铜、镍及铁基合金制件临界冷却速度（尺寸很大的制件除外）。但淬于水中易使制件产生大残余应力及变形。为克服这一缺点，把水温适当升高，或在油、空气及其他冷却较缓和的介质中固溶（淬火）。此外，也可采用一些特殊的固溶（淬火）方法，如等温固溶（淬火）、分级固溶（淬火）等。

在固溶（淬火）工艺中，还有一个重要问题，即固溶（淬火）转移时间。对于那些不能在空气中冷却的合金，自加热炉中取出转移至淬火槽，必然要在空气中冷却一段时间。若在这段时间内固溶体发生部分分解，则不仅会降低时效后强度性能，而且对材料晶间腐蚀抗力也有不利影响。例如，7A04 铝合金在空气中转移时间由 3~5s 增加至 20s，会使时效后的抗拉强度降低 10~15MPa，屈服强度降低 30~40MPa。因此这类合金应尽量缩短转移时间。

6.5.2　时效规程

在实际生产中，根据合金性质和使用要求，可采用不同的时效工艺，主要包括等温时效、分级时效、回归处理与回归再时效处理等。

1. 等温时效

等温时效分自然时效及人工时效两类。在室温进行的时效称自然时效，人工时效则表示必须将淬火合金加热至某一温度。在室温，大多数时效型合金的时效过程不能进行，或进行极为缓慢，因此只能采用人工时效。只有热处理强化的变形铝合金才有明显的自然时效强化效应。

扎哈洛夫通过大量实验发现合金达最大硬度及强度值的人工时效温度与合金熔化温度之间存在着一定关系，即

$$T_{时} \approx (0.5 \sim 0.6)\, T_{熔} \tag{6-17}$$

此式曾在各种铝、镁、铜及镍基合金中证明了其正确性。淬火后稳定性小的材料，如变形状态，特别是固溶（淬火）还进行一定变形的材料，采用下限温度；稳定性大，扩散过程缓慢的材料，如铸态零件及耐热合金等，采用上限温度。

对结构材料来说，选择时效规程往往以保证强化效果最大为原则。但有些制品不要求最高强度值，而是要求具有较好的综合性能，即强度、韧性、塑性、抗应力腐蚀能力等多方面性能都比较好。因此，人工时效工艺除按最大强化效果原则所选择的工艺（称完全人工时效）外，还有不完全人工时效、过时效及稳定化时效等。

不完全人工时效规程相当于图 6-12 及图 6-13 中曲线的上升段，与完全人工时效相比较，温度较低保温时间较短，虽强度性能未达最高值，但塑件较好；过时效规程相当于曲线的下降段，与不完全时效比较，过时效后组织较稳定，具有较好的综合力学性能及抗应力腐蚀能力。稳定化时效是过时效的一种形式，其特点是时效温度更高或保温时间更长，目的在于使制件的性质和尺寸更稳定。对于高温条件下工作的耐热合金，为保证在使用条件下性质和尺寸的稳定性，一般采用过时效或稳定化时效。

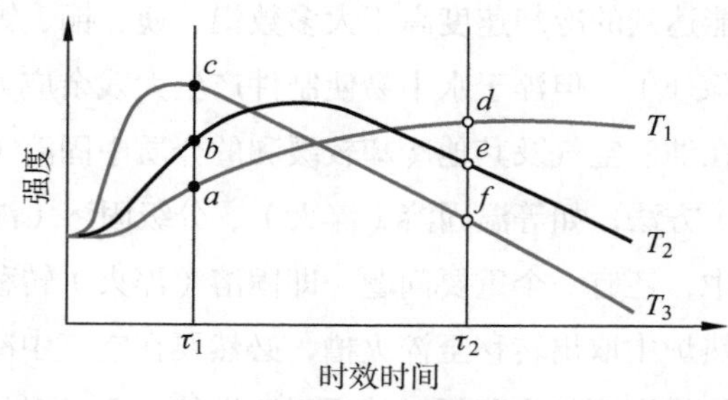

图 6-12　在不同温度（$T_1<T_2<T_3$）下时效，强度与时效时间的关系示意图

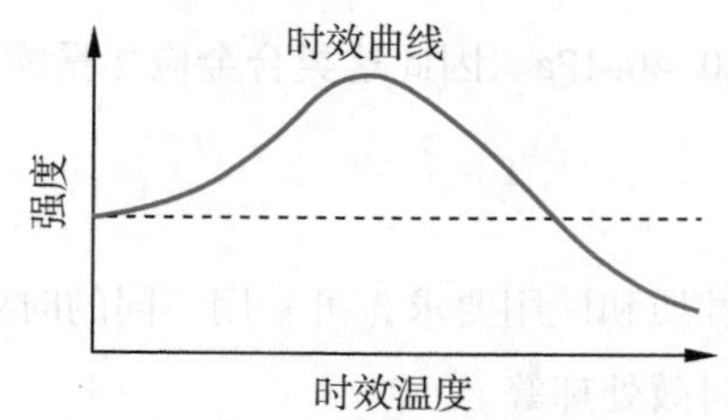

图 6-13　保温时间相同时，强度与时效温度关系示意图

2. 分级时效

分级时效第一阶段温度一般较第二阶段低，即先低温后高温。低温阶段合金过饱和度大，脱溶相晶核尺寸小而弥散，这些弥散的脱溶相可作为进一步脱溶的核心。高温阶段的目的是达到必要的脱溶程度以及获得尺寸较为理想的脱溶相。与高温一次时效相比较，分级时效使脱溶相密度更高，分布更均匀，合金有较好的抗拉、抗疲劳、抗断裂以及抗应力腐蚀等综合性能。例如 Al-Zn-Mg 系合金，若先于 100~120℃时效，然后再在 150~175℃时效，则可增加 η′ 相的密度及均匀性，与在 150~175℃一次时效相比，合金不仅强度较高，且应力腐蚀抗力变好。

先高温后低温分级时效应用少，仅某些耐热镍合金采用这种工艺。

在实际生产中，固溶（淬火）—时效工艺往往需要通过实验来确定，这是一项比较繁杂的工作。因为淬火规程与时效规程是统一的整体，规程中的各参数（加热温度、保温时间、冷却速度、时效温度及时效时间）是否合理都对合金最终性能带来影响。为了制定一个恰当的固溶（淬火）—时效工艺，除依据上述原则初选各参数的大致范围外，还需要进行实验，以获得最佳的工艺参数。经典的试验方法是逐个参数进行比较，不仅试验量大，而且对各参数的互相制约、综合作用无法全面分析，因此，这种多参数的试验最好采用正交试验法。

3. 回归处理

将经过时效的合金在略高于其时效温度短时间加热，然后迅速冷却，可使合金的硬度和强度恢复到接近固溶（淬火）状态。这种现象称作回归。硬铝中的回归现象如图 6-14 所示。

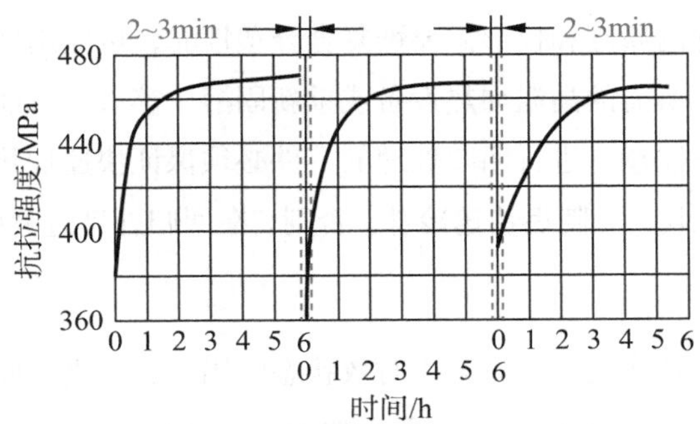

图 6-14　硬铝中的回归现象（回归处理温度为 214℃）

人们早期曾用新相晶核的临界尺寸来解释出现回归现象的原因，认为室温下时效所形成的 G.P 区一旦加热到较高温度，如其尺寸小于该温度下能够稳定存在的临界尺寸，则将重新溶入固溶体。但是，仅根据新相晶核临界尺寸的概念，尚不足以说明为什么在较低温度下（如 Al-Cu 在 200℃左右）进行回归处理时，溶质原子能以极高的速度进行扩散，从而在几分钟内能够几乎全部重新溶入固溶体。因为按照扩散理论计算，新相在较低温度下重新溶入固溶体需要较长时间。考虑到空位的作用则可以解释这一现象。

如前所述，合金在固溶（淬火）过程中，由于溶质原子携带有空位，因而能以极高的速度形成 G.P 区，一旦形成 G.P 区，因不同溶质原子与空位的结合能不同，如溶质原子与空位结合能很小，则大部分空位逸出 G.P 区；再与固溶体内溶质原子作用，形成新的 G.P 区，如溶质原子与空位的结合能较大，则空位将大部分留在 G.P 区内，不再移动。以 Al-Cu 合金为例，时效后形成的 G.P 区，在其边沿上分布了一层高浓度的空位外壳，如图 6-15 所示。这种高浓度空位和溶质原子组成的 G.P 区，在回归处理的加热过程中，能以高的速度扩散，从而能在很短的时间内重新溶入固溶体。

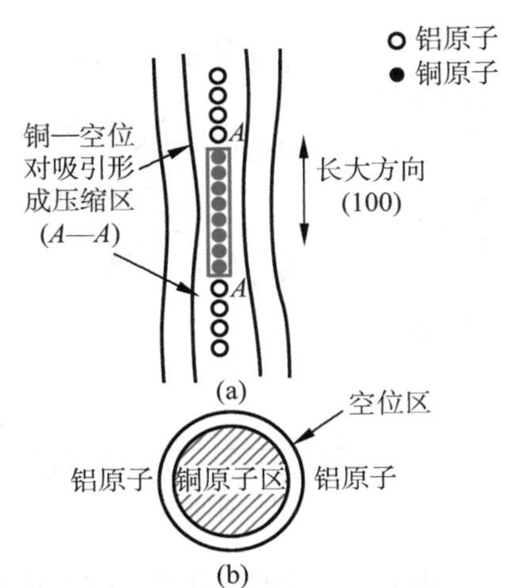

图 6-15　Al-4Cu 合金中 G.P 区原子模型示意图

回归处理温度主要取决于合金中溶质原子的性质和浓度。例如，在 Al-Cu 系合金中，含 2% Cu 的合金，可在 200℃进行回归处理。Al-4Cu 合金则可在 160℃回归处理。这种处理温度可参照合金 G.P 区与过渡相的亚稳相界确定。

回归处理后性能能否恢复到新固溶（淬火）状态的程

度，与预先自然时效时间的长短有关。自然时效时间越短，性能恢复越完全。但是，即使时间很短，回归处理后，也不能完全回到新固溶（淬火）状态，总有一小部分时效后的性能变化不能复原。回归处理温度与前期的时效处理的温度相差越大，性能恢复的速度也越快，而且恢复的程度将更为完全。合金固溶（淬火）后在室温下停留一段时间再进行人工时效时，常常伴随着一定程度的回归现象。如果合金淬火后先进行一定程度的塑性变形，再进行人工时效，也有类似现象出现。

在实际生产中，零件的修复和校形需要恢复合金塑性时，可应用回归处理，特别是当现场缺少为重新固溶（淬火）所需的高温加热设备或重新固溶（淬火）可能导致很大变形时，应用回归处理比较方便。但应注意，进行回归处理的零件必须保证快速加热到回归温度并在短时间内能使零件截面温度达到均匀，随后快速冷却。否则，在回归处理过程中将同时发生人工时效。

4. 回归再时效

1974 年，B. M. Cina 首次提出，对人工时效状态的铝合金也进行回归处理，随后再重复原来的人工时效。这种热处理工艺称作回归再时效处理（retrogression and reaging，RRA）。现以 Al-Zn-Mg-Cu 系的 7075 铝合金为例介绍 RRA 工艺。

7075 铝合金采用单级峰值时效状态，固溶淬火后处理到 T6 状态，即 120℃人工时效 24h，具有最高的抗拉强度，但应力腐蚀抗力却较低。为改善应力腐蚀抗力而发展了分级时效处理，即 T73 状态（如 110℃，8h+177℃，8h 的分级时效），此时合金的应力腐蚀敏感性虽大为减小，但强度将损失 10%~15%，如应用 RRA 热处理制度，根据已有的研究工作，表明这种状态下合金兼有 T6 状态的高强度及 T73 状态的优良抗应力腐蚀能力。

7075 铝合金 RRA 工艺如下：T6 规范人工时效后在 240℃进行回归处理，随后按原 T6 规范进行人工再时效。回归处理的时间对回归状态及回归再时效状态的性能有直接影响，如图 6-16 所示，随着回归时间增加，回归状态的硬度迅速下降，大约在 25s 达到最低点，随后出现一个不大的峰值，接着硬度重新下降。经再时效处理，合金再度硬化，硬化效果随回归时间增加而逐渐下降，但回归时间在 30s 以内，硬度可回复到原 T6 状态。在这一过程中，铝合金的微观组织结构变化是比较复杂的。对于 7075 合金，在 T6 状态，其主要沉淀相是 η′ 和 η（MgZn2）。在回归处理时，将同时发生强化相的溶解、析出及聚集过程。首先时效基体中尺寸细小稳定性低的 η′ 过渡相将重新溶入基体，而尺寸较大稳定性较高的 η′ 相则会转化为 η 相。同时，基体中原已存在的 η 相将聚集成更粗大的质点。这一关系可用图 6-17 定性地描述。图中曲线 D 表示因 η′ 相溶解导致基体沉淀相浓度的变

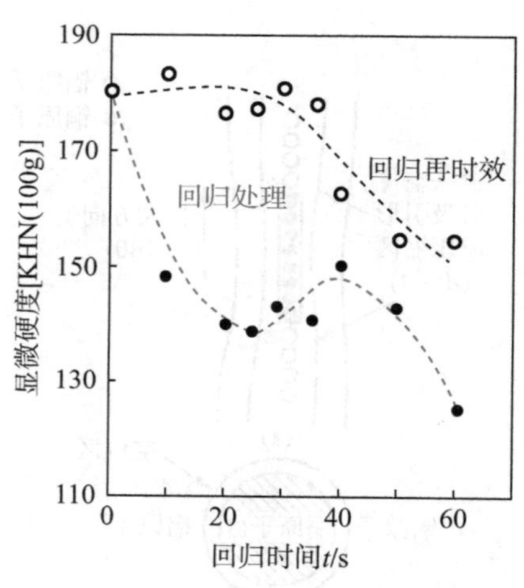

图 6-16　7075 合金 T651 状态下的显微硬度与回归处理时间的关系

化，曲线 P 则代表因 η′→η 转变，甚至在回归温度下从基体重新析出的 η′ 相共同造成的沉淀相数量的变化，两者综合的结果得到曲线 R。回归处理前期，主要过程是 η′ 相的溶解，由此导致沉淀相总量下降。但随回归时间的延长，η 相析出量增加，R 曲线上升。然而长时间回归处理，会因 η 相的聚集过程使得沉淀相质点数减少。

除上述基体组织变化外，合金的晶界沉淀相在回归过程中也将发生变化，这对合金的应力腐蚀性能会带来更大的影响，因为晶界是腐蚀过程中的阳级通道。试验表明，7075 合金在 T6 状态对应力腐蚀最敏感，T73 过时效状态的耐蚀性最好，应力腐蚀倾向低。说明晶界沉淀相的粗化和质点数的减少有利于改善合金的应力腐蚀性能。经过回归再时效处理，7075 合金的晶界沉淀相分布特点与 T73 状态的接近，因此表现出较高的抗应力腐蚀能力。图 6-18 及图 6-19 则分别说明回归处理温度、回归处理时间对合金强度及应力腐蚀裂纹扩展速率的影响。由于一般回归处理的最佳保温时间很短（几十秒钟），因此只适用于薄板。若适当降低回归温度，则可延长这一时间至几分钟，从而扩大应用范围。

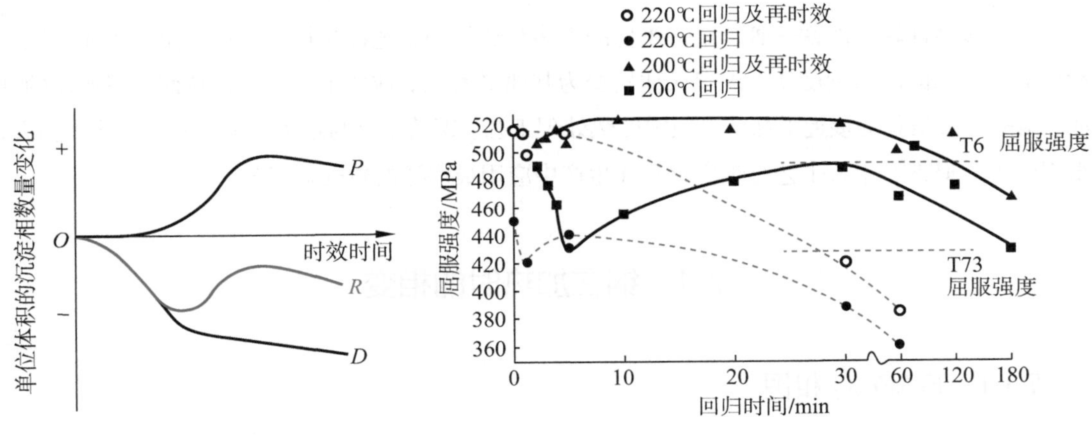

图 6-17　7075-T6 合金经 240℃回归处理后的再时效沉淀相数量变化的定性描述图

图 6-18　7075-T6 合金在回归再时效处理过程中屈服强度的变化

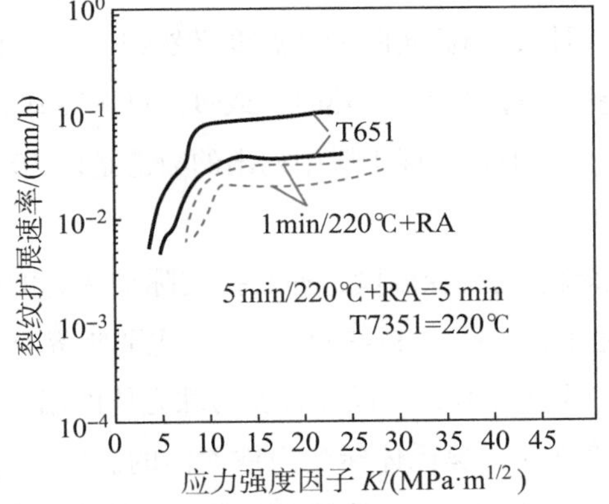

图 6-19　7075-T6 合金在不同回归再时效状态的应力腐蚀裂纹扩展速率与应力强度因子的关系

第 7 章

钢的退火与正火

钢是多型性转变的铁—碳合金。钢件的大多数热处理工艺都是加热获得高温奥氏体组织，然后通过不同的冷却制度使高温奥氏体转变为其他平衡组织或非平衡组织，从而获得所需的性能。钢的退火是获得接近平衡状态组织的热处理工艺。钢的正火与退火相似，但冷却速度稍大，组织较细。退火、正火工艺是钢铁材料在生产中应用最广泛的热处理工艺。

7.1 钢在加热时的相变

7.1.1 Fe-Fe_3C 相图

Fe-Fe_3C 相图表示出不同成分的 Fe-C 合金在各个温度区间平衡相的结构、成分和相对含量，能表示在缓慢加热与冷却过程中所发生的相变。图 7-1 为 Fe-Fe_3C 合金平衡状态图。

Fe-Fe_3C 相图上，A_1、A_3、A_{cm} 线为钢在平衡条件下的临界温度线。在实际热处理生产过程中，加热和冷却不可能极其缓慢，因此实际相变温度必然偏离相图上的平衡临界温度。实际转变温度与平衡临界温度之差称为过热度（加热时）或过冷度（冷却时）。过热度或过冷度随加热或冷却速度的增大而增大。一般热处理手册中列出的数值是以 30~50℃ /h 的速度加热（或冷却）所测得的。

为区别平衡状态与实际状态的相变温度，通常把实际加热时的临界温度加注下标“c”，而把冷却时的临界温度加注下标“r”。Fe-Fe_3C 相图上主要临界点如下：A_{c1} 为加热时，珠光体转变为奥氏体的温度；A_{r1} 为冷却时，奥氏体转变为珠光体的温度；A_{c3} 为加热时，铁素体转变为奥氏体的温度；A_{r3} 为冷却时，奥氏体转变为铁素体的温度；A_{ccm} 为加热时，二次渗碳体在奥氏体中溶解的温度；A_{rcm} 为冷却时，二次渗碳体从奥氏体中析出的温度。

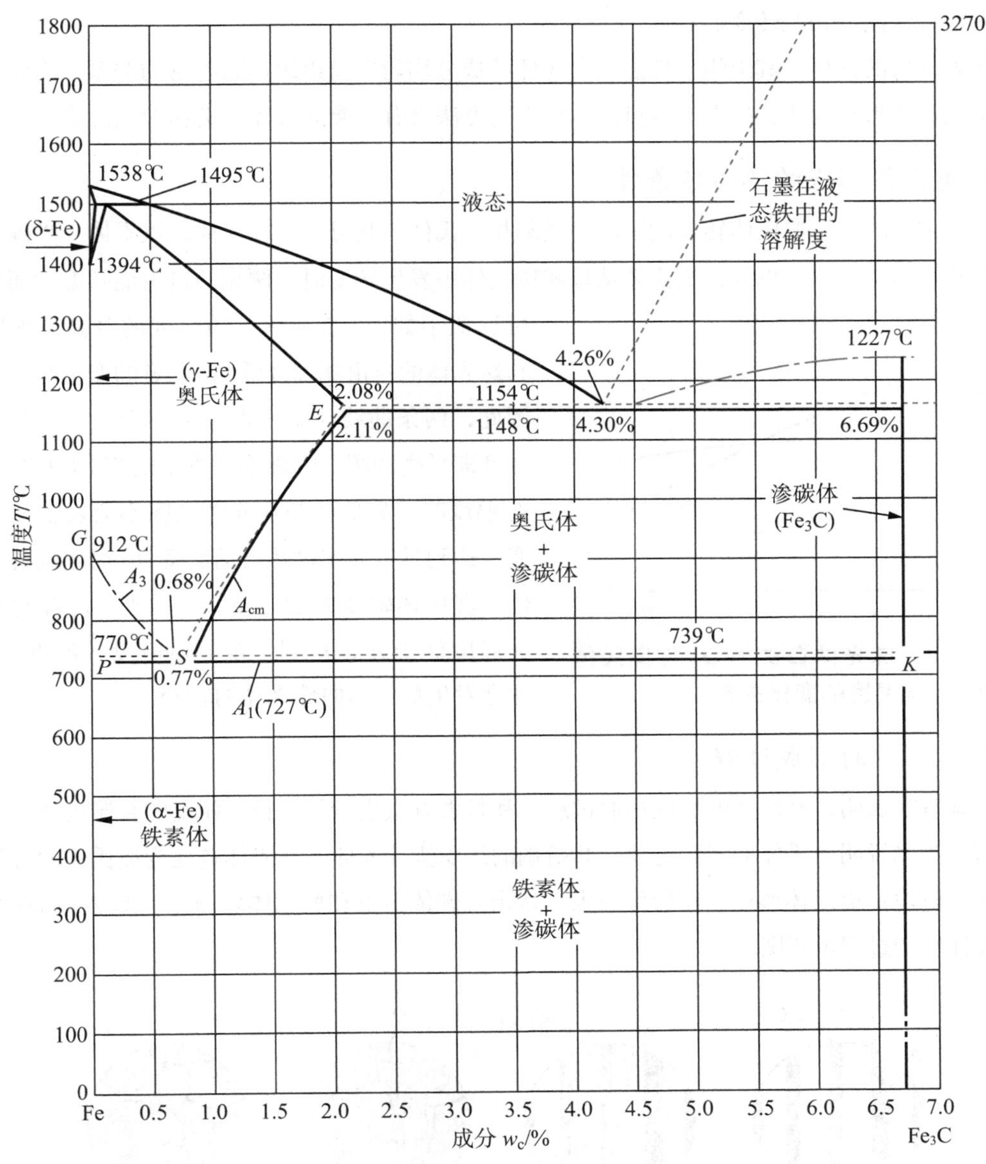

图 7-1　Fe-Fe_3C 合金平衡状态图

7.1.2　钢在加热时的奥氏体化过程

金属材料的热处理，通常第一道工序是加热。钢在进行退火、正火、淬火等热处理工艺时，必须加热至奥氏体相变临界温度以上，然后以适当方式（或速度）冷却，以获得所需要的组织及性能。因此钢铁热处理中的奥氏体化是为最终获得某种组织、性能的前期加热过程。通常把钢加热获得奥氏体的转变过程称为奥氏体化过程。根据 Fe-Fe_3C 相图可知，共析钢在加热和冷却过程中经过 *PSK* 线（A_1 线）时，发生珠光体与奥氏体之间的相互转变，亚共析钢经过 *GS* 线（A_3 线）时，发生铁素体与奥氏体之间的相互转变；过共析钢经过 *ES* 线（A_{cm} 线）时，发生渗碳体与奥氏体之间的相互转变。

热处理后的钢件，其组织、性能与奥氏体的成分均匀性及组织形态有密切关系，因此研究钢中奥氏体的形成规律，把握形成奥氏体状态的方法具有重要的实际意义和理论价值。

1. 奥氏体形成的热力学条件

钢在加热时发生奥氏体转变的驱动力是新相奥氏体与其母相（珠光体、铁素体、渗碳体）之间体积自由能之差。例如，奥氏体从母相珠光体中发生转变时，两相的自由能随温度而变化可近似于如图 7-2 所示。随温度的升高，奥氏体与珠光体的自由能都降低，但二者的变化率不同，因此，两条曲线在某一点必然相交。交点对应的温度即平衡相图上的理论共析温度 727℃（A_1 点）。A_1 温度时，奥氏体与珠光体之间不会发生相互转变，达到具有一定过热度的温度 A_{c1} 时才具备珠光体向奥氏体转变的能量条件。同理，冷却时只有在温度低于 A_1，达到一定的过冷度的温度 A_{r1} 时才会发生奥氏体向珠光体的转变。

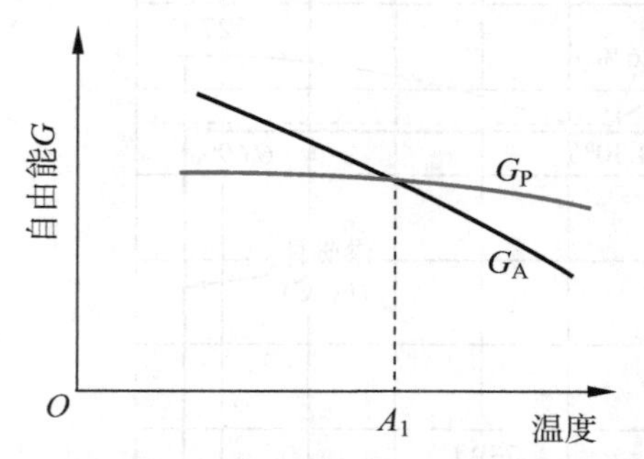

图 7-2　珠光体自由能 G_P 与奥氏体自由能 G_A 与温度的变化关系

2. 奥氏体的形成过程

实验观察表明，奥氏体的形成是通过形核和长大方式进行的，符合相变的普遍规律。现在以共析钢为例说明奥氏体的形成过程。共析钢的组织为珠光体，珠光体转变为奥氏体的过程可分为 4 个阶段：奥氏体形核、奥氏体长大、残余渗碳体溶解和奥氏体均匀化。图 7-3 为珠光体向奥氏体转变过程示意图。

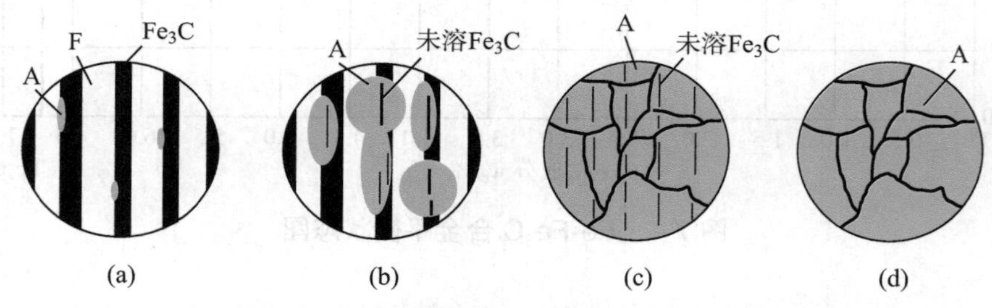

图 7-3　珠光体向奥氏体转变过程示意图

1）奥氏体的形核与长大

共析钢在室温时，其平衡组织为单一珠光体，是铁素体和渗碳体的两相混合物。其中铁素体是基体相，含碳量 0.0218%（质量分数），体心立方晶格。渗碳体为分散相，含碳量 6.69%（质量分数），复杂斜方晶格。平衡组织加热到 A_{c1} 后，则铁素体、渗碳体两相具备了能量条件转变为含碳量为 0.77%（质量分数）、面心立方晶格的奥氏体。

奥氏体的形成过程包括碳的扩散重新分布和铁素体向奥氏体的晶格重组。很多研究者认为，珠光体中铁素体与渗碳体的相界面是奥氏体最有利的形核地点，此外，珠光体群边界也可能成为奥氏体的形核部位。这是因为在相界、晶界上杂质及位错、空位等晶体缺陷较多，原子排列不规则，晶格畸变大，处于能量较高的状态。这些部位上，铁原子有可能通过短程扩散由旧相的点阵向新相的点阵转移而促使奥氏体形核，而形核时产生的应变能容易借晶界流变而释放，且新相的形核，可消除部分晶体缺陷降低系统的自由能，因此容易具备奥氏体形核所需要的结构起伏和能量起伏条件。此外，铁素体含碳量 0.02%，渗碳体含碳量 6.67%，因此两相界面上碳浓度分布不均匀，容易出现奥氏体形核所需要的浓度起伏，使相界面某一微区达到形成奥氏体晶核所需的含碳量。如果这些微区因结构起伏与能量起伏而具有面心立方结构和足够高的能量，则可能转变为在该温度下能稳定存在的奥氏体临界晶核。这些临界晶核在有碳原子继续不断提供的条件下则能巩固且进一步长大。图 7-4 为奥氏体的形核点示意图。

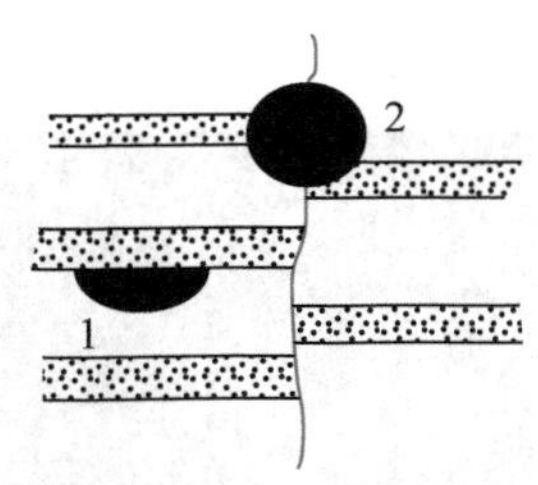

图 7-4　奥氏体的形核点

1—在珠光体群中铁素体和渗碳体层片间；2—珠光体群边界晶核长大

当一个奥氏体晶核在铁素体 / 渗碳体相界面上形成，则会产生铁素体 / 奥氏体及渗碳体 / 奥氏体两个新的相界面。假定它和渗碳体相邻的界面都是平直的，则在 A_{c1} 以上某一温度 T_1 时，相界面上各相中碳浓度由 $Fe\text{-}Fe_3C$ 相图决定，界面上的碳浓度变化如图 7-5 所示。此时，两个边界处于界面平衡状态，这是系统自由能最低的状态。

但是，在奥氏体晶核内部，碳原子分布是不均匀的。与铁素体交界面处的奥氏体含碳量明显低于与渗碳体交界面处的奥氏体含碳量。因此，在奥氏体中出现碳的浓度梯度，奥氏体中必然要发生高浓度处的碳（奥氏体 / 渗碳体界面）不断地向低浓度区域（奥氏体 / 铁素体界面）扩散，以使奥氏体成分趋向均匀，奥氏体晶核生成后，铁素体 / 奥氏体 / 渗碳体三相之间碳原子的扩散趋势如图 7-5 中箭头所示（图中 $w_{Ccem\text{-}\gamma}$、$w_{C\gamma\text{-}cem}$ 是奥氏体 / 渗碳体界面含碳量；$w_{C\alpha\text{-}cem}$ 是铁素体 / 渗碳体界面含碳量；$w_{C\gamma\text{-}\alpha}$ 是铁素体 / 奥氏体界面含碳量；w_C 是奥氏体中高碳区含碳量；w_C' 是奥氏体中低碳区含碳量）。扩散的结果使该温度下相界面的浓度平衡打破，系统能量升高。为了恢复、维持相界面平衡，渗碳体中的碳势必溶入奥氏体，与此同时，另一个界面上，发生奥氏体碳原子向铁素体的扩散，从而恢复界面的平衡，降低系统的自由能。重新恢复界面平衡后的奥氏体仍然存在碳浓度梯度，在铁素体 / 奥氏体及渗碳体 / 奥氏体相界面上碳浓度平衡的打破与恢复过程循环往复地进行。在这一循环往复过程中，铁素体 / 奥氏体及渗碳体 / 奥氏体相界面不断向原有的铁素体和渗碳体中

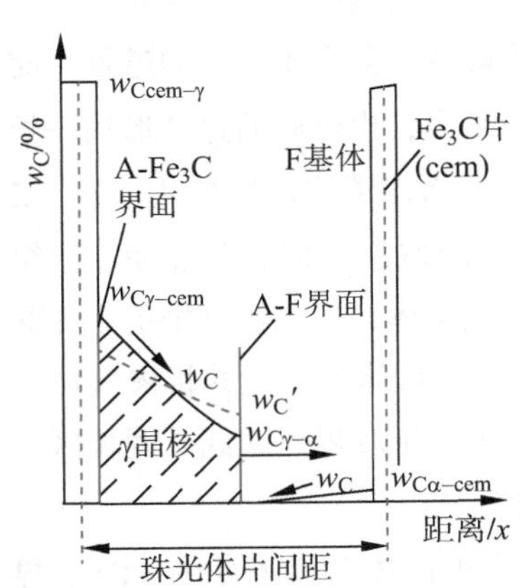

图 7-5　奥氏体在珠光体片中形核、相界面推移的示意图

推移，而处于两相界面之间的奥氏体晶核则不断地向铁素体和渗碳体中扩展，逐渐长大。

2）剩余渗碳体的溶解、奥氏体成分的均匀化

实验表明，由于铁素体和奥氏体同是铁的同素异晶体，所以奥氏体晶核向铁素体一侧的长大，只需铁原子作短距离的迁移进行晶格改组，从体心立方晶格的铁素体转变成面心立方晶格的奥氏体即可，因此奥氏体晶核向铁素体一侧长大速度较快。渗碳体不是铁的同素异晶体，奥氏体向渗碳体方向的长大，不能直接通过晶格的改组进行，而只能通过渗碳体的分解、溶入奥氏体方能实现。因此奥氏体向渗碳体一侧的长大速度要慢一些，当铁素体消失时，仍有剩余渗碳体尚未溶解，需要继续经过一段时间这些渗碳体才会完全溶入已形成的奥氏体中。例如，T8 钢中奥氏体在珠光体中形成之后，在其中可以看到未溶解的渗碳体（图 7-6）。此时，由于碳的扩散过程落后于渗碳体的溶解，奥氏体中原来是渗碳体的部位碳含量很高，而原来是铁素体的部位碳含量仍很低。此时所获得的奥氏体成分是不均匀的。继续延长保温时间或继续升温，通过碳原子的扩散，奥氏体碳浓度逐渐趋于均匀化。最后得到均匀的单相奥氏体。至此，奥氏体形成过程全部完成。但工业应用中，不可能实现奥氏体成分的绝对均匀化。

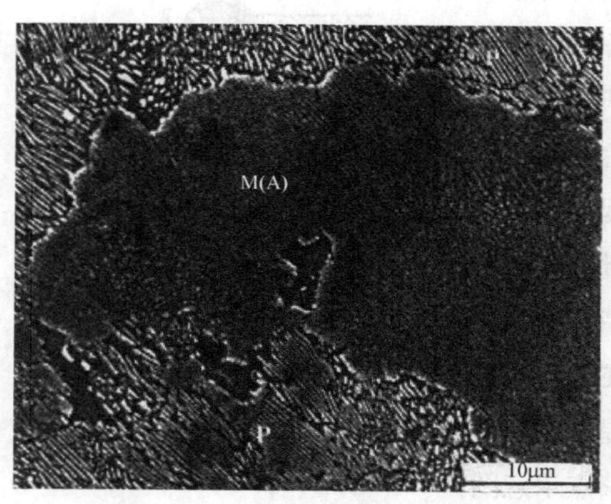

图 7-6　T8 钢已形成的奥氏体中存在大量残留渗碳体 (SEM 像)，暗黑色局部为已形成的奥氏体，暗黑色局部内白色点状或条状物为残留渗碳体

亚共析钢和过共析钢的奥氏体化过程与共析钢基本相同。但亚共析钢中，除去珠光体外，还存在先共析铁素体，故在 A_{c1}~A_{c3} 之间加热时，存在先共析铁素体向奥氏体转变的过程。此过程可以是已经生成的奥氏体晶粒“吞并”周围的铁素体而进行长大，也可以通过“形核—长大”机理形成新的奥氏体晶粒。过共析钢由于在原始组织中含有二次渗碳体，故在 A_{c1}~A_{cm} 之间加热时存在二次渗碳体向奥氏体中溶解的过程。当加热温度刚刚超过 A_{c1} 时，只能使原始组织中的珠光体转变为奥氏体，而亚共析钢中仍保留一部分先共析铁素体，过共析钢中仍有先共析渗碳体。只有当加热温度超过 A_{c3}（或 A_{ccm}）并保温后，先共析铁素体（或先共析渗碳体）才全部转变为奥氏体，这种加热常称为完全奥氏体化。若在钢的上、下临界点之间（两相区）加热，会得到奥氏体和先共析相，这种加热称为“部分奥氏体化”。

综上所述，完整的奥氏体化过程包括 4 个步骤（阶段）：①奥氏体形核（A 在 F/Fe_3C 界面处形核）；②奥氏体晶核长大（晶核向 F、Fe_3C 生长）；③残余渗碳体溶解（C 溶入 A 中）；④碳成分均匀化（伴随 A 晶粒长大）。

7.1.3　奥氏体的结构与形态

钢中的奥氏体是碳或各种化学元素溶入 γ-Fe 中所形成的固溶体。其中 C、N 等元素原子

半径较小，存在于 γ-Fe 的间隙位置或晶格缺陷中。一些原子半径与 Fe 原子半径相差不大的合金元素如 Mn、Cr、Ni、Co、Si 等，在 γ-Fe 中取代 Fe 原子的位置而形成置换固溶体。一些难以固溶的元素，如 B，则被吸附于 γ-Fe 晶体缺陷处，如晶界、位错等处。因此奥氏体晶体结构与 γ-Fe 相同，是面心立方结构。碳在奥氏体中的最大溶解度为质量分数 2.11%(1147℃)。

奥氏体的组织形貌一般为等轴状多边形晶粒，在奥氏体晶粒内有孪晶。但形成条件不同时也可以得到针状奥氏体组织。在加热转变刚结束时，奥氏体晶粒细小，晶粒边界呈不规则弧形，经过一段时间加热或保温，晶粒发生长大，晶粒边界趋向平直化。

7.1.4　奥氏体形成的动力学及等温形成动力学曲线

奥氏体形成的动力学主要讨论奥氏体形成时的速度问题，即在一定温度下的形成量和时间的关系。奥氏体的形成速度取决于形核和长大速度，与钢的成分、原始组织、温度等条件相关。奥氏体形成动力学曲线可直观地表征一定温度下奥氏体形成量与时间的关系。奥氏体等温形成动力学曲线如图 7-7 所示（简称 TTA 图，以区别于奥氏体等温冷却转变 TTT 图）。

在普通退火条件下，共析碳钢的奥氏体等温形成动力学曲线如图 7-8 所示。

如果将残留碳化物的溶解及奥氏体成分均匀化过程全部表示在共析碳钢奥氏体等温形成图中，则如图 7-9 所示，此图为共析钢奥氏体等温形成全过程图。

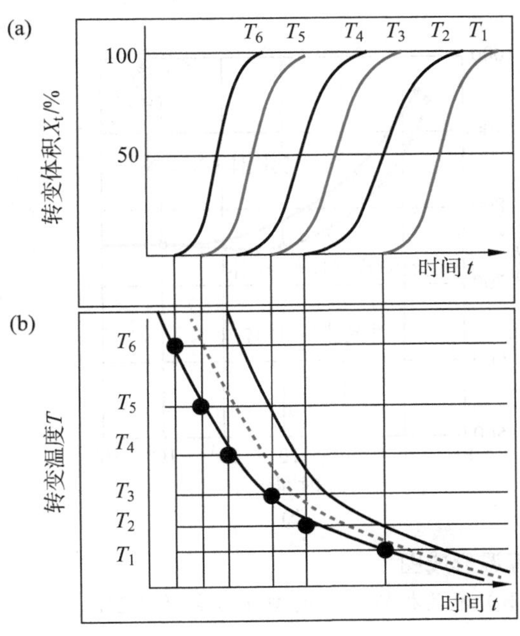

图 7-7　奥氏体等温形成动力学曲线

（a）奥氏体在不同相变温度下等温时间与转变量的关系曲线；（b）奥氏体等温转变综合动力学曲线

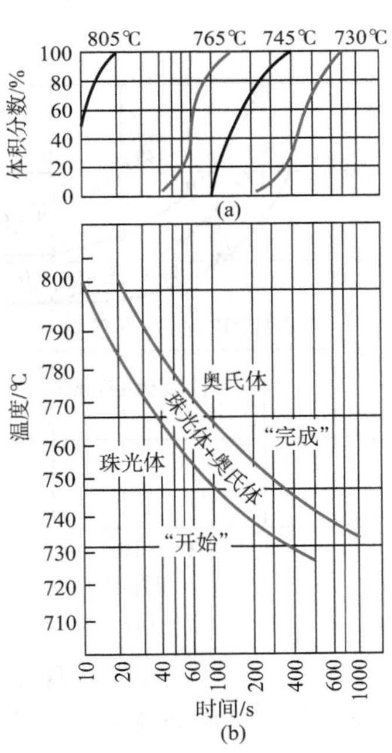

图 7-8　共析碳钢奥氏体等温形成动力学曲线

（a）共析钢在不同温度下等温时间与奥氏体转变量的关系曲线；（b）共析钢等温转变温度—时间—奥氏体转变量关系曲线

图 7-10（a）和（b）是实测的亚共析碳钢 (碳的质量分数为 0.45%) 及过共析碳钢 (碳的质量分数为 1.2%) 的奥氏体等温形成图。

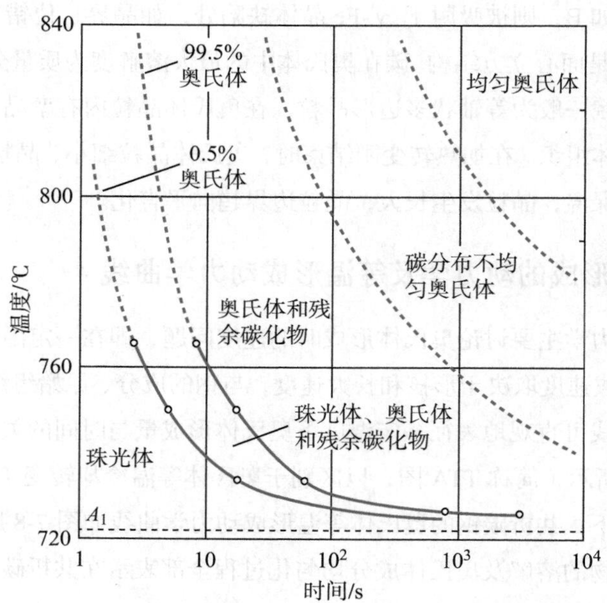

图 7-9　共析钢奥氏体等温形成全过程图

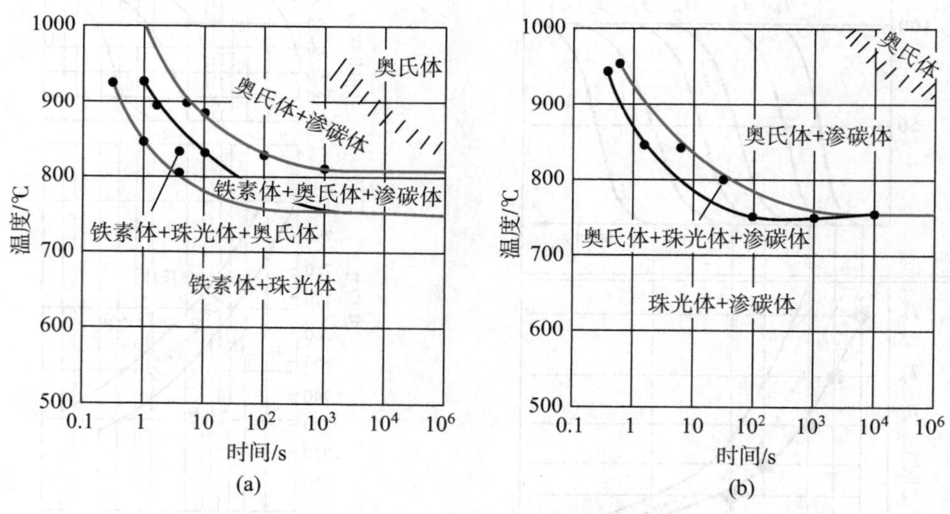

图 7-10　奥氏体等温形成图

（a）亚共析钢（碳的质量分数为 0.45%）；（b）过共析钢（碳的质量分数为 1.2%）

比较图 7-9 和图 7-10 可见，共析、亚共析及过共析三类钢的奥氏体等温形成图基本相同，由奥氏体的形成、残留碳化物的溶解及成分均匀化几个阶段组成。与共析钢相比，亚共析钢多了一条先共析铁素体溶解“完成”曲线，而过共析钢多了一条渗碳体溶解“完成”曲线，且过共析钢的碳化物溶解及奥氏体成分均匀化需要的时间加长。

奥氏体等温形成转变图的制订有以下意义：①可观察温度、时间对相变量的影响；②可观察孕育期时间；③可观察加热速率对奥氏体转变量的影响；④是钢热处理参数制订的依据。

7.1.5　奥氏体的形核率及晶体长大速度

1. 奥氏体的形核率

研究指出，在奥氏体均匀形核的条件下，形核率和温度之间的关系成正比。

当奥氏体形成温度升高时，一方面因温度增大使形核率以指数关系迅速增加，另一方面因单位体积奥氏体和珠光体之间自由能之差增加，晶核形核功减少，因此奥氏体成核率进一步增加。此外，随着温度升高，原子扩散速度加快，不仅有利于铁素体向奥氏体的点阵改组，而且也促使渗碳体溶解，从而也加速奥氏体形核。

2. 奥氏体的晶体长大速度

奥氏体晶体的长大速度，实质上就是奥氏体的相界面向铁素体和渗碳体中推移速度的总和。它首先取决于碳在奥氏体中的扩散速度和浓度梯度（而浓度梯度又取决于所形成的奥氏体的厚度和随温度而改变的浓度差 $C_{\gamma\text{-cem}}$~$C_{\gamma\text{-}\alpha}$）。其次取决于铁素体向奥氏体点阵改组的速度，即铁原子的自扩散速度。

关于奥氏体晶体的长大速度，有不少研究者利用扩散规律推导出一些计算公式，例如，奥氏体相界面向铁素体推移速度可表示为

$$C_{\gamma-\alpha}=-K\frac{D_c^{\alpha}\dfrac{\mathrm{d}C_1}{\mathrm{d}x_1}+D_c^{\gamma}\cdot\dfrac{\mathrm{d}C_2}{\mathrm{d}x_2}}{C_{\gamma-\alpha}-C_{\alpha-\gamma}} \tag{7-1}$$

式中，K 为比例常数；D_c^{α}、D_c^{γ} 分别为碳在铁素体及奥氏体中的扩散系数；$\frac{\mathrm{d}C_1}{\mathrm{d}x_1}$、$\frac{\mathrm{d}C_2}{\mathrm{d}x_2}$ 分别为铁素体和奥氏体界面处碳在铁素体和奥氏体中的浓度梯度；$C_{\gamma\text{-}\alpha}$、$C_{\alpha\text{-}\gamma}$ 为奥氏体与铁素体相界面间的碳浓度差。

奥氏体形成时，升高温度（或增加过热度）始终是有利于奥氏体的形成，所以加热温度越高，奥氏体形成的孕育期以及整个相变过程所需要的时间越短，即奥氏体形成速度越快。

7.1.6　影响奥氏体转变速度的因素

奥氏体的形成是通过形核和长大过程进行的，整个过程受原子扩散所控制。因此，一切影响原子扩散、奥氏体形核与长大的因素都影响奥氏体的转变速度。主要影响因素有加热条件、钢的化学成分和原始组织等。

1. 加热温度的影响

加热温度越高奥氏体形成速度越快。温度越高奥氏体与珠光体的自由能差越大，转变的驱动力越大；温度越高则原子扩散越快，因而碳的重新分布与铁的晶格改变越快，使奥氏体的形

核、长大、残余渗碳体的溶解及奥氏体的均匀化都进行得越快。例如，珠光体在780℃溶解的速度比在730℃时高3倍。可见，同样的奥氏体化过程，既可通过较低温度、较长时间加热来实施，也可通过较高温度、较短时间加热来实施。因此，在制定加热工艺时，应全面考虑温度和时间的影响。

图7-11为Fe-C-Mn-Mo钢在775℃与800℃加热的奥氏体形成动力学曲线，从曲线上可以看到，在800℃下，无论是以1℃/s、10℃/s还是100℃/s加热，奥氏体的形成量都比在775℃同样速度下明显增多。

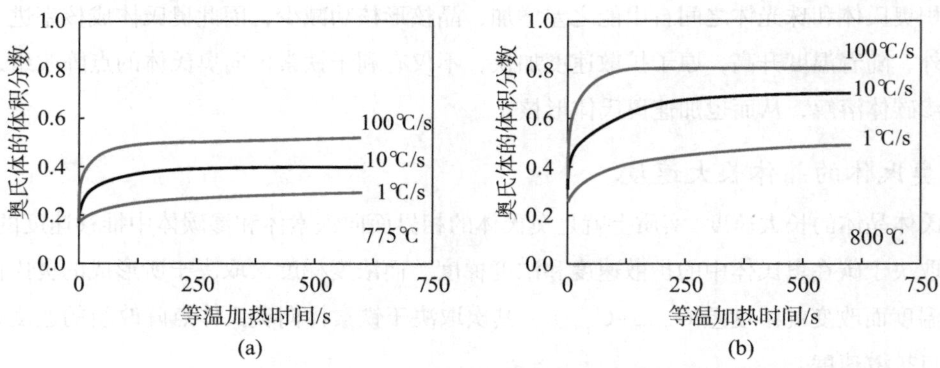

图7-11　Fe-C-Mn-Mo钢加热时的奥氏体形成动力学曲线

（a）775℃加热；（b）800℃加热

2. 加热速度的影响

在连续加热时，加热速度越快，过热度越大，奥氏体形成温度越高，转变的温度范围越宽，完成转变所需时间就越短。因此，在许多快速加热的热处理条件下（如高频感应加热及激光表面处理），不需担心转变来不及的问题。表7-1为加热速度对35钢、45钢A_{c1}和A_{c3}线的影响。可以看到，20℃/s加热时，两种合金的A_{c1}、A_{c3}线都比在0.05℃/s加热时的要高很多。

表7-1　不同加热速度对35钢、45钢的A_{c1}和A_{c3}线的影响

钢号	A_{c1}/℃		A_{c3}/℃	
	加热速度0.05℃/s	加热速度20℃/s	加热速度0.05℃/s	加热速度20℃/s
35	735	760	800	860
45	730	755	770	810

3. 化学成分的影响

1）碳含量影响

亚共析钢中，含碳量越高，奥氏体的形成速度越快。这是因为随含碳量增加，渗碳体的数量相应增加，从而使铁素体/渗碳体相界面的面积增大，增加了奥氏体形核的部位。因此在相同温度下，奥氏体形核率增大。此外，碳化物数量增加，使碳的扩散距离减小，且奥氏体中含碳量增加也会增大碳和铁原子的扩散系数，因此增大了奥氏体形成与长大速率。

从表 7-1 也可以观察到，在相同的加热速度下，45 钢奥氏体转变温度（A_{c1} 或 A_{c3}）均低于 35 钢的奥氏体转变温度。说明 45 钢中更容易形成奥氏体，也就是说钢中含碳量越高，奥氏体的形成速度越快。

对过共析钢而言，由于碳含量提高，二次渗碳体增加，导致奥氏体形成过程中的渗碳体溶解及奥氏体均匀化阶段难度增大，因此随着碳含量提高，过共析钢奥氏体形成所需温度更高、时间更长。

T10A 钢在加热时奥氏体形成温度范围是 720~730℃。二次渗碳体的溶解温度 A_{cm} 点随着钢的原始组织的不同而不同。对于片层状珠光体 + 网状二次渗碳体的原始组织而言，T10A 的 A_{cm} 点较低，约为 830℃；对于经球化退火的粒状珠光体而言，是 850℃。T12A 钢奥氏体形成温度范围也为 720~730℃，但二次渗碳体的溶解温度却与 T10A 钢有明显差别。因 T12A 比 T10A 有更多的含碳量，其 A_{cm} 点的温度相应提高。原始组织为片层状珠光体和网状二次渗碳体时，T12A 钢的 A_{cm} 点约为 870℃；原始组织粗大时，其 A_{cm} 点约为 900℃。

2）合金元素的影响

合金元素不改变奥氏体形成的基本过程，但显著影响奥氏体的形成速度。合金元素对奥氏体形成速度的影响可以从以下几个方面来说明。

(1) 合金元素改变钢的平衡临界线 A_1、A_3、A_{cm} 的位置，并使它们成为一个温度范围。一般状态下，锰、镍等合金元素使临界点降低，铬、钨、钒、硅等则使钢的临界点升高。因此，在同一温度奥氏体化时，与碳素钢相比，合金元素改变了过热度，因而也就改变了奥氏体与珠光体的自由能差，这对于奥氏体的形核与长大都有重要影响。例如，合金元素降低 A_1 临界点，相对来说就是增加了过热度，导致奥氏体形成速度也增大。合金元素升高 A_1 临界点，相对来说就是减小了过热度，导致奥氏体形成速度也减小。

(2) 强碳化物形成元素，如钛、钒、锆、铌、钼、钨等，降低碳在奥氏体中的扩散系数（如加入 3%Mo 或 1%W（质量分数）可使碳在 γ -Fe 中的扩散速度减少一半），稳定了铁素体，因而大大推迟了珠光体或铁素体转变为奥氏体的过程。图 7-12 为共析钢碳含量和共析温度随着不同添加的合金元素的成分变化示意图。如图 7-12 所示，随着钨、钼等元素的加入量增多，共析钢的共析温度逐渐升高，也就表明奥氏体形成越来越难。Co、Ni 增大了碳在奥氏体中的扩散系数，因此加快奥氏体转变的过程。如图 7-12 所示，Ni 加入量逐渐增加使奥氏体化温度逐渐降低，说明奥氏体形成越来越容易。图 7-13 为 Fe-C 合金与含不同合金元素的钢在 950℃加热时的碳的扩散系数随碳含量变化示意图。

如图 7-13 所示，在碳含量相同的情况下，1% 的 Co 加入增加了碳的扩散系数，而 1% 的 Si、W、Cr 加入则降低了碳的扩散系数。

（3）合金元素通过对原始组织的影响也影响奥氏体的形成速度。例如，Ni、Mn 等往往使珠光体细化，有利于奥氏体的形成。

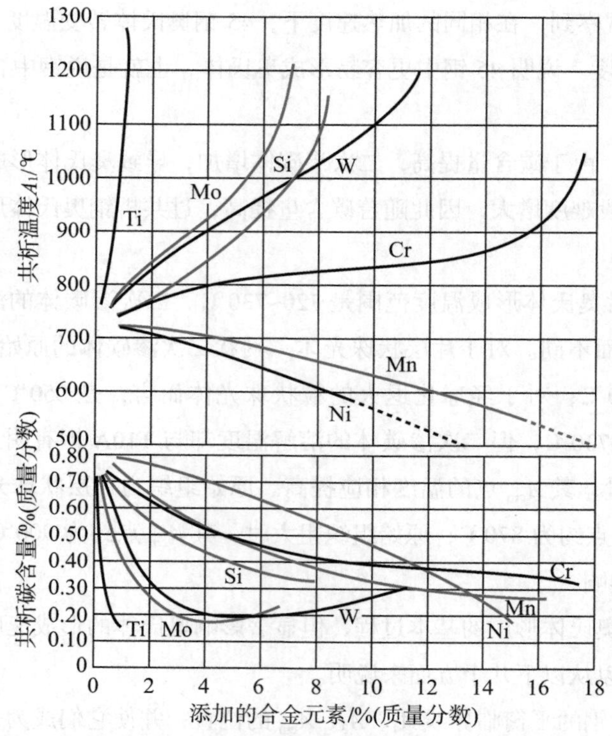

图 7-12　共析钢碳含量和共析温度随着不同添加的合金元素的成分变化示意图

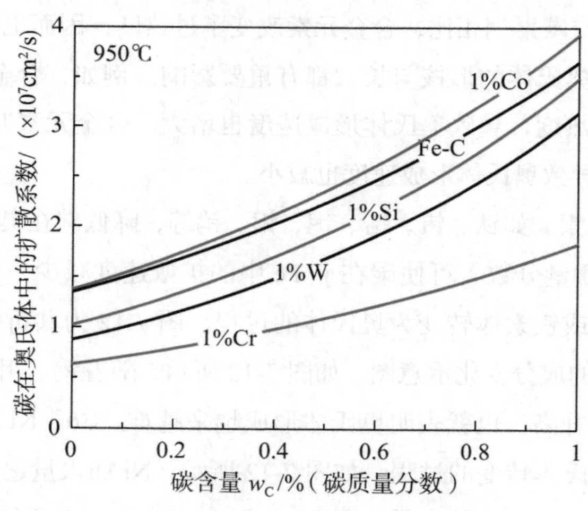

图 7-13　Fe-C 合金与含不同合金元素的钢在 950℃加热，碳的扩散系数随碳含量变化示意图

（4）合金元素的加入可改变碳在奥氏体中的溶解度，因而改变了相界面的浓度差及碳在奥氏体中的浓度梯度。合金元素还会对形核功发生影响。这些都影响奥氏体的形成速度。

（5）合金元素对奥氏体形成速度的影响也受到合金碳化物向奥氏体中溶解难易程度的牵制。加入 W、Mo 和其他强碳化物形成元素时，由于形成的特殊碳化物不易溶解，将使奥氏体形成速度减慢。

大量工作证明，钢中的合金元素在原始组织各相（铁素体及碳化物）中的分配是不均匀的。在退火状态下，强碳化物形成元素 W、V、Mo 几乎全部集中在碳化物中，非碳化物形成元素（Co）几乎全部集中在铁素体中。中强碳化物形成元素存在时，Cr 主要将集中在碳化物中。合金元素的这种不均匀分布，一直到碳化物溶解完毕后还显著保留在钢中。因而合金钢中奥氏体形成后，除了碳的均匀化外，还需要进行合金元素均匀化。由于合金元素的扩散比碳困难，如在 1000℃温度下，碳在奥氏体中的扩散系数为 $1 \times 10^{-7}cm^2/s$，而合金元素在奥氏体中的扩散系数约为 $1 \times 10^{-11}cm^2/s$。在其他条件相同时，合金元素在奥氏体中的扩散速度为碳的扩散速度的 1/10000 ~ 1/1000。因此对含 W、Cr、V、Mo、Ti 等碳化物形成元素的合金钢，如果形成难溶解的特殊碳化物，在加热时保温时间不足的情况下形成的奥氏体成分极不均匀。此时合金元素主要集中在没溶解的碳化物及其周围的奥氏体中，淬火后会得到成分不均匀的马氏体，不能充分发挥合金元素的作用而且可能保证不了应有的淬透性。这些都可能降低钢在热处理后的性能。

综上所述，合金钢的奥氏体化过程大多比碳钢慢，加热温度一般较碳钢高，保温时间更长。

4. 原始组织的影响

在化学成分相同的情况下，原始组织中碳化物分散度大，相界面多，形核率大；此外，碳化物分散度大，珠光体层片间距小，奥氏体中碳浓度梯度越大，扩散速度越快，同时，碳化物分散度大，碳原子扩散距离缩短，奥氏体的形成速率、长大速率均提高。图 7-14 (a)、(b)、(c) 所示分别是质量分数为 0.76%C、0.24%Si、0.91%Mn 的共析钢在不同的热处理制度下得到的三种珠光体，其平均层片间距 σ_0 分别为 0.20、0.08 和 0.06μm。图 7-15 为此三种珠光体在不同加热速度下奥氏体形成的实验及计算动力学曲线。从图中可以看到，原始组织越细，奥氏体形成速度越快；原始组织越粗，则奥氏体开始形成的时间越迟，形成的速率越低。

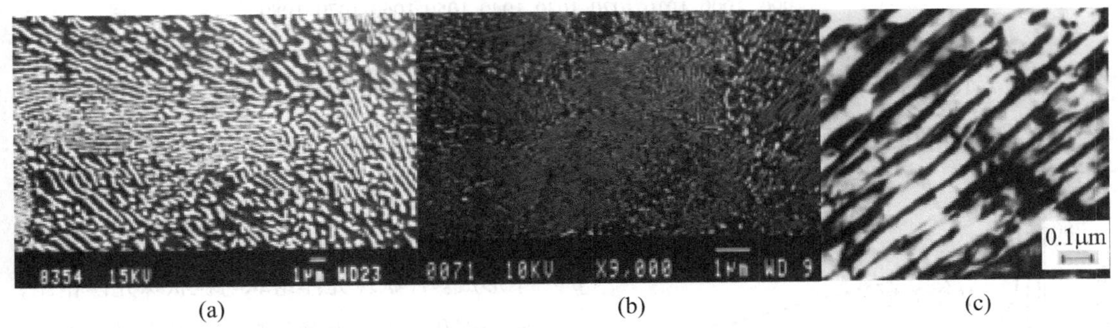

(a)　　(b)　　(c)

图 7-14　三种原始珠光体组织的电子显微图像

（a）层片间距为 0.20μm；（b）层片间距为 0.08μm；（c）层片间距为 0.06μm

5. 碳化物形状的影响

原始珠光体中的渗碳体有两种形式：片状渗碳体和粒状渗碳体。图 7-16 是碳质量分数为 0.9% 的钢中粒状和片状珠光体对奥氏体形成的影响示意图，从图中可观察到，不论高温还是低温，原始组织为片状珠光体的奥氏体形成速度均比粒状快。转变温度低时更明显。因为片状

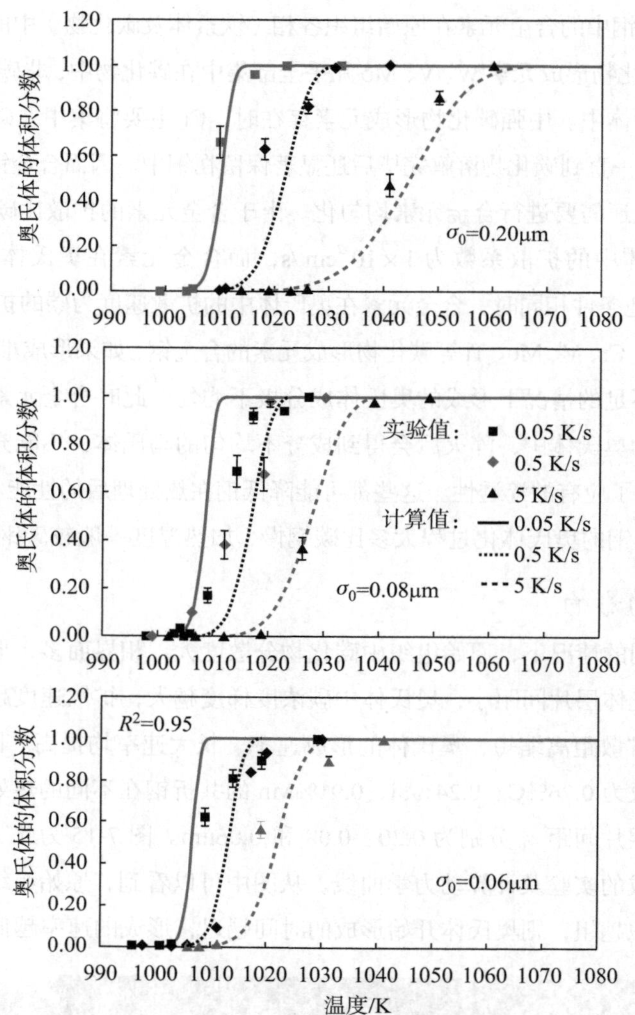

图 7-15　在不同加热速度下共析钢珠光体内奥氏体形成的实验及计算动力学曲线

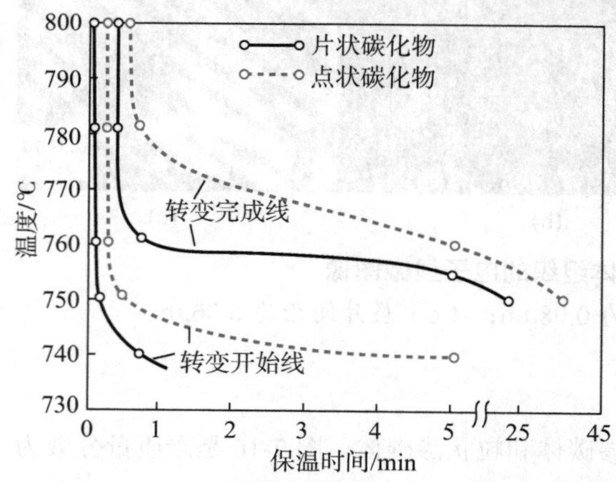

图 7-16　碳质量分数为 0.9% 的钢粒状和片状珠光体对奥氏体形成的影响

珠光体中碳化物与铁素体的相界面积较大，奥氏体形核部位更多，且片状珠光体中的片状渗碳体较薄，易于溶解，加热时奥氏体易于形成。片状珠光体组织与粒状珠光体相比，残余碳化物溶解和奥氏体均匀化都比较快。

7.1.7　奥氏体晶粒长大及其控制

奥氏体的晶粒大小对钢的冷却转变及转变产物的组织和性能都有重要的影响。因此钢件奥氏化的目的是获得成分比较均匀，晶粒大小满足性能要求的奥氏体组织。

1. 奥氏体晶粒度概念

晶粒度是表示晶粒大小的一种尺度。根据奥氏体的形成过程及长大倾向，奥氏体的晶粒度可以用起始晶粒度、实际晶粒度和本质晶粒度来描述。

1）起始晶粒度

起始晶粒度是指在临界温度以上，奥氏体化刚刚完成，其晶粒边界刚刚相互接触时的晶粒大小。奥氏体起始晶粒的大小，取决于奥氏体的形核率和长大速度。在 $1mm^2$ 面积内的晶粒数目 n 与形核率 N 和长大速度 G 之间的关系可用下式表示：

$$n = 1.01\left(\frac{N}{G}\right)^{1/2} \tag{7-2}$$

由此看出，N/G 值越大，则 n 越大，即晶粒越细小。说明增大形核率或降低长大速度是获得细小奥氏体晶粒的重要途径。

2）实际晶粒度

实际晶粒度是指在某一实际热处理加热条件下所得到的晶粒尺寸。奥氏体的起始晶粒形成后，如果继续在临界点以上升温或保温，晶粒就会自动长大以降低自由能。因此，同一材料在每一个具体加热条件下所得到的奥氏体晶粒大小不同。实际晶粒度基本上决定了钢件实际热处理时的晶粒大小，它直接影响钢在冷却以后的性能。

3）本质晶粒度

生产中发现，不同钢种或不同冶炼方法炼制的同一钢种，在同一加热条件下，可能表现出不同的晶粒长大倾向。本质晶粒度就是反映钢材加热时奥氏体晶粒长大倾向的一个指标。

本质晶粒度根据国家标准 GB/T 6394—2002《金属平均晶粒度测定法》的规定来测定。根据标准试验方法，在（930 ± 10）℃保温足够时间（3~8h）后测定的钢中晶粒的大小称为本质晶粒度。经上述试验，比对 GB/T 6394—2002 中晶粒度分级，晶粒度评定为 5~8 级的钢种称为本质细晶粒钢，晶粒度评定为 1~4 级的钢种称本质粗晶粒钢。

钢的本质晶粒度取决于钢的成分和冶炼条件。一般来说，用铝脱氧的钢是本质细晶粒钢。仅用硅、锰脱氧的钢为本质粗晶粒钢。含有钛、锆、钒、铌、钼、钨等合金元素的钢也是本质细晶粒钢。这是因为铝、钛、锆等元素在钢中会形成分布在晶界上的超细化合物颗粒，如 AlN、Al_2O_3、TiC、ZrC 等，它们稳定性很高，不容易聚集，也不容易溶解，能阻碍晶粒长大。但是，当温度达到使这些化合物的聚集长大，或者溶解消失，失去阻碍晶界迁移的作用时，奥氏体晶粒便急剧长大，突然粗化。这个晶粒开始强烈长大的温度称为晶粒粗化温度。例如，图 7-17 所示为 Nb-V 复合试验钢和 35MnVN 钢加热过程中原奥氏体晶粒随温度的变化。由图可以判定，试验钢的加热温度在 1100~1150℃时，晶粒尺寸出现突变，可确定其粗化温度（TGC）为 1100~1150℃。本质细晶粒钢只有在晶粒粗化温度以下加热时，晶粒才不容易长大，超过这一温度以后，便与本质粗晶粒钢没有区别。

钢的本质晶粒度在热处理生产中具有很重要的意义，是钢热处理时的一个重要指标。因为，有些热处理工艺，如渗碳、渗金属等工艺，必须在高温进行长时间加热才能实现，这时若采用本质细晶粒钢，就能防止工件心部和表层过热，渗后就能直接进行淬火。若用本质粗晶粒钢就会严重过热。

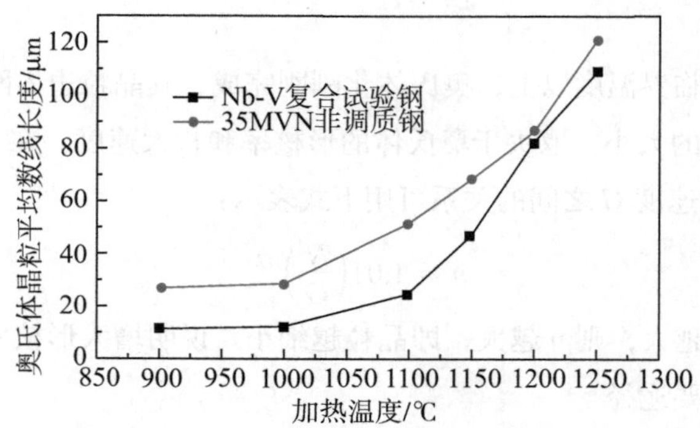

图 7-17 加热温度对 Nb-V 复合试验钢和 35MnVN 原奥氏体晶粒尺寸的影响

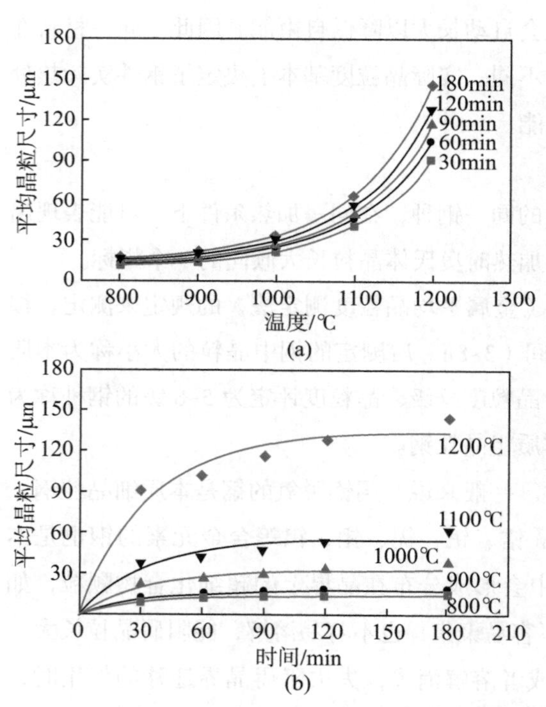

图 7-18 不同加热温度（a）、保温时间（b）对某合金钢奥氏体的平均晶粒尺寸的影响

2. 奥氏体晶粒的长大

奥氏体晶粒长大是通过晶界的迁移进行的。晶界迁移的驱动力是奥氏体长大前后的晶界能差值。奥氏体晶粒的长大动力学曲线一般按指数规律变化，分为三个阶段：加速长大阶段、急剧长大阶段和减速阶段。

图 7-18 表示某合金钢在 800~1200℃的温度范围内加热并保温 30~180min 时，奥氏体晶粒长大过程。由图可见，随着加热温度提高或保温时间延长，奥氏体晶粒长大。奥氏体晶粒长大到一定大小后，长大趋势减缓直至停止长大。温度越高，奥氏体晶粒停止长大时的尺寸越大。奥氏体晶粒长大到一定程度后，无论是提高加热温度，还是延长保温时间，都不再长大。

3. 影响奥氏体长大的因素

一切影响原子扩散迁移的因素都能影响奥氏体晶粒长大。

1）加热温度和保温时间的影响

加热温度越高，保温时间越长，奥氏体晶粒越粗大。例如，图 7-19 为一种低碳马氏体合金钢在不同加热温度和保温时间下奥氏体平均晶粒尺寸的变化。如图所示，随着温度升高，晶粒的长大速度增加，晶粒基本上呈抛物线趋势长大。温度在 810~930℃之间奥氏体晶粒长大速率较缓慢；当加热温度大于 930℃后，奥氏体的晶粒长大速率明显加快；而温度大于 1100℃时，晶粒长大速率又趋于缓慢。保温时间的影响比温度的影响小得多，但在奥氏体晶粒急剧长大的温度区间，特别是在大于 1100℃时，保温时间对晶粒长大的影响不可忽视。因此，为了获得较为细小的奥氏体晶粒，必须同时控制加热温度和保温时间。

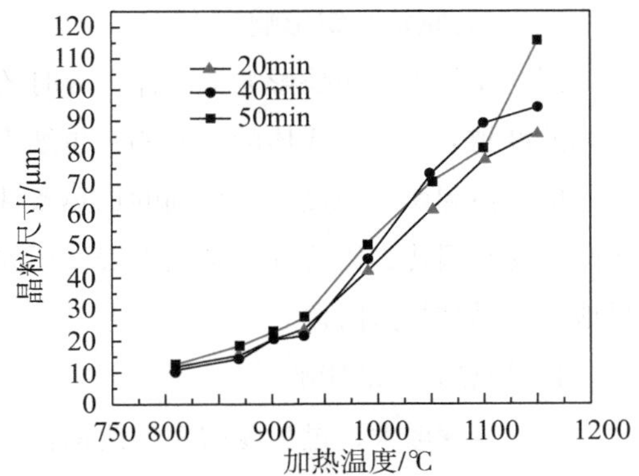

图 7-19　一种低碳马氏体合金钢在不同加热温度和保温时间条件下奥氏体平均晶粒尺寸的变化

2）化学成分的影响

钢中的碳含量增加时，碳原子在奥氏体中的扩散速度及铁的自扩散速度均增加。因此钢中不含有过剩碳化物的情况下，随含碳量的增加，奥氏体晶粒长大的倾向增大。但是含碳量超过某一限度后，钢中出现二次渗碳体，随着含碳量的增加，二次渗碳体数量增多，渗碳体可以阻碍奥氏体晶界的移动，故奥氏体晶粒反而细小。

钢中含有特殊碳化物形成元素时，如 Ti、V、Al、Nb 等，将形成熔点高、稳定性强、不易聚集长大的碳化物、氮化物。其颗粒细小，弥散分布，阻碍晶粒长大。合金元素 W、Mo、Cr 的碳化物较易溶解，但也有阻碍晶粒长大的作用。Mn、P 元素有增大奥氏体晶粒长大的作用。或加入微量的 Nb、V、Ti 等合金元素，形成弥散细小的 NbC、VC、TiC 等颗粒，可阻碍奥氏体晶粒长大。一般而言，难溶于奥氏体而易形成碳化物或金属间化合物的元素，阻碍晶粒长大的效果显著。

例如，图 7-20 所示为基础齿轮钢和基础齿轮钢添加质量分数为 0.08%Nb 后在 1100℃奥氏体化、保温 15 min 时的奥氏体晶粒照片。由图可知，由于含 Nb 齿轮钢中可形成 NbC 等弥散细小颗粒，产生钉扎位错及阻止亚晶界迁移等作用，从而有效阻止奥氏体晶粒长大，即使在 1100℃奥氏体化，也可获得极为细化的奥氏体晶粒。

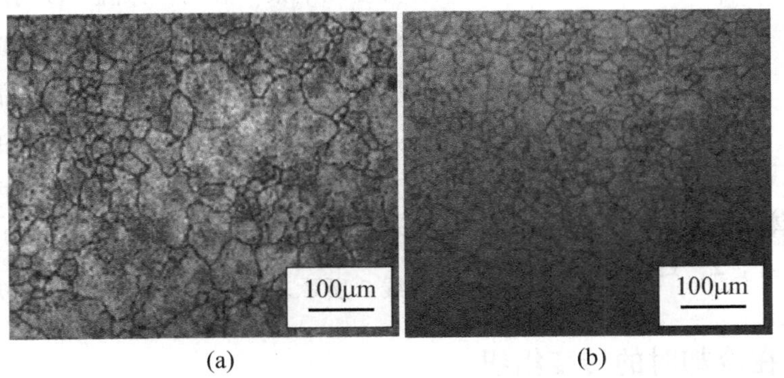

图 7-20　加热温度 1100℃、保温时间 15min 后的晶粒形貌

（a）基础齿轮钢；（b）添加质量分数为 0.08%Nb 后的基础齿轮钢

3）钢的原始组织影响

钢的原始组织主要影响奥氏体形成时的起始晶粒度。一般来说，钢的原始组织越细，碳化物弥散度越大，则奥氏体的起始晶粒越细小。细珠光体和粗珠光体相比，总是易于获得细小均匀的奥氏体起始晶粒度。在相同的加热条件下，和球状珠光体相比，片状珠光体在加热时奥氏体晶粒易于粗化，因为片状碳化物表面积大，溶解快，奥氏体形成速度也快，奥氏体形成后较早地进入晶粒长大阶段。

4）加热方式的影响

加热速度增大，过热度增大，使钢在较高温度下奥氏体化。由于高温下奥氏体的晶核形成率与长大速率之比增大，所以获得细小的奥氏体起始晶粒度。如果采用快速加热、短时保温的工艺方法，或者多次快速加热—冷却的方法，可获得非常细小的实际晶粒尺寸。

5）炼钢方法（脱氧剂的选择）的影响

化学成分相同，但采用不同冶炼钢方法冶炼的钢种，晶粒长大倾向性不同。本质细晶粒钢，因为钢水用 Al 脱氧，生成大量极细的氮化铝与氧化铝，它们弥散分布在晶界上，阻碍晶界的移动，起到了防止晶粒长大的作用。

7.2 钢在冷却时的组织转变

加热和冷却是钢的热处理基本过程。冷却速度决定奥氏体冷却转变组织。钢件热处理后的性能在很大程度上取决于冷却时奥氏体转变产物的类型和形态。

7.2.1 钢的冷却方式

钢在加热奥氏体化后有不同的冷却方式，其冷却速度也不相同。经常采用的有两种：一是等温冷却，它是将奥氏体化后的钢由高温快速冷却到临界温度以下某一温度，保温一段时间以进行等温转变，然后再冷却到室温，冷却方式如图 7-21 中的曲线 1 所示。生产工艺有等温淬火、等温退火等；另外一种是连续冷却，它是将奥氏体化后的钢连续从高温冷却到室温，使奥氏体在一个温度范围内发生连续转变如炉冷、空冷、油冷、水冷等。冷却方式如图 7-21 中曲线 2 所示。生产工艺有正火、退火、淬火等。

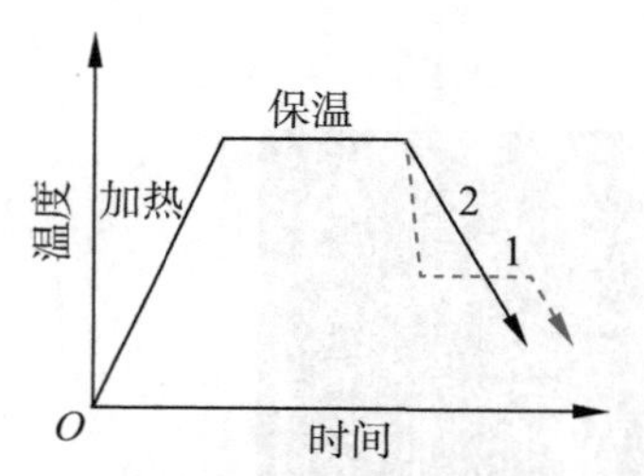

图 7-21 奥氏体不同冷却方式示意图

1—等温冷却；2—连续冷却

7.2.2 钢在冷却时的转变组织

奥氏体冷至临界温度以下，处于热力学不稳定状态，经过一定孕育期后，才能发生相变。这种在临界点以下尚未发生相变、处于不稳定状态的奥氏体称为过冷奥氏体。钢在冷却时的转变也称为过冷奥氏体的转变。成分一定的过冷奥氏体转变是一个与温度和时间（或冷却速度）相关的过程。冷却速度不同，则过冷奥氏体在不同温度下按不同机理转变成不同的组织。

钢的使用性能最终取决于奥氏体冷却转变后的组织。因此，钢从奥氏体状态的冷却过程是热处理的关键工序。研究不同冷却条件下钢中奥氏体组织的转变规律对于正确制订钢的热处理冷却工艺，获得钢件预期的性能具有重要的实际意义。

1. 高温转变组织——珠光体类

当过冷奥氏体以缓慢速度冷却时，在较高温度下发生共析转变，分解为铁素体和渗碳体两相混合组织。此时的转变组织称为珠光体类组织

1）珠光体类组织的形貌特征

根据钢中组成珠光体的铁素体和碳化物两相的形态及分布，珠光体组织形貌可分为片状（包括细片状、极细片状）、粒状（包括点状、球状）以及渗碳体不规则形态的类珠光体，如图 7-22 所示。

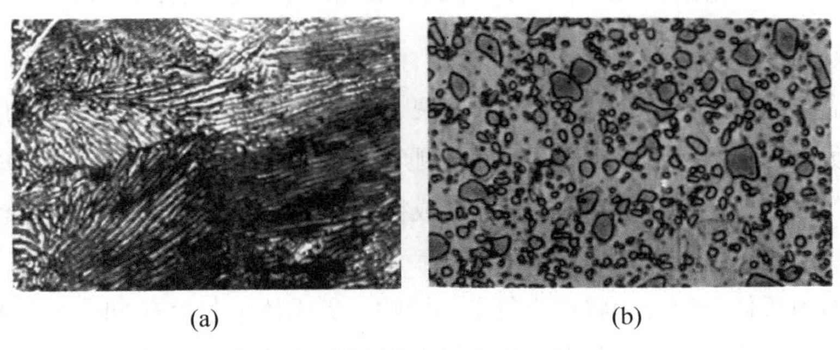

图 7-22　珠光体光学显微组织

（a）粗片状珠光体；（b）粒状珠光体

片状珠光体中铁素体和碳化物两相呈交替的层状分布，如图 7-22（a）所示。当共析渗碳体（或碳化物）以颗粒状存在于铁素体基体上时称为粒状珠光体，如图 7-22（b）所示。粒状珠光体中的碳化物颗粒大小不等，一般尺度为数百纳米到数千纳米。粒状珠光体较片状珠光体硬度低，韧性好，淬火加热时不容易过热，是淬火前良好的预备组织。片状珠光体的层片间距随冷却速度增加、奥氏体转变温度降低（即过冷度不断增大）而减小。如图 7-23 所示为 T12 钢珠光体层片间距与过冷度的关系。依层片间距不同，片状珠光体

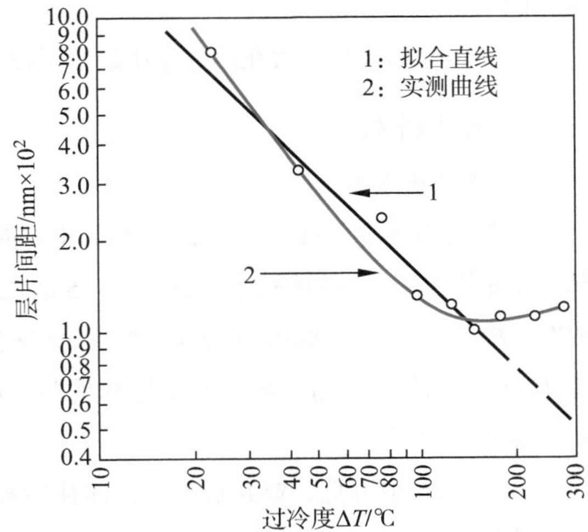

图 7-23　T12 钢珠光体层片间距与过冷度的关系

可以分成珠光体、索氏体、屈氏体三种。层片间距为 150~450nm，在金相显微镜下能明显分辨出片层的珠光体类组织称为珠光体。层片间距为 80~150nm，其片层在光学显微镜下难以分辨，此类珠光体组织称为索氏体。层片间距为 30~80nm，只有在电子显微镜下才能观察到片层结构的珠光体类组织称为屈氏体（或托氏体）。图 7-24 为珠光体、索氏体、屈氏体的电镜照片。

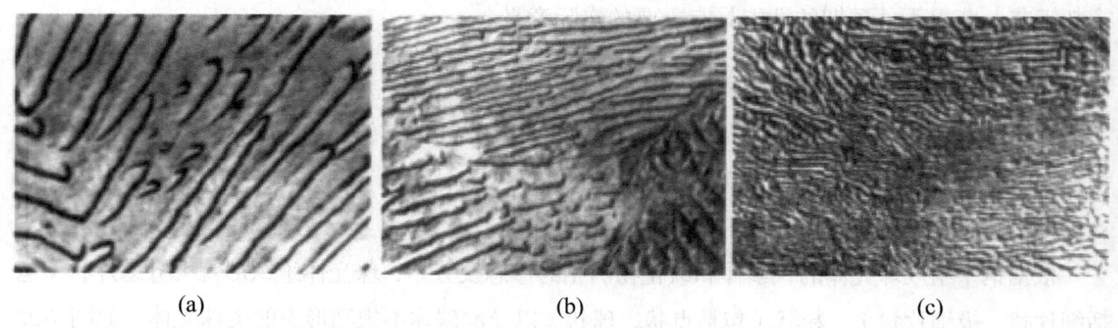

图 7-24　珠光体、索氏体、屈氏体电镜照片

（a）珠光体 3800×；（b）索氏体 8000×；（c）屈氏体 8000×

2）影响珠光体组织的内在因素

奥氏体的晶粒度、成分不均匀性、晶界偏聚、剩余碳化物等因素对奥氏体的共析分解均产生重要影响。如在 A_{c1}~A_{ccm} 之间奥氏体化时，剩余渗碳体或碳化物、成分不均匀等因素都会促进粒状珠光体的形成。粗大的奥氏体晶粒将形成粗片状珠光体组织，细小的奥氏体晶粒将转变为细片状的索氏体或屈氏体组织。

合金元素对奥氏体分解行为将产生复杂的影响。奥氏体中若含有 Nb、V、W、Mo、Ti 等强碳化物形成元素，在奥氏体分解时，则形成特殊碳化物或合金渗碳体（Fe、M$)_3$C。过冷奥氏体共析分解将直接形成铁素体 + 特殊碳化物（或合金渗碳体）的结合体，而不是铁素体 + 渗碳体的共析体。

珠光体的形成与长大在第 3 章中进行了详细介绍，本节不再赘述。

2. 先共析相

1）先共析铁素体

亚共析钢在退火或正火时，发生先共析铁素体析出或进行所谓的伪共析转变，获得铁素体 + 珠光体组织，或伪珠光体组织。图 7-25 是 Fe-Fe_3C 状态图的左下角，图中 *SG′* 为 *GS* 的延长线，*SE′* 为 *ES* 的延长线。*GSG′* 和 *ESE′* 两条线将相图左下角划分为 4 个区域：即 *GSE* 围成的奥氏体单相区；*G′SE′* 三角区域是共析区和伪共析区；*GSE′* 是先共析铁素体析出区；*ESG′* 是先共析渗碳体析出区。

从图 7-25 中可见，亚共析钢奥氏体化后被冷却到 *GS* 线以下，*SE′* 线以上时，将有先共析铁素体析出。

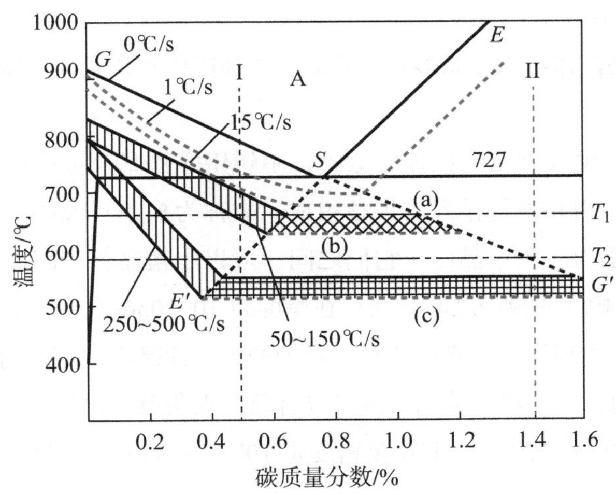

图 7-25　Fe-Fe_3C 合金先共析和伪共析区示意图

金相观察先共析铁素体的形态，有网状、块状（或称等轴状）和片状三种。在平衡冷却的情况下，亚共析钢首先析出等轴状的先共析铁素体晶粒，碳原子扩散进入奥氏体中，当奥氏体的成分达到共析成分时，将转变为珠光体组织，从而获得铁素体 + 珠光体的两相组织。

2）先共析渗碳体

对过共析钢而言，当被加热到 A_{cm} 温度以上时，保温获得比较均匀的奥氏体后，再缓慢冷却或在 A_1~A_{cm} 温度之间等温，将从奥氏体中析出渗碳体，称为二次渗碳体，或先共析渗碳体。对于高碳合金钢，则析出合金碳化物。这些碳化物的形状可以是网状的、粒状的，个别情况下为针（片）状。图 7-26 为 T12 钢退火的金相组织（硝酸酒精浸蚀）。从照片中可见原奥氏体晶粒的大小，沿着晶界分布着渗碳体网，奥氏体晶内转变为粗细不等的片状珠光体。

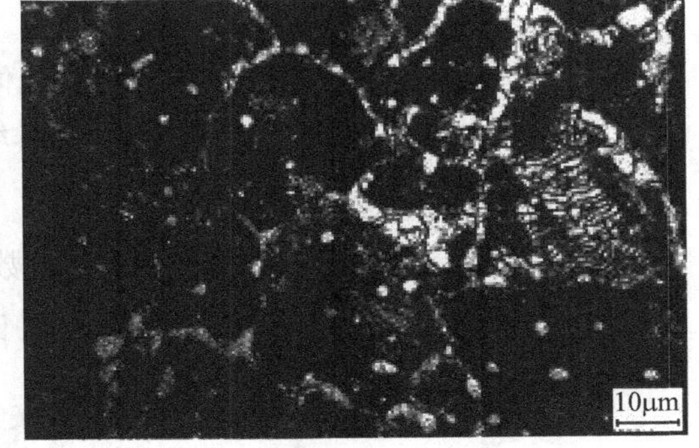

图 7-26　T12 钢退火后的金相组织（白亮色为网状 Fe_3C）

过共析钢如果在 A_1~A_{cm} 温度之间加热保温，得到奥氏体 + 碳化物两相，然后缓慢冷却，可以获得粒状珠光体组织。

3. 低温转变组织——马氏体

钢从奥氏体化状态快速冷却，抑制其扩散性分解，在较低温度（低于 M_s 点）发生的转变属于低温转变，转变产物称马氏体组织（用符号“M”表示）。钢中的马氏体组织其转变机理等内容在第 3 章中进行了详细介绍，本节不再赘述。

本章节主要介绍钢中马氏体组织的特性。

1）马氏体组织形态

研究表明钢中的马氏体组织形态多样，其中板条马氏体和片状马氏体最为常见。

（1）板条马氏体

板条马氏体是低、中碳钢及马氏体时效钢、不锈钢等铁基合金中形成的一种典型马氏体组织，由许多成群的、相互平行排列的板条组成，故称为板条马氏体。板条马氏体的空间形态是扁条状，每个板条为一个单晶体，它们之间一般以小角晶界相间，一个板条的尺寸约为 0.5μm × 5μm × 20μm。相邻的板条之间往往存在厚度为 10~20nm 的薄壳状的残余奥氏体，残余奥氏体的含碳量较高，也很稳定，它们的存在对钢的力学性能产生有益的影响。许多相互平行的板条组成一个板条束，一个奥氏体晶粒内可以有几个板条束（通常 3~5 个）。板条马氏体的亚结构是位错，故又称位错马氏体，其位错密度是 10^{11}~10^{12}/cm^2。如图 7-27 所示为低碳马氏体（板条状）的组织形态。

图 7-27　低碳马氏体（板条状）的组织形态

（a）电子显微组织；（b）光学显微组织；（c）低碳马氏体（板条状）示意图

（2）片状马氏体

片状马氏体是在中、高碳钢及镍质量分数 $w_{Ni} > 29\%$ 的 Fe-Ni 合金中形成的一种典型马氏体组织。如图 7-28 所示为高碳钢中典型的马氏体（片状）组织形态。

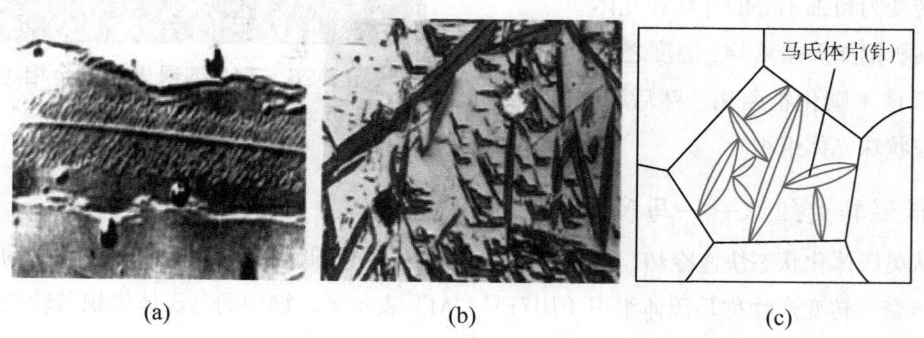

图 7-28　高碳马氏体的组织形态

（a）电子显微组织；（b）光学显微组织；（c）高碳马氏体（片、针状）示意图片状马氏体的空间形态呈双凸透镜状，由于与试样磨面相截，在光学显微镜下则呈针状或竹叶状，故又称为针状马氏体。如果试样磨面恰好与马氏体片平行相切，也可以看到马氏体的片状形态。马氏体片之间互不平行，呈一定角度分布。在原奥氏体晶粒中首先形成的马氏体片贯穿整个晶粒，但一般不穿过晶界将奥氏体晶粒分割。马氏体片的周围往往存在着残余奥氏体。片状马氏体的最大尺寸取决于原始奥氏体晶粒大小，奥氏体晶粒越粗大，则马氏体片越大。若光学显微镜无法分辨最大尺寸的马氏体片时，便称为隐晶马氏体。在生产中正常淬火得到的马氏体，一般都是隐晶马氏体。片状马氏体内部的亚结构主要是孪晶，孪晶间距为 5~10nm，因此片状马氏体又称为孪晶马氏体。但孪晶仅存在于马氏体片的中部，在片的边缘则为复杂的位错网络。

2）影响马氏体形态的因素

实验证明，钢中马氏体形态主要取决于含碳量及形成温度。马氏体的形成温度主要取决于奥氏体的化学成分，即碳和合金元素的含量，其中碳的影响最大。当奥氏体中碳质量分数小于 0.2% 时，转变成板条状马氏体；碳质量分数大于 1.0% 时形成片状马氏体；碳质量分数为 0.2%~1.0% 时则形成板条和片状马氏体的混合组织。对碳钢来说，随着含碳量的增加，板条马氏体数量相对减少，片状马氏体的数量相对增加。

碳质量分数为 0.2%~1.0% 的奥氏体在马氏体区较高温度先形成板条马氏体，然后在较低温度形成片状马氏体。一般认为板条马氏体大多在 200℃以上形成，片状马氏体主要在 200℃以下形成。碳浓度越高，板条马氏体的数量越少，片状马氏体的数量越多。溶入奥氏体中的合金元素除 Co、Al 外，大多数都使 M_s 点下降，因而都促进片状马氏体的形成。

3）马氏体的性能

高硬度是马氏体性能的主要特点。马氏体强化的主要原因是过饱和碳引起的晶格畸变，即固溶强化，此外，马氏体转变过程中产生大量的晶体缺陷（如位错、孪晶）所引起的组织细化以及过饱和碳以弥散碳化物形式的析出等都对马氏体强化有不同程度的贡献。

（1）马氏体的硬度和强度

马氏体的硬度主要取决于含碳量，随含碳量的增加而升高。当碳质量分数达到 0.6% 时，淬火钢硬度接近最大值。含碳量进一步增加，虽然马氏体的硬度会有所提高，但由于残余奥氏体量增加，反而使钢的硬度有所下降。合金元素对马氏体的硬度影响不大，但可以提高其强度。马氏体具有高硬度、高强度的原因是多方面的，其中主要包括固溶强化、相变强化、时效强化以及晶界强化等。第一是碳对马氏体的固溶强化。过饱和的间隙原子碳在 α 相晶格中造成晶格的正方畸变，形成一个强烈的应力场，该应力场与位错发生强烈的交互作用，阻碍位错的运动，从而提高马氏体的硬度和强度。第二是相变强化。马氏体转变时，在晶体内造成晶格缺陷密度很高的亚结构，如板条马氏体中高密度的位错、片状马氏体中的孪晶等，这些缺陷都将阻碍位错的运动，使得马氏体强化。第三是时效强化。由于钢的 M_s 点大都处在室温以上，因此马氏体形成后，在冷却到室温的过程中或室温停留时，或外力作用下，碳原子和合金原子向位错及其他晶体缺陷处扩散偏聚或碳化物弥散析出，钉扎位错，使位错难以运动，从而造成马氏体时效强化。此现象称为“自回火”。第四是原始奥氏体晶粒大小及板条马氏体束大小对马氏体强度的影响。原始奥氏体晶粒大小及板条马氏体束的尺寸对马氏体的强度也有一定的影响。原始奥氏体晶粒越细小、马氏体板条束越小，则马氏体强度越高。这是由于相界面阻碍位错的运动造成的马氏体强化。

（2）马氏体的塑性和韧性

马氏体的塑性和韧性主要取决于马氏体的亚结构。片状马氏体具有高强度、高硬度，但韧性很差，其特点是硬而脆。在具有相同屈服强度的条件下，板条马氏体比片状马氏体的韧性要好得多。其原因在于片状马氏体中微细孪晶亚结构的存在破坏了有效滑移系，使脆性增大；而板条马氏体中的高密度位错是不均匀分布的，存在低密度区，为位错提供了活动的余地，所以仍有相当好的韧性。此外，片状马氏体的碳浓度高，晶格的正方畸变大，这也使其韧性降低而脆性增大，同时，片状马氏体中存在许多显微裂纹，还存在着较大的淬火内应力，这些也都使其脆性增大。所以，片状马氏体的性能特点是硬度高而脆性大。而板条马氏体，由于碳浓度低，再加上自回火，所以晶格正方度很小或没有，淬火应力也小，而且不存在显微裂纹。这些都使得板条状马氏体的韧性相当好。同时，强度、硬度也足够高。例如，碳质量分数为 0.10%~0.25% 的碳素钢及合金钢淬火形成板条马氏体的性能大致如下：抗拉强度 1000~1500MPa，屈服强度 800~1300MPa，硬度 35~50HRC，断后伸长率 9%~17%，断面收缩率 40%~65%，冲击韧性 60~180J/cm^2 。共析碳钢淬火形成的片状马氏体呈脆硬特征，抗拉强度、屈服强度极低，硬度 900HV，断后伸长率约为 1%，断面收缩率约为 30%，冲击韧性约为 10J/cm^2 。可见，马氏体的力学性能主要取决于含碳量、组织形态和内部亚结构。

4）钢中马氏体转变的主要特点

钢中马氏体转变，相对珠光体转变来说，是在较低的温度区域进行的，主要特点如下：

（1）马氏体转变属于无扩散型转变，转变进行时，只有点阵作有规则的重构，而新相与母相并无成分的变化。

（2）马氏体形成时在试样表面将出现浮凸现象，表明马氏体的形成是以切变方式实现。同时马氏体和母相奥氏体之间的界面保持切变共格关系。这种以切变维持的共格关系也称为第二类共格关系（区别于以正应力维持的第一类共格关系）。

（3）马氏体转变的晶体学特点是新相与母相之间保持着一定的位向关系。在钢中已观察到的有 K-S 关系、西山关系与 C-T 关系。马氏体是在母相奥氏体点阵的某一晶面上形成的，马氏体的平面或界面常常和母相的某一晶面接近平行，这个面称为惯习面。钢中马氏体的惯习面近于 $\{111\}_A$、$\{225\}_A$ 和 $\{259\}_A$。由于惯习面的不同，常常造成马氏体组织形态的不同。

（4）马氏体转变是在一定温度范围内完成的，马氏体的形成量是温度或时间的函数。在一般合金中，马氏体转变开始后，必须继续降低温度，才能使转变继续进行，如果中断冷却，转变便告停止。但在有些合金中，马氏体转变也可以在等温条件下进行，即转变时间的延长使马氏体转变量增多。在通常冷却条件下马氏体转变开始温度 M_s 与冷却速度无关。当冷却到某一温度以下，马氏体转变不再进行，此即马氏体转变终了温度，也称 M_f 点。

（5）在通常情况下，高碳马氏体转变不能进行到底，也就是说当冷却到 M_f 点温度后不能获得 100% 的马氏体，而在组织中保留有一定数量的未转变的奥氏体，称之为残余奥氏体。淬火后钢中残余奥氏体量的多少，和 M_s~M_f 点温度范围与室温的相对位置有直接关系，并且和淬火时的冷却速度以及冷却过程中是否停顿等因素有关。

（6）奥氏体在冷却过程中如果在某一温度以下缓冷或中断冷却，常使随后冷却时的马氏体转变量减少，这一现象称奥氏体稳定化。能引起稳定化的温度上限称为 M_c 点，高于此点，缓冷或中断冷却不产生奥氏体稳定化现象。

（7）在某些铁系合金中发现，奥氏体冷却转变为马氏体后，当重新加热时，已形成的马氏体可以逆转变为奥氏体。这种马氏体转变的可逆性，也称逆转变。通常用 A_s 表示逆转变开始点，A_f 表示逆转变终了点。

（8）奥氏体冷却转变为马氏体后出现体积增大的现象。

4. 中温转变组织——贝氏体

贝氏体是由含碳过饱和的铁素体与渗碳体组成的两相混合物。贝氏体转变时，由于过冷度大导致铁原子不能扩散，只能通过切变使奥氏体向铁素体点阵转变，并由碳原子的短距离扩散进行碳化物的沉淀析出。因此，贝氏体转变的机理、转变产物的组织形态不同于珠光体、马氏体转变。

1）贝氏体的组织形态

贝氏体有三种常见的组织形态，分别称为上贝氏体、下贝氏体和粒状贝氏体。

（1）上贝氏体

共析奥氏体过冷至 350~550℃转变将得到上贝氏体组织（用“$B_{上}$”表示）。其硬度为 40~45HRC。钢中的上贝氏体为成束分布、平行排列的铁素体和夹于其间的断续条状渗碳体混合物。在电子显微镜下，可以清楚地看到在平行的条状铁素体之间存在断续的、粗条状的渗碳体，如图 7-29（a）所示。在中、高碳钢中，当上贝氏体形成量不多时，在光学显微镜下可以观察到成束排列的铁素体条自奥氏体晶界平行伸向晶内，具有羽毛状特征，条间的渗碳体分辨不清，如图 7-29（b）所示。上贝氏体中铁素体的亚结构是位错，其密度为 10^8~10^9/cm^2，比板条马氏体低 2~3 个数量级。随着形成温度降低，位错密度增大。

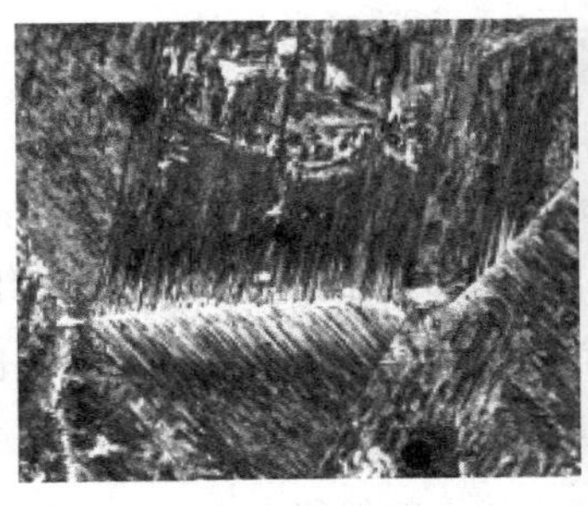

(a)

(b)

图 7-29　上贝氏体显微组织

（a）电子显微组织；（b）光学显微组织

在一般情况下，随含碳量的增加，上贝氏体中的铁素体条增多、变薄，渗碳体数量亦增多、变细。上贝氏体的形态还与转变温度有关，随转变温度降低，上贝氏体中铁素体条变薄，渗碳体细化。

在上贝氏体中的铁素体条间还可能存在未转变的残余奥氏体。尤其是当钢中含有 Si、Al 等元素时，由于 Si、Al 能使奥氏体的稳定性增加，抑制渗碳体析出，故使残余奥氏体的数量增多。

（2）下贝氏体

下贝氏体形成于贝氏体转变区的较低温度范围，中、高碳钢为 350℃ ~M_s 之间。典型的下贝氏体是由含碳过饱和的片状铁素体和其内部沉淀的碳化物组成的混合物。下贝氏体的空间形态呈双凸透镜状，与试样磨面相交呈片状或针状。在电子显微镜下可以观察到下贝氏体中碳化物的形态，它们细小、弥散，呈粒状或短条状，沿着与铁素体长轴成 55° ~60° 取向平行排列，如图 7-30 (a) 所示。在光学显微镜下，当转变量不多时，下贝氏体呈黑色针状或竹叶状，针与针之间成一定角度，如图 7-30 (b) 所示。下贝氏体可以在奥氏体晶界上形成，但更多的是在奥氏体晶粒内部形成。下贝氏体中铁素体的亚结构为位错，其位错密度比上贝氏体中铁素体的高。下贝氏体的铁素体内含有过饱和的碳，其固溶量比上贝氏体高，并随形成温度降低而增大。由于细小碳化物弥散分布于铁素体针内，针状铁素体又有一定过饱和度，因此弥散强化和固溶强化使下贝氏体具有较高的强度、硬度和良好的塑韧性，即具有较优良的综合力学性能。

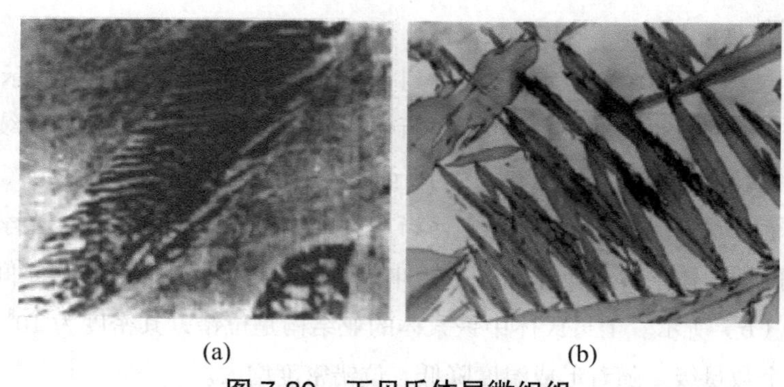

图 7-30　下贝氏体显微组织

（a）电子显微组织；（b）光学显微组织

（3）粒状贝氏体

粒状贝氏体是近年来在一些低碳或中碳合金钢中发现的一种贝氏体组织。粒状贝氏体形成于上贝氏体转变区上限温度范围内。粒状贝氏体的组织如图 7-31 所示。其组织特征是在粗大的块状或针状铁素体内或晶界上分布着一些孤立的小岛，小岛形态呈粒状或长条状等，很不规则。这些小岛在高温下原是富碳的奥氏体区，其后的转变可能有三种情况：分解为铁素体和碳化物，形成珠光体；发生马氏体转变；富碳的奥氏体全部保留下来。初步研究认为，粒状贝氏体中铁素体的亚结构为位错，但其密度不大。大多数结构钢，不管是连续冷却还是等温冷却，只要冷却过程控制在一定温度范围内，都可以形成粒状贝氏体。

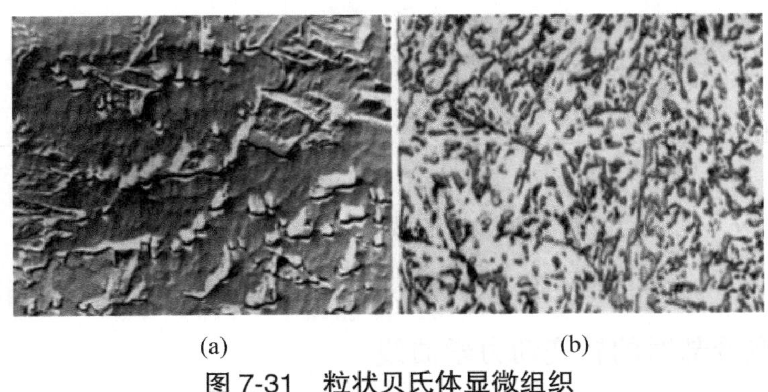

(a)　　(b)

图 7-31　粒状贝氏体显微组织

（a）电子显微组织；（b）光学显微组织

2）贝氏体的力学性能

贝氏体的力学性能主要取决于其组织形态。由于上贝氏体的形成温度较高，铁素体条粗大，碳的过饱和度低，因而强度和硬度较低。另外，碳化物颗粒粗大，且呈断续条状分布于铁素体条间，铁素体条和碳化物的分布具有明显的方向性，这种组织形态使铁素体条间易产生脆断，同时铁素体条本身也可能成为裂纹扩展的路径，所以上贝氏体的冲击韧性较低。越是靠近贝氏体区上限温度形成的上贝氏体，韧性越差，强度越低。因此，在工程材料中一般应避免上贝氏体组织的形成。

下贝氏体中铁素体针细小、分布均匀，在铁素体内又沉淀析出大量细小、弥散的碳化物，而且铁素体内含有过饱和的碳及很高密度的位错，因此下贝氏体强度高，韧性也好，具有良好的综合力学性能，且缺口敏感性和脆性转折温度都较低，是一种理想的组织。在生产中以获得下贝氏体组织为目的的等温淬火工艺得到了广泛的应用。

粒状贝氏体组织中，在颗粒状或针状铁素体基体中分布着许多小岛，这些小岛无论是残余奥氏体、马氏体，还是奥氏体的分解产物都可以起到复相强化作用。粒状贝氏体具有较好的强韧性，在生产中已经得到应用。

3）贝氏体转变的特点及形成过程

由于贝氏体转变是发生在珠光体与马氏体转变之间的中温区，铁和合金元素的原子已难以进行扩散，但碳原子还具有一定的扩散能力。这就决定了贝氏体转变兼有珠光体转变和马氏体转变的某些特点。与珠光体转变相似，贝氏体转变过程中发生碳在铁素体中的扩散；与马氏体转变相似，奥氏体向铁素体的晶格改组是通过共格切变方式进行的。因此，贝氏体转变是一个有碳原子扩散的共格切变过程。它们的形成过程如图 7-32 所示。上贝氏体转变温度稍高，先形成过饱和铁素体，铁素体呈密集而平行排列的条状生长，随后铁素体中的部分碳原子扩散迁移到条间的奥氏体中，使奥氏体析出不连续的短杆状的碳化物。下贝氏体转变温度较低，先形成过饱和铁素体，呈针片状。由于转变温度低，C 原子扩散很困难，只能在过饱和的铁素体内作短程迁移、聚集，形成与铁素体片长轴成 55°~65° 夹角的碳化物小片。

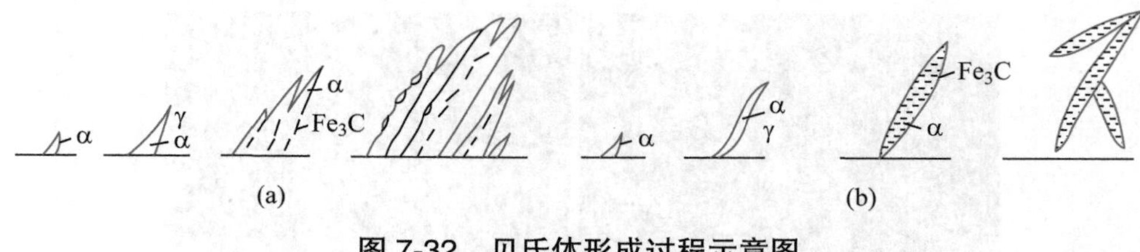

图 7-32　贝氏体形成过程示意图

（a）上贝氏体；（b）下贝氏体

7.2.3　钢在冷却时的转变动力学曲线

过冷奥氏体转变同加热相变一样也是一个生核和长大过程，这个过程通常可以用温度、时间和转变程度之间的关系曲线（冷却转变动力学曲线）表示。根据过冷奥氏体的冷却方式，冷却转变动力学曲线有等温转变曲线和连续转变曲线。过冷奥氏体在不同温度下转变时，其转变机理、转变动力学、转变产物及其性能均不相同。因此研究温度、时间对过冷奥氏体转变的影响，有助于热处理过程中获得理想的转变组织和性能。

1. 过冷奥氏体等温转变曲线

过冷奥氏体等温转变动力学曲线是表示将奥氏体急速冷却到临界点以下某一温度下保温时，过冷奥氏体的转变量与转变时间的关系曲线。此曲线可综合反映过冷奥氏体在不同过冷度下的等温转变过程，转变开始和转变终了时间，转变产物的类型以及转变量与时间、温度之间的关系等。俗称其为 C 曲线，亦称为 TTT 图。

1）过冷奥氏体等温转变曲线的绘制

根据过冷奥氏体冷却过程中组织转变而导致力学性能、物理性能变化，可以采用金相—硬度法、膨胀法、磁性法、电阻法等来测定过冷奥氏体等温转变曲线。现以金相—硬度法为例介绍共析钢过冷奥氏体等温转变曲线的绘制过程。

将共析钢加工成圆片状试样（ϕ 10mm × 1.5mm），并分成若干组，每组试样 5~10 个。首先选一组试样加热至奥氏体化后，迅速转入 A_1 以下一定温度的熔盐浴中等温，停留不同时间之后，逐个取出试样，迅速淬入盐水中激冷，使尚未分解的过冷奥氏体变为马氏体，这样在金相显微镜下就可观察到过冷奥氏体的等温分解过程，记下过冷奥氏体向其他组织转变开始的时间和转变终了的时间；显然，等温时间不同，转变产物量就不同。由一组试样可以测出一个等温温度下转变开始和转变终了的时间，根据需要也可以测出转变量为 20%、50%、70% 等的时间。使用多组试样在不同等温温度下进行试验，将各温度下的转变开始点和终了点都绘在同一温度—时间坐标系中，并将不同温度下的转变开始点和转变终了点分别连接成曲线，就可以得到共析钢的过冷奥氏体等温转变曲线，如图 7-33 所示。

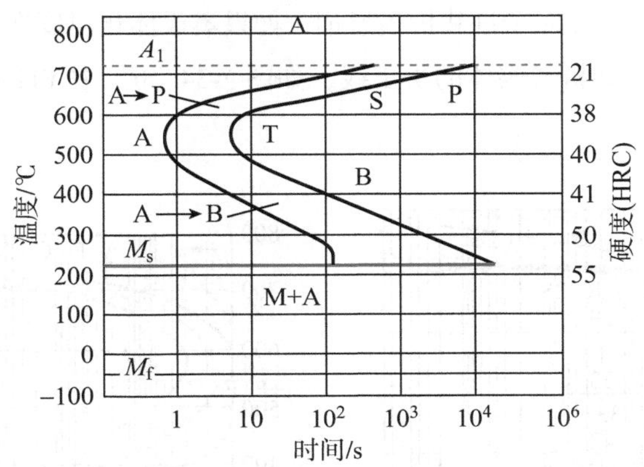

图 7-33　共析钢的过冷奥氏体等温转变曲线

2）过冷奥氏体等温转变曲线的分析

过冷奥氏体等温转变曲线（C 曲线）中转变开始线与纵轴的距离为过冷奥氏体等温开始到发生转变的时间，称为孕育期，标志着不同过冷度下过冷奥氏体的稳定性。从动力学图上可以看出，珠光体或贝氏体形成初期有一个孕育期。等温温度从临界点 A_1 点逐渐降低时，相变的孕育期逐渐缩短，降低到某一温度时，孕育期最短；温度再降低，孕育期又逐渐变长。其中以 550℃左右共析钢的孕育期最短，过冷奥氏体稳定性最低，俗称为 C 曲线的“鼻尖”。

现以共析钢为例分析过冷奥氏体等温转变曲线图。如图 7-33 所示，最上面水平虚线表示钢的临界点 A_1（723℃），即奥氏体与珠光体的平衡温度。A_1 线以上是奥氏体稳定区。A_1 线以下，M_s 点以上和转变开始曲线之间区域为过冷奥氏体区，转变开始曲线和转变终了曲线之间为过冷奥氏体正在转变的区域，在该区域过冷奥氏体向珠光体或贝氏体转变。转变终了线以右为转变终了区，即过冷奥氏体转变产物区。C 曲线下方的一条水平线 M_s 线为马氏转变开始温度线，M_s 以下还有一条水平线 M_f 线为马氏体转变终了温度线。M_s 线至 M_f 线之间的区域为马氏体转变区。过冷奥氏体在过冷奥氏体区不发生转变，处于亚稳定状态。过冷奥氏体转变终了线与纵坐标之间的水平距离则表示在不同温度下转变完成所需要的总时间。转变所需的总时间随等温温度的变化规律与孕育期的变化规律相似。因为过冷奥氏体的稳定性同时由两个因素控制：一个是旧相与新相之间的自由能差 ΔG；另一个是原子的扩散系数 D。等温温度越低，过冷度越大，自由能差 ΔG 也越大，则加快过冷奥氏体的转变速度；但原子扩散系数却随等温温度降低而减小，从而减慢过冷奥氏体的转变速度。高温时，自由能差 ΔG 起主导作用；低温时，原子扩散系数起主导作用。处于“鼻尖”温度时，两个因素综合作用的结果，使转变孕育期最短，转变速度最大。

亚共析钢及过共析钢的 C 曲线基本特点与共析钢相同，但亚共析钢在转变动力学图的左上方，还有一条先共析铁素体的析出线，如图 7-34（a）中 45 钢等温转变图中箭头所示的 A → F 线。当过冷奥氏体在 C 曲线“鼻子”以上某一恒温下发生转变时，首先生成先共析铁素体，然后才开始珠光体转变。同样对于过共析碳素钢，如果奥氏体化温度在 A_{ccm} 以上，则在转变动力学图的左上方有一条先共析渗碳体的析出线，如图 7-34（b）中 T11 钢等温转变图中箭头所示的 A → Fe_3C 线。

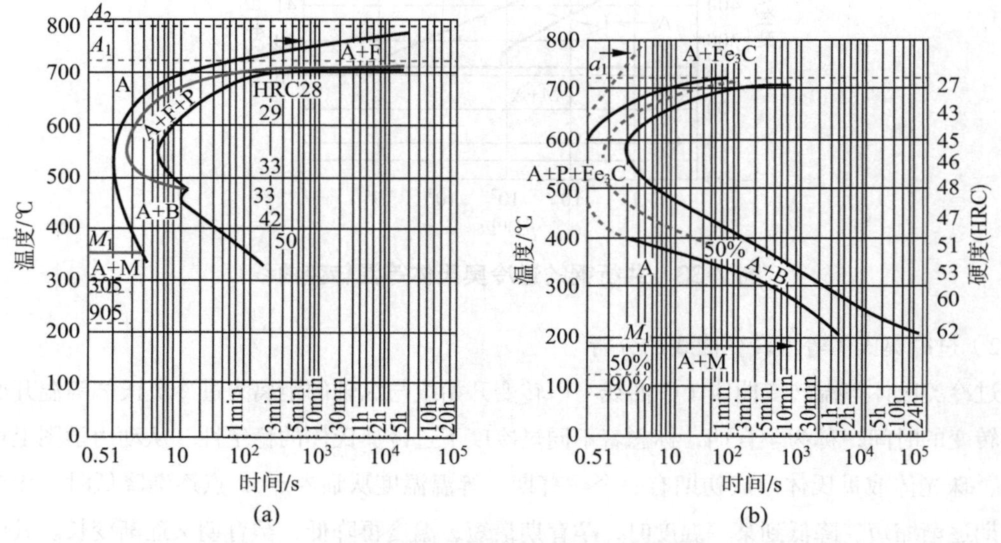

图 7-34　亚共析钢、过共析钢的过冷奥氏体等温转变曲线

（a）45 钢；（b）T11 钢

等温转变曲线因合金元素和其他因素的影响而呈不同形状。根据珠光体，贝氏体和马氏体的转变曲线是重叠的还是明显分离，将它们归属于几种基本类型，如表 7-2 所示。

表 7-2　钢中过冷奥氏体等温转变曲线主要类型

类型	化学成分及代表钢号	转变曲线特征
A_1 温度 M_s 0 时间	碳素钢，含有非形成碳化物元素，如硅、镍、铜、硼等的低碳合金钢，如 40Ni3、60Si 等	珠光体型和贝氏体型转变在相近的温区发生，马氏体点以上只出现一个转变速度的极大值，在亚（过）共析钢的奥氏体分解时转变图上有一条先共析铁素体（渗碳体）的析出线
A_1 温度 M_s 0 时间	含有碳化物形成元素铬、钼、钒等合金结构钢，如 18CrMn、20CrMo、35CrMo 等	由于钢中有形成碳化物的元素，一方面增加过冷奥氏体的稳定性，同时使转变曲线出现双 C 型特征。在含碳量较低，且含有形成碳化物元素的合金结构钢中出现

续表

类型	化学成分及代表钢号	转变曲线特征
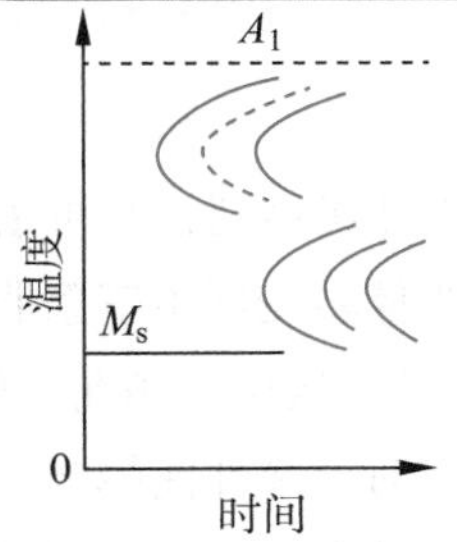 A_1 温度 M_s 0 时间	含有碳化物形成元素铬、钼、钒等高碳合金钢，如 9CrSi、W18Cr4V 等	由于钢中有形成碳化物的元素，一方面增加过冷奥氏体的稳定性，同时使转变曲线出现双 C 型特征。在含碳量较高，且含有形成碳化物合金元素的钢中出现。奥氏体到贝氏体转变时间较长
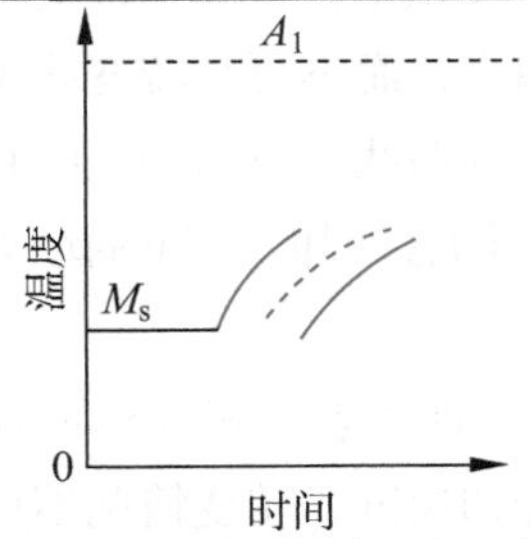 A_1 温度 M_s 0 时间	低碳（0.25 以下）、中碳和高含量的钼、钨、铬、镍、锰的合金结构钢，如 18CrNi4WA、18Cr2Ni4MoA、25Cr2Ni4WA 等	由于含有钼、钨、铬、镍等元素，强烈地提高了过冷奥氏体的稳定性，使珠光体转变曲线显著地右移，因含碳量较低，有利于生成贝氏体的 α 相晶核，因而，贝氏体的转变曲线相对地左移
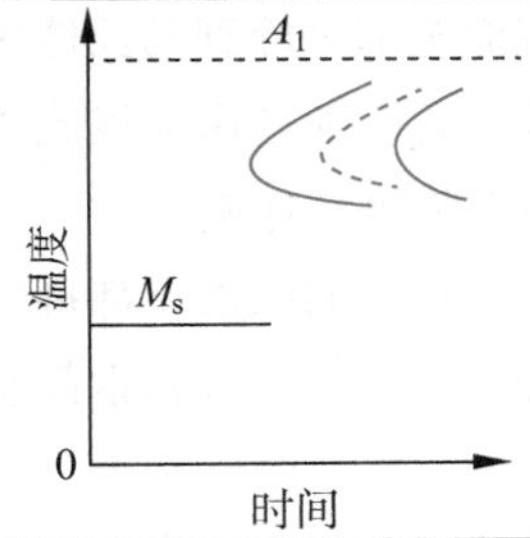 A_1 温度 M_s 0 时间	中碳高铬钢及高碳高铬钢，如 3Cr13、1Cr13、3Cr13Si 等	钢中含碳量和合金元素含量较高，使得贝氏体的长大速度显著降低，推迟贝氏体的转变
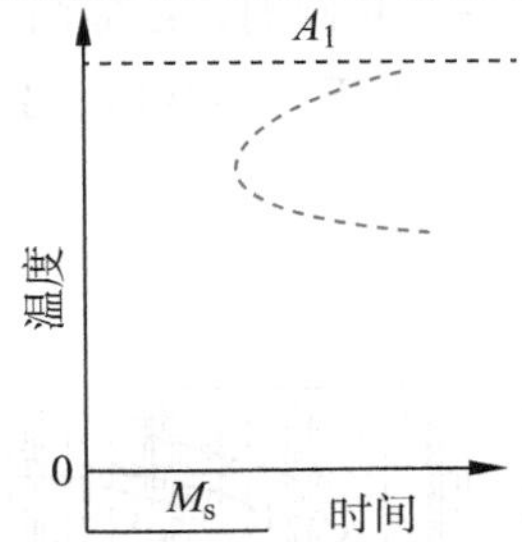 A_1 温度 0 M_s 时间	有碳化物析出倾向的奥氏体钢，如 1Cr4NiW2Mo 等	钢的 M_s 点低于室温，在马氏体点以上 A_1 之下不发生任何转变，仅在特殊实验测定时，才能发现过剩碳化物在高温析出

2. 过冷奥氏体连续冷却转变曲线（CCT 曲线）

在实际生产中，大多数热处理工艺在连续冷却情况下进行，如炉冷退火、空冷正火、水冷淬火等。过冷奥氏体在连续冷却时的转变是在一个温度范围内发生，其过冷度不断变化。连续冷却过程可以看成是无数个微小的等温过程，连续冷却转变组织在这些微小的等温过程中孕育、长大。

但是奥氏体的连续冷却转变不同于等温转变。因为连续冷却过程要先后通过各个转变温度区，可能先后发生几种转变，此外，连续冷却过程中的冷却速度不同，可能发生的转变也不同，各种转变产物的相对量也不同，最终得到的组织与性能也不同。因此，连续转变的转变规律性不像等温转变那样明显，形成的组织也不容易区分。

1）过冷奥氏体连续冷却转变曲线的绘制

过冷奥氏体连续冷却转变曲线（CCT 曲线）的绘制与 TTT 曲线的绘制方式相同。如图 7-35 所示为共析钢连续冷却 CCT 曲线。

2）过冷奥氏体连续冷却转变曲线的分析

以共析碳钢为例，分析过冷奥氏体的连续冷却转变图。由图 7-35 可观察到，共析碳钢在连续冷却过程中只发生珠光体与马氏体转变，不发生贝氏体转变。珠光体转变区由三条曲线构成，左边是转变开始线，右边是转变终了线，下面是转变中止线。马氏体转变区由两条曲线构成，一条是温度上限 M_s 线，一条是冷却速度下限 υ_k'。当冷却速度 $\upsilon < \upsilon_k'$ 时，冷却曲线与珠光体转变开始线相交便发生奥氏体向珠光体转变，与终了线相交时，转变便结束，形成全部的珠光体。当冷却速度 $\upsilon_k' < \upsilon < \upsilon_k$ 时，冷却曲线只与珠光体转变开始线相交，而不再与转变终了线相交，但会与中止线相交，这时奥氏体只有一部分转变为珠光体。冷却曲线一旦与中止线相交就不再发生转变，只有一直冷却到 M_s 线以下才发生马氏体转变，并且随着冷却速度 v 的增大，珠光体转变量越来越少，而马氏体量越来越多。

当冷却速度 $\upsilon > \upsilon_k$ 时，冷却曲线不再与珠光体转变开始线相交，即不发生奥氏体向珠光体转变，而全部过冷到马氏体区，只发生马氏体转变。此后再增大冷却速度，转变情况不再变化。由上面分析可见，υ_k 是保证奥氏体在连续冷却过程中不发生分解而全部过冷到马氏体区的最小冷却速度，称为上临界冷却速度，通常也称为淬火临界冷却速度。υ_k' 则是保证奥氏体在连续冷却过程中全部分解而不发生马氏体转变的最大冷却速度，称为下临界冷却速度。

临界冷却速度的大小受很多因素的影响，凡是能增加过冷奥氏体稳定性的因素，都将使临界冷却速度变小。其中最主要的是金属材料的化学成分，除钴和铝外，其他的合金元素都使过冷奥氏体的稳定性增加，降低了钢的临界冷却速度。

有些钢在连续冷却时会发生贝氏体转变，得到贝氏体组织，如某些亚共析钢、合金钢。亚共析钢连续冷却曲线与共析钢不相同，主要是出现了铁素体的析出线、贝氏体转变区、M_s 线位置的移动等。

例如，35CrNiW 钢的连续冷却转变曲线如图 7-36 所示。

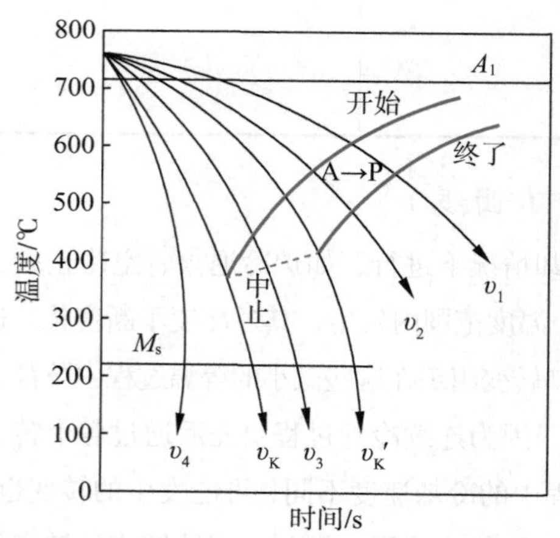

图 7-35　共析钢过冷奥氏体连续冷却转变曲线

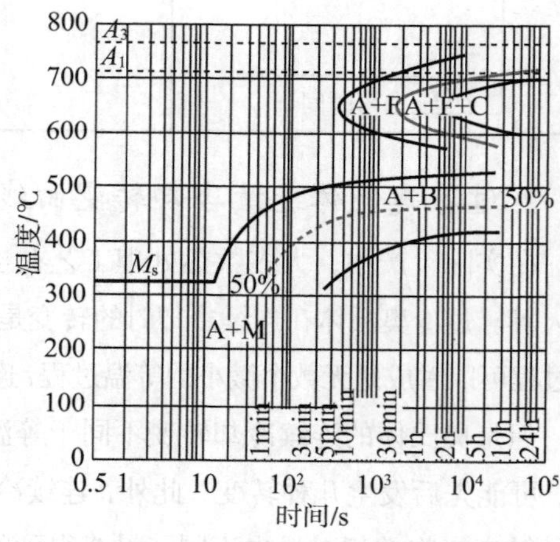

图 7-36　亚共析钢连续冷却转变曲线

各条冷却曲线与不同转变的终了线相交处的数字，表示过冷奥氏体已转变为其他产物的百分数。

3）CCT 曲线与 TTT 曲线比对分析

图 7-37 为共析钢的 CCT 曲线与 TTT 曲线比对图，实线为 CCT 曲线，虚线为 TTT 曲线。从图中可观察到 CCT 曲线与 TTT 曲线主要有以下不同：

（1）CCT 曲线比 TTT 曲线多出一条转变中止线。在 TTT 曲线上，过冷奥氏体在整个转变温度范围内都能发生相变，只是孕育期有长短，但是 CCT 曲线上，过冷奥氏体存在不发生相变的温度范围，如图中转变中止线以下的 200~450℃；

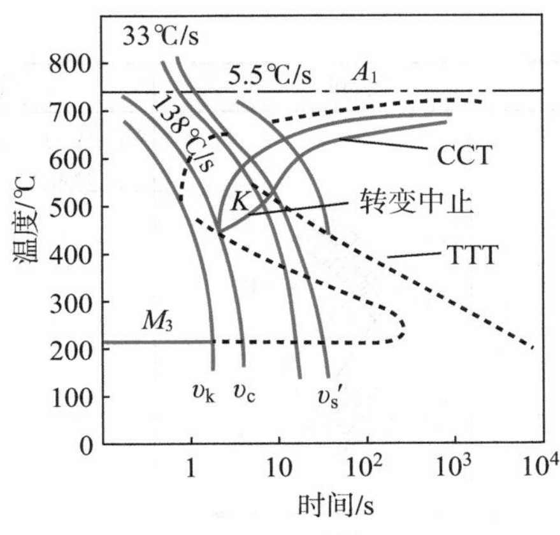

图 7-37　共析钢的 CCT 曲线与 TTT 曲线比较

（2）CCT 曲线处于 TTT 曲线右下方。过冷奥氏体转变为同一组织时，连续冷却方式下比等温冷却方式下转变发生在更低的温度和需要更长的时间。

由于以上不同，共析碳素钢和过共析碳素钢在连续冷却转变中不出现贝氏体转变，只发生珠光体转变和马氏体相变。对于合金钢，在连续冷却转变中，一般有贝氏体转变发生，但是，由于贝氏体相变区与珠光体分解区往往分离，合金钢的 CCT 曲线更加复杂。但是 CCT 曲线总是位于 TTT 曲线的右下方。钢中常见的 CCT 曲线类型如表 7-3 所示。

表 7-3　常见的 CCT 曲线类型分析

类型	代表性的成分或钢号	转变曲线特征
A→P；M_s；M；温度；时间；0	共析碳钢和过共析碳钢	只有珠光体转变区
A→P；M_s；A→B；M；温度；时间；0	含碳较低的合金结构钢，如 35CrMo、35CrSi、22CrMo 等	有珠光体转变区，同时存在贝氏体转变区。两者分离，贝氏体转变区超前（孕育期短些）于珠光体转变区

续表

类型	代表性的成分或钢号	转变曲线特征
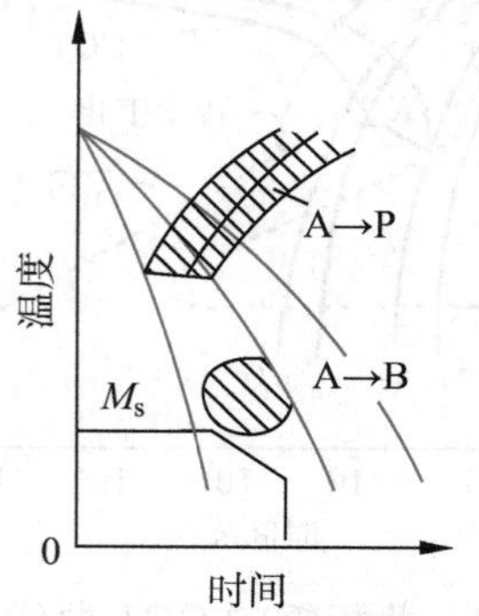 温度 A→P A→B M_s 0 时间	常见于含铬中高碳钢，如Cr12、Cr12MoV、Cr6WV等	有珠光体转变区，同时存在贝氏体转变区。两者分离，珠光体转变区（孕育期短些）超前于贝氏体转变区
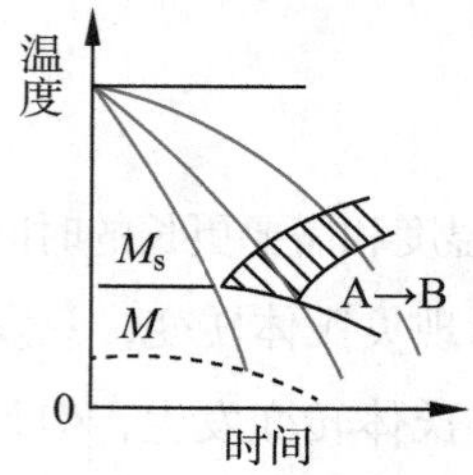 温度 M_s A→B M 0 时间	含有较高的铬、锰元素，特别是含有钼（或钨）元素的低碳和中碳合金钢结构，如18Cr2Ni4W、35CrNi4Mo等	只有贝氏体转变区
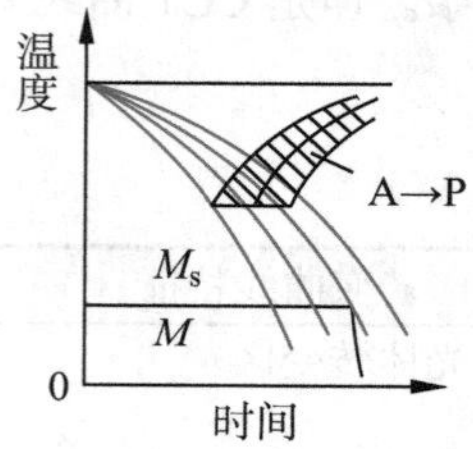 温度 A→P M_s M 0 时间	中碳高铬钢，如3Cr13、4Cr13（加热温度为1200℃）等	只有珠光体转变区
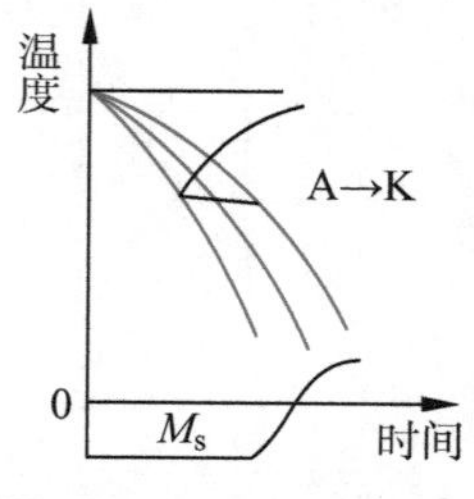 温度 A→K 0 M_s 时间	易形成碳化物的奥氏体钢，如4Cr14Ni14W2Mo钢等	只有碳化物析出线，马氏体点（M_s）低于0℃

7.2.4 影响过冷奥氏体转变的因素

影响过冷奥氏体转变过程的内在因素包括过冷奥氏体的化学成分、组织结构状态；外部因素主要是奥氏体化条件，如加热温度、时间、冷却速度、应力及变形等。

1. 化学成分的影响

1）过冷奥氏体中固溶碳量的影响

奥氏体中实际固溶的碳含量影响奥氏体的共析分解。在亚共析钢中，随着碳含量的增高，先共析铁素体析出的孕育期增长，析出速度减慢，共析分解也变慢。这是由于相同条件下亚共析钢中碳含量增加时，先共析铁素体形核几率变小，铁素体长大所需扩散离去的碳量增大，导致铁素体析出速度变慢。由此引发的珠光体形成速度也随之而减慢。因此亚共析钢随着碳的质量分数的增加，C 曲线向右移，

在过共析钢中，当奥氏体化温度为 A_{ccm} 以上时，碳元素完全溶入奥氏体中，这种情况下，碳含量越高，碳在奥氏体中的扩散系数增大，先共析渗碳体析出的孕育期缩短，析出速度增大。碳降低铁原子的自扩散激活能，增大晶界铁原子的自扩散系数，则使珠光体形成的孕育期随之缩短，增加形成速度。因此过共析钢随着碳的质量分数的增加，C 曲线向左移。相对来说，对于共析碳素钢而言，完全奥氏体化后，过冷奥氏体的分解较慢，较为稳定。因此在碳钢中以共析钢的过冷奥氏体最为稳定。

2）合金元素的影响

奥氏体中溶入合金元素则形成合金奥氏体。随着合金元素数量和种类的增加，奥氏体变成一个复杂的多组元构成的整合系统。合金元素在奥氏体共析分解时所起的作用不同，则对过冷奥氏体转变影响不相同。例如，非（或弱）碳化物形成元素（如锰）在钢中不形成自己的特殊碳化物，而是溶入渗碳体中，形成（含锰）合金渗碳体。它们对过冷奥氏体转变的影响在性质上与碳的影响相似，即减慢珠光体和贝氏体的形成，降低 M_s 点。这类合金元素中，镍和锰的影响最明显。铜和硅影响较小。这类元素一般只改变 C 曲线的位置，不改变 C 曲线的形状；中、强碳化物形成元素，在钢中形成自己的特殊碳化物，这类合金元素与碳的结合力强于铁与碳的结合力，因此推迟过冷奥氏体的共析分解和贝氏体相变。强碳化物形成元素钛、钒、铌阻碍碳原子的扩散，主要通过推迟共析分解时碳化物的形成来增加过冷奥氏体的稳定性，从而阻碍共析分解。碳化物形成元素铬、钼、钨、钒、钛等不但使 C 曲线右移，而且还改变 C 曲线的形状。使其分成两个部分，上部一个“鼻子”的 C 曲线相当于珠光体转变，而下部一个“鼻子”的 C 曲线相当于贝氏体转变。大多数中、强碳化物形成元素减慢铁素体—珠光体形成的作用大于减慢贝氏体形成的作用，同时也降低 M_s 点；内吸附元素如硼、磷、稀土等，富集于奥氏体晶界，降低了奥氏体晶界能，阻碍形核，降低了形核率，延长转变的孕育期，因而提高奥氏体稳定性，使 C 曲线向右移，且阻碍过冷奥氏体的共析分解和贝氏体相变。试验用 42Mn2V 和 42MnVRE 钢锻造后测定其过冷奥氏体转变曲线，结果如图 7-38 所示。从图中可以看出，稀土使钢的 CCT 曲线向右下方移动，推迟了过冷奥氏体组织转变。

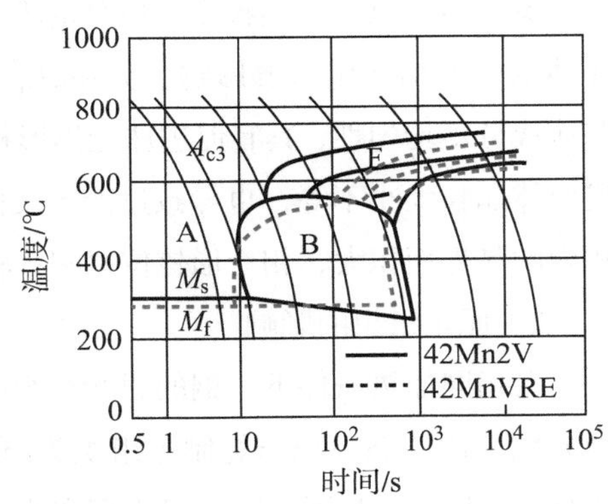

图 7-38 42Mn2V 钢和 42MnVRE 钢的 CCT 曲线

常用合金元素对过冷奥氏体等温转变曲线位置、形貌及 M_s 点的影响如图 7-39 所示。图中箭头表示其影响趋势。

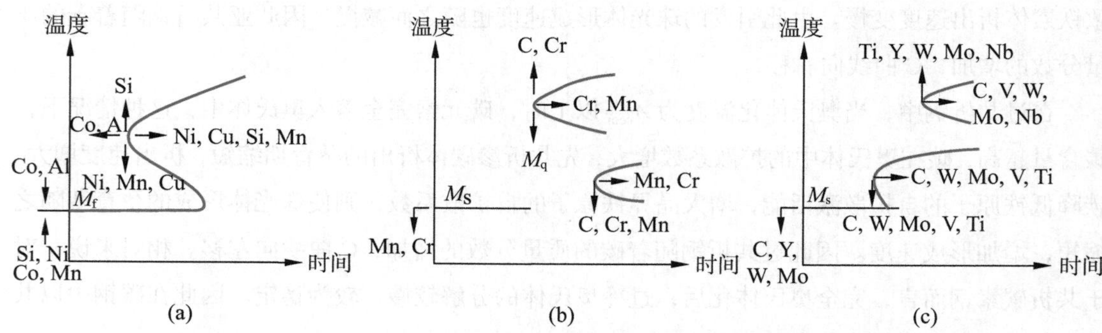

图 7-39　常用合金元素对过冷奥氏体等温转变曲线位置、形貌及 M_s 点的影响

（a）非（弱）碳化物形成元素；（b）中（弱）碳化物形成元素；（c）强碳化物形成元素

由图 7-39 可见，碳化物形成元素均延缓珠光体和贝氏体转变，但其中铬、锰对珠光体转变的推迟作用远小于对贝氏体转变的影响，而其他元素的作用则恰好相反。概括地说，除钴和铝（大于 2.5%）以外，所有合金元素都增强过冷奥氏体的稳定性，使 C 曲线右移。

总之，影响奥氏体共析分解的因素是极为复杂的，不是上述各合金元素单个作用的简单线性叠加。强碳化物形成元素、中（弱）碳化物形成元素、非碳化物形成元素、内吸附元素等在奥氏体共析分解时所起的作用各不相同。将它们综合加入钢中，共同溶入奥氏体中，多种合金元素进行综合合金化，相互加强，形成一个整合系统，如图 7-40 所示为综合合金化对 35CrMo 钢的影响。

2. 组织结构状态的影响

1）奥氏体化状态

奥氏体化状态指晶粒度、成分的不均匀性、晶界偏聚，剩余碳化物等，这些因素对过冷奥氏体的转变均产生重要影响。如在 $A_{c1} \sim A_{ccm}$ 之间奥氏体化时，存在的剩余渗碳体或碳化物及基体成分不均匀性，具有促进珠光体形核及长大的作用，使转变速度加快。奥氏体化温度不同，奥氏体晶粒大小不等，也导致过冷奥氏体的稳定性不一样。例如，细小的奥氏体晶粒，单位体积内的晶界面积大，相变形核位置多，将促进相变的发生。

2）原始组织的影响

在相同加热条件下，钢的原始组织越细，过冷奥氏体越稳定，C 曲线右移。例如，同一钢种分别采用铸态组织与轧制态组织为原始组织，在相同加热条件下测得 C 曲线时，轧制态的 C 曲线右移。这是因为铸态组织存在成分偏析，且晶粒粗大，而经轧制后成分相对均匀，晶粒变小。

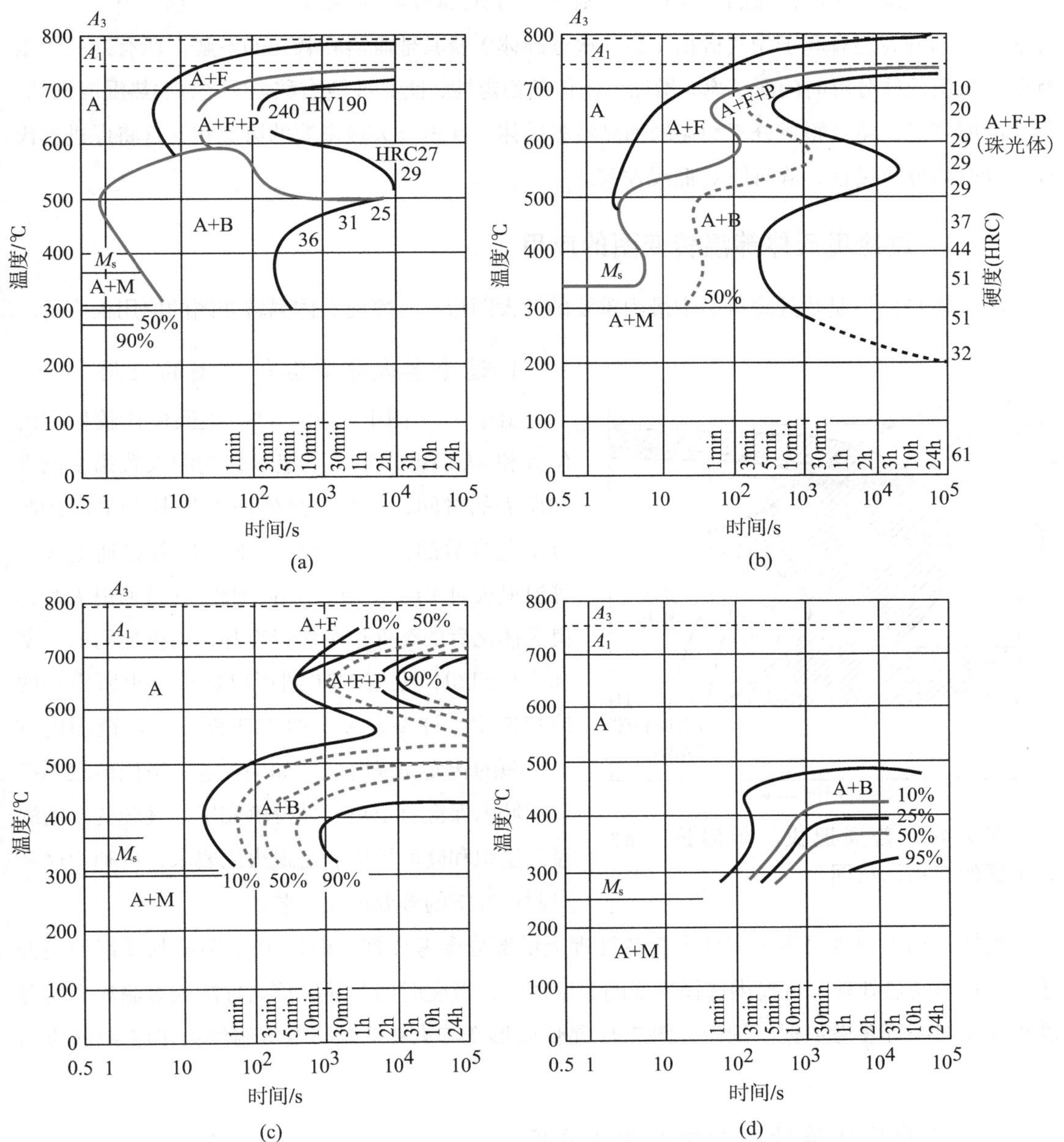

图 7-40　综合合金化对 35CrMo 钢的影响

（a）35Cr；（b）35CrMo；（c）35CrNiMo；（d）35CrNi4Mo

3）外加应力和塑性变形的影响

三向压应力阻碍过冷奥氏体转变，使 C 曲线右移。相反，三向拉应力有利于过冷奥氏体转变，使 C 曲线左移。

3. 加热条件的影响

奥氏体化时的加热温度与保温时间对所形成的奥氏体晶粒大小、成分均匀程度有明显的影响。奥氏体化温度越高，保温时间越长，则形成的奥氏体晶粒越粗大，成分也越均匀。此外，加热温度的升高还有利于先共析相（如二次渗碳体）及其他难溶相颗粒的溶解。所有这些因素都能降低奥氏体分解时的形核率，增加奥氏体的稳定性，使C曲线右移。反之，加热温度偏低，保温时间不足，将获得成分不均匀的细晶粒奥氏体，甚至有大量未溶的第二相，这将促进奥氏体冷却时的分解过程，从而使C曲线左移。

7.2.5 过冷奥氏体等温转变图的应用

相图和C曲线是热处理科学中最为重要的两大图形。过冷奥氏体温转变图的应用很广泛。

1. 过冷奥氏体等温转变图的应用

由于TTT图上示出了过冷奥氏体比较稳定的位置和 M_s 温度，示出了组织转变的大致温度范围和所需的时间，因此在热处理工艺中TTT图是制订工艺参数的依据。例如，图7-41是普通退火、等温退火时TTT图的应用示意图。在普通退火时，奥氏体化后的钢件连续缓慢冷却，根据所需的硬度和金相组织，根据TTT图可以估计退火所需要的冷却速度。许多合金钢的TTT图在高温范围内有一最短的转变完成时间。如果在这一奥氏体较不稳定区域内保温直至奥氏体分解完毕，其转变产物的显微组织和硬度可以满足退火的要求，可利用这一点制订经济的等温退火工艺。

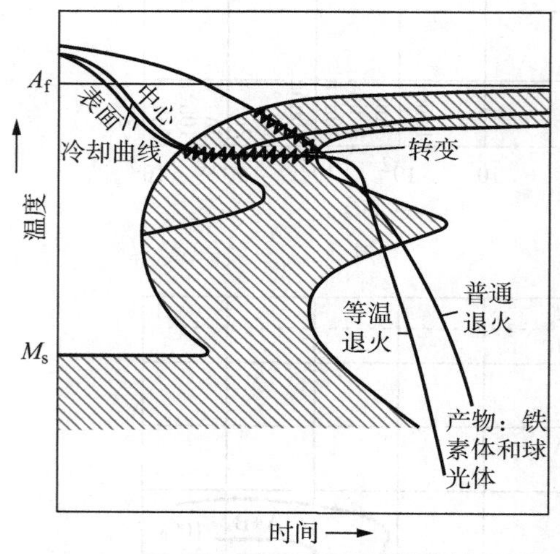

图7-41 普通退火、等温退火时TTT图的应用示意图

此外，TTT图也可为钢实施形变热处理提供部分参考数据。根据TTT图可判断钢种是否适于进行形变热处理，可提供选择形变的温度范围，形变时间及随后淬火方法或等温淬火的温度和保温时间等参考数据。例如，图7-42是低温形变淬火和低温形变等温淬火TTT图的应用示意图。

2. 过冷奥氏体连续冷却转变曲线应用

钢的连续冷却转变曲线可以定性和定量地显示钢在不同冷却速度下所获得的组织与硬度，可以比较准确地定出钢的临界淬火冷却速度（v_k），正确选择冷却介质，因此根据钢件的材质、尺寸、形状及组织性能要求，查出相应钢种的CCT曲线，即可选择适当的冷却速度和淬火介质来满足组织性能的要求。此外，CCT曲线精确反映了钢在不同冷却速度下所经历的组织转变，不同转变发生的温度、时间以及转变产物和性能，因此，根据CCT曲线可以预计钢件表面或内部某点在某一具体热处理条件下的组织和硬度。在生产中钢的热处理多数是在连续冷却条件下进行的，因此连续冷却转变曲线对热处理生产具有直接指导作用。

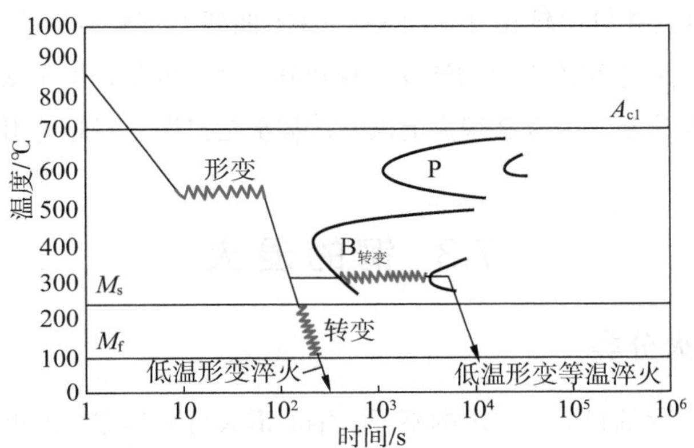

图 7-42　低温形变淬火和低温形变等温淬火工艺示意图

例如图 7-43 所示为 Q345 钢的 CCT 曲线，图中标注数字 1~13 的曲线为对应冷却速度下的冷却曲线。从图 7-43 可以观察到，当 Q345 钢过冷奥氏体以不同速度连续冷却时，有先共析铁素体的析出（A→F）和珠光体转变（A→P）、贝氏体转变（A→B）以及马氏体转变（A→M）；当冷却速度小于曲线 2 冷却速度时（小于 0.5℃ /s），转变产物为铁素体和珠光体（F+P）；当冷却速度为曲线 2 冷却速度时（0.5℃ /s），开始出现贝氏体（B）；当冷却速度为曲线 2~7 时（0.5~10.0℃ /s），转变产物为铁素体、珠光体和贝氏体 (F+P+B)；当冷却速度为曲线 7 冷却速度时（15.0℃ /s），珠光体基本消失，转变产物为铁素体和贝氏体（F+B）；当冷却速度大于曲线 8（20.0℃ /s）时，有马氏体转变发生。水冷，冷却速度大于曲线 12（约 400.0℃ /s）时，转变产物主要为马氏体和少量游离铁素体。

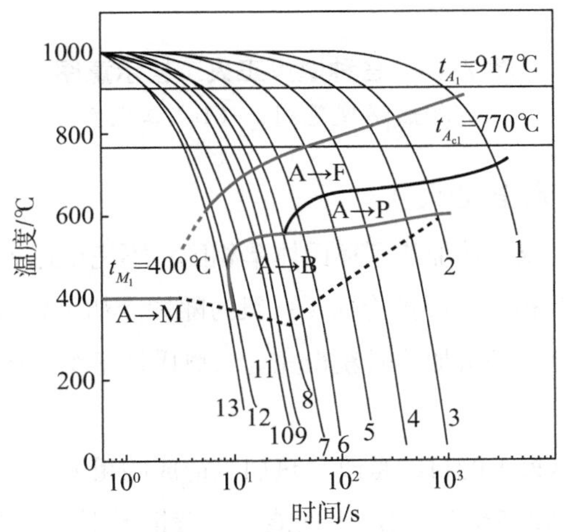

图 7-43　Q345 钢的 CCT 曲线

由上述可见，钢的 C 曲线与 CCT 曲线对生产实践与科学研究都有重要的实际意义。为合理制订热处理工艺规程和发展热处理新工艺（如形变热处理）等提供了重要依据，同时对不同热处理状态下钢的金相组织与性能的研究，以及钢材的合理选用等有重要的参考价值。目前，关于各种钢的 TTT 曲线资料比较充分，而关于 CCT 曲线的资料则很少。在此情况下可借用 TTT 曲线来定性分析钢在连续冷却时的转变过程及其产物。但是，由于众多因素的影响，尤其是合金元素，这种分析方法可能存在很大的误差，甚至是错误，因此应用时需进行修正。

7.3 钢的退火

7.3.1 钢的退火分类

根据钢的成分和退火的目的、要求的不同，钢的退火可分为完全退火（或不完全退火）、等温退火、球化退火、扩散退火、去应力退火、再结晶退火等。各种退火的加热温度范围和工艺曲线如图 7-44 所示。

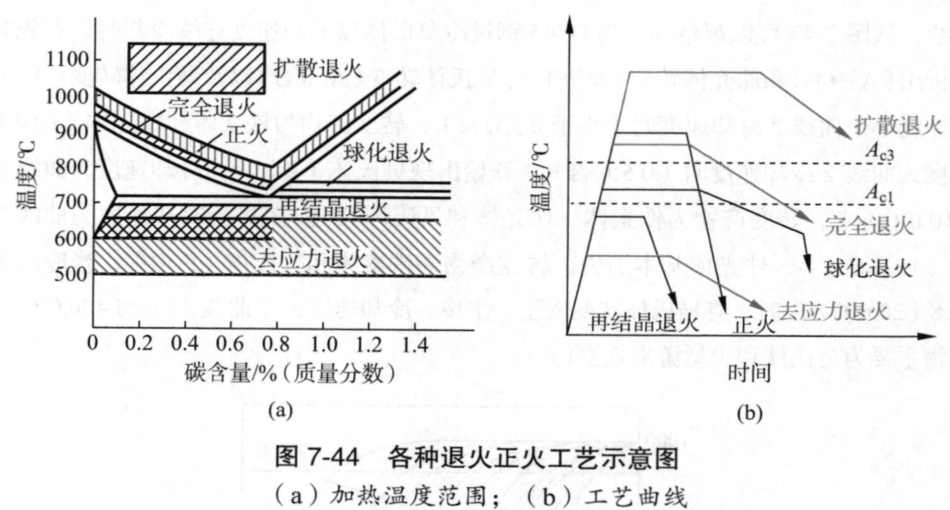

图 7-44　各种退火正火工艺示意图

（a）加热温度范围；（b）工艺曲线

1. 完全退火（或不完全退火）

完全退火工艺是将钢件或毛坯加热到奥氏体单相区；不完全退火是将钢或毛坯加热到奥氏体 + 铁素体（或渗碳体）两相区，缓慢冷却（一般为随炉冷却）到 500~600℃以下出炉，在空气中冷却下来。所谓“完全”是指加热时获得完全的奥氏体组织。所谓“不完全”是指加热时获得不完全奥氏体组织。

完全退火（或不完全退火）的目的是改善热加工造成的粗大、不均匀的组织；降低中、高碳钢和合金钢的硬度，从而改善其切削加工性能（一般情况下，工件硬度在 170~230HB 之间切削性能最佳）；消除铸件、锻件及焊接件的内应力。

完全退火（或不完全退火）的加热温度与钢的碳含量有关。完全退火主要适用于碳质量分数为 0.25%~0.77% 的碳钢、合金钢和工程铸、锻件和热轧型材。过共析钢不宜采用完全退火，因为过共析钢加热至 A_{ccm} 以上缓慢冷却时，二次渗碳体会以网状沿奥氏体晶界析出，使钢的强度、塑性和冲击韧性显著下降。因此，过共析钢在实际生产中主要采用不完全退火工艺。

2. 等温退火

将钢件或毛坯加热至 A_{c3}（或 A_{c1}）以上 20~30℃，保温一定时间后，较快地冷却至过冷奥氏体等温转变曲线“鼻尖”温度附近并在珠光体转变区保温，使奥氏体转变为珠光体后，再缓慢冷却下来，这种热处理方式为等温退火。

等温退火的目的与完全退火相同，但是等温退火时的转变容易控制，能获得均匀的预期组织，对于大型碳钢制件及合金钢制件较适宜，可大大缩短退火周期。

3. 球化退火

球化退火是将高碳钢制件或毛坯加热到略高于 A_{c1} 的温度，经长时间保温，使钢中二次渗碳体转变为颗粒状（或称球状）渗碳体，然后以缓慢的速度冷却到室温的工艺方法。

球化退火的目的是降低硬度，改善组织均匀性，改善切削加工性能，为淬火做准备。

球化退火的适用范围主要有碳素工具钢、合金弹簧钢、滚动轴承钢和合金工具钢等碳质量分数大于 0.77% 的钢种。

4. 扩散退火（均匀化退火）

钢的扩散退火即均匀化退火。为减少钢锭、铸件的化学成分和组织的不均匀性，将其加热到略低于固相线温度（钢的熔点以下 100~200℃），长时间保温并缓冷，使钢锭或铸件的化学成分和组织均匀化。由于扩散退火加热温度高，因此退火后晶粒粗大，可用完全退火或正火细化晶粒。

5. 去应力退火、再结晶退火

去应力退火又称低温退火。它是将钢加热到 400~500℃（A_{c1} 温度以下），保温一段时间，然后缓慢冷却到室温的工艺方法。其目的是为了消除铸件、锻件和焊接件以及冷变形等加工中所造成的内应力。专业的去应力退火温度低于再结晶温度、不改变工件的原始组织。进行去应力退火时，加热和冷却都必须缓慢进行（特别是对于厚截面零件或大型焊接部件），这是为了避免在应力消除处理过程中再次产生热应力以及可能的开裂。再结晶退火主要用于消除冷变形加工（如冷轧、冷拉、冷冲）产生的畸变组织，消除加工硬化而进行的低温退火。加热温度为再结晶温度以上 150~250℃。再结晶退火可使冷变形后被拉长的晶粒重新形核长大为均匀的等轴晶，从而消除加工硬化效果。

7.3.2　影响退火的因素

1. 加热速度

加热速度是由工件的化学成分、尺寸大小和形状等因素所决定的。钢中的碳含量越高或合金元素越多，钢的导热性就越低，钢的加热速度应缓慢。工件的尺寸很大或截面的尺寸变化比较剧烈（形状复杂），加热速度也应缓慢。这都是为避免钢在很快加热时，产生很大的内应力（包括热应力与相变应力）致使工件弯曲或形成裂纹。

2. 加热温度

加热温度根据钢种含碳量、合金元素种类、含量以及退火的具体目的而定。如果仅为了细化钢的晶粒，改善钢的力学性能，则亚共析钢加热温度应为 A_{c3} 以上 30~50℃；共析钢和过共析钢的加热温度应为 A_{c1} 以上 30~50℃。

3. 保温时间

钢在高温下停留，其目的是热透工件整个截面并使工件不同部位的组织都发生转变。工件尺寸较小，加热温度较高，保温时间应缩短。工件尺寸粗大，加热温度较低，保温时间应延长。保温时间一般为加热时间的 1/5~1/4。由于合金钢的导热性比碳钢差，因此其保温时间一般比碳钢的保温时间长 20%~40%。

4. 冷却速度

冷却速度主要根据钢的化学成分而定。含碳量低，可以快速冷却（100~200℃ /h）；含碳量高，冷却速度应缓慢（30~50℃ /h）；高合金钢其冷却速度应特别缓慢（20~30℃ /h）。在生产中，为了缩短退火时间，提高退火的效率，可采用上述冷却速度冷到低于 A_{c1} 温度后从炉中取出，在空气中冷却。

7.4 钢的正火

正火的实质是将钢件完全奥氏体化，然后进行伪共析转变，从而获得比退火组织更多的伪珠光体或索氏体。与完全退火相比，加热温度相似，但是正火冷却速度较快，转变为珠光体的温度较低。因此，相同钢材正火后获得的珠光体组织比退火组织较细，强度、硬度也较高。

根据钢的过冷奥氏体的稳定性和截面大小的差别，钢材空冷后可获得不同的组织，如粗细不同的珠光体、贝氏体、马氏体或者它们的整合组织。当空冷后获得贝氏体或者马氏体组织时，则不能称其为正火，而是淬火。

7.4.1 正火的目的与工艺特点

1. 正火的目的

（1）作为最终热处理。对强度要求不高的零件，正火可以作为最终热处理。正火可以细化晶粒，使组织均匀化，减少亚共析钢中铁素体含量，使珠光体含量增多并细化，从而提高钢的强度、硬度和韧性。

（2）作为预先热处理。截面较大的结构钢件，在淬火或调质处理前常进行正火，可以消除魏氏组织和带状组织，并获得细小而均匀的组织。对于含碳量大于 0.77% 的碳钢和合金工具钢，正火可减少二次渗碳体量，并使其不形成连续网状，为球化退火作组织准备。

（3）改善切削加工性能。正火可改善低碳钢（碳质量分数低于 0.25%）的切削加工性能。碳质量分数低于 0.25% 的碳钢，退火后硬度过低，切削加工时容易“粘刀”，表面光洁度很差，通过正火使硬度提高至 140~190HB，接近于最佳切削加工硬度，从而改善切削加工性能。

正火比退火冷却速度快，因而正火组织比退火组织细，强度和硬度也比退火组织高。当碳钢的碳质量分数小于 0.6% 时，正火后组织为铁素体 + 索氏体；当碳质量分数大于 0.6% 时，正火后组织为索氏体。由于正火的生产周期短，设备利用率高，生产效率较高，因此成本较低，在生产中应用广泛。

2. 正火的工艺特点

（1）碳素钢及低、中合金钢正火的目的之一是为了提高切削性能。但是对有些碳质量分数低于 0.20% 的钢，即使按通常正火温度正火后，自由铁素体量仍过多，硬度过低，切削性能仍较差。为了适当提高硬度，应提高加热温度（可比 A_{c3} 高 100℃），以增大过冷奥氏体的稳定性，而且应该增大冷却速度，以获得较细的珠光体和分散度较大的铁素体。对中高碳钢及中高碳合金钢件，为了降低正火后的硬度和消除内应力，以得到良好的切削加工性能，还需要在正火后进行附加的低温退火（550~600℃）；而高合金钢的奥氏体非常稳定，即使在空气中冷却也会获得马氏体组织，故正火不适用于高合金钢件。

（2）正火的加热温度通常在 A_{c3} 或 A_{ccm} 以上 30~50℃，高于一般退火加热温度。如果正火作为最终热处理，应采用下限温度；如果是作为渗碳件或锻件在淬火前细化组织的预备热处理，应采用上限温度，以利于细化高温渗碳或锻造时形成的粗大组织。保温时间和完全退火相同，应以工件透烧为准，即以心部达到所要求的加热温度为准。

（3）正火冷却方式通常是将工件从炉中取出，放在空气中自然冷却，对于大件也可采用鼓风或喷雾等方法冷却。中碳钢的正火应该根据钢的成分及工件尺寸来确定冷却方式。对于含碳量较高或含有合金元素的钢件，可采用较缓慢冷却速度，如在静止空气中或成堆堆放冷却，反之则采用较快冷却速度。

（4）过共析钢正火，一般是为了消除网状碳化物，故加热时必须保证碳化物全部溶入奥氏体中。为了抑制自由碳化物的析出，使其获得伪共析组织，必须采用较大冷却速度，如鼓风冷却、喷雾冷却，甚至油冷或水冷至 A_{r1} 点以下的温度取出空冷。

（5）有些锻件（或铸件）的加热组织粗大，一次正火不能达到细化组织的目的。为此采用二次正火，可获得良好效果。第一次正火在高于 A_{c3} 点以上 150~200℃的温度加热，以扩散办法消除粗大组织，使成分均匀；第二次正火以普通条件进行，其目的是细化组织。

7.4.2　钢铁零件常用的正火工艺

生产现场中，常用的正火工艺有以下方式。

1. 一段式正火

将零件加热并保温适当时间至奥氏体化后，在空气中冷却到室温。此种工艺操作方便、简单，但对复杂形状及大厚件，正火组织与性能不一致的程度较大。

2. 二段式正火

将零件加热并保温适当时间至奥氏体化后，在静止空气中冷却到 A_{r1} 附近即转入缓冷。

3. 等温正火

将零件加热并保温适当时间至奥氏体化后，快冷至珠光体转变区的某一温度保温，获得珠光体组织，随后在空气中冷却。

4. 多重正火

铸、锻件常采用多重正火，第一次采用 A_{c1}+（150~200℃）高温正火，用以消除热加工过程中可能形成的过热组织，并使难溶第二相充分固溶入奥氏体中；第二次正火使奥氏体晶粒细化。例如 20Mn、15CrMo、20CrMoV 等铸件，经过多重正火处理后，组织均匀化程度大幅改善，使钢的冲击韧度，特别是低温冲击韧度显著提高。

7.5　退火、正火后钢的组织和性能

退火和正火所得到组织都是珠光体或铁素体 + 渗碳体的混合物。但正火组织与完全退火后形成的组织相比，有细微的但却是重要的区别。两者比较，正火组织是在较大的过冷度下获得的。对亚共析钢而言，正火后析出的先共析铁素体较少，珠光体数量较多（伪共析），珠光体层片间距较小。此外，由于转变温度较低，珠光体形核率较大，因而珠光体团的尺寸较小。对过共析钢中而言，正火加热温度则高于 A_{cm} 温度，可以将已存在的先共析网状渗碳体溶解，然后在空气中冷却，不仅珠光体的层片间距及团直径减小，且可抑制先共析网状渗碳体的析出，但完全退火时则是随炉比较缓慢的冷却，共析网状渗碳体可再次析出，因此完全退火组织有网状渗碳体存在且晶粒相对粗大，其强度、硬度、韧性均低于正火，只有球化退火所得组织为球状珠光体，其综合性能优于正火。

正火钢或退火钢的实际力学性能都取决于多种因素，其中最重要的是含碳量。含碳量越高，形成的珠光体越多，因而钢的强度和硬度越高。另外，正火热处理中的空气冷却所产生的冷却速度有一个范围，对于较大尺寸的零件或零件不同部位结构尺寸相差较大的铸、锻件，其表面与心部、厚处与薄处，会存在冷却速度差异，使正火后截面上的组织与性能出现不均匀性。例如，当截面非常厚时，表面的冷却速率会比心部高得多，从而产生了残余应力。当截面非常薄时，特别是淬透性高的合金钢，在空气中冷却将产生贝氏体或马氏体组织，而不是铁素体和珠光体。

表 7-4 以 40Cr 钢为例，标示出其正火与退火后的力学性能。由表可见，同一钢种，正火

与退火相比较，正火的强度与韧性较高，塑性相仿。

表 7-4　40Cr 钢正火、退火后力学性能

状态	力学性能				
	抗拉强度 /MPa	屈服强度 /MPa	断后伸长率 /%	断面收缩率 /%	冲击韧性 /（N·m/cm^2）
退火	643	357	21	53.5	54.9
正火	739	441	20.9	76.0	76.5

第 8 章

钢的淬火与回火

淬火是把钢加热到相变温度 A_{c1} 或 A_{c3} 以上，使之奥氏体化后在冷却介质（如水、油、有机溶液等）中以大于临界冷却速度冷却的热处理方法。淬火是钢铁热处理工艺中最重要的工序，它可以显著提高钢的强度和硬度。淬火后钢的组织主要是马氏体或马氏体加残余奥氏体。马氏体和残余奥氏体在室温下都处于亚稳定状态（马氏体处于含碳量过饱和状态，并承受应力作用；残余奥氏体处于过冷状态，同时承受应力、应变），它们有趋向于稳定状态（铁素体、渗碳体或碳化物）转化的趋势。因此钢淬火后的组织不是钢件最终使用的组织状态。

回火是采用加热等手段使亚稳定淬火组织向相对稳定组织的转变过程。淬火后的钢件只有通过不同温度的回火，才能得到不同的强度、塑性和韧性配合，因此淬火后的回火是必不可少的工艺。

回火温度根据钢件的性能要求和淬火钢的性质而定，但都在 A_{c1} 温度以下。研究钢在回火时的组织转变和影响因素及其对性能的影响，从而找出适应钢件在各种服役条件下的组织形态，对生产实践有重要意义。

8.1 淬火钢回火时的组织转变

钢经淬火后的组织是马氏体及残余奥氏体两种亚稳定组织。马氏体及奥氏体的组织特性已在前面章节中进行了了解。本节不再赘述。

钢经淬火后的组织转变过程可根据钢回火后物理性能的改变进行分析。例如淬火碳素钢试样在不同回火温度下的体积变化和比热变化如图 8-1 和图 8-2 所示。由图中的实验结果可知，淬火碳素钢在回火时，物理性质有 3 个或 4 个突然变化，这些变化表征了在相应的温度下发生了某种组织转变。其转变的类型可以依据淬火钢中存在的相（或组织）进行分析。钢中存在的相（或组织）中，从比容来看，完全处于过饱和状态的马氏体最大，残余奥氏体最小；从储存相变潜热来看，残余奥氏体全部保存了钢在加热时由珠光体（或铁素体加渗碳体混合物）转变为奥氏体时吸收的潜热，淬火马氏体则在奥氏体发生马氏体转变时放出了部分潜热。因此，在回火时，淬火马氏体发生转变时体积缩小并放出少量热能，残余奥氏体发生转变时体积膨胀且放出大量热能。根据试样在不同回火温度下的体积、比热变化，淬火高碳钢在连续加热回火过程中发生转变的性质应如表 8-1 所示。

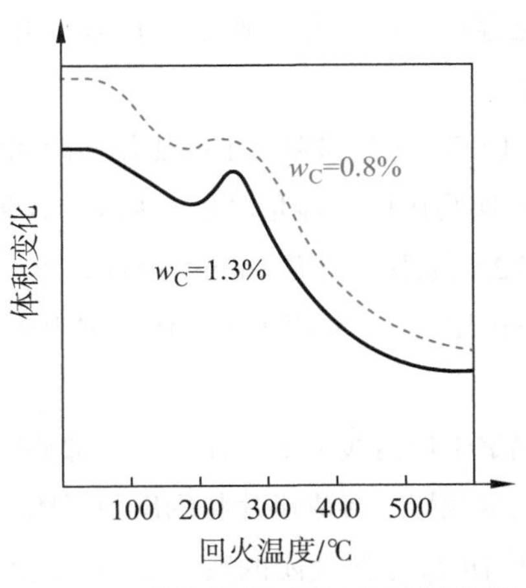

图 8-1　碳素钢回火时的膨胀曲线

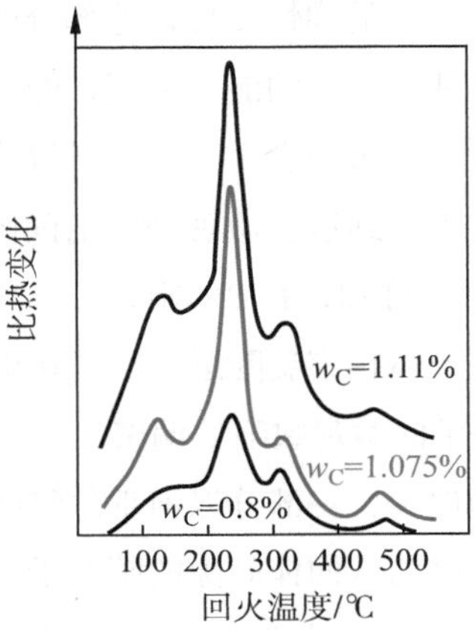

图 8-2　碳素钢回火时的热分析曲线

表 8-1　淬火高碳钢回火时的组织转变与物理性能变化的关系

温度范围 /℃	长度变化	放热情况	回火转变类型	相变的性质
89~170	减小	放热	Ⅰ	马氏体分解
250~300	增大	大量放热	Ⅱ	残留奥氏体分解
300~400	减小	放热	Ⅲ	过饱和度下降的马氏体分解
450~600	减小	放热	Ⅳ	亚稳定的碳化物转变为较稳定的渗碳体

从表 8-1 的实验结果可得出，淬火高碳钢在回火加热时发生的转变大致可以划分为 4 种类型：第一类回火转变既是体积缩小转变又是少量放热反应，因此这是一种马氏体分解的转变；第二类回火转变既是体积增大转变又是大量放热反应，因此这是一种残留奥氏体分解的转变；第三类和第四类回火转变都是体积缩小和放热反应。第三类转变是过饱和度下降的马氏体分解，继续析出碳化物。第四类回火转变是马氏体分解析出的亚稳定碳化物转变为较稳定的渗碳体，同时由于高的淬火应力导致变形的 α 相基体会发生回复、再结晶，碳化物聚集长大及球化的转变。

淬火低碳钢因残留奥氏体含量很少，除残留奥氏体转变极不明显之外，与淬火高碳钢回火情况基本相似。

综合研究结果得出淬火碳钢在回火过程中存在的转变有：马氏体分解、碳化物的析出和长大、残余奥氏体转变以及马氏体基体 α 相的回复和再结晶。各类转变并不总是单独发生，可能彼此重叠进行。

下面将讨论随着温度升高在碳钢中发生的上述过程。

8.1.1 马氏体分解、碳化物析出和长大

1. 马氏体中碳原子的偏聚

马氏体是碳在 α-Fe 中的过饱和间隙固溶体。碳原子分布在体心立方的扁八面体间隙位置，使晶体产生了较大的弹性变形，这部分弹性变形能储存在马氏体内，加之晶体点阵中的微观缺陷较多，因此使马氏体的能量增高，处于不稳定状态。

在室温附近，Fe 及合金元素原子较难扩散迁移，但 C、N 等间隙原子尚能作短距离的扩散，当 C、N 原子扩散到这些微观缺陷的间隙位置后，将使马氏体的能量降低。从 C、N 原子在 α 相中的扩散计算可知，在 0℃附近，C、N 原子迁移 2Å 的距离约需 1min。因此，处于不稳定状态的淬火马氏体在室温附近，甚至在更低的温度下停留，C、N 原子可以作一定距离的迁移，造成 C、N 原子向微观缺陷处偏聚。

碳原子的偏聚，一部分以柯垂尔气团（碳原子偏聚于位错线上）存在，另一部分以弘津气团（处于同一晶向八面体间隙的碳原子可以进一步发生偏聚，形成小片状的碳原子团）形式出现。马氏体中的碳含量超过 0.2% 以后，随碳含量增加形成弘津气团的数量增多。碳原子的偏聚与位错密度和扩散能力有一定的关系。位错密度越高，发生偏聚的可能性越大；原子扩散能力加大，有利于原子迁移到位错线“凝聚”，促使偏聚区形成。

对于板条状马氏体，由于晶体内部存在大量位错，碳原子倾向于在位错线附近偏聚，这样间隙位置的弹性变形减小，能量降低。因此，回火时碳的偏聚主要发生在亚结构为位错型的板条状马氏体钢中。例如含碳量小于 0.25% 的低碳马氏体，间隙原子进入马氏体晶格中刃型位错旁的张应力区形成柯垂尔气团，使马氏体晶格不呈现正方度而成为立方马氏体。

研究发现，位错线偏聚的碳原子含量达到 0.2% 时，已经接近饱和状态。当马氏体中含碳量大于 0.25%，晶格缺陷中容纳的碳原子达到饱和后，多余碳原子形成的偏聚区将增大马氏体的正方度。

亚结构主要是孪晶的片状马氏体，由于低能量的位错位置很少，除少量碳原子向位错线偏聚外，大量碳原子将向垂直于马氏体 C 轴的（100）面富集，形成小片富碳区，以弘津气团的形式偏聚。

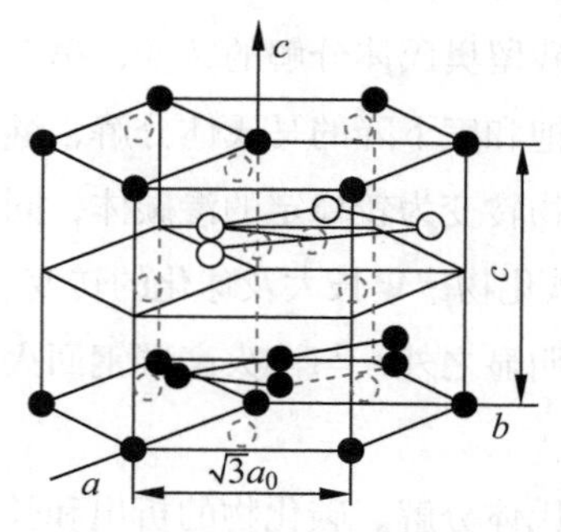

图 8-3 ε 碳化物的晶格模型

2. 碳化物的析出

当回火温度超过 80℃时，马氏体开始从过饱和 α 固溶体中析出弥散的 ε 碳化物（其晶格模型如图 8-3 所示）。随着马氏体中碳浓度的降低，晶格常数减小，正方度 c/a 减小。

图 8-4 表示碳质量分数为 0.96% 的钢在不同温度回火时，马氏体中含碳量与晶格常数的变化，由图可见，随着回火温度的升高，马氏体中含碳量不断降低，正方度不断减小，尤其在 150℃以上较高温度回火时，马氏体中含碳量及正方度下降更为显著。在 250℃以上回火后，正方度趋近于 1。

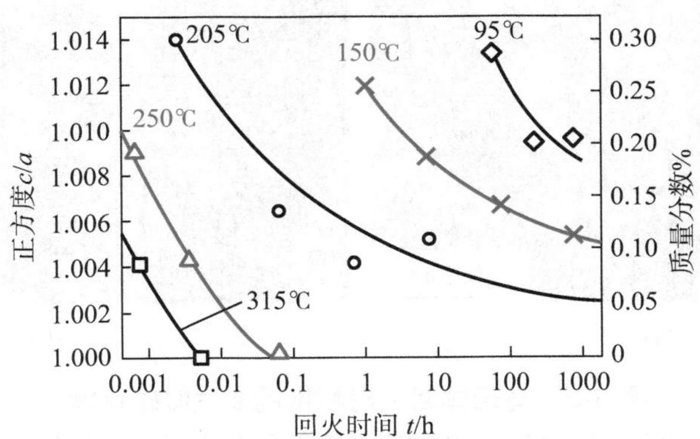

图 8-4　w_C=0.96% 的钢回火时马氏体中含碳量、正方度（c/a）与回火温度及时间的关系

回火时间对马氏体中含碳量影响较小。在一定温度下，随回火时间延长，在开始 1~2h 内，过饱和碳从马氏体中析出很快，然后逐渐减慢。随后再延长时间，马氏体中含碳量变化不大。因此钢的回火保温时间通常在 2h 左右。回火温度越高，回火初期碳浓度下降越多，最终马氏体碳浓度越低，由此可见，回火温度对马氏体的分解起决定作用。

高碳钢在 350℃以下回火时，马氏体分解后形成的低碳 α 相和弥散 ε 碳化物组成的复相组织称为回火马氏体。这种组织较淬火马氏体容易腐蚀，故在光学显微镜下呈黑色针状组织，如图 8-5 所示。

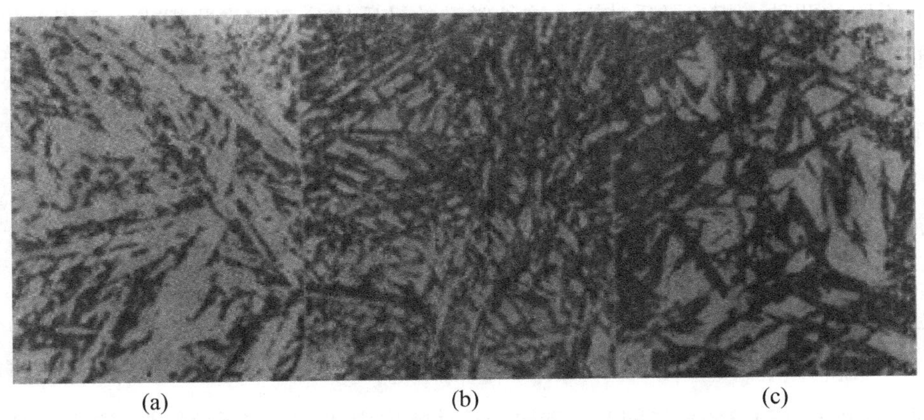

图 8-5　高碳钢（碳的质量分数 1.3%）1150℃水淬后经不同温度回火后的显微组织 ×1000

（a）淬火马氏体（浅灰色）和残余奥氏体（灰色）；（b）、（c）100℃回火 1h 和 200℃回火 1h，回火马氏体（深黑色）和残余奥氏体（灰色）

回火马氏体中 α 相的碳质量分数为 0.2%~0.3%，ε 碳化物具有密排六方晶格，通常用 ε-Fe_xC

表示，其中 $x=2\sim3$。在一般精度电子显微镜下看到的 ε-Fe_xC 形态为 100nm 长度的薄片，但经高分辨率电子显微镜暗场观察，这种长条薄片是由许多直径 5nm 的小粒子所组成，如图 8-6 所示。

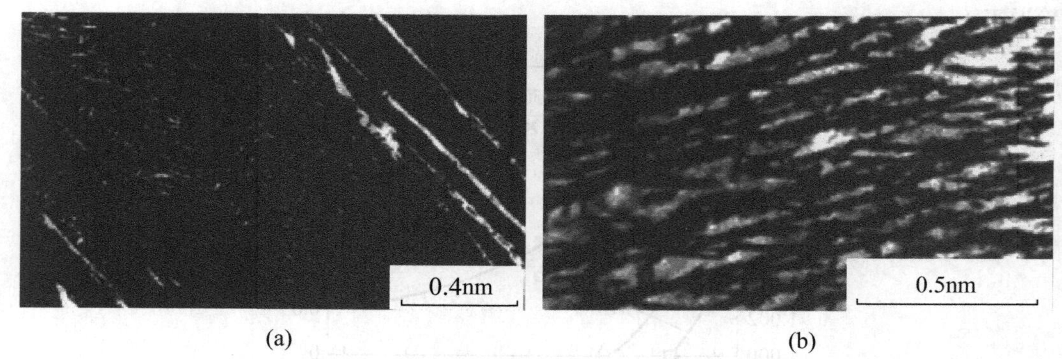

图 8-6 马氏体回火时析出的 ε 过渡碳化物

（a）淬火后的 30CrMo 钢于 150℃回火时由板条马氏体析出的很细小的 ε 过渡碳化物（白色斜条状相为马氏体板条间的残余奥氏体，暗场 TEM 像）；（b）Fe-24Ni-0.5C 钢的马氏体于 205℃回火时析出的 ε 过渡碳化物

经 X 射线衍射分析，ε-Fe_xC 与母相 α 之间有共格关系（惯习面为 $\{100\}_\alpha$）并保持一定的晶体学位向关系。

马氏体分解过程与回火温度有关。高碳钢在 80~150℃回火时，由于碳原子活动能力低，马氏体分解只能依靠 ε-Fe_xC 在马氏体晶体内不断生核、析出，而不能依靠 ε-Fe_xC 的长大进行。在紧靠 ε-Fe_xC 的周围，马氏体的碳浓度急剧下降到 C_1，形成贫碳区。而距 ε-Fe_xC 较远的马氏体仍保持淬火后较高的原始碳浓度 C_0。于是在低温加热后，钢中除弥散 ε-Fe_xC 外还存在碳浓度高、低不同的两种 α 相（马氏体）。这种类型的马氏体分解称为两相式（双相）分解，如图 8-7 和图 8-8 分别为马氏体双相分解示意图和分解时碳的分布图。

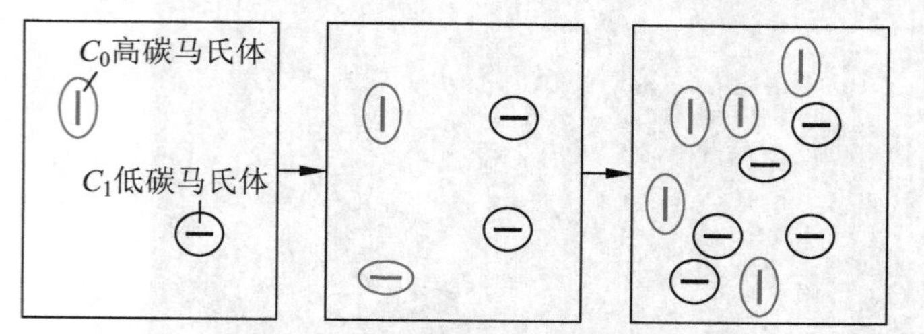

图 8-7 马氏体双相分解示意图

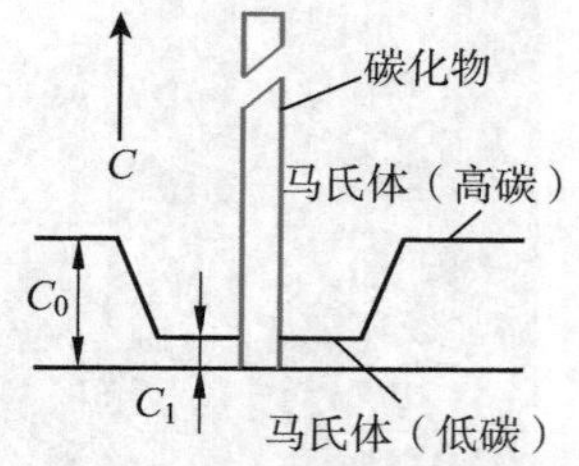

图 8-8 马氏体双相分解时碳的分布

当回火温度在 150~350℃之间时，碳原子活动能力增加，能进行较长距离扩散。因此，随着回火保温时间延长，ε-Fe_xC 可以从较远处获得碳原子而长大，故低碳 α 相增多，高碳 α 相逐渐减少，最终不存在两种不同碳浓度的 α 相，马氏体的碳浓度连续不断地下降。这就是所谓连续式分解。直到 350℃左右，α 相碳浓度达到平衡浓度，正方度趋近于 1。至此，马氏体分解

基本结束。

3. 碳化物的转变

马氏体分解及残余奥氏体转变形成的 ε-Fe_xC 物是亚稳定的过渡相。当回火温度升高到 250~400℃时，ε-Fe_xC 则向更稳定的碳化物转变。

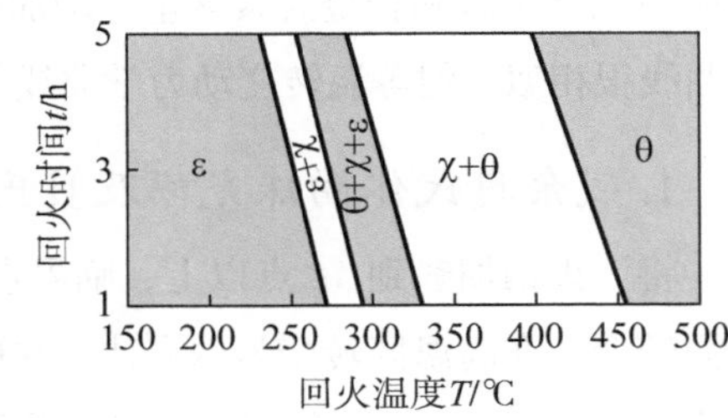

图 8-9　回火温度与时间对淬火高碳钢（w_C=1.34%）碳化物变化的影响

碳钢中比 ε-Fe_xC 稳定的碳化物有两种：一种是 χ-Fe_xC，又称 Hǎgg 碳化物，化学式是 $Fe_{2.2}C$，具有单斜晶格；另一种是更稳定的 θ 碳化物，即渗碳体 Fe_3C。碳化物的转变主要取决于回火温度，也与回火时间有关，图 8-9 表示回火温度和回火时间对淬火碳素钢中碳化物变化的影响。由图可见，随着回火时间的延长，发生碳化物转变的温度降低。钢中含碳量高有利于 χ 碳化物的形成，高碳钢中 χ 碳化物甚至可以一直保持到 450℃。低碳钢中的 χ 碳化物极不稳定，存在范围很小，一般不易出现。χ 碳化物呈小片状平行地分布在马氏体中，尺寸约为 5nm，它与母相马氏体有共格界面并保持一定的位向关系。

由于 χ 碳化物与 ε 碳化物的惯习面和位向关系不同，所以 χ 碳化物不是由 ε 碳化物直接转变而来，而是通过 ε 碳化物溶解并在其他地方重新形核、长大的方式形成。

θ 碳化物刚形成时与母相保持共格关系，当长大到一定大小时，共格关系难以维持，在 300~400℃时共格关系陆续破坏，渗碳体脱离 α 相析出。当回火温度升高到 400℃以后，淬火马氏体完全分解，但 α 相仍保持针状外形。先前形成的 ε 碳化物和 χ 碳化物此时已经消失，全部转变为细粒状 θ 碳化物（渗碳体）。

4. 渗碳体的聚集长大

当回火温度升高到 400℃以上时，已脱离共格关系的渗碳体开始明显地聚集长大。片状渗碳体长度和宽度之比逐渐缩小最终形成粒状渗碳体。碳化物的球化和长大过程是按照曲率半径小的细颗粒溶解和曲率半径大的粗颗粒长大的机制进行。即无论是片状渗碳体球化或粒状渗碳体都要通过体积较小的粒状渗碳体质点重新溶入 α 相中，体积较大的粒状渗碳体不断接受从 α 相扩散来的碳原子而长大。淬火碳钢经高于 500℃回火后，碳化物已经转变为粒状渗碳体，当回火温度超过 600℃时，细粒状渗碳体迅速聚集并粗化。图 8-10 为碳化物粗化示意图。图中 C 代表碳元素，Me 代表合金中其他金属元素。

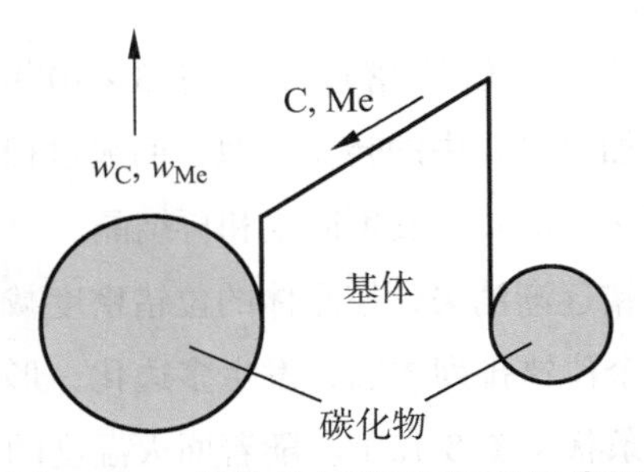

图 8-10　碳化物的粗化机理示意图

8.1.2 残余奥氏体的转变

马氏体相变和贝氏体相变都具有转变的不彻底性，因此钢淬火后总是多少存在残余奥氏体。含碳量大于0.5%的碳钢或合金钢淬火后，有可观数量的残余奥氏体。残余奥氏体量随淬火加热时奥氏体中碳和合金元素含量的增加而增多。残余奥氏体与过冷奥氏体无本质区别，它们的C曲线很相似，但等温转变动力学曲线与原过冷奥氏体的转变曲线不完全相同。

1. 残余奥氏体向珠光体及贝氏体的转变

将淬火钢加热到M_s点以上，临界点A_1以下的各个温度下等温，可以观察到残余奥氏体的等温转变。在高温区转变为珠光体，在中温区将转变为贝氏体。碳钢中的残余奥氏体在回火过程中加热到200~300℃范围内将发生分解，即所谓碳钢回火时的第二个转变，加入合金元素将使转变温度范围上移，合金元素含量足够多时，残余奥氏体在加热过程中可能先不发生分解，而是在加热到较高温度时在等温过程中发生转变。

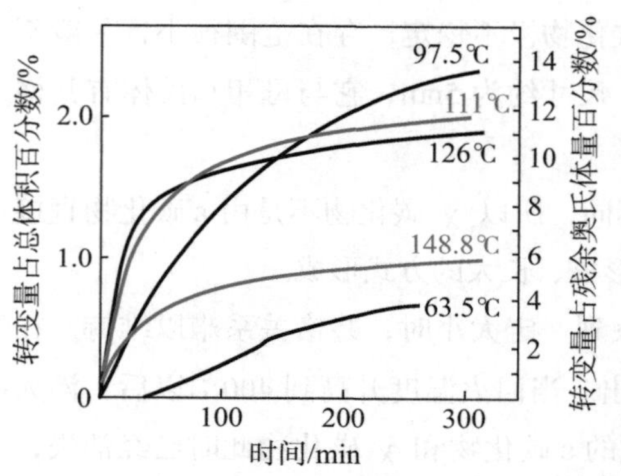

图 8-11 GCr15 钢残余奥氏体等温转变动力学曲线

2. 残余奥氏体向马氏体的转变

如将淬火钢加热到低于M_s点的某一温度保温，则残余奥氏体有可能等温转变为马氏体。如GCr15钢经1100℃淬火，残余奥氏体量为17%，M_s点为159℃，淬火组织再重新加热到低于159℃的各个温度等温，测得等温转变动力学曲线如图8-11所示。检测结果显示，原有的17%残余奥氏体量，在M_s点下保温时，可以继续等温转变为马氏体。

合金模具钢和高速钢的淬火组织中往往含有大量残留奥氏体，使淬火钢硬度降低。这种淬火组织在回火时，往往不发生残余奥氏体的等温分解，而是在随后的回火冷却过程中转变为马氏体组织。经过2~3次回火可以消除残余奥氏体。

3. α相回复与再结晶

马氏体是通过切变方式形成的，晶体中存在大量位错，位错密度可高达3×10^{11}~$9\times10^{11}\mathrm{cm}^{-2}$，存在较高的位错能。因此和冷塑性变形金属在加热过程中的转变相似，回火过程中，马氏体中的高密度位错、精细孪晶等亚结构也将发生变化，即α相发生回复和再结晶。

板条状马氏体的回复过程主要是α相中位错胞和胞内位错逐渐消失，使晶体的位错密度减少，位错线变得平直。回火温度升高至400~500℃以上，剩余位错排列成墙，发生多边化，形成亚晶粒，α相发生明显回复。此时α相的形态仍然保持板条状（图8-12）。随着回火温度的升高，亚晶粒逐渐长大，亚晶界移动的结果可以形成大角度晶界。当回火温度超过600℃时，α相开始发生再结晶，由板条晶逐渐变成位错密度很低的等轴晶。图8-13为α相发生部分再结晶的组织。

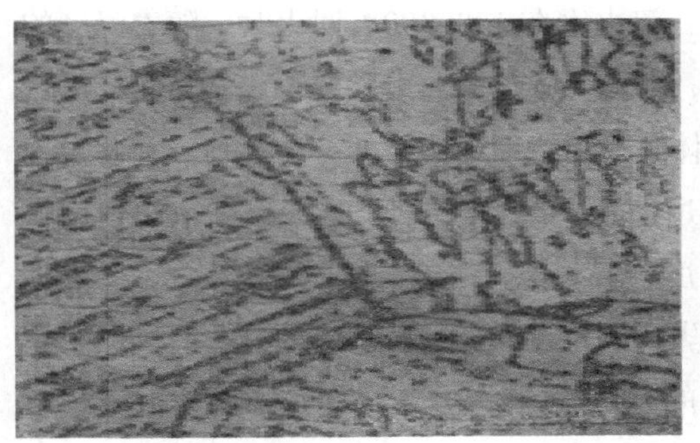

图 8-12　淬火低碳钢（w_C=0.18%）经 600℃ 10min 回火后 α 相回复组织

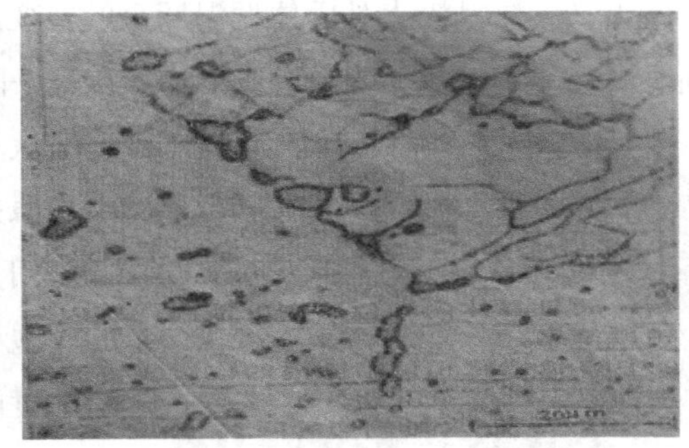

图 8-13　淬火低碳钢（w_C=0.18%）经 600℃ 96h 回火后 α 相部分再结晶组织

对于片状马氏体，当回火温度高于 250℃时，马氏体片中的孪晶亚结构开始消失，出现位错网络。回火温度升高到 400℃以上时，孪晶全部消失，α 相发生回复过程。当回火温度超过 600℃，但低于相变温度 A_{c1} 时，高淬火应力导致变形的基体 α 相发生再结晶。再结晶完成后，α 相晶粒长大，马氏体针状形态消失，形成多边形的铁素体。此时渗碳体也聚集成较大的颗粒。淬火钢在 500~650℃回火得到的这种多边形的铁素体和粗粒状渗碳体的机械混合物在光学显微镜下能分辨出颗粒状渗碳体，在电子显微镜下可看到渗碳体颗粒明显粗化。图 8-14 为硅铬系合金铸钢在 1000℃奥氏体化淬火，200℃回火处理后的显微组织。合金中硅的质量分数较高，w_{Si}>2.5%，而硅是非碳化物形成元素，以固溶体的形式存在于铁素体或奥氏体中。大量的硅溶入基体，将铬元素从基体中排出，而铬是碳化物的形成元素，因此在显微组织照片上可以看出大量的粒状碳化物弥散分布在基体中。

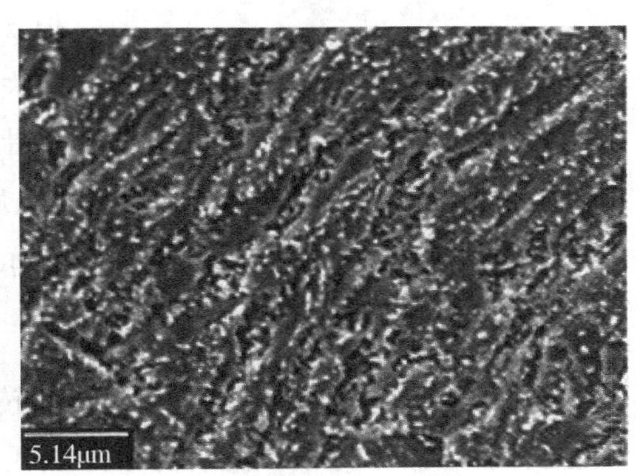

图 8-14　硅铬系合金铸钢在 1000℃奥氏体化淬火，200℃回火后的显微组织

高碳马氏体的 α 相的再结晶温度高于低碳马氏体再结晶温度，许多合金元素也提高 α 相的再结晶温度。如重量百分比 1%~2% 的钼、钨、铬可以把再结晶温度提高到 650℃左右。这是由于碳化物或合金碳化物析出并且分布在晶界上，起到钉扎晶界的作用，阻碍再结晶的进行。

8.1.3　碳钢的回火组织

根据淬火碳钢在回火过程中的组织转变特点，其转变组织分别命名为回火马氏体、回火屈氏体、回火索氏体等。

1. 回火马氏体

回火马氏体是淬火马氏体低温回火的转变产物。淬火钢在 150~300℃回火时，随着温度的逐渐升高，原子的活动能力有所增加。在这一阶段，马氏体中过饱和的碳原子以碳化物的形式逐渐从马氏体中析出，即马氏体的分解过程。在此过程中，原来的过饱和 α-Fe 因碳原子的析出过饱和程度降低。回火温度越高，碳化物的析出量越多，α-Fe 中碳的过饱和度降低也越多。这种由马氏体分解后形成的碳饱和度降低的 α-Fe 相和弥散分布的 ε 碳化物组成的复相组织称为回火马氏体。

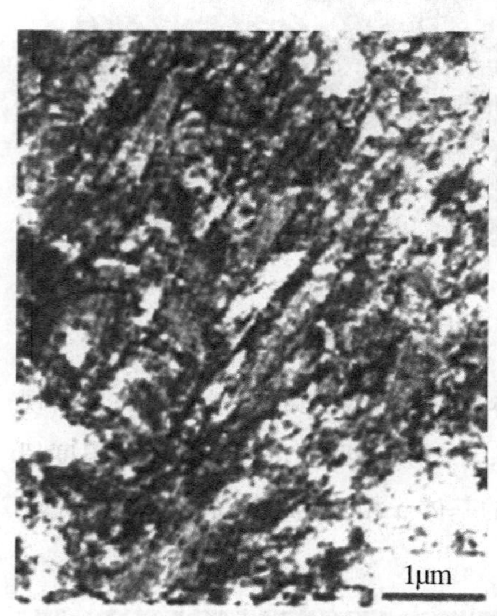

图 8-15　C90 油井管中温回火后的 TEM 组织

2. 回火屈氏体

回火屈氏体是淬火马氏体中温回火的转变产物。淬火钢在 350~500℃回火时，随着温度升高，过饱和的碳原子继续不断地析出。析出的碳原子随即同铁原子化合形成细小颗粒状的碳化物。此时，淬火马氏体完全分解，但 α 相仍保持针状形貌，先前形成的 ε 碳化物此时已经消失，全部转变为细粒状 θ 碳化物，即渗碳体。这种由针状 α 相和无共格联系的细粒状渗碳体组成的混合物称回火屈氏体。图 8-15 为 C90 油井管淬火后中温回火时得到的组织照片。图中条状片层结构为回火屈氏体组织，板条的宽度约为 0.5μm。

3. 回火索氏体

回火索氏体是淬火马氏体高温回火的转变产物。当回火温度超过 600℃时，α 相发生再结晶过程。再结晶完成后 α 相晶粒长大，马氏体针状形态消失，形成多边形的铁素体。此时渗碳体也聚集成较大的颗粒。淬火钢在 500~650℃回火得到的这种多边形铁素体和粗粒状渗碳体的机械混合物称回火索氏体。

8.2　淬火钢回火时力学性能的变化

钢在回火时力学性能的变化规律与其显微组织的变化有密切关系。

图 8-16 为典型低碳（碳的质量分数 0.2%），中碳（碳的质量分数 0.41%），高碳（碳的质量分数 0.82%）淬火钢在 100~700℃温度区间回火时，各种力学性能指标随回火温度的变化规律。由图 8-16 可以看出，总的变化趋势是随着回火温度的升高，钢的强度指标（屈服强度与抗拉强度）不断下降，而塑性指标（断后伸长率和断面收缩率）则不断上升。但碳的质量分数为 0.2% 的低碳钢，回火温度升高到 250℃左右出现塑性指标下降的现象，而碳的质量分数

大于 0.8% 的高碳钢在 100℃左右回火时，硬度反而略有升高。这是由于低碳钢淬火后得到的低碳马氏体与高碳钢淬火后得到的高碳马氏体组织形态不同，淬火冷却尚未转变的残余奥氏体量也不同，因此低碳钢与高碳钢回火时的组织变化及力学性能变化规律存在差异。

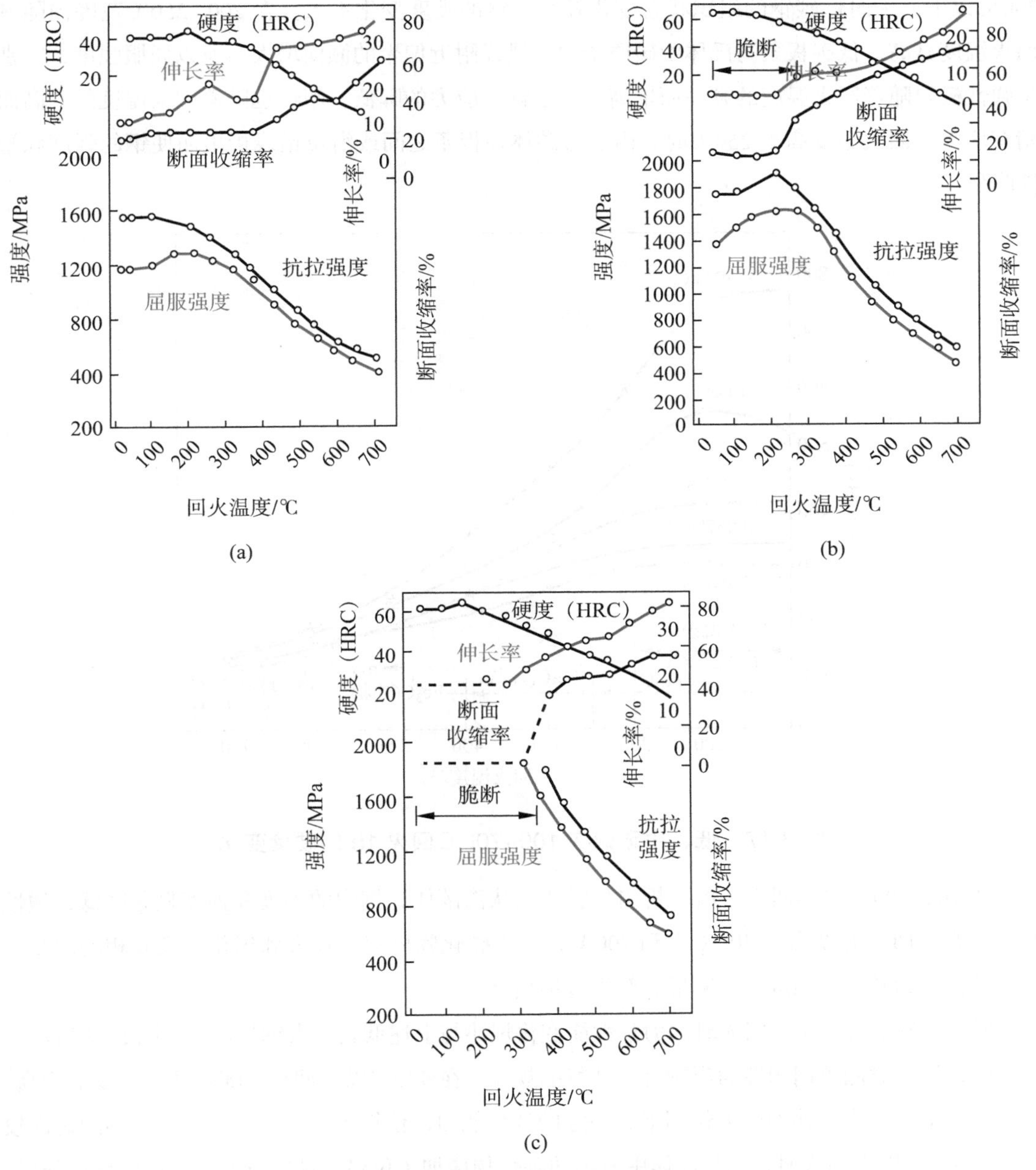

图 8-16　淬火钢的力学性能与回火温度的关系

（a）w_C=0.2%；（b）w_C=0.41%；（c）w_C=0.82%

8.2.1 低碳钢回火时力学性能的变化

低碳钢随着回火温度的增高，钢的硬度一直呈下降趋势，如图 8-17 所示。由于低碳钢（碳的质量分数小于 0.2%）淬火时已经发生了碳原子向位错线偏聚和析出少量碳化物，所以在 200℃以下回火时低碳钢的组织状态变化较小，钢的硬度变化不大。在 200~250℃范围内随着回火温度升高，低碳板条马氏体中碳原子向位错线附近偏聚的倾向增大，所以屈服强度，特别是弹性极限随着回火温度的升高而增高，由于淬火应力的降低，塑性也随着回火温度的升高而稍有增大。回火温度高于 250℃时，由于渗碳体在板条之间或沿位错线析出而使钢的强度和塑性降低。

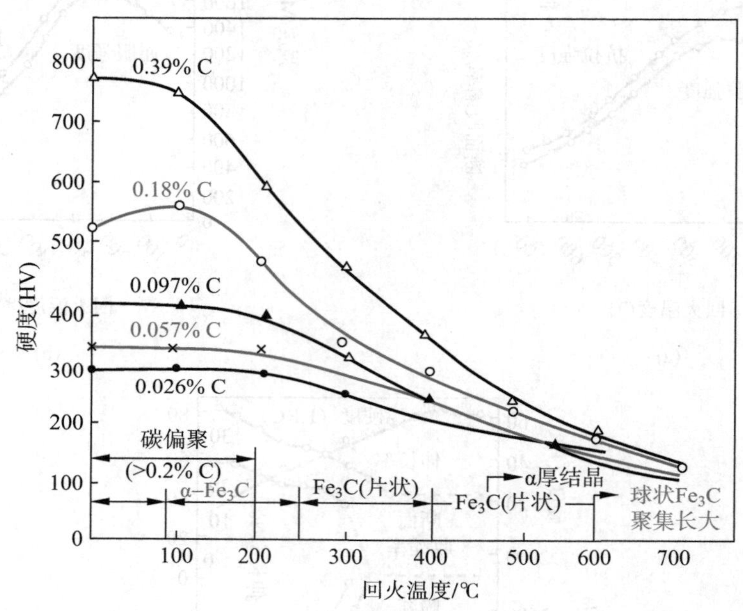

图 8-17 低、中碳钢在 100~700℃回火 1h 的硬度变化

在 300~400℃之间回火，由于析出片状或条状渗碳体，钢中的硬度和强度显著降低，塑性开始回升。回火温度高于 400℃直到 700℃，发生碳化物聚集、长大和球化以及 α 相的回复、再结晶，钢的硬度、强度逐渐降低，塑性逐渐增高。

对于低碳低合金钢，回火时的力学性能变化规律与上述低碳碳素钢相似，如图 8-18 所示。

回火温度对低碳钢韧性的影响有其独特的规律，在 400℃以下回火，随着回火温度的增高，回火组织中的位错在外加应力作用下有一定的迁移能力，使钢不易产生裂纹，因此钢的韧性较高。在 400℃以上回火时，从马氏体中析出的碳化物增加了位错移动的难度，使钢的韧性降低。

综上所述，低碳钢淬火获得板条马氏体后，经低温回火处理可以获得较优良的综合力学性能。

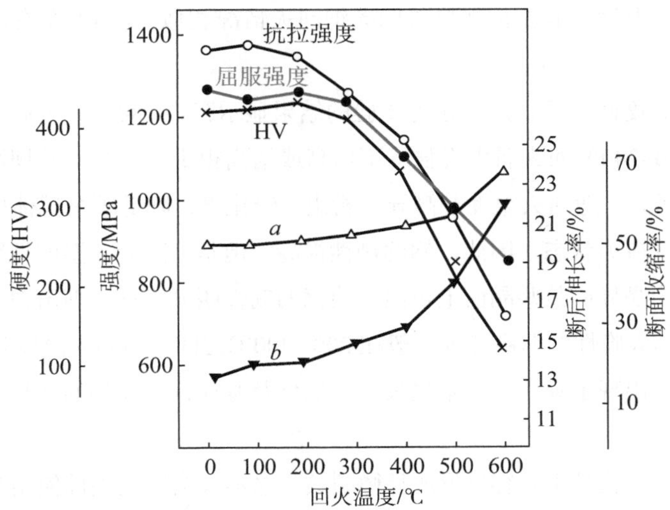

图 8-18　低碳低合金钢（w_C=0.19%，w_{Mn}=1.09%，w_{Cr}=1.00%）回火温度对力学性能的影响

8.2.2　高碳钢回火时力学性能的变化

高碳钢淬火组织主要为片状马氏体和一定数量的残余奥氏体。这种组织回火时力学性能的变化与低碳钢不同。高碳片状马氏体低于 100℃回火时，碳原子形成富碳区，与低碳钢中的偏聚区相比，点阵畸变大。低于 200℃回火时可能析出大量细小碳化物，因而产生较大的弥散硬化作用。因此高碳钢低于 200℃回火时硬度不降低而且稍有提高。图 8-19 是碳的质量分数为 0.49%~1.26% 的碳素钢回火时硬度变化情况。回火温度在 200~300℃之间，高碳钢硬度下降的趋势变得平缓。这是由于残余奥氏体转变为回火马氏体或贝氏体使硬度升高，而马氏体大量分解使钢硬度下降的综合作用结果。这种硬度变化情况取决于残余奥氏体量的多少。一般在 250℃以下回火，由于马氏体基体碳质量分数仍在 0.25% 左右，且有大量弥散分布的 ε 碳化物，所以回火后钢的硬度仍可保持在 60HRC 以上。

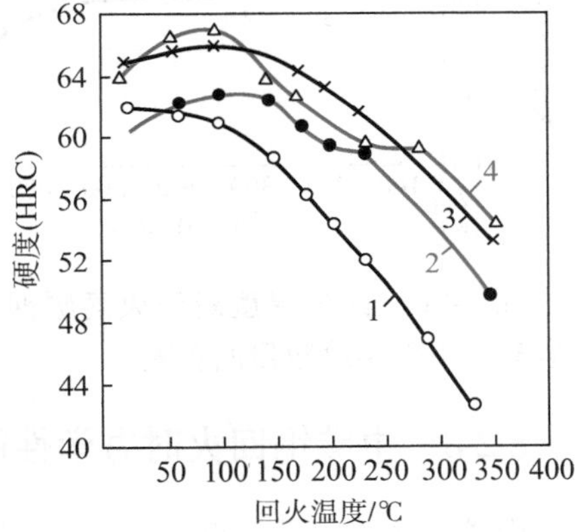

图 8-19　4 种碳素钢在不同温度下回火时的硬度变化（回火 1h）

1—w_C=0.49%，$A_{残余}$含量< 2%；2—w_C=0.79%，$A_{残余}$含量 6%；3—w_C=1.02%，$A_{残余}$含量 21%；4—w_C=1.26%，$A_{残余}$含量 35%

回火温度在 300℃以上时，由于 ε 碳化物转变为渗碳体，共格关系破坏以及渗碳体的聚集长大，基体铁素体相的回复再结晶，而使钢的硬度呈直线下降。与低碳钢相比，由于高碳钢的碳含量高，回火时析出碳化物的数量较多，经相同温度回火后，钢的硬度较低碳钢高。高碳钢在 300℃以下回火，由于没有消除淬火内应力，呈脆性断裂，因此较难准确地测量各项力学性能。

高于 300℃回火，其力学性能变化规律与低碳钢回火情况相似。350℃左右回火，显示出最大的弹性极限。

高碳钢经不同温度回火后，进行扭力试验的结果显示：经 180℃回火后强度、塑性及韧性出现极大值，经 200~240℃回火后出现强度不增高或增高很少，而塑性及韧性为极小值。一般认为在 180℃以下回火，随回火温度升高导致析出 ε 碳化物，降低了马氏体中碳的过饱和度，改善了孪晶马氏体的应力状态。因此，钢的韧性提高。但是，随回火温度继续升高，由于碳化物在基体铁素体相、晶界或某些晶面上析出而使钢的韧性明显降低，即出现了“第一类回火脆性”。出现这一种回火脆性的温度范围一般在 200~400℃之间。当回火温度升高到 400℃以上，随着回火温度升高，出现了碳化物的聚集长大、球化及基体铁素体相的回复再结晶，使钢的韧性增高。

由于高碳针（片）状马氏体容易形成显微裂纹，这不仅会影响钢件使用时的强度和韧性，而且在淬火过程中显微裂纹如果连接成较大的裂纹会使钢件自行开裂。淬火过程中产生的显微裂纹，在回火过程中由于内应力的松弛以及碳化物的析出，一部分微裂纹因此自动“焊合”或“填合”。淬火钢中微裂纹数目与回火温度的关系如图 8-20 所示。当回火温度升高到 250~500℃回火时，微裂纹数目没有进一步明显减少。只有当回火温度增高到 600℃以上时，微裂纹的数目才显著减少，但是，即使经高温回火或低温球化退火后，钢中仍有少数微裂纹残留。

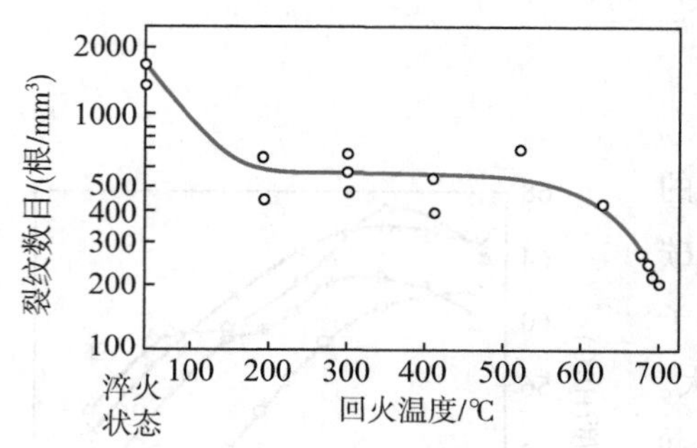

图 8-20 回火温度对淬火高碳钢（w_C=1.02%）中微裂纹数目的影响

8.2.3 中碳钢回火时力学性能的变化

中碳钢经淬火后的组织，一般是板条状马氏体与片状马氏体的混合物，因此这类钢回火时的力学性能变化规律兼有低碳钢和高碳钢的特性。从图 8-21 可以看出，中碳钢的硬度随着回火温度的升高而逐渐降低，这是因为中碳钢淬火后碳含量较低碳钢高，较高碳钢低，在低温回火时，因碳形成偏聚区和析出碳化物而增高硬度的作用较小，所以钢的硬度降低。在 200~300℃之间回火，因残留奥氏体量较少，其分解后能够增高的硬度远远小于回火马氏体继续分解而降低的硬度，因此硬度继续降低。高于 300℃回火，其硬度降低情况与低碳钢和高碳钢相似。中碳钢回火时的强度、塑性变化规律与低碳钢相似，即钢的真实断裂强度、极限强度、屈服强度以及弹性极限在 200~300℃回火温度范围内显示出最高的数值。高于 300℃，随着回火温度的增高，钢的强度降低，伸长率和断面收缩率增高。中碳钢回火时的韧性变化规律与高碳钢相似，由于第一类回火脆性，回火温度在 250~300℃时钢的冲击韧性最低。

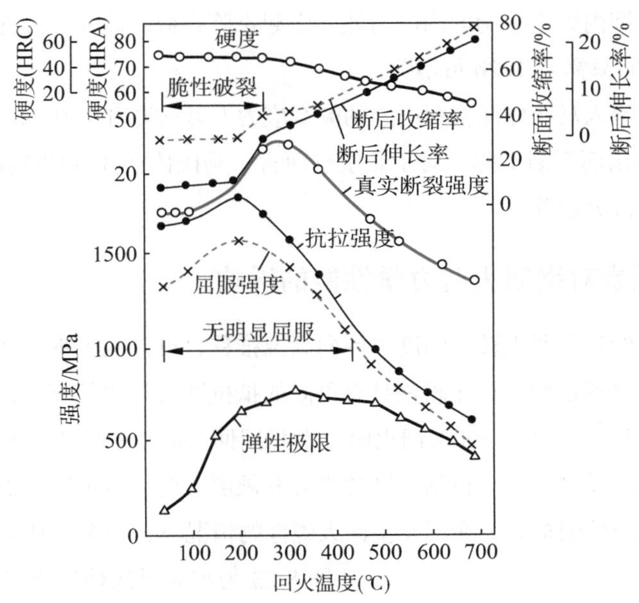

图 8-21　中碳钢（w_C=0.41%，w_{Mn}=0.72%）的力学性能与回火温度的关系

8.2.4　内应力消除

淬火钢在回火过程中由淬火引起的淬火应力（热应力与相变应力的综合）也会大部分或全部消除。图 8-22 为淬火内应力与回火温度的关系。由图可见，存在较大淬火态内应力的碳钢圆柱体，分别经过 200℃和 500℃回火 1h，内应力显著降低。回火温度越高，内应力消除率越高。在 550℃回火一定时间，第一类内应力可以基本消除。

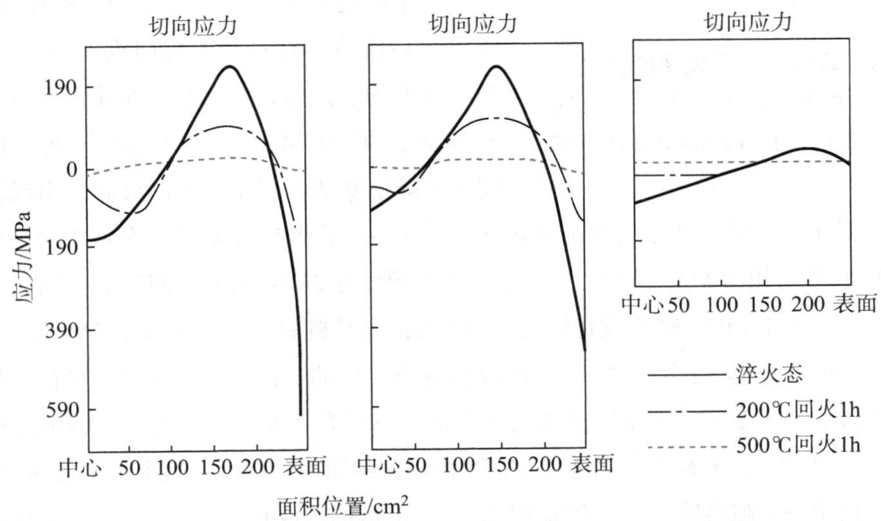

图 8-22　w_C=0.7% 碳钢圆柱体（ϕ18mm）900℃淬火时热处理应力及回火温度的关系

在晶粒或亚晶范围内处于平衡的内应力能够引起点阵常数的改变，因此而引起的第二类内应力，在 500℃回火时只需要 1~2h 可消除。

由于碳原子间隙溶入马氏体晶格而引起的畸变应力（第三类内应力），随着马氏体的分解，碳原子不断从 α 相析出而不断下降。对于碳素钢而言，马氏体在 300℃左右分解完毕，第三类内应力也可全部或大部分消除。

8.2.5 合金元素对钢回火时力学性能的影响

合金元素可使钢的各种回火转变温度范围向高温推移，可以减少钢在回火过程中硬度下降的趋势。合金钢的回火稳定性高，比碳钢具有更高的抵抗回火软化的能力，即回火抗力高。与相同含碳量的碳钢相比，在高于 300℃回火时，在相同回火温度和回火时间情况下，合金钢具有较高的强度和硬度。反过来，为得到相同的强度和硬度，合金钢可以在更高温度下回火，这又有利于钢的韧性和塑性的提高。在不发生回火脆性的情况下，合金钢常常具有较高的韧性。

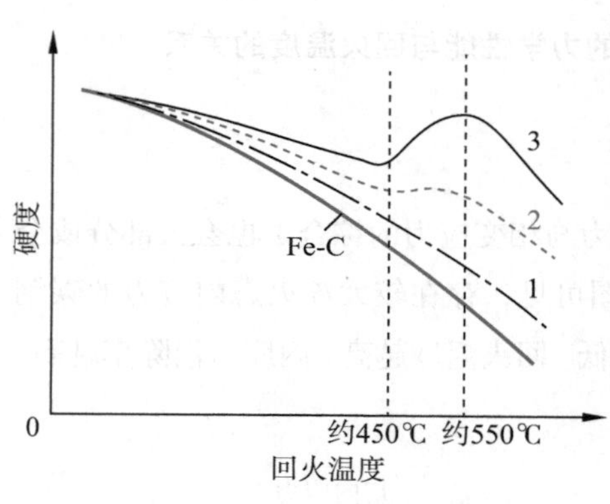

图 8-23 马氏体的回火硬度曲线

Fe-C—碳素钢；1—低合金钢；2—Fe-Cr-C 系钢；3—Fe-W(Mo)-C 系钢

图 8-23 为淬火马氏体回火过程中硬度与温度的关系曲线图。图中 Fe-C 曲线、曲线 1、曲线 2、曲线 3 分别对应碳素钢、低合金钢、Fe-Cr-C 系及含强碳化物形成元素的 Fe-W（Mo）-C 系、Fe-V-C 系合金钢中的马氏体硬度与温度的关系曲线图。图中 Fe-C 曲线和曲线 1 所反映的变化规律基本相同。即碳素钢和低合金钢中马氏体的硬度随着回火温度的升高连续降低，但低合金钢中马氏体的硬度比 Fe-C 马氏体下降趋势减慢。因为合金渗碳体 θ-M_3C 较碳素钢马氏体具有较高的抗回火能力；Fe-Cr-C 系合金钢中的马氏体，回火后的平衡相为 θ-M_7C_3 或 θ-$M_{23}C_6$。在 θ-M_7C_3 → θ-$M_{23}C_6$ 转变过程中，硬度的下降率变缓，其硬度—回火曲线出现转折直到形成平台；对于含强碳化物形成元素的 Fe-W（Mo）-C 系或 Fe-V-C 系合金钢中的马氏体，马氏体回火后的平衡相为 M_6C 或 M_6C+$M_{23}C_6$，回火硬度在 500~600℃区间复又升高，并且出现硬度峰值，这是由于 MC、M_2C 碳化物的脱溶引起的，是典型的马氏体回火二次硬化现象。

以 W、Mo、Cr、V 合金化的 Fe-M-C 合金钢马氏体的二次硬化从 400℃左右已开始，一般在 520~560℃，硬度—回火温度曲线出现峰值。有研究者发现，这类合金钢中的马氏体在 450~500℃回火后存在 θ-M_3C，但这并不是二次硬化的原因，相反，这个现象与 θ-M_3C 的回溶而伴生的代位—间隙溶质原子复合偏聚团，即 G.P 区的形成有关。马氏体回火产生的二次硬化是许多重要的合金钢的高温强度、高温硬度的基础。

8.2.6　回火脆性

淬火马氏体回火时冲击韧性的大致变化趋势是随回火温度的升高而增大，但有些钢在某些区间回火时，可能出现韧性显著降低的现象。这种现象叫做钢的回火脆性。根据脆化现象产生的机理和温度区间，回火脆性可分为两类：钢在 250~400℃范围内出现的回火脆性称为第一类回火脆性（或低温回火脆性），在450~650℃温度范围内出现的回火脆性称为第二类回火脆性（或高温回火脆性）。

1. 第一类回火脆性

一般认为，第一类回火脆性（或低温回火脆性）是由于马氏体分解时沿马氏体条或片的界面析出断续的薄壳状碳化物，降低了晶界的断裂强度，使之成为裂纹扩展的路径，因而导致脆性断裂。如果提高回火温度，由于析出的碳化物聚集和球化，改善了脆化界面状况而使钢的韧性又重新恢复或提高。近年来几乎所有的研究者一致认为，马氏体分解过程中 θ 碳化物和 χ 碳化物取代柯垂尔气团或 θ 碳化物和 χ 碳化物相的不均匀分布是造成第一类回火脆性（或低温回火脆性）的基本原因。

钢中含有合金元素一般不能抑制低温回火脆性，但 Si、Cr、Mn 等元素可使脆化温度推向更高温度。例如，含 Si 的质量分数为 1.0%~1.5% 的钢，产生脆化的温度提高到 300~320℃；而 Si 的质量分数为 1.0%~1.5%、Cr 的质量分数为 1.5%~2.0% 的钢，脆化温度可提高到 350~370℃。

到目前为止，还没有一种有效地消除低温回火脆性的热处理或合金化方法。所以也称它为不可逆回火脆性。为了防止低温回火脆性，通常的办法是避免在脆化温度范围内回火。有时为了保证要求的力学性能，必须在脆化温度回火时，可采取等温淬火。

2. 第二类回火脆性

第二类回火脆性主要发生在合金钢中，在 450~650℃高温回火后缓冷时，其冲击韧性下降。这种脆性的产生与加热和冷却条件有关。碳素钢一般不出现这类回火脆性。当钢中含有 Mn、P、As、Sb 等杂质元素时，回火脆性增大。如果钢中除 Cr 以外，还含有 Ni 或 Mn 时，高温回火脆性更为显著，但 W、Mo 等元素能减弱高温回火脆性的倾向。例如，钢中 Mo 的质量分数大约为 0.5% 或 W 的质量分数为 1% 时，Mo 与杂质元素发生交互作用，抑制杂质元素向晶界偏聚，从而减轻了回火脆性倾向。将脆化状态的钢重新回火，然后快速冷却，可以消除回火脆性。再于脆化温度区间加热，然后缓冷，回火脆性又重新出现。故第二类回火脆性也称为可逆回火脆性（如图 8-24 所示）。

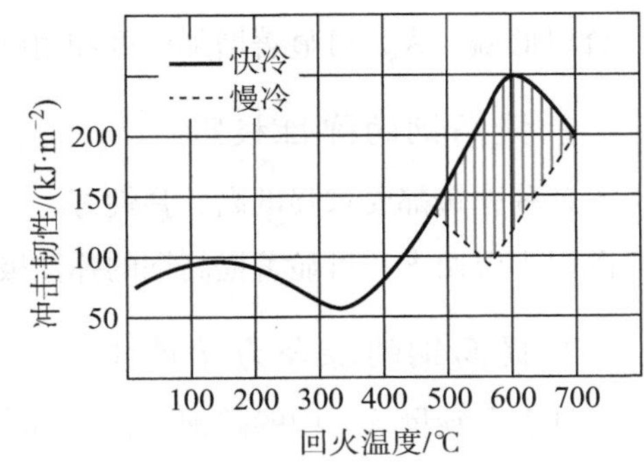

图 8-24　第二类回火脆性示意图

高温回火脆性产生的原因尚未有定论。杂质元素偏聚理论目前认可度较高。此理论认为Sb、Sn、P、As等杂质元素在回火时向原奥氏体晶界偏聚，减弱了奥氏体晶界上原子间的结合力，降低晶界断裂强度是产生高温回火脆性的主要原因。Cr、Mn、Ni等合金元素不但促进这些杂质元素向晶界上的内吸附，而且本身也向晶界偏聚，进一步降低了晶界的强度，从而增大了回火脆性倾向。杂质元素偏聚理论能较好地解释钢在450~500℃长期停留使杂质原子有足够时间向晶界偏聚而造成的脆化，但是难以说明这类回火脆性对冷速的敏感性。关于高温回火脆性现象近年来又提出了α相时效脆化理论，该理论认为高温回火脆性是回火处理时α相的时效引起的，时效产生细小的Fe_3C（N）沉淀，造成对位错的强钉扎作用，从而导致韧性的下降。低频内耗Köester峰值的测定证明了微细Fe_3C（N）质点对位错强钉扎作用的存在。时效脆化理论可以说明回火、铸造或焊接后慢冷时出现高温回火脆性的原因。而偏聚机制理论可解释锅炉、汽轮机零件在455~550℃高温下长时间工作出现的脆性。

防止或减轻高温回火脆性的方法很多。采用高温回火后快冷的方法可抑制回火脆性，但这种方法不适用于对回火脆性敏感的较大工件。在钢中加入Mo、W等合金元素可阻碍杂质元素在晶界上偏聚，也可以有效地抑制高温回火脆性。此外，采用在A_1~A_3临界区亚温淬火方法，使P等杂质元素溶入残留的少量铁素体中，减轻P等杂质元素在原奥氏体晶界上的偏聚，也可以显著减弱高温回火脆性。选择杂质元素含量极低的优质钢材以及采用形变热处理等方法都可以减弱高温回火脆性。

8.3 钢的淬火与回火工艺

钢淬火后主要组织是马氏体（或下贝氏体），此外存在少量残余奥氏体和未溶碳化物。淬火必须与回火恰当配合才能使钢件达到预期的性能指标。

8.3.1 钢的淬火与回火的目的

1. 提高钢的硬度和耐磨性

许多高碳、高合金钢，如模具、刃具、量具和轴承等经淬火后得到马氏体或下贝氏体，再配合以低温回火，可显著增加硬度和耐磨性，从而有效地增长其寿命。

2. 提高钢的弹性极限

各种弹簧都要求强度高、弹性好，一般均用含碳量中到高的碳钢或合金钢制造。淬火后，再配以中温回火，可显著提高钢的弹性极限。

3. 提高钢的综合力学性能

许多含碳量低、中的碳钢或合金钢制造的工件，如轴类、齿轮、连接件、结构件等经淬火后得到马氏体，再配合以高温回火或低温回火，可得到零件使用时所要求的强度、硬度、塑性和韧性等性能的良好配合，即提高钢的综合力学性能。

4. 改善钢的特殊性能

各种永久磁铁都用高碳钢或特殊磁钢制造，淬火成马氏体，经技术磁化，磁性高而矫顽力大，经久不退磁；许多不锈钢或耐热钢零件，也要首先淬火成马氏体，使不锈钢耐蚀性提高，或提高钢的耐热性。

总之，钢的强度、硬度、耐磨性、弹性、韧性、疲劳强度等，都可以利用淬火与回火使之大大提高。淬火 + 回火是强化钢铁材料的重要手段。

8.3.2　淬火工艺

钢的淬火工艺按淬火加热温度不同可分为完全淬火与不完全淬火。钢加热至上临界点（A_{c3} 或 A_{cm}）温度以上进行淬火，称为完全淬火。钢加热至 A_{c1}~A_{c3} 或 A_{c1}~A_{cm} 温度进行淬火称为不完全淬火。

1. 淬火工艺规范

淬火工艺规范包括淬火加热方式、加热温度、保温时间、冷却介质及冷却方式等。

确定工件淬火规范的依据是工件图纸及技术要求、所用材料牌号、相变点及过冷奥氏体等温或连续冷却转变曲线、端淬曲线、加工工艺路线及淬火前的原始组织等。只有充分掌握这些原始材料，才能正确地确定淬火工艺规范。

1）淬火的加热方式及加热温度

淬火应采用保护气氛加热或盐浴炉加热。只有一些毛坯或棒料的调质处理（淬火、高温回火）可以在普通空气介质中加热。因为调质处理后尚需机械切削加工，除去表面氧化、脱碳等加热缺陷。但是随着少、无切削加工的发展，调质处理后仅是一些切削加工量很小的精加工，因而也要求无氧化、无脱碳加热。

淬火加热一般是热炉装料。但对工件尺寸较大，几何形状复杂的高合金钢制工件，应该根据生产批量的大小，采用预热炉（周期作业）预热，或分区（连续炉）加热等方式进行加热。

淬火加热温度主要根据钢的临界点确定，并以得到均匀细小的奥氏体晶粒为原则，以便淬火后获得细小的马氏体组织。亚共析碳素钢通常加热至 A_{c3} 以上 30~50℃；共析碳素钢、过共析碳素钢加热至 A_{c1} 以上 30~50℃，如图 8-25 所示。

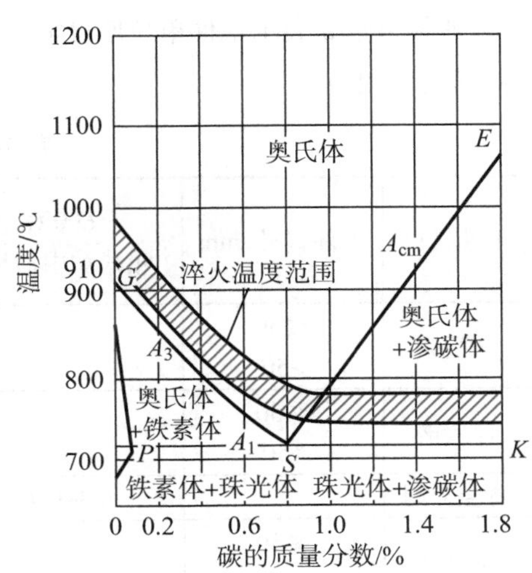

图 8-25　碳素钢的淬火加热温度范围

过共析钢的加热温度限定在 A_{c1} 以上 30~50℃是

为了得到细小的奥氏体晶粒和保留少量渗碳体质点，淬火后得到隐晶马氏体和其上均匀分布的粒状碳化物，从而使钢具有更高的强度、硬度和耐磨性及较好的韧性。如果过共析钢淬火加热温度超过 A_{ccm}，碳化物将全部溶入奥氏体中，使奥氏体中的含碳量增加，降低钢的 M_s 点，淬火后残余奥氏体量增多，导致钢的硬度和耐磨性降低。同时淬火温度过高导致奥氏体晶粒粗化，淬火后获得粗大马氏体使钢件冲击韧性显著降低，钢的脆性增大；此外，高温加热淬火应力大、氧化脱碳严重，也增大钢件变形和开裂倾向。

近年来，对于低、中碳合金钢，采用加热温度略低于 A_{c3} 的亚温淬火，保留少量能富集一些有害杂质的韧性相铁素体，不但可以降低钢的冷脆转变温度、减小回火脆性及氢脆敏感性，甚至使钢的硬度、强度及冲击韧性比正常淬火还略有提高。

为了加速奥氏体化，低合金钢淬火温度可比碳钢淬火温度高，一般为 A_{c1} 或 A_{c3} 以上 50~100℃。高合金工具钢含较多强碳化物形成元素，奥氏体晶粒粗化温度高，则可采取更高的淬火加热温度。

2）淬火加热时间

淬火加热时间是工件整个截面加热到预定淬火温度，并使之在该温度下完成组织转变、碳化物溶解和奥氏体成分均匀化所需的时间，包括升温和保温两个时间段。在实际生产中，只有大型工件或装炉量很多情况下，才把升温时间和保温时间分别进行考虑。当把升温时间和保温时间分别考虑时，由于淬火温度高于相变温度，所以升温时间包括相变重结晶时间，保温时间实际上只要考虑碳化物溶解和奥氏体成分均匀化所需时间。

在具体生产条件下，淬火加热时间常用经验公式计算，通过试验最终确定。常用经验公式是

$$t = akD \tag{8-1}$$

式中，t 为加热时间，min；a 为加热系数，min/mm；k 为装炉修正系数；D 为零件有效厚度，mm。

加热系数 a 表示工件单位厚度需要的加热时间，与工件尺寸、加热介质和钢的化学成分有关，见表 8-2。

表 8-2 常用钢的加热系数

工件材料	工件直径 /mm	<600℃ 箱式炉中加热	750~850℃ 盐炉中加热或预热	800~900℃ 箱式炉或井式炉中加热	1000~1300℃高温盐炉中加热
碳钢	≤50 >50		0.3~0.4 0.4~0.5	1.0~1.2 1.2~1.5	—
合金钢	≤50 >50		0.45~0.50 0.50~0.55	1.2~1.5 1.5~1.6	—
高合金钢		0.3~0.4	0.30~0.35		0.17~0.2
高速钢	≤50 >50		0.30~0.35 0.65~0.85		0.16~0.18 0.16~0.18

装炉修正系数 k 是考虑装炉的多少而确定的。装炉量大时，k 值也应取得较大，一般由实验确定。

工件有效厚度 D 可按下述原则确定：圆柱体取直径，正方形截面取边长，长方形截面取短边长，板件取板厚，套筒类工件取壁厚，圆锥体取离小头 2/3 长度处直径，球体取球径的 0.6 倍作为有效厚度 D。

3）淬火介质及冷却方式

钢从奥氏体状态冷至 M_s 点以下所用的冷却介质称为淬火介质。介质冷却能力越大，钢的冷却速度越快，越容易超过钢的临界淬火速度，则工件越容易淬硬，淬硬层的深度越深。但是，冷却速度过大将使工件产生很大的淬火应力，容易产生变形或开裂。钢的理想淬火介质冷却能力曲线如图 8-26 所示。650℃以上应当缓慢冷却，以尽量降低淬火热应力，650~400℃之间应当快速冷却，以通过过冷奥氏体最不稳定的区域，避免发生珠光体或贝氏体转变。但是在 400℃以下 M_s 点附近的温度区域，应当缓慢冷却以尽量减小马氏体转变时产生的组织应力。具有这种冷却特性的冷却介质可以保证在获得马氏体组织条件下减少淬火应力、避免工件产生变形或开裂。

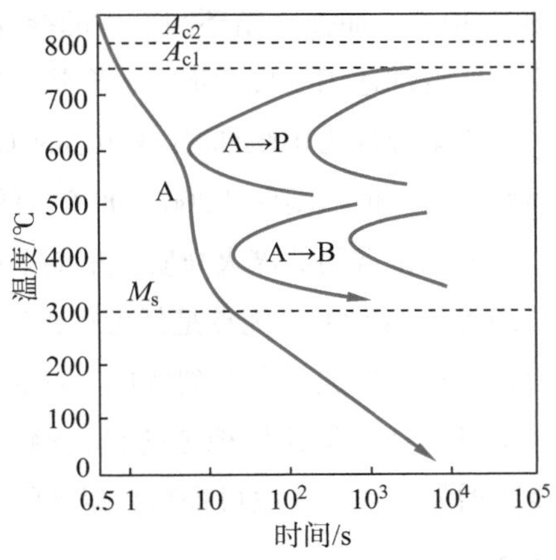

图 8-26　钢的理想淬火介质冷却能力曲线

常用淬火介质有水、盐水或碱水及各种矿物油，有机水溶液等。各种常用淬火介质的冷却特性如表 8-3 所示。

表 8-3　常用淬火介质的冷却特性

名称	最大冷却速度		平均冷却速度 /（℃ /s）		备注
	所在温度 /℃	冷却速度 /（℃ /s）	650~550℃	300~200℃	
静止自来水，20℃	340	775	135	450	冷却速度系数由 ϕ20mm 银球所测
静止自来水，40℃	285	545	110	410	
静止自来水，60℃	220	275	80	185	
质量分数为 10%NaCl 的水溶液，20℃	580	2000	1900	1000	
质量分数为 15%NaCl 的水溶液，20℃	560	2830	2750	775	
质量分数为 5%NaCl 的水溶液，20℃	430	1640	1140	820	
10 号机油，20℃	430	230	60	65	
3 号锭甘油，20℃	500	120	100	50	

水的冷却特性很不理想，在需要快冷的 650~400℃区间，其冷却速度较小，不超过 200℃ /s，而在需要慢冷的马氏体转变温度区，其冷却速度又太大，在 340℃最大冷却速度高达 775℃ /s，很容易造成淬火工件的变形或开裂。此外，水温对水的冷却特性影响很大，水温升高，650~400℃高温区的冷却速度显著下降，而低温区的冷却速度仍然很高。因此淬火时水温不应

超过 30℃，加强水循环和工件的搅动可以加速工件在高温区的冷却速度。水虽不是理想淬火介质，但却适用于尺寸不大、形状简单的碳钢工件淬火。

质量分数为 10%NaCl 或 10%NaOH 的水基淬火介质可使高温区（500~650℃）的冷却能力显著提高，但低温区（200~300℃）的冷却速度也很快。

油也是常用的淬火介质。早期采用动、植物油脂，目前工业上主要采用矿物油，如机油、柴油等。油的主要优点是低温区的冷却速度比水小得多，从而可大大降低淬火工件的组织应力，减小工件变形和开裂倾向。油在高温区间（650~400℃）冷却能力低是其主要缺点。但是对于过冷奥氏体比较稳定的合金钢，油是合适的淬火介质。与水相反，提高油温可以降低黏度，增加流动性，故可提高高温区间的冷却能力。但是油温过高，容易着火，油温一般应控制在 60~80℃。

上述几种淬火介质各有优缺点，均不属于理想的冷却介质。水的冷却能力很大，但冷却特性不好；油冷却特性较好，但其冷却能力又低。因此，寻找冷却能力介于油水之间，冷却特性近于理想淬火介质的新型淬火介质是人们努力的目标。由于水是价廉、容易获得、性能稳定的淬火介质，因此目前世界各国都在发展有机水溶液作为淬火介质。美国应用质量分数为 15% 聚乙烯醇、0.4% 抗粘附剂、0.1% 防泡剂的淬火介质，其他国家也在应用类似的淬火介质。国内使用比较广泛的新型淬火介质有水玻璃—碱水溶液、过饱和硝盐水溶液、氧化锌—碱水溶液、合成淬火剂等。它们的共同特点是冷却能力介于水、油之间，接近于理想淬火介质。其中合成淬火剂是目前最常用的有机物水溶液淬火剂，其主要成分是聚乙烯醇加少量防腐剂、防锈剂和消泡剂。它的冷却能力介于水、油之间，并可通过改变浓度进行调节。常用的合成淬火剂在 398℃时最大冷速为 418℃ /s，650~550℃区间的平均冷速为 80℃ /s，300~200℃时的平均冷速为 190℃ /s。

2. 淬火方法

淬火方法主要根据淬火冷却方式进行分类。

1）单液淬火

将加热奥氏体化后的工件放入一种淬火介质中冷却至室温，称为单液淬火，如图 8-27 中 *a* 所示。通常碳钢淬透性差，多用水或盐水淬；合金钢淬透性大，淬裂倾向也大，常用油淬；对性能要求高的工件一般采用合成淬火剂。单液淬火简单易行，容易实现机械化和自动化。

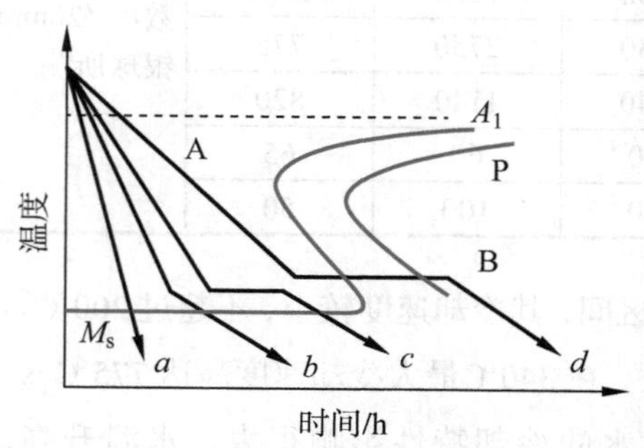

图 8-27　各种淬火方法的冷却曲线示意图

2）双液淬火

双液淬火是利用水在高温区快冷的优点，同时避免水在低温区快冷的缺点，采用先水淬后油冷，如图 8-27 中 *b* 所示。进行双液淬火需要准确掌握水中停留时间，当工件表面温度刚好接近 M_s

点时立即从水中取出，转移到油中冷却。水中停留时间不当，将会引起奥氏体共析分解或马氏体相变，失去双液淬火的作用。此法要求有一定的实践经验，或通过实验来确定水中停留的时间。双液淬火适用于处理淬透性小、尺寸较大的碳素工具钢、低合金结构钢等工件。

3）分级淬火

分级淬火是将奥氏体化后的工件放入略高于或略低于 M_s 点的低温盐浴或碱浴中等温停留一段时间，当工件内外温度均匀后取出空冷，如图 8-27 中 *c* 所示。分级淬火后工件内应力很小，变形小。但工件在盐浴中冷却速度慢，并且等温时间受到限制，所以分级淬火多用于尺寸较小的工件，如刀具、量具和要求变形很小的精密工件。

4）等温淬火

等温淬火是将奥氏体化后的工件淬入 M_s 点以上某温度的盐浴中，等温保持足够长时间使之转变为下贝氏体后在空气中冷却，如图 8-27 中 *d* 所示。等温淬火实际上是分级淬火的进一步发展。所不同的是等温淬火获得下贝氏体组织。下贝氏体组织的强度、硬度较高而韧性较好，故等温淬火可显著提高钢的综合力学性能。等温淬火的奥氏体化加热温度通常比普通淬火高，目的是提高奥氏体的稳定性，防止等温冷却过程中发生珠光体型转变。等温温度和时间根据工件组织和性能要求，由该钢的 TTT 图确定。由于等温温度比分级淬火高，减小了工件与淬火介质的温差，从而减小了淬火热应力，又因下贝氏体比容比马氏体小，而且工件内外温度一致，故淬火组织应力也较小。因此，等温淬火可以显著减小工件变形和开裂倾向，适宜处理形状复杂、尺寸要求精密的工具和重要的机器零件，如模具、刀具、齿轮等。同分级淬火一样，等温淬火也只能适用于尺寸较小的工件。

除了上述几种典型的淬火方法外，近年来还发展了许多提高钢的强韧性的新的淬火工艺，如高温淬火，循环快速加热淬火，高碳钢低温、快速、短时加热淬火和亚共析钢的亚温淬火等。

3. 钢的淬透性

淬透性是指钢在淬火时获得马氏体的能力，用钢在一定条件下淬火所获得的淬透层深度来表示。淬透性是钢的本质属性，是工件选材和制定热处理工艺的重要依据之一。淬透层的深度规定为由工件表面至半马氏体区的深度。半马氏体区的组织是由 50% 马氏体和 50% 过冷奥氏体的其他分解产物（如铁素体、珠光体、贝氏体等）组成。这样规定是因为半马氏体区的硬度变化显著，同时组织变化明显，并且在酸蚀的断面上有明显的分界线，很容易测试。

淬透性主要取决于钢的临界冷却速度，以及过冷奥氏体的稳定性。

应当注意，钢的淬透性与淬硬性是两个不同的概念，后者是指钢淬火后形成的马氏体组织所能达到的硬度，它主要取决于马氏体中的含碳量。

1）淬透性的测量方法

测定钢淬透性最常用的方法是末端淬火法，简称端淬法。此法通常用于测定优质碳素结构钢和合金结构钢的淬透性，也可用于测定弹簧钢、轴承钢和工具钢的淬透性。我国 GB/T

225—2006《钢淬透性的末端淬火试验方法（Jominy 试验）》规定的试样形状、尺寸及试验原理如图 8-28 所示。试验时将 ϕ25mm × 100mm 的标准试样加热至奥氏体状态后迅速取出置于试验装置上，对末端喷水冷却，试样上距末端越远的部分，冷却速度越小，因此硬度值越低。试样冷却完毕后，在平行于试样轴线方向上磨制出两个互相平行的平面（磨削深度为 0.4~0.5mm），并在两平面上从试样末端开始，每隔 1.5mm 测一点硬度，绘出硬度与至末端距离的关系曲线，称为端淬曲线。由于同一种钢号的化学成分允许在一定范围内波动，因而相关手册中给出的不是一条曲线，而是一条带，称之为淬透性带，如图 8-29 为 45 钢的淬透性带。磨制硬度测试平面时，应防止试样组织发生变化。

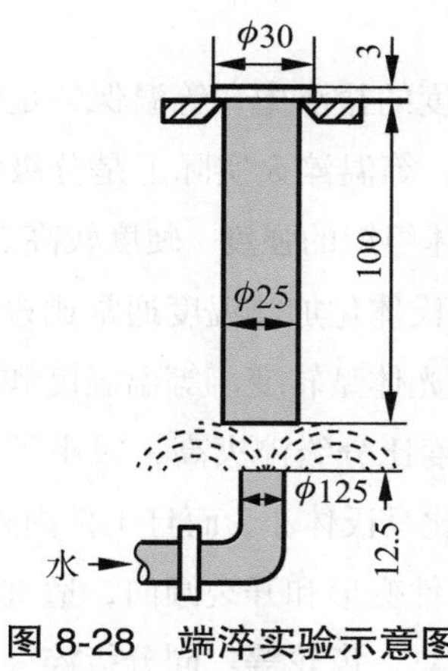

图 8-28　端淬实验示意图

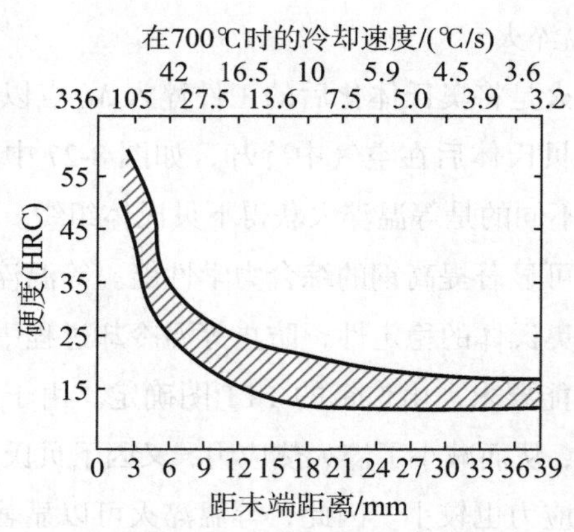

图 8-29　45 钢的淬透性带

根据钢的淬透性曲线，钢的淬透性值通常用 $J\frac{\text{HRC}}{d}$ 表示。其中，J 表示末端淬透性，d 表示距末端的距离，HRC 表示在该处测得的硬度值。如淬透性值 $J\frac{40}{5}$，即表示在淬透性带上距末端 5mm 处的硬度值为 40HRC，$J\frac{35}{10\sim15}$ 即表示距末端 10~15mm 处的硬度值为 35HRC。

另外，在生产中也常用“临界直径”来表示钢的淬透性。它是指圆柱形试样在某种淬火介质中淬火时，心部刚好为半马氏体组织的最大圆柱形直径，用 D_0 表示。显然，在相同的冷却条件下，D_0 越大，则钢的淬透性也越大。表 8-4 列出了几种常用钢在水和油中淬火时的临界淬透直径。

表 8-4　几种常用钢在水和油中淬火时的临界淬透直径

钢号	$D_{0水}$/mm	$D_{0油}$/mm	心部组织
45	10~18	6~8	50% 马氏体
60	20~25	9~15	50% 马氏体
40Mn	18~30	10~18	50% 马氏体
40Cr	20~36	12~24	50% 马氏体
18CrMnTi	32~50	12~20	50% 马氏体
T8~T12	15~18	5~7	95% 马氏体

2）淬透性的实际意义

钢的淬透性在生产中有重要的实际意义，工件在整体淬火条件下，从表面至中心是否淬透，对其力学性能有重要影响。如果工件整个截面不能被淬透，则从表面到心部的组织不一样，力学性能也不相同。例如，淬透性好的钢材经调质处理后，整个截面都是回火索氏体，力学性能均匀，强度高，韧性好；淬透性差的钢表层为回火索氏体，心部为片状索氏体 + 铁素体，心部强韧性差。因此，钢的淬透性是工件选材的依据，也是影响热处理强化效果的重要因素。

在生产中，尺寸较大的零部件，如齿轮类、轴类零件，要求整个截面都能被淬透，从而保证截面上的力学性能均匀性，此时应选用淬透性较高的钢种制造；对于形状复杂、要求淬火变形小的工件（如精密模具、量具等），如果选用淬透性较高的钢，则可以在较缓和的介质中淬火，减小淬火应力，因而工件变形小。但是某些零部件需要用淬透性较低的钢种制造。例如，承受弯曲或扭转载荷的轴类零件，其外层承受应力最大，轴心部分应力较小，因此选用淬透性较小的钢，淬透工件半径的 1/3~1/2 即可。表面淬火用钢也应采用低淬透性钢，淬火时只是表层得到马氏体。焊接用钢也希望淬透性小，目的是为了避免焊缝及热影响区在焊后冷却过程中淬火得到马氏体，从而防止焊接构件的变形和开裂。

3）影响淬透性的因素

钢的淬透性与临界冷却速度相关，主要影响因素如下：

（1）含碳量：在碳钢中，共析钢的临界冷速最小，淬透性最好；亚共析钢随含碳量增加，临界冷速减小，淬透性提高；过共析钢随含碳量增加，临界冷速增加，淬透性降低。

（2）合金元素：除钴以外，其余合金元素溶于奥氏体后，降低临界冷却速度，使过冷奥氏体的转变曲线右移，提高钢的淬透性，因此合金钢的淬透性往往比碳钢要好。

（3）奥氏体化温度：提高钢材的奥氏体化温度，使奥氏体成分均匀、晶粒长大，因而可减少珠光体的形核率，降低钢的临界冷却速度，增加其淬透性。但奥氏体晶粒长大，生成的马氏体也会比较粗大，会降低钢材常温下的力学性能。

（4）钢中未溶第二相：钢加热奥氏体化时，未溶入奥氏体中的碳化物、氮化物及其他非金属夹杂物，会成为奥氏体分解的非自发形核核心，使临界冷却速度增大，降低淬透性。

4. 淬火缺陷及其防止

在生产中，工件在淬火时可能出现以下淬火缺陷，应分析产生的原因，采取适当措施防止其出现。

1）淬火畸变与淬火裂纹

淬火畸变是不可避免的现象，只有超过规定公差或无法矫正时才构成废品。通过适当选择材料，改进结构设计，合理选取淬火、回火方法等措施，可有效地减小与控制淬火畸变。变形超差可采用热校直、冷校直、热点法校直、加压回火等措施加以修正。

淬火裂纹一般是不可补救的淬火缺陷。只有采取积极的预防措施，如控制淬火应力大小、应力方向、应力分布，同时控制原材料质量及正确的结构设计等。

2）氧化、脱碳与过热、过烧

零件淬火加热过程中若不进行表面防护，将发生氧化、脱碳等缺陷，其后果是表面淬硬性下降、达不到技术要求；在零件表面形成网状裂纹；严重降低零件外观质量、加大表面加工粗糙度甚至超差。因此，精加工零件淬火加热需在保护气氛下或盐浴炉内进行，小批量零件可采用防氧化表面涂层加以防护。

过热导致淬火后形成粗大的马氏体组织，形成淬火裂纹或严重降低淬火件的冲击韧性。因此应当正确选择淬火加热温度，适当缩短保温时间，并严格控制炉温加以防止。如果淬火时出现过热组织，可以重新退火（正火），细化晶粒后再次淬火返修。

过烧常发生在淬火高速钢中，其特点是产生了鱼骨状共晶莱氏体。过烧后使淬火钢严重脆化，形成不可挽回的废品。

3）硬度不足

淬火、回火后硬度不足一般是由于淬火加热不足、表面脱碳、高碳合金钢淬火后残留奥氏体过多或回火不足等因素造成。在含铬轴承钢油淬时，还经常发现表面淬火后硬度低于内层的现象。消除硬度不足的缺陷必须分清原因，采取相应对策加以防止。

4）软点

淬火后工件出现硬度不均匀的缺陷称软点。与硬度不足的主要区别是在零件表面上硬度有明显的忽高忽低现象，这种缺陷可能是由于原始组织过于粗大及不均匀（如有严重的组织偏析，存在大块碳化物或大块自由铁素体）；淬火介质被污染（如水中有油珠悬浮）；零件表面有氧化皮或零件在淬火液中未能适当运动，导致局部地区形成蒸汽膜而阻碍了冷却等因素造成。通过金相分析并研究工艺执行情况，可以进一步判明究竟由哪一种原因导致的废品，软点通过返修重淬可加以修正。

5）其他组织缺陷

对淬火工艺要求严格的零件，不仅要求淬火后满足硬度要求，往往还要求淬火组织符合规定的等级，如要求淬火马氏体等级、残留奥氏体数量、未溶铁素体数量、碳化物的分布及形态等符合规定。当超过这些规定时，尽管硬度检查通过，组织检查仍为不合格品。常见的组织缺陷如粗大淬火马氏体（过热），渗碳钢及工具钢淬火后的网状碳化物及大块碳化物、调质钢中的大块自由铁素体及工具钢淬火后残留奥氏体量过多等。

8.3.3 钢的回火工艺及规范

1. 钢的回火工艺

在生产实际中，一般根据钢的化学成分、工件的性能要求以及工件淬火后的组织和硬度来正确选择回火温度、保温时间、回火后的冷却方式等，以保证工件回火后能获得所需要性能。

决定工件回火后的组织和性能最重要的因素是回火温度。因此生产中根据工件所要求的力学性能、所用的回火温度的高低，将回火工艺分为低温回火、中温回火和高温回火。

1）低温回火

低温回火工艺的温度范围一般为 150~250℃。亚共析钢低温回火后组织为回火马氏体；过共析钢低温回火后组织为回火马氏体 + 碳化物 + 残余奥氏体。低温回火的目的是在保持高硬度（58~64HRC）、高强度和高耐磨性的情况下，适当提高钢的韧性，同时显著降低钢的淬火应力和脆性。在生产中低温回火大量应用于工具、量具、滚动轴承、渗碳工件、表面淬火工件等的最终热处理。

精密量具、轴承、丝杠等零件为了减少在最后加工工序中形成的附加应力，增加尺寸稳定性，可在 120~250℃进行保温时间长达几十小时的低温回火，有时称为人工时效或稳定化处理。

2）中温回火

中温回火温度一般在 350~500℃之间，回火组织是回火屈氏体。中温回火后工件的内应力基本消除，具有高的弹性极限和屈服极限、较高的强度和硬度（35~45HRC）、良好的塑性和韧性。中温回火主要用于各种弹簧零件及热锻模具。

3）高温回火

高温回火温度为 500~650℃，通常将淬火和随后的高温回火相结合的热处理工艺称为调质处理。高温回火的组织为回火索氏体。高温回火后钢具有强度、塑性和韧性都较好的综合力学性能，硬度为 25~35HRC，广泛应用于中碳结构钢和低合金结构钢制造的各种受力比较复杂的重要结构零件，如发动机曲轴、连杆、连杆螺栓、汽车半轴、机床齿轮及主轴等，也可作为某些精密工件如量具、模具等的预先热处理。

除上述三种回火工艺外，某些不能通过退火来软化的高合金钢，可以在 600~680℃进行软化回火。

钢在不同温度下回火后硬度随回火温度的变化，以及钢的力学性能与回火温度的关系如图 8-30 所示。

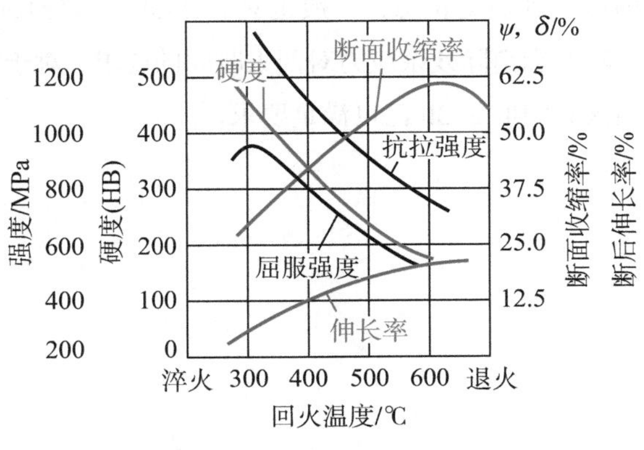

图 8-30　钢的力学性能与回火时间的关系

2. 钢的回火工艺规范

钢在回火过程中，回火时间起到三方面的作用：①保证组织转变充分进行；②尽量降低或消除内应力；③与回火温度配合使工件获得所需要的回火性能。由于回火温度和回火时间都对回火钢的性能有影响，因此回火钢的性能 M 是回火温度 T 和回火时间 t 的函数，即 $M=f(T, t)$。

确定回火时间的前提是必须保证工件完全烧透。

目前，在生产中，回火加热时间一般都是根据工件的有效截面厚度而定。有关计算回火加热时间的参考数据很多，现摘录其中的两种计算数据，分别列于表 8-5 和表 8-6 中。

表 8-5 回火时间参考表

零件有效厚度 /mm			<25	25~50	50~75	75~100	100~125	125~150
回火时间 /min	低温回火（150~250℃）		30~60	60~120	120~180	180~240	240~270	270~300
	中温回火（350~450℃）	盐炉	20~40	40~70	70~100	100~130	130~160	160~180
		电炉	50~90	90~140	140~190	190~220	220~260	280~300
	高温回火（450~650℃）	盐炉	10~30	30~45	45~75	75~90	90~120	120~150
		电炉	40~70	70~100	100~140	140~180	180~210	210~240

表 8-6 回火时间参考表 (min/mm)

加热设备	碳钢	合金钢
盐炉	1.2~1.5	1.8~2.0
电炉	1.5~2.0	2.0~2.5

注：由表 8-5 和表 8-6 确定的回火时间仅仅是指单个工件而言，对于堆放工件，应根据实际情况另作修正。

由表 8-5 和表 8-6 的数据中可得出，在一定的回火温度条件下，待工件完全烧透后，完成组织转变的时间均很短，约 0.5h 即可完成。也就是说，从保证组织转变充分进行的角度考虑，回火时间仅需 0.5h 即可。对于残余应力松弛来说，在一定的回火温度下，几小时的回火时间即可达到稳定状态，一般也只有 2~3h，再延长回火时间，作用不明显。因此综合考虑保证组织转变和消除残余应力对回火时间的要求，对于一般中、小型工件来说，在完全烧透的情况下，回火时间取 2~3h 已可满足要求。

第 3 篇　特定环境中的金属热处理

常规热处理过程中，热作用只改变金属材料的内部组织、结构、状态和性能，并不改变材料的化学成分。化学热处理对金属和合金施加热与化学的双重作用，通过高温扩散和化学反应改变金属表面层（有时是整个金属）的成分和组织，主要适用于表面需要特殊性能的工件。形变热处理是变形加工和热处理的有机组合；热、力共同作用，使材料组织性能趋于更佳，更加充分发挥材料潜力。所有这些工艺都可用于钢铁和有色金属材料。本篇介绍常规热处理之外的特定环境下的热处理，主要包括表面热处理、化学热处理、形变热处理、激光热处理和外场作用下的热处理。

第 9 章

表面热处理

表面热处理是通过对金属表面的加热、冷却而改变表层力学或物理化学性能的热处理工艺。它广泛用于既要求表层具有高的耐磨性、抗疲劳强度和较大的抗冲击载荷能力，又要求整体具有良好的塑性和韧性的零件，如曲轴、凸轮轴、传动齿轮等。表面热处理分为表面淬火和化学热处理两大类。

表面淬火是将钢件表层加热到淬火温度以上，便立即淬火冷却，从而改变表层组织和性能的一种热处理方法。这样工件表层得到了淬硬组织而心部仍保持原来的组织。根据加热方法不同，表面淬火可分为感应加热表面淬火、火焰加热表面淬火、电接触加热表面淬火、激光加热表面淬火、电子束表面淬火等。工业上应用最多的为感应加热表面淬火和火焰加热表面淬火。

化学热处理是将工件置于含有活性元素的介质中加热和保温，使介质中的活性原子渗入工件表层或形成某种化合物的覆盖层，以改变表层的组织和化学成分，从而使零件的表面具有特殊的机械或物理化学性能。根据渗入元素的不同，化学热处理可分为渗碳、渗氮、渗硼、渗硅、渗硫、渗铝、渗铬、渗锌、碳氮共渗、铝铬共渗等。

本章主要论述以表面淬火为代表的热处理工艺原理与技术。

9.1 感应加热表面热处理

感应加热表面热处理工艺是利用感应电流加热工件的表面，淬火冷却后工件表面获得硬度高的马氏体组织，而内部组织仍然具有良好的韧性、塑性和较高的强度等，具有这种组织特征的零件在交变载荷作用下具有高的使用寿命。感应加热所需的热能来源于涡流热效应及磁滞热效应两部分，主要为涡流热效应。在现代化汽车生产中，零件表面淬火技术的应用已经十分广泛，中型载重车、轻型车和轿车等有 200~300 种传动轴、齿轮等需要表面淬火，感应加热淬火是目前最经济、最有效、最直接的热处理手段。适合承载扭转弯曲交变负荷作用的工件，如钢制齿轮、凸轮、曲轴、各种轴、轧辊和轮毂等，适用于含碳量 0.4%~0.5% 的中碳、低合金钢。

9.1.1　感应加热淬火的基本原理和特点

1）感应加热淬火的基本原理

将工件放进感应加热器中，在感应器中通入一定频率的交流电，以产生交变磁场，在工件内部就会产生频率相同、方向相反的感应电流（涡流）。由于涡流的趋肤效应，使工件表面的电流密度大而心部密度小，感应器中的电流频率越高，涡流越集中在工件的表面。利用感应电流通过工件所产生的热量，使工件的表面受到局部加热并快速达到淬火起始温度，随后快速冷却（喷淋或浸入淬火介质中）。其原理如图 9-1 所示。

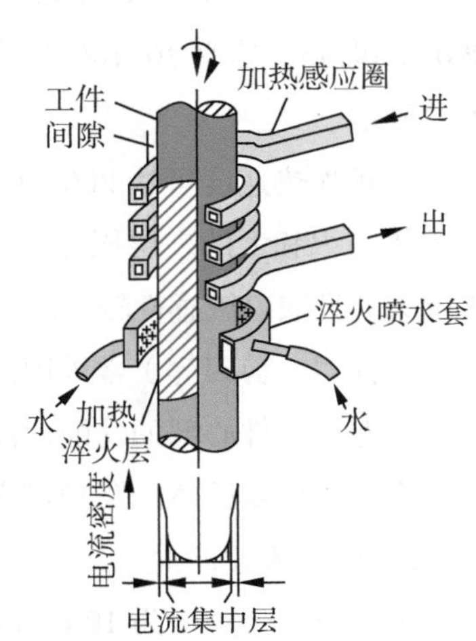

图 9-1　表面感应加热原理图

2）感应加热淬火的特点

（1）感应加热属于内热源直接加热，加热速度极快，热效率高，一般几秒到几十秒的时间，就可将零件加热到淬火温度，所以零件表面氧化和脱碳少。

（2）淬火温度高，由于加热速度极快，过热度大使珠光体转变为奥氏体的相变温度升高，所以比普通加热淬火温度高，一般要高出数十摄氏度。

（3）淬火后获极细的马氏体组织，硬度比普通淬火要高出 2~3HRC，且脆性较低，韧性较好。

（4）淬火后工件表层存在残余压应力，疲劳极限高，心部保持较好的塑性和韧性。

（5）感应加热设备紧凑、操作方便、生产效高，淬硬层深度易于控制，易于实现机械化和自动化，适宜于大批量生产 。

9.1.2　感应加热淬火的分类

感应加热淬火按频率分有高频感应加热淬火（频率 100~500kHz）、中频感应加热淬火（频率 500~10000Hz）、超音频感应加热淬火（30~36kHz）和工频感应加热淬火（频率 50Hz）等。在实际热处理时应依据工件的技术要求和淬硬层的深度选择合适的淬火工艺，既要考虑设备的使用范围，又要考虑工件的使用状况，感应器形状的选用要符合有关规定，不能造成工件出现硬度不均和开裂现象。

采用感应加热时，工件淬火后可获得的淬透层深度 δ（mm）

$$\delta \approx 500/\sqrt{f} \tag{9-1}$$

式中，f 为感应电流频率。可见，感应电流频率越高，工件的淬透层就越浅。据此可按照不同要求来选择频率。通常，为使工件获得小于 2mm 的淬透层，应选用高频（60~100kHz）；要求淬透层为 2~10mm 时选用中频（1~10kHz）；选用工频（50Hz）则可获得 10~15mm 以上的淬透层。

1）高频表面淬火

高频表面淬火是感应加热表面淬火中应用最广泛的一种。常用设备是频率为 60~70kHz 至 200~300kHz，功率 30~100kW 的电子管式高频发生装置。高频表面淬火可使工件获得 1~2mm 的淬硬层。

高频加热速度可达 200~100℃ /s。由于快速加热和高的奥氏体化温度，工件可获得细小的马氏体组织和大的表层压应力，硬度高（比普通淬火至少高 2HRC），耐磨性好，疲劳抗力显著增大，且缺口敏感性较小。齿轮、轴类、套筒形工件、机床导轨、蜗杆等许多零件以及量具、工具（锉刀、剪刀等）常采用高频表面淬火。

为保证工件心部的性能，高频表面淬火前常采用调质或正火作为预备热处理，使工件获得回火索氏体或索氏体。高频淬火后一般进行低温回火。

2）中频表面淬火

常用设备是频率为 1000~10000Hz，功率为 100~500kW 的中频发电机或可控硅变频装置。工件中频淬火后可获得 2~10mm 的淬硬层。与高频表面淬火相同，中频表面淬火也可比普通淬火更有效地提高表面硬度、耐磨性和抗疲劳性能，适用于大、中型工件；有些小零件（如轴承套圈、丝杠毛坯等）还可用中频感应加热进行穿透性淬火。一些有色合金制件在热变形前的加热也可采用中频感应加热，如小截面的铝材挤压前的加热就可采用中频感应加热。

为保证钢件心部性能，淬火前一般也需进行调质或正火作为预备热处理。中频表面淬火后也需进行回火。

3）工频表面淬火

工频表面淬火设备一般是大功率（1000~2000kVA）三相动力变压器或单相、三相电炉变压器。由于系采用感应电路，功率因数较低（一般 $\cos\phi$=0.2~0.4），常需大容量电容器加以补偿。工件经工频感应加热后硬化层较厚，一般大于等于 10~15mm。钢件加热至较高温度范围可热透 70~80mm。加热速度较低，但加热过程易于控制，工件不易过热。工频加热淬火工件的性能与通常的炉内加热比较接近。

工频表面淬火很适用于一些大型钢件，如大直径冷轧辊、钢轨及起重机车轮等。此外，钢铁的锻造加热、棒材和管材的正火、调质等也可采用工频感应加热。

9.1.3 感应加热表面淬火工艺

1）设备频率的选择

根据硬化层深度选择设备频率。频率不宜过低，否则需用相当大的比功率才能获得所要求的硬化层深度，且无功损耗太大。当感应器单位损耗大于 0.4kW/cm^2 时，在一般冷却条件下会烧

坏感应器。为此规定硬化层厚度 δ_x 应不小于热态电流透入深度的 1/4，即所选频率下限应满足

$$f > 150/\delta_x \tag{9-2}$$

式中，δ_x 为要求硬化层深度，cm。

当硬化层深度为热态电流透入深度的 40%~50% 时，总效率最高，符合此条件的频率称最佳频率，可得

$$f_{最佳} = \frac{600}{\delta_x} \tag{9-3}$$

当现有设备频率满足不了上述条件时，可在感应加热前预热，以增加硬化层厚度，调整比功率或感应器与工件间的间隙等。

2）比功率的选择

比功率是指感应加热时工件单位表面积上所吸收的电功率（kW/cm^2）。在频率一定时，比功率越大，加热速度越快；当比功率一定时，频率越高，电流透入越浅，加热速度越快。

比功率的选择主要取决于频率和要求的硬化层深度。在频率一定时，硬化层较浅的，选用较大比功率；在层深相同情况下，设备频率较低的选用较大比功率。在实际生产中，比功率还要结合工件尺寸大小、加热方式以及试淬后的组织、硬度及硬化层等作最后的调整。

3）淬火加热温度和方式的选择

感应加热淬火温度与加热速度和淬火前原始组织有关。

由于感应加热速度快，奥氏体转变在较高温度下进行，奥氏体起始晶粒较细，且一般不进行保温，为了在加热过程中使先共析铁素体（对亚共析钢）等游离的第二相充分溶解，采用较高的淬火加热温度。一般高频加热淬火温度可比普通加热淬火温度高 30~200℃。且加热速度较快。

淬火前的原始组织不同，也可适当地调整淬火加热温度。若调质处理的组织比正火的均匀，可采用较低的温度。

淬火时采用的介质一般为水，合金钢也可整体浸入油或合适的有机淬火液中。

9.1.4　表面淬火的组织与性能

淬火后钢的组织可分为淬硬层、过渡层和心部原始组织，不同原始组织表面淬火后的金相组织区分如图 9-2 所示。

往复式滚珠丝杠副是一种动力传输装置，应用在进给驱动装置和高精度水准测量平台中。其材质 GCr15 钢通常要对表面进行淬火硬化，改善表面的耐磨性能。表面感应淬火的条件为：电压 720 V、电流 100 A。选用并联双匝感应线圈，感应线圈的尺寸为 20mm ×10mm，间距为 20mm，冷却带与感应圈间的距离为 32mm，冷却带的宽度为 40mm。淬火后的表面及心部的微观形貌如图 9-3 所示。相变硬化区由细小隐晶马氏体（M）、大量弥散分布在马氏体基体上的未熔的白亮色颗粒状碳化物（MC）和少量残留奥氏体组成。过渡区由细针状马氏体（M）、

铁素体（F）和碳化物（MC）组成。基体由铁素体（F）、部分片状渗碳体（Fe_3C）和颗粒状碳化物（MC）组成。GCr15钢的表面感应淬火热影响区深度约为4mm，淬硬层深度为2mm，其硬度分布如图9-4所示。

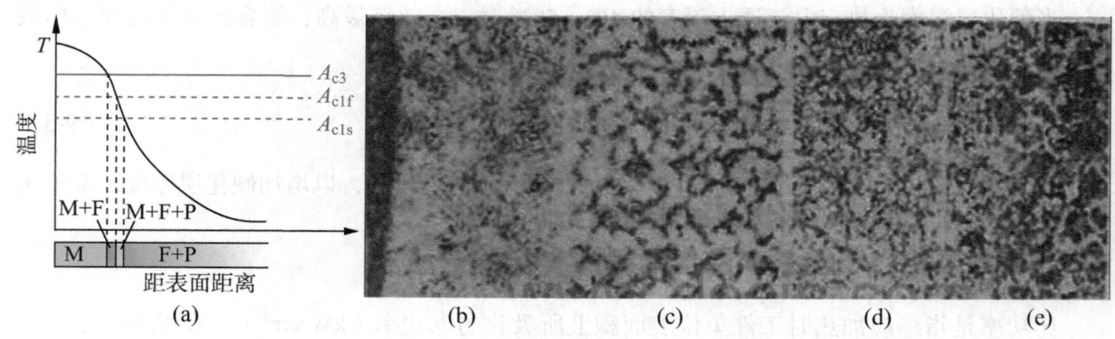

图9-2 45钢表面淬火后的金相组织

（a）组织示意图；（b）淬硬层；（c）M+F；（d）M+F+P；（e）原始组织

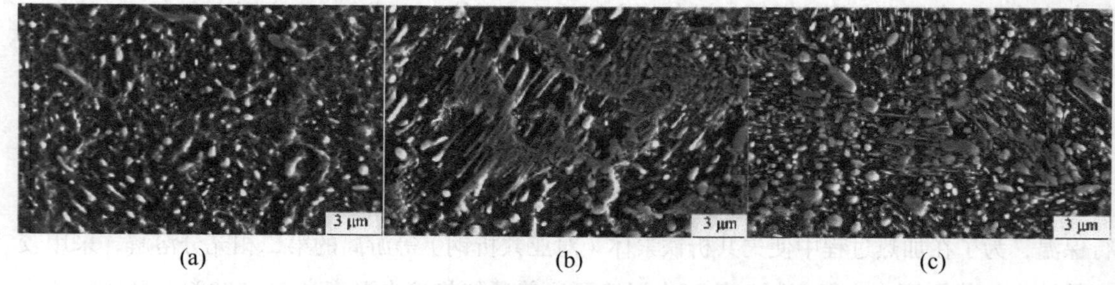

图9-3 GCr15钢感应淬火SEM微观组织形貌

（a）淬硬区；（b）过渡区；（c）基体

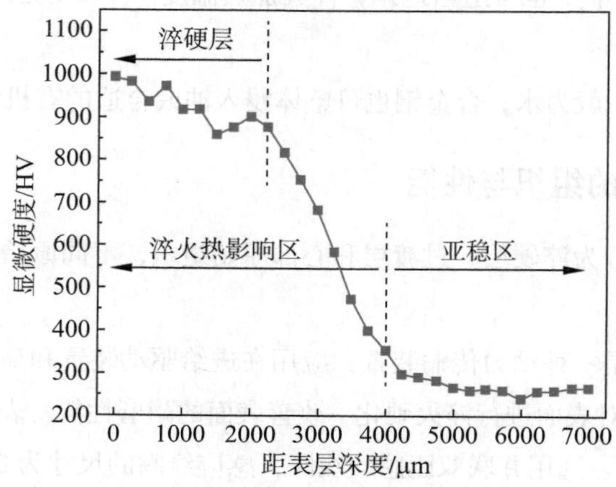

图9-4 样品的显微硬度分布曲线

9.2　火焰加热表面热处理

火焰加热表面热处理通常是利用氧—乙炔焰或混合气体通过喷嘴使其燃烧，用火焰在工件的表面上某些部位加热，使工件表面迅速加热到淬火温度（奥氏体态），并将冷却介质喷射到表面或将工件浸入冷却介质的热处理工艺。作为一种操作方便、生产成本低、设备简单的工艺方法，它越来越多地得到了热处理行业的认可。火焰加热表面热处理是一种局部淬火方法，可获得预期的硬度和淬硬层，深度一般为 1~12mm。

一般适用火焰加热的钢的含碳量为 0.3%~0.7%，有中碳钢、模具钢、渗碳钢、马氏体不锈钢等。表面淬火的材料若含碳量过低则不易淬硬，而含碳量过高会造成零件的变形甚至开裂，因此只有选择符合要求的材料才能进行火焰淬火。作为火焰加热的气体除乙炔外，还可使用煤气、液化石油气、天然气、丙烷等，它们具有燃烧热量高、成本低的特点。

火焰加热的温度比普通的淬火温度要高 50~70℃，加热速度快，因此工件经火焰淬火后的硬化层不厚，不适合处理十分重要的零件。硬化层的深度主要取决于零件的淬透性、尺寸、加热层深度、冷却条件等因素，实际热处理过程中要控制加热温度和时间，同时要确保喷嘴的移动速度均匀，冷却介质的压力和流量符合要求，一般推荐水压在 0.1~0.2MPa。如采用整体浸入则选用油淬，另外根据零件的硬度也可采用压缩空气、乳化油等冷却介质。

9.2.1　火焰加热淬火的特点

（1）优点：工件耐磨性好，具有高的接触和弯曲疲劳强度，耐冲击和振动性能好。变形小。淬火后表面清洁，无氧化脱碳现象。操作和移动灵活，可用于大件、小件、异形件局部淬火。设备构造简单，使用方便，费用较低。

（2）缺点：加热温度不易测量，淬硬层难以控制。硬度不稳定，表面容易过热。仅适用于小批量生产。

9.2.2　火焰加热淬火的工艺

1）火焰加热淬火方式

根据加热形式、工件的形状、大小及淬火后要求不同等，火焰淬火有 4 种方式，如图 9-5 所示。

（1）固定法：工件与喷嘴均固定不动，工件被加热到淬火温度后喷水冷却，适用于处理淬火部位不大的工件，见图 9-5（a），一些端头磨损件如发动机配气系统气门的杆端面等。

（2）旋转法：工件绕自轴旋转（75~150r/min）、喷嘴固定不动加热工件，然后喷水冷却，适用于处理宽度和直径不大、淬火层较深的圆柱体等，喷嘴可以是一个或几个，应根据实际需要进行配置，来确保零件的淬火质量，如图 9-5（b）所示。

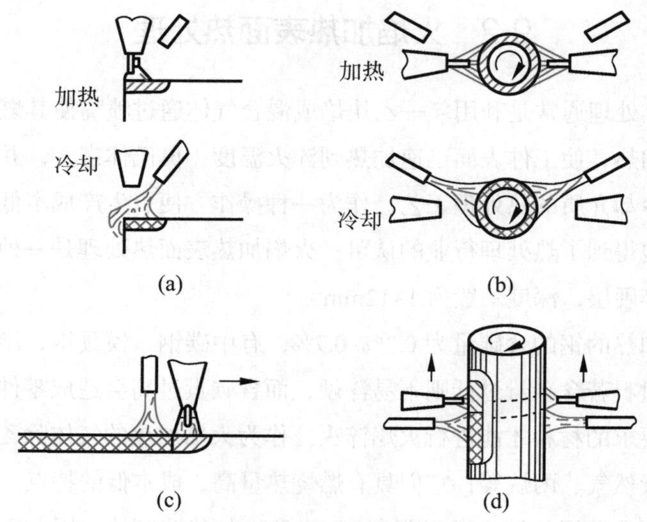

图 9-5　火焰表面淬火方式示意图

（a）固定法；（b）旋转法；（c）推进法；（d）旋转推进法

（3）推进法：火焰喷嘴和冷却嘴一前一后以一定的速度沿着工件表面作均匀推移，实现前面加热后面冷却。其推进速度与加热温度有关，适用于处理淬硬长度大的或较长的工件，如大齿轮的淬火就是采用推进法实现的。如图 9-5（c）所示。

（4）旋转推进法：用一个或数个喷嘴和冷却装置，以一定的速度对旋转的工件一边移动加热一边冷却，适用于处理直径和长度较大的圆柱体工件，由于工件旋转，工件的表面得到了均匀加热，如图 9-5（d）所示。常见的机床主轴采用此法，即将轴装在车床的卡盘上，由床头箱带动旋转，三个火焰喷嘴间隔对主轴进行表面淬火处理。

火焰淬火加热装置由乙炔瓶、氧气瓶、喷枪及冷却装置等构成，其中喷枪结构嘴由紫铜制作，有两个腔，即混合腔和冷却腔。氧气与乙炔在混合腔混合，由喷射孔加热工件。

火焰淬火冷却介质的选择要依据钢的含碳量及合金元素的成分来决定，一般含碳量小于 0.6%，采用水冷；当含碳量大于或等于 0.6% 的碳钢和低合金钢采用水或油冷，为防止工件出现淬火变形和开裂，一定要及时回火。

2）火焰淬火控制因素

零件在进行火焰加热前，需对其进行整体的调质或正火处理，确保淬火后的组织和性能符合技术要求，另外淬火的部位不允许存在氧化皮和脱碳现象，零件在淬火后必须在 180~200℃低温回火。

火焰的影响众多，加热温度、淬硬层深度、过渡区域组织和晶粒尺寸都与火焰有直接的联系。为保证工件的受热部分温度均匀，应采用多喷嘴式的喷头。喷嘴与工件加热面的理想距离为 6~15mm。喷嘴与工件的移动速度应根据工件的技术要求来确定，喷嘴移动速度与淬硬层深度有一定的对应关系，原则为淬硬层深则速度要慢，一般速度为 50~150mm/min。喷水器与火焰的合适距离一般保持 15mm 左右，不要大于 20mm。冷却介质的温度为 15~18℃，回火温度为 180~220℃，保温 1h 以上。

火焰淬火能够使钢铁制件表面获得很高的硬度和优良的品质，特别是当零件不能用其他方法淬硬，如对于形状特异且巨大的钢铁制件，火焰淬火是最有效的方法。某公司利用大型车床作为临时淬火机床，对 2000t 水压机大柱塞等特大轴类工件采用螺旋前进法火焰淬火与回火，使大柱塞表面硬度由小于 19HRC 提高到 55~60HRC，提高了柱塞使用寿命。

9.3　激光表面热处理

激光表面热处理技术的研究始于 20 世纪 60 年代，但是直到 70 年代初研制出大功率激光器之后，激光表面处理技术才得到实际的应用，并在近十几年内得到迅速的发展。激光淬火又称激光相变硬化，是指以高能密度的激光束照射工件表面，使其需要硬化部位瞬间吸收光能并立即转化为热能，从而使激光作用区的温度急剧上升出现奥氏体，并在激光停止辐照后快速自淬火，获得极细小马氏体和其他组织的高硬化层的一种热处理技术。

激光淬火的主要目的是在工件表面有选择性地局部产生硬化带，以提高耐磨性，还可以通过在表面产生压应力，提高表面疲劳抗力。该工艺的优点是不需外加淬火介质，加热冷却快，工艺简便易行；处理零件表面光滑、变形小，一般不需后续加工即可直接装配使用；硬化层具有很高的硬度，一般不回火即能应用。因此，该工艺特别适合形状复杂、体积大、精加工后不宜采用其他方法强化的零件表面处理。激光淬火是最先用于铁基材料表面强化的激光处理技术，现已成熟地用于交通运输、纺织机械、重型机械、精密仪器行业的零件，种类包括汽车、摩托车和轮船等的发动机气缸体（套）内壁、曲轴、凸轮轴、转向器壳体、齿轮、机床导轨、油管螺纹、刀具刃口等。在诸多的应用中，尤以在汽车制造业内的应用最为活跃、创造的经济价值最大。在许多汽车关键件上，如缸体、缸套、曲轴、凸轮轴、排气阀、阀座、摇臂、铝活塞环槽等都可以采用激光热处理。

9.3.1　激光淬火的原理与特点

激光表面淬火是以激光作为热源的表面热处理，其淬火硬化机制是，当激光束扫描材料表面时，材料表面吸收激光能量后温度迅速达到极高（升温速度可达 10^3~10^6℃ /s），此时材料内部仍然处于温度相对较低状态；激光束离开材料表面后，通过热传导，材料表面迅速把能量传递到材料内部，因此材料表层会以极高的冷却速度（可达 10^4~10^5℃ /s）冷却，如此通过自身冷却进行淬火，达到材料表面相变硬化的目的。激光淬火示意如图 9-6 所示。

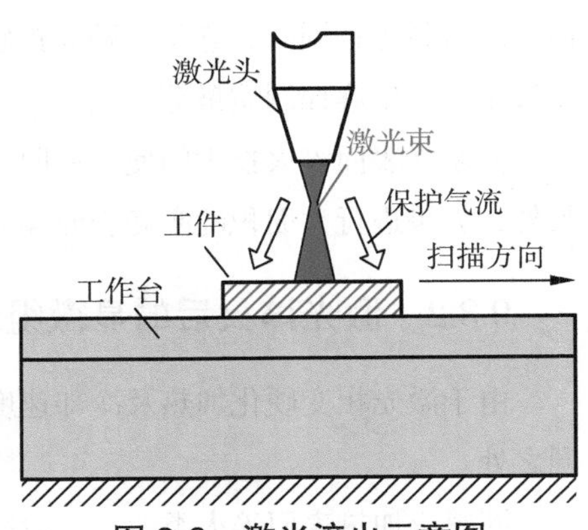

图 9-6　激光淬火示意图

对激光相变硬化获得超高硬度的机理，一般认为由于激光淬火是急热急冷过程，碳在奥氏体中来不及均匀化，因而马氏体中含碳量较高，硬度也较高。最明显的例证是低碳钢 10 钢，经激光淬火后，硬度可达 700HV，而常规淬火只有 380HV。由于碳扩散不均匀，所得马氏体更细。也有学者认为激光淬火得到的马氏体晶粒会明显细化的原因是由于钢材在激光快速加热下，产生的过热度极大，使材料发生相变的驱动力很大，奥氏体形核数目多，之后快速冷却使奥氏体晶粒来不及长大。也有学者认为除马氏体晶粒细化外，激光淬火获得含碳量高的奥氏体—马氏体的复合组织是激光相变硬化的重要影响因素。

激光源发出的激光经聚焦后，可获得很高的能量密度，并可定向传播到某一地方，而且能量也不会受到很大损失。激光加热相比于其他表面热处理有以下特点：

（1）快速加热，快速冷却。激光加热金属时，主要是通过光子和金属材料表面的电子和声子的相互作用传递能量。电子和电子、声子和电子、声子和声子的能量交换，使处理层材料温度迅速得到提高，在 10^{-9}~10^{-7}s 之内，就可以达到局部热平衡状态。此时温度升高速率是 10^{10}℃ /s。另外，加热完后，使处理层快速冷却，冷速可达 10^3℃ /s 以上，甚至可达 10^6℃ /s 以上。

（2）精确的局部表面加热。通过导光系统，激光束可以将一定尺寸的束斑精确地照射到工件的局部表面。由于激光处理区与基体的过渡层很窄，基本上不影响处理区以外的基体组织和性能。

（3）温度场。由于激光束束斑尺寸大大超过了分子尺寸，原则上可以把材料看作连续介质，应用数理方程建立激光处理层的温度场。一般温度的测量是通过处理层的金相分析来间接估计处理层不同区域的加热温度。通常处理层表面温度较高，与基体交界层加热温度较低，而冷却速度是表面层较低，交界层较高。

（4）金属材料表面对激光的反射。在室温下，所有金属都是 10.6μm 波长的 CO_2 激光的良反射体，反射率高达 70%~80%。当金属温度达到熔点时，反射率降至约 50%。因此在激光处理温度不超过材料熔点时，必须施加吸光涂层以增加吸收率。

总之，使用激光进行表面处理的主要优势是：安全、清洁、无污染；可快速、局部加热材料并实现局部急热、急冷，获得特殊的表层组织结构与性能；易于加工高熔点材料、耐磨材料、高硬度材料等；同时，它是一种非接触性加工方法，适合自动化生产且具有生产效率高、工件变形小、可精确控制质量等特点。

但激光表面淬火技术的使用局限性也比较大，对需表面硬化且淬硬层较浅的零件较适用，另外，如果进行大面积的激光表面淬火，必须解决好扫描道次之间搭接处的回火软化问题。

9.3.2 激光淬火后的显微组织

由于激光相变硬化加热及冷却速度都很快，所以使得激光相变硬化与常规热处理有许多不同之处。

同感应加热表面淬火类似，一般钢铁材料经激光淬火后的组织也分为三个区间：表层为完全淬火区（硬化区），次层为不完全淬火区（过渡区），心部为未淬火区。对于亚共析中碳钢，表层为马氏体，次层为马氏体和屈氏体（或马氏体、屈氏体加铁素体），心部则为原始组织（珠光体和铁素体）。如图 9-7 为 45 钢激光淬火后的典型组织。表层区为较粗大的片状马氏体和板条状马氏体，次表面的马氏体逐渐变得较均匀和细小；过渡区主要由隐晶马氏体、屈氏体、残余奥氏体等组成。过渡区的硬化不完全，在该区内，激光的加热温度只在 A_{c1} 和 A_{c3} 之间，由于温度沿深度的分布不均匀，结果造成了试样组织形态上的差异。相应的硬度变化如图 9-8 所示，表层硬度达到心部的 3 倍以上。

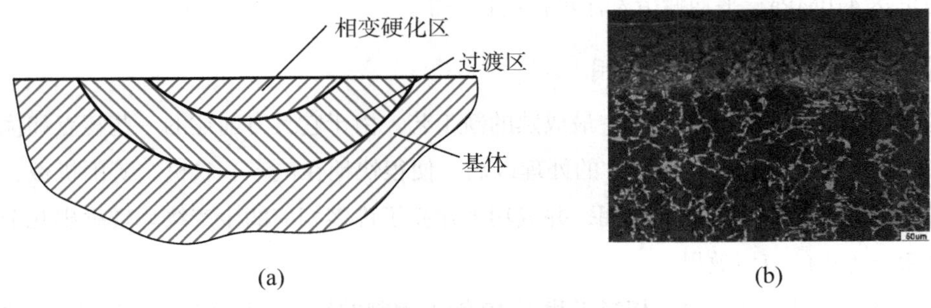

图 9-7　45 钢激光表面淬火后的组织

（a）示意图；（b）金相组织

大量实验结果表明，钢铁零件激光淬火后的显微组织结构具有以下特征：由于加热速度很快，奥氏体化温度高，过热度大，奥氏体晶粒极细，因而淬火马氏体极细。由于马氏体化时间很短，难以获得成分均匀的奥氏体，结果淬火马氏体和其他相组成物以及残余奥氏体成分也不均匀，且表层往往有未溶碳化物。由于是激热激冷，温度变化快，相变速率高，因而热应力和相变应力都较大，结果导致工件表层组织中存在较多的位错等晶体缺陷。这些特点对激光淬火件的性能会产生重要的影响。

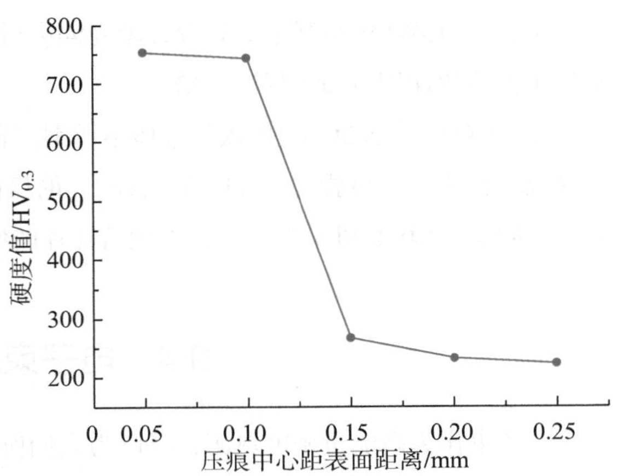

图 9-8　45 钢激光淬火后的表层硬度分布

9.3.3　激光淬火件的优点和工业应用

1. 激光淬火的优点

（1）高硬度。钢经激光淬火后的硬度高于常规淬火硬度，且钢中含碳量越高，硬度提高得越多（共析碳钢提高约 30HV）。激光淬火比高频淬火具有更高的硬度。45 钢工件高频淬火后的洛氏硬度为 45~56HRC，而激光淬火后可达 58~60HRC，即至少高出 2~3HRC。

（2）高耐磨及抗疲劳性能。由于激光淬火后表面硬度高，故与其他淬火相比，激光淬火工件具有较高的耐磨性。例如，在滑动磨料作用下，表面硬度为1082HV的GCr15钢激光淬火件，其磨损量仅为2.50mg，而表面硬度为778HV的一般淬火回火GCr15钢件的磨损量达3.70mg，磨损量比前者增加了近0.5倍；在边界摩擦条件下，18Cr2Ni4WA钢激光淬火件的磨损量为0.386mm^3，而淬火和低温回火后的同种钢件的磨损量达0.837 mm^3，磨损量是前者的两倍以上。

（3）高疲劳强度。钢经激光淬火后，由于强烈的温度变化和相变硬化，使其表层产生较高的残余压应力，故可大大提高疲劳强度。例如，30CrMnSiNi2A钢，经适当的激光淬火后表层压应力可达410MPa，平均疲劳寿命可提高近一倍。

2. 激光表面淬火的工业应用

激光淬火是激光表面处理技术中最成熟的新工艺。由于它具有前述的一些特点和优点，自20世纪70年代最先应用于汽车零件的处理以后，便很快地在汽车、农机、矿山机械、轻纺机械和工模具等方面得到了广泛的应用，并成功地建立了许多相应的生产线。现举出几个实例，用以说明激光淬火的应用效果。

（1）1040（美标AISI钢，相当于我国40钢）钢制的轴，应用10mm × 17.8mm的矩形激光光斑，扫描速度305cm/min，可获得硬度为57HRC、厚度为0.3mm的表面硬化层，耐磨性和疲劳寿命显著提高。

（2）3Cr3W8V钢制造的轧辊，激光淬火后表面硬度达55~63HRC，压应力为50MPa，与常规工艺相比使用寿命可提高一倍。

（3）对调质态2Cr13低碳马氏体不锈钢汽轮机叶片，采用7kW的CO_2横流激光器进行激光淬火。淬火后硬度提高了110%，且叶片的横向残余压应力提高了98%，纵向残余压应力提高了156%。现场装机实验表明，处理后叶片的使用寿命提高一倍以上。

9.4　电子束表面热处理

电子束作为高能量密度热源，早已为人们所注意。但是，最近几十年将电子束直接照射在工件表面，使其发生组织与成分变化，从而改善材料表面的耐磨性和耐蚀性，这就是电子束表面强化技术。用电子束进行材料表面改性的方法包括电子束淬火、电子束表面合金化、电子束表面熔覆、电子束制备非晶态涂层等。与激光表面改性技术类似，电子束表面改性也具有快速加热与快速凝固的特点，因此不需要特别的冷却装置。另外，电子束功率等工艺参数可以精确控制，因此对工件的形状、处理的位置与深度等没有限制。

与激光表面改性技术相比，电子束表面改性技术具有其独特的优势：使用方便，可以较灵活地调节加热面积、加热区域和材料表面的能量密度；基材对电子束能量的吸收率高（其有效功率可以比激光大一个数量级）。但是，电子束表面改性技术的缺点是必须在真空中进行，这样尽管可以减小加工过程中的污染（氧化与氮化等的影响），但真空系统体积庞大与复杂，大大地降低了其工作效率，并增加了加工成本。

9.4.1　电子束表面淬火原理

高能量密度的电子束快速扫描材料表面可使基材的表面温度迅速升到相变点以上（加热速度 10^3~10^5℃ /s），当电子束扫描过后，该处热量迅速向基材周围扩散，温度急剧下降，实现自身淬火。温度下降速率随零件尺寸和电子束在该处停留的时间而异，最快可高达 10^8~10^{10}℃ /s。由于相变过程中处于奥氏体状态的时间很短，晶粒来不及长大，可以获得马氏体等超细晶晶粒组织，大大提高了材料的强度和韧性。此方法适用于碳钢、中碳低合金钢、铸铁等材料的表面强化处理。例如，采用束斑直径为 6mm，功率为 2~3kW 的电子束处理 45 钢和 T7 钢的表面时，均可以在其表面生成隐针和细针马氏体，其中 45 钢的表面硬度达 62HRC，T7 钢的表面硬度达 66HRC。

9.4.2　电子束表面处理的特点

（1）电子束的能量密度高达电弧的 1 万倍，足以使被处理的任何材料迅速熔化或汽化，这对钨、钼等难熔金属及其合金进行加工是非常有利的。

（2）电子束可以在瞬间（仅千分之一到几分之一秒）将金属材料表面由室温加热到奥氏体化温度或熔化温度，电子束扫描过后，被加工区域的冷却速度大（10^6~10^8℃ /s）。

（3）电子束的加工速度快，因而加工点向周围散失的热量少，所以工件热变形小，电子束本身不产生机械力，无机械变形问题，这对于工件的局部热处理来说尤为重要。

（4）可以通过调节加速电压、电子束流和电子束的会聚状态来调节电子束的能量和能量密度。电子束所射表面的角度除 3°~4° 特小角度外，电子束与基材表面的耦合不受反射的影响，能量利用率高，因此电子束表面处理前，工件表面不需要预涂吸收涂料。

（5）电子束是在真空中工作，以此保证在处理中工件表面不被污染，但带来加工成本的增加与操作的复杂性。

（6）电子束可将 90% 以上的电能转换为热能，而同样具有高能量密度的 CO_2 激光，其电热转换效率通常不足 20%。但电子束轰击材料时会产生对人体有害的 X 射线。通过增加电子枪和工作室的壁厚虽然可以起到屏蔽效果，但也应防止某些缝隙的 X 射线泄漏，注意防护。

9.4.3　电子束表面处理的应用

（1）汽车离合器凸轮电子束表面处理。汽车离合器由 SAE5060 钢（0.56%~0.64%C，0.15%~0.35%Si，0.75%~1.00%Mn，0.40%~0.60%Cr，均为质量分数）制成，有 8 个沟槽需要硬化。沟槽深度 1.5mm，要求硬度为 58HRC。采用 42kW 六工位电子束装置处理，每次处理 3 个，一次循环时间为 42s，每小时可处理 255 件。

（2）瑞典 SKF 公司与美国空军莱特研究所共同研究成功了航空发动机主轴轴承圈（50 钢，4.0%Cr，4.0%Mo，均为质量分数）的电子束相变硬化技术。这是因为该轴承易产生疲劳裂纹而导致突然断裂。当采用电子束进行表面相变硬化后，在轴承旋转接触面上得到了 0.76mm 的淬硬层，有效地防止了疲劳裂纹的产生和扩展，提高了轴承圈的寿命。

第 10 章

化学热处理

化学热处理是综合施以热作用和化学作用的热处理。在一般情况下它是将金属工件放置于活性介质中加热至一定的温度，使活性介质中的某些元素（金属或非金属）渗入工件的表层，以改变表层的成分和组织。有时，在一定的外界条件下（例如真空）化学热处理也可以借助于高温时金属内部元素的扩散逸出，以去除有害杂质。

表 10-1 列出常用的三类化学热处理，其中以金属或非金属元素（特别是非金属元素）渗入金属制件表层的化学热处理应用最广泛。

表 10-1　化学热处理的类别

渗入非金属	渗金属	去除杂质
渗碳	渗铝	去氢
渗氮	渗铬	去氧
氰化	铬铝共渗	去碳
碳氮共渗	渗锌	杂质的综合去除
渗硼	渗铜	
渗硅	渗钛	
渗硫	渗铍	
硫碳氮共渗	渗钡	
渗氧		

10.1　化学热处理的基本过程

化学热处理时，渗入元素进入金属表层通常包括分解、吸收和扩散三个基本过程。这是三个相对独立、交错进行而又互相配合、相互制约的过程。除少数情况外（例如，渗某些金属时，渗入元素的原子由熔融介质直接供应），一般化学热处理都包含有这三个过程。

1. 分解

分解是从活性介质（渗剂）中形成渗入元素活性原子（离子）的过程。只有活性原子才易于金属表面吸收，因此化学热处理时首先是要得到活性原子。

例如，钢渗碳时，在介质与金属表面发生如下反应：

$$2CO \longleftrightarrow CO_2+[C]$$

$$C_nH_{2n} \longleftrightarrow nH_2+n[C]$$

$$C_nH_{2n+2} \longleftrightarrow (n+1)H_2+n[C]$$

钢渗氮时：$2NH_3 \longrightarrow 3H_2+2[N]$

钢渗硅时：$SiCl_4+2Fe \longrightarrow 2FeCl_2+[Si]$

注：方括号内是该元素的活性原子。

为了增加化学介质的活性，有时还加入催化剂，以加速反应过程，降低反应所需的温度，缩短反应时间。例如钢渗碳，除了渗碳剂之外，还加入碳酸钡或碳酸钠等催化剂，其催化反应为

$$BaCO_3+C \longrightarrow BaO+2CO \quad 或 \quad Na_2CO_3+2C \longrightarrow Na_2O+2CO$$

$$2CO \longrightarrow CO_2+[C]$$

分解的速度主要取决于渗剂的浓度、分解温度以及催化剂的作用等因素。

2. 吸收

吸收是活性原子（离子）在金属表面的吸附和溶解于基体金属或与基体中组元形成化合物的过程。

活性介质原子在金属表面的吸附可能只是物理吸附，也可能包括化学吸附，即活性原子与金属最表面的原子在吸附过程中产生了化学交互作用。吸附是自发过程，因为吸附时总是放出热量，是自由能降低的过程。

为使活性原子真正为金属所吸收，渗入元素必须在金属基体中有可溶性，不然吸附过程将停止，随后的扩散过程无法进行，不可能形成扩散层。

吸收的强弱主要取决于热处理工件的成分、组织结构、表面状态和渗入元素的性质、渗入元素活性原子的形成速度以及渗入元素的原子向制品内部扩散的速度等因素。

3. 扩散

扩散是活性原子从金属表面向其深处迁移的过程。当化学介质可以不断地形成活性原子时，吸附过程进行相当快，而扩散过程则甚为缓慢。因此，化学热处理过程中金属表面渗入元素的浓度和扩散层的浓度分布、扩散层的深度以及化学热处理的最终结果，在很大程度上是由扩散过程所决定的。

渗入元素活性原子在金属中扩散时，一般是先与金属形成固溶体然后才形成化合物。因此扩散有两种方式：在单相扩散层中的扩散（固溶体扩散）和在多相扩散层中的扩散（相变反应扩散）。

1）固溶体的扩散

固溶体扩散的特点是：在扩散的过程无新相形成，扩散层仍保持基体金属的点阵结构（形成固溶体）；扩散（渗入）元素在固溶体中的最大浓度（即金属表面渗入元素的浓度）不超过扩散温度下固溶体的极限浓度；渗入元素浓度自制品表面至心部平滑下降。固溶体扩散的典型例子是钢渗碳时碳在奥氏体中的扩散。

单相扩散层渗入元素的浓度可用扩散定律求得。

设扩散系数 D 与浓度无关，则 Fick 第二定律的表达式为

$$\frac{\partial C}{\partial \tau} = D\frac{\partial^2 C}{\partial x^2} \tag{10-1}$$

由于渗入元素只向一个方向（制件内部）扩散，在距表面处，故可将其看作一维半无限空间中的扩散，此时 Fick 第二定律用下述方法求解：

初始条件：$\tau>0$，$x=0$，$C=0$（为距制件表面距离处渗入元素的浓度）。

边界条件：当 $\tau>0$ 时，$x=0$ 处的 $C=C_s$，$x=\infty$ 处的 $C=0$（当制件为纯金属时）。

在此条件下，方程（10-1）的解为

$$C(x_0\tau) = C_s\left[1-\mathrm{erf}\left(\frac{x}{2\sqrt{D\tau}}\right)\right] \tag{10-2}$$

式中，C_s 为已知数，高斯误差函数 $\mathrm{erf}\left(\frac{x}{2\sqrt{D\tau}}\right)$ 可在表 10-2 中查出。

表 10-2　高斯误差函数的选用值

$\left(\frac{x}{2\sqrt{D\tau}}\right)$	$\mathrm{erf}\left(\frac{x}{2\sqrt{D\tau}}\right)$	$\left(\frac{x}{2\sqrt{D\tau}}\right)$	$\mathrm{erf}\left(\frac{x}{2\sqrt{D\tau}}\right)$
0	0	0.8	0.7421
0.1	0.1125	1.0	0.8427
0.2	0.2227	1.2	0.9103
0.3	0.3286	1.5	0.9661
0.4	0.4284	2.0	0.9953
0.5	0.5205	2.5	0.9996
0.6	0.6039	2.8	0.9999

如果通过实验测出距离、时间或者由式（10-2）可求得制件从表面至心部各点的浓度，并可绘出类似图 10-1 的 $C-x$ 之间的关系曲线。

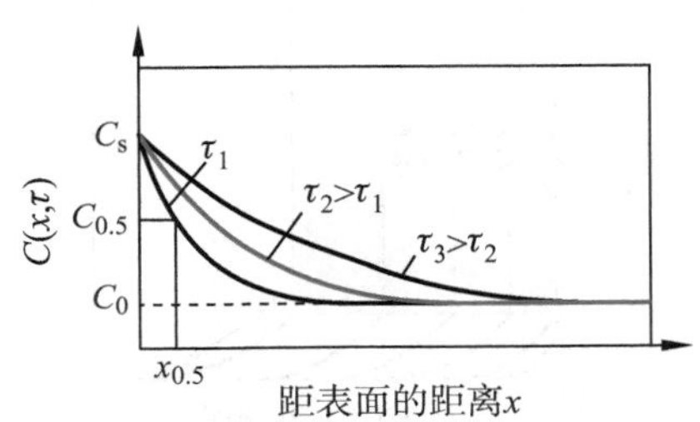

图 10-1　具有恒定表面浓度的扩散带中，各瞬间的浓度分布

现将浓度梯度的一半，即（$C_s-C_{0.5}$）/（C_s-C_0）=0.5 处，扩散元素距表面的初始渗透深度用 $x_{0.5}$ 表示（见图 10-1），若 $C(x,\tau)=C_{0.5}$，则 erf（$x_{0.5}/2\sqrt{D\tau}$）=0.5，根据表 10-2，$x/2\sqrt{D\tau}=0.5$ 时，erf（$x/2\sqrt{D\tau}$）=0.5205，因此，$x/2\sqrt{D\tau}\approx 1/2$，所以 $x_{0.5}=\sqrt{D\tau}$。将此式一般化，可

以写成

$$x = K\sqrt{D\tau} \tag{10-3}$$

式中，K 为常数，它同某瞬时扩散元素在距表面处的浓度与在制件表面的浓度之比有关。由式（10-3）可知，扩散带的深度与扩散时间的平方根成正比。这一关系称为“抛物线定则”。按照这一关系，为了增加扩散层的深度，比如增加 2 倍，则扩散时间必须增加 4 倍。虽然在实际化学热处理中，由于表面浓度变动（如因某种工艺原因使 C_s 增加），抛物线定则可能被破坏，但此定则仍具有重要的实用价值：可以依据这一定则，估算渗入元素浓度分布与渗入时间的关系。

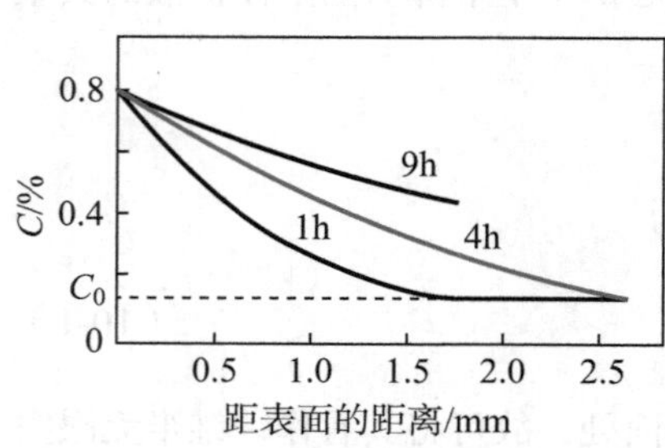

图 10-2　在 920℃渗碳 1、4、9h 后钢件扩散层中碳浓度的分布

图 10-2 是钢件渗碳时在三个保温时间测算出的扩散层中碳浓度的分布曲线。由图可见，当渗碳时间增加时，扩散层中任何点上的碳浓度缓慢增加。

2）相变反应扩散（多相层中的扩散）

相变反应扩散的特点之一是扩散层为多相。当渗入元素原子在固溶体中的浓度达到饱和之后，继续增加渗入元素便会出现新相（化合物或别的固溶体），即形成多相扩散层。另一特点是扩散层中渗入元素的浓度呈跳跃式变化，而且，若基体金属为纯组元，扩散层中不会出现两相区。即扩散层由数个浓度突变的单相层组成，每层内渗入元素的含量均与基体金属—渗入元素状态图相一致。

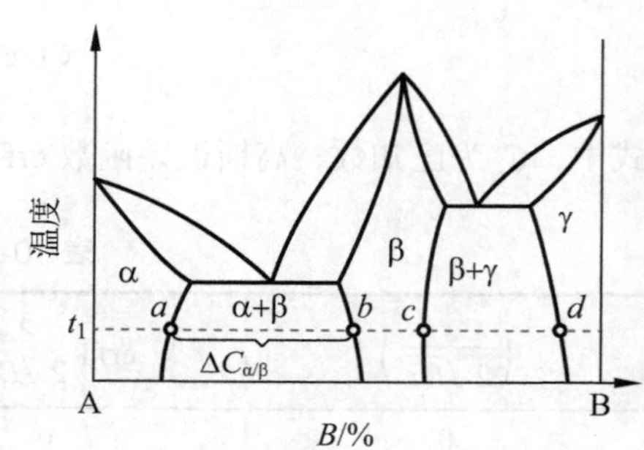

图 10-3　AB 二元状态图

例如，若金属 A 与渗入元素 B 形成图 10-3 所示的状态图，当 t_1 温度下 B 渗入 A 时，在不断增加 B 的浓度及时间足够长的条件下，将获得如图 10-4 所示的扩散层。

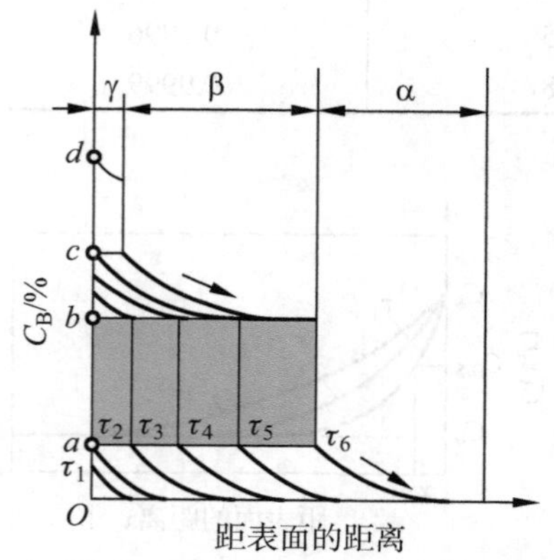

图 10-4　多相扩散层内渗入元素 B 的浓度分布和相区（时间：τ_1~τ_6）

之所以在纯金属 A 中渗入另一组元 B 时，即使 B 不断增加，时间足够长，也不会出现两相区而只有彼此毗连的各单相层（见图 10-4），是由于扩散驱动力是化学位的变化，即，若有两相区，由于在一定温度下两相的成分固定不变（其浓度可用 AB 状态图中相应的点决定，如图 10-3 中的 a 点 b 点分别是两相区 α 和 β 的成分），化学位为恒量，即 $F = -\partial\mu/\partial x$，无扩散驱动力，故两相层不可能长大。而且，一般地说，一个元素从物件表面通过这样的两相层转移到深处，也

是不可能的。

当然，基体为二元合金时，扩散层中可以出现两相区，因为在这种情况下，扩散带是一个三元系，其中各平衡相的成分在两相区是可变的。但是，扩散层中绝不可能出现三相区。

10.2　钢的化学热处理

为使钢件表面获得高的硬度，心部又具有高的韧性，或者需使钢件表面具有某些特殊的力学或物理化学性能，某一钢种仅用表面淬火及相应的回火往往难以达到目的。例如，精密镗床主轴，采用表面淬火，其表面硬度就不可能达到 900HV（即高于或等于 66HRC）。若零件表面要求高的耐蚀、耐酸和耐热等性能，用表面淬火或其他热处理也不可能达到（除非选用昂贵的高级材料），此时，运用化学热处理可以赋予钢件所需的这些性能。

钢的化学热处理种类及工艺很多，最常用的有渗碳、渗氮和碳氮共渗等。

10.2.1　钢的渗碳

钢的渗碳是指将低碳钢工件放在富碳气氛的介质中进行加热（一般为 880~950℃），保温一段时间，使碳原子渗入工件表面，再经过淬火和低温回火，使工件表层具有高的耐磨性、疲劳强度和抗弯强度，心部具有足够的强度和韧性。渗碳工艺适合在交变载荷、冲击载荷、较大接触应力和严重磨损条件下工作的机器零件，如齿轮、活塞销和凸轮轴等。

10.2.2　渗碳的类型

按照渗碳时化学介质（渗碳剂）的不同，渗碳分为固体渗碳、气体渗碳和液体渗碳三种，其中以气体渗碳应用最为广泛。图 10-5 为气体渗碳的设备示意图。

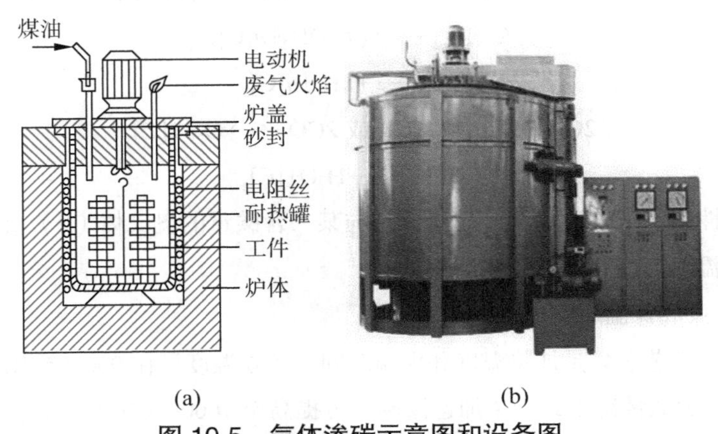

图 10-5　气体渗碳示意图和设备图

（a）示意图；（b）设备图

1. 气体渗碳

气体渗碳是指将零件放入渗碳炉内，滴入煤油或其他渗碳剂，在高温下保温一定时间后活

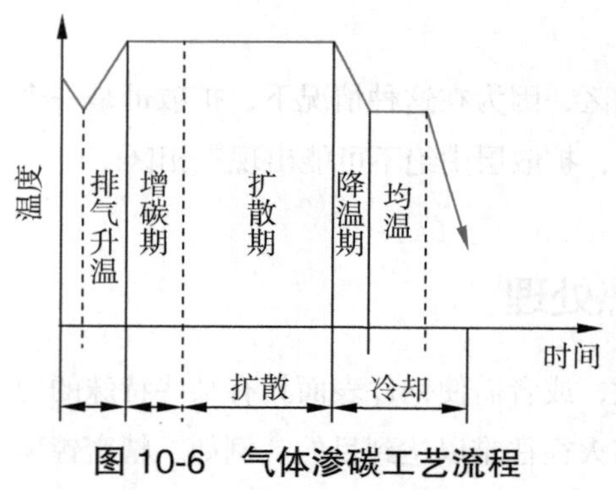

图 10-6　气体渗碳工艺流程

性碳原子渗入工件的表面，形成渗碳层的过程。该工艺成熟简单、操作方便、质量稳定、效果明显，是目前应用最广泛和成熟的渗碳方法。其工艺流程如图 10-6 所示。

1）气体渗碳的主要优点

（1）气氛的配比基本稳定在一个范围内，产品质量易于控制；

（2）渗速较快（0.2mm/h），生产周期短，约为固体渗碳时间的 1/2；

（3）适合于大批量生产，可实现连续生产；

（4）劳动条件好，工件不需装箱可直接加热，大大提高了劳动生产率。

2）气体渗碳工艺的制订

气体渗碳工艺的制订包括渗碳剂的选择、渗碳温度和保温时间的确定。

（1）渗碳剂的选择

在实际生产中气体渗碳剂的物态可分为两类，一类为液体介质，如煤油，甲醇、乙醇、丙醇、醋酸乙酯等液体有机物，工作时把它们滴入炉中裂解，即可生成含有 CH_4、CO 等供碳组分的气体，经热分解后产生活性碳原子，实现工件表面的渗碳，使用这种气体渗碳的方法称为滴注式气体渗碳；另一类是气体介质，如天然气、城市煤气、液化石油气及吸热型可控气氛，使用时直接通入高温渗碳炉内进行渗碳。这两类渗剂都可以用来进行可控气体渗碳（可定量控制碳势的渗碳方法）。

例如，滴入煤油时，煤油裂化成烷类 C_nH_{2n+2}、烯类 C_nH_{2n} 及 CO、CO_2、H_2、O_2、N_2 等，这些混合气体又发生一系列气相反应，其中一些反应将产生活性碳原子，如

$$C_nH_{2n+2} \longrightarrow (n+1)H_2+n[C]_\gamma$$

$$C_nH_{2n} \longrightarrow nH_2+n[C]_\gamma$$

$$2CO \longrightarrow CO_2+[C]_\gamma \text{ 或 } 2CO \longrightarrow O_2+2[C]_\gamma$$

$$CO+H_2 \longrightarrow H_2O+[C]_\gamma$$

$[C]_\gamma$ 即为活性碳原子，注脚符号表示它是与某一含碳量的奥氏体（γ）相平衡的碳浓度，$[C]_\gamma$ 的值随渗碳温度而变化。

（2）渗碳温度和保温时间的选择

渗碳最主要的工艺参数是加热温度和保温时间。渗碳温度可在 900~950℃之间选择，一般为 900~930℃（在少数情况下，为了加速渗碳，可提高至 1000~1050℃，但这仅适用于本质细晶粒钢）。在这种温度下，渗碳速度较高，奥氏体晶粒也不致过分粗化。需要注意的是使用不同的渗碳剂，温度对其的影响不一致。

保温时间根据材料的化学成分、渗碳层的厚度及需要的组织等技术要求来确定，通常气体

渗碳为 6h 左右。渗碳时间主要根据对渗层的要求来确定，在实际生产中，常根据渗碳平均速度计算保温时间，对周期式作业的井式气体渗碳炉，渗碳温度在 920℃，渗碳剂为煤油。例如，20CrMnTi 的渗碳保温时间可按渗碳平均速度 0.25mm/h 来计算。

2. 固体渗碳

将工件埋入装有渗碳剂的渗箱内，箱盖用耐火泥密封，然后放置于热处理炉中加热，当加热到 900~950℃，保温一定时间后，取出零件淬火或空冷后再重新加热淬火，即为固体渗碳，如图 10-7 所示。

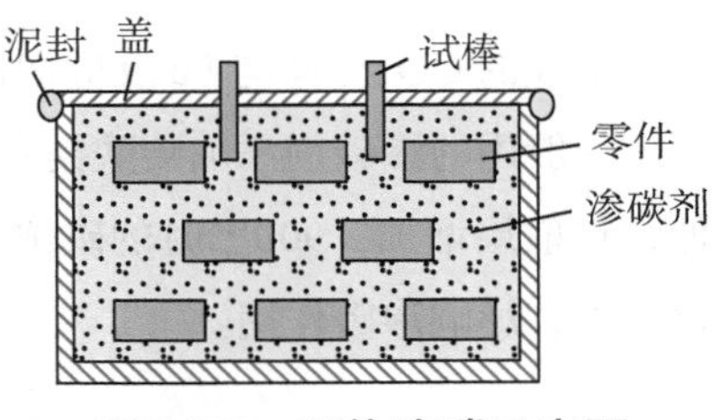

图 10-7　固体渗碳示意图

固体渗碳剂主要是由木炭粒和碳酸盐（$BaCO_3$ 或 Na_2CO_3）等组成。木炭粒是主渗剂，碳酸盐是催渗剂。

固体渗碳简便易行，适用于单件和小批量生产，无需专用设备，特别适用于盲孔及小孔等零件的渗碳处理，主要缺点是渗碳的质量（渗层深度）不易掌握，劳动条件差，渗速较慢，生产周期长，同时也不便于进行直接淬火。固体渗碳是具有千年以上历史的传统化学热处理工艺，经不断改进至今仍在使用。

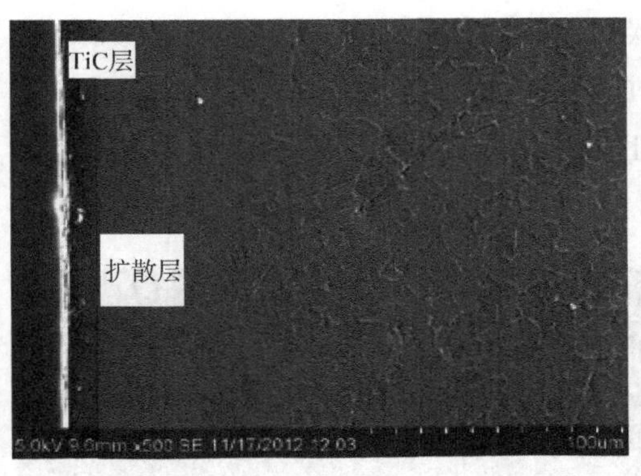

图 10-8　Ti6Al4V 渗碳层的 SEM 形貌

例如，Ti6Al4V 合金的耐磨性比较差，尤其对粘着磨损和微动磨损非常敏感，明显影响了钛合金结构的安全性，不利于钛合金的应用。Ti6Al4V 合金经 900℃ /10 h 固体渗碳后，在基体的表面生成一个白亮的 TiC 层（图 10-8），其表面硬度由 344.3 HV 提高到 608.2 HV；耐磨性能得到显著提高。

3. 液体渗碳

液体渗碳是将工件浸渍于盐浴中进行渗碳。其工件变形少，加热均匀，升温迅速，操作简便，便于多种少量的生产。尤其在同一炉，可同时处理不同渗碳深度的工件。

液体渗碳是以氰化钠（NaCN）为主成分，既能渗碳亦能氰化，所以亦称为渗碳氮化，有时亦称为氰化法。处理温度约以 700℃为界，此温度以下以氮化为主，渗碳为辅，700℃以上则渗碳为主，氮化为辅。一般工业上使用时，以渗碳作用为主。

液体渗碳法虽硬化层薄，但渗碳时间短，故内部应力较少，同时因 C、N 同时渗入工件表层，所以工件耐磨性佳。液体渗碳反应是利用氰化物（NaCN）分解，先在浴面与空气中的氧、水分、二氧化碳反应变成氰酸盐：

$$2\,NaCN + O_2 = 2\,NaCNO$$

$$NaCN + CO_2 = NaCNO + CO$$

氰酸盐在高温分解生成 CO 或 N：

$$4\ NaCNO = 2\ NaCNO + Na_2CO_3 + CO + 2\ N$$

在较低温时反应如下：

$$5\ NaCNO = 3\ NaCNO + Na_2CO_3 + CO_2 + 2N$$

生成的 CO 及 N 与 Fe 反应而进行渗碳及氮化。

一般用的渗碳剂添加碳酸钠（Na_2CO_3）、氯化钡（$BaCl_2$）等，比起 NaCN 单盐，表面碳浓度低，扩散层增加，900℃时的碳浓度最高，这是由于钡盐的促进作用大，而且熔点变高，粘性也增加，影响渗碳作用。

10.2.3 渗碳后的组织性能和后续热处理

1. 渗碳热处理后的组织及性能

1）渗碳后缓冷到室温的组织

钢材渗碳处理后表面到中心的碳含量由表层高碳（0.8%~1.05%）逐渐过渡到基体组织成分。缓冷后的组织，表层是由珠光体与碳化物所组成的过共析组织（$P+Fe3C_{II}$），次表层为珠光体组成的共析组织（P），其次为珠光体和铁素体的亚共析组织（P+F），最后为基体组织。45 和 20 钢渗碳后的组织形貌如图 10-9 及图 10-10 所示。

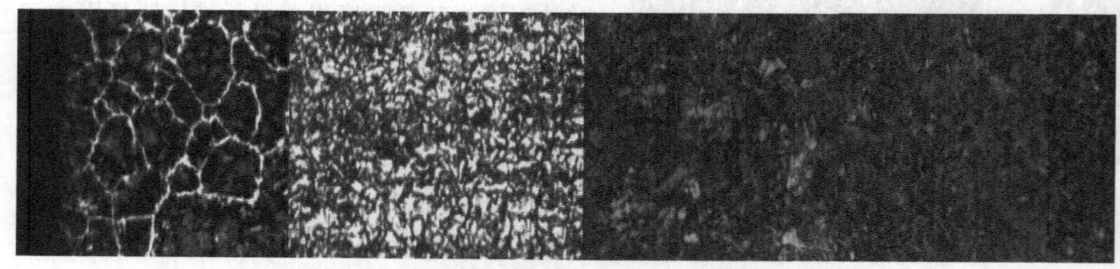

图 10-9　45 钢气体渗碳后缓慢冷却到室温时的微观组织

表层（左）—次表层—中心—基体（右）

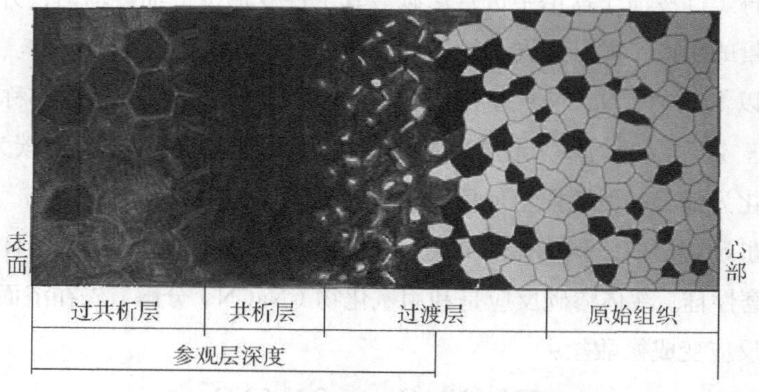

图 10-10　20 钢渗碳缓冷后的组织示意图

2）渗碳后淬火加低温回火的组织

低碳钢渗碳后立即淬火并低温回火是一种常用的渗碳工艺。其表面为回火马氏体 M+ 颗粒碳化物 K+ 残余奥氏体 A，心部组织依据钢种来定，如为低碳钢，其淬透性差，为铁素体 + 珠光体；如为低碳合金钢，其淬透性高，为马氏体 + 少量铁素体。图 10-11 为 20CrMnTi 齿轮钢淬火加低温回火后的微观组织。

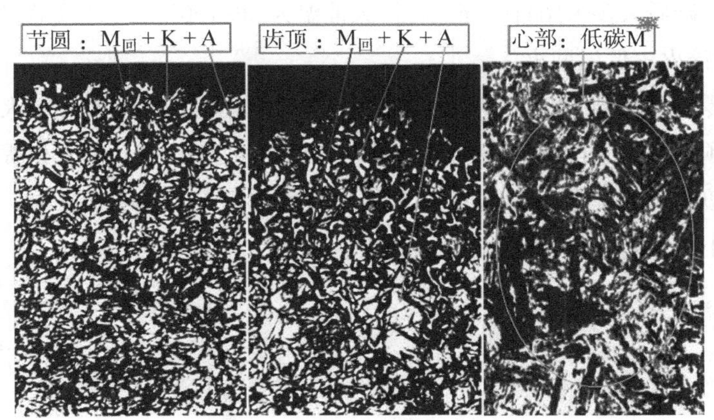

图 10-11　20CrMnTi 齿轮钢渗碳样品显微组织

3）渗碳后材料的力学性能

渗碳及随后的淬火可以显著改变材料表面的硬度和耐磨性。正常的渗碳淬火组织为细针状的马氏体，低碳钢与低合金钢渗碳层淬火表面硬度可达 60~64HRC；而高合金钢渗碳层淬火后的硬度为 56~60HRC。渗碳后钢的耐磨性与普通淬火的中碳合金钢相比有明显的提高，弯曲和扭转载荷作用下的疲劳强度也得到改善。

但是钢件渗碳后其冲击韧性和断裂韧性降低，并且碳含量越高，渗碳层越深，韧性降低得越厉害。部分钢种渗碳后的性能如表 10-3 所示。

表 10-3　20Cr 和 20CrMn 钢渗碳后的性能

钢号	渗碳规范		淬火温度 /℃	回火温度 /℃	渗碳			
	温度 /℃	时间 /min			抗拉强度 /MPa	冲击值 /（J/m^2）	表面硬度（HRC）	心部硬度（HRC）
20Cr	910	127	870	200	1559	5.39×10^{-3}	60~63	42~43
	980				1588	5.78×10^{-3}	59~63	43
20CrMn	910	127	870	200	1490	9.8×10^{-3}	60~63	42~43
	980				1471	9.99×10^{-3}	61~63	43

2. 渗碳后的热处理工艺

渗碳件经热处理后应满足几个要求：合理的渗层和金相组织，足够的心部强度（以 38~45HRC 为宜），表面只允许有极少量的局部脱碳发生（脱碳层应小于最小磨削加工余量的

1/3 或 1/2），热处理变形少。根据工件的成分、形状和力学性能的要求不同，渗碳后常采用以下几种热处理工艺。

1）直接淬火 + 低温回火

该工艺仅应用于本质细晶粒钢。渗碳后晶粒不易长大，渗碳后由渗碳温度降至 860℃左右，将零件自渗碳炉中取出直接淬火，然后回火以获得表面所需的硬度。20CrMnTi、20MnVB 等钢在气体或液体渗碳后大多采用直接淬火，淬火油温为 80~100℃，工艺如图 10-12 所示。

2）预冷直接淬火 + 低温回火

渗碳后先将零件预冷到 800~850℃，再进行淬火。预冷的作用是降低淬火热应力，并使表层高碳奥氏体在预冷过程中析出部分碳化物，减少渗层中的残余奥氏体，以提高表面硬度和疲劳强度。预冷温度应高于钢的 A_{r3}，防止心部析出铁素体。该工艺易于操作，零件的氧化脱碳及淬火变形均较小，工艺如图 10-13 所示。

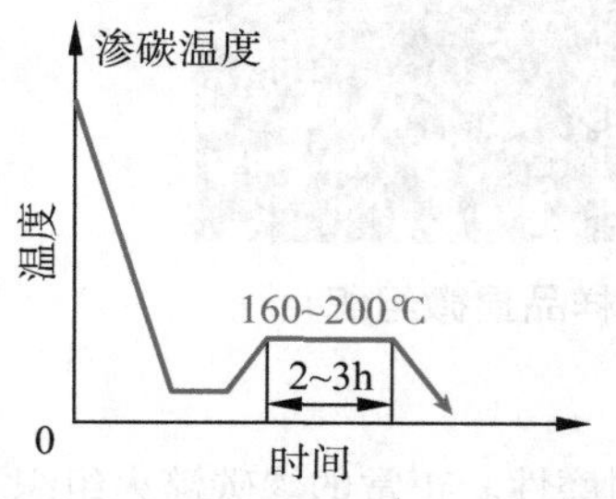

图 10-12　直接淬火 + 低温回火

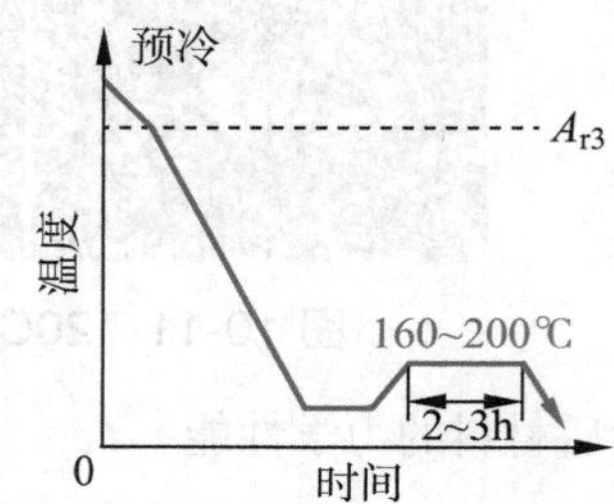

图 10-13　预冷直接淬火 + 低温回火

3）一次加热淬火 + 低温回火

预冷直接淬火法只适用于由本质细晶粒钢制成的一般要求的零件。对于要求较高的由本质细晶粒钢制成的零件，可以采用如图 10-14 所示的一次淬火法，即渗碳后缓冷或空冷，再重新加热至 820~860℃淬火，最后低温回火。这种工艺淬火后心部有较高强度和较好韧性，它是现实生产中广泛采用的方法。一次淬火的加热温度，对合金钢可稍高于其心部的 A_{r3}（840~860℃），使心部铁素体全部溶解，淬火后得到强度和韧性都较高的低碳马氏体，提高心部性能。对于碳钢，淬火温度宜在 A_{r1}~A_{r3} 之间选择，以同时兼顾表面和心部的要求。若加热至 A_{r3} 以上，虽可改善心部组织，但淬火温度对表层而言太高，淬火后表层会出现粗大的高碳马氏体，并有较多的残余奥氏体。

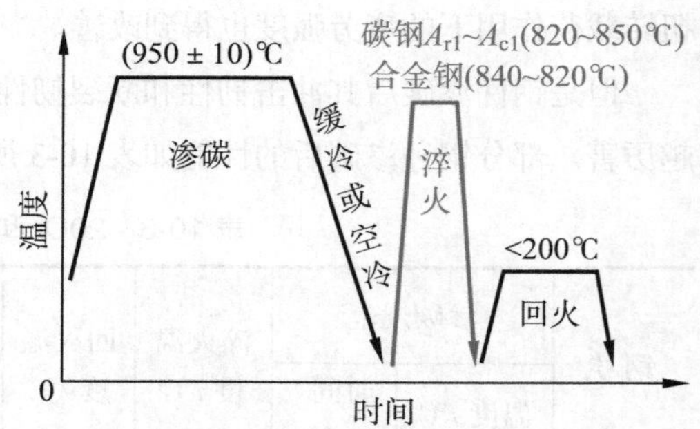

图 10-14　渗碳后一次淬火＋低温回火

4）渗碳（空冷）+ 高温回火 + 淬火 + 低温回火（渗碳温度为 850~860℃）

渗碳（空冷）经高温回火后残余奥氏体分解，渗层中碳和合金元素以碳化物形式析出，易于机械加工，同时残余奥氏体减少。主要用于 Cr-Ni 合金钢零件。其工艺如图 10-15 所示。

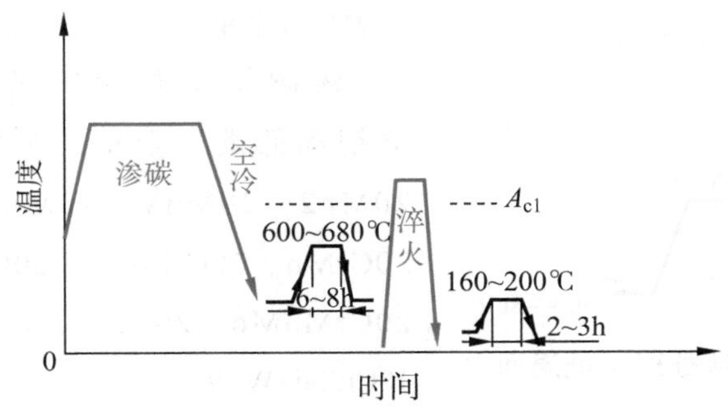

图 10-15　渗碳（空冷）+ 高温回火 + 淬火 + 低温回火

渗碳温度为 850~860℃

5）二次淬火 + 低温回火

对于性能要求很高的零件或由本质粗晶粒钢制成的零件，渗碳后可采用两次淬火，将渗碳工件冷至室温后，再进行两次淬火，然后低温回火，工艺如图 10-16 所示。这是一种同时保证心部与表面都获得高性能的热处理方法。第一次淬火加热心部到 A_{r3} 以上，目的是消除网状碳化物或细化晶粒，碳钢通常为 880~900℃水冷；第二次淬火是为改善渗层组织和性能，获得针状马氏体和均匀分布的未溶碳化物颗粒及少量的残余奥氏体，心部是细粒状的铁素体 + 珠光体（指碳钢）或低碳马氏体 + 少量铁素体（指合金钢）。两次淬火有利于减少表面的残余奥氏体的数量，达到对硬度和耐磨性的要求。该工艺主要适用于对有过热倾向的碳钢和表面要求具有高耐磨性、心部要求具有高冲击性的重载荷零件等（对力学性能要求很高的重要渗碳零件）的处理。

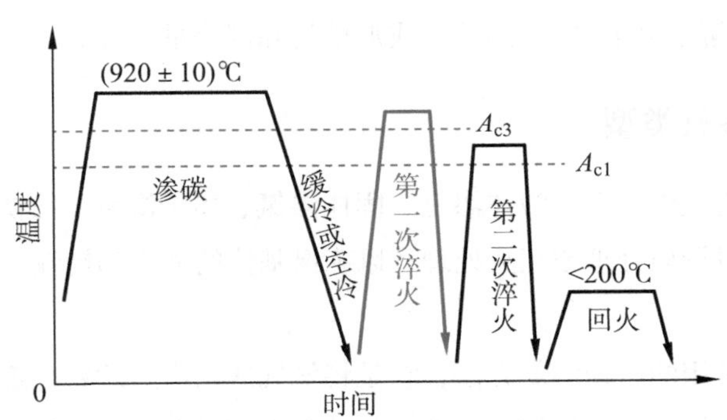

图 10-16　二次淬火 + 低温回火

二次淬火法工艺较繁，成本高，易产生表面氧化、脱碳和淬火变形，工厂中很少采用。但在固体渗碳时，关键零件的热处理最好采用这种工艺（第一次淬火也可用正火代替）。

6）二次淬火 + 深冷处理 + 低温回火（也称为高合金钢减少表层残余奥氏体量的热处理）

对于 12CrNi3A、20Cr2Ni4A、18Cr2Ni4WA 等高强度渗碳钢，因合金含量较高，采用一般的淬火、回火，其表层组织中会形成大量的残余奥氏体，使零件的表面硬度和疲劳强度降低。为了减少渗碳层残余奥氏体量及改善切削加工性，对高强度的渗碳件在两次淬火后，通常在低温回火前增加深冷处理工序，用于进一步提高表层硬度。该工艺适用于渗碳后不需进行机械加

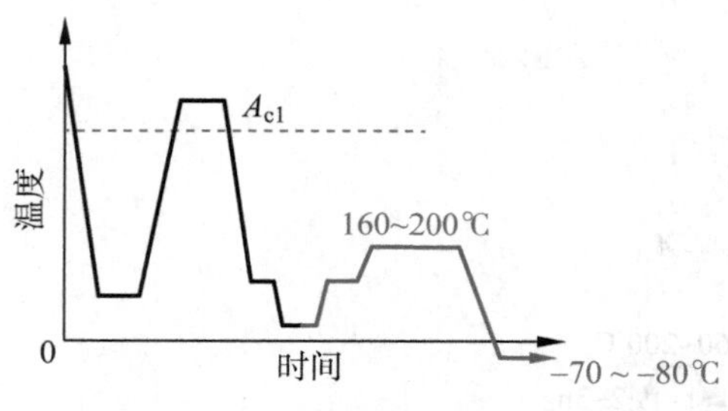

图 10-17　二次淬火 + 冷处理 + 低温回火

工的高合金钢零件，工艺如图 10-17 所示。

渗碳钢都是含碳量为 0.10%~0.25% 的低碳钢和低碳合金钢，如 10、15、20、15Mn2、20Mn2、20MnV、20MnVB、15Cr、20Cr、20CrMn、20CrMnTi、20CrMo、15CrMnMo、20CrMnMo、20CrNi、12CrNi3、12Cr2Ni4、18Cr2Ni4W 等。

一般渗碳零件的工艺路线如下：

锻造→正火→机加工→渗碳→淬火和低温回火→精加工。

有些零件并不需要或不允许整体渗碳，此时不渗碳的部位应在渗碳之前镀铜，或在渗碳后先进行去碳机加工，再进行淬火和低温回火。其工艺路线为：

锻造→正火→机加工→渗碳→去碳机加工→淬火和低温回火。

10.3　钢的渗氮

钢的渗氮是在一定的温度下使活性氮原子渗入到工件表面的一种化学热处理方法。由于渗氮改变了零件表面的组织状态，使钢铁材料在静载荷和交变应力下的强度性能、摩擦性能、成形性及耐腐蚀性得到提高。该工艺普遍应用于各种精密的高速传动齿轮、高精度机床主轴和丝杠；在交变负荷下工作要求高疲劳强度的柴油机曲轴、内燃机曲轴、气缸套、套环、螺杆等；变形小并具有一定抗热能力的气阀、凸轮、成形模具和部分量具等。

10.3.1　钢的渗氮类型

常见的工艺方法有气体渗氮、液体渗氮、固体渗氮、离子渗氮、镀钛渗氮、催渗渗氮等，凡经渗氮的工件需经过调质处理或正火处理，以确保基体的强度和韧性。

1）气体渗氮

气体渗氮是目前常用的一种渗氮方法，它是将氨气通入密封的氮化罐中，利用氮在高温时分解出活性氮原子，活性氮原子被钢件表面吸收并向心部扩散，最后在钢件表面形成一定深度的氮化层。

气体渗氮可采用一般渗氮法（等温渗氮）或多段（二段、三段）渗氮法。前者是在整个渗氮过程中渗氮温度和氨气分解率保持不变。温度一般在 480~520℃之间，氨气分解率为 15%~30%，保温时间近 80h。这种工艺适用于渗层浅、畸变要求严、硬度要求高的零件，但处理时间过长。多段渗氮是在整个渗氮过程中按不同阶段分别采用不同温度、不同氨分解率、不同时间进行渗氮和扩散。整个渗氮时间可以缩短到近 50h，能获得较深的渗层，但这样渗氮温度较高，畸变较大。渗氮工艺如图 10-18 所示。

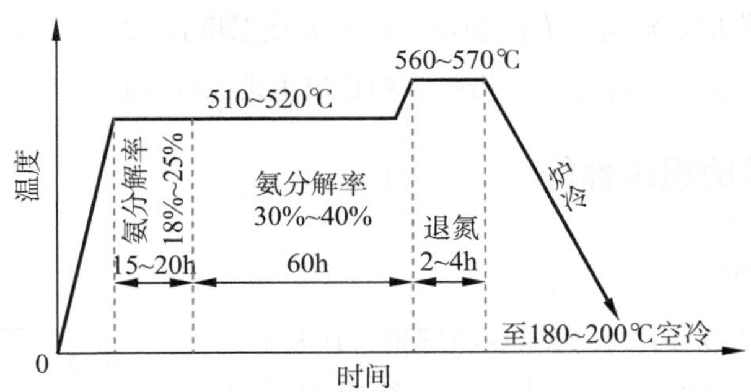

图 10-18　38CrMoAlA 钢的一段渗氮工艺曲线

2）离子渗氮

离子渗氮又称辉光渗氮，是利用辉光放电原理进行的。把金属工件作为阴极放入通有含氮介质的负压容器中，通电后介质中的氮氢原子被电离，辉光放电的正离子受到电场的作用向阴极方向移动。当它们到阴极附近时，被强烈的电场突然加速到高速状态，然后向被处理工件冲击（图 10-19）。离子所具有的大运动能量不仅转变成热能加热工件，而且使一部分离子直接注入工件产生阴极溅射，也就是从工件表面排斥出电子和原子。被排斥出来的铁原子与由电子促成的原子态氮相结合生成氮化铁 FeN；FeN 因附着作用而吸附在工件表面上；由于高温与离子冲击作用，FeN 又很快地分解转化为低级的氮化物而释放出氮气；这部分氮气回到放电等离子区的气氛中，和其他氮气一样重新参加氮化作用。

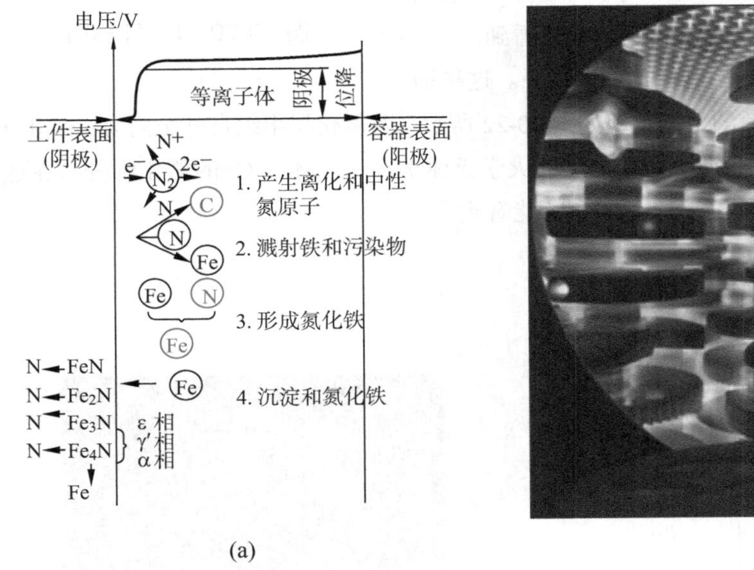

图 10-19　离子渗氮示意图

（a）原理图；（b）正在辉光渗氮的汽车曲轴

与一般的气体渗氮相比，离子渗氮的特点是：①可适当缩短渗氮周期；②渗氮层脆性小；③可节约能源和氨的消耗量；④对不需要渗氮的部分可屏蔽起来，实现局部渗氮；⑤离子轰击有净化表面作用，能去除工件表面钝化膜，可使不锈钢、耐热钢工件直接渗氮。

离子渗氮后的氮化层耐疲劳、有高强度。由于氮化温度在 520~540℃，工件变形小。离子渗氮发展迅速，广泛应用于机床丝杠、齿轮、模具等工件的化学热处理。

10.3.2 渗氮后的组织性能

1. 渗氮后的组织

图 10-20 为 Fe-N 二元相图，根据相图理论，在常见的氮化工艺条件下（500~580℃，数十小时），图 10-21（a）区是氮化温度下氮化层的组织，图 10-21（b）区为纯铁扩散层氮浓度分布；图 10-21（c）区为缓冷至室温后的组织（缓冷时，ε 相会析出 γ′ 相，但最表面冷却较快，不析出 γ′ 相；α 相中也会析出 γ′ 相）。

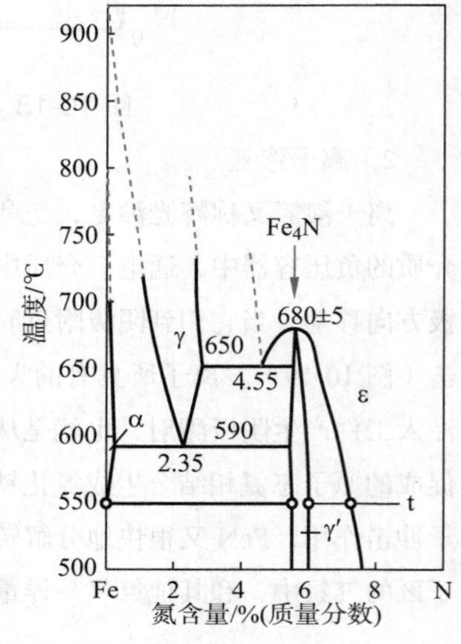

图 10-20 Fe-N 相图

实际表明，碳钢的氮化层具有上述纯铁氮化层一样的组织，只是碳钢氮化层中的 α 是氮和碳在 α-Fe 中的固溶体，ε 相为含碳的氮化物相，即 Fe（C，N），γ′ 仍为氮化物相。

合金钢氮化后，其氮化层组织基本上也与碳钢相同，由于氮化时氮不仅与铁、碳发生作用，而且与合金元素也发生作用，故氮化层中会形成合金氮化物，如 AlN、MoN、Mo_2N、WN、W_2N、CrN、Cr_2N 等。不过，合金氮化物非常细小，且弥散分布，光学显微镜下无法看到。

38CrMoAl 是最典型、最常用的氮化用钢之一。这种钢经 520℃氮化（约 30h）缓冷后的金相组织如图 10-22 所示。其氮化层组织自外至内为：ε 相→ε+γ′→ γ′（难看清）α+γ′；心部为原始组织（回火索氏体）。Al、Mo、Cr 的氮化物分布在这些相的基底之上，但极细小弥散，需在电镜下才能看到。

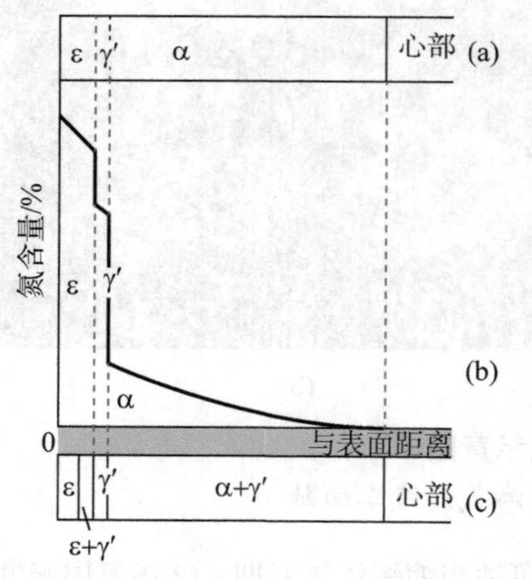

图 10-21 低于共析温度氮化时氮化层组织和氮浓度变化

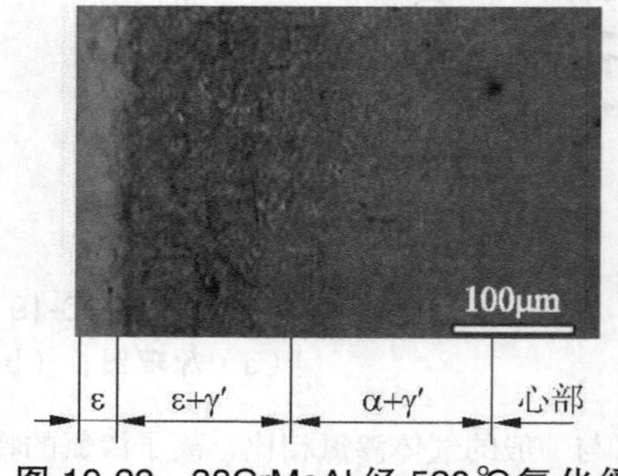

图 10-22 38CrMoAl 经 520℃氮化缓冷后的金相组织

2. 渗氮后的性能

1）表面高硬度与耐磨性

钢氮化后无需淬火便具有很高的表面硬度（≥ 850HV）、耐磨性和高的热硬性（在600~650℃时仍有较高的硬度）。表面高硬度的原因主要是由于有非常细小弥散的合金氮化物分布在 ε 相、γ′ 相和 α 相的基底之上（弥散硬化）。高热硬性则是由于氮化物相是热稳定性高的硬相。

2）高温红硬性

工件渗氮表面在 500℃可长期保持其高硬度，短时间加热到 600℃其硬度几乎不降低，保持了氮化件硬度和基体强度。

3）较高的疲劳强度

结构钢渗氮显著提高光滑试样的旋转弯曲疲劳强度和缺口敏感性。这是由于氮化物形成时体积增大，使钢件表面产生大的残余压应力（588~784MPa），它能部分抵消在旋转弯曲载荷下产生的表面拉应力，故可提高疲劳强度。

4）提高了抗擦伤和咬合能力

渗氮件形成的化合物层的粗糙度同渗氮前没有太大区别，高的表面硬度不会造成表面的划伤，同时化合物层的微小孔隙又容易吸附润滑油等，使工件在工作过程中具有较高的抗擦伤和咬合能力等。

氮化处理温度低，氮化后又是缓冷，故变形很小（与渗碳、感应加热表面淬火相比，氮化时零件的变形要小得多）。由于变形小，氮化后一般不必再进行机械加工，只需精磨或研磨抛光即可。

上述各点使氮化处理得到了较为广泛的应用，如各种高速传动精密齿轮、高精度机床主轴（镗杆、磨床主轴），在交变负荷下要求高疲劳强度的零件（如高速柴油机曲轴），以及要求热处理变形小、抗热、耐蚀、抗磨损的零件（如阀门）等，均需进行氮化。但由于渗氮层较薄，不适于承受重载的耐磨零件。

10.3.3 渗氮工艺的制订

氮化钢通常是含有 Al、Cr、Mo 等合金元素的 38CrMoAl 钢，但 40Cr、35CrMo、42CrMo、12Cr2Ni4A、18CrNiW 等也可用氮化处理来提高其抗疲劳性能；不锈钢、耐热钢等也可以氮化。此外，3Cr2W8 钢制成的模具可用氮化代替淬火硬化；4Cr5MoSiVl（H13）制成的模具在淬火后可用氮化提高其硬度和耐磨性。

氮化零件的工艺路线一般如下：

锻造→退火→粗加工→调质→精加工→去应力回火→粗磨→氮化→精磨或研磨。

其中退火也可用正火代替。

氮化层薄而较脆，故要求钢件心部具有高的强度和韧性。为此氮化前应进行调质处理，获得回火索氏体，以提高零件的心部力学性能和氮化层质量。38CrMoAl 钢调质处理是在 930℃淬火，然后在 600~650℃高温回火，调质后的硬度约为 24~35HRC（≤ 350HB）。

为减少零件在氮化处理时的变形，切削加工（精车）后一般需进行去除应力的稳定回火（38CrMoAl 钢氮化零件的稳定回火温度约 580℃，保温数小时），这对于重要零件如主轴、镗杆等尤为必要。

氮化零件的技术指标是：氮化层深度（一般≤ 0.6~0.7mm）、表面硬度和心部硬度。对于重要零件，还必须满足心部力学性能、金相组织、氮化层脆性级别等具体要求。

10.4 钢的碳氮共渗

钢的氮碳共渗是在含氮和碳的介质中加热工件，即在渗氮的同时，还有少量的碳原子渗入表面。氮碳共渗时，氮在铁中的溶解度比碳在铁中的溶解度大 10 倍，是以渗氮为主的共渗过程。活性氮原子与活性碳原子渗入到工件表面后，形成氮碳化合物。

氮碳共渗可在气体、液体或固体介质中进行，该工艺具有时间短、温度低、变形小、化合物层脆性小等特点，故适合于要求硬化层薄，承受载荷低，需得到良好综合性能的工件。如纺织机钢领圈、缝纫机零部件、40Cr 钢汽车齿轮等。

碳氮共渗的类型如下：

按共渗温度，碳氮共渗一般分为低温（500~560℃）、中温（780~850℃）和高温（880~950℃）三种。前者以渗氮为主，后两者以渗碳为主。习惯上所说的碳氮共渗，主要指中温气体碳氮共渗。

1）中温气体碳氮共渗

此工艺一般是将渗碳剂和氨气同时通入罐内，或直接通入三乙醇胺（或三乙醇胺加尿素），借助高温下发生的一系列气相反应，形成碳和氮的活性原子，通过吸收和扩散过程，使碳和氮同时渗入钢件的表层。

共渗温度多为 850℃左右，保温时间 4~5h，渗后可获得 0.7mm 左右的碳氮共渗层。

中温气体碳氮共渗主要用于 20Cr、20CrMnTi 等合金结构钢制成的重负荷和中等负荷齿轮。试验表明，用这种工艺处理的零件不仅耐磨性高于渗碳零件，而且兼有一定的耐蚀性，较高的疲劳强度和抗压强度。与渗碳相比，它还具有加热温度低、零件变形小、生产周期短等优点。因此，中温气体碳氮共渗有可能逐渐取代渗碳处理。

中温气体碳氮共渗后一般可直接淬火，淬火后于 160~200℃低温回火。

2）低温气体碳氮共渗（气体软氮化）

在 Fe-C-N 三元系共析温度（565℃）附近进行的气体碳氮共渗称为气体软氮化。气体软氮化时活性碳、氮原子可由多种方法获得，如利用尿素、甲酰胺及三乙醇胺的热分解法等，氮化时间一般仅 1~3h。经软氮化后的零件，表面可得到 10~20μm 厚的无脆性氮化层（主要由较韧的铁氮化合物 ε 相和少量 Fe_3C 组成），因而赋予零件耐磨、耐疲劳、抗咬合抗擦伤等性能。

与一般氮化工艺相比，气体软氮化的优点是：时间短，零件变形小，渗层具有一定的韧性，不易发生剥落现象。

气体软氮化不受钢种限制，它适用于碳钢、合金钢、铸铁及粉末冶金材料，目前普遍应用于量具、模具和耐磨零件，效果良好。例如，3Cr2W8 压铸模经气体软氮化后，表面硬度达 750~850HV，寿命可提高数倍（与只淬火 + 回火相比较）；W18Cr4V 高速钢刀具软氮化后，表面硬度达 950~1200HV，寿命提高 0.2~2 倍，但高速钢软氮化后渗层脆性较大，只宜用于对耐磨性要求很高而又无崩刃危险的工具。

软氮化后无需进行任何热处理。

气体软氮化目前存在的缺点主要是渗层较薄（特别是采用尿素热分解法时，渗层厚度很难超过 0.02mm），尿素、甲酰胺及三乙醇胺的分解气中含有一定量的 HCN，有毒性，有待改进。

10.5 渗 金 属

金属原子渗入钢的表面使钢的表面层合金化，以使工件表面具有某些合金钢、特殊钢的特性，如耐热、耐磨、抗氧化、耐腐蚀等。生产中常用的有渗硼、渗铝、渗铬等。

10.5.1 渗硼

将硼渗入金属表面以获得高硬度和高耐磨性的化学热处理方法称为渗硼。钢的渗硼主要应用于各类磨具，包括冷、热作模具。也应用于各种磨损零件，如工艺装备中的钻模、靠模、夹头，精密制品中的活塞、柱塞，微粒磨损件中的钻头，以及各种在中温腐蚀介质中工作的阀门零件等。在所有这些应用中，渗硼都能使工件的使用寿命大幅提高。

渗硼的工艺方法多种多样，有固体粉末法、液体法（电解或不电解）、气体法、糊膏法等，其中固体粉末法使用较广泛。

1）渗硼后的组织

渗硼层生成的两种硼化物都是稳定的化合物，由图 10-23 可见，Fe_2B 中 B 的质量分数为 8.83%，熔点 1389℃，具有正方点阵；FeB 中 B 的质量分数为 16.23%，熔点 1650℃，属于正交点阵。

渗硼层的组织包括化合物层和扩散层，化合物层可能包括上述两种化合物或其中之一。形成 FeB / Fe_2B 两相渗层是很不理想的，这是因为 FeB 很脆，裂纹极易在两相层间出现。合金元素的添加对渗层的组织也有较大影响，几乎所有的合金元素都阻碍渗层的增厚。

2）渗硼后的性能特点

钢渗硼后的表面层获得 FeB 组织硬度可达 1800~2000HV；Fe_2B 组织硬度可达 1400~1600HV，获得表面超高硬度；钢渗硼后的表面层硬度值可保持到接近 800℃，具有高的热硬性。钢及合金钢在渗硼后其渗硼层的抗蚀性比钢基体大幅提高。

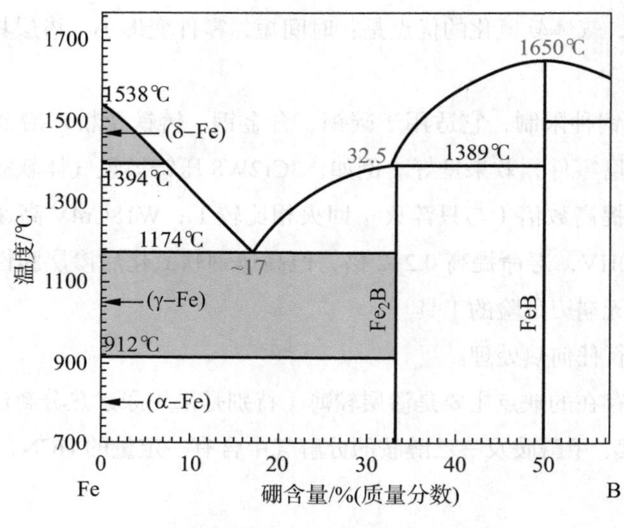

图 10-23　Fe-B 二元合金相图

3）渗硼后的工艺特点

为了避免出现 Fe-B 相图中的共晶组织，渗硼温度一般不得超过 1050℃，为了避免渗硼后出现裂纹并减小应力，渗硼后必须缓冷。为了改善基体的机械性能，渗硼后还需对渗件进行热处理，但应采用冷却较缓和的淬火介质并及时回火。

10.5.2　渗铝

使铝扩散渗入钢或合金表面以提高其抗高温氧化和热腐蚀能力的化学热处理工艺称为渗铝。渗铝处理可以在钢件表面形成一层铝含量约为 50wt% 的铝铁化合物，这层化合物含铝量高，在氧化时可以在钢件表面形成一层致密的 Al_2O_3 膜，从而使钢件得到保护。

热腐蚀是在高温零件上有硫酸钠沉积时所出现的一种加速氧化现象，燃料中的硫和海洋大气中的钠或多或少地会导致硫酸钠的形成。因此对沿海的或海面的电站、海军飞机发动机，热腐蚀是一个十分突出的问题。实践表明，渗铝后可以使零件的抗氧化工作温度提高到 950~1000℃，是提高抗热腐蚀能力的有效措施。

渗铝工艺有多种，如液体热浸扩散、静电喷涂扩散法、电泳沉积扩散法、固体粉末装箱法、固态气相法、低压渗铝法、料浆喷涂扩散法、包覆法、化学或物理蒸气沉积法等。

1）渗铝后的组织

图 10-24 是 Fe-Al 相图，由图可见，钢件渗铝时，渗铝层的组织可能由 $\theta(FeAl_3)+\eta(Fe_2Al_5)+\xi(FeAl_2)+\beta_2(FeAl)+$ 过渡相组成。生产实际中，表层相组成由渗铝气氛的铝势决定。

2）渗铝的工艺特点

由于铝在钢中的扩散速度很低，所以渗铝时往往采用较高的扩散温度，通常是 800~1000℃。尽管如此，经过 10h 左右的扩散后也仅能获 10~40μm 的渗层。

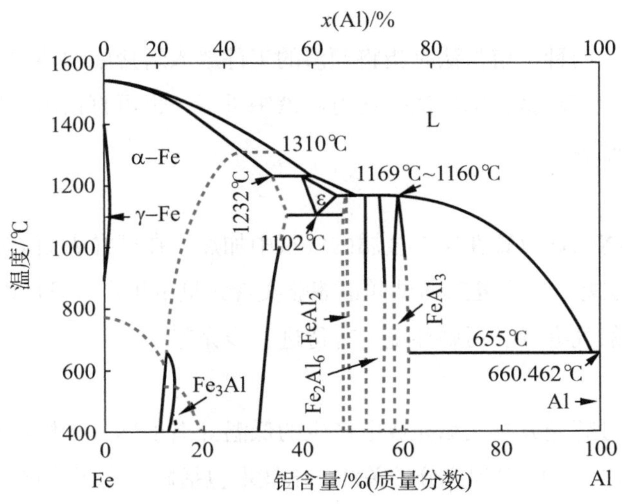

图 10-24　Fe-Al 二元合金相图

渗铝零件在高温工作过程中，由于铝要向外扩散以形成 Al_2O_3 膜（膜会不断增厚，在一定的条件下还会剥落）；同时氧又会向内扩散，使渗层增厚。因此整个渗层的铝含量会越来越低，组织也会相应地经历着一个“蜕变”过程。这个过程的特点是高铝相（如 NiAl 或 Fe_2Al_5 相）不断变化为低铝相（如 Ni_2Al 或 Fe_3Al 相）。当组织变成以低铝相（Ni_2Al 或 Fe_3Al）为主时，渗层将完全失去保护能力，因为这两个相不能提供足够的铝原子，零件表面无法生成致密的 Al_2O_3 膜。为了解决这一问题，促使低铝相也生成致密的氧化膜，为此人们采取了设置氧化物弥散扩散障、镀铂渗铝的方法；此外，也可采用二元、多元共渗的办法，如 Al-Cr、Al-Si、Al-Cr-Si 共渗。

10.5.3　渗铬

钢表面渗铬可提高硬度、强度、耐磨性、耐蚀性、抗疲劳性和抗高温氧化性，长期以来被广泛应用。渗铬技术始于 20 世纪 20 年代，美国的学者最先系统地研究了铬元素扩散，将试样包裹在金属铬粉中装箱，1300℃下加热，保持箱内为还原气氛。经过长期的发展研究，渗铬技术包括固体渗铬、液体渗铬、气体渗铬和等离子渗铬。渗铬后能保护精密零件如各种游标卡尺、千分尺等零件的正常工作。渗铬时间越长，表面渗铬层越厚，则效果越好。

按照铬介质状态的不同，常见渗铬的方法分为三种：固体法、液体法和气体法。除此之外还有等离子渗铬。

1）固体法

根据使用热处理设备的差异又分为粉末法、粒状法和膏剂法。通常前两种用于大批量生产，将工件封箱处理，冷却后直接使用，也可直接淬火处理或重新加热，该方法应用广泛。后一种在保护气氛炉、真空炉等设备中进行，随炉冷却或直接淬火，适用于单件和小批量生产。

2）液体法

有熔盐法和电解法两种，熔盐法是指将预渗的工件放入熔盐中加热渗铬，可直接出炉淬火或出炉冷却，该工艺应用较多；电解法是在电解液中进行，也可直接出炉淬火或出炉冷却，出于环保的角度，应用较少。

3）气体法

气体渗铬法，是将试样放置在预渗金属的气氛中加热，在试样表面形成合金层的技术。该方法渗铬渗速快，渗层好，较为复杂的试样也能够实现大批量生产，但是该方法不足之处在于，因带进氢气易爆炸，氯气有毒、污染环境，有待进一步完善。

4）等离子渗铬

等离子渗铬是通过辉光放电或弧光放电产生的低温等离子体，在材料表面形成合金层。自等离子渗铬工艺出现以来，已得到充分的关注。该技术包括辉光离子渗铬、加弧辉光离子渗铬、阴极电弧离子渗铬等。

渗铬的整个生产流程便于操作和控制，渗层的韧性好，可进行淬火处理。渗层薄，渗层的综合力学性能较好。通常为了保持渗铬层良好的性能，加热淬火的过程中零件应放置在保护气氛炉或真空炉等热处理设备中。

最后需要说明的是，就目前应用情况来看，化学热处理主要是用来改善钢铁零件的表面性能，而在有色金属材料中的应用则较少。但化学热处理的基本原理和许多方法原则上可应用于一切金属材料，而且化学介质无限多样，改善材料性能也存在着巨大的潜在可能性。因此可以期望，有色金属合金的化学热处理将会进一步发展，并将得到广泛的应用。

第 11 章

形变热处理

形变热处理是压力加工和热处理相结合，对金属进行形变强化和相变强化，材料性能得到综合提高的方法。塑性变形增加了金属中的缺陷（主要是位错）密度，改变了各种缺陷的分布，若在变形期间或变形后合金发生相变，那么缺陷组态及密度的变化又对新相形核动力学及分布影响很大。反之，新相的形成往往对位错等缺陷的运动起钉扎、阻滞作用，使金属中的缺陷稳定。形变热处理过程变形与相变互相影响、互相促进。合理的形变热处理工艺是金属材料强韧化的一种重要方法。

11.1 热变形时金属组织的变化

不同合金，不同的变形方式都具有不同的应力—应变特征，其在热变形过程中组织的变化也极为复杂，在加工硬化的同时会发生回复与再结晶等软化过程。这种回复与再结晶过程是在变形状态下而不是在变形停止之后产生的，因此称之为动态回复与动态再结晶。

11.1.1 动态回复

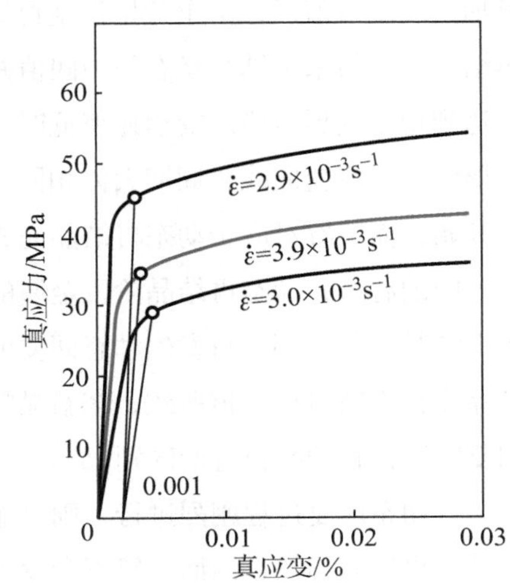

图 11-1　775℃测定的 Zr-0.7Sn 合金在不同应变速率下的真应力—真应变曲线（动态回复）

热变形时所有金属都可能发生加工硬化及动态回复。若同时发生加工硬化及动态回复，则其真应力—真应变曲线具有图 11-1 所示的特征。变形开始阶段，金属内位错密度由 10^6~10^7cm^{-2}（退火状态）逐渐增加到 10^{10}cm^{-2} 左右，使金属产生加工硬化，应力与应变呈直线关系，变形程度进一步增加，应力—应变曲线逐渐接近于一水平线，即达到稳定变形状态。此时变形引起的加工硬化与动态回复引起的软化所抵消，即动态回复导致的位错消失速率已增高到足以抵消变形增殖位错的速率，如果金属变形时还出现其他变化，如动态再结晶、脱溶相粗化等，则应力—应变曲线还会进入下降阶段。

冷变形时也可能产生动态回复，降低加工硬化系数，但难以使材料进入稳定变形阶段，因为冷变形时唯一的动态回复机制是位错的交滑移，位错消失速率较小，不能抵消变形增殖的位错，因而在变形程度不断增加时，位错密度也不断增加。热变形时，除交滑移外，位错还可通过攀移来重新组合，也可通过多边化保持恒定的位错密度，达到稳定变形状态。

高层错能金属如铝、α-Fe、钼、钨、α-Zr、铍及锌等，在热变形时易发生位错交滑移及攀移，因此它们易发生动态回复，往往在大变形程度下也不会发生动态再结晶，这类金属及合金热变形时位错密度较低，亚晶较粗，剩余的储能不足以引起动态再结晶。

11.1.2　动态再结晶

动态再结晶易在层错能较低的金属，如铜、镍、γ-Fe、银、金、铅、钴及不锈钢中发生。因为它们的扩展位错较宽，位错难以从结点和位错网络中解脱，难以通过交滑移和攀移而相互抵消，因而动态回复过程缓慢，位错密度高，亚晶尺寸较小，剩余的储能往往足以引起再结晶形核。因此在热变形程度较大时，便会出现动态再结晶。若变形速率小，通过现存晶界弓出形成再结晶晶核而后长大；若变形速率大时，变形强化值也大，易出现大角度位向差的亚晶，这种亚晶即可成为再结晶晶核而长大。

动态再结晶改变应力—应变曲线走向，如图 11-2 所示。变形速率高时，流变应力随应变增加到一定数值后，由于开始发生再结晶而下降（软化）。继续变形，流变应力将降至该材料再结晶状态与未再结晶状态的中间值并逐渐趋于一定值。此时，软化过程与硬化过程达到平衡，即达到稳定变形阶段。变形速率低时，动态再结晶软化之后，紧接着重新硬化，出现周期性波浪形应力—应变曲线，周期大体相同，但振幅逐渐衰减，曲线上每一波峰对应于新的动态再结晶开始，而波谷对应于动态再结晶完成。

归纳起来，动态再结晶阶段金属的组织特征是：①各晶粒内亚结构不均匀，某些区域发生了再结晶，某些部位只发生动态回复或仍为加工硬化状态；②晶界呈锯齿状，这是因为新生再结晶晶粒不断弓出形核所致；③新晶粒大多出现在原始晶界周围；④晶粒常为等轴状，与动态回复阶段拉长的晶粒有所区别。

若动态回复过程剧烈进行，则可能在达到最大变形程度时，金属中的位错密度还不足以导致动态再结晶形核，因而一般不会发生动态再结晶。铝合金挤压制品往往会出现这种情况，低层错能金属（镍、铜、钴、奥氏体等）在热变形程度较大时，可能获得动态再结晶形核所必须的临界位错密度，因此多出现动态再结晶。只有在变形程度较小时，这类金属才停留在动态回复阶段。

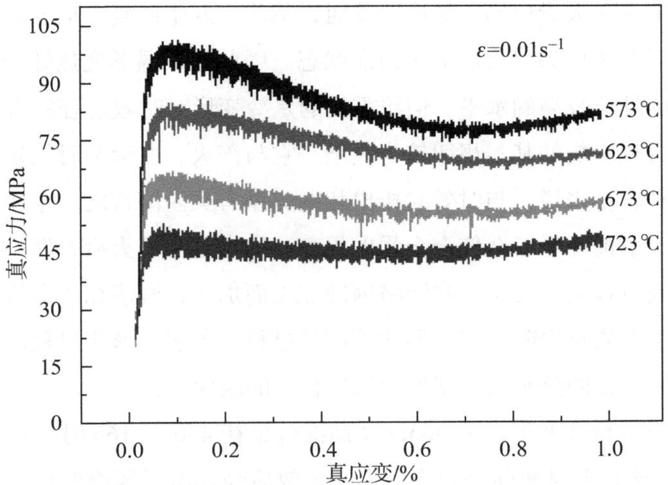

图 11-2　Mg-5.5Zn-0.7Zr0.9Y 镁合金在不同应变速率下等温压缩时的真应力—真应变曲线

除层错能的影响外，产生动态再结晶的倾向也与晶界迁移的难易程度有关。在固溶体合金中，虽然有些溶质元素减小金属回复的能力，增加动态再结晶的倾向。但一般情况下，溶质原子减小晶界的迁移速率，减小再结晶速率。弥散分布的第二相能稳定亚晶，阻滞晶界迁移，也阻碍动态再结晶进行。

11.2　时效型合金的形变热处理

按变形温度将形变热处理分为高温、低温两种形变热处理，这是主要的分类法。另一种分类法是按相变类型分为时效型及马氏体转变型两大类，每一类再按变形所处的相变阶段进一步细分。

时效型合金的形变热处理多用于有色合金。马氏体转变型的形变热处理则用于各种存在马氏体转变的合金。

时效型合金的形变热处理的基本形式如图 11-3 所示，图中齿线形表示塑性变形。

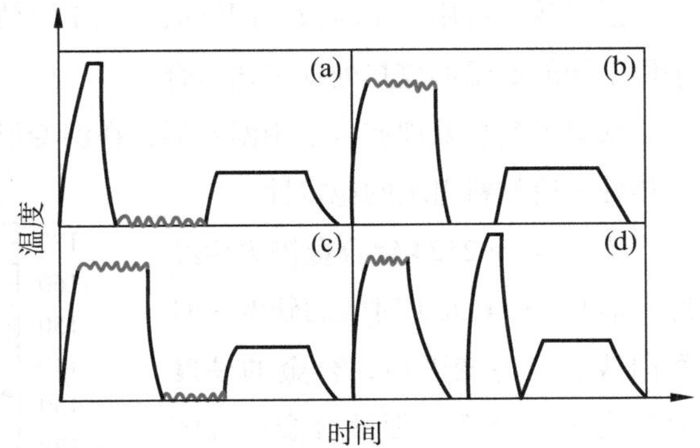

图 11-3　时效型合金的形变热处理工艺图

（a）低温形变热处理；（b）高温形变热处理；（c）综合形变热处理；（d）预形变热处理

11.2.1　低温形变热处理

时效合金的低温形变热处理早在 20 世纪 30 年代就已出现，并开始在工业上应用。其基本工艺是，首先将合金淬火，然后在时效前于室温下进行冷变形。与不经冷变形的合金比较，这种处理能获得较高抗拉强度及屈服强度，但塑性有所降低。

冷变形在合金中导入大量位错，随后时效时，基体中发生回复，形成亚晶组织。而未经冷变形的合金，时效后基体仍为淬火后的再结晶状态。因此，低温形变热处理首先会因亚结构强化而使强度在时效前处于较高的水平。但更重要的是冷变形对时效过程的直接影响。

冷变形对时效过程影响的基本规律较为复杂。它与淬火、变形和时效规律有关，也与合金本性有关，对同一种合金来说，与时效时析出相的类型有关。简言之，主要依靠形成弥散过渡相而强化的合金，时效前冷变形会使合金强度提高。这类合金淬火后，经冷变形再加热到时效温度时，脱溶与回复过程同时发生。脱溶将因冷加工而加速，脱溶相质点将因冷变形而更加弥散。与此同时，脱溶相质点也阻碍多边形化等回复过程。若多边形化过程已发生，则因位错分布及密度的变化，脱溶相的分布及密度也会发生相应的改变。

例如，淬火后不进行冷变形，Nimonic90 钴镍合金在 450℃ /16h 时效后强化效果很差，硬度仅增加约 15HV。该合金时效前进行冷变形，时效后强化增量随冷变形程度不断增高，压缩率达 90% 时，时效后硬度增加 175HV。由此可见，在一定条件下，时效前冷变形的作用是十分明显的。

若冷变形前已进行了部分时效，则这种预时效会影响最终时效动力学及合金性质。例如，Al-4%Cu 合金淬火 + 自然时效后立即冷变形，并于 160℃时效只需 8~10h 便可达硬度最高值。后一种情况中，人工时效的加速可能是由于自然时效后 G.P 区对冷变形时位错运动的阻碍所致，这种阻碍造成大量位错塞积及缠结，有利于 θ′ 的形核。因此，为加速这种合金的人工时效，变形前自然时效是有利的。这样，就形成了低温形变热处理工艺的另一种形式，即淬火—自然时效—冷变形—人工时效。

预时效也可用人工时效，即淬火—人工时效—冷变形—人工时效。对不同基体的合金，可采用不同的低温形变热处理工艺组合。

低温形变热处理亦可采用温变形，在温变形时，动态回复进行得比较激烈，有利于提高形变热处理后材料组织的稳定性。

图 11-4 为 2524 铝合金淬火后经冷变形及 180℃人工时效的硬度—时间曲线。经冷变形后，合金的硬度值均高于未经冷变形的合金；且随变形量增大，合金硬度明显增加。与未经冷变形的合金相比，其达到峰值时效所需时间缩短，且峰值硬度值随变形量的增大而增加。

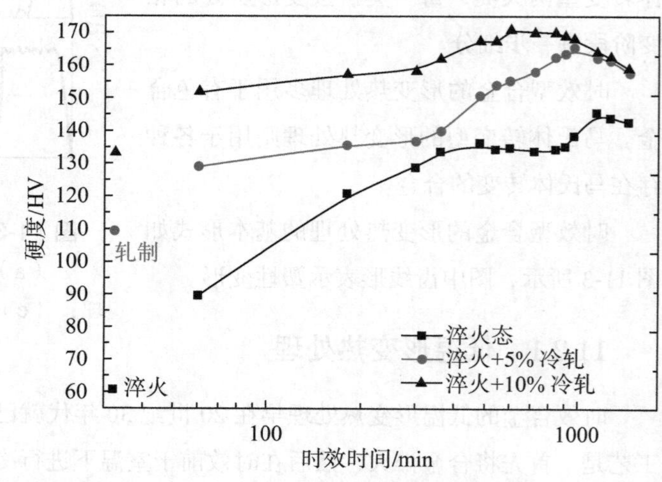

图 11-4　2524 铝合金 180℃等温时效硬化曲线

一般认为，冷加工变形引入的大量位错为 S′（Al_2CuMg）相的析出提供了形核位置，有利于溶质原子脱溶，使得 S′ 相的析出更为细小、弥散，合金硬度增加。不同冷变形处理后 2524 铝合金峰值时效的透射电子显微照片如图 11-5 所示。未经预变形处理合金晶内析出的 S′ 相较大；经 5% 冷轧 + 时效，S′ 相有所细化；经 10% 冷轧 + 时效，基体内析出的 S′ 相更加细小，数量更多，且分布更为均匀。

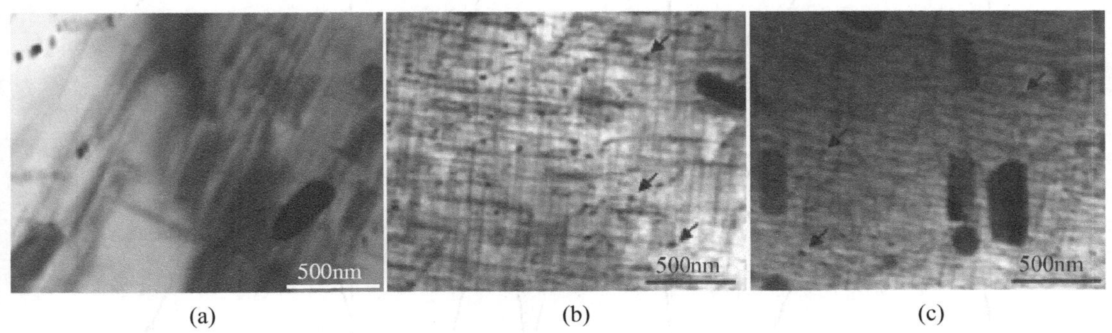

图 11-5 不同预变形处理后合金在 180℃时效后的透射电子显微照片

（a）0 预轧制，180℃ /18h；（b）5% 预轧制，180℃ /16h；（c）10% 预轧制，180℃ /12h

当前，低温形变热处理广泛应用于铝、镁、铜合金及铁基奥氏体合金半成品与制品的生产中。例如，2A12 合金板材淬火后变形 20%，然后再 130℃时效 10~20h；与标准热处理相比，经这种处理后抗拉强度可提高 60MPa，屈服强度可提高 100MPa，塑性尚好。2A11 合金板材淬火后在 150℃轧制后在 100℃时效 3h；与淬火后直接按同一规程时效的材料相比，抗拉强度可提高 50MPa，屈服强度提高 130MPa，但断后伸长率值降低 50%。Al-Zn-Mg 系合金按淬火—短时人工时效—冷变形与在同一温度下普通时效这一工艺进行对比，合金具有较大的应力腐蚀抗力，强度降低不多。时效前冷轧可使 QBe2 铜合金的屈服强度提高 20%。

低温形变热处理工艺简单且有效，但大多数合金经此种处理后塑性降低。某些铝合金还可能降低蠕变抗力并造成各向异性等弊端，在应用此种工艺时，应综合多方面的要求进行考虑。

11.2.2 高温形变热处理

铝合金中的高温形变热处理工艺为热变形后直接淬火并时效（图 11-3（b））。因为塑性区与理想的淬火温度范围既可能相同也可能有别，因而其形变和淬火工艺可能形式如图 11-6 所示。

进行高温形变热处理必须满足以下三个条件：①热变形终了的组织未再结晶（无动态再结晶）；②热变形后可以防止再结晶（无静态再结晶）；③固溶体必须是过饱和的。若前两个条件不能满足而发生了再结晶，高温形变热处理就不能实现。

进行高温形变热处理时，由于淬火状态下存在亚结构，以及时效时过饱和固溶体分解更为均匀（强化相沿亚晶界及亚晶内位错析出），因而使强度提高。另外，固溶体分解均匀、晶粒碎化及晶界弯折使合金经高温形变热处理后塑性不会降低。对铝合金来说，塑性和韧性甚至有所提高。再有，因晶界呈锯齿状以及亚晶界被析出质点所钉扎，使合金具有较高的组织热稳定性，有利于提高合金的耐热强度。

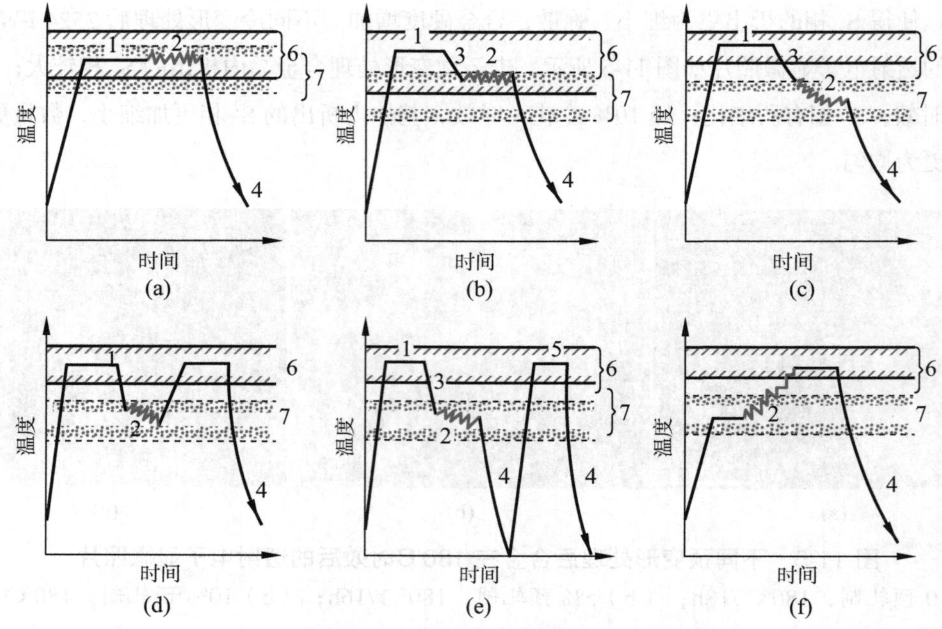

图 11-6　高温形变热处理工艺

1—淬火加热与保温；2—压力加工；3—冷至变形温度；4—快冷；5—重新淬火加热短时保温；6—淬火加热温度范围；7—塑性区

若合金淬火温度范围较为狭窄（如 2A12 仅为 ±5℃）则实际上很难保证热变形温度在此范围内。这种合金就不易实现高温形变热处理。

淬火后不发生再结晶的合金，过饱和固溶体分解较为迅速，若这种合金淬透性不高，高温形变热处理时就很难保证淬透，因而也难实现高温形变热处理。

铝合金高温形变热处理工艺研究较多。铝合金层错能高，易发生多边形化。铝合金挤压时，因变形速率相对较低，往往易形成非常稳定的多边化组织，因此铝合金进行高温形变热处理原则上是可行的。但由于上述两个原因，目前只有 Al-Mg-Si 系及 Al-Zn-Mg 系合金能广泛应用。该两系合金具有宽广的淬火加热温度范围（Al-Zn-Mg 系为 350~500℃），淬透性也较好，薄壁型材挤压后空冷以及厚壁型材在挤压机出口端直接水冷均可淬透，因而简化了固溶处理工艺，使这种工艺能在工业生产条件下具体应用。

总的来说，铝合金高温形变热处理工艺较低温形变热处理工艺应用少得多。作为高温形变热处理的一种改进，在生产中也可考虑采用综合形变热处理，即热变形—淬火—冷变形—时效（图 11-3（c））。这种工艺可使材料强度较单用高温形变热处理时有所提高，但塑性会有所降低。

11.2.3　预形变热处理

预形变热处理的典型工艺如图 11-3（d）所示，即在淬火、时效之前预先进行热变形，将热变形及固溶处理分成两道工序。虽然这种工艺较高温形变热处理复杂，但由于变形与淬火加热分成两道工序，工艺条件易于控制，在生产中易于实现。实际上，这种工艺早已应用于铝合金半成品生产。

实现预形变热处理有三个基本条件：①热变形时无动态再结晶；②热变形后无亚动态或静态再结晶；③固溶处理时亦不发生再结晶。保证了这些条件，就可达到亚结构强化目的。再通过随后的时效，实现亚结构强化和相变强化有利的结合。

为了保证上述实现预形变热处理的基本条件，首先需要了解各种合金在不同变形条件下可能的组织状态。

因为热加工时变形程度常达稳定变形阶段，可忽略变形程度的影响，而只研究变形温度—变形速度—组织状态间的关系。基于此关系，苏联科学家瓦因布拉特提出了铝合金变形条件下的组织状态图（图 11-7）。这种图形可作为制定预形变热处理规程的依据。

图 11-7 中的Ⅰ区表示变形后淬火不发生再结晶的区域，*AA* 线称为临界状态线，它表示两个临界热变形参数，即变形速度与变形温度间的关系。低于临界速度高于临界温度时，随后进行的标准热处理不会导致合金再结晶。例如，若 6A02 合金以约 $10^{-1}s^{-1}$ 的速率形变，要得到未再结晶的淬火制品需使变形温度高于 400℃。若在 400℃以上温度变形，则变形速率必须小于 $10^{-1}s^{-1}$ 才能得到未再结晶的淬火制品。*BB* 线以下的Ⅱ区为完全再结晶区域，*AA* 及 *BB* 线间的Ⅲ区为部分再结晶区域，*CC* 线以上的Ⅳ区则表示热变形结束后无需淬火就已发生再结晶的区域。

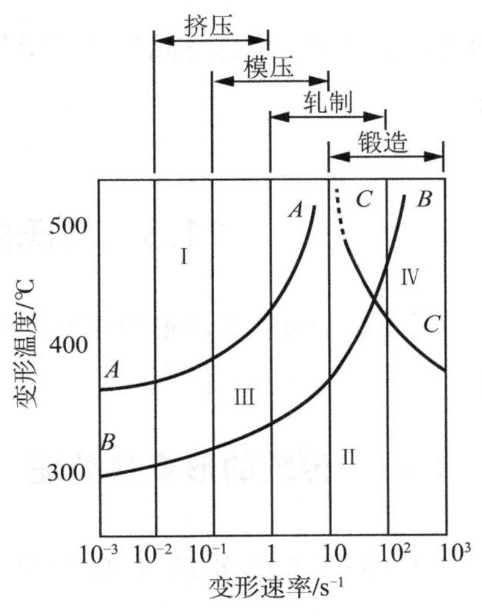

图 11-7　变形 50% 后在 520℃淬火加热的 6A02 铝合金状态图

由图 11-7 可知，不同加工方法对热变形后的组织影响很大，要得到亚结构强化，最好采用热挤压、热模压等，自由锻造时由于变形速度大，难以得到未再结晶组织。

从实践中发现，某些铝合金（如硬铝等）挤压制品的强度比轧制及锻造的都高，这种现象称为“挤压效应”。“挤压效应”的实质是挤压半成品淬火后还保留了未再结晶的组织，而轧制及锻造制品则已再结晶。不过后来又发现，一系列合金轧制与模压制品（如 Al-Zn-Mg 系合金制品）在适当的条件下同样可获得未再结晶组织，因而使合金强度提高。于是，由“挤压效应”概念发展到“组织强化效应”，即凡是淬火后能得到未再结晶组织，使时效后强化超出一般淬火时效后强化的效应称为“组织强化效应”。这种强化效应不仅可通过挤压及其他压力加工方法和适当的工艺来获得，也可以通过添加各种合金元素的方法来达到。例如，锰、铬、锆等元素在铝合金中能生成阻碍再结晶的弥散化合物（$MnAl_6$、$ZrAl_6$），因此使合金再结晶开始温度升高，在热变形时更不易发生再结晶。比较起来，挤压最易产生组织强化效应，这与挤压时变形速率

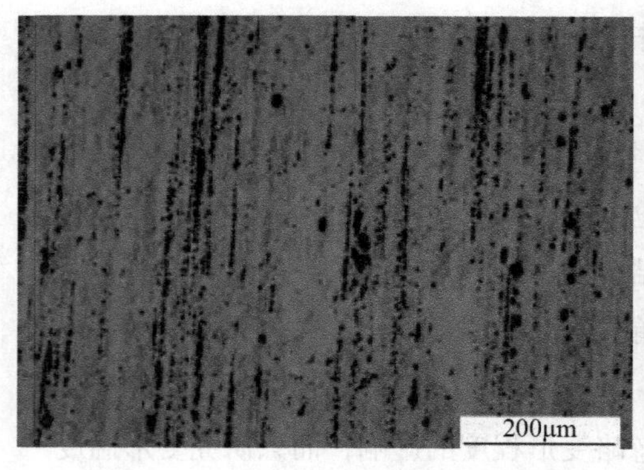

图 11-8 2A12 铝合金挤压棒固溶处理后显微组织（L 向）

较小、变形温度较高（变形热不易放散），因而易于建立稳定的多边化亚晶组织有关。

典型预形变热处理实例如下：2A12 铝合金属于 Al-Cu-Mg 系高强铝合金，其固溶温度间隙很小（495±5℃），淬火敏感性较高，其挤压棒材无法进行在线固溶热处理，因此，常选用预形变热处理，其棒材具体工艺为：圆棒加热（400℃/6h）→挤压→在线冷却→检尺→离线淬火（495℃/1.5h 固溶、水冷）→拉伸校直→成品锯切→装框。其淬火后 L 向的显微组织如图 11-8 所示。图中可见，合金晶粒组织未发现明显的再结晶组织，大部分晶粒仍保持着拉长的纤维状组织，组织内存在少量尺寸细小的未溶第二相。

11.3 马氏体转变型合金的形变热处理

马氏体转变型合金的形变热处理在 20 世纪 50 年代中期开始发展，主要是探索钢的强韧化途径。

11.3.1 传统的形变热处理

1. 低温形变热处理（亚稳定奥氏体形变淬火）

合金钢的低温形变热处理工艺如图 11-9 所示。将钢奥氏体化后，过冷至奥氏体稳定性高且低于再结晶温度的温度范围变形，此后，淬火成马氏体，最后再低温回火。

应用此种工艺可使合金结构钢的强度极限高达 2800~3300MPa（普通热处理后为 1800~2200MPa），伸长率为 5%~7%，即可保持普通热处理后的塑性。

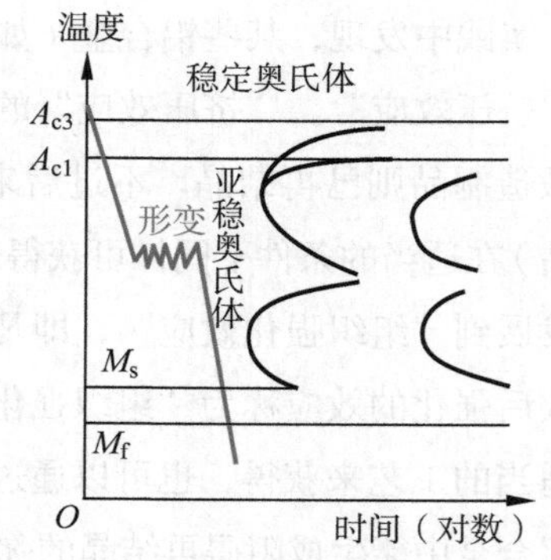

图 11-9 合金钢的低温形变热处理工艺

钢经低温形变热处理后获得超高强度是因为马氏体继承了变形奥氏体的位错结构。含碳马氏体本身脆性很大，难以通过冷变形进一步强化，但在奥氏体状态下，变形抗力较低，工艺塑性较高，可进行大压缩量变形，奥氏体中的位错密度大增。在发生马氏体转变时，根据无扩散机制，奥氏体中原有的位错网络不会消失，而将“遗传”到马氏体中。与无位错网络的马氏体比较，这种马氏体必然具有更高的强度性质。同时，奥氏体晶粒在低温变形时发生碎化，淬火马氏体晶粒较为细小，所以经这种处理后的钢也具有适当塑性。

从低温形变热处理的工艺特征来看，它只适用于过冷奥氏体极为稳定的合金钢。这种工艺的主要困难是变形温度较低，变形抗力较大，要得到预期的强化效果，需要较大的变形量（一般压缩率≥ 50%），因此，需要具有较大功率的加工设备。另外，这种工艺可能会造成钢的断裂韧性降低，因而有时难以满足现代结构材料的要求。在生产中，这一不足之处应予以考虑。

2. 高温形变热处理（稳定奥氏体形变淬火）

高温形变热处理在钢材加工中应用广泛。如图 11-10 所示，首先将钢材或零件加热至稳定的奥氏体区保温获得均匀的奥氏体组织，然后在该温度下进行高温塑性形变，改变零件或钢材的形状尺寸；同时通过控制高温形变的方式和形变参数以获得所需的奥氏体组织，最后通过控制形变奥氏体的冷却过程（冷却方式、速度）等得到最终所需的组织和性能。

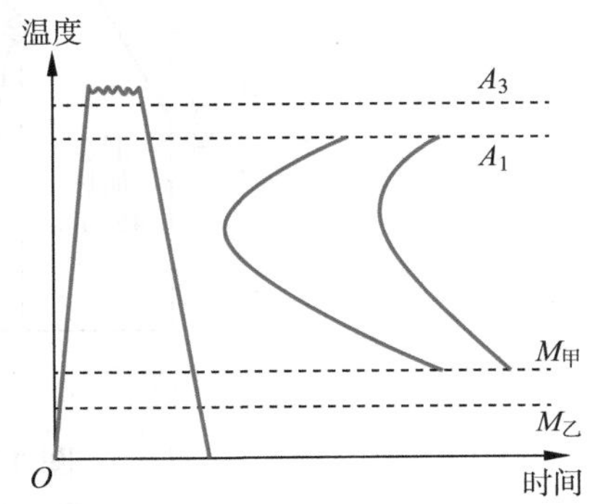

图 11-10　钢材高温形变热处理示意图

高温形变热处理具有如下特点：①减少一次淬火加热，可节省能源，减少加热设备，缩短生产周期，节省人力。②有效地改善钢材或零件的性能组合，即在提高钢材强度的同时大大改善其塑性、韧性，减少脆性；降低脆性转变温度和缺口敏感性。③在高温下进行塑性形变，形变抗力小，一般压力加工（如轧制、压缩）下即可采用，并且极易安插在轧制或锻造生产流程中，大大减化钢材或零件的生产流程。图 11-11 为 49Cr 钢的普通热处理与高温形变热处理对比图。

高温形变热处理的强韧化机制是：①晶界扭曲变形成锯齿状，大大提高了晶界的强度，因而增强了热强度和冲击韧性；②变形使晶体内缺陷密度增加，使晶粒和镶嵌块尺寸减小，因而提高了金属抵抗塑性变形的能力；③在回火时析出高度弥散分布的碳（氮）化物，以及这些碳（氮）化物与位错的相互作用更进一步使金属强化。

高温形变热处理通常包括高温形变淬火、高温形变正火和高温形变等温淬火等。高温形变淬火可以获得马氏体组织，在提高钢材强度 10%~30% 的条件下改善塑性、韧性，减少回火脆性、低温脆性及缺口敏感性，所以在诸如棒材、螺纹钢筋的轧后穿水冷却、钢管的轧后直接淬火以及连杆、曲轴、叶片等的锻后余热淬火中广为应用。高温形变正火由于采用空冷或控制冷却可以获得铁素体 + 珠光体或贝氏体组织，有效地提高钢材冲击韧性，并降低脆性转变温度，提高共析钢抗磨损能力及疲劳性能，所以在诸如厚钢板、热轧板卷的控制轧制，钢轨的余热淬火工艺以及共析钢、合金钢的大型锻件生产中广为应用。高温形变等温淬火可获得贝氏体组织，获得高强度与高塑性的良好配合，所以在高碳线材生产中广为应用。

高温形变热处理可使钢获得较高强度和较好塑性。例如，碳钢、低和中合金钢经此处理后，

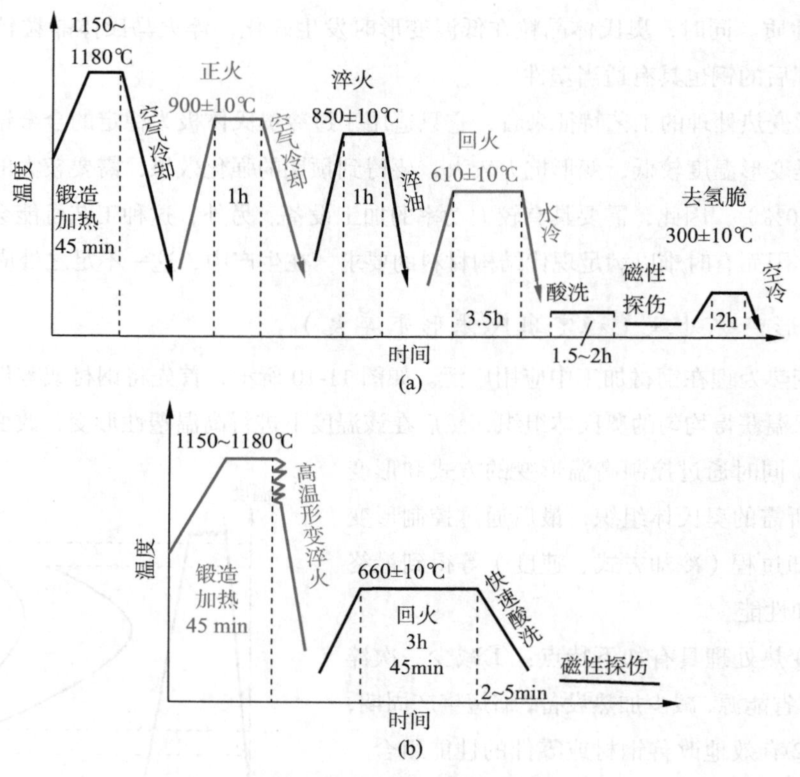

图 11-11　49Cr 钢的热处理

（a）普通热处理；（b）高温形变热处理

抗拉强度可达 2200~2600MPa，屈服强度可达 1900~2000MPa，断后伸长率可达 7%~8%，断面收缩率可达 25%~40%。与低温形变热处理相比，虽强度稍低但塑性较高。一般热处理后容易出现的回火脆性，在高温形变热处理时可以消除。高温形变热处理后裂纹扩展抗力提高，这是因为马氏体晶体被亚晶界所割裂，减小了负荷作用下局部应力峰。此外，亚结构很发达时，在一些部位存在的裂纹尖端应力也可得到松弛，可提高裂纹扩展的抗力。

因为奥氏体层错能低，易发生强烈硬化而导致迅速再结晶，故高温形变时变形程度不宜太大，否则会使动态再结晶得到发展而使强度降低。因此，当总变形量必须很大时，应使变形分几次进行，这样既可避免再结晶，变形也较容易。碳钢及低合金钢变形结束后应立即淬火，以防止静态再结晶，保证马氏体转变时存在着更完整的亚晶结构。

高温形变热处理虽然强化效果不及低温形变热处理显著，但由于在提高强度的同时还能保证较高的韧性，并且变形时不要求特别大功率的加工设备，有较好的工艺适应性，因此在工业上广泛应用。

11.3.2　形变与扩散型相变相结合的形变热处理

前面两种形变热处理是最基本的、研究较多、应用较广的形变热处理方法，其共同特征是形变与马氏体相变相结合。本小节主要介绍形变与珠光体、贝氏体等扩散型相变相结合的形变热处理方法。

1）在扩散型相变前进行形变

这种类型的工艺还可分为获得珠光体的形变等温退火，获得贝氏体的形变等温淬火及形变正火等。工艺如图 11-12 所示。

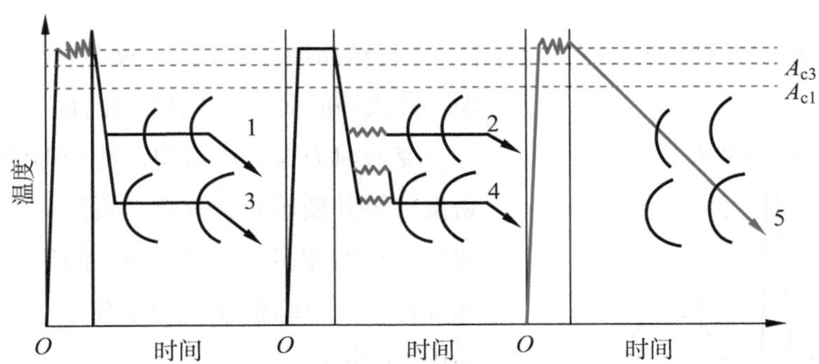

图 11-12　扩散型相变前变形的形变热处理工艺

1—高温形变 A 的珠光体化；2—低温形变 A 的珠光体化；3—高温形变 A 的贝氏体化；4—低温形变 A 的贝氏体化；5—形变正火

片状珠光体组织的力学性能与层片间距有着极为密切的关系。珠光体层片间距减小，钢的强度与塑性均能得到改善。形变等温退火时，奥氏体形变所产生的高密度位错能够促进珠光体形核，使珠光体组织细化，铁素体含量减少并分布均匀化。因而，与常规的等温退火相比较，形变等温退火所获得的珠光体具有较高的强度。

形变等温淬火与常规等温淬火比较，往往可使钢材的强度及塑性同时提高，低温形变等温淬火提高强度尤甚。这是因为形变（特别是低温形变）可使上贝氏体及下贝氏体组织明显细化。此外，变形奥氏体中的位错亚结构亦可部分“遗传”至贝氏体中，使 α 相中的位错密度增高，这也是形变等温淬火使钢材强韧化的一个重要因素。

形变正火是热加工后的冷却，因而与钢材的普通热加工类似。所不同的是形变正火的终加工温度控制较低，常在 A_{c3} 附近甚至 A_{c1} 以下，以控制变形过程中及变形后的再结晶过程，许多实验结果证明，形变正火与普通正火比较，可使钢的强度及塑性同时提高，工艺简单，并且可应用于截面较大、形状复杂的零件。

2）在扩散型相变进行时形变。

这种类型的工艺还可分为获得珠光体组织的等温形变退火以及获得贝氏体组织的等温形变淬火等两种。工艺如图 11-13 所示。等温形变

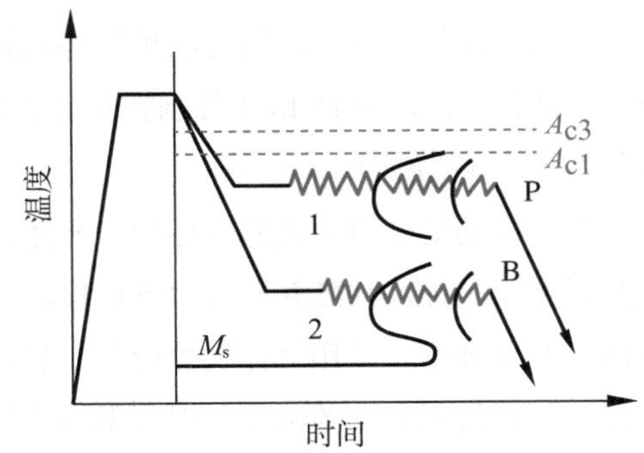

图 11-13　在扩散相变进行时形变的形变热处理工艺示意图

1—获得珠光体组织；2—获得贝氏体组织

退火可使铁素体中形成细小的亚晶结构（亚晶尺寸为 1μm），珠光体中薄片状碳化物转变为弥散分布的球状质点（尺寸为 10^{-2} ~ 10^{-1}μm）。获得贝氏体的等温形变淬火也能使钢的强度及塑性同时提高。

11.3.3 预形变热处理

预形变热处理按下列程序进行：冷变形→亚再结晶加热（中间回火）→快速加热并短时保温→淬火→回火。其工艺如图 11-14 所示。

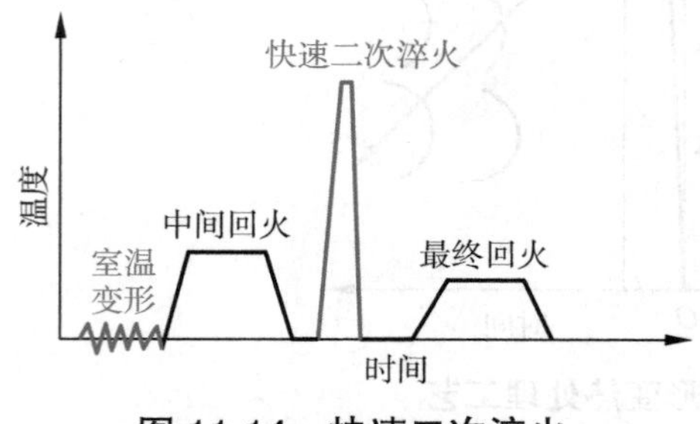

图 11-14 快速二次淬火

变形前为珠光体组织，冷变形使铁素体中位错密度增加并使碳化物碎化。再结晶加热时，经回复建立了铁素体多边形化组织。随后快速加热并短时保温淬火，亚结构在 α→γ 及 γ→α 转变时遗传，马氏体细化。

预形变热处理工艺容易实现，冷变形和各次加热间的停顿时间无需任何控制，也不需要任何特殊变形设备。形状简单制件的短时淬火加热可用盐槽或高频加热法，亦简便易行。

11.3.4 形变热处理控制工艺

钢的形变热处理控制工艺（thermomechanical controll process），亦称热机械控制工艺，是 20 世纪 60 年代以来在形变热处理基础上逐步发展起来，并在近年来逐步完善的一种综合性技术。这种工艺主要用于屈服强度为 400~600MPa 以及更高屈服强度的结构钢材的生产，所有生产过程中的因素，如钢的化学成分、加热温度、热轧温度以及冷却速度均得到了优化，因而保证了钢的组织和性能。这种工艺主要用于钢材的生产，称为“控轧控冷”，目前已扩散到钢板以外的其他领域，如图 11-15 为控制轧制的三个阶段的组织形成机制图。

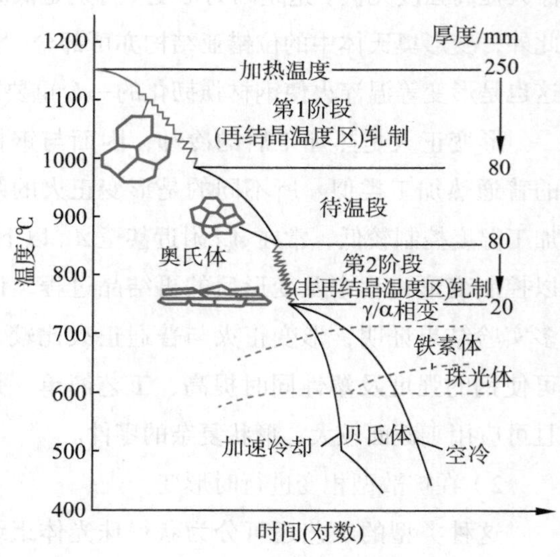

图 11-15 控制轧制的三个阶段的组织形成机制图

结构钢的平衡组织是铁素体加珠光体，细化显微组织是提高强度并同时改善韧性的优选方法。实践证明，采用“控轧控冷”工艺可以使晶粒得到特别有效的细化，因而得到的钢材的力学性能远优于同一钢种正火或淬火 + 回火（调质）后的力学性能。

“控轧控冷”工艺的工艺要点如下：①尽可能降低加热温度，使钢材轧制变形前就得到细小的原始奥氏体晶粒。②优化中间的轧制规程，通过多次再结晶来细化奥氏体晶粒。③在奥氏体再结晶温度以下，使奥氏体终轧变形，这样使奥氏体晶粒拉长，增加了单位体积中奥氏体晶界表面积。变形的同时，在奥氏体中形成变形带，这均可使钢材在冷却通过 $\gamma\rightarrow\alpha$ 的相变区时，生成大量铁素体晶核而使显微组织得到细化。④控制变形后通过奥氏体相变区（即 $\gamma\rightarrow\alpha$）的加速冷却可加大过冷度，进一步增大铁素体的形核率，因而可使铁素体晶粒进一步细化。此外，快冷可改变相变特征，可使珠光体量减少而得到细小的下贝氏体。显微组织的这些改变均可使钢材强度提高。

为了使形变热处理控制工艺得到最佳效果也必须优化主要合金元素并有效利用微合金化元素。主要合金元素决定 $\gamma\rightarrow\alpha$ 的相变温度 A_{r3}。降低 A_{r3} 使未再结晶奥氏体区拓宽，从而更易得到未再结晶的奥氏体。降低 A_{r3} 也可阻止相变后铁素体的长大，有利于铁素体细化。A_{r3} 可以按式（11-1）计算：

$$A_{r3}=910-310\mathrm{C}-80\mathrm{Mn}-20\mathrm{Cu}-15\mathrm{Cr}-55\mathrm{Ni}-80\mathrm{Mo}-0.35(t-8) \tag{11-1}$$

式中，元素含量以质量分数 % 表示；t 为板厚，mm。

微合金元素主要有 Nb、Ti、V、Al 等。它们的作用有三个方面：形成 AlN、Nb（CN）、TiN 和 VN 等细小的脱溶质点钉扎加热后细化了的奥氏体晶粒；溶解于奥氏体中的 Nb 和 Ti 强烈遏制热变形过程中及热变形后的动态再结晶和静态再结晶，使再结晶温度提高 180℃以上，因而可使精轧温度大为提高；固溶于奥氏体中的 Nb、V 和 Ti 通过其在相变过程中和相变后析出的细小碳化物、氮化物或碳氮化合物来强化铁素体。因此，目前采用形变热处理控制工艺的结构钢主要为用 Nb、V、Ti、Al 等元素微合金化的结构钢。

11.4　表面形变热处理

表面形变热处理是一种将钢件表面形变强化，如喷丸、滚压等与整体热处理强化或表面热处理强化相结合的工艺。这种工艺可显著提高其疲劳和接触疲劳强度，延长机器零件使用寿命。

11.4.1　表面高温形变淬火

用感应加热的方法将工件表面奥氏体化，并在高温下用滚压法使表面产生形变，然后施行淬火的方法为表面高温形变淬火法。这种方法能显著提高钢件的疲劳强度和耐磨性。图 11-16、图 11-17 分别为 9Cr 钢表面高温形变淬火的疲劳寿命对比。可以看出，9Cr 钢表面高温形变淬火后其接触疲劳强度较普通高频淬火有较大的提高。

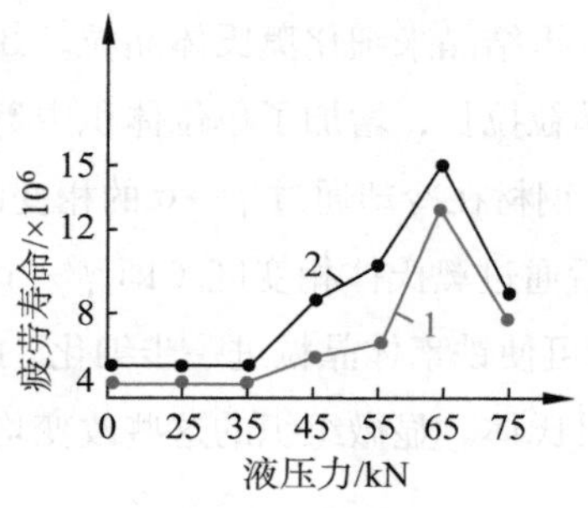

图 11-16　9Cr 钢表面高温形变淬火后接触疲劳寿命与滚压力的关系

1—普通高频淬火；2—950℃滚压形变，滚压力为 650kN，160~180℃回火

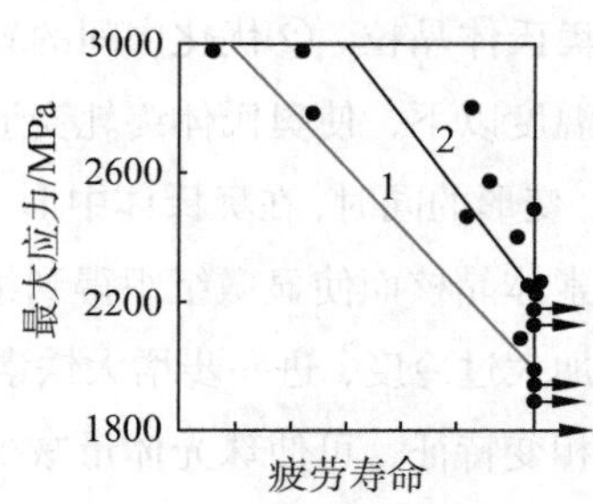

图 11-17　9Cr 钢接触疲劳曲线的对比

1—普通高频淬火；2—950℃滚压形变，滚压力 650kN，160~180℃回火

11.4.2　预冷变形表面形变热处理

钢件预先施行 1000~3000kN 压力的预冷形变，然后再进行表面形变淬火也能发挥冷形变的遗传作用，得到好的强化效果。预冷形变可使钢件在表面高温形变热处理时形成高的残留压应力（见图 11-18），从而可显著提高其抗疲劳极限。此工艺还可提高钢件的耐磨性和改善其表面粗糙度。

图 11-19 为 20 钢经机械剧烈冲击形变和低温回复处理后的表面形貌。可以看出：冷变形能够在低碳钢表面形成具有梯度组织结构，塑性变形组织纤维化程度逐渐降低，且晶粒尺寸逐渐增加。

图 11-20 为 55Si2 和 60Si2 钢喷丸强化和回火后的疲劳强度。钢件在喷丸或滚压冷形变强化之后再加以补充回火可使疲劳强度进一步提高。

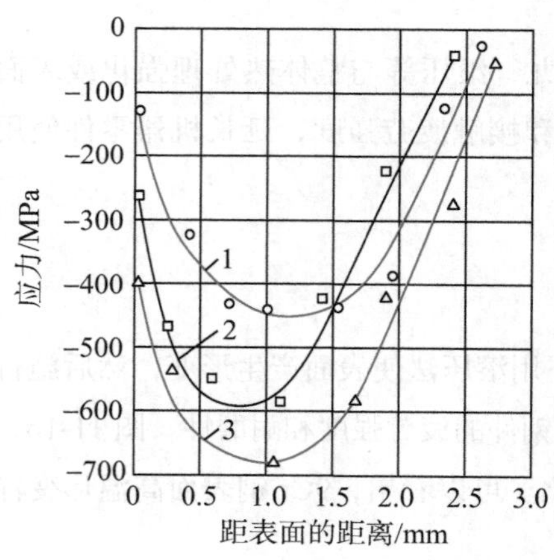

图 11-18　50 钢履带链节经不同表面强化后的表面残余应力

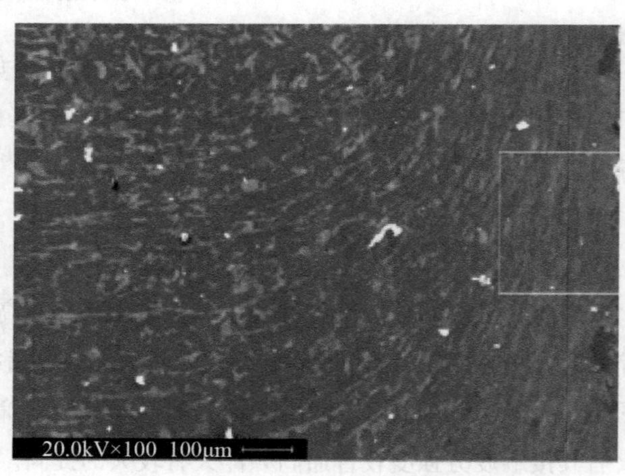

图 11-19　20 钢剧烈冲击形变后 400℃ /3h 回火处理试样的 SEM 图

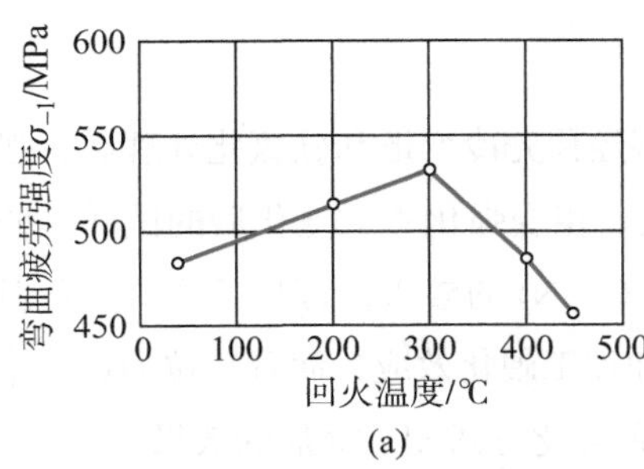

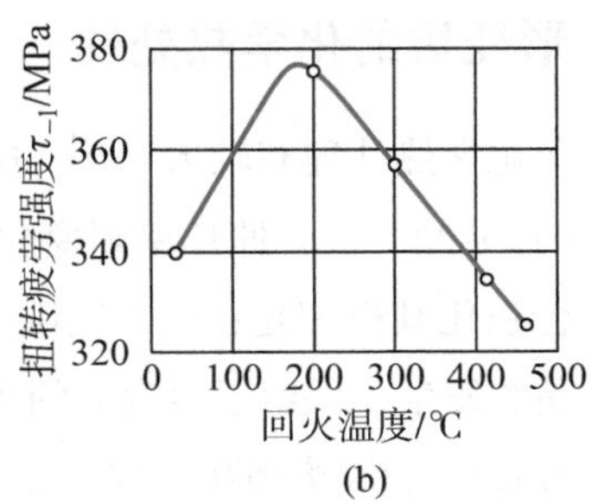

图 11-20　喷丸强化后补充回火对钢材疲劳强度的影响

（a）55Si2 钢弯曲疲劳强度；（b）60Si2 钢扭转疲劳强度

多年来，铁路机车车轴在运行中存在着疲劳裂纹或断裂危险。据报道，法国机车制造厂采用喷丸处理和中频表面热处理结合的形变热处理工艺，大幅度地提高了车轴弯曲疲劳强度。

11.5　形变化学热处理

形变与化学热处理的组合称为形变化学热处理，形变既可加速化学热处理过程，也可强化化学热处理效果，是一种值得重视的热处理新工艺。它在提高钢的表面接触疲劳强度和耐磨性方面比一般的表面强化和化学热处理显得更为有效，而在提高钢的热强性方面又比单用形变热处理时的效果较好。所以，形变化学热处理是一种很有发展前途的新的综合热处理工艺。

11.5.1　形变对扩散过程的影响

应力和形变均可加速钢中铁原子的自扩散和置换原子的扩散。研究结果证实，不论是弹性形变，还是塑性形变，拉应力都能加速铁的自扩散过程。在应力不变条件下，随塑性形变量的增大，铁的自扩散能力不断增大，而自扩散激活能不断减小（见图 11-21）。应力和形变对置换式固溶体溶质原子的扩散的影响和对铁自扩散的影响类似。这主要是由于随形变量和应力的增加，金属中晶体缺陷（位错密度）增多，使原子容易沿位错线择优扩散，从而加速扩散过程。

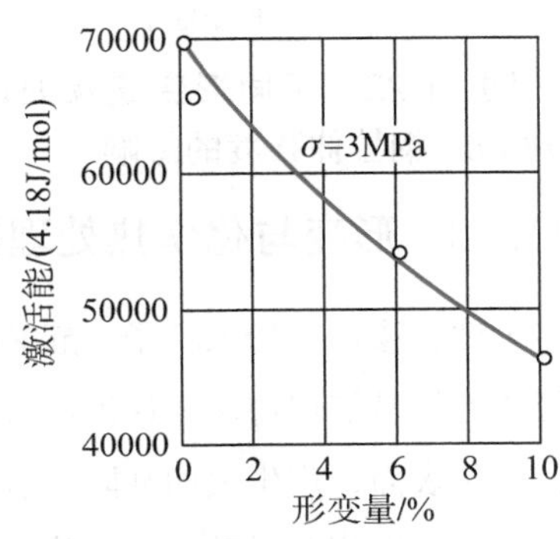

图 11-21　形变量对铁自扩散激活能影响

形变对间隙原子（碳、氮）扩散的影响比较复杂。一方面，形变造成的组织结构差异，位错密度和结构的变化，晶粒大小和亚结构的变动，碳化物析出等因素都会影响碳的自扩散。另一方面，如形变后的晶粒细化使晶粒边界扩大，加速碳的沿晶界扩散；而碳原子在奥氏体晶体内位错附近的聚集又会使碳的扩散系数减小。因此，欲加速间隙原子在钢中扩散，必须选择适当的形变和后热处理条件。

11.5.2 形变后的化学热处理

形变对后面化学热处理有较大影响。08F 钢经预先冷变形和软氮化处理后，强度和韧性同步大幅增加（图 11-22），而伸长率则变化不大。相变强化 + 软氮化后的试样拉伸强度超过单一组合。其复合强化其机理是：由于间隙原子 (C、N) 的渗入，钉扎了位错，不但阻止了软氮化过程中再结晶的发生，保留了冷变形的组织和加工硬化效应，而且在拉伸过程中又使位错难于运动，以及对 α-Fe 的固溶强化，因而收到两种强化方式相互叠加的效果。

以渗碳和渗氮等化学热处理为例，若要加速渗碳和渗氮过程，必须选择适当的形变和后热处理条件。如图 11-23，22CrNiMo 钢渗碳 7h 以上时，25% 形变量的渗层深度出现峰值，进行 2h 渗碳时，形变量 75% 的渗层碳含量最高。

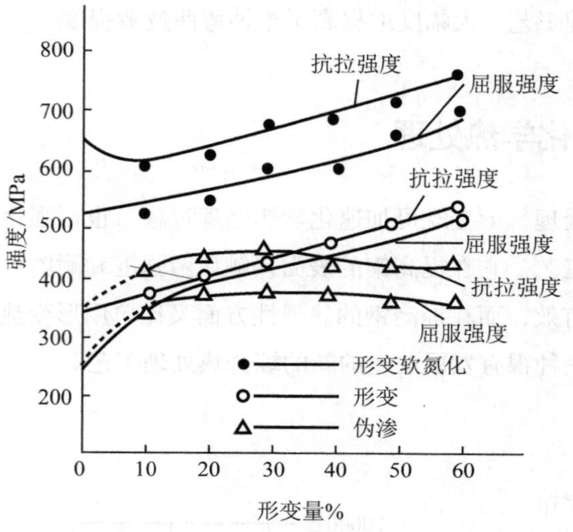

图 11-22 不同形变量及处理工艺对 08F 钢拉伸强度的影响

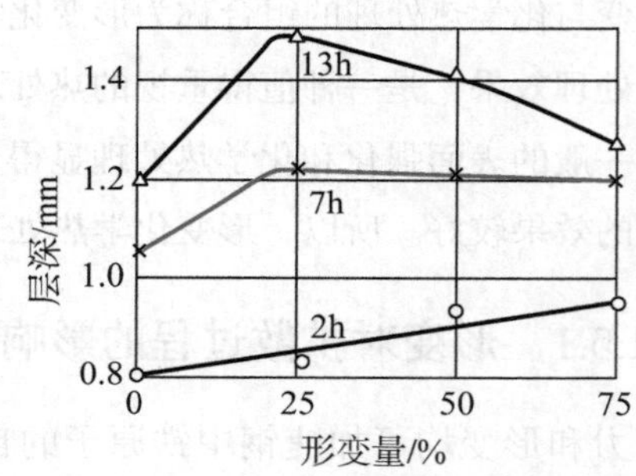

图 11-23 22CrNiMo 钢渗碳层深度和形变量的关系

11.5.3 形变与化学热处理同时进行

将工件、渗剂与粉末粒子一起装在滚筒里，边滚动边加热进行的扩渗处理工艺就是利用了冲击粒子的机械能促进渗入速度的方法，也称为机械能助渗。运动粒子冲击工件可除掉表面氧化膜，净化表面，产生表面缺陷，有利于渗入原子的吸附，提高渗入元素的吸附浓度。运动的粉末粒子与工件相对运动，变传热方式为固体颗粒间流动接触传热，改善了滚筒内部温度均匀性，大大增加了传热速度，缩短了加热和透烧时间。运动的粉末粒子增加与渗剂组成物之间的接触机会，促进它们之间的化学反应，增加渗剂的活性和新生态渗入元素的浓度。运动的粉末粒子冲击被加热的工件表面，将其动能传给表面点阵原子，使其激活脱位，形成空位，甚至形成扩散通道等晶体缺陷。改变原子扩散行径为点阵缺陷的扩散，致使扩散激活能和扩渗温度大幅度降低，扩渗时间显著缩短，节能效果显著，并能提高产品质量。

如 Cr6W5Mo4V2 高速钢钻头用机械能助氮碳共渗，520 ℃ × 2h，无化合物层，扩散层

30μm，显微硬度为 852~901HV，心部硬度为 781HV0.1，使用寿命提高一倍。在扩散层中发现大块碳化物变细小、圆整且弥散分布。在机械能冲击下，存在碳化物溶解、氮化物和碳化物的再析出过程，使碳化物变细，析出的氮化物弥散分布，致使氮碳共渗层硬度提高。

11.5.4　钢件化学热处理后的冷形变

钢件经渗碳、渗氮等化学热处理后施行滚压、喷丸等表面冷形变可获得进一步强化的效果，得到更高的表面硬度、耐磨性和疲劳强度，进一步延长使用寿命。

冷形变能促使渗层晶内亚结构的变化，部分残留奥氏体转变为马氏体，在表面层形成巨大的压应力。这些都是提高钢件表面硬度和综合力学性能的原因。表 11-1 所列为 18Cr2Ni4WA 钢样化学热处理后冷形变和一般热处理后的力学性能比较，硬度和弯曲疲劳极限明显提高。

表 11-1　18Cr2Ni4WA 钢化学热处理后冷形变和一般热处理后的力学性能比较

试样编号	处理方式	强化层 /mm	硬度（HRC）		弯曲疲劳极限 /MPa
			表面	心部	
1	淬火 + 低温回火	—	—	36~38	270
2	调质 + 渗氮	0.35~0.40	650~750HV	32~34	480
3	渗碳、高温回火	0.9~1.1	57~60	36~38	510
4	淬火、低温回火	0.55~0.70	57~59	36~40	540
5	淬火、低温回火、2000kN 压力下滚压	0.6	38~40	36~38	425
6	同 3，随后 2500kN 压力下滚压	渗碳层 0.9~1，滚压强化层约 0.5	59~62	36~38	559
7	同 3，随后喷丸强化	渗碳 0.9~1.1，喷丸强化约 0.2	58~61	36~38	629

11.6　外场热处理

11.6.1　外场

传统的能量形式，如温度和应力等已经为人们所熟知，并在材料制备中发挥了无可替代的重要作用。随着对材料要求的提高和使用中不断出现的新问题，诸如电磁场、静磁场、电流场、脉冲电流、静电场等新的能量形式越来越受到人们的关注。从能量的角度出发，所有的作用形式都是外界对材料体系的能量作用，分别从不同途径影响材料的结构和性能，

图 11-24 所示为各种因素之间的关系。下面分应力场、磁场、电场等三个方面对热处理的影响进行简要介绍。

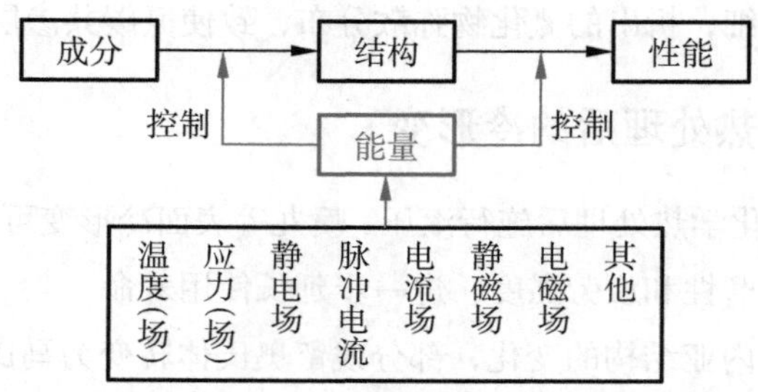

图 11-24 材料的成分、结构、性能和能量的关系图

11.6.2 应力场对合金性能的影响

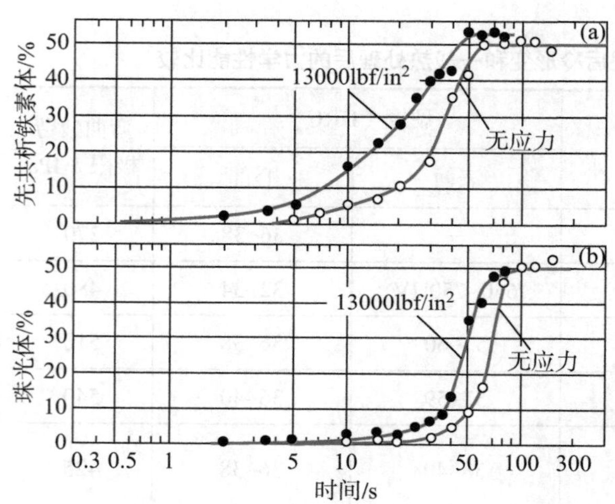

图 11-25 美标 AISI 10B 45 钢（0.48C-0.25Si-0.05Ni-0.05Cr-0.003B–0.015P-0.03S）在 687 ℃有应力或无应力作用时的等温相变曲线

（a）先共析铁素体；（b）珠光体

注：1 lbf/in²=6894.76Pa。

20 世纪 40 年代，学者们开始关注应力对钢中相变的影响，如 1945 年合金钢的力学性质实验时，人们发现应力可促发贝氏体相变。1956 年，Kehl 和 Bhattacharyya 发现：拉应力增大共析钢中珠光体的形核率，略为减小珠光体的层片间距，增加亚共析钢中铁素体的形核率；在一定应力下，亚共析钢铁素体相变动力学几乎呈线性增长，且较珠光体迅速，如图 11-25 所示。对于小应力（弹性应力）促发铁素体和珠光体相变的研究目前尚无详细解读，有学者认为在较高温度进行铁素体或珠光体相变时，其化学驱动力很小，外加应力提供的应变能足以使形核率显著增加，孕育期缩短。

11.6.3 磁场对合金性能的影响

另外，磁场热处理也受到了更广泛的重视。磁场淬火能有效地改善各种金属材料的力学性能，因此，已成为国际材料科学领域中重要的研究课题之一。对于钢铁材料磁场淬火的实质，是利用外加磁场使奥氏体晶格发生形变（即晶格畸变），形成位错胞，使马氏体细化并增加位错密度，改善力学性能。这与钢的形变热处理有相似之处。这虽是不同的两种形变方式，但可产生相同的组织结构——位错胞，使材料得到强化。而磁场淬火提高材料的强韧化效果更突出，使用寿命的提高更显著。

磁场淬火工艺曲线如图 11-26 所示。图中 *ABCDEF* 线是从高温奥氏体冷却到马氏体点至马氏体转变结束全过程的连续晶格形变。其中 *AB* 线代表高温奥氏体阶段，*CD* 线代表低温奥氏体阶段，*DE* 线代表马氏体转变阶段，*EF* 线段代表马氏体转变后的磁场时效，总体为复合形变淬火。有学者发现，经磁场淬火的材料的强化效果是很突出的。经磁场淬火的低铬耐磨材料硬度提高了 1~1.5HRC，冲击韧性提高了 16%，强度提高了 20%~50%。

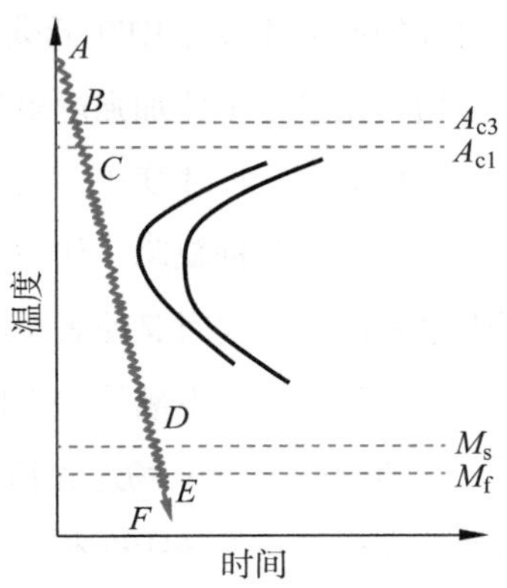

图 11-26　磁场淬火工艺曲线

除了对马氏体相变有影响外，一些研究者还认为强磁场对时效型合金中原子扩散有帮助。有研究曾指出强磁场的存在加速了原子的运动，提高了原子的扩散系数，从而加速了 Sn-3Ag-0.5Cu/Cu 界面金属间化合物的生长速度。也有人发现由于强磁场的引入使 Al-Cu 合金中离子与电子的传输速度加快，降低了 G.P 区的稳定性，促使其溶解，各沉淀相的析出与溶解温度都不同程度地降低，从而加速了时效进程。

11.6.4　电场对合金性能的影响

1963 年，苏联科学家首先报道了电流即金属晶体中的运动电子能改变位错运动的迁移率，随后他们系统研究了高密度（10^3~10^4A/cm^2）的脉冲电流对金属材料的流变压力、应力弛豫、蠕变、位错的产生与迁移、疲劳的影响规律。

近几十年的研究表明，电场作为一种重要的冷物理场，影响材料的组织、性能及溶质原子的分布，使材料的正常性能发生微妙的变化或产生全新的材料性能。有学者研究表明：施加电场能够加速原子的扩散及空位的迁移；电场抑制铝和铜的回复与再结晶过程，改善材料的超塑性；降低铁烧结体中的空洞；延迟低碳钢的时效动力学，降低时效的峰值硬度等。

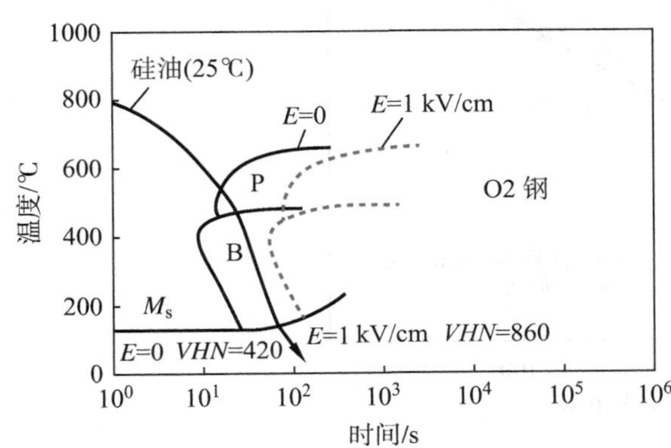

图 11-27　9Mn2VCr 钢在不同电场奥氏体化条件下处理得到的 TTT 图

图 11-27 是 O2 钢经不同电场奥氏体处理后的 TTT 实测图。在 O2 钢奥氏体化过程中施加 1kV/cm 的直流静电场，能加速溶质原子的扩散，加速渗碳体的溶解，促进奥氏体的均匀化，使奥氏体的稳定性增加，抑制随后连续冷却过程中奥氏体向珠光体的转变，提高了马氏体的开始转变温度。在相同的冷却条件下获得较多的马氏体，淬透性提高。

关于静电场对合金固态相变的影响，

国内外的研究主要集中在低碳钢、铝和铜等的静电场退火及固溶处理等。有学者对 2091 铝锂合金均匀化过程中施加强静电场，结果发现：合金在电场中经均匀化处理后，第二相粒子的体积分数将减少，尺寸变小，发生球化并弥散分布，合金的塑性得以大幅改善。其认为，在均匀化条件下，在各种缺陷（如空位、位错等）处有可能出现电荷，强静电场使得金属表面产生一层带电表面层，同时又使表层电荷与各缺陷（特别是空位）处的电荷发生相互作用，使表层电荷向空位移动，产生额外的空位流。

有学者研究了电场退火后的 GH4199、GH4586 合金的组织和变形行为，结果显示：电场退火处理提高了 GH4199 和 GH4586 合金的塑性，而合金强度无明显变化；GH4199 合金经电场处理后产生退火孪晶，随处理时间的延长孪晶数量增加，电场处理后的孪晶组织如图 11-28 所示。因为静电场处理而出现的多条孪晶界可以改变变形过程中显微裂纹的扩展方向，增加合金塑性变形功，推迟断裂时间，从而提高合金伸长率。

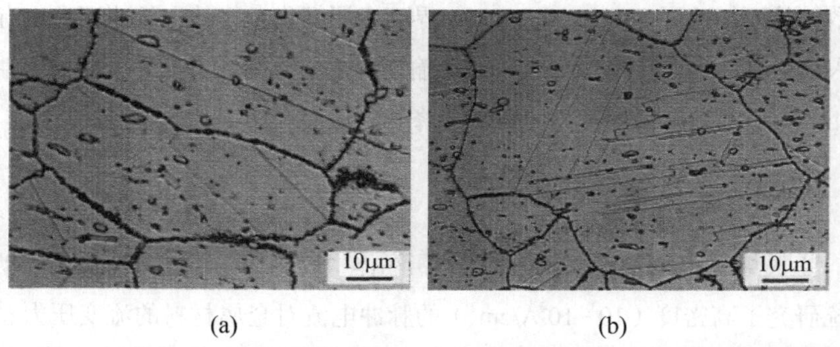

图 11-28　固溶态 GH4199 合金经 820℃不同静电场处理 20h 后的孪晶组织

（a）不加电场；（b）施加 3kV/cm 电场

中南大学对电场时效问题进行了持久研究，图 11-29 是 2524 铝合金电场处理的时效硬化

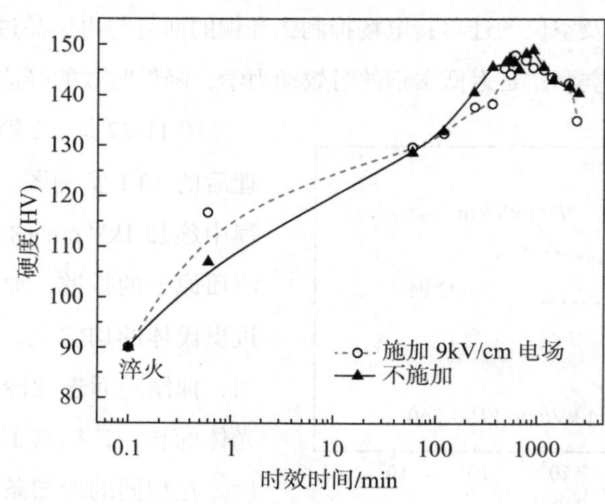

图 11-29　2524 铝合金的电场时效硬化曲线

曲线。研究发现，2524 铝合金板材（Al-4.2Cu-1.4Mg）在 190℃时效过程中施加 9kV/cm 电场，导致合金时效硬化曲线硬度峰值提前，且其在时效前期的硬化效果更为明显。

电场时效还可以提高 2524 合金的疲劳性能。图 11-30 为合金 190℃ /10h 电场常规时效后疲劳裂纹扩展速率对比图。与未施加电场时相比，电场时效后合金抗疲劳断裂能力提高了，且前者疲劳裂纹扩展速率在裂纹扩展各阶段均低于后者。

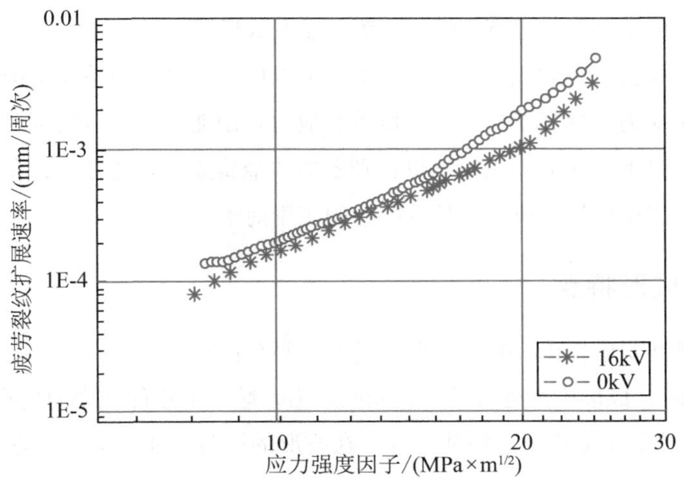

图 11-30　2524 合金 190℃ /10h 电场时效（16kV/cm）与常规时效样品疲劳裂纹扩展速率对比

在 2524 合金早期时效组织中发现：经过电场时效处理 1min 后，就可获得了大量密集分布的 GP_{II} 区析出相。说明电场在时效早期促进形核过程。两种电场时效 1min 后的微观组织如图 11-31 所示。

图 11-31　2524 铝合金经不同电场条件处理的时效微观组织

（a）190℃ /1min；（b）190℃ /1min 施加 5kV/cm 电场

综上所述，外场条件下的热处理还属于新兴研究，外场对合金相变过程中空位和原子的迁移、新相的形核长大、晶格重组等过程的作用机理还不完全清楚，需要进一步的研究。

11.7 时效成形

时效成形是航空航天领域新兴的制造技术，是集塑性成形和热处理为一体的加工工艺，使板材在一定的温度场（铝合金人工时效的温度范围）和应力场（一般小于合金的屈服极限）的耦合作用下，保持一定时间，通过蠕变产生塑性变形，并在此过程中发生"在线"时效来提高材料的强度，除去荷载后板材产生回弹，得到最终的变形量。目前时效成形主要应用于飞机外壁的生产、已成形件的矫形等。也有文献称之为"蠕变成形"。

与传统成形方法相比，时效成形的优点突出：可以成形大幅面的整体结构件，且由于成形后板材具有低的残余应力，提高了材料的抗疲劳和应力腐蚀能力，同时减少了铆接、焊接带来的组织缺陷。被认为是下一代大型民用飞机特别重要的金属成形工艺之一，在我国大型军用运输机、大型客机等大飞机项目的研制中具有广泛的应用前景。

11.7.1 时效成形特点

与传统冷加工塑性变形相比，时效成形的优点主要有：

（1）时效成形时，成形应力通常低于其屈服应力，减小了零件破裂的危险。

（2）利用材料时效强化和应力松弛特性，在成形的同时，还完成了对零件材料的人工时效强化。

（3）时效成形的零件具有很高的成形精度、可重复性和成形效率。

（4）时效成形的零件内部残余应力几乎被完全释放，尺寸稳定。此外，对于焊接整体壁板，还可有效降低焊接残余应力，增强耐应力腐蚀能力，延长零件的使用寿命。

另外，应用时效成形工艺时铝合金必须在一定温度下和应力下成形，有可能带来诸如韧性及耐损伤性下降，因此时效成形工艺在飞机上的应用目前还受到一定限制。

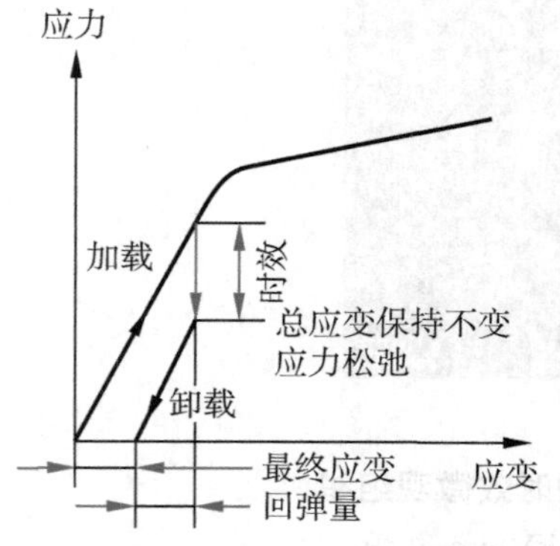

图 11-32 蠕变时效成形过程中应力与应变的关系曲线

11.7.2 时效成形原理

图11-32是蠕变时效成形过程中应力与应变的关系曲线。从图中可以看出，在成形的初期，即弹性加载的过程中，弹性应变逐渐增加；当进入时效保温过程时，随着加载时间的增加，蠕变变形逐渐增加，而弹性变形因总变形不变则逐渐减少，由于弹性变形降低引起应力相应地减少产生应力松弛；最后，去除外加约束，使零件自由回弹。由于蠕变应变的存在，零件将无法回弹到初始状态，从而保留了一定外形。

材料在时效成形工艺条件下成形，时效和蠕变都将与无应力条件成形时产生明显的区别。首先，对Al单晶的研究发现：在应力的作用下，时效析出相会产生择优取向，即所谓的应力位向效应。一般认为，在拉应力作用下，析出相将平行于应力方向析出，在压应力作用下，析出相将垂直应力方向析出，二者无本质区别。这种情况在大多数铝合金中也有出现，实验表明，这种择优取向对强度产生不良影响，表现为无论在平行或者垂直应力方向取样，其强度均小于同等条件但无应力下时效时的强度。

有学者研究 2A97 铝合金发现：相对无应力时效，时效成形导致的位错提供了更多的形核点，促进细小、弥散的 T_1 相，抑制了 PFZ 的形成，提高合金强度。另外，时效过程中沉淀相的析出对蠕变产生明显的影响，当有沉淀相出现的时候，由于沉淀相将严重阻碍位错的运动，降低蠕变速率，对 n 值影响很大，且时效成形过程中沉淀相颗粒在不断长大，此时的蠕变将变得比较复杂。

11.7.3　时效成形工艺

典型的时效成形工艺过程分为 3 个阶段（图 11-33）。

（1）加载。在室温下，将金属零件通过一定的加载方式使之产生弹性变形，并固定在具有一定外形型面的工装上。

（2）人工时效。将零件和工装一起放入加热炉或热压罐内，在零件材料的人工时效温度内保温一段时间，材料在此过程中受到蠕变、应力松弛和时效机制的作用，内部组织和性能均发生较大变化。

（3）卸载。在保温结束并去掉工装的约束后，所施加到零件上的部分弹性变形在蠕变和应力松弛的作用下，转变为永久塑性变形，从而使零件在完成时效强化的同时，获得所需外形。

图 11-33　时效成形示意图

11.7.4　时效成形工装

早期，蠕变时效成形过程主要是通过机械压板或卡板使试件产生弹性变形，使用普通热处理炉即可进行成形，工装比较容易实现，但由于机械加载所产生的压紧力不够大且分布不均匀，一般仅限于成形不太厚的、厚度均匀的和加强筋与成形轴线平行的零件。

20 世纪 80 年代中期，美国在 B21B 飞机机翼上、下整体壁板的研制过程中对已有的蠕变时效成形工装进行了改进，开发了热压罐蠕变时效成形工艺。其基本的成形过程是先用真空袋和密封装置将零件和工装的型面密封起来，通过抽真空，使零件在上下表面空气压差的作用下固定到工装的型面上，然后一同放入热压罐内，通过热压罐的压力系统对零件施加压力，使零件完全贴合到工装型面上，与此同时加热到一定温度并保温一定时间，完成对零件的时效成形。图 11-34 所示为热压罐时效成形装置示意图。其相应的工装型面为凹面外形，与零件的外型面

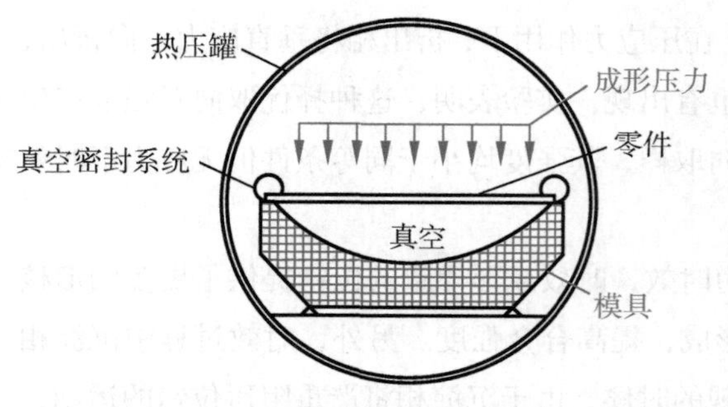

图 11-34　热压罐时效成形装置示意图

接触，因此，能够很好控制零件的外形，特别适合具有复杂外形和结构的大型整体壁板构件的成形。与机械加载相比，真空压力加载所需工装较复杂，需要大尺寸真空袋和热压罐。

11.7.5　时效成形应用

由于时效成形设备的发展及相关工艺技术的研究，时效成形工艺已经应用于飞机机翼蒙皮的制造，最早的应用实践追溯到 20 世纪 80 年代 B1-B 远程轰炸机的机翼整体壁板，当时被认为是飞机工业史上成形的最大、最复杂的机翼壁板，该零件材料采用可热处理强化的铝合金 2124 和 2419，长度为 15124mm，根部宽 2174mm，外端 019mm，厚度有突变，从 2154mm 增加到 6315mm，且展向有整体加强桁条。采用热压罐时效成形后的壁板表面光滑，形状准确度高，装配贴合度可控制在 0.125mm 以下，如图 11-35 所示。

图 11-35　蠕变时效成形技术制造飞机机翼上壁板

20 世纪 80 年代末 90 年代初，时效成形工艺又开始应用于空客 A320/A330/A340 机翼上翼面的制造。最近，空客公司采用时效成形工艺制造长 33m、宽 2.8m、厚度 3~28mm 的 A380 机翼壁板。

综上所述，目前时效成形技术研究和应用总的趋势包括如下几方面：

（1）在材料上，7××× 系和部分 2××× 系铝合金材料的整体壁板的蠕变时效成形技术已获成功，针对可替代 2024 材料的可时效强化型铝合金新材料以及 6××× 系材料的蠕变时效成形技术研究正在取得进展；

（2）在结构上，所应用的壁板结构从变厚度整体壁板到整体加筋壁板，并向着焊接整体壁板发展；

（3）在外形上，从简单单曲率到复杂双曲率外形；

（4）在研究方法上，大量采用了数值模拟技术 CAE、CAD 和 CAM 技术，从而实现了蠕变时效成形模具的数字化设计和制造；

（5）在预变形加载方式上，主要以热压罐真空压力加载为主。

第 4 篇　结构合金的热处理

结构合金是现代工业最重要的基础材料，用于所有的工业领域和日常生活。结构合金的使用以其力学性能为基础。由于使用环境不同，结构合金在服役过程中与环境介质存在着相互作用，因此对其物理性能和化学性能，例如耐蚀性、抗氧化性、抗辐照性也有一定的要求。结构合金的热处理以获得最理想的微观结构和最优化的力学性能及物理化学性能为目的。本篇介绍典型的结构用合金：钢铁、铁基粉末冶金材料、钛合金、铝合金、镁合金、铜合金的热处理工艺。

第 12 章

钢铁材料热处理

钢铁是铁与 C（碳）、Si（硅）、Mn（锰）、P（磷）、S（硫）以及少量的其他元素所组成的合金。它是工程技术中最重要、用量最大的金属材料（碳质量分数小于 2.11% 的铁碳合金称为钢，碳质量分数大于 2.11% 的铁碳合金称为铸铁）。

12.1 钢铁材料概述

12.1.1 钢的分类

钢的种类繁多，分类方法也各有不同，最常用的分类方法有以下两种。

1. 按化学成分分类

1）碳素钢

钢中除铁、碳外，还含有少量锰、硅、硫、磷等元素，按其含碳量的不同可分为：低碳钢，碳的质量分数 $w_C \leq 0.25\%$；中碳钢，碳的质量分数 $w_C>0.25\%\sim0.60\%$；高碳钢，碳的质量分数 $w_C>0.60\%$。

2）合金钢

为了改善钢的性能，在冶炼碳素钢的基础上加入一些合金元素而炼成的钢称合金钢，如铬钢、锰钢、铬锰钢、铬镍钢等。按其合金元素的总含量，可分为低合金钢，合金元素的总含量≤ 5%；中合金钢，合金元素的总含量为 5%~10%；高合金钢，合金元素的总含量 >10%。

2. 按钢的用途分类

1）结构钢

结构钢有建筑及工程用结构钢，简称建造用钢。它是指用于建筑、桥梁、船舶、锅炉或其他工程上制作金属结构件的钢。如碳素结构钢、低合金钢、钢筋钢等；机械制造用结构钢，是指用于制造机械设备上结构零件的钢。这类钢基本上都是优质钢或高级优质钢，主要有优质碳素结构钢、合金结构钢、易切结构钢、弹簧钢、滚动轴承钢等。

2）工具钢

工具钢一般用于制造各种工具，如碳素工具钢、合金工具钢、高速工具钢等。按用途又可分为刃具钢、模具钢、量具钢。

3）特殊用途钢

特殊用途钢是具有特殊性能的钢，如不锈耐酸钢、耐热不起皮钢、高电阻合金钢、耐磨钢、磁钢等。

按用途分类的钢种，可以通过钢牌号进行识别。如：Q235 表示屈服点为 235MPa 的碳素结构钢；45 钢表示平均碳质量分数约为 0.45% 的优质碳素结构钢；18Cr2Ni4WA，表示平均碳质量分数约为 0.18%、Cr 质量分数 1.5%~2.5%、Ni 质量分数 3.5%~4.5%、W 质量分数 0.5%~1.5% 的高级优质合金结构钢；T8 表示平均碳质量分数约为 0.8% 的碳素工具钢；9SiCr 表示平均碳质量分数约为 0.9%、Si 质量分数 0.5%~1.5%、Cr 质量分数 0.5%~1.5% 的合金工具钢；Cr12 表示平均碳质量分数≥ 1.0%、Cr 质量分数≥ 12% 的合金工具钢。专门用途的结构钢，钢号冠以前缀 (或后缀) 代表该钢种的用途。例如，铆螺专用的 30CrMnSi 钢，钢号表示为 ML30CrMnSi。汽车大梁的专用钢种为 16MnL，压力容器的专用钢种为 16MnR。

12.1.2　铸铁的分类

铸铁具有优良的工艺性能和使用性能，生产工艺简单，成本低廉，因此应用广泛。按质量计算，在机床和重型机械中铸铁件占 60%~90%，在农业机械中铸铁件占 40%~60%，在汽车、拖拉机中铸铁件占 50%~70%。

工业用铸铁是以铁、碳、硅为主要组成元素并含有锰、磷、硫等杂质的多元合金。普通铸铁的成分大致为 2.0%~4.0% 碳、0.6%~3.0% 硅、0.2%~1.2% 锰、0.1%~1.2% 磷、0.08%~0.15% 硫（均为质量分数）。有时为了进一步提高铸铁的性能或得到某种特殊性能，还加入铬、钼、钒、铝等合金元素或提高硅、锰、磷等元素含量，这种铸铁称为合金铸铁。铸铁的分类方法较多，主要有以下两种。

1. 按铸铁的断口特征分类

1）灰口铸铁（灰铸铁）

这种铸铁中的碳大部分或全部以自由状态的片状石墨形式存在，其断口呈暗灰色，有一定的力学性能和良好的被切削性能，普遍应用于工业中。

2）白口铸铁

白口铸铁组织中完全没有石墨，其断口呈白亮色，硬而脆，不能进行切削加工，很少在工业上直接用来制作机械零件。由于其具有很高的表面硬度和耐磨性，又称激冷铸铁或冷硬铸铁。冷硬铸铁常用于轧辊，特别是冶金轧辊，此外，还用于柴油机挺杆、拖拉机带轮、碾砂机走轮等。

3）麻口铸铁

麻口铸铁是介于白口铸铁和灰铸铁之间的一种铸铁，其断口呈灰白相间的麻点状，性能不好，极少应用。但通过适当的热处理可以明显地改善合金的组织形貌和性能，提高使用范围。

2. 按铸铁的石墨形态分类

1）灰铸铁（灰口铸铁）

灰铸铁（灰口铸铁）中的石墨呈条片状。基体形式为铁素体、珠光体、珠光体加铁素体。

2）蠕墨铸铁

蠕墨铸铁的石墨呈蠕虫状。

3）球墨铸铁

球墨铸铁的石墨球呈状。

4）可锻铸铁

可锻铸铁的石墨呈团絮状。

按石墨形态分类的铸铁，可以通过铸钢牌号进行识别。例如，HT200 代表灰铸铁，最低抗拉强度为 200MPa；RuT420 代表蠕墨铸铁，最低抗拉强度为 420MPa；QT-400-18 代表球墨铸铁，最低抗拉强度为 400MPa，伸长率为 18%；KTH-300-06 代表黑心可锻铸铁，最低抗拉强度 300MPa，最低伸长率为 6%。

12.2 碳素结构钢的热处理

热处理工艺的制订是根据材料服役状态下的性能要求所决定。碳素结构钢主要用于制造机器零件，这类钢必须同时保证化学成分和力学性能。一般都要经过热处理以提高力学性能。Q235B 钢是国内最常见的碳素结构钢之一，具有一定的伸长率、强度，良好的韧性和铸造性，易于冲压和焊接，价格低廉，能够胜任大多数对性能要求不高的产品，广泛用于一般机械零件的制造、建筑、桥梁工程上质量要求较高的焊接结构件。Q235B 钢也是制造法兰环件的主要材料，现以铸辗复合成形工艺生产的法兰件为例，介绍碳素结构钢的热处理工艺。

表 12-1 给出了 Q235B 的化学成分。通过 JMatPro 软件模拟出 Q235B 钢的连续冷却转变图如图 12-1 所示。从连续冷却转变图得到此钢的 A_{c3}=822.5℃等相关数据作为制定热处理工艺的依据。

表 12-1　Q235B 钢的化学成分（质量分数，%）

C	Mn	Si	S	P	Fe
0.21	0.9	0.32	0.042	0.036	其余

法兰环件的加工工艺流程如下：下料→正火→成形→淬火、回火→精磨。其热处理工艺要

求为淬火、回火后，抗拉强度≥ 500MPa，屈服强度≥ 350MPa，断后伸长率≥ 25%，断面收缩率≥ 45%。下面对其热处理工艺进行简要说明。

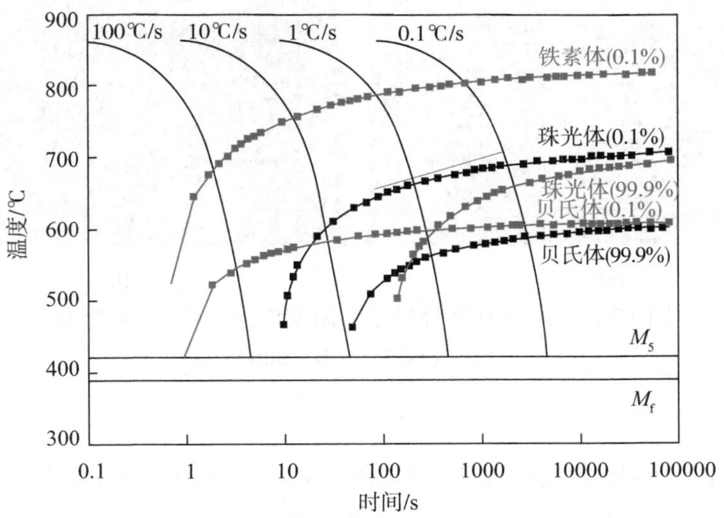

图 12-1　Q235B 钢连续冷却转变图

1. 正火

从化学成分表 12-1 可知，Q235B 是低碳结构钢。一般低碳钢和中碳结构钢多采用正火作为预备热处理，目的是细化晶粒、调整钢的硬度、改善切削加工性能，同时改善锻造组织、消除锻造应力。根据 Q235B 钢的 A_{c3}=822.5℃，从降低能耗来考虑，正火温度选择在相对较低的温度 860℃，保温时间 2h。加温、保温后出炉空冷。正火后的组织为由大量的块状铁素体、少量的珠光体和少量的粒状贝氏体组成，如图 12-2 所示。

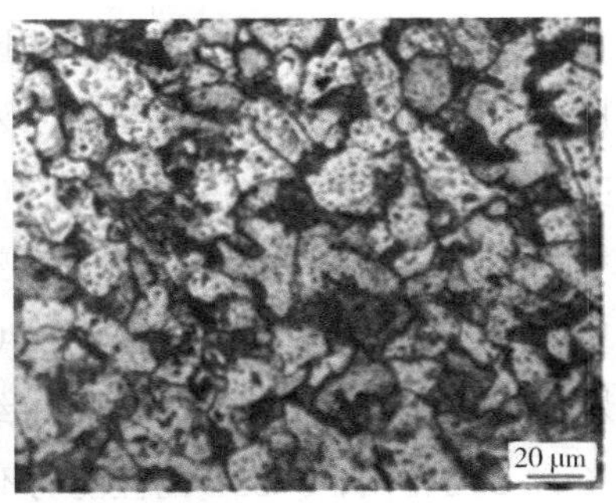

图 12-2　Q235B 钢正火组织

2. 淬火

淬火是为了得到晶粒细小的马氏体组织，再经过回火后，使工件获得良好的使用性能。低碳钢奥氏体稳定性较差且淬透性较低，要想获得较高硬度的马氏体组织，必须要在加热后快速进行淬火冷却且宜选用具有较大的冷却能力的淬火介质。因此法兰环件选用在 10%NaCl 水溶液中冷却。由于正火工艺制定的热处理参数中，淬火温度为 860℃，为了选择最佳热处理工艺参数，淬火参数选择了分别加热 860℃、900℃，保温时间 1h，淬火后进行组织观察。图 12-3 为 Q235B 钢 860℃和 900℃加热、保温时间 1h，淬火后的 SEM 组织。从图 12-3 中可观察到，860℃温度下淬火温度，原始组织未能全部溶解，马氏体板条束不明显。在 900℃淬火后，原始组织充分溶解，奥氏体成分均匀化，马氏体单元形态呈细长板条状，定向地、相互平行地排列，构成一个马氏体束。所以选择 900℃作为淬火温度。

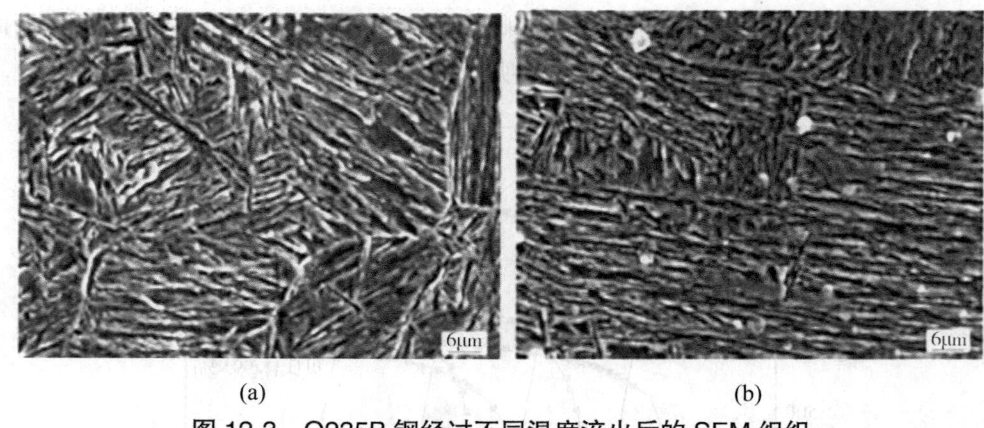

(a) (b)

图 12-3 Q235B 钢经过不同温度淬火后的 SEM 组织

（a）860℃；（b）900℃

3. 回火

在生产实际中，相同材料制备的同一类工件，在不同服役条件下其性能指标要求不同。有时要求在保证基本强度、硬度条件下，获得最高塑、韧性；有时要求在保证基本塑、韧性条件下，获得最高强度、硬度。因此，生产实际中的工件都是通过淬火后的回火工艺参数来调控，得到所需要的力学性能指标。一般来说，硬度要求和工件大小可以决定回火保温时间的长短。在本例中，根据法兰环件的尺寸，选择回温保温时间为 2h，因为 Q235B 是碳素结构钢，高温回火脆性不明显，所以回火后选择空冷。在确定 900℃、保温 1h 淬火，回温保温时间为 2h、空冷后，实验、检测经不同温度回火后的 Q235B 钢的性组织与性能。Q235B 经过不同温度回火的 SEM 组织如图 12-4 所示，钢的强度、塑韧性如图 12-5 所示。在图 12-4 中，200℃回火的 SEM 组织中不能明显观察到碳化物颗粒，400℃、600℃、680℃回火的 SEM 组织中能明显观察到碳化物颗粒，且随回火温度提高，回火组织中的碳化物明显球化并进一步长大。比对分析图 12-4、图 12-5 可得出，Q235B 的性能与不同回火温度下的组织转变相关。当回火温度为 200~400℃时，马氏体发生分解，从马氏体中析出细小的 ε 碳化物，同时使马氏体过饱和度下降（因 ε 碳化物尺寸太细小，图 12-4 的 SEM 组织中难以观察到）。回火温度为 400℃时，回火马氏体转变为回火托氏体，在保持马氏体形态的铁素体基体上分布着细粒状渗碳体组织。当回火温度提高到 600℃、680℃时，碳化物不断增多，且球化并进一步长大。由于细小碳化物的析出显著提高钢的强、硬度，但粗大碳化物对强、硬度提高不明显，因此随着回火温度的升高，Q235B 钢的抗拉强度和屈服强度先上升后下降，回火温度为 400℃时达到峰值，随后强度明显下降。另一方面，随着碳化物析出，降低了基体碳的过饱和度，减缓了基体畸变应力等原因，使 Q235B 钢在 200~680℃回火温度范围内，伸长率和断面收缩率都随回火温度的升高显著增大。Q235B 钢经图 12-6 所示的热处理工艺后，满足性能指示要求。

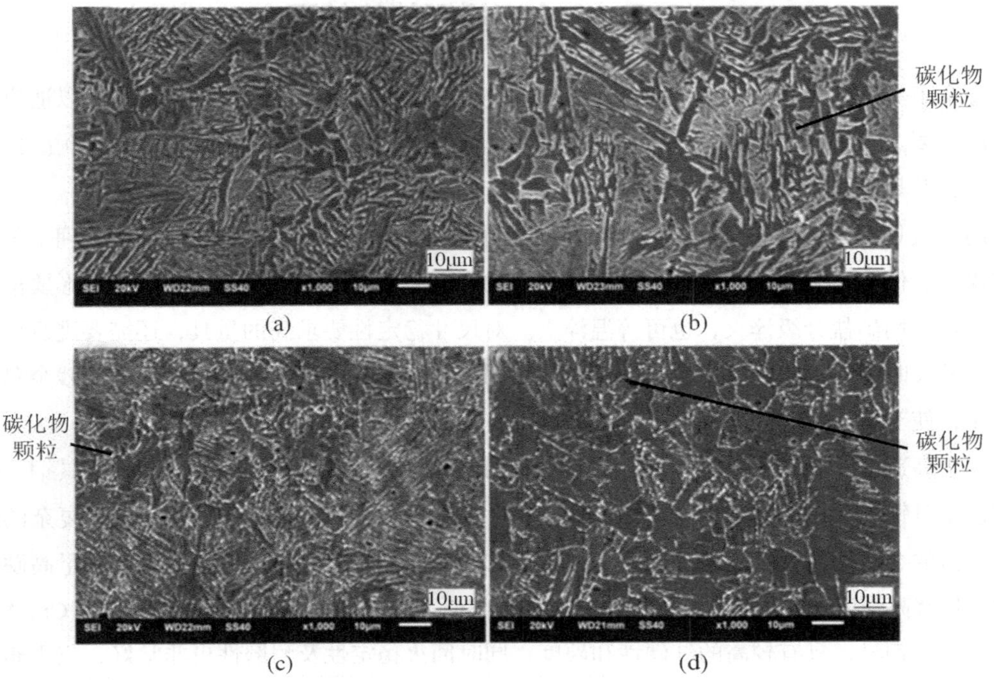

图 12-4　不同回火温度后 Q235B 钢的显微组织

（a）200℃；（b）400℃；（c）600℃；（d）680℃

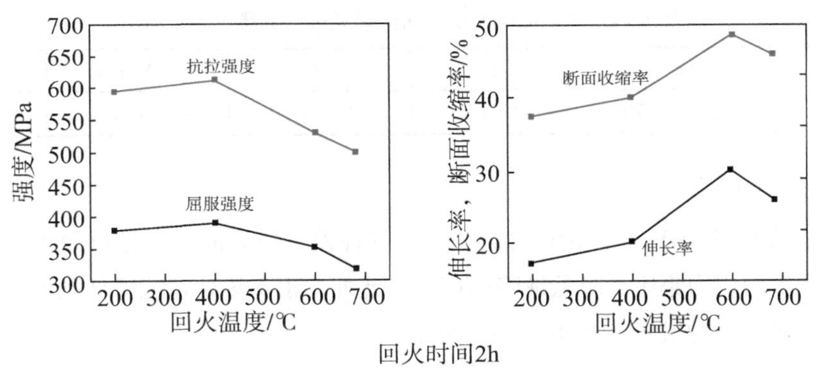

图 12-5　回火温度对试验钢力学性能的影响

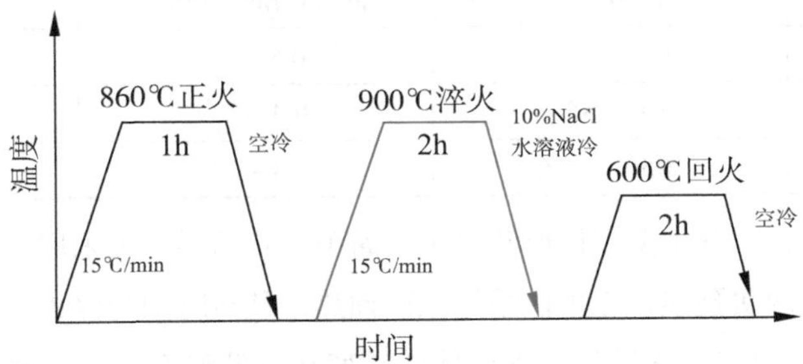

图 12-6　Q235B 钢热处理工艺

12.3 合金工具钢的热处理

合金工具钢中一般都会加入 Cr、W、Mo、V、Si、Mn、Ni、Co 等合金元素，以适应不同用途的需要。因合金含量高，所以淬透性高，形成的合金碳化物显著地提高了钢的耐磨性、热稳定性，并具有一定的强度和冲击韧性。

用于量具、刃具的低合金工具钢的热处理制度大体上与碳素工具钢相似，热处理工艺普遍采用淬火、低温回火。由于它含有提高淬透性的合金元素，一般采用油淬。对于变形要求严格的工具可采用硝盐分级淬火，也可等温淬火。对尺寸稳定性要求高的量具，还需要进行冷处理或采用较长时间的低温回火或时效处理，以得到稳定的回火马氏体，并使未转变的残余奥氏体稳定化，使工具的残余应力消除或使状态稳定。

用于高速刃具的工具钢可分为三种基本系列：低合金高速工具钢、普通高速工具钢、高性能高速工具钢。高速工具钢的工艺性能好，强度和韧性配合好，因此主要用来制造复杂的薄刃和耐冲击的金属切削刀具，也可制造高温轴承和冷挤压模具等。高速钢组织中有大量高硬度碳化物，具有高强度、高硬度、高耐磨等优点。W18Cr4V 高速钢是一种合金元素 (W、Cr、V 等) 含量极高的钢材，具有较高的红硬性和硬度，同时回火稳定性及耐磨性也非常好，应用非常广泛。本节以 W18Cr4V 钢为例，介绍合金工具钢的热处理工艺。W18Cr4V 高速钢合金成分见表 12-2。

表 12-2 W18Cr4V 高速钢化学成分 (质量分数，%)

C	W	Cr	V	Mo	Si
0.73 ~ 0.83	17.20 ~ 18.70	3.80 ~ 4.50	1.00 ~ 1.20	≤ 0.30	≤ 0.40

1. 预备热处理

由于高速钢 W18Cr4V 合金元素含量高、导热性差，淬火前必须进行预备热处理，以防止快速加热产生的应力集中，降低缺陷的产生。此外，预备热处理能降低硬度、细化晶粒。W18Cr4V 常见的预备热处理工艺如表 12-3 所示。

表 12-3 W18Cr4V 常见的预备热处理工艺

预热方式	温度 /℃	时间 / ($min \cdot mm^{-1}$)	气氛
低温预热	600 ~ 650	0.8 ~ 1.0	盐浴
中温预热	800 ~ 850	0.4 ~ 1.0	盐浴
高温预热	1050 ~ 1100	0.4 ~ 1.0	盐浴

预备热处理的选择，通常根据零件形状决定。简单形状的零件可采用一次中温预热；形状复杂或厚件采用低中温两次预热，也可以采用三次预热；预热时间与淬火加热保温时间大体一致。W18Cr4V 在中温预热时，索氏体向奥氏体的转变在较低温度范围内预先发生，形成含碳量很低的奥氏体；在高温预热时，二次碳化物向奥氏体中溶解，奥氏体中含碳量及合金度增加，

碳原子扩散，使奥氏体晶粒内部各处碳浓度逐渐均匀，但奥氏体晶粒不断长大。W18Cr4V 钢预备热处理后的组织，为均匀的索氏体和碳化物，如图 12-7 所示。

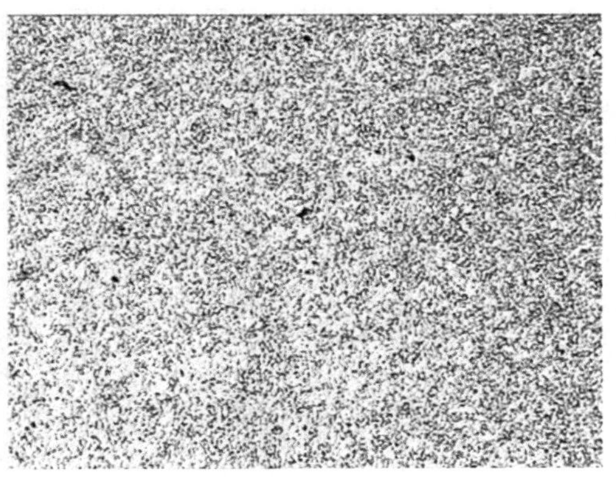

图 12-7　W18Cr4V 钢预备热处理后的金相组织（×200）

2. 淬火

预热后的 W18Cr4V 钢在淬火保温过程中，碳溶入基体，提高淬透性和硬度；钨元素一部分与碳形成合金碳化物，提高耐磨性，另一部分固溶于基体，提高抗回火稳定性和红硬性，在高温下可预防晶粒长大；铬溶入奥氏体中增加稳定性，显著提高钢的回火稳定性和淬透性；钒提高红硬性和耐磨性，形成稳定的碳化物，高温状态不易固溶；钼诱发二次硬化，提高红硬性。因此需要选取合适的淬火保温温度。淬火温度越高，会增加碳化物及合金元素 (W、Mo、Cr、V) 的溶入量，提高耐磨性、红硬性、切削寿命；但温度过升高，则钢的晶粒粗化，导致钢的强度和韧性下降。为使基体获得尽可能高的合金化，保证具有好的耐磨性、硬度和红硬性，W18Cr4V 钢一般正常淬火温度选择在低于熔化温度 20~40℃区间（1270~1290℃）。选择淬火温度 1270、1275、1280、1285℃进行试验，保温时间为 10s/mm，空冷。淬火冷却后的硬度值与晶粒度如图 12-8。从图 12-8 可观察到，随着淬火温度的提高，硬度逐渐下降。这是因为淬火温度越高，钨钼碳化物以较快速度溶解到奥氏体中，奥氏体及马氏体中的碳和合金元素含量逐渐增加，这时钢的硬度理论上应该增加，但奥氏体中合金含量的提高使马氏体的转变温度点 (M_s) 降低，淬火后高速钢的残余奥氏体含量增加，导致硬度下降。淬火温度继续提高，由于合金碳化物完全（或大部分）溶入奥氏体中，阻碍晶粒长大的作用消失。因此超过 1285℃时晶粒出现明显长大，出现过热过烧等现象。

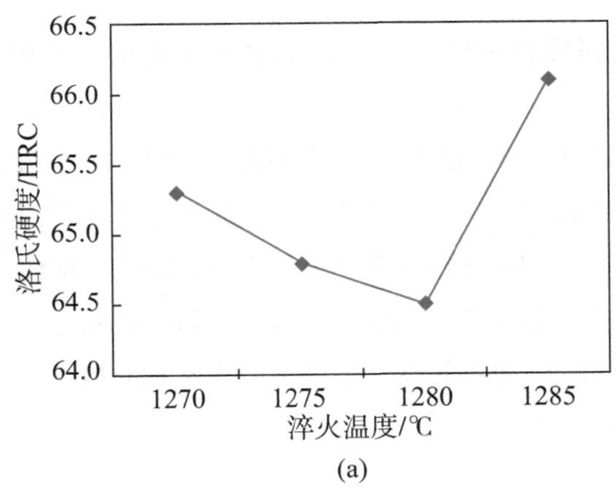

(a)

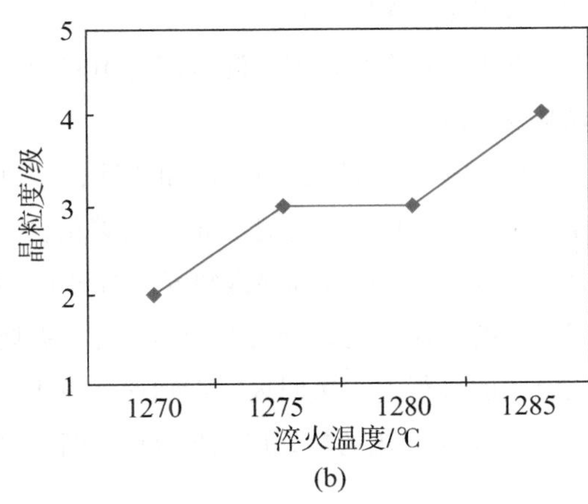

(b)

图 12-8　不同温度淬火后高速钢的硬度与晶粒度

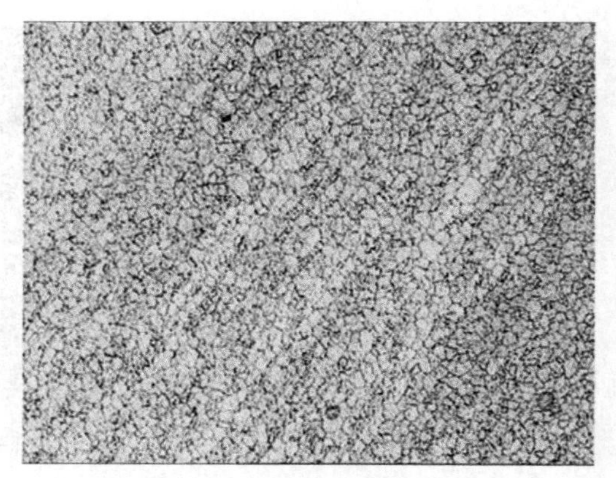

图 12-9 W18Cr4V 钢在 1275℃淬火后的金相组织（200×）

综合考虑不同淬火温度下 W18Cr4V 的组织与性能，1275℃为最合理的淬火温度。图 12-9 为 W18Cr4V 钢在 1275℃保温时间为 10s/mm，空冷淬火后试样的金相组织，由马氏体、残余奥氏体及粒状碳化物组成。

W18Cr4V 钢淬火冷却速度的选择有以下特点：由于合金元素含量高，较快的淬火冷却速率可能会诱发奥氏体转变为马氏体过程中产生大量内应力，导致工件开裂、变形。但冷却速率不宜过慢，否则碳化物从过饱和的奥氏体中析出，降低奥氏体的合金度，导致淬火后的红硬性和韧性下降。在生产实际中小尺寸的工具可采用空冷，而形状复杂的大型工具或变形要求较严的工具则采用盐浴等温淬火。

3. 回火

淬火冷却后的 W18Cr4V 钢需及时回火。目的是达到最佳的碳化物二次析出硬化效应、残留奥氏体充分转变和残留应力彻底消除。图 12-10 是 1275℃保温时间为 10s/mm，空冷试样在不同温度回火后的硬度值。从图 12-10 可观察到 560℃为硬度最高的回火温度。但其金相组织中后可检测到淬火态的 W18Cr4V 钢残留奥氏体含量约 30%，一次回火仍存在大含量残留奥氏体。因此，淬火后的 W18Cr4V 钢一般采用多次回火。

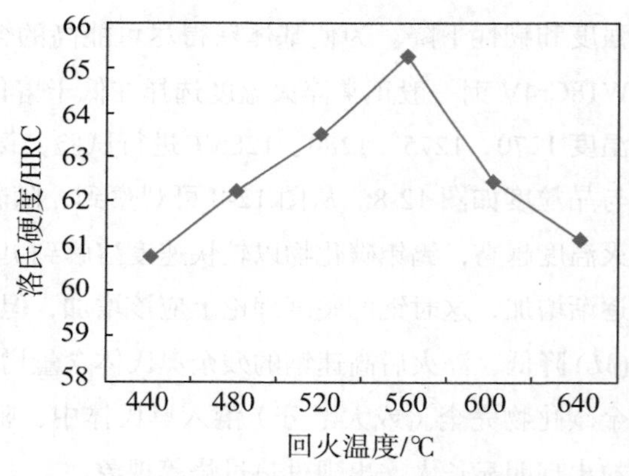

图 12-10 不同温度回火后高速钢的硬度

图 12-11 是 1275℃保温时间为 10s/mm，空冷试样在 560℃不同回火次数后的金相组织及显微硬度值。

W18Cr4V 钢淬火、回火后的组织均为回火马氏体 + 碳化物 + 残余奥氏体（图 12-11 中白亮色），三次回火后可达到最佳的碳化物二次析出硬化效应，可使残留奥氏体充分转变并消除残留应力，也能提高显微硬度，如图 12-11(d) 所示，因此最佳的回火次数为三次。为了促使回火后的奥氏体能充分转变为马氏体，并防止奥氏体稳定化，高速钢每次回火后，必须冷至室温才能进行下一次回火，否则残余奥氏体过于稳定、不易转变，会产生回火不足的情况。W18Cr4V 钢常规的热处理工艺流程如图 12-12 所示。

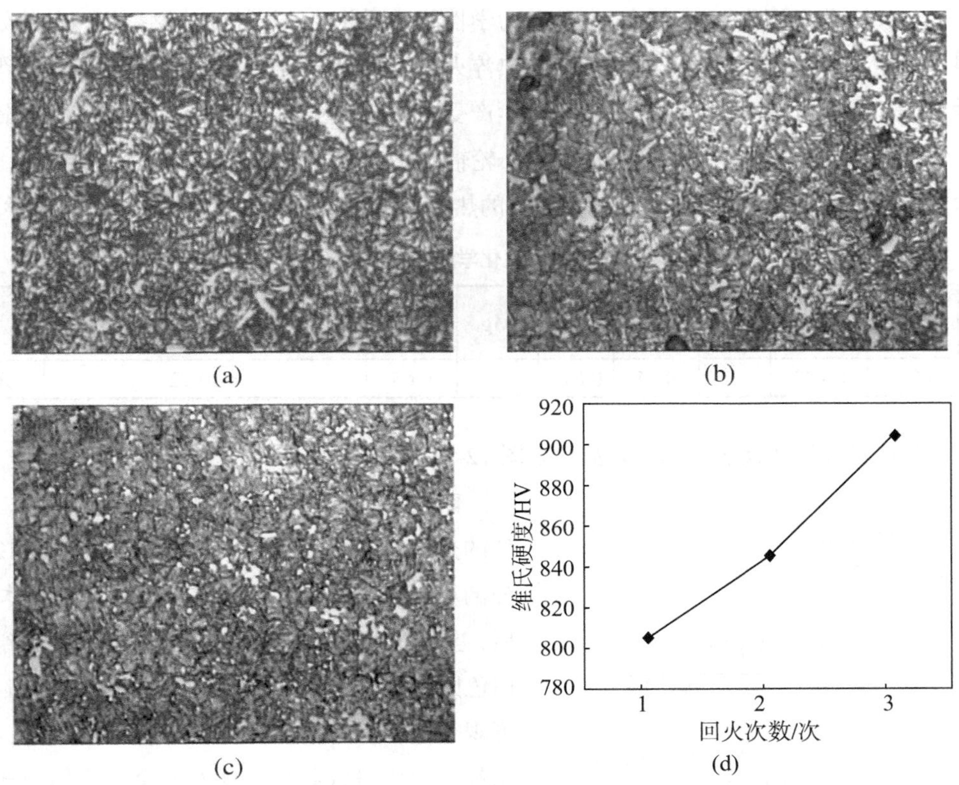

图 12-11　不同回火次数后的 W18Cr4V 金相组织（200×）和显微硬度

（a）一次回火；（b）两次回火；（c）三次回火；（d）硬度

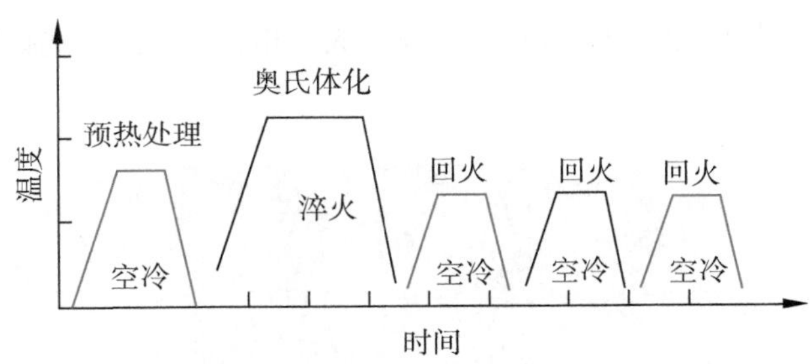

图 12-12　W18Cr4V 钢常规热处理工艺流程图

12.4　球墨铸铁的热处理

球墨铸铁是 20 世纪 40 年代末发展起来的结构材料，除有类似于灰铸铁的良好减振性、耐磨性、切削加工性和铸造工艺性外，还具有比普通灰铸铁高得多的强度、塑性和韧性。抗拉强度可达 1200~1450MPa；伸长率可达 6%~10%，冲击值可达 30~60J/cm^2。球墨铸铁的基体形式有铁素体、珠光体、铁素体加珠光体、贝氏体、奥氏体加贝氏体。球墨铸铁经过一定的热处理可使基体组织充分发挥作用，从而显著改善力学性能。因此，球墨铸铁像钢一样，其热处理工艺有退火、正火、调质、等温淬火、感应加热淬火和表面化学热处理等。目前，基体组织为奥氏体加贝氏体的奥贝球墨铸铁已广泛应用于生产受力复杂，强度、韧性、耐磨性等要求较高的零件，如汽车、拖拉机、内燃机等的曲轴、凸轮轴，还有通用机械的中压阀门等。

本节以奥贝球墨铸铁为例，介绍球墨铸铁的热处理工艺。表 12-4 为奥贝球墨铸铁化学成分。

表 12-4 奥贝球墨铸铁化学成分（质量分数，%）

C	S	P	Si	Mn	RE	Mg	Nb	痕量元素 Cu，Zn，Sn，Al，Mo，Zr	Fe
3.63	0.013	0.032	2.5	0.45	0.012	0.03	0.65	≤ 0.22	余量

常规的奥贝球墨铸铁热处理工艺流程如图 12-13 所示。

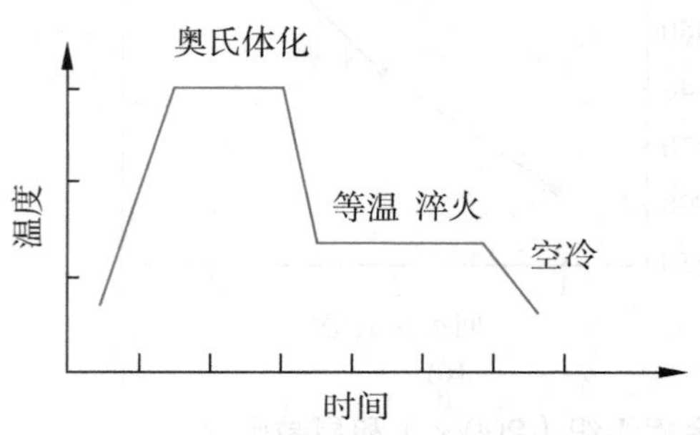

图 12-13 奥贝球墨铸铁热处理工艺流程

球墨铸铁由于其成分和材料尺寸不同，其最佳的热处理工艺参数不同。图 12-14 是表 12-4 成分的材料在 860℃、880℃、900℃下奥氏体化 1h 后，空冷组织。图中呈灰色针状的是贝氏体组织，白色区域主要是马氏体和残余奥氏体。从图 12-14 可观察到，三种温度下奥氏体化后的样品，其组织都是由大量针状贝氏体及残余奥氏体组成。白色的残余奥氏体均匀分布在贝氏体之间，这种组织有利于提高材料的强硬度和塑韧性。但是，880℃、900℃下奥氏体化组织中的贝氏体针明显长大、粗化。因此，选择组织细小的 860℃为奥氏体化最佳工艺参数。

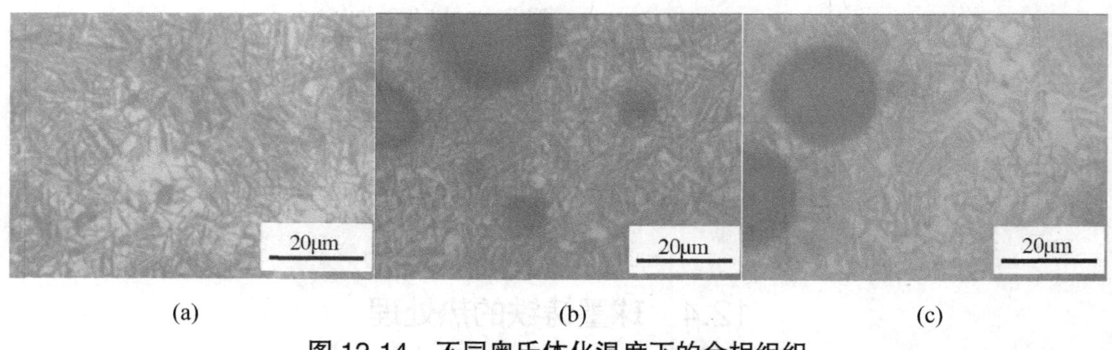

(a) (b) (c)

图 12-14 不同奥氏体化温度下的金相组织

（a）860℃；（b）880℃；（c）900℃

图 12-15 为 860℃下保温不同时间后空冷样品的金相组织。可以观察到奥氏体化时间从 60~120min，贝氏体形态从细针状逐渐变得粗大。保温 120min 的样品中，局部贝氏体粗化且残余奥氏体不均匀分布。细针状贝氏体以及在贝氏体之间均匀分布的残余奥氏体是奥贝球墨铸

铁的强硬度和塑韧性的根源。因此，奥氏体化时间选择 60min 是最佳工艺参数。

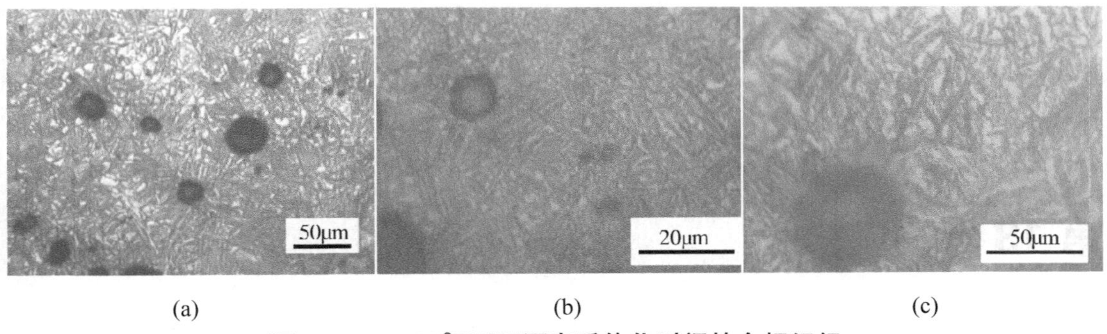

图 12-15　860℃下不同奥氏体化时间的金相组织

（a）60min；（b）90min；（c）120min

860℃奥氏体化 60min，在不同淬火温度下保温 60min 后空冷样品的强度和伸长率如图 12-16 所示。从图可观察到样品在 340℃等温淬火时综合力学性能最佳。

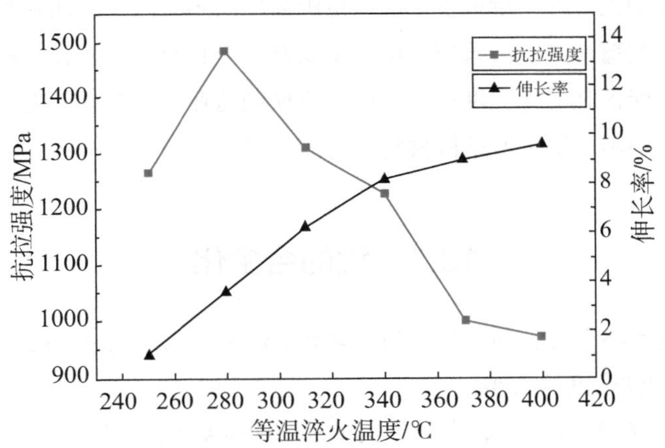

图 12-16　不同等温淬火温度下的强度和伸长率图

通过上述处理工艺参数的优化试验，可获得表 12-4 成分的球墨铸铁，其最佳工艺参数为：奥氏体化温度 860℃、时间 60min，等温淬火温度 340℃、时间 60min。综合力学性能最好，抗拉强度为 1228MPa，伸长率为 8.1%。

第13章

铝及铝合金的热处理

铝及铝合金是除钢铁以外用量最多、应用范围最广的第二大类金属材料，其产量居有色合金的首位，地壳中铝的蕴藏量也占首位。由于铝及其合金具有多种优良的特性，如特殊的电、磁、热性能，耐蚀性能极高的比强度等，已成为机械制造业、建筑业、电子工业、航空航天、核能等现代工业领域中不可缺少的结构材料和功能材料。

13.1　铝的合金化

铝的晶体结构是面心立方，晶格常数为0.4049nm，原子半径是0.182nm。室温下纯铝的密度约2.72g/cm^3，约为铁密度的35%。

铝的导热率为2.26 W/(m·K)，电导率为60%~65%IACS，仅次于金、银、铜。在质量相等的前提下，铝的电导率相当于铜的两倍，因此，纯铝和某些合金化程度较低的铝合金常被用来代替昂贵的铜，来制作输电电线、电缆或用于其他电器元件。

铝的化学活性高，标准电极电位低(−1.67V)，与氧的化学亲和力大，在大气中极易和氧作用，表面会很快生成一层牢固致密的Al_2O_3氧化膜（为5~10nm厚），即使在熔融状态，仍然能维持氧化膜的保护作用。在大气、淡水、强氧化性的浓硝酸（80%~98%）、各种硝酸盐和各种有机物等环境中均有高的稳定性，优于Ni-Cr系不锈钢。但Al_2O_3膜是具有酸、碱两重性的氧化物，在卤素离子（Cl^-）和碱离子（OH^-）的强烈作用下氧化膜易遭破坏，故在大多数的硫酸、盐酸、碱、盐和海水等溶液中不稳定，氧化膜破坏，因此，用铝及铝合金制作的容器不能盛放盐和碱溶液，可以用作多数酸和有机物的临时贮藏器。

纯铝熔点660.2℃，铝合金熔点更低，熔体流动性好，可以获得高质量铸件。铝及铝合金基体为面心立方晶格，无同素异构转变，具有较高的塑性（δ=30%~50%，ν=80%），易于压力加工成形，能通过铸造或塑性加工制成管、棒、板、带、线、箔等各种形状的（半）成品以及挤压、锻压、冲压、旋压等制品。纯铝具有良好的低温强度，并且无低温脆性。纯铝的强度、硬度低，而铝合金通过压力加工和热处理，抗拉强度可达到 500~700MPa，成为飞机、导弹、火箭等航空航天飞行器的主要结构材料。

另外，铝及铝合金属于非铁磁材料，磁化率很低，可以认为无磁性。冲击不产生火花，常被用来作为如仪表材料、屏蔽材料等来制造电气设备的特殊构件和一些易燃、易爆物的生产器材。其次，铝具有良好的反射性能，抛光后的铝制品可以将辐射能、可见光、辐射热和电磁波有效反射，因而具有各种装饰用途以及反射功能性的用途。此外，铝的热中子俘获面小（0.22bar），也被应用于核工业领域中。

纯铝的强度很低（σ_b=80~100MPa，$\sigma_{0.2}$=30~50MPa），不适合做结构材料，通过合金化，即在纯铝中加入一种或多种合金元素，形成铝合金，这样可以获得比纯铝高得多的强度，满足结构应用的需要。

表 13-1 给出了一些金属元素在铝中极限固溶度和室温溶解度。除 Ge 外，其他均是铝合金中常见合金化元素。Zn、Mg、Cu、Li 、Si、Mn 等通常可作铝合金的主要元素，这些主要元素除了固溶于铝基体，起固溶强化作用外，还可以与 Al 产生交互作用，形成 Al_2Cu、Al_2CuMg、$MgZn_2$、Al_2Mg_3Zn、Mg_2Si、Al_3Li、Al_2CuLi 等沉淀相起明显的弥散强化作用。

表 13-1　一些元素在铝中极限固溶度和室温溶解度

元素	Zn	Ag	Mg	Cu	Li	Si	Mn	Cr	Ca	Ge	V	Ti	Zr	Mo	Fe
极限溶解度 /%	82.2	55.6	17.4	5.6	4.2	1.65	1.8	0.72	0.6	0.4	>0.37	0.28	0.28	0.2	0.05
室温溶解度 /%	<4	<0.7	<1.9	<0.1	<0.85	<0.17	<0.3	<0.015	<0.3	0.0002	~0	~0	~0	~0	~0

对铝合金来说，单纯的固溶强化难以获得高强度，必须配合淬火时效处理，实现强烈的弥散强化效果。例如，Al-Cu-Mg 系中可形成 Al_2Cu、Al_2CuMg 等强化相，强化显著。

当合金元素加入量超过了其在铝中极限溶解度，在铝合金中会形成第二相，高温加热时，部分第二相不能溶入基体，这部分第二相被称为过剩相。Al-Si 二元合金，主要是通过过剩相(硅晶体)来强化，随着硅含量增加，过剩相增多，强度、硬度提高。

添加微量 Ti、Zr、Cr、Mn 等，能形成诸如 Al_3Ti、Al_3Zr、Al_7Cr、Al_6Mn 等难熔化合物，在合金凝固过程中作为非均匀形核点，而起到细化晶粒作用。

Zr、V、Cr、Ti、B、Mn、Be 等溶解度小，随温度变化大，可作辅加元素，可细化晶粒、补充强化、产生组织强化效应、提高再结晶温度、提高耐热性、提高塑性和韧性、改善抗蚀性等。Cr、Zr、Mn 等虽然在铝中溶解度小，但它们能明显抑制再结晶而细化晶粒。

13.2 铝合金的分类与牌号

13.2.1 基本分类

根据合金的成分和生产工艺不同将铝合金分为两类：变形铝合金和铸造铝合金，如图 13-1 所示。变形铝合金是成分小于 *D* 点的合金，适合于塑性变形。铸造铝合金是成分大于 *D* 点的合金，凝固时发生共晶反应，熔点低、流动性好，适于铸造成形。

在变形铝合金当中，又可以分成两类：可热处理强化铝合金和不可热处理强化铝合金。成分位于 *F* 至 *D* 点之间的铝合金，其固溶体成分随温度而变化，可以进行固溶处理 + 时效处理来强化，称之为可热处理强化铝合金。而合金成分小于 *F* 点的合金不能通过固溶处理 + 时效处理来强化，为不可热处理强化铝合金。对于 Al-Mn 和 Al-Mg 铝合金而言，虽然加入了合金元素，但是 Mn 和 Mg 在铝中的溶解度随温度下降也明显减少，但时效强化效果不明显，也被称之为不可热处理强化铝合金。

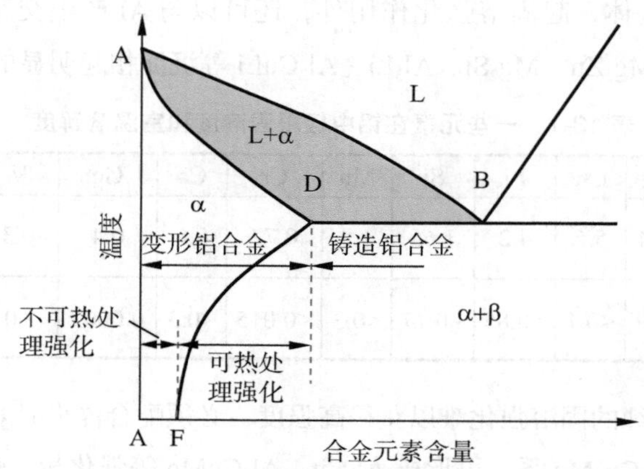

图 13-1　铝—主合金化元素相图的一般形式

我国的铝合金体系分类如图 13-2 所示。纯铝根据纯度不同分为高纯铝和工业纯铝，而变形铝合金根据性能特征分为防锈铝、硬铝、锻铝和超硬铝。其中纯铝和防锈铝为不可热处理强

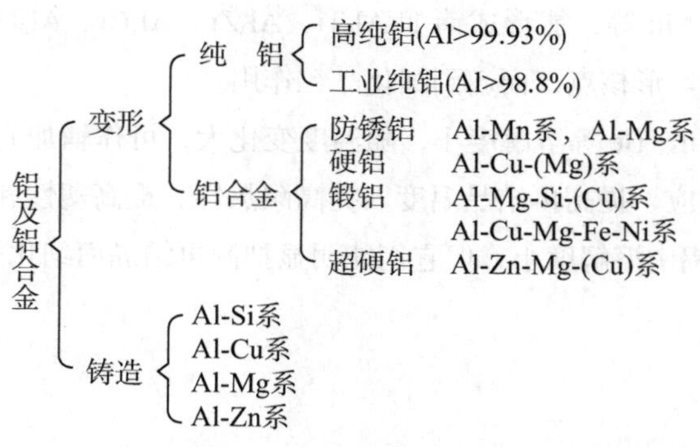

图 13-2　铝及铝合金的传统分类

化铝合金，而硬铝、锻铝和超硬铝归于可热处理强化铝合金。

13.2.2　典型变形铝合金简介

1）纯铝 (1××××)

工业纯铝的 Al 含量大于 99.0%，而高纯铝的 Al 含量大于 99.933%。纯铝的主要杂质为 Fe 和 Si（$w_{Fe}+w_{Si}<0.5\%$），它们的含量及相对比例对纯铝的使用性能和工艺性能影响很大。Fe、Si 固溶于铝的晶格，导致晶格畸变，导电导热和耐腐蚀性能变差。Fe 和 Si 在共晶温度下的极限溶解度分别为 0.052%（摩尔分数）和 1.65%（摩尔分数），且随温度下降而急剧减少。Fe 中含 Fe 或 Si 很少时就会出现 Al_3Fe 或者 $Al_{12}Fe_3Si$，它们都是较硬而脆的相，呈现块状、针状或片状。

不同牌号的纯铝性能有差异，如表 13-2 所示，用途也不尽相同。大部分纯铝都被用来制造铝合金，有些纯度不高的纯铝也用来加工成各种半成品。一般来讲，纯铝多用来作为电线电缆以及强度要求不高的用具。对于电器工业用和日常生活用品用的纯铝，除了要求好的导电性外，还需具有一定强度，故一般采用 1070、1060 和 1050A 制造。高纯铝通常只用于科学研究及其他一些特殊用途，例如微电子工业需要的铝靶材。

表 13-2　工业纯铝的室温力学性能

牌号	状态	产品、规格 /mm	抗拉强度 σ_b			伸长率 /%
			均值 /MPa	最小值 /MPa	最大值 /MPa	
1050A	H4	板材，厚 1.0	129	120	143	7.8
1050A	H8	板材，厚 1.0	189	178	197	4.8
1050A	H112	棒材，ϕ20	83	78	89	40.8
1050A	H112	棒材，ϕ100	100	95	104	36.2
1035	0	板材，厚 2.0	75	74	76	46.0
1035	H4	板材，厚 2.0	125	116	141	10.0
1035	H112	棒材，ϕ20	72	65	79	42.7
8A06	0	板材，厚 2.0	82	80	85	36.9
8A06	H4	板材，厚 0.5	135	120	145	10.5

2）Al-Cu 系高强度铝合金（2×××）

Al-Cu 系铝合金以及在 Al-Cu 系列基础上添加 Mg 元素的 Al-Cu-Mg 系铝合金是可热处理强化的铝合金，也称之为硬铝，可通过固溶 + 时效热处理来显著提高强度和硬度。2××× 系列铝合金是一类重要的高强变形铝合金，例如 2A01。

图 13-3 是 Al-Cu-Mg 三元体系富铝角的平衡相图。其中 S-Al_2CuMg 和 θ-Al_2Cu 的强化效果最大，T-Al_6Mg_4Cu 的强化效果较弱，β-Mg_5Al_6 不起强化作用。

2××× 系铝合金的相组成与 Cu、Mg 元素的相对含量有关，通常 Cu 含量越高，θ 相越多，而 S 相减少，反之亦然。当 Cu/Mg 含量比达到 2.61 时，合金中强化相几乎全是 S 相。

2××× 系铝合金中通常会添加 Mn、Ti、Cr、Zr 等元素，其主要作用是为了抑制再结晶和细化晶粒，提高强度。Mn 可以中和 Fe 的有害影响，提高耐蚀性。此外，在实际生产当中也常采用纯铝包覆来解决 2××× 系铝合金的加工和耐蚀问题。

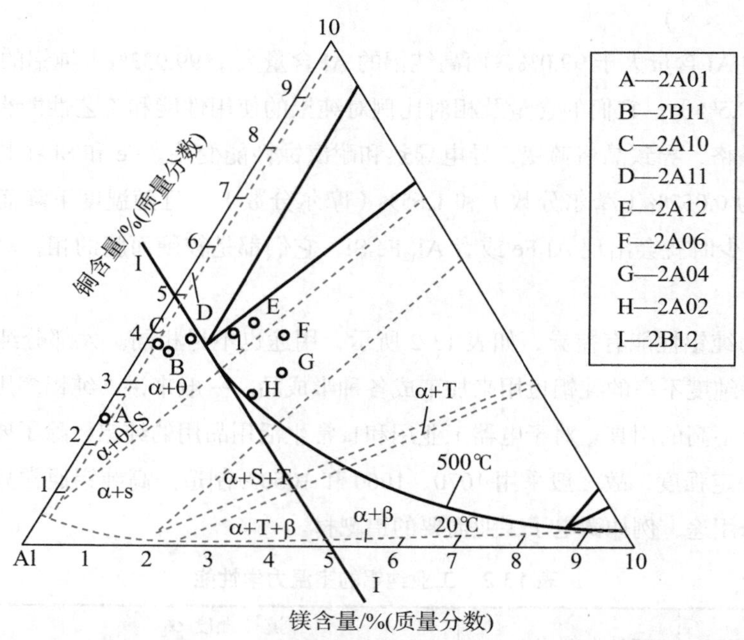

图 13-3　Al-Cu-Mg 三元体系富铝角 20℃和 500℃的等温截面

2××× 铝合金是发展最早的一种可热处理强化铝合金，也是发展较为成熟的合金体系。如今，推出了诸如 2024、2524、2618、2219、2519 等很多的成熟合金，这些合金在航空航天工业领域里得到了广泛应用，推动了这些工业的高速发展。例如，2024 铝合金产量很大，用途很广，如飞机蒙皮、骨架、隔框、翼肋、翼梁等主要承力构件上的使用，其合金一般在自然时效状态下使用，以保证较好的耐腐蚀性能。

3）Al-Mn 系防锈铝合金（3×××）

Al-Mn 系防锈铝属于不可热处理强化的铝合金，工业上用 Al-Mn 防锈合金的牌号较少，但是产量大。图 13-4 是 Al-Mn 二元相图，当含 Mn 的质量分数在 1.0%~1.6% 范围时，合金不但有较高强度，而且有良好的塑性和加工性能。

Al-Mn 合金系防锈铝合金在退火时，容易发生晶粒长大，使合金制品在深冲或者弯曲时表面粗糙或者出现裂纹。因此，在加工过程中须通过合适的合金化和严格控制工艺过程中的组织演变，以保证获得细小均匀的晶粒组织，以保证良好的性能。3××× 系铝合金强度比 1××× 系纯铝的高，耐蚀性与纯铝相当，可焊性好，抛光性好，可用作各种铝制工艺品。3A21、AA3004 等合金的塑性好，可以加工成板、管、棒以及线材，用于那些承受负荷较小且要求有较好的耐蚀性和焊接性的零件，比如飞机油箱、汽油以及润滑油的导管、铆钉等。

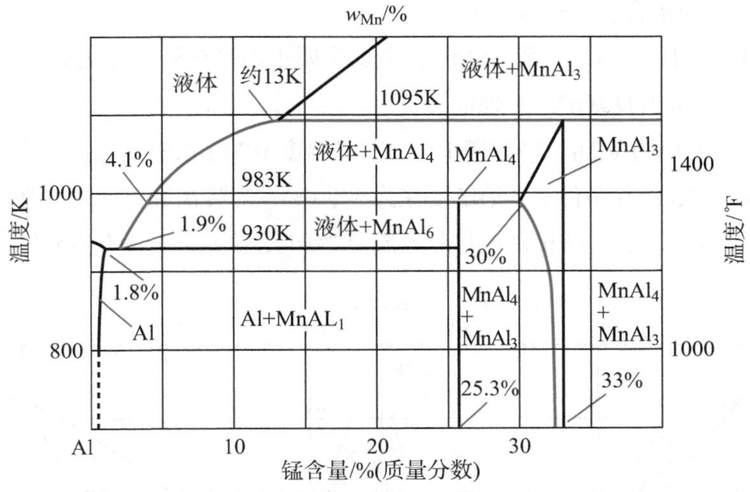

图 13-4　Al-Mn 二元相图

4）Al-Si 系铝合金（4×××）

Al-Si 二元相图如图 13-5 所示，这是一种简单的二元相图，Si 可以少量固溶于 Al 中，随着 Si 含量增大，Si 通常以共晶硅，初生硅的形式出现在 Al-Si 合金中。

常用的 Al-Si 系合金均含有 α+Si 共晶和 β（Al_5FeSi）相，由于各合金中含硅量不同，4A01、4A13 和 4A17 合金组织中的共晶量也依次递增。Si 的质量分数约 5% 时的合金经过阳极氧化后呈现黑色，可用于制造成装饰件；用于轧制钎焊板合金中硅的质量分数高达 12%。Al-Si 合金由于具有流动性好、铸造收缩小、耐腐蚀、焊接性能好、易钎焊等优点，成为广泛应用的工业铝合金。

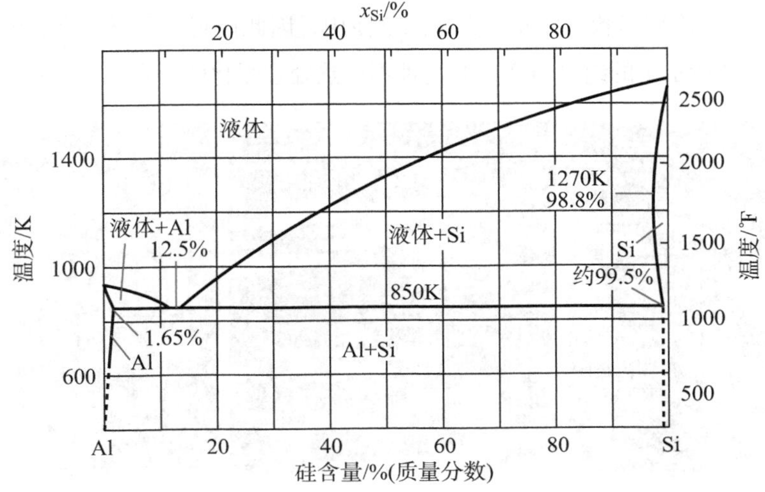

图 13-5　Al-Si 二元相图

5）Al-Mg 系防锈铝合金（5×××）

与 Al-Mn 合金一样，5××× 系 Al-Mg 合金也是属于不可热处理强化的铝合金，耐腐蚀性能优良，Al-Mg 合金亦有良好的焊接性能。

根据 Al-Mg 二元相图（如图 13-6 所示），共晶温度下 Mg 在铝中的最大溶解度为 17.4%，但在半连续铸造的快速冷却条件下，溶解度仅为 3%~6%，当镁含量超过这一值时，合金组织中将出现 α-Al+β-Mg_5Al_8 共晶。当 Mg 的质量分数低于 7% 时，二元合金没有明显的沉淀强化效果。

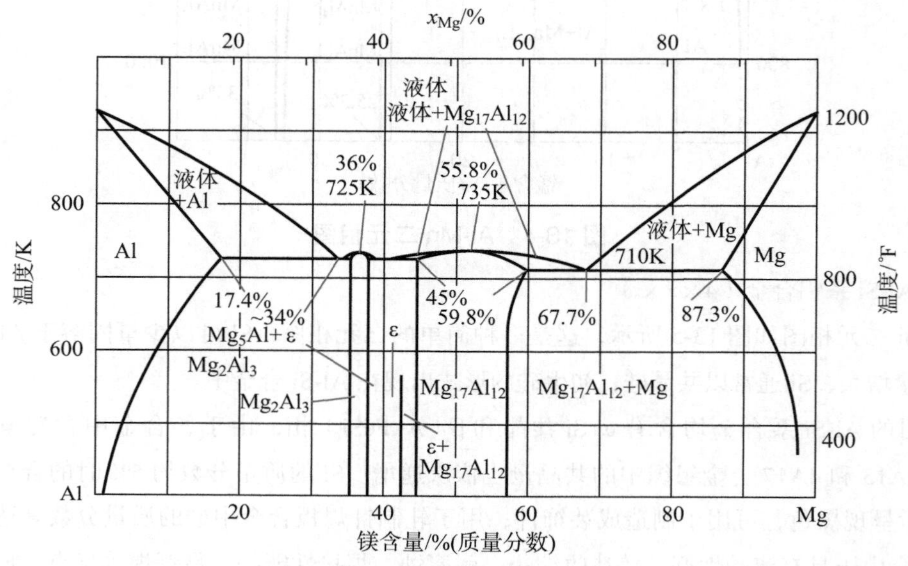

图 13-6　Al-Mg 二元相图

Al-Mg 系防锈铝合金一般不能采用热处理强化，需依靠固溶强化和加工硬化来提高合金力学性能，在热变形、冷变形状态以及退火状态下使用，因此控制热变形、冷变形、回复与再结晶过程（如图 13-7 所示）的组织演变，对这种不可热处理强化的铝合金尤为重要。

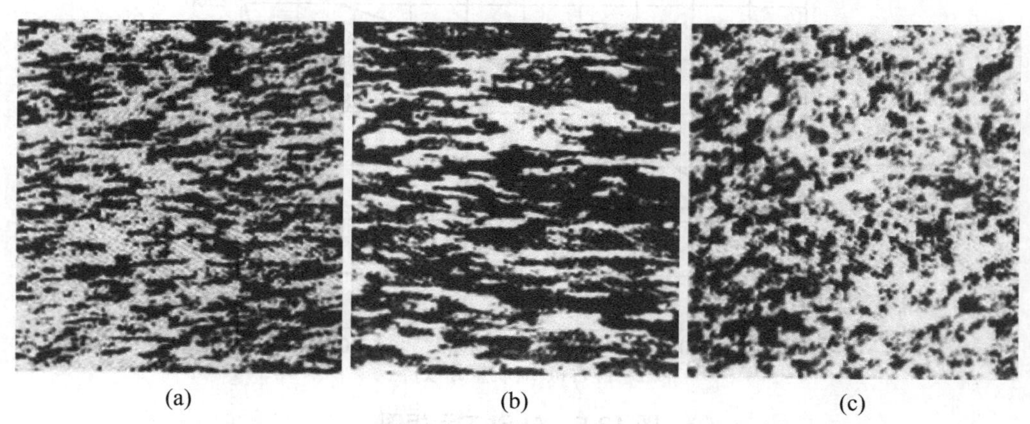

图 13-7　Al-Mg 系铝合金 5A06 的冷变形和不同退火态的组织

（a）冷变形板材；（b）240℃退火，再结晶开始；（c）280℃退火，再结晶完成

6）Al-Mg-Si 系铝合金（6×××）

Al-Mg-Si（-Cu）系（6×××）铝合金最主要的特点是具有良好的塑性，适于生产锻件，也称为“锻铝”。Al-Mg-Si 合金三元相图如图 13-8 所示，合金中的强化相是 Mg_2Si。在实际工业生产中，也参考 Al-Mg_2Si 伪二元相图（图 13-9）。

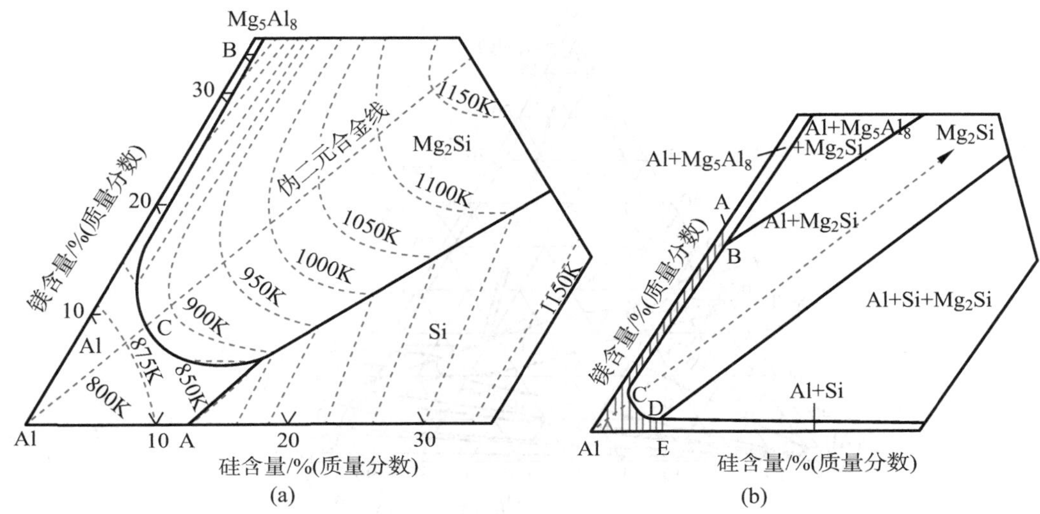

图 13-8 Al-Mg-Si 三元相图（a）和富铝角（b）

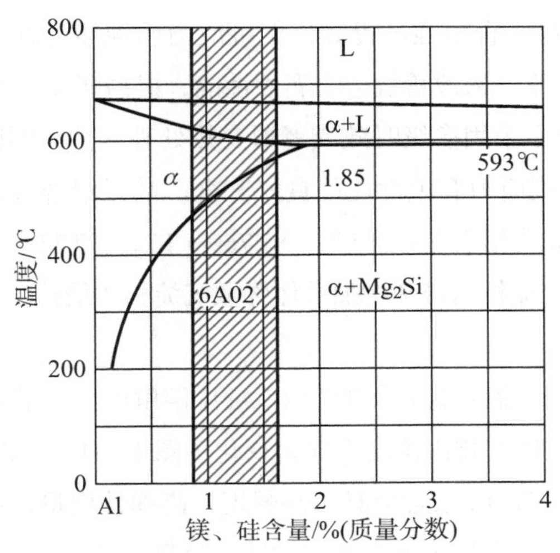

图 13-9 Al-Mg_2Si 伪二元相图

在 Al-Mg-Si 系合金中，当 Mg_2Si 含量高于 0.9% 时，合金淬火后在室温停放一段时间再人工时效的强化效果低于淬火后立即进行人工时效的强化效果，称该现象为停放效应。一般采用往 Al-Mg-Si 合金中添加质量分数 0.1%~0.4%Cu 合金元素，来减少停放效应。

该系铝合金中，应用最广的是 6061 和 6063 合金，常可以加工成管材、棒材、型材和板材，用于建筑行业、航海环境下使用的结构件。

7）Al-Zn-Mg 系铝合金（7×××）

图 13-10 给出了 Al-Zn-Mg 三元相图，η-$MgZn_2$ 和 T-Al_2Zn_3Mg 相在铝中不但有很大的溶解度，而且其溶解度随温度的变化而剧烈变化，因而 Al-Zn-Mg 合金有很高的时效强化效果。Al-Zn-Mg（-Cu）系合金通常称为超硬铝。

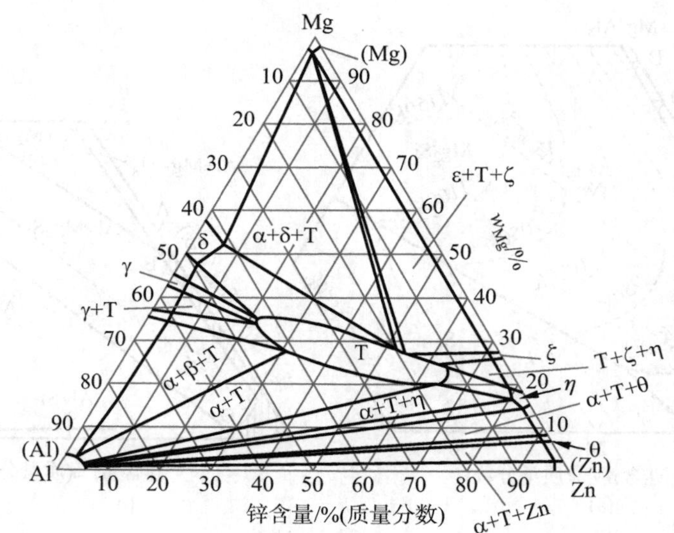

图 13-10　Al-Zn-Mg 三元等温截面（25℃）

随着 Mg、Zn 含量提高，合金强度提高，但抗应力腐蚀能力却显著下降。通常加入诸如 Mn、Cr、Zr、Ti、Cu 等元素，来改善抗应力腐蚀性能，提高塑性和焊接性能。

Al-Zn-Mg 系铝合金通常采用多级时效或者形变热处理，甚至回归再时效热处理方法，来获得较优异的力学性能和抗应力腐蚀性能的良好配合。高强铝合金向着高合金化，低 Fe、Si 含量的方向发展，热处理状态沿着 T6 → T73 → T76 → T74 → T77 方向发展，控制组织演变，获得晶界沉淀相、减少无沉淀析出带和增加基体弥散沉淀相的最佳配合。

8）Al-Li 系合金

Al-Li 系合金泛指含 Li 的铝合金。由于 Li 在 Al 中溶解度大，最大固溶度可达 4.2%（摩尔分数为 13.9%），并且随温度变化固溶度有显著变化（图 13-11），因此，Al-Li 系合金具有明显的时效强化效果。另外，Al-Li 系合金具有高强度、高弹性模量、低密度、低的裂纹扩展速率和极好的耐蚀性，是一种很有发展潜力的轻质结构材料，对于航空航天工业具有特别重要的意义。

目前国内外注册的 Al-Li 合金体系大体分为三个体系，即 Al-Li-Zr、Al-Li-Cu 和 Al-Li-Mg。目前在航空航天中获得应用的 Al-Li 合金牌号主要有 1420、2090、2091、2094、2195、2197、2297、8090、8091、8093 等。

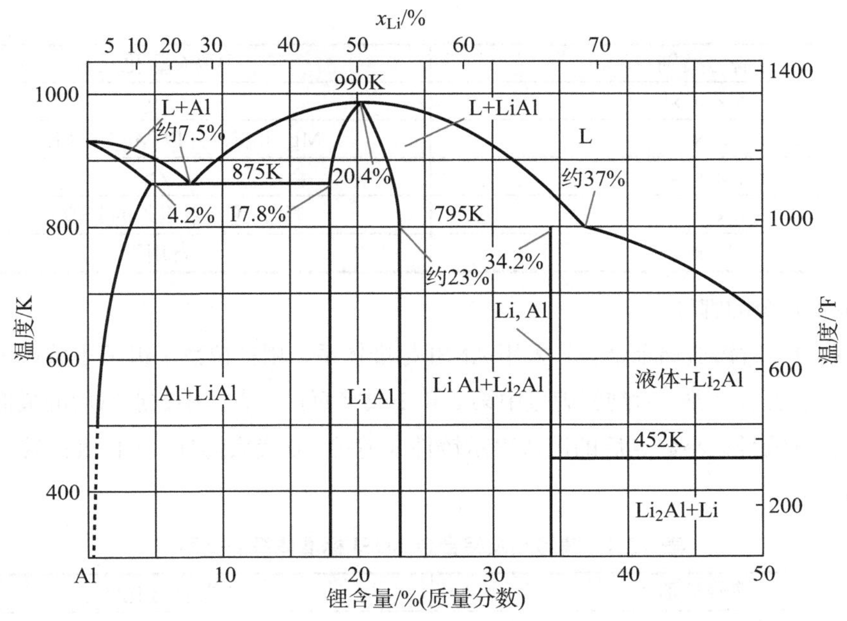

图 13-11　Al-Li 二元相图

13.2.3　铝合金的牌号和状态

1) 变形铝合金的牌号

美国铝业协会 (AA) 的变形铝及铝合金标准采用国际四位数字体系牌号，如表 13-3 所示。第 1 位数字表示合金类别，第 2 位数字表示合金改进型或杂质含量，最后 2 位数字确定铝合金或表明铝的纯度。国内在 20 世纪 90 年代采用了类似的标识方法（GB/T 16474—2011）。国内变形铝及铝合金牌号采用四位数字或者大写字母体系标定。第 1 位为数字，表示合金类别。第 2 位可以是数字，直接引用国际四位数字体系牌号，也可以是字母（C，I，L，N，O，P，Q，Z 除外），表示原始合金或者铝合金的改进，最后 2 位数字标识同一组不同铝合金或者铝的纯度。例如，国内的新牌号 7A04，大致相当于 AA7075，其改进型 7B04，大致相当于美国牌号 AA7475。这样，完善了我国变形铝及铝合金的牌号标定系统，一方面成功与国际四位数字体系接轨，吸纳了国际四位数字体系牌号；另一方面吸纳了国内过去已有的变形铝及铝合金牌号，并为发展中的变形铝及铝合金提供了更大更有序的标定空间。

表 13-3　变形铝及铝合金四位数字体系的类别牌号类别

牌号类别	主要合金化元素
1×××	铝含量不小于 99.00%
2×××	Cu
3×××	Mn
4×××	Si

续表

牌号类别	主要合金化元素
5×××	Mg
6×××	Mg 和 Si，并以 Mg_2Si 为强化相
7×××	Zn
8×××	除上述元素以外的其他元素
9×××	备用组

2）铸造铝合金的牌号

美国铝业协会对铸造铝合金牌号采用 ANSI 标准体系，用三位数字组 + 小数点 + 尾数来标定，第一位数字表示分类，对纯铝牌号中第 2 和 3 数字而言，表示小数点以后的最低铝含量；对铝合金，表示编号；小数点后的尾数表示铸件或铸锭：0 代表铸件，1 代表铸锭。其具体分类如表 13-4 所示。

表 13-4　铸造铝及铝合金 ANSI 标准体系的类别

牌号类别	主要合金化元素
1××.×	铝含量不小于 99.00%
2××.×	Cu
3××.×	Mn
4××.×	Si
5××.×	Mg
6××.×	Mg 和 Si，并以 Mg_2Si 为强化相
7××.×	Zn
8××.×	除上述元素以外的其他合金元素
9××.×	备用组

我国铸造铝合金由字母 ZL（表示铸铝）及后面的两个阿拉伯数字组成，第 1 位数字代表合金系别，分四类，即，ZL1×× 代表 Al-Si 系，ZL2×× 代表 Al-Cu 系，ZL3×× 代表 Al-Mg 系，ZL4×× 代表 Al-Zn 系。第二位和第三位代表顺序号。例如，ZL101 为 Al-Si 系第一号铸造铝合金、ZL201 为 Al-Cu 系第一号铸造铝合金等。铸造铝合金一般用于制作质轻、耐蚀、形状复杂及有一定力学性能的零件，如铝合金活塞、仪表外壳、水冷式发动机缸件、曲轴箱等，若为航空专用铸造铝合金，则在牌号前加 H 字母，如 HZL-201。另外，若为优质合金，则在牌号后加标 A，如 ZL201A。

3）铝合金的热处理状态

变形铝合金的固溶及时效工艺非常复杂，工业界和科学界为了满足各种需要，开发了多种固溶及时效的综合工艺，为了统一名称，制定了变形铝合金的各种固溶、时效状态名称。变形铝合金状态主要可以分为 5 类，具体代号如下：

F—自由加工状态；

O—退火状态；

H—加工硬化状态；

W—固溶热处理状态；

T—热处理状态。

H 的细分状态，在字母 H 后面添加两位数字 (H × ×) 表示 H 的细化状态。H 后面的第一位数字表示获得该状态的基本处理程序：

H1—单纯加工硬化状态；

H2—加工硬化及不完全退火状态；

H3—加工硬化及稳定化处理状态；

H4—加工硬化及涂漆处理状态。

H 后面的第二位数字表示加工硬化程度，数字 8 表示硬状态，数字 1~7 表示硬化程度。第二位数字为 2 对应 l/4 硬，4 对应于 1/2 硬，6 对应于 3/4 硬，8 对应硬，9 对应超硬。如 H18 表示冷加工或完全硬化状态，相当于原始横断面积大约减小 75%。

T 的细化状态、代号，其种类以及用途的归纳见表 13-5。

表 13-5　变形铝合金主要热处理的分类

代号	热处理类别	用途说明
T0	淬火、自然时效	固溶处理后，经自然时效再通过冷加工的状态；适用于经冷加工提高强度的产品
T1	不淬火、自然时效	由高温成形过程冷却，然后自然时效至基本稳定的状态。适用于由高温成形过程冷却后，不再进行冷加工的产品
T2	不淬火、经冷加工自然时效	由高温成形过程冷却，经冷加工后自然时效至基本稳定的状态。适用于由高温成形过程冷却后，进行冷加工，以提高强度的产品
T3	淬火、自然时效	固溶处理后进行冷加工，再经自然时效至基本稳定状态。适用于固溶处理后，进行冷加工，以提高强度的产品
T4	淬火、自然时效	固溶处理后经自然时效至基本稳定状态。适用于固溶处理后，不再进行冷加工的产品
T5	不淬火、人工时效	由高温成形过程冷却，然后进行人工时效的状态。适用于由高温成形过程冷却后，不经过冷加工，直接人工时效的产品
T6	淬火、人工时效	固溶处理后进行人工时效的状态。适用于固溶处理后，不进行冷加工，直接人工时效的产品
T7	淬火、稳定化回火（人工过时效）	固溶处理后进行人工时效的状态。用于处理高温条件下工作的零件，既获得足够高的抗拉强度又能使组织和尺寸稳定，或为保证某些重要特性（如韧性、应力腐蚀抗力）采用过时效的产品
T8	淬火、软化回火	固溶热处理后经冷加工，然后进行人工时效的状态。适用于经冷加工提高强度的产品
T9	淬火、人工时效	固溶处理后人工时效，再进行冷加工的状态。适用于经冷加工提高强度的产品
T10	不淬火、人工时效	由高温成形过程中冷却后，进行冷加工然后人工时效状态。适于经冷加工提高强度的产品

铸造铝合金的组织性能与变质处理、铸造方法、热处理等有关，铸造铝合金状态代号主要包括如下：B—变质处理；F—铸态；T—热处理状态。和变形铝合金一样，铸造铝合金也可进行退火、淬火和时效等处理。各种热处理的代号、目的及适用范围见表 13-6。有时也加上铸造方法的代号（S—砂型铸造，J—金属型铸造，R—熔模铸造，K—壳型铸造，Y—压力铸造）。

表 13-6　铸造铝合金热处理种类和用途

热处理类别	表示符号	用途	说明
未经淬火的人工时效	T1	用于改善零件的切削加工性，提高表面光洁度。能提高像 ZL103、ZL105 这类合金的力学性能（约 30%）	在温耗型或金属铸造时就已经有些淬火效果的铸件，采用此类热处理有良好效果
退火	T2	为显著消除铸造或残余热应力，消除机加工产生的加工硬化，提高合金塑性	保温时间和温度选择取决于零件的用途
淬火	T3	用以提高冶金强度	此规范实际上和 T4 一样
淬火及自然时效	T4	为了提高合金强度，用于 100℃以下工作的抗蚀性又较高的零件	自然时效的温度低，保温时间长
淬火及不完全人工时效	T5	可得到足够高的强度，并保持高的塑性	人工时效的温度较低或保温时间较短
淬火及完全人工时效	T6	在塑性有些降低的情况下，得到最大强度	和 T5 相比，人工时效温度较高，或保温时间较长
淬火及稳定化回火	T7	为得到足够高的强度和比较高组织及尺寸稳定性，用于高温工作零件	在比 T6 更高温度下和接近零件工作温度下时效
淬火及软化回火	T8	靠降低强度得到高塑性和尺寸稳定性	时效温度比 T7 更高
冷处理或冷热循环处理	T9	为使零件几何尺寸更加稳定	机加工后零件冷处理（在 −50℃，−70℃或 −196℃保持 3~6h）或循环处理（冷至 −70℃，有时到 −196℃再加热到 350℃）。根据零件用途，可进行多次，选用的温度取决于零件工作条件及合金本性

13.3　铝合金的热处理

13.3.1　铝合金的退火

退火可分为均匀化退火、中间退火、成品退火。中间退火亦称软化退火，成品退火是为了达到标准要求的产品状态如 O 状态、1/4H 状态、1/2H 状态等而进行的，也包括消除应力退火。其主要作用包括：①改善工艺性能，保证各工序顺利进行，如均匀化处理改善热加工性能，中间退火处理改善冷加工性能；②提高使用性能，如最终退火，以及固溶淬火及时效。

1）均匀化退火

合金的铸造过程属于一个非平衡凝固过程，溶质原子来不及充分扩散，通常铸锭会存在以下问题：①铸锭中保留有许多粗大的非平衡脆性相，这些脆性相会使合金的塑性以及加工性能急剧下降；②枝晶网胞心部和边部的化学成分不同，可形成浓度差微电池，因此降低合金的耐蚀性；③铸锭中存在许多低熔点相，在加工以及热处理过程中，局部区域容易过早地发生熔化产生过烧，从而使铸锭报废；④铸锭由于心部和边部冷却速度不一，因此通常会存在较大的残余应力，影响后续的加工过程。因此，铸锭通常要进行均匀化处理，以消除铸态组织的这些不利影响。

铝合金均匀化处理的对象是铸锭和铸件。均匀化处理的目的主要包括：①消除枝晶偏析；②消除非平衡共晶组织以及低熔点相；③消除铸造过程中产生的残余应力；④析出均匀细小的弥散相（例如 Al_3Zr 相、$T(Al_{20}Cu_2Mn_3)$ 相等），使合金在后续的加工及热处理过程中得到均匀细小的晶粒组织；⑤使粗大第二相球化，降低其在加工过程中的不利影响。

合金的均匀化处理包括单级均匀化处理、强化均匀化处理和多级均匀化处理等。在实际情况下，工业生产通常倾向于采用单级均匀化处理制度。其处理方法的主要优点是操作方便，不需要改变温度，仅在一个温度下即可完成。但该处理制度一般加热温度较低，均匀化效果较差。

铝合金铸锭均匀化热处理前后的力学性能变化举例见表 13-7，可以看出均匀化退火的必要性。

表 13-7　7A04 铝合金铸锭均匀化退火前后的力学性能

铸锭直径 /mm	取样方向	取样部位	力学性能					
			未经均匀化		445℃均匀化		480℃均匀化	
			σ_b/MPa	δ/MPa	σ_b/MPa	δ/MPa	σ_b/MPa	δ/MPa
200	纵向	表层中心	240	0.6	191	4.1	196	6.7
			274	1.8	197	4.9	219.5	7.1
	横向	中心	265.5	0.6	216.6	4.4	218.5	7.9
315	纵向	表层中心	219.5	0.7	202	4.2	201	6.0
			197	1.0	192	3.8	196	5.6
	横向	中心	218.5	0.4	205	4.2	222	6.4

此外，均匀化处理的温度和时间是影响铸锭均匀化效果的主要因素。理论上，在铸锭均匀化时，应该尽量选择高的均匀化温度，因为溶质原子在高温下扩散快，因而可以节约保温时间，提高生产效率。但是，过高的均匀化温度容易引起合金的过烧，严重情况下，可能导致铸锭报废。铝合金发生过烧的危险温度如表 13-8 所示。

表 13-8　铝合金发生过烧的危险温度

合金	温度 /℃	合金	温度 /℃
2A06	515	7A04、7A09	520
2A11	520	2A50、2B50	545
2A12	505	2A70、2A80	545
2A16	545	2A14	515

通常采用组织观察来确定均匀化温度，例如，图 13-12(a)~(f) 是 2E12 铝合金铸锭在不同温度下保温 48h 的微观组织。可见均匀化温度越高，合金晶界处第二相的溶解越充分。其中，合金在 460℃和 470℃均匀化 48h 后，粗大第二相的溶解效果不明显，仍然呈链状连续分布在晶界处。在 480℃和 490℃均匀化 48h 后，合金晶界处的粗大第二相大部分回溶入基体，只有少部分第二相不连续地分布在晶界上。合金在 500℃保温 48h 后，第二相溶解较为充分，但是晶界附近出现了许多黑色的过烧坑。所以选择合适且不发生过烧的均匀化温度是非常重要的。

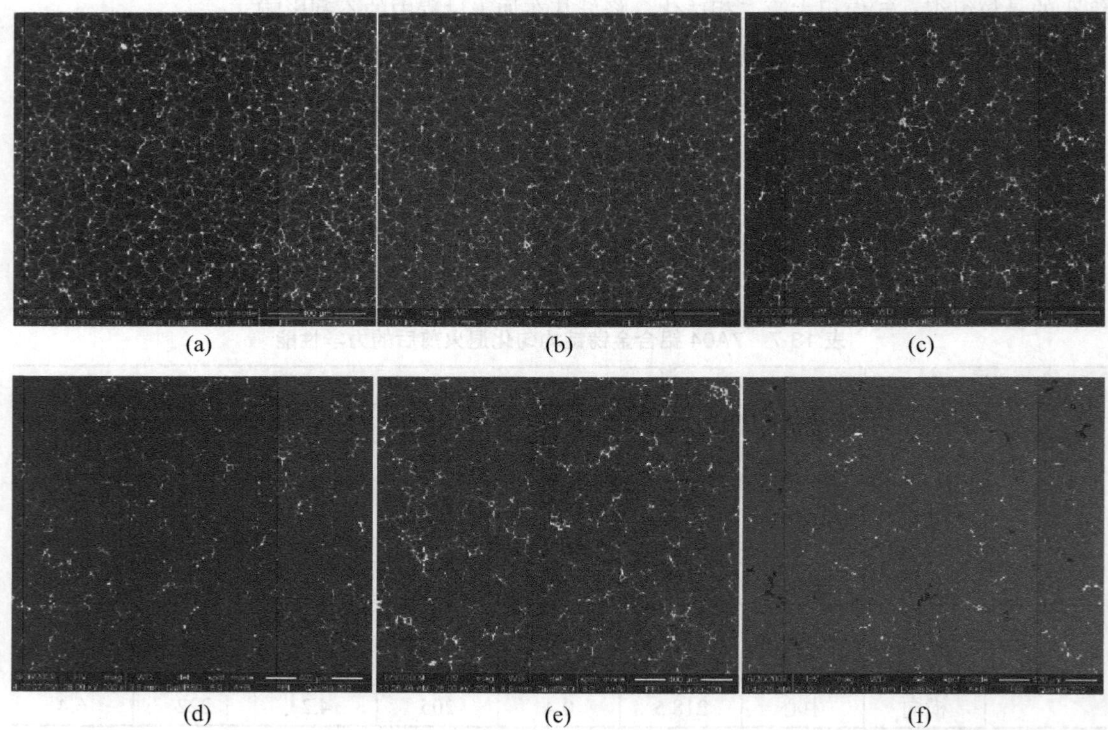

图 13-12　铸态 2E12 合金在不同均匀化温度下保温 48h 后的扫描电子显微镜形貌

（a）原始铸态；（b）460℃ /48h；（c）470℃ /48h；（d）480℃ /48h；（e）490℃ /48h；（f）500℃ /48h

常用的铝合金铸锭均匀化热处理工艺如表 13-9 所示。

表 13-9　常用的铝合金铸锭均匀化热处理工艺规程

合金牌号	加热温度 /℃	保温时间 /h
5A02、5A03、5A05	465~475	12~24
3A21	595~620	4~12
2A06	475~490	24
2A11、2A12、2A14	480~495	10~15
2A16	515~530	12~24
2A10	500~515	20
6A02	525~540	12
2A50、2B50	515~530	12
2A70、2A80	485~500	12
7A04	450~465	12~38
7A09	445~470	24

2）中间退火

铝合金板带经冷变形后，如不进行中间退火而继续进行冷加工，变形将会很困难。中间退火工艺与坯料退火工艺基本相同。根据对冷变形程度的不同要求，中间退火还可分为完全退火（总变形程度 ε=60%~70%）、简单退火（总变形程度 $\varepsilon < 50\%$）和轻微退火（总变形程度 $\varepsilon < 30\%$~44%）三种。前两种退火温度与坯料退火一样，轻微退火是加热到 320~350℃，保温 1.5~2h 后空冷。对可热处理强化的合金，以不大于 30℃ /h 的冷却速度炉冷至 270℃后出炉空冷，以防止淬火效应。

3）成品退火

成品退火是根据产品技术条件的要求，也有高温退火（生产软制品）和低温退火（生产不同状态的半硬制品）。成品高温退火的目的是保证材料获得完全再结晶组织和良好的塑性，因此温度不宜过高，保温时间不宜过长。

低温退火主要用于工业纯铝及热处理不强化铝合金，以稳定性能，消除应力以及获得半硬制品，退火后可直接在空气中冷却。纯铝及 Al-Mg 等合金在低温退火时可能已发生部分再结晶。总之，经低温退火后，在保证合金高强度的同时，应具有一定塑性，以便于随后成形操作。

13.3.2　铝合金的固溶时效处理

合金固溶处理加热时，应特别注意固溶温度的选择，超过上限温度就有过烧的危险。对于可热处理强化铝合金和铸态铝合金来说，固溶处理后合金的强度和塑性有所提高，是因为合金中大量的共晶组织和粗大的第二相组织慢慢回溶到基体中，使得变形萌生微裂纹概率下降，因而提高了塑性。

1. 固溶

普通固溶处理采用单一的温度和时间进行，它是目前最常用的固溶工艺。固溶处理须避免因生成液相而使晶界弱化的过烧现象，这需要将固溶温度控制在共晶温度之下，导致残余结晶相不易完全固溶，从而降低了合金的韧性。因此，单级固溶在工业应用中不能满足对材料性能的要求。对于一些合金化程度较高，未溶相难以充分溶解的合金，需要采用强化固溶工艺。强化固溶处理比普通固溶处理的时间更长。

强化固溶一般分为三个阶段：①在相对较低的温度下保温一段时间，这个阶段的固溶是影响合金力学性能的主要因素；②以一定的速度升到一个较高温度；③在这个较高的温度下保温一段时间。逐步升温处理可使固溶温度高于共晶温度，同时能避免过烧，促进了残余结晶相的溶解，显著提高了合金的力学性能。因此，强化固溶与单级固溶相比，在不增加合金元素总含量的条件下提高了固溶体的过饱和度，同时减少了粗大未溶结晶相，对于提高时效析出程度和改善断裂性能具有积极意义，是提高合金综合性能的一条有效途径。但在工业中仍存在两个问题：随着温度的升高，合金晶粒逐渐长大，晶粒长大又会导致强度下降；温度的升高也会导致合金中的过剩相逐渐减少，第二相的弥散强化作用降低，从而使合金软化。

2. 淬火

1）冷却速度对性能的影响

淬火冷却速度是重要的工艺参数之一，其大小取决于过饱和固溶体的稳定性。

淬火时零件的冷却速度越大，固溶体自高温状态保存下来的过饱和度也越高，冷却速度小，则可能有第二相析出，降低了固溶体的过饱和度，在随后时效处理时，已析出相将起形核作用，造成局部不均匀析出而降低时效强化效果。但冷却速度越大形成的内应力也越大，使零件变形的可能性也越大。淬火时冷却速度越高，时效后硬度越高。冷却速度可以选用具有不同的热容量、导热性、蒸发潜热和黏滞性的冷却介质来改变，为了得到最小的内应力，铸件可以在热介质（沸水、热油或熔盐）中冷却，也可采用等温淬火，即把经固溶处理的铸件淬入200~250℃的热介质中保温一定时间，把固溶处理和时效处理结合起来。有些合金的过饱和固溶体比较稳定，可以采用较慢的冷却速度。

同一合金系中，当合金元素浓度增加，基体固溶体过饱和度增大时，固溶体稳定性降低，因而需要更大的冷却速度。因此，固溶处理后的淬火转移时间应尽可能地短，一般不应大于15s，以免合金元素的扩散析出而降低合金的时效强化效果。

2）淬火敏感性及淬火介质的选择

中高强铝合金存在淬火敏感性，淬火工艺对材料时效后的综合性能具有直接影响。所谓淬火敏感性指在冷却速率降低时，合金力学性能下降的现象。厚板材在固溶淬火时会因芯部与表层的冷却速度不同而造成内外性能不均匀和整体性能的下降。在冷却速度较低的情况下，合金会析出粗大平衡相，降低了基体的过饱和度从而使得后续时效时析出的强化相减少，最终导致合金综合性能降低。此时合金的冷却速度不能小于其临界冷却速度，临界冷却速度与合金体系、合金元素含量和淬火前合金组织有关。不同体系的合金，原子扩散速度不同，脱溶相形核速率不同，使固溶体稳定性有很大差异。如 Al-Cu-Mg 系合金中，固溶体稳定性低，必须在水中淬火；而中等强度的 Al-Zn-Mg 系合金中，固溶体稳定性高，可以在静止空气中淬火。

在水中淬火易产生较大的残余应力及变形。为缓解这一问题，可把水温适当升高，或在油、空气等冷却能力较弱的介质中淬火。此外，也可采用一些特殊的淬火方法，如等温淬火、分级淬火。

3）淬火方式

热处理工艺对生产高质量 2××× 系、6××× 系和 7××× 系可热处理强化铝合金中厚板至关重要，为获得优异综合性能，可热处理强化铝合金必须进行固溶处理。最初铝合金中厚板的淬火工艺主要是通过盐浴炉来进行，从盐浴炉到淬火水槽之间用天车进行转移，转移时间一般在十几秒以上，使铝合金晶间腐蚀加重，严重影响产品的耐腐蚀性能，且板材在后续加工中变形大，性能不稳定，因此有的合金对淬火转移时间有严格要求，如 7××× 系合金的淬火转移时间须小于 15s。此外盐浴炉内的盐浴剂是强氧化剂，除对环境有污染外，也给安全生产带来一定的隐患。针对盐浴炉淬火的不足之处，先后开发了以下几种铝合金淬火新工艺和新装备。

（1）辊底式淬火。由于传统淬火方式存在诸多不足，20 世纪 70 年代末，国外开发了专用于航空用铝合金厚板的热风循环辊底式固溶热处理技术，其优点主要有：①可热处理的中厚板规格范围较大，宽度可达 4m 以上，长度可达 40m，加热速度快，保温时间短，生产效率高，操作安全；②热处理温度控制精度高，奥地利 Ebner 公司生产的辊底式淬火炉在保温阶段可将温差控制在 ±1℃以内；③淬火转移时间短，可控制在 13s 以内，板材在加热区加热后通过辊道立即进入喷淋区；④冷却速率更快、更均匀，用大流量的去离子冷却水对板材上下表面同时进行喷淋冷却，使板材具有细小、均匀的强化组织，性能稳定；同时由于厚板表面和中心的冷却速率接近，淬火后翘曲变形小，板形好；⑤辊道带有波浪形钢丝刷衬，避免了带板材表面的擦划伤；⑥洁净、环保，低污染排放。

（2）浸入式淬火。特厚板由于单重大、厚度大，淬火过程中温降规律、组织演变规律及应力应变分布规律与较薄规格中厚板差别较大，其淬火设备、淬火工艺技术及控制策略也具有独特性。目前，厚板、特厚板淬火装备主要分为两种形式，即浸入式淬火（淬火池和淬火槽等）和连续式淬火。浸入式淬火设备通过池内冷却水搅拌加速厚板表面对流，实现厚板较快速冷却。由于搅拌水流速度受淬火池或淬火槽容积及装置限制 (3~5m/s)，相对于壁面射流换热，浸入式淬火冷却强度相对偏低，且因搅拌产生的水流速度在池内各处不一致，厚板板面各处冷却强度分布不均，导致厚板冷后淬硬层深度及组织分布不均。此外，由于冷却介质温度及厚板全长的热交换过程缺乏一致性和重现性，厚板批次淬火稳定性不高。

（3）喷淋式淬火。喷淋式水淬火装置在铝合金热处理生产线上得到了广泛的应用，其采用“外淋＋内喷＋旋转”方式进行淬火处理，即铝合金旋转，上表面轴流喷水，下表面层流喷水，可保证淬火均匀。

3. 时效

1）自然时效

自然时效是一种最简单的时效工艺，合金在进行淬火或淬火再冷变形后直接置于室温下进行时效。可热处理强化铝合金在淬火后具有自然时效现象。

2）人工时效

为满足不同力学性能的要求，可进行较高温度下的人工时效。通过改变时效温度和时间，人工时效可分为完全时效（亦称峰时效）、不完全时效（亦称欠时效）及过时效、稳定时效等。

实际生产中最主要的时效工艺是等温时效或单级时效，即选择一定温度和保温一定时间，达到所要求的性能。为了进一步改善材料的性能，某些合金可采用分级时效，先在某一温度时效一定时间后，再提高或降低时效温度，完成整个时效过程。除了上述两种工艺外，还有形变时效、回归处理与回归再时效处理等。

（1）单级时效

单级时效，也称等温时效，是一种最简单也是最普及的时效工艺，在淬火（或称固溶处理）后只进行一次时效处理。单级时效分为自然时效和人工时效，大多时效到最大硬化状态，前者以 G.P 区强化为主，后者以沉淀相强化为主。可热处理强化的变形铝合金才有明显的自然时效强化效应。在室温下大多数时效强化型合金的时效过程不能进行，或进行极为缓慢，因此只能采用人工时效。

对结构材料来说，选择时效规程往往以保证达到最高强化为原则。这种时效是在时效硬化曲线上的峰值点进行时效，为完全人工时效。但是有些制品不要求最高强度值，而是要求具有强度、韧性、塑性、抗应力腐蚀能力等多方面综合性能，则采用不完全人工时效、过时效及稳定化时效等。

不完全人工时效规程相当于时效硬化曲线的上升阶段，与完全人工时效相比较，温度较低，保温时间较短，虽强度性能未达到最高值，但塑性较好。过时效规程相当于时效硬化曲线的下降段，与不完全时效比较，过时效后的组织较稳定，具有良好的综合力学性能及抗应力腐蚀能力。稳定化时效是过时效的一种形式，其特点是时效温度更高或保温时间更长，目的在于使合金的性质和尺寸更稳定。对于高温条件下工作的耐热合金，为保证在使用条件下性质和尺寸的稳定性，一般采用过时效或稳定化时效。

（2）多级时效

多级时效指在各个温度下进行时效的工艺。一般先低温后高温，低温时效时过饱和度大，脱溶相更弥散，成为高温时效脱溶相的核心。最具有代表性的是回归再时效与断续时效。断续时效的发明始于人们对二次时效现象的研究。合金在峰值时效后长时置于较低温度热处理，细小弥散的相会再次从基体中析出，合金的强度会随之提高，而断裂韧性变差，这种现象便是二次时效。一些学者在研究合金的抗蠕变性能时，以二次时效现象为基础，发明了断续时效工艺，并申请了专利。

3）回归再时效

1974 年西拉（B M Cina）首次提出，对人工时效状态的铝合金可进行回归处理，随后再重复原来的人工时效。这种工艺称回归再时效处理，即 RRT 工艺，又称回归热处理工艺，即 RHT 处理。这种工艺适用于 Al-Cu-Mg、Al-Mg-Si、Al-Zn-Mg-Cu 等合金。

把经过时效强化后的铝合金重新加热到高于时效处理温度（200~280℃，但低于固溶处理温度），经短时间保温，然后迅速冷却到室温，铝合金强度会下降并重新软化，即性能可恢复到淬火状态，这种现象称为回归。这是因为，通过时效而形成的 G.P 区，当加热到稍高于其固溶线的温度时，这些小尺寸的 G.P 区因不稳定而迅速溶解，但由于保温时间短，使过渡相与稳定相来不及形成，此时将合金快冷到室温，则又回复到新淬火态。

回归现象在生产中具有重要意义，因为失效后的铝合金工件可在回归后的塑性状态下进行各种冷变形操作，例如，可对飞机的螺旋桨进行修理等。

一般能进行时效强化的铝合金大都有回归现象，并且同一合金可进行几次回归，但每次回归后强度都有所降低，故回归以 3~4 次为限。回归后的铝合金，其耐蚀性有所降低。

13.4　铝合金热处理实例

13.4.1　2××× 系铝合金热处理实例

以下介绍 Al-Cu-Mg 系 2E12 合金的均匀化以及固溶热处理。表 13-10 给出了 2E12 系合金的成分。

表 13-10　2E12 系合金成分　　%

合金	Si	Fe	Cu	Mg	Mn
2E12	0.06	0.12	4.0~4.5	1.2~1.6	0.45~0.7

为了解晶界处粗大第二相在不同均匀化温度下的溶解情况，采用 460℃、470℃、480℃、490℃、500℃五个均匀化温度，以及 48h 的均匀化时间，淬火后对试样进行微观组织分析。

合金在不同均匀化温度经 48h 退火后的显微组织见图 13-12（见 13.3.1 节）。均匀化温度越高，合金晶界处第二相的溶解越充分。其中，合金经 460℃和 470℃均匀化 48h 后，粗大第二相的溶解不明显，仍然呈链状连续分布在晶界处。在 480℃和 490℃均匀化 48h 后，晶界处粗大第二相大部分回溶，只有少量不连续地分布在晶界上。合金经 500℃保温 48h 后，第二相溶解较为充分，但是晶界附近出现了黑色的过烧坑。

图 13-13(a) 为铸态 2E12 合金的电导率在不同温度下随均匀化时间的变化曲线。随均匀化温度的提高，合金的电导率明显升高，当均匀化温度在 470~500℃时，升高尤为明显。合金电导率的升高主要与 Mn 元素以 $Al_{20}Cu_2Mn_3$ 相的形式从基体脱溶出来有关，因为 Mn 元素对铝合金电导率的影响较大。图 13-13(b) 为铸态 2E12 合金的显微硬度在不同均匀化温度下随保温时

间的变化曲线。随均匀化温度升高，硬度明显升高。均匀化 8h 之前，合金硬度升高很快，而 8h 后，硬度变化不大。硬度升高的主要原因为 Cu、Mg 元素在均匀化过程中逐步回溶，起到了固溶强化作用。

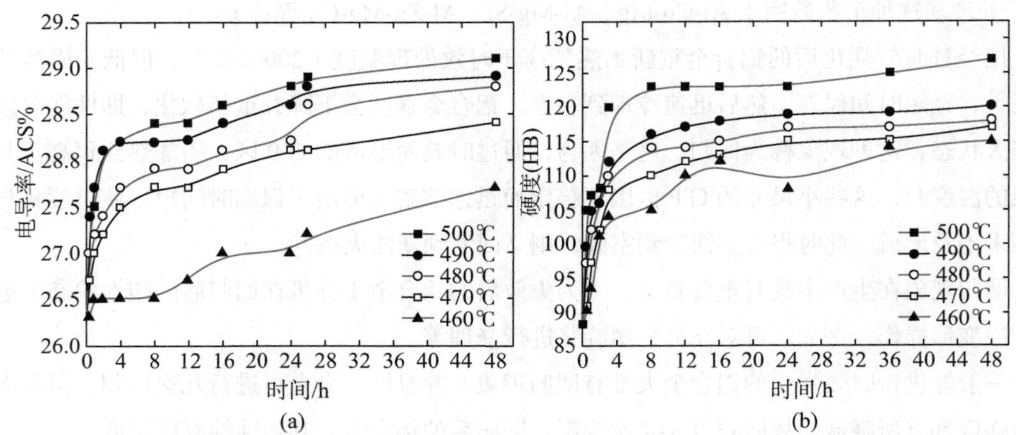

图 13-13 在不同均匀化温度下，铸态 2E12 合金随均匀化时间的变化曲线

（a）电导率；（b）显微硬度

固溶处理的目的主要是使合金中的可溶性粗大残留相充分溶解，并使得合金淬火后能够获得尽可能大的过饱和度。最佳的固溶温度和时间应该保证残留相的充分溶解，而又不引起合金的过烧和晶粒长大。

图 13-14 为 2E12 合金在 495℃、500℃、505℃ 温度下分别固溶处理 0.5h、1h、8h 后的金相组织照片。

如图 13-14 所示，经固溶处理后，合金中的晶粒基本呈等轴状，随着固溶时间延长和温度升高，晶粒尺寸有所增加，在 495℃和 500℃固溶 1h 以内，晶粒尺寸增加不明显，而在 505℃固溶，随时间延长晶粒长大较快。

如图 13-15 所示为 2E12 合金在 495 ℃、500 ℃、505 ℃温度下分别保温 0.5h、1h、8h 固溶处理后的扫描电镜显微组织。在 2E12 合金中过剩的第二相以 $S(Al_2CuMg)$ 相为主。从

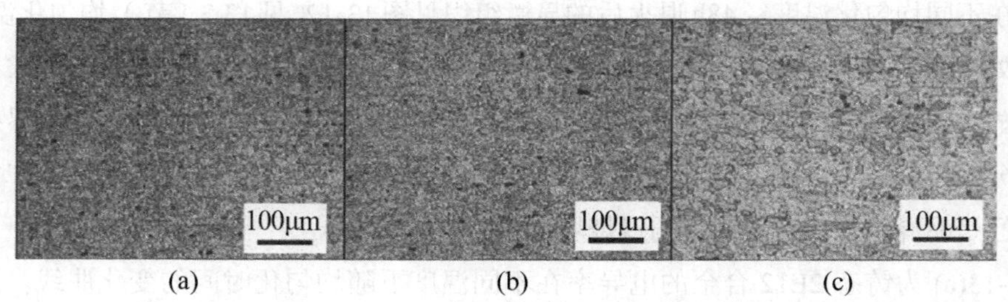

图 13-14 冷轧态 2E12 合金经不同固溶处理后的金相组织照片

（a）495 ℃ /0.5h；（b）495 ℃ /1h；（c）495 ℃ /8h；（d）500 ℃ /0.5h；（e）500 ℃ /1h；（f）500℃ /8h；（g）505℃ /0.5h；（h）505℃ /1h；（i）505℃ /8h

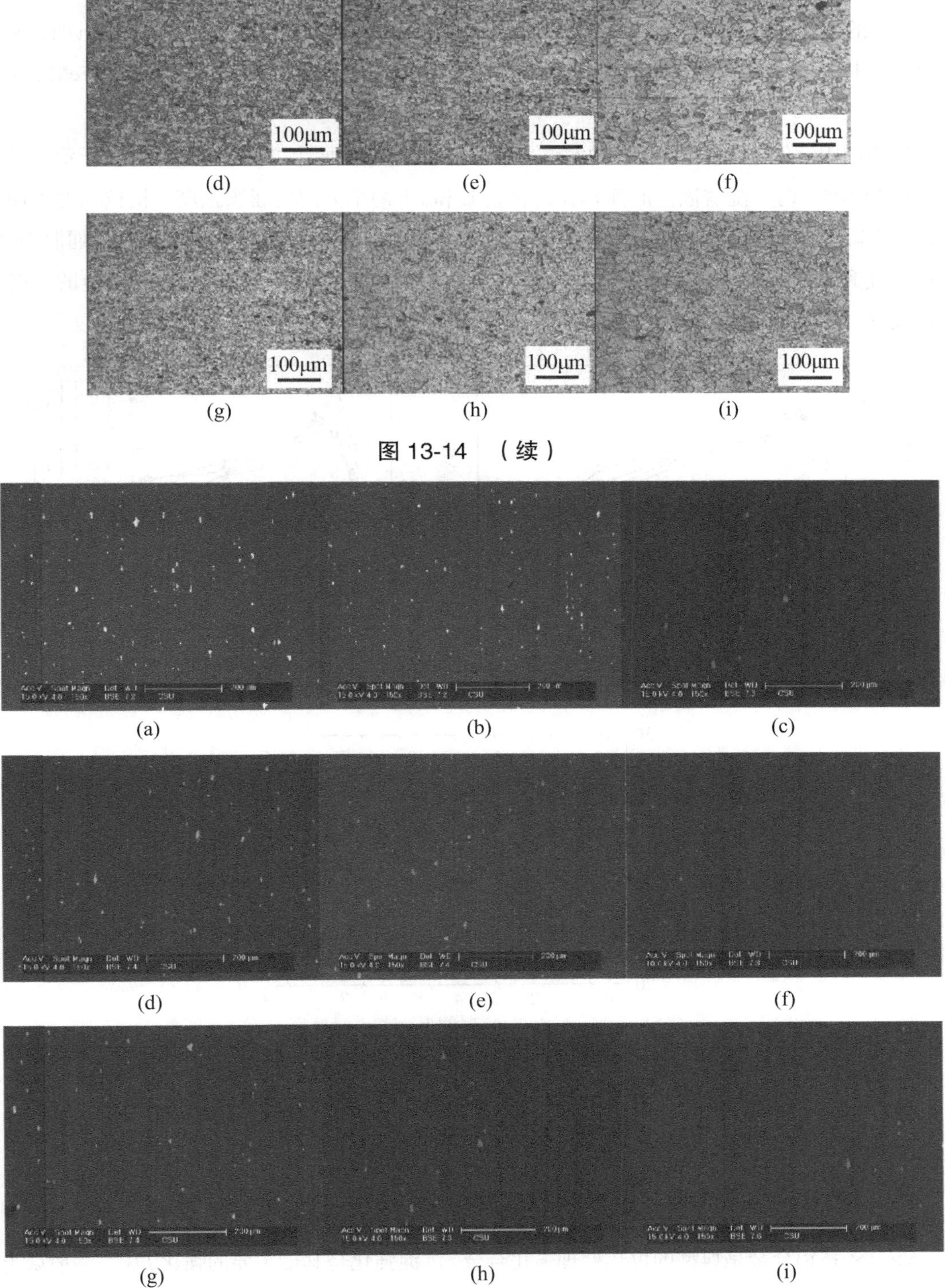

(d)　(e)　(f)

(g)　(h)　(i)

图 13-14　（续）

(a)　(b)　(c)

(d)　(e)　(f)

(g)　(h)　(i)

图 13-15　冷轧态 2E12 合金经过不同固溶处理后的扫描电镜显微组织

（a）495℃ /0.5h；（b）495℃ /1h；（c）495℃ /8h；（d）500℃ /0.5h；（e）500℃ /1h；（f）500℃ /8h；（g）505℃ /0.5h；（h）505℃ /1h；（i）505℃ /8h

图 13-15 可以看出，随固溶温度升高和时间延长，S 相溶入基体的速度逐渐加快。495℃固溶时，S 相的溶解速度较慢。在 500℃和 505℃固溶时，S 相的溶解速度较快，固溶 1h 时，S 明显减少；固溶 8h 后，合金内部基本观察不到明显的粗大 S 相，只有少部分 AlCuFeMn 高熔点相。

经不同固溶处理后 2E12 合金的室温力学性能（L 和 LT 两个方向）如图 13-16 所示。当固溶温度为 505℃时，随着固溶时间延长，合金 L 和 LT 两个方向的屈服强度、抗拉强度和伸长率逐渐下降。当固溶温度为 495℃、500℃时，2E12 合金的 L 和 LT 两个方向的硬度、屈服强度、抗拉强度和伸长率先升高后降低。可以看出，固溶温度 500℃以及时间 1h 时，合金的强度和塑性最好，可选定此温度和时间为较优的固溶条件。

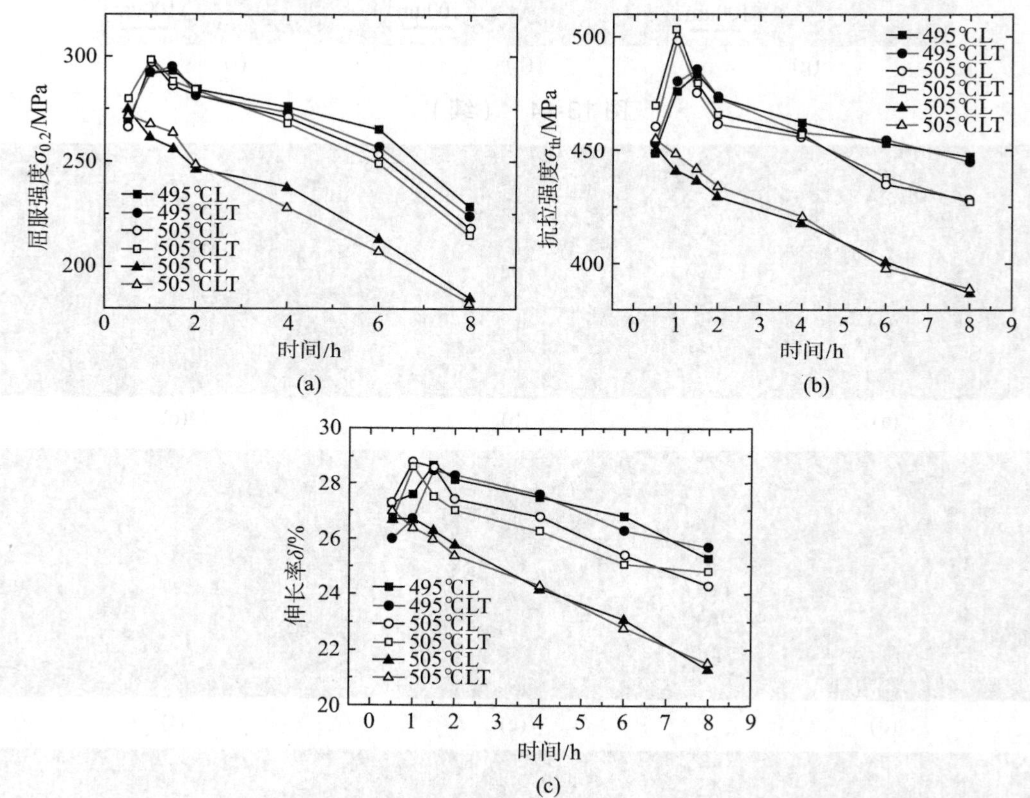

图 13-16　2E12 合金不同固溶温度和时间下的力学性能

（a）屈服强度；（b）抗拉强度；（c）伸长率

13.4.2　6××× 系铝合金热处理实例

6××× 系铝合金是典型的可热处理强化合金，沉淀强化是其最主要的强化方式。一般认为，6××× 系铝合金在时效过程中析出的 β″ 相和 β′ 相是其主要强化相。在 6××× 系铝合金加入 Cu 元素，一方面可以增加 Mg 和 Si 在基体中的过饱和度，促进 G.P 区的形核长大，并可以作

为 β″ 相形核的稳定核心，提高合金的时效强化效果。表 13-11 给出了 4 种典型的 6×××-（Cu）系铝合金的成分。

表 13-11　合金的化学成分　%

序号	Mg	Si	Cu	Mn	Cr	Zn	Ti	Fe	Al
1	0.42	0.50	0.50	0.20	0.10	0.20	0.02	<0.10	Bal
2	0.42	0.50	1.00	0.20	0.10	0.20	0.02	<0.10	Bal
3	0.42	0.50	2.50	0.20	0.10	0.20	0.02	<0.10	Bal
4	0.42	0.50	4.50	0.20	0.10	0.20	0.02	<0.10	Bal

图 13-17 给出了表 13-11 中 1 号、2 号、3 号和 4 号合金的时效硬化曲线。4 种合金都存在明显的时效硬化特征。在时效早期，合金的硬度值迅速升高，达到峰值后继续延长时效时间，合金的硬度值逐渐下降。1 号合金的峰时效硬度为 109HV，达到峰时效时间为 360min。2 号合金的峰时效硬度为 131HV，达到峰时效时间为 480min。3 号合金的峰时效硬度为 158HV，达到峰时效的时间为 540min，比 1 号合金达到峰时效时间延长了 50%。4 号合金的峰时效硬度为 218HV，达到峰时效时间为 960min，是 1 号合金达到峰值时效时间的 2.67 倍。说明 Cu 含量增加，延长了 6××× 系铝合金达到峰时效的时间，但对硬度提高很大。

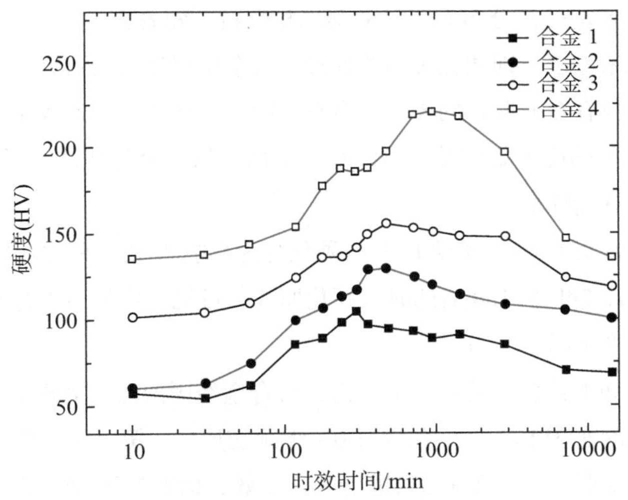

图 13-17　4 种合金 165℃的时效硬化曲线

图 13-18 给出了固溶态和峰时效态 4 种合金的拉伸断口形貌。众所周知，断口韧窝的大小、数量及深浅主要由材料的塑性、材料的热处理方式以及材料断裂时第二相粒子或夹杂物的数量、大小和间距决定。可以看出，4 种合金的断口形貌特征均以韧窝型穿晶断裂为主，因而显示了这些合金都具有较好的塑性。通过比较可以发现，固溶淬火态合金的断口上韧窝分布更加均匀，而且韧窝尺寸更大。这也与固溶淬火态合金伸长率较高的实验结果相吻合。

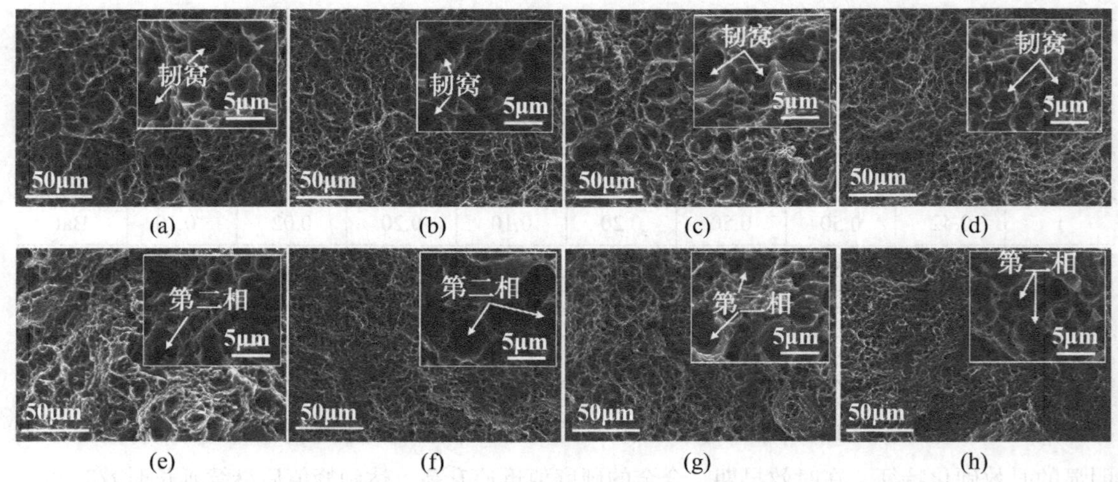

图 13-18　合金的端口扫描照片

（a）固溶淬火态 1 号合金；（b）峰值时效态 1 号合金；（c）固溶淬火态 2 号合金；（d）峰值时效态 2 号合金；（e）固溶淬火态 3 号合金；（f）峰值时效态 3 号合金；（g）固溶淬火态 4 号合金；（h）峰值时效态 4 号合金

此外，比较 4 种合金断口形貌可知，随着 Cu 含量的增多，合金断口韧窝中的第二相粒子明显增多。在 1 号和 2 号合金的断口韧窝中，粗大第二相粒子数量较少且尺寸很小。而在 3 号和 4 号合金样品中，韧窝处都分布有明显的第二相颗粒。随着合金中 Cu 含量的增多，合金中未溶入基体的合金元素增多。即便经过固溶处理，合金中仍然会残留许多未溶入基体的粗大第二相粒子。由于与基体存在非共格的界面或自身较脆，在塑性变形过程中，这些粗大第二相粒子附近区域会存在明显的应力集中并诱发裂纹，从而降低合金的塑性。因此，随着 Cu 含量的增加，合金的伸长率逐渐降低。

停放时间和预变形对 6××× 合金的时效硬化行为影响较大，图 13-19 给出了表 13-11 中 2 号合金淬火后停放 3h、24h 和 18d 后的时效硬化曲线。可见，停放后进行时效，减弱了合金的时效强化，峰时效硬度下降，时间延长。

对 2 号合金进行如下预变形处理，第一组，将合金经固溶淬火处理后立即在 165℃进行人工时效（淬火转移时间小于 5s），即预变形 0（无预变形）；第二组，将合金经固溶淬火处理后进行 5% 的预拉伸变形，然后在 165℃进行人工时效，即预变形 5% 停放 0h；第三组，将合金经固溶淬火处理后进行 5% 的预拉伸变形，然后在室温（20℃）下停放 24h，最后在 165℃进行人工时效，即预变形 5% 后停放 24h。

对预变形样品分别进行欠时效态、峰时效态和过时效态下的力学拉伸测试。其中，欠时效态的三组实验试样均采用 165℃ /0.1h 的时效处理。峰时效态的三组试样根据时效硬化曲线的测试结果分别选取如下时效条件：预变形 0 试样选取 165℃ /8h 时效制度，预变形 5% 停放 0h 试样选取 165℃ /2h 时效制度，预变形 5% 停放 24h 试样选取 165℃ /3h 时效制度。过时效态的三组实验试样均采用 165℃ /96h 的时效处理。三组试样（预变形 0，预变形 5% 停放 0h 和预变形 5% 后停放 24h 的试样）的力学拉伸测试结果分别如图 13-20(a)、(b) 和 (c) 所示。

由图 13-20 可见，合金经过预变形后的屈服强度和抗拉强度都有明显的提升，但断后伸长

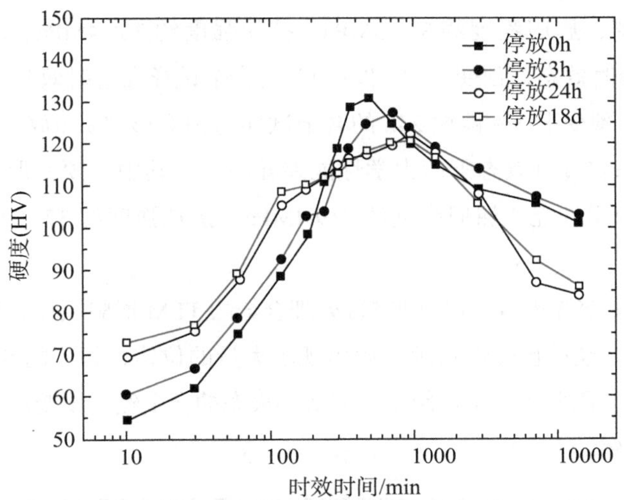

图 13-19 2 号合金经过不同时间停放后（0h、3h、24h、18d）的时效硬化曲线

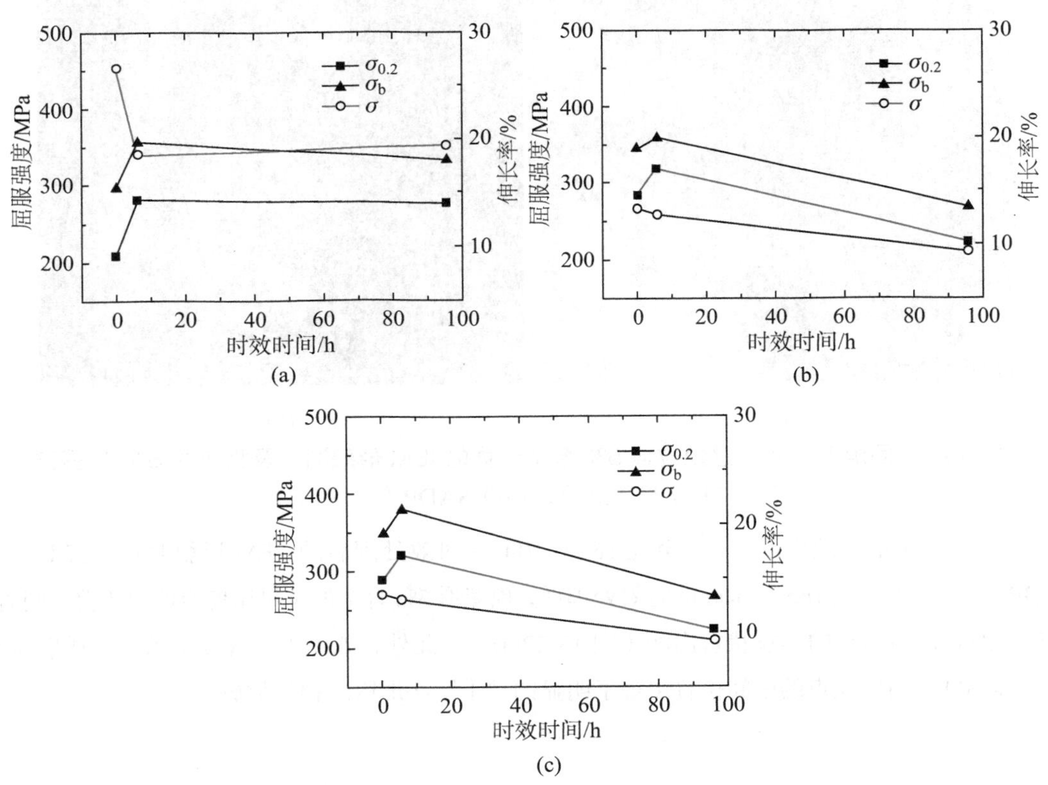

图 13-20 不同处理状态合金的力学性能

（a）预变形 0；（b）预变形 5% 停放 0h；（c）预变形 5% 停放 24h

率则显著降低。其中，相比于预变形 0 的合金试样，在欠时效状态下，预变形 5% 停放 0h 的合金屈服强度提高了约 68MPa，同时抗拉强度也提高了约 45MPa，但 δ 降低了 13.3%。同样，在峰时效态，预变形使合金的强度明显提高，而塑性降低。预变形 5% 停放 0h 的合金试样在峰时效态的力学性能，屈服强度约 325.3MPa、抗拉强度约 365.4MPa、断后伸长率 12.8%。不同于欠时效态和峰时效态，预变形 5% 停放 0h 的合金试样在过时效状态下强度和伸长率都同时降低。总体上，预变形 5% 停放 24h 的合金试样与预变形 5% 停放 0h 的合金试样力学在欠时效态、峰时效态和过时效态下的力学性能差异不大。其中，预变形 5% 停放 24h 的合金试样在峰时效态的力学性能，屈服强度约 319.4MPa、抗拉强度约 376.3MPa、断后伸长率约 13.2%。

图 13-21 为合金固溶淬火后经预拉伸 5% 处理合金的 TEM 形貌照片和相应的 SADP 图谱。由图 13-21(a)，合金在经过预变形处理以后出现了大量的位错，相应的 SADP（图 13-21(b)）无明显第二相衍射斑。因此可以得出结论，固溶淬火态的合金经过预变形后，无明显第二相析出，仅产生了大量位错。

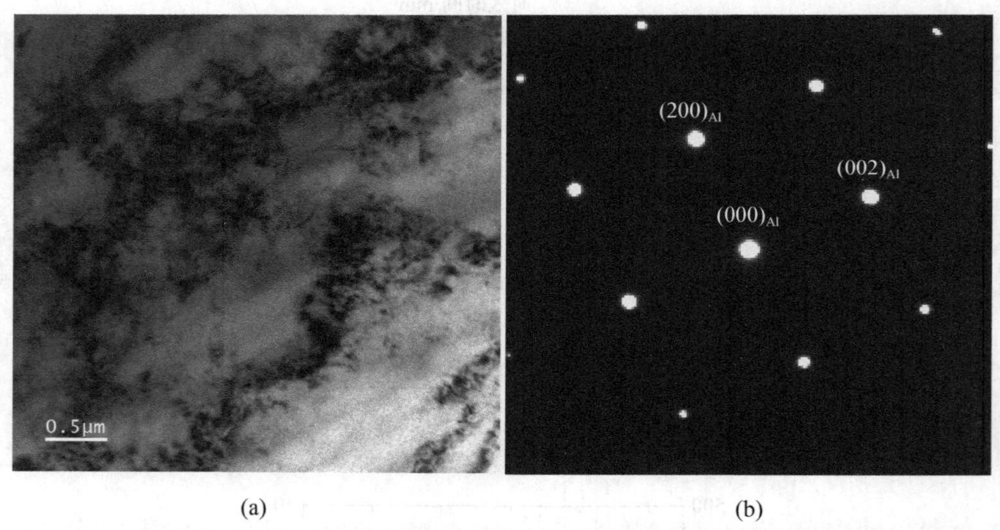

(a) (b)

图 13-21　固溶淬火后经过预拉伸 5% 合金试样的 IEM 形貌图片及相应的 SAPP 图谱

（a）TEM 形貌照片；（b）SADP（<010>$_{Al}$）

图 13-22 显示了预变形 5% 合金经 165℃ /10min 时效处理后的 TEM 形貌照片及其对应的 SADP。由图可见，在 165℃ /10min 时效处理后，预变形 5% 合金的位错密度有明显下降。同时，可观察到有许多细小的颗粒状析出相（图 13-22(a)）。此外，如图 13-22(b) 所示，在透射斑和 Al 基体 {002} 衍射斑点的中间位置出现了明显的“十”字形第二相衍射斑。

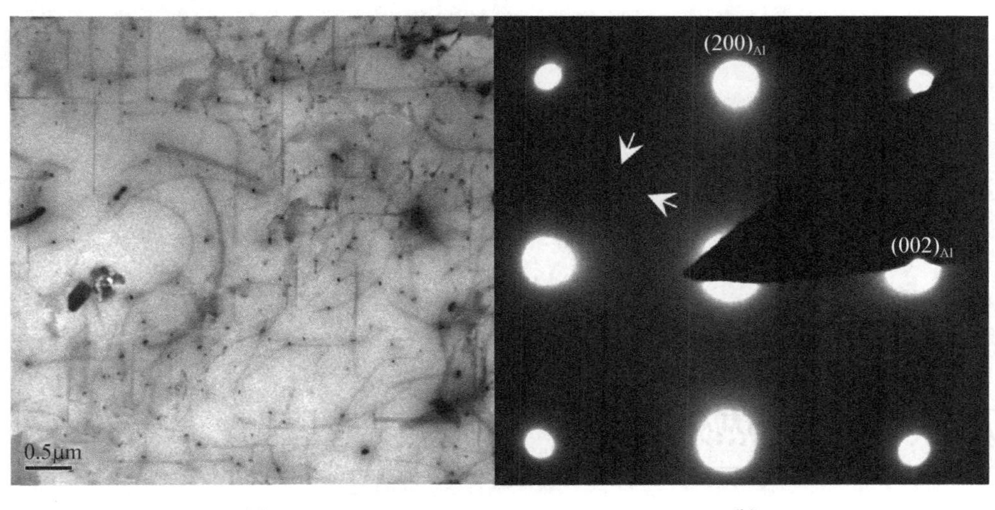

(a)　　　　　　　　　　　　　　　　(b)

图 13-22　预拉伸变形 5% 合金经 165℃ /10min 时效处理后的 IEM 形貌图片及相应的 SAPP 图谱

（a）TEM 形貌照片；（b）SADP（<010>$_{Al}$）

第 14 章

镁及镁合金的热处理

14.1 概　　述

镁是元素周期表中ⅡA 族碱土金属元素，纯镁的密度仅为 1.738g/cm^3，是所有结构用金属中密度最低的。与其他金属结构材料相比，镁及镁合金具有比强度高、比刚度高，减振性、电磁屏蔽和抗辐射能力强，易切削加工，易回收等一系列优点，在汽车、电子、电器、交通、航天、航空和国防军事工业领域具有极其重要的应用价值和前景，并被称为 21 世纪的绿色工程材料。随着很多金属矿产资源的日益枯竭，镁以其资源丰富而日益受到重视，特别是结构轻量化技术及环保问题的需求更加刺激了镁工业的发展。目前，镁及镁合金材料的研究已成为世界性的热点。镁的物理性能见表 14-1。

表 14-1　镁的物理性能

性质	温度 /℃	数值	性质	温度 /℃	数值
原子序数		12	熔点	—	(650.0+0.5) ℃
原子价		2	沸点	—	1090℃
结构	25	密排六方	密度	25	1736kg/m^3
相对原子质量	—	24.3050	多晶弹性模量	25	45GPa
原子直径 /A	—	3.20	多晶泊松比	25	0.35
热导率	27	156W/(m·K)	弹性模量	—	59.3GPa
	527	146W/(m·K)			61.5GPa
多晶电阻率	20	$4.46\times10^{-8}\Omega\cdot m$			16.4GPa
	600	$17.0\times10^{-8}\Omega\cdot m$			25.7GPa
再结晶温度	—	423℃		—	21.4GPa
线收缩	—	1.9%	—	—	4.2%

续表

性质	温度 /℃	数值	性质	温度 /℃	数值
多晶热膨胀系数	27	25.0×10^{-6}/K	电化学位（标准氢电极）	—	−2.37V
	527	30.0×10^{-6}/K			

纯镁的优点很多，但是力学性能较低，其应用范围受到很大限制。通过在纯镁中添加铝、锌、锰、稀土、锆、银和铈等元素，可以显著改善镁的物理、化学和力学性能。

铝是镁合金中最常用的合金元素。铝与镁能形成有限固溶体，在共晶温度（710K）下的饱和溶解度为 12.7wt%；在提高合金强度和硬度的同时，也能改善铸造性能。由于其溶解度随温度下降而显著减小，所以镁铝合金可以进行热处理。当含铝量过高时，合金的应力腐蚀倾向加剧，脆性提高，因此市售镁合金的铝含量通常低于 10wt%。

锌在镁中的最大固溶度为 6.2wt%，是除铝以外的另一种非常有效的合金化元素，具有固溶强化和时效强化的双重作用。锌通常与铝结合来提高室温强度。当镁合金中铝含量为（7~10）wt% 且锌添加量超过 1wt% 时，镁合金的热脆性明显增加。高锌镁合金由于结晶温度区间间隔太大，合金流动性大大降低，从而铸造性能较差。

锆在镁中的固溶度很小，在包晶温度下仅为 0.58wt%，具有很强的晶粒细化作用。α-Zr 的晶格常数（a=0.323nm，c=0.514nm）与镁（a=0.321nm，c=0.521nm）非常接近，在凝固过程中先形成的富锆固相粒子将为镁晶粒提供异质形核位置。锆不能添加到含铝、锌的合金中，因为它能同这些元素形成稳定的化合物而从固溶体中分离出来。

锂在镁中的固溶度相对较高，可以产生固溶强化效应，并能显著降低镁合金的密度，甚至能够得到比纯镁密度还低的镁锂合金。锂还可以改善镁合金的延展性，特别是当锂含量达到约 11wt% 时，能形成具有体心立方结构的 β 相，从而大幅提高镁合金的塑性变形能力。锂同时也会显著降低强度和抗蚀性。由于 Mg-Li 合金的强度问题，迄今为止其应用仍然非常有限。此外，锂增大了镁蒸发及燃烧的危险，只能在保护密封条件下冶炼。当锂含量达到约 30 wt% 以上时，镁锂合金具有面心立方结构。

稀土是一种重要的合金化元素，耐高温稀土镁合金是近年来的研究热点。稀土镁合金的固溶和时效强化效果随着稀土元素原子序数的增加而增加，因此稀土元素对镁的力学性能的影响基本是按镧、铈、富铈的混合稀土、镨、钕的顺序排列。稀土元素原子扩散能力差，易形成非常稳定的弥散相粒子，从而能大幅提高镁合金再结晶温度和减缓再结晶过程，提高镁合金的高温强度和蠕变抗力。近年来有关 Gd、Dy 等稀土元素对镁合金性能影响的研究很多。镁合金中添加两种或两种以上稀土元素时，由于稀土元素间的相互作用，能降低彼此在镁中的固溶度，并相互影响其过饱和固溶体的沉淀析出动力学，且能产生附加的强化作用。

少量的钙能够改善镁合金的冶金质量。原因：一是在铸造合金浇注前加入来减轻金属熔体和铸件热处理过程中的氧化；二是细化合金晶粒，提高合金蠕变能力，提高薄板的可轧制性。钙的质量分数应该控制在 0.3wt% 以下，否则薄板在焊接过程中容易开裂。钙还可以降低镁合金的微电池效应。据报道，Mg-Cu-Ca 合金中由于 Mg_2Ca 的析出中和了 Mg_2Cu 相的电池效应，从而导致阴极活性区减小。此外，添加钙将导致铸造镁合金产生粘模缺陷和热裂。

镁合金中添加锰对抗拉强度几乎没有影响，但是能稍微提高屈服强度。在熔炼过程中锰可以除去铁及其他重金属元素，提高 Mg-Al 合金和 Mg-Al-Zn 合金的抗海水腐蚀能力。锰在镁中的固溶度较低，镁合金中的锰含量通常低于 1.5wt%。镁合金中添加硅能提高熔融金属的流动性，与铁共存时，会降低镁合金的抗蚀性。

银在镁中的固溶度大，最大可达到 15.5wt%。银的原子半径与镁的相差 11%，当 Ag 溶入 Mg 中后，间隙式固溶原子造成晶格畸变，产生很强的固溶强化效果。同时 Ag 能增大固溶体和时效析出相之间的单位体积自由能。因此，镁合金中添加银，能增强时效强化效应，提高镁合金的高温强度和蠕变抗力，但降低合金抗蚀性。

镁合金中添加钍能提高合金在 643K 以上的蠕变强度。常规钍在镁合金中添加量为（2~3）wt%。它能够提高镁合金的焊接性能，是提高镁合金高温强度和蠕变性能的最佳元素，但是具有放射性，其应用受到很大限制。

14.2 镁合金的分类

镁合金种类不如铝合金、铜合金丰富。一般来说镁合金的分类依据有三种：合金化学成分、成形工艺和是否含锆。

按化学成分，镁合金主要分为 Mg-Al、Mg-Zn、Mg-Mn、Mg-RE、Mg-Zr、Mg-Th、Mg-Ag 和 Mg-Li 等二元系，以及 Mg-Al-Zn、Mg-Al-Mn、Mg-Mn-Ce、Mg-RE- Zr、Mg-Zn-Zr 等三元系及其他多组元系镁合金。

按成形工艺，镁合金可分为铸造镁合金和变形镁合金。我国铸造镁合金又分为高强度铸造镁合金和耐热铸造镁合金两大类。高强度铸造镁合金有 Mg-Al-Zn 系（ZM5）和 Mg-Zn-Zr 系（ZM1、ZM2、ZM7、ZM8），其有高的室温强度，塑性好且工艺性能优异，但耐热性差（<150℃使用），可用于制造飞机发动机，卫星中承受较高载荷的铸造结构件。耐热铸造镁合金是 Mg-RE-Zr 系（ZM3、ZM4、ZM6），合金工艺性能好，可在 200~250℃长期使用，短期使用温度达 300~350℃，但其常温强度和塑性较低。

变形镁合金是指可用挤压、轧制、锻造和冲压等塑性成形方法加工的镁合金。变形镁合金具有更高的强度、更好的塑性及更多样化的规格。我国目前的变形镁合金主要为 Mg-Mn 系（MB）、Mg-Al-Zn 系（AZ）和 Mg-Zn-Zr 系（ZK）三类。Mg-Mn 系合金有良好的耐蚀性和焊接性能，其板材用于制作蒙皮等结构件，以及通过锻造制作外形复杂的耐蚀构件，且一般在退火状态使用。Mg-Al-Zn 系合金强度较高，塑性好，多用于制造有中等力学性能要求的零件。AZ31（Mg-3Al-1Zn）是最重要的工业用变形镁合金，具有良好的强度和延展性。Mg-Zn-Zr 系强度最高，属高强镁合金，是在航空等工业应用最多的变形镁合金，使用时应进行人工时效强化，ZK60（Mg-6Zn-0.7Zr）也是一种很有前途的新型变形镁合金。

锆是镁合金中的主要合金化元素之一，因此可以根据是否含锆将其分为含锆的镁合金及不含锆的镁合金。锆具有极强的细化晶粒作用，但锆会与 Mn、Al 形成稳定的密度大较大的金属间化合物，沉于坩埚或炉底部，削弱甚至消除了应起的作用。因此，除了 MB15 合金含有锆外，其他的变形镁合金都不含有锆元素，铸造镁合金 ZM5、ZM10 也不含锆。

14.3　镁合金的热处理

镁无同素异构转变，镁合金常用的热处理方法有退火、固溶处理及时效等。

14.3.1　镁合金的热处理特点

大多数合金元素在镁中扩散系数低，使镁合金在结晶过程中（甚至在冷速很小的情况下）易于形成明显的枝晶偏析。因此，镁合金铸锭在变形前都要进行均匀化退火，对偏析严重的镁合金采用分段加热工艺，以防止加热时非平衡相熔化时造成过烧。

在再结晶退火时，应注意镁合金晶粒在高温下易于长大的倾向。由于镁合金变形时允许的变形程度较小，晶粒长大倾向特别明显，因此再结晶退火温度不应太高。

镁合金在淬火后的强度有较大的提高，某些合金（如 Mg-Al-Zn 系）还同时大大提高其塑性，因此往往在 T4 状态下使用。另外，大部分镁合金（如 Mg-Mn 系、Mg-Al-Zn 系等）脱溶过程简单，往往从过饱和固溶体中直接析出与基体不共格的平衡相，不存在预脱溶期和过渡相，因而时效强化效果不大。在 Mg-Zn-Zr-RE 系合金中，过饱和固溶体分解类似 Al-Cu 系合金的脱溶，故这类合金有着明显的时效强化效果。

镁合金组织一般较粗大，因此淬火加热温度较低；由于其合金元素扩散系数小，过饱和固溶体比较稳定，故淬火冷却速度无严格要求，淬火加热后通常采用在静止或流动空气或 80~95℃热水中冷却即可实现淬火。另外，由于过饱和固溶体难于分解，绝大多数镁合金对自然时效不敏感，淬火后在室温下放置仍能保持淬火状态的原有性能，因此一般采用人工时效且时效时间也比较长。此外，镁合金还可以进行氢化处理改善组织和性能。

镁合金氧化倾向大，为了避免燃烧事故发生，热处理加热炉内需保持一定的保护气氛，一般为 SO_2 气体，并应密封加热炉。有时为了节约成本，可在炉中添加硫铁矿石，利用其高温分解出的 SO_2 气体实施保护。

14.3.2　变形镁合金的完全退火和去应力退火

变形镁合金根据使用要求和合金性质，可以采用高温完全退火（O）和低温去应力退火（T2）。完全退火可以消除镁合金在塑性变形过程中产生的加工硬化效应，恢复和提高其塑性，以便进行后续变形加工。一般 Mg-Mn 系镁合金完全退火工艺控制在 260~290℃，时间一般为 3~5h；

当要求其塑性较高时，则退火温度可以稍高一些，一般可以定在 340~400℃。

去应力退火用于消除或降低因冷、热加工、成形、校直及焊接而导致的变形镁合金制品中的残余应力。表 14-2 中的数据为推荐的退火温度及时间。对挤压制品或轧制硬化板焊接后，应采用较低的去应力退火温度和较长的退火时间以使畸变最小，例如用 150℃ /60 min 而不用 260℃ /15min。

表 14-2　变形镁合金去应力退火工艺

合金		温度 /℃	时间 /min
板材	AZ31B-O	345	120
	AZ31B-H24	150	60
挤压材	AZ31B-F	260	15
	AZ80A-T5	200	60
	ZC71A-T5	330	60
	ZK21A-F	200	60
	ZK60A-F	260	15
	ZK60A-T5	150	60

14.3.3　铸件去应力退火

镁合金铸件的残余应力可能来自于凝固时的收缩、热处理后的不均匀冷却或淬火以及机械加工。虽然镁合金铸件通常不会有高的残余应力，但由于镁合金弹性模量低，相当低的应力就可能产生可观的弹性应变。因此若不消除或减少这种工艺过程中带来的残余应力，那么在最终精加工后，就可能导致制品的翘曲和扭曲变形。此外，残余应力也是导致镁—铝合金应力腐蚀的原因之一。

Mg-Al-Mn 合金铸件一般采用 260℃ /1h 去应力退火。Mg-Zn-Zr 合金一般采用 130℃ /48h 或 330℃ /2h 去应力退火。

14.3.4　固溶和时效

镁合金常用热处理工艺包括：在铸造或锻造后直接人工时效；淬火不时效；淬火 + 人工时效和退火等。具体工艺规范应根据合金成分特点和性能要求而定。

由于镁合金中原子扩散较慢，因而需要较长的加热（或固溶）时间以保证强化相充分溶解。为了获得最大的过饱和固溶度，固溶加热温度通常只比固溶线低 5~10℃。

由于具有较低的扩散系数，镁合金不能进行自然时效。部分镁合金经过铸造或热加工成形后不进行固溶处理而是直接进行人工时效。这种工艺很简单，也可以获得相当高的时效强化效果。特别是 Mg-Zn 系合金，重新加热固溶处理将导致晶粒粗化，时效后的综合性能反而不如 T5 态。因此通常在热变形后直接人工时效以获得时效强化效果。

固溶处理后人工时效（T6）可以提高镁合金的屈服强度，但会降低部分塑性，这种工艺主要应用于 Mg-Al-Zn 和 Mg-RE-Zr 合金。此外，含锌量高的 Mg-Zn-Zr 合金也可以选用 T6 处理以充分发挥时效强化效果。进行 T6 处理时，固溶处理获得的过饱和固溶体在人工时效过程中发生分解并析出第二相。时效析出过程和析出相的特点受合金系、时效温度以及添加元素的综合影响，情况十分复杂。典型镁合金的时效析出相见表 14-3。

表 14-3 典型镁合金的时效析出相

合金系	时效初期（G.P 区）	时效中期（中间相）	时效后期（稳定相）
Mg-Al	—	—	β 相：$Mg_{17}Al_{12}$（立方晶）连续析出和不连续析出
Mg-Zn	G.P 区：板状（共格）	β′₁ 相：$MgZn_2$（六方晶，共格） β′₂ 相：$MgZn_2$（六方晶，共格）	β 相：Mg_2Zn_3（三方晶，非共格）
Mg-Mn	—	—	α-Mn（立方晶）棒状
Mg-Y	β″ 相：$D0_{19}$ 型规则结构	β′ 相：底心正交晶	β 相：$Mg_{24}Y_5$（体心立方晶）
Mg-Nd	G.P 区：棒状（共格） β″ 相：$D0_{19}$ 型规则结构	β′ 相：面心立方晶	β 相：$Mg_{12}Nd$（体心正方晶）
Mg-Y-Nd	β″ 相：$D0_{19}$ 型规则结构	β′ 相：$Mg_{12}NdY$（底心正交晶）	β 相：$Mg_{14}Nd_2Y$（面心立方晶）
Mg-Ce	—	中间相	β 相：$Mg_{12}Ce$（六方晶）
Mg-Gd Mg-Dy	β″ 相：$D0_{19}$ 型规则结构	β 相：正交晶	β 相：$Mg_{24}Dy_5$（立方晶）
Mg-Th	β″ 相：$D0_{19}$ 型规则结构	—	β 相：$Mg_{23}Th_6$（面心立方晶）
Mg-Ca Mg-Ca-Zn	—	—	Mg_2Ca（六方晶），添加 Zn 微细析出
Mg-Ag-RE(Nd)	G.P 区：棒状及椭圆状	γ 相：棒状(六方晶，共格) β 相：等轴状（六方晶，半共格）	$Mg_{12}Nd_2Ag$：复杂板状（六方晶，非共格）
Mg-Sc	—	—	MgSc

镁合金淬火通常采用空气作冷却介质，也可以采用热水淬火（T61）来提高强化效果。特别是对冷却速度敏感性较高的 Mg-RE-Zr 系合金常常采用热水淬火。例如，Mg（2.2~2.8）%Nd-（0.4~1.0）%Zr-（0.1~0.7）%Zn 合金经过 T6 处理后其强度比相应的铸态合金高 40%~50%，而热水处理 T61 后可以提高 60%~70%，且伸长率仍保持原有水平。

14.3.5 氢化处理

镁合金的氢化处理实质上是一种渗氢化学热处理。其整个过程是由氢分解成活性氢原子、金属表面吸收（溶解）和元素向金属内部扩散这三个主要阶段组成。因此进行氢化处理时间的长短是由所需扩散（渗入）层的深度，即被处理铸件壁厚来决定。

氢化处理可以显著提高 Mg-Zn-RE-Zr 合金的力学性能。在 Mg-Zn-RE-Zr 合金中，粗大块状的 Mg-Zn-RE 化合物沿晶界呈网状分布，这种合金相十分稳定，很难溶解或破碎。Mg-Zn-RE-Zr 合金在氢气中进行固溶处理（753K 左右）时，H 原子沿晶界向内部扩散，并与偏聚于晶界的 MgZnRE 化合物中的 RE 发生反应，生成不连续的颗粒状稀土氢化物。Mg-Zn-RE-Zr 合金时效后在晶粒内部生成了细针状的沉淀相（β″或 β′）且不存在显微疏松，合金强度显著提高，伸长率和疲劳强度也明显改善，综合性能优异。

由于 H_2 在镁中的扩散速度小，因此 Mg-Zn-RE-Zr 合金厚壁件的氢化处理时间极长。例如，ZE63 合金（Mg-5.8%Zn-2.5%RE-0.7%Zr，与 ZM8 相当）在 753K 和 1atm（101325Pa）下 H_2 的渗入速度仅为 6mm/24h，平均每 4h 渗入 1mm。增加 H_2 的压力可以提高渗入速度，但是由于氢化物的形成速度很慢，所以氢化处理通常只适用于薄壁件。

14.4 典型镁合金的热处理

14.4.1 Mg-Al-Zn 系合金

镁合金的均匀化以及回复、再结晶规律与其他合金（如铝合金、铜合金等）相似。镁合金的基本固态相变形式是固溶及过饱和固溶体的分解，它也是镁合金强化热处理的基础。镁合金过饱和固溶体的分解过程符合一般合金阶次规则，即在析出平衡稳定相之前往往出现一些过渡阶段的结构，如 G.P 区、过渡相等，但不同的镁合金呈现不同的特点。

Mg-Al 二元合金的时效析出过程为 α → β（$Mg_{17}Al_{12}$），即从过饱和固溶体中直接析出稳定性较高的 β 相。Mg-Al 系合金的共晶温度为 437℃，其室温下平衡组织应为 Mg 基固溶体 +β-（$Mg_{17}Al_{12}$）相，Mg-Al 二元合金相图见图 14-1。

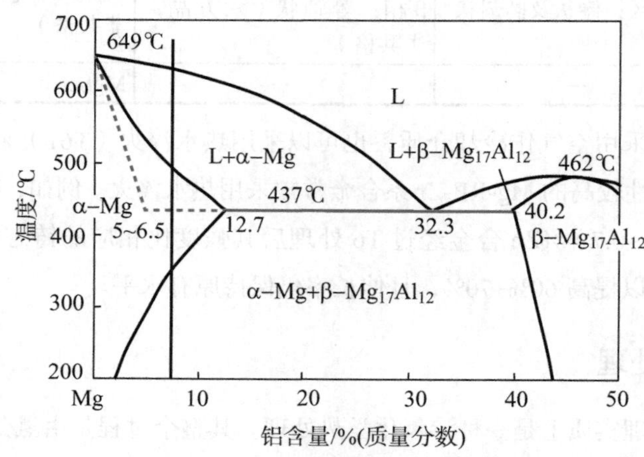

图 14-1 Mg-Al 二元合金平衡相图的富镁部分

铝在镁中的固溶度随温度降低而明显减小，从 437℃的 11.5wt% 降低至室温下的约 1wt%。因此原则上可利用固溶后淬火得到铝在镁中的过饱和固溶体，此后再进行时效，使过饱和固溶体分解，从中沉淀出能使合金强化的脱溶相（即时效强化）。

Mg-Al-Zn 系合金是最早也是广泛应用的镁合金，该系合金淬火得到的镁基过饱和固溶体，在随后的时效过程中，即使在时效温度较低的情况下，均直接从过饱和固溶体中析出平衡的 $Mg_{17}Al_{12}$ 相，任何情况下均未发现 G.P 区或过渡相结构。

$Mg_{17}Al_{12}$ 相的脱溶以两种方式进行，即晶内的普遍脱溶及从晶界开始发生的胞状脱溶或不连续脱溶。通常情况下，$Mg_{17}Al_{12}$ 相可以在晶粒内连续析出，也可以在晶界上不连续析出，形成球状或网络状组织，另外，还有层片状和菱形状的 $Mg_{17}Al_{12}$ 相，不同形貌的 $Mg_{17}Al_{12}$ 相见图 14-2。

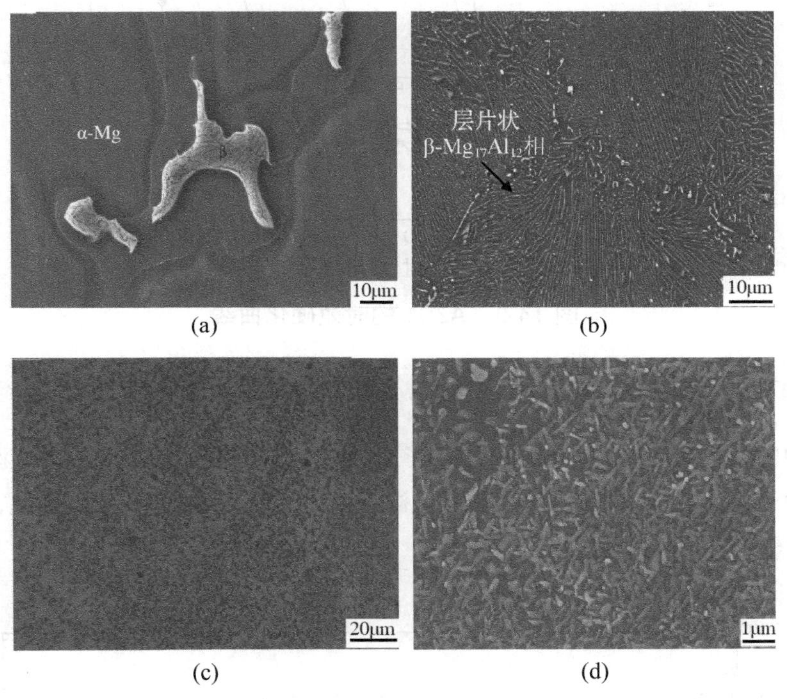

图 14-2　AZ91 镁合金中的不同形貌的 $Mg_{17}Al_{12}$ 相 SEM 照片

（a）铸态中的网状 β-$Mg_{17}Al_{12}$；（b）415℃ ×24h 退火处理后层片状 β-$Mg_{17}Al_{12}$；（c）320℃ × 20h 球化退火后的球状 β-$Mg_{17}Al_{12}$；（d）退火处理 + 固溶时效处理后的菱形状 β-$Mg_{17}Al_{12}$ 相

Mg-Al 合金中 $Mg_{17}Al_{12}$ 相的脱溶有一定的时效硬化效应。图 14-3 表示不同温度下时效的 AZ91 合金的时效硬化曲线，时效开始时有一孕育期，随后硬度稳定地增加到峰值。

不连续脱溶对 Mg-Al 合金的强度和延展性有不利的影响，因此要求减少不连续脱溶产物在脱溶相中所占的相对比例。从前面的分析可知，不连续脱溶的发生与合金成分、时效温度以及时效前的冷变形有关。此外，淬火加热温度及淬火冷却速度等工艺条件均有一定的影响。淬火加热温度较高，合金成分更均匀，有利于连续脱溶，冷却速度低（如空冷），可使不连续脱溶区域扩大。因此，适当地选择热处理工艺条件，有利于改善合金的性能。

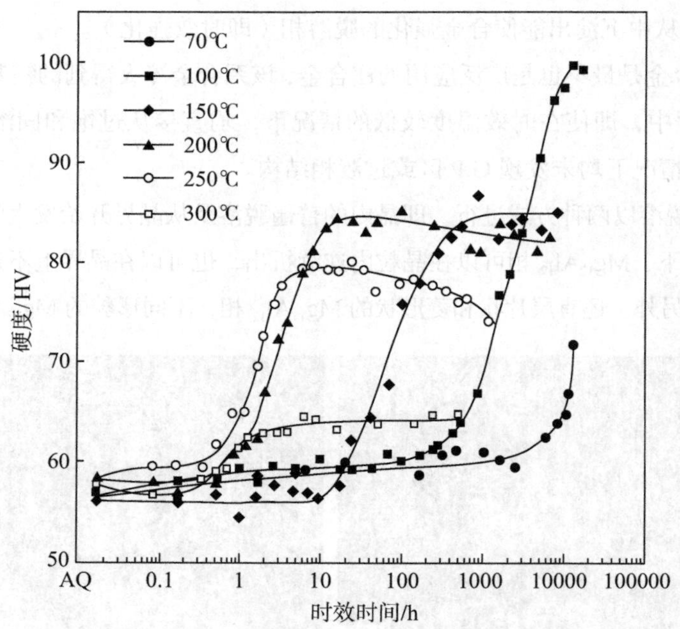

图 14-3 AZ91 的时效硬化曲线

14.4.2 Mg-Zn-Zr 系合金

锌在镁中的最大固溶度约为 6.2wt%（如图 14-4），且固溶度随温度的降低而减小，是除铝以外的一种十分有效的合金化元素，具有固溶强化和时效强化双重作用，因此，可以通过热处理工艺来改善 Mg-Zn 合金的强度。

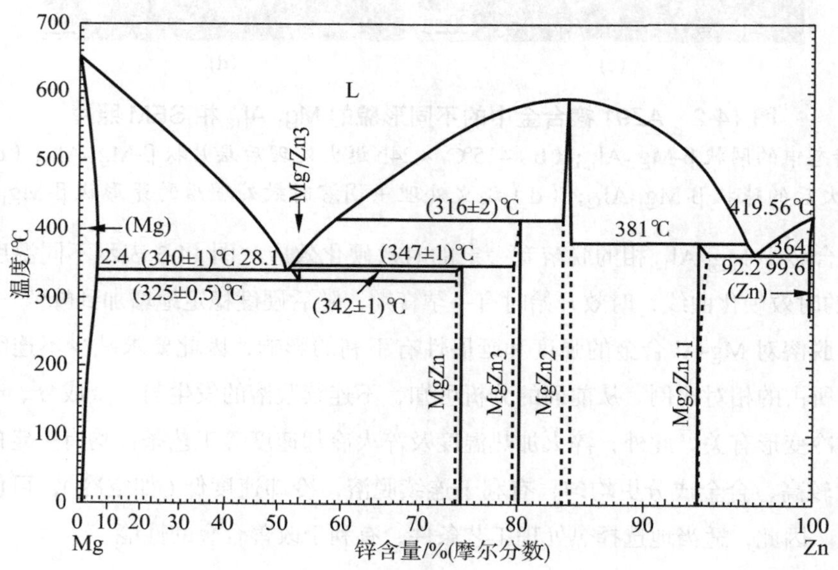

图 14-4 Mg-Zn 合金二元平衡相图

成分范围为 3wt%~8wt% 的 Mg-Zn 合金经适当固溶处理后，在 70~260℃间的时效硬化曲线如图 14-5 所示。说明 Mg-Zn 系合金有一定的时效硬化效应。

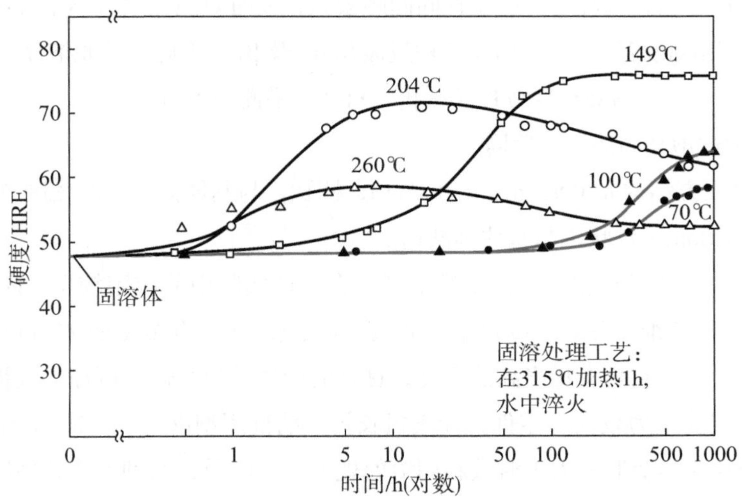

图 14-5　Mg-5%Zn 合金的时效硬化曲线

研究证明，Mg-Zn 系时效时的脱溶过程较 Mg-Al 系复杂，存在预脱溶阶段。在 100℃以下温度时效生成 G.P 区，而在 100℃以上温度时效时，则会产生过渡相 MgZn′(β′)相。β′相为杆状，其长宽比平均为 10，具有 $MgZn_2$ 结构（图 14-6）。β′相易在位错及空位附近形核，因此时效前的冷变形可加速 β′相的形核过程。此外，淬火时由于六方基体热膨胀的各向异性亦可以导致大量位错的产生，因此采用高的固溶处理温度也有利于 MgZn′相的形核。

MgZn ′(β′) 过渡相非常稳定，只有长时间时效后共格性才会发生破坏。该相一旦失去共格性，将转变成非共格的平衡 MgZn 相（$MgZn_2$）。其形貌亦将转变成特有的多面体，以减少其界面能。

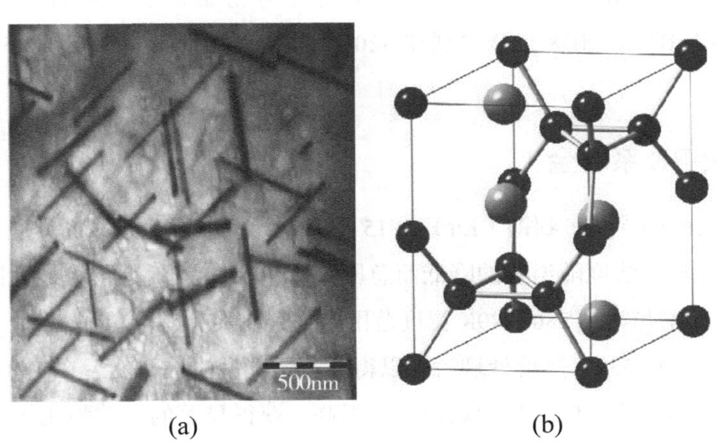

图 14-6　固溶以后样品中的杆状 MgZn′相

（a）固溶以后样品中的杆状 MgZn′相 SEM 图；（b）结构类型 O_{33}：$MgZn_2$（C14，六方基体）

Mg-Zn 合金在 70~100℃温度范围的时效硬化是在基体面上生成 G.P 区所造成；在 100℃以上的温度时效时，强化来源于产生过渡相 MgZn′（β′）相。β′相对 Mg-Zn 合金的强化机制主要为奥万罗机制。由于通常情况下，β′相杆间间距太大，使时效强化效应不十分明显。近来有研究指出，Mg-Zn 系的脱溶过程中将出现两种过渡相 β_1' 及 β_2'。因此，其脱溶序列为

$$\text{SSSS} \rightarrow \text{G.P 区} \rightarrow \beta_1' \rightarrow \beta_2' \rightarrow \text{平衡相 } Mg_2Zn_3$$

注：SSSS 为过饱和固溶体，后同。

β_1' 相为密排六方结构 a=0.52nm，c=0.85nm，杆状，与基体共格。β_2' 相亦为密排六方结构 a=0.52nm，c=0.848nm，盘状，与基体半共格。

Mg-Zn 二元合金的晶粒粗大，力学性能低，在生产实际中的应用较少。向 Mg-Zn 合金中添加少量 Zr 后能显著细化晶粒，提高合金强度。Mg-Zn-Zr 系合金（如 ZK60）是目前应用最多的变形镁合金之一，它具有相当高的强度，良好的塑性及耐蚀性，可加工成板材、管材、型材和锻件，用来制作承力较大的零件，如飞机长桁、肋框用型材等。ZK60 合金的热处理强化方式有两种，分别为热变形 + 人工时效和固溶处理 + 人工时效，两种方法处理后合金的强度相差不大，但是固溶处理 + 人工时效态的塑性比热变形 + 人工时效态的低。因此生产实际中一般采用热变形后直接人工时效的工艺，只在个别情况下才选择先固溶处理后人工时效的工艺。挤压 ZK60 合金棒材的热处理：(170 ± 5)℃ /10h；锻件的热处理工艺：(160 ± 5)℃ /24h，若单独固溶时效，则采用 500℃ /2h 固溶 +150℃ /24h 人工时效。

14.4.3 Mg-Mn 系合金

Mg-Mn(MB) 合金的时效析出过程为：α → α-Mn（立方晶），中间没有生成亚稳相，其中 α-Mn 相呈棒状。由于 Mg 与 Mn 不形成化合物，因此固溶体中析出的 α-Mn 相实际上是纯 Mn，强化作用很小，因此 Mg-Mn 系合金没有明显的时效强化效果。通常在 Mg-Mn 合金中添加一些 Al 以形成 MnAl、$MnAl_6$ 和 $MnAl_4$ 等化合物相粒子，它们时效析出后起强化作用。Mg-Mn 系 MB1 和 MB8 合金分别在 320~350℃/0.5h、260~350℃/0.5h 下进行完全退火工艺。

14.4.4 Mg-RE 系合金

稀土元素是指由镧（La）到镥（Lu）的 15 种镧系元素，这些元素的性质极其相似，在镁中的固溶度较大，且固溶度随温度的降低而急剧减小，在 19℃附近仅为最大固溶度的 10%。除 Sc 以外的稀土元素与镁在 780~890K 温度范围内均存在共晶反应。

稀土镁合金在 500~530℃固溶处理后可以得到过饱和固溶体，然后在 150~350℃附近时效时均匀弥散地析出第二相，析出相的热稳定性很高，获得显著的时效强化效果，所以 Mg-RE 合金具有优异的耐热性和高温强度。根据其脱溶序列，可将含稀土镁合金分为三类，即 Mg-Nd 型、Mg-Y 型及 Mg-Y-Nd 型。

1）Mg-Nd（Ce）合金

Mg-Nd二元合金的脱溶过程包括形成G.P区，β″，β′及β相。G.P区为针状，长轴平行于α（Mg）基体的 [0001] 晶向，与基体完全共格。β″亚稳相具有 DO_{19} 结构（a=0.64nm，c=0.52nm），与基体完全共格。β′亚稳相为面心立方结构，其晶格常数 a≈0.74nm。平衡相β为体心正方结构，其 a=1.03nm，c=0.593nm。该合金的脱溶序列可概括为

SSSS→G.P 区→β″（DO_{19}）→β′（fcc）→β（$Mg_{12}Nd$，bct）

二元 Mg-Ce 及 Mg-MM（富 Ce 混合稀土）合金的脱溶序列与 Mg-Nd 合金类似。

2）Mg-Y 合金

Mg-Y 合金时效时有明显的时效硬化效应，并且在 200℃时效数天可使合金达到高强度。Mg-Y 系二元合金的脱溶序列可表示为

SSSS→β″（bco）→β′（bco）→β（$Mg_{24}Y_5$，bcc）

β″相均匀地在晶内析出，而β′相易在晶界及位错处非均匀沉淀，然后迅速粗化。在较高温度下，β″相转变成粗大的β′或β相，因而强度降低。

3）Mg-Y-Nd 合金

以 Mg-Y-Nd 为基的系列合金 WE54 系列合金及 WE43，这些合金的强度基本上通过时效硬化来达到。这些合金的脱溶序列为：SSSS→β″→β′→β。

β″亚稳相具有 DO_{19} 结构（六方，a=0.642nm，c=0.521nm）；亚稳β′相为底心斜方点阵，晶格常数 a=0.640nm，b=2.223nm，c=0.521nm，该相的成分为 $Mg_{14}YNd$；平衡相β为面心立方晶格，晶格常数 a=2.223nm，该相成分为 $Mg_{14}Nd_2Y$。β″及β′相的最高固溶线温度分别为 200 及 300℃以下，因此在 250℃以上时效时，β″相将不再出现。此时的脱溶序列应为：SSSS→β′→β。热处理工艺如表 14-4 所示。

表 14-4　部分 Mg-RE 合金的热处理工艺

合金系	合金牌号	热处理类型	固溶处理			时效（或退火）		
			加热温度/℃	保温时间/h	冷却介质	加热温度/℃	保温时间/h	冷却介质
Mg-RE-Zn-Zr	ZM3	T5	—	—	—	250+5	10	空气
	ZM4	O	—	—	—	325+5	5~8	空气
		T4	570+5	4~6	压缩空气	—	—	—
		T6	570+5	4~6	压缩空气	200	12~16	空气
	ZM6	T6 或（T61）	530+5	8~12（4~8）	压缩空气	205	12~16（8~12）	空气
Mg-Y	ZMg	T5	—	—	—	310	16	空气
Mg-Nd-Zr	MA11	T6	490~500	—	水	175	24	空气
	MA12	T6	530~540	—	水	200	16	空气

14.4.5 Mg-Th 系合金

Mg-Th 系合金曾经是成功的商用耐热镁合金，耐热温度高达 350℃，这主要是由于合金中存在热稳定性很高的 $Mg_{23}Th_6$ 平衡相。589℃时，Th 在镁中的最大溶解度为 4.5wt%，其溶解度随温度降低而减小，因此 Mg-Th 合金可以进行热处理强化。目前，对 Mg-Th 系合金时效过程时效序列为：α → β″相（$D0_{19}$ 型规则结构）→ β 相。此外，也可以认为在 β 相的前段形成半共格的 β_1' 相（六方）或 β_2' 相（面心立方）。这些析出相的热稳定性高，且高温下不易软化，因此 Mg-Th 合金的耐热性能优异。典型的 Mg-Th 系合金有 HK31（Mg-3.3%Th-0.7%Zr）和 HZ32（Mg-3.3%Th-2.1%Zn-0.7%Zr）。QH21A 是在 QE22A 合金（Mg-2.2%RE-2.5%Ag-0.6%Zr）的基础上利用 Th 代替部分 RE 开发出的一种耐热镁合金。由于 QH21A 中有 Th 的存在，因而有较好的高温强度和优异的抗蠕变性能。此合金的固溶处理的方法是：在 525℃下保温 10h，在 60℃的水溶液中淬火，然后在 200℃时效 16h。

14.4.6 Mg-Ag-RE（Nd）系合金

Ag 在镁中的最大固溶度为 w_C=15.5%，比 Y 的 w_C=12.4% 和 Al 的 w_C=12.7% 高，并且与 Nd 和 Mg 形成 $Mg_{12}Nd_2Ag$ 相，能产生明显的时效强化效应。Mg-Ag-RE（Nd）系合金的时效析出过程极为复杂，当银的质量分数小于或等于 2% 时，合金的析出过程与 Mg-RE 合金的相同，主要形成 MgNd 相；当银的质量分数大于 2% 时可以通过两种沉淀反应析出平衡相 $Mg_{12}Nd_2Ag$，如图 14-7 所示。

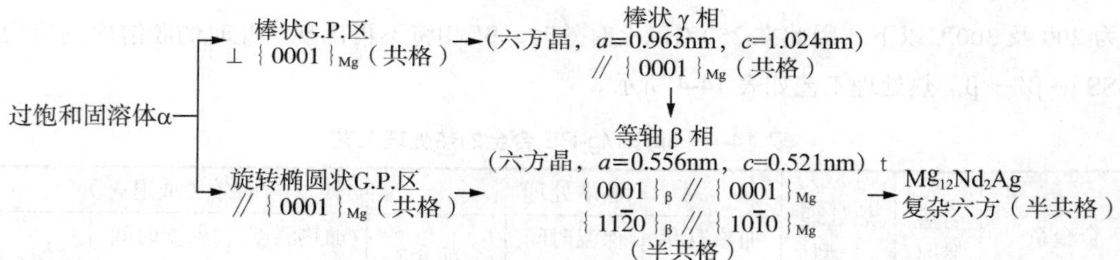

图 14-7 Mg-Ag-RE(Nd) 系合金析出 $Mg_{12}Nd_2Ag$ 的沉淀反应

当 β 相和 γ 相共存时合金的硬度最高。

QE22 合金（Mg-2.5%Ag-2%RE（Nd）-0.7%Zr）的典型热处理工艺（T6）为：524℃ /4~8h 固溶处理，冷水淬火；200℃ /8~16h 人工时效，空冷。

14.5 镁合金热处理工艺参数选择、可能遇到的问题及对策

14.5.1 加热温度和保温时间

由于镁合金的热导率高，因此可以很快达到保温温度。通常是先装炉，当装满工件的炉子

升温至规定温度时开始计算保温时间。影响保温时间的因素很多，主要有加热炉的种类和容积、装炉量、工件的尺寸和截面厚度，以及工件在炉内的排列方式等。当炉子容积较小，且装炉量大、工件尺寸较大、截面厚度大于 25mm 时，必须考虑适当地延长保温时间。

14.5.2　热处理设备

通常使用电炉或燃气炉对镁合金进行固溶处理和人工时效，炉内需要配备高速风扇或者其他利用循环气体以提高炉温均匀性的装置，炉膛工作区的温度波动必须控制在 ±5℃范围内。由于固溶处理的保护气氛中有时含有 SO_2，从而使用气密性好且有保护气体入口的炉子比较合适。在使用不锈钢作屏蔽装置时，必须避免加热过程中钢件的氧化皮落在镁合金工件上，否则会导致工件腐蚀。镁合金在热处理时较少采用盐浴，禁止使用硝盐。

14.5.3　温度控制

Mg-Al-Zn 系合金在进行固溶处理时，应该在 260℃左右装炉，然后缓慢升温至合适的固溶温度以防止共晶化合物发生熔化而形成熔孔。从 260℃升温至固溶温度所需的时间取决于装炉量，工件的成分、尺寸、质量和截面厚度等，通常为 2h。其他可热处理强化的镁合金可分别在固溶温度和时效温度下装炉，保温适当时间后在静止的空气中冷却。

14.5.4　淬火介质

镁合金固溶体的分解速率小，因而固溶处理后通常需要在静止的空气中淬火。如果是厚截面工件且装炉密度大，那么宜选择人工强制气冷。

14.5.5　保护气氛

通常，镁合金进行固溶处理时都使用保护气氛。根据镁合金铸件热处理操作的有关标准，当固溶温度超过 400℃时必须使用保护气氛，以防止镁合金铸件表面氧化（表面氧化严重时铸件的强度会降低）和燃烧。

SF_6、SO_2 和 CO_2 是镁合金热处理时最常用的三种保护气氛。此外，某些惰性气体（如 Ar、He 等）也可用作保护气氛，但因其成本高而很少实际应用。SO_2 可以是瓶装的，也可以随炉加入一些黄铁矿（FeS_2），每立方米炉膛容积加入 1~2kg，加热时黄铁矿分解放出 SO_2 气体。CO_2 可以是瓶装的，也可以从燃气炉中的循环气体中获得。CO_2 与体积分数为 0.5%~1.5% 的 SF_6 组成的混合气体可以防止镁合金在 600℃以上发生剧烈燃烧。在镁合金没有熔化的情况下，体积分数为 0.7%（最小 0.5%）的 SO_2 可以防止镁合金在 565℃下剧烈燃烧，体积分数为 3% 的 CO_2 可以防止其在 510℃下燃烧，体积分数为 5% 的 CO_2 可以在 540℃左右为镁合金提供保护。

SF_6 具有无毒、无腐蚀性的优点，但是其价格远高于 SO_2 或 CO_2，SO_2 也比等体积的 CO_2 贵得多，但是由于保护气氛中 SO_2 的体积分数只是 CO_2 体积分数的 1/6，从而使用 SO_2 瓶装气体作为保护气氛成本也较低。如果使用燃气炉，则可以循环利用燃烧气体制备保护气氛，此时使用 CO_2 成本较低。

由于 SO_2 会形成腐蚀性的硫酸，对炉中设备有腐蚀作用，所以使用 SO_2 作为保护气氛时要求经常清理沪子的控制和夹紧装置并更换炉子部件。

14.5.6　镁合金热处理时可能遇到的问题及对策

镁合金热处理时可能遇到的问题有氧化、熔化空洞、翘曲、晶粒过分长大以及性能不合格。

热处理时应在含有 0.5%~1.5%SO_2 或 3%~5% CO_2，或 CO_2 中含有 0.5%~1.5%SF_6（均为体积分数），或惰性气体（由于成本更高较少用）中进行并保证炉子清洁和干燥。未用保护或惰性气氛可导致金属部件部分熔化，甚至金属在炉中燃烧。

控制固溶温度使之不超过设计温度 6℃，防止晶界相在晶界附近形成狭窄的熔化空洞以及形成粗大的晶粒；因为采用不合适的温度时，超过固相线温度一般观察不到，因此要控制好固溶温度。

镁合金不合理的热处理不仅造成工件损坏而且可能导致着火。通常采用以下几种材料或方式来扑灭镁金属火灾：① D 类灭火器：通常使用氯化钠基粉末或一种经过钝化处理的石墨基粉末或使用精细铜粉加氩气驱动，其原理是通过排除氧气来闷熄失火；②覆盖剂或干砂：小面积着火可用其覆盖，其原理也是通过排除氧气来闷熄失火；③铸铁碎屑：没有其他好的灭火材料的情况下也可用之，主要作用是将温度降到镁的燃点以下，而不是将火闷熄。

第 15 章

钛及钛合金的热处理

钛 (Ti) 在地壳中储量丰富，仅次于铝、铁、镁。钛的熔点 1668℃，属于难熔金属；强度与优质钢相近，但密度仅有 4.5g/cm^3，比强度高。钛及钛合金一般用真空自耗电弧熔炼制成铸锭，然后用与钢材生产相近的工艺和设备进行热加工和冷加工。此外，还可采用精密铸造和粉末冶金法制造钛合金。钛合金高温性能较铝合金、镁合金好。常用于制造航空航天器结构如压力容器、贮箱、发动机壳体和喷管；抗蚀性可与不锈钢媲美，酸性介质中的耐蚀优于不锈钢；生物相容性好，可用于骨植入材料、牙科材料、手术器械等。

15.1 钛的合金化

纯钛具有两种同素异晶体，分别以 α 和 β 来表示，同素异晶转变温度 ($T_{\alpha/\beta}$) 为 882.5℃，其低温晶体 α 相具有密排六方点阵（hcp），在 882.5℃以上稳定的 β 相具有体心立方点阵（bcc）。α-Ti 的点阵常数在 25℃为：a=(2.9503 ± 0.0004)Å，c=(4.6831 ± 0.0004)Å，c/a=1.5873 ± 0.0004，小于密排六方点阵的理想轴比 1.633。β-Ti（含 0.3%C）的点阵常数在 900℃时为 (3.3065 ± 0.0001) Å，用外推法获得纯 β-Ti 在 25℃时的点阵常数为 3.282Å。导电、导热率低，热容与不锈钢相当，电阻率较高；弹性模量约为 Fe、Ni 的一半，不利于结构刚度，冷加工反弹，塑性中等，在超低温下仍有较好的塑性；钛的性质活泼，室温可生成致密氧化膜，600℃以下防氧化；对超声波的阻抗较小，透声系数高，适于作声呐导流罩；抗局部腐蚀能力强，但在 HF、H_2SO_4、HCl、正磷酸和某些有机酸中易被腐蚀；高温下，钛与除惰性气体以外的所有气体反应，容易产生氢脆。

间隙元素和替代式元素对纯钛的同素异晶转变温度影响很大，因此可根据合金化元素提高或降低钛的同素异晶转变温度（$T_{\alpha/\beta}$）将其分类为：提高 $T_{\alpha/\beta}$、扩大 α 相区且在 α 中大量固溶的

α稳定元素；降低 $T_{\alpha/\beta}$、扩大β区且在β中大量固溶的β稳定元素；对 $T_{\alpha/\beta}$ 影响较小，在α、β均大量溶解的中性元素。

替代式元素Al和间隙式元素O、N和C均为强α稳定元素，提高 $T_{\alpha/\beta}$，随溶质元素含量增加 $T_{\alpha/\beta}$ 升高，见图15-1。铝是钛合金中应用最广泛的合金化元素之一，是金属中少数提高钛的同素异晶转变温度的元素，在α-Ti和β-Ti中均有较大的固溶度。在间隙元素中，氧被当作是钛的合金化元素，尤其是对于工业纯钛，控制氧含量可以获得预期的强度指标。其他α稳定元素还包括B、Ga、Ge以及部分稀土元素等，但它们在钛中的固溶度与铝和氧相比较小，而且较少被用作钛的合金化元素。

β稳定元素降低钛的 $T_{\alpha/\beta}$ 温度，分为β同晶型元素和β共析型元素，这一点取决于这些元素与钛的二元系相图的特点，见图15-1。V、Mo、Nb是应用较多的β同晶型元素，这些元素在较高浓度范围内可将β相稳定至室温。β共析型元素Cr，Fe，Si等在很多钛合金中都有应用，而Ni，Cu，Mn，W，Pd，Bi等应用有限，其他β共析型元素如Co、Ag、Au、Pt、Be、Pb和U等在钛合金中应用更少。氢属于β共析型元素，其共析温度为300℃，此时在钛中的扩散速率很高，氢化脱氢过程是一种组织细化工艺，但氢在钛中的含量应控制在0.0125%~0.015%内，以防止产生氢脆。

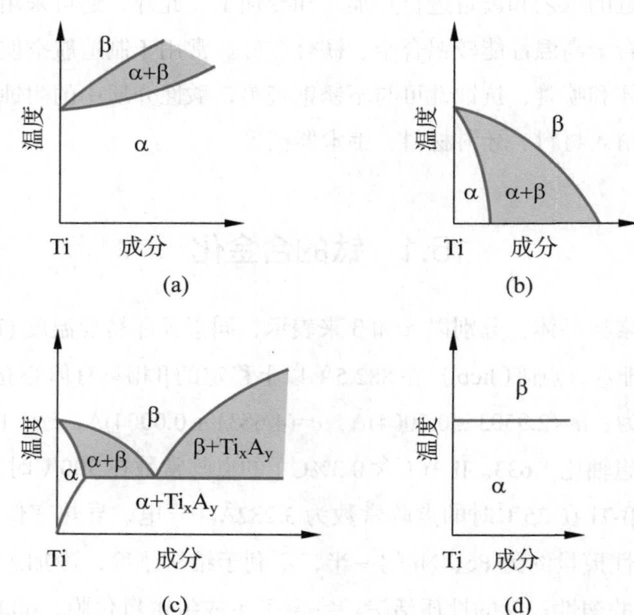

图15-1 合金化元素对钛合金相图的影响

（a）α稳定元素（Al，O，N，C）；（b）β稳定元素（β同晶型元素V，Mo，Nb，Ta）；（c）β稳定元素（β共析型元素Fe，Mn，Cr，Ni，Cu，Si，H）；（d）中性影响元素（Zr，Sn）

Zr、Hf、Sn等元素对钛的 $T_{\alpha/\beta}$ 温度影响不大，Zr和Hf与Ti的晶型相同，具有相同的β→α同素异晶转变行为，在α-Ti和β-Ti中可完全混溶，而Sn是β共析型元素。

Ti-Al 二元系合金相图是研究较深入也是非常重要的钛合金相图之一，见图 15-2。随 Al 含量增加，会出现三种化合物：$Ti_3Al(\alpha_2)$ 相、TiAl（γ）相、$TiAl_3$ 相。其中，Ti_3Al 是在 1120℃从 β 固溶体中形成的，是 Mg_3Cd 型有序六方相，点阵参数 a=5.783 Å，c=4.6543 Å，c/a=0.8047。TiAl 是 CuAu 型的面心正方相，c/a=1.012~1.018。$TiAl_3$ 是 DO_{22} 式的正方相，a=5.435 Å，c=8.591 Å，c/a=1.581。

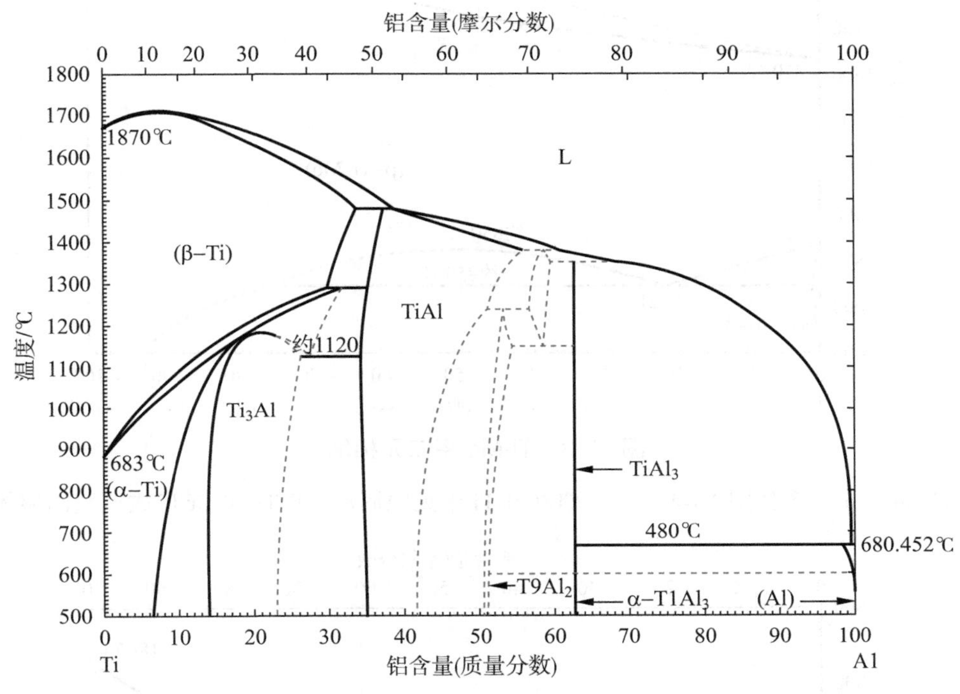

图 15-2　Ti-Al 系二元相图

铝提高钛的 $T_{\alpha/\beta}$，在 β-Ti 中的最大固溶度出现在 1460℃，在 α-Ti 中的最大固溶度出现在 1080℃。该相图上，有三个包晶反应，即 1460℃的 L+β → γ；1346℃的 L+ γ → $TiAl_3$；665℃的 L+ $TiAl_3$ → (Al)。有两个包析反应，即 1265℃的 β+ γ → α_2 和 1125℃的 β+α_2 → α。

在钛—铝合金中出现以 Ti_3Al 为基的 α_2 有序相时，合金的抗拉强度升高，塑性和韧性降低。这个有序相往往在高温钛合金经高温长时间使用后出现，合金的热稳定性降低。

Ti-Mo 二元系合金相图也是比较重要的钛合金相图之一，见图 15-3。钼是工业钛合金，特别是热强钛合金的重要合金元素之一，是钛的强 β 稳定元素，它急剧地降低 $T_{\alpha/\beta}$，与 β-Ti 形成连续固溶体，与 α-Ti 形成有限固溶体。钼在 α-Ti 中的固溶度在 600℃时仅为 0.8%（质量分数）。在 695℃时为 0.4%（摩尔分数），当钼含量超过 12%（摩尔分数）时，形成单一的 β 固溶体。钛钼二元系在固态下仅有 α/β 多晶型转变。合金中没有过饱和 α 相的分解问题。

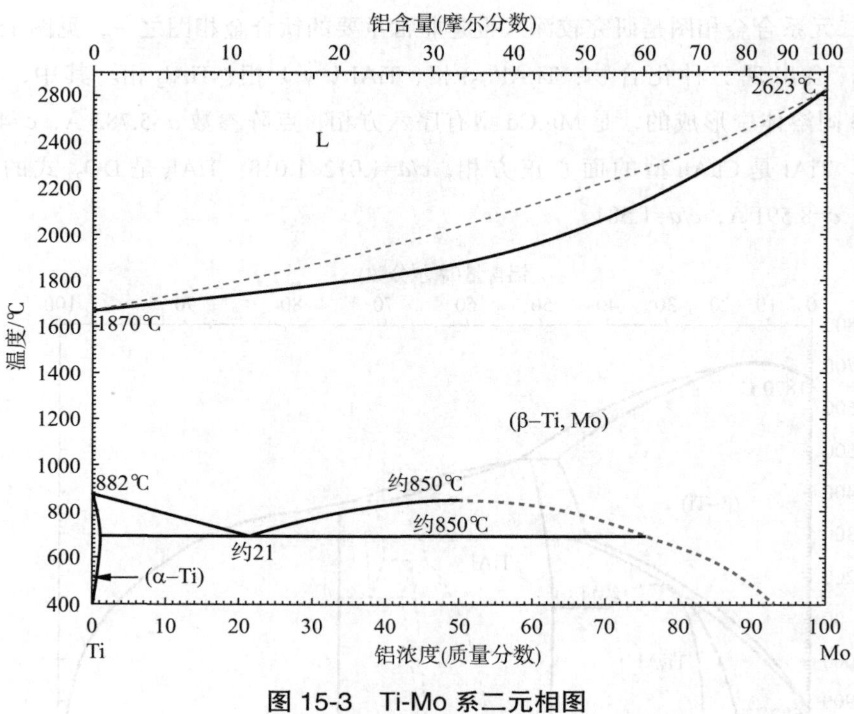

图 15-3　Ti-Mo 系二元相图

Ti-Cr 系二元相图如图 15-4 所示。铬在 β-Ti 中无限固溶，β-Ti 和 Cr 形成连续固溶体。

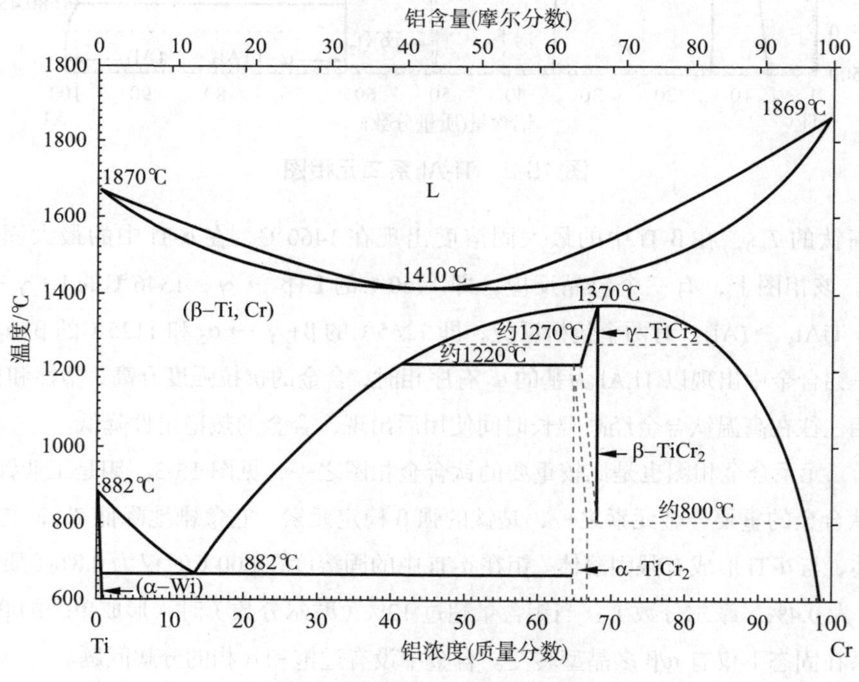

图 15-4　Ti-Cr 系二元相图

在合金的固相线上，44%（摩尔分数）Cr 出现一极小值（1400℃）。Cr 降低钛的 $T_{\alpha/\beta}$，稳定 β 相。Cr 在 α-Ti 中最大溶解度约为 0.5%（质量分数），出现在 667℃。在此温度下存在下列共析转变，其共析点 Cr 含量为 12.5%。

$$\beta \longrightarrow \alpha + TiCr_2$$

$TiCr_2$ 是金属间化合物，在低温时具有面心立方晶格结构，a=6.943 Å；在高温时具有六方晶格结构，a=4.932Å，c=7.927Å，c/a=1.617，熔点为 1350℃。Cr 在钛合金中主要起固溶强化作用。高 Cr 合金往往有较好的塑性、韧性和高的淬透性。由于 Cr 是快共析元素，含铬合金的时效强化时间较短。近年来，Cr 在阻燃钛合金和 TiAl 基合金中也在发挥作用。

15.2　钛合金分类

钛合金的分类可以有多种形式，经典的钛合金分类方法是按照退火状态的相组成分类，即将钛合金划分为 α 型、α+β 型和 β 型。这种分类方法有一定的局限性。首先，这种分类方法将成分、组织、性能差别很大的合金划入同一类型；其次，这种分类方法不能完全反映实际生产和应用中遇到的、特别是在热处理强化状态下使用的钛合金的相组成和性能特征。

比较起来，按照亚稳定状态相组成进行钛合金分类的方法显得更为科学合理。这种分类方法将钛合金分为以下 6 种类型：α 型钛合金、近 α 型钛合金、马氏体 α+β 型钛合金、近亚稳定 β 型钛合金、亚稳定 β 型钛合金、稳定 β 型钛合金，这种分类可以示意地概括在一个三维相图上，见图 15-5。

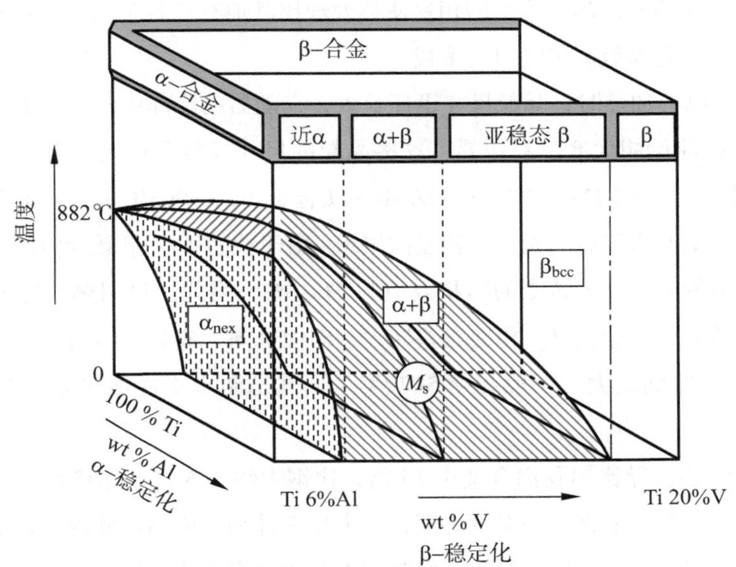

图 15-5　钛合金分类的三维示意相图（含量为质量分数）

α 型合金包含了商业纯钛（CP）以及只由 α 稳定元素和 / 或中性元素合金化的钛合金。如果加入少量 β 稳定元素，则称为近 α 型合金。应用最广的 α+β 合金也属于此类。在室温下，此类合金中 β 相的体积分数为 5%~40%。如果 β 稳定元素的含量进一步增加，使得快淬时 β 相不再转变成马氏体，则合金仍处于两相区内，此时得到亚稳 β 型合金。这些合金仍然可以形成体积分数大于 50% 的平衡 α 相。

钛合金还可以根据应用划分为结构钛合金和高温钛合金（也称为热强钛合金）。

（1）结构钛合金。其使用温度一般都在 400℃以下，按照主要使用状态下的强度水平可以将其划分为如下三组：高塑性低强度钛合金、中等强度钛合金和高强度钛合金。

（2）高温钛合金。通常也称为热强钛合金，这类合金主要包括马氏体 α+β 型热强钛合金（500℃以下工作）和近 α 型热强钛合金（500℃以上工作）。近 α 型热强钛合金与马氏体 α+β 型热强钛合金比较，主要特点是在 500℃以上具有更高的抗蠕变能力，同时具有更好的抗疲劳裂纹扩展性能和断裂韧性；然而，马氏体 α+β 型热强钛合金却有更好的低周疲劳强度和拉伸塑性。实际上，高温钛合金目前的使用温度不超过 650℃，更高温度下使用的钛合金还处于研究阶段。

15.3 钛合金的热处理

15.3.1 钛合金热处理的特点

钛及钛合金在加热和冷却过程中的相变使热处理比其他有色合金的热处理复杂一些，以下特点需要在热处理工艺参数制定时引起重视。

当合金在 $T_{\alpha/\beta}$ 以上加热时，晶粒尺寸迅速长大，在随后的冷却中，新生的 α 相在原始 β 晶粒内部发展，保持原始粗大 β 晶粒边界，这些晶粒的尺寸经常会长大到肉眼可见的程度，例如，图 15-6 给出了 Ti-6Al-3Mo-2Nb-2Sn-2Zr-1Cr 钛合金（$T_{\alpha/\beta}$≈965℃）在 α+β 两相区温度和 β 相区温度退火 25min 并水淬后的光学金相显微组织。由于钛的 α⟷β 转变时的体积效应较小，只有 0.17%，而钢的 α⟷γ 转变的体积效应为 2%~3%，因此，只用热处理方法消除钛合金粗晶组织比较困难。钛合金的 $T_{\alpha/\beta}$ 相变点差异大，即使是同一成分，但冶炼炉次不同的合金，其 β 转变温度有时差别很大（一般相差 5~70℃）。这是制定工件加热温度时要特别注意的特点。

钛及其合金的热传导比铝及铝合金小 15 倍，比钢大约小 5 倍。导热性差导致在加热和冷却时，沿半工件截面产生非常大的温度梯度，当大型零件和半成品热处理时，最好规定允许的加热和冷却速度，以避免残余应力过大，引起零件翘曲和产生热裂纹，局部温度过高有可能超过 $T_{\alpha/\beta}$ 形成粗大组织，将导致同一工件内部不均匀的组织与性能。

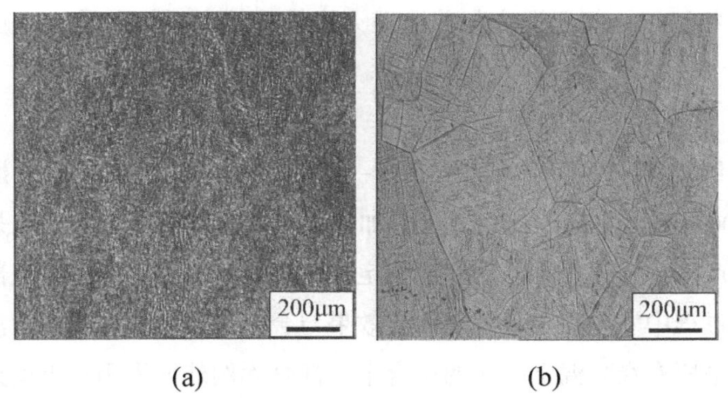

图 15-6　Ti-6Al-3Mo-2Nb-2Sn-2Zr-1Cr 钛合金（$T_{\alpha/\beta} \approx 965$℃）在不同温度下退火 25min 水淬的光学金相显微组织

（a）950℃；（b）990℃

在较高的加热温度下，钛和钛合金与氧和水蒸气产生剧烈的反应，在钛合金工件表面会形成氧化皮和富氧层，其深度有时可达几毫米，使合金性能降低，应采取一定的防范措施，如涂覆保护性涂料。在包括热处理在内的钛合金工件制造过程中都有吸氢的可能性，引起氢脆，例如，工业纯钛在还原性气氛的煤气炉中于 1000℃加热 4h 后，氢含量由原始的 40×10^{-6}（40ppm）增加到 450×10^{-6}，远远超过允许的 150×10^{-6}，因此，对各种加热炉的气氛必须进行严格的控制。

应避免形成 ω 相。形成 ω 相会使合金变脆，正确选择时效工艺（如采用高一些的时效温度），即可使 ω 相分解为平衡的 α+β。

在 β 相区加热时 β 晶粒长大倾向大。β 晶粒粗化可使塑性急剧下降，故应严格控制加热温度与时间，并慎用在 β 相区温度加热的热处理。

15.3.2　钛合金的退火

钛合金的热处理以退火为主，包括普通退火、等温退火、双重退火、再结晶退火、β 退火和消除应力退火等。主要目的有降低加工过程中的残余应力，综合调控塑性、加工性、尺寸和结构稳定性，提高强度（固溶和时效），优化断裂韧性、疲劳强度和高温蠕变强度等。

1）普通退火与等温退火

钛合金的普通退火建立在回复或再结晶的基础上，其目的是完全消除内应力，使合金的组织和性能均匀化。普通退火温度，一般选择在再结晶开始温度以上，$T_{\alpha/\beta}$ 以下。α 和近 α 型钛合金在普通退火过程中的性能变化，只和再结晶过程有关，对退火后的冷却速度不敏感。α+β 型钛合金在退火过程中不仅发生再结晶过程，还发生相比例和相成分的变化，对退火后的冷却速度比较敏感。

钛合金的等温退火温度一般选择在 $T_{\alpha/\beta}$ 以下 30~100℃加热，随后进行炉冷或转移到温度较低的炉中，在给定的温度下保持一定时间后空冷；第二阶段一般选择在再结晶开始温度下以加热，能确保β相稳定。等温退火与普通退火比较，其主要优点是能够获得稳定的组织和性能。

2）双重退火

双重退火由两级加热和中间空冷组成，第一级在相变点以下20~160℃加热、空冷；第二级在相变点以下300~450℃（高于使用温度）加热并空冷。双重退火的特点是，有可能发生由于亚稳定β相分解产生的强化过程，这些亚稳定相在第一级退火后空冷时被部分保留下来，并在第二级退火保温过程中发生完全分解。强化效果与合金成分、第二级退火温度和退火零件的截面大小有关。几乎所有在高温下工作的钛合金，都毫无例外地采用双重退火，甚至三重退火的热处理规范。例如，Ti-6242合金板材拟采用三重退火规范：871℃，0.5h，空冷；788℃，0.5h，空冷；593℃，2h，空冷。第一次是固溶处理，主要是调整初生α相和转变β相之间的比例；第二次是一种稳定化处理，对室温拉伸性能几乎没有影响；第三次处理起一定的时效强化作用，室温拉伸强度略有提高。

3）β退火

钛合金的β退火温度一般选择在相转变温度以上即β相区加热。对于要求高温抗蠕变性能的近α型钛合金，在采用β相区变形的同时也经常选用β退火。例如，经过α+β锻造的α+β型钛合金半成品，在β转变温度以上30~50℃短时间加热，可以有效地实现原始β晶粒的细化。当在α+β区进行热变形时，α相颗粒的存在限制了晶界移动，阻碍了动态再结晶，致使大部分加工效果积累起来。因此，在β转变温度以上短时间加热时，出现典型的β晶粒再结晶，新形成的β晶粒尺寸与预先在α+β区的变形量成反比。为了保证不出现新的β晶粒的粗化，对β退火的加热温度和时间必须控制。

4）再结晶退火

在热变形的钛合金中，再结晶过程的发展进行不均匀，经常得到晶粒大小、组织特征非常不同的半成品。组织上的不均匀性往往导致较低的机械性能和使用性能。为了减少热变形半成品的显微组织不均匀性，可采用再结晶退火处理。

再结晶退火一般是在β转变温度以下20~30℃加热，然后炉冷至某一温度并保持一段时间后空冷。经过这种退火后，在片状的转变β基体中形成5%~10%的α相，这种组织能确保足够高的断裂韧性，较高的断面收缩率、伸长率以及可接受的低周疲劳强度。然而，经过再结晶退火的材料拉伸强度下降。

5）去应力退火

由于热加工、冷加工、矫直、机加工及焊接和冷却，使钛及钛合金积蓄了大量内应力。当进行不完全退火时，释放出畸变能，消除了内应力。此时，钛内部组织一般情况下发生回复、晶粒形状和大小回复到原有状态，加工硬化消失，变成软化态，使冷变形的亚稳定态回到稳定态。去应力退火的冷却方式一般采用空冷，有时也可采用炉冷。钛焊接件的消除应力退火往往与随后的热处理统一进行。冷成形钛构件的消除应力退火与热矫直工艺同时进行，便于节约能源。图 15-7 给出了 Ti-6Al-4V 合金不同温度下退火时间和残余应力的变化关系。

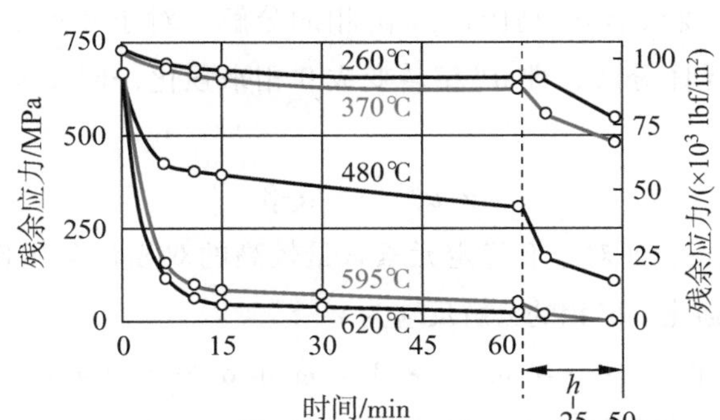

图 15-7　Ti-6Al-4V 合金在不同温度下退火时间和残余应力的变化曲线

15.3.3　钛合金的淬火和时效

钛合金的淬火和时效强化是用快速冷却方法得到亚稳的 β、α′、α″ 相，以及随后在时效过程中，它们分解为弥散的 α 相或 β 相。合金的强化程度取决于亚稳相的类型、数量、成分和时效后所形成的 α 相或 β 相的弥散度。对于成分一定的钛合金，其热处理强化效果取决于所选择的强化工艺。

双相钛合金的淬火加热温度一般在临界淬火温度 T_c 与 $T_{\alpha/\beta}$ 之间选择。对于 β 稳定元素较少的合金，由于淬火能保留下来的 β 相（亚稳定相 β′）数量很少，时效时依靠 β′ 相分解强化效果有限，故宜选择较高的淬火温度（接近 β 相变点），使淬火获得较多的 α″ 马氏体，时效时主要依靠马氏体分解来强化。而对于 β 稳定元素较多的双相钛合金，则应选择较低的淬火温度（一般稍高于 T_c），以期淬火后获得较多的 β′ 相，时效时主要依靠 β′ 相的分解使合金达到最高的强化效果。

β 钛合金的淬火加热温度一般是稍高于 β 相变点，淬火获得 β′ 相，β′ 相在时效时分解可使合金显著强化，但塑性较差。若要求高强度的同时也要求较好的塑性，则可在 (α+β) 两相区选择淬火温度，此时淬火后的组织为 α+β′。

淬火加热的保温时间与淬火温度、合金成分以及工件厚度等因素有关。淬火温度低、合金成分复杂、合金化程度高和工件厚度大时，需要较长的保温时间。淬火加热时要注意的一个重要问题是必须防止晶粒粗化（特别是 β 合金在 β 相变点以上的温度加热时尤应注意），因为 β 相晶粒的长大倾向比较强烈，而粗大的 β 相晶粒会导致合金时效后塑性显著下降（这就是所谓的“β′ 脆性”）。

钛合金的淬火介质可根据合金的淬透性（淬火时效后合金硬化层的深度）和工件形状、尺寸的不同，分别选用空气、油或水，有时也可选用冷的惰性气体。双相合金一般用冷水作为淬火介质。β 合金的 β 相稳定性大，在空气中冷却即可淬火，且淬透性高，但生产上仍采用水淬。对于双相合金，还应注意尽量缩短淬火转移时间，以防止 β 相在淬火转移过程中发生分解而降低时效效果。

钛合金时效强化主要依靠 α″ 马氏体或 β′ 相的分解。对于 β 稳定元素含量较少的双相合金，主要依靠 α″ 马氏体分解，即 α″ 相转变成 β 相来强化，例如淬火组织 α+α″，时效时的反应为

$$\alpha+\alpha'' \longrightarrow \alpha+\beta$$

较少量 β 相为强化相。而对于 β 稳定元素含量较高的双相合金和 β 合金，则主要依靠 β′ 相中析出弥散的 α 相来强化。β′ 相的分解反应为

$$\beta' \longrightarrow \beta+\omega \longrightarrow \beta+\omega+\alpha \longrightarrow \alpha+\beta$$

在主要依靠 β′ 分解强化的情况下，时效的关键问题是注意尽量防止最终组织中出现脆性的 ω 相。若在较低的温度时效，虽然可使 α 相更加弥散，强化效果很高，但 ω 相不能消除，合金发脆而不能应用。因此，钛合金时效往往采用较高的温度（500~600℃），此时强化效果虽有所降低，但由于不（或很少）出现 ω 相，合金可获得较高的强度和一定的塑性、韧性。

最主要的钛合金的淬火时效制度如表 15-1 所示。

表 15-1　几种钛合金的淬火时效规程

合金牌号	T_c/℃	β′ 相量 /%	淬火温度 /℃	时效温度 /℃	时效时间 /h
TC4	850	20~30	900~950	450~550	15~25+0.25
TC6	825~850	30~40	860~900	500~620	
TB1	—	—	780~900	480~500+ 500~570	

钛合金的淬火和时效与其他合金的淬火和时效工艺相比较有以下特点：钛合金淬火与钢淬火都可以得到马氏体，但钢的马氏体强度高，强化效果大，回火使钢软化；而钛的马氏体硬度不高，强化效果不大，时效使合金弥散硬化；钢只有一种马氏体强化机理，而同一成分的 α+β 钛合金有两种强化机理，即高温淬火 β 相中所含 β 稳定元素小于临界浓度，淬火转变为马氏体，时效时马氏体分解为弥散 α 相使合金强化，低温淬火 β 相中含有 β 稳定元素大于临界浓度，则淬火得到过冷 β 相，时效时 β 相分解为弥散 α 相使合金强化。

钛合金的强化热处理主要用于 α+β 型合金及亚稳 β 钛合金。有的近 α 钛合金有时也采用强化热处理。但由于其组织中 β 相数量较少，因此马氏体分解弥散强化效果低于 α+β 钛合金及亚稳 β 钛合金。

15.3.4　钛合金的形变热处理

形变热处理在钛合金的热处理中早已得到广泛应用，对许多钛合金而言，形变热处理在提高其强度的同时，还可以提高其塑性。形变热处理还能提高钛合金的疲劳强度和热强度，以及提高在一定温度范围内的持久强度和抗蚀性。

图 15-8 示出钛合金形变热处理工艺的基本示意图。

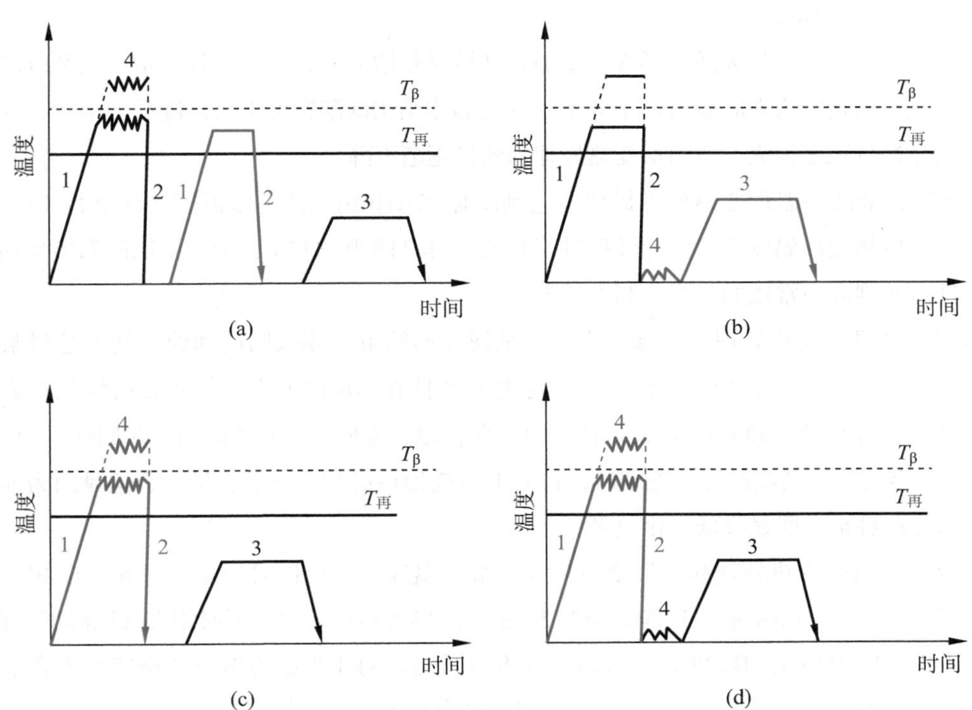

图 15-8　钛合金形变热处理工艺基本示意图

（a）高温形变热处理；（b）低温形变热处理；（c）预形变热处理；（d）复合形变热处理

1—淬火加热和形变；2—在水中冷却；3—时效；4—变形；

$T_{再}$—再结晶温度；$T_β$—（α+β）/β 转变温度

1）高温形变热处理

高温形变热处理中包括在 α+β 区或 β 区的热变形、淬火和时效。由于在热变形后立即淬火，在合金内强烈地进行再结晶并保存（或者部分保存）着热变形金属的组织和微结构特征。具有这种组织的合金在时效时，会获得比常规淬火和时效的强化热处理方法更高的力学性能。

高温形变热处理的显著作用只有在钛合金中含有足够的亚稳定 β 相时才能实现。由于这种原因，高温形变热处理应在接近 $T_β$ 的温度下进行，在此温度下进行淬火会形成最大量的 β 相。对于在淬火时形成马氏体相的合金，高温形变热处理的合适变形温度可以高于 $T_β$。

若形变热处理时的变形温度为 700~800℃，其强化效果与常规的热处理比较，没有明显的特点。这是因为在这种处理后不形成足够的亚稳定 β 相。

对于 α+β 合金 BT3-1、BT8、BT14，采用 β 区温度下的变形，随后快速在水中淬火并时效，其效果与高温形变热处理在 α+β 相区一样，会使合金的强度显著提高（从 1100~1130MPa 提高到 1400~1450MPa），但在这种情况下，会强烈降低合金的塑性特征，其伸长率下降约 5%，面收缩率下降 5%~10%。

高温形变热处理的效果随变形程度增加，开始时是增大的，当变形程度增大到某范围时，出现最大值，这是因为在时效时产生分解的 β 相晶体结构缺陷密度增大。随后，由于在变形过程中再结晶进行程度很大，高温形变热处理的效果逐渐下降。

α+β 钛合金的高温形变热处理最佳工艺制度是在 α+β 相区的上限温度区间进行 40%~70% 的变形，随后从变形温度下淬火并随后进行时效。对 BT8 和 BT14 合金，采用高温形变热处理时的最佳时效制度与常规的热强化制度相近。

为保证高温形变热处理的显著效果，必须使变形结束与淬火间的间隙时间不超过某临界值。在 α+β 相区变形后，变形与淬火的间隙时间保持在 10s 以下不会使时效后性能有太大变化，最低限度对 BT3-1 和 BT8 合金是这样的。在 β 相区变形后，允许此间隙时间达到 30s。对于 BT14 合金，采用高温形变热处理时，在 α+β 区变形后必须立即进行淬火，这是因为即使间隙时间为几秒钟也会明显降低强化效果。

钛合金高温形变热处理和预形变热处理的最佳温度，经过试验确定，对 α 合金 BT1、Ti-3Al，以及对 β 合金 Ti-3Al-(15-30)Mo、BT15，在高温形变热处理时变形必须在 α 区温度下进行。而 BT6、BT14、BT3-1、BT23 合金必须在 α+β 区进行。对于近临界浓度 β 稳定元素合金化的合金（BT16、BT22）必须进行预形变热处理（热变形加水冷→加热→水冷→时效）。对于其他类型的合金，在 α+β 区变形后不能保证水冷前的温度恒定，从而导致力学性能的不稳定，因此采用预变形热处理是合理的。

2）低温形变热处理

β 合金和低合金化的 α+β 合金，采用低温形变热处理时，其最佳冷变形程度应为 40%~50%。对于低塑性的 α+β 型合金 BT3-1、BT9，在低温下最佳的冷变形程度和温变形程度要低些。

由于低温形变热处理引起的合金强化可在加热到不太高的温度下消除，因此，它可在高强度非热强合金上得到应用。对于热强合金，最好采用高温形变热处理，以保证钛合金具有高的热稳定性。

3）预形变热处理和复合形变热处理

复合形变热处理是将高温形变热处理和低温形变热处理的有关工序结合在一起（见图 15-8(d)）。

如前所述，形变热处理之所以得到广泛应用，是因为它在保证合金具有良好塑性的条件下，可使强度指标有较大提高。表 15-2 表示钛合金的最佳形变热处理与普通热处理后的性能对比。

表 15-2　钛合金的最佳形变热处理与普通热处理后的性能对比

合金成分	热处理工艺	室温性能					高温瞬时			450℃持久	
		σ_b/MPa	δ/%	Ψ/%	σ_k/MPa	σ_{-1}/MPa	σ_b/MPa	δ/%	Ψ/%	应力/MPa	破坏时间/h
Ti-6Al-2.5Mo-2Cr-0.3Sn-0.5Fe(BT3-1)	850℃淬火，550℃×5h时效	1150	10	48	3.8	650	770	15	46	690	73
	850℃形变热处理，500℃×5h时效	1460	10	45	3.2	610	920	13	67	690	163
Ti-6Al-4V	880℃淬火，590℃×2h时效	1160	15	43		500	743	18.5	63.5	750	110
	920℃形变热处理，590℃×2h时效	1400	12	50	3.6	590	985	15	63	750	120
Ti-4.5Al-3Mo-1V	880℃淬火，480℃×12h时效	1165	10	37	4.5	590	845	15	67	600	24
	850℃淬火，480℃×12h时效	1270	10	39	4.5	620	900	17	65	600	86

注：合金的形变热处理为加热保温 40min，变形 50%~70% 后水冷。

15.3.5　钛合金的化学热处理

为了改善钛合金零件的表面性能，可以进行化学热处理，包括渗氮、渗氧、渗硼、渗碳及渗金属（Si、Al、Mo、Be 等）等。但处理工艺较为成熟的是渗氮和渗氧，其他化学热处理方法实际上很少应用。

1）渗氮（氮化）

钛合金氮化的主要目的是提高零件的表面硬度，以提高耐磨性，并消除在摩擦条件下工作的零件发生粘附的危险性。氮化也可以改善钛合金的耐蚀性及疲劳强度。

钛合金零件在 850~950℃（保温十至数十小时）的含氮介质中氮化。常用的工艺是：将零件置于通入氨气的高温炉罐中，温度约为 870℃，保温，冷却，停止通氨，出炉。由于钛易吸收氮，氮化时也可以在高温炉内直接通入氮气，但此时氮化温度应提高至 950~980℃。然而，过高的氮化温度会导致晶粒粗化，这种情况应当避免。

经氮化后，零件可获得 0.1~0.15mm 的氮化层。氮化层的组织与 Ti-N 相图（见图 15-9）相对应，即由一层很薄的氮化物和一层氮在 α-Ti 中的固溶体组成，自表面至心部顺序为（γ+δ）→α→心部。其中最表层有两种类型的氮化物。氮化时间的掌握应以获得 γ 相（Ti_2N）为主、其上分布着 δ 相（TiN_{1-x}）的最表层为准，这种组织的韧性较好。若氮化时间过长，最表层组织将以 δ 相为主，其上分布着 γ 相。由于 δ 相性脆，会导致韧性降低，而表层的脆化是钛合金氮化的主要危险，应当予以防止。

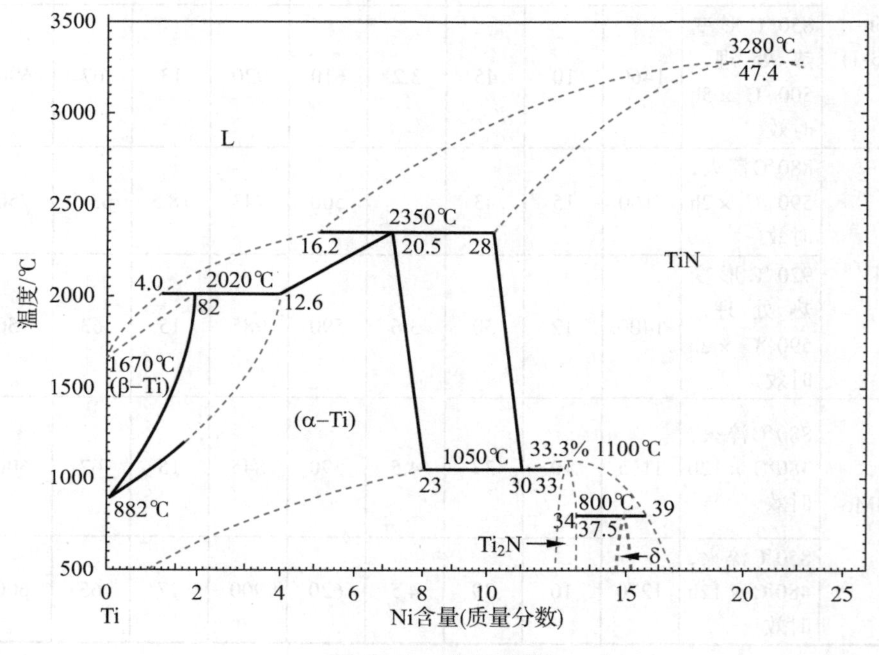

图 15-9 Ti-N 相图

钛及其合金经氮化处理后，其表面硬度成倍提高。例如工业纯钛的硬度一般不超过 225HV，氮化后表面硬度可达 800~1000HV；两相钛合金 TC4 未氮化时硬度为 380~400HV，氮化后提高到 1385~1670HV。由于硬度高，耐磨性也大为提高。氮化也可显著提高钛合金的耐蚀性，如由 TC3 制成的阀片，未经氮化处理，工作 500h 即磨损 0.3mm；经氮化处理后，工作 500h 后只磨损 0.01mm。

氮化处理后的零件还具有高的疲劳强度，这是形成氮化层时，表面产生残余压应力的缘故。

2）渗氧

钛合金渗氧的主要目的是提高耐蚀性。

渗氧一般是在 700~850℃富氧炉气中进行。经渗氧后，零件表面可形成钛基富氧 α 固溶体，表面为一薄层脆性钛的氧化物，渗氧后应去除这层氧化物，以降低渗层和整个零件的脆性。

经过渗氧处理的钛合金零件，耐蚀性成倍提高（最高时可达 7~9 倍），但塑性、疲劳强度有所下降。

在工业上可采用以下三种渗氧工艺制度：

（1）在空气中于 700~800℃加热，随后缓慢随炉冷却；

（2）在空气中于 850℃加热，随后在水中冷却（用于去掉氧化层）；

（3）于 700~850℃用石墨或沙子覆盖，随后同覆盖物一起在空气中冷却。

15.4　钛合金热处理实例

15.4.1　TA7 合金

TA7 合金是一种结构钛合金，强度较高，长期使用温度在 400℃以下。

TA7 和 TA7ELI 合金是典型的 α 型合金，名义成分为 Ti-5Al-2.5Sn，铝和锡起稳定 α 和固溶强化的作用。TA7 合金不能进行热处理强化，只能通过再结晶退火实现 α 相固溶强化，再结晶的开始温度为 580℃，β 相变点为 1020~1030℃。再结晶退火温度，板材为 700~750℃；棒材和锻件为 800~850℃；消除应力退火温度为 550~600℃。TA7 合金具有良好的低温性能和焊接性能，随温度的降低，强度升高，塑性略有下降。间隙元素含量低的 TA7ELI 合金，在 −250℃仍保持良好的塑性，常用作超低温高压容器，多以板材、棒材供应。TA7 合金的工艺塑性较低，板材冲压成形必须在加热状态进行，一般加热到 700℃左右才有足够的工艺塑性。

15.4.2　TC4 合金

TC4（Ti-6Al-4V）属于 α+β 型合金。平衡组织由 α 相和 β 相组成，其形态为魏氏体 α+β 和等轴 α+β。在实际生产和使用条件下，还可能出现某些亚稳定相。在两相区加工，变形程度小于 50%，不能将粗大的组织破碎，只有增大变形程度才能将原 β 晶界、α 和 β 条破碎。热轧温度提高，组织由等轴状变为网篮状和粗大魏氏体组织，同时屈服强度略有下降，断裂韧性明显提高。

TC4 常用的热处理为退火和淬火时效。

普通退火加热至 750~800℃，保温 1~2h 空冷，得到不完全再结晶组织，故又称为不完全再结晶退火。再结晶退火加热温度较高（930~950℃），以保证 α 相发生充分再结晶，随炉冷至 540℃以下空冷。有实验表明，对 TC4 合金进行不同的热处理后，再结晶退火的断裂韧性比普通退火高，这与组织形态有关，前者 β 相以网状分布在 α 晶粒之间，对裂纹扩展阻力较大，后者组织中的 β 相独立分布在 α 基体中，且 α 基体保持高的位错密度，这样的组织有利于裂纹的扩展。

淬火时效工艺一般是加热到 930~950℃，水冷，随后在 540℃时效 4~8h。TC4 合金淬火时效后，其疲劳寿命和蠕变性能都高于退火，其原因是淬火时效温度高，容易获得比较均匀的组织，有助于改善塑性和疲劳性能，时效又产生弥散强化，提高了常温和 400℃以下的热强度。

TC4 合金性能良好，使用温度范围较宽（−196~400℃），经过长期生产实践证明，该合金组织和性能比较稳定，合金化简单，工艺易掌握，适合大规模生产，主要用于生产棒材、锻件和中厚板材。此外，当合金组织为细小等轴 α+β 组织，在 800~925℃的范围内，以一定变形速率进行拉伸，合金呈现超塑性，利用这一特性，可生产出精密的复杂锻件，可减少工序，降低成本。TC4 合金具有良好的焊接性，焊缝区温度不低于基体的 90%；塑性也与基体金属相近，其抗蚀性接近纯钛，可在 400℃以下长时间工作，短时工作温度可达 700~750℃。当合金中氧、氮含量在低水平时，TC4ELI 合金还能在 −196℃保持良好塑性，可用来制作低温高压容器。但该合金也存在一些性能不足的问题，诸如冷变形性能差，不能轧制成薄板和薄壁管材；淬透性较差，采用强化热处理的零件横截面一般不大于 40mm。

15.4.3 高温钛合金

高温钛合金通常是指在 400℃以上长期工作的钛合金。主要用来制作航空发动机的压气机盘和叶片等。高温钛合金主要的性能指标是高温强度、蠕变强度和高温热稳定性。高温热稳定性是指合金在一定温度下，对于应力和非应力状态暴露后保持塑性和韧性的能力。通常用暴露前后断面收缩率 ψ 或断裂韧性 K_{IC} 的变化衡量。高温暴露后的室温 ψ 大于未暴露时的 50%，则认为是稳定的，否则就是不稳定的。影响热稳定性的因素有两个：其一是高温长期暴露过程中内部组织的变化，如出现有序相 Ti_3Al、剩余 β 相分解、硅化物的沉淀和聚集等；其二是氧的渗入形成污染层，使合金变脆。

高温钛合金常用的合金元素有铝、锡、锆、钼、硅、铌、稀土等。硅对耐热性有利，硅和钼共存时的作用更加显著。铝、锡、锆固溶强化 α 相，可以改善室温和高温性能。因此绝大多数高温钛合金成分集中在 Ti-Al-Sn-Zr-Si 系合金。我国研制的高温钛合金还添加了稀土（Ce、Y、Nd、Gd）。

高温钛合金组织特点是以 α 相为主加上少量 β 相，即近 α 合金，它保留 α 合金耐热性能和热稳定性能高的优点，同时兼有 α+β 型合金强度高和塑性好的特点。为获得良好的蠕变性能，近 α 合金使用状态最好是片状组织，但室温塑性和疲劳性能不如等轴组织好。如果加工工艺能保证得到细小的 β 晶粒和细片尺寸的魏氏组织，就可以获得优异的综合性能，如 IML685 合金已经采用了 β 加工和 β 热处理，能得到针状组织，改善了耐热性。

TC6 和 TC9 合计名义成分分别为 Ti-5Al-2Cr-2Mo-1Fe 和 Ti-6Al-2Sn-3Mo-0.3Si。它们在组织上属于 α+β 型合金，与近 α 型合金在合金化、组织和性能上是很相似的，只是 β 稳定元素含量略高，β 相数量稍增多。TC6 合金中含有 β 共析元素 Cr 和 Fe，在长期加热条件下，因发生 β 共析分解会使合金脆化，为此加入 2%Mo 可以延缓共析分解，改善热稳定性，它适合在 350~450℃下工作。TC9 合金中加入硅，合金化程度较高，故热强性和热稳定性比 TC6 合金高，使用温度可达 600℃。

TC6 合金热处理工艺一般采用双重退火（880℃ ×1h、空冷 +550℃ ×2h、空冷）及淬火时效（850℃ ×1h、水冷 +500℃时效 5h）。TC9 合金热处理工艺也采用双重退火（950℃ ×（1~4）h、空冷 +530℃ ×6h、空冷）及淬火时效（925℃水冷 +500℃时效 1~6h）。双重退火比普通退火更能保证组织的稳定性。淬火时效可提高室温强度 10%~20%，但这种强化效果只能维持到 450~500℃。

15.4.4　β 钛合金

本节以 β 钛合金 Ti-19Nb-1.5Mo-4Zr-8Sn 为例，给出其在淬火和时效过程中的相变及组织特征。β 钛合金固溶后经淬火可以得到过饱和固溶体，在随后的时效过程中，过饱和固溶体会分解生成平衡第二相或过渡相。该合金在不同温度下的时效析出序列为

400~450℃：$\beta_{sss}+\alpha' \rightarrow \omega+\alpha+\alpha''+\beta \rightarrow \alpha+\alpha''+\beta \rightarrow \alpha+\beta$

500~600℃：$\beta_{sss}+\alpha' \rightarrow \alpha+\alpha''+\beta \rightarrow \alpha+\beta$

合金淬火态沿轧向（RD）板材拉伸强度为 930MPa，弹性模量为 39GPa，伸长率为 10.2%；垂直轧向（TD）板材拉伸强度为 947MPa，弹性模量为 52GPa，伸长率为 10.9%；合金经 450℃ /24h 时效后板材（RD）的拉伸强度为 1052MPa，弹性模量为 94GPa，伸长率为 0.7%，经 600℃ /2h 时效后板材（RD）拉伸强度为 973MPa，弹性模量为 55GPa，伸长率为 3.1%。由合金不同状态的性能可见，较低温度下析出 ω 相虽然使合金强度提高，但塑性急剧下降。淬火态具有较好的塑性和较低的弹性模量。

淬火态 Ti-19Nb-1.5Mo-4Zr-8Sn 合金的组织由 β 过饱和固溶体和小于 5nm 的 α′ 相组成，图 15-10 给出了淬火态合金的透射电镜的暗场像照片和选区电子衍射照片，电子束入射方向为 [113]β。合金经不同温度时效后，析出序列不同，较低温度 400~450℃时效后，合金先生成过渡相 ω 相和 α″ 相，最后生成平衡态 α 相。

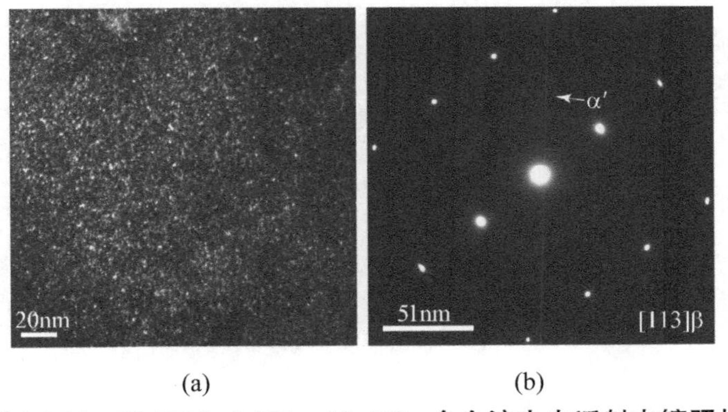

(a)　　(b)

图 15-10　Ti-19Nb-1.5Mo-4Zr-8Sn 合金淬火态透射电镜照片

（a）暗场像照片；（b）选区电子衍射照片

合金在 400℃时效 5h 后，α″、ω 和 α 相共存于 β 基体中，尺寸在几纳米到几十纳米之间。400℃时效 120h 后，ω 相和 α 相都明显长大，ω 相呈椭球状，α 相呈针状，排列为大小不等的三角形，尺寸差异很大，从几十纳米到几微米。α 相尺寸差异的原因可能是不同量级尺寸的

α相是由不同过渡相转化而来，在低温时效条件下，α″、ω 和β过饱和固溶体都可能转化为α相，导致α相生长并不同步，这些析出的第二相与基体都存在特定的位向关系。400℃时效 192h 后观察不到 ω 相，说明此时 ω 相已经完全分解，然而α″ 相依然存在。此时α相长至更大尺寸，观察不到纳米级α相，说明α相在过时效阶段已经充分长大。

当时效温度升高至 500℃，由析出序列可知，过饱和固溶体不会析出 ω 相。500℃时效 3h 后未能观察到 ω 相的存在，电子衍射也未见 ω 相的特征，与 XRD 分析结果一致。随时间延长，α相迅速长大。

第 16 章

粉末冶金材料热处理

16.1 粉末冶金材料概述

粉末冶金材料是以金属或合金粉末为原料，通过混料、压制成形、烧结方法制备的金属材料。按照材料的化学成分，可以分为铁基、铜基、铝基、银基、难熔金属基粉末冶金材料和金属基复合材料。粉末冶金材料成分均匀、晶粒组织细小，具有优异的性能，在许多工业领域和日常生活中得到了广泛的应用。

熔铸加工方法生产的致密金属材料的热处理理论与方法原则上也适用于粉末冶金材料。但是，不同于致密材料的是：粉末冶金材料中不可避免地存在少量孔隙；这些孔隙对热处理工艺性能影响很大。可以将孔隙看作是粉末冶金材料中的一个相，其导热性与空气的导热性相当；材料的孔隙率越高，导热性越差，对于烧结钢而言，淬火的临界冷却速度提高。因此，在制定粉末冶金材料的热处理工艺时，必须考虑孔隙对淬透性的影响。图 16-1 表示烧结钢密度对其淬透性的影响。图中烧结钢的成分与 1080 锻钢相同，试样烧结后于氢气中加热至 870℃保温 30min，然后末端淬火，并绘制出淬透性曲线。从图上可以看出，与致密的 1080 锻钢相比，具有不同孔隙度的烧结钢，由于导热性较低，淬硬层硬度随密度的减小而降低，淬硬层的深度也随密度的减小而降低。

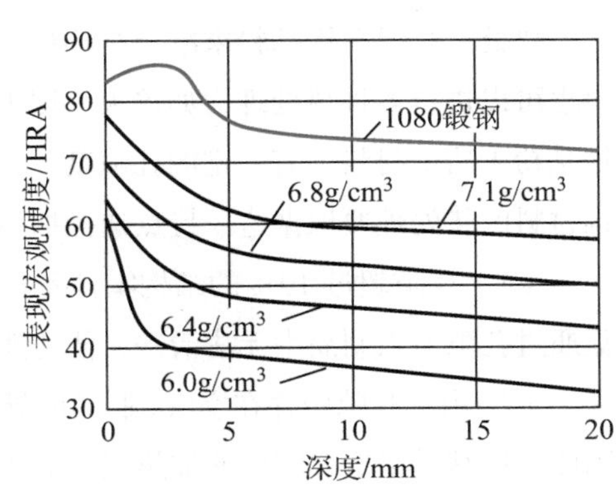

图 16-1 烧结钢密度对淬透性的影响

由于粉末冶金材料中存在一定数量的孔隙，加热过程中介质易进入孔隙并残留下来，导致氧化、脱碳和腐蚀。因此，加热介质的选择对非完全致密的粉末冶金材料十分重要。例如，钢铁热处理中常用的盐浴加热法就不适用于多孔烧结钢。因为熔盐进入孔隙残留下来会引起烧结钢内部的腐蚀，所以烧结钢通常采用吸热性气氛作为加热介质，并严格控制加热过程气氛的碳势和露点，保证加热过程不氧化、不脱碳、不渗碳。在生产实践中，根据热处理的对象和性能要求，可分别选用氢、分解氨、氮、氩、空气和真空等作为粉末冶金材料的加热介质。

常用的粉末冶金材料的热处理方法有退火、正火、淬火、回火、渗碳、碳氮共渗、离子氮化、渗硼、渗硫、激光表面处理等。在工业生产中，必须根据材料的成分和使用性能要求选用适当的热处理方法，以达到提高材料性能的目的。

在众多的粉末冶金材料中，铁基粉末冶金材料和硬质合金无疑是最有代表性的两类材料。铁基粉末冶金零件的制造成本低、产量大、用途广泛；硬质合金是以碳化钨、碳化钛等难熔金属碳化物为硬质相，以钴、镍为粘结相制备的金属陶瓷，由于硬质相的熔点非常高，难以用熔炼加工的方法生产，只能用粉末冶金工艺来生产。本章以这两种材料为代表，论述粉末冶金材料的热处理的原理与方法。

16.2　铁基粉末冶金材料热处理

16.2.1　铁基粉末冶金材料热处理特点

铁基粉末冶金材料是用铁粉、钢粉和其他合金粉为原料，经压制、烧结等工序制备的金属材料。按照其功能和用途，铁基粉末冶金材料可分为铁基结构材料、铁基减摩材料、粉末冶金高速钢和粉末冶金烧结不锈钢 4 个大的类型。铁基粉末冶金材料具有生产成本低、流程短、组织和性能均匀性好的优点，在通用机械、汽车、仪器仪表、工具模具、兵器、轴承等领域得到极为广泛的应用。

热处理是提高铁基粉末冶金结构材料的有效途径之一。与一般钢件一样，铁基粉末冶金材料也可以进行各种热处理，如淬火、回火、化学热处理和蒸汽处理等。但由于在压制烧结后，铁基粉末冶金材料还有一定的孔隙度，合金元素的微观分布可能不均匀，因此铁基粉末冶金结构材料的热处理要根据这一特点选择加热方式和工艺参数。具体注意事项如下：

（1）孔隙超过 10% 的结构零件不适合在盐浴炉中加热。因为盐浴炉中的加热介质——熔盐通过孔隙渗入制品中无法清洗，使孔隙内表面受到腐蚀。

（2）由于孔隙中存在空气，制品的导热性变差，这会影响到热处理过程的加热和冷却转变，因此，铁基粉末冶金零件的加热温度应比一般钢件高约 50℃。

（3）由于孔隙的存在，粉末冶金零件在热处理过程中更易发生氧化和脱碳，因此，要使用分解氨等还原性气体或固体填料如木炭、铸铁屑等保护。

（4）多孔粉末冶金制品不宜在盐水和碱水中淬火，一般在油中淬火。

16.2.2　铁基粉末冶金材料的热处理工艺

1）淬火和回火

铁基粉末冶金零件的整体淬火由以下 3 道工序组成。

（1）奥氏体化：在具有和化合碳含量相当碳势的保护性气氛中，将零件加热到高于 A_3 温度（通常为 850℃），并保温一定时间，时间长短视零件形状及尺寸而定。

（2）淬火：从奥氏体化温度或稍低于奥氏体化温度但仍高于 A_3 的温度，将零件淬于油或水中，使奥氏体转变成硬且脆的马氏体或贝氏体。对于铁基粉末冶金零件，最好是淬于温油 (50℃) 中，这是因为粉末冶金零件具有孔隙度，淬火冷却速度太快时，零件可能开裂。另外，若采用盐水淬火时，淬火后存留于孔隙中的盐水会导致零件严重腐蚀。

（3）回火：回火是淬火后的热处理。回火处理的主要目的是消除奥氏体转变为马氏体或贝氏体时产生的内应力，提升工件的韧性。淬火应力如果不消除，会增大工件的脆性和缺口敏感性。由于淬火应力随零件密度的增大而增大，所有密度大于 6.7g/cm^3 的铁基粉末冶金结构零件在淬火后都必须进行回火处理。对于烧结钢工件，回火温度一般在 150~200℃之间，烧结镍钢则为 260℃。回火时间通常依据零件断面厚度确定，按厚度每增加 25.4mm 回火 1h 计算。较高的温度（200℃以上）回火可使工件的韧性和疲劳性能得到改善，但可能引起强度和冲击性能下降。此外，当回火温度过高时，封闭在工件孔隙中的淬火油会着火燃烧，产生大量的烟雾，严重污染回火炉。因此，高温回火炉需要通过专门的设计以适应这一特殊情况。淬火后的铁基粉末冶金工件中会残留一定量的奥氏体，残余奥氏体的存在会影响工件的尺寸和硬度。回火的另一个目的是消除淬火工件中残余奥氏体的影响。工业实践中，往往先将淬火工件深冷处理（−100℃）几个小时，让残余奥氏体转变成马氏体，再在 200℃回火消除新生马氏体的引起的内应力。图 16-2 展示密度和回火温度对一个粉末冶金烧结钢（FL4205）的冲击功的影响。

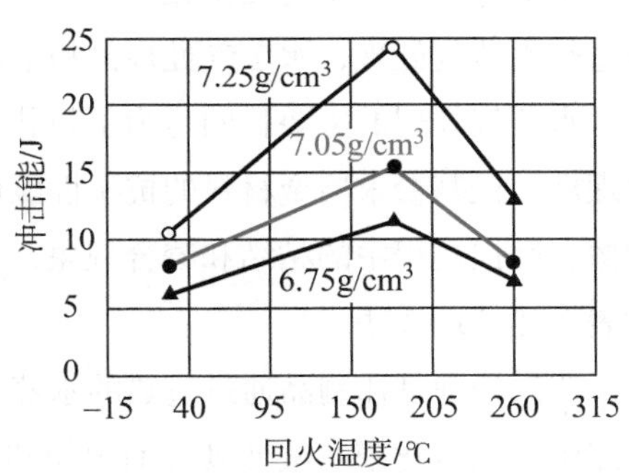

图 16-2　密度和回火温度对粉末冶金烧结钢零件冲击功的影响

2）化学热处理

铁基粉末冶金材料常用的化学热处理有渗碳、渗氮、渗硫和碳、氮、硫多元共渗等，通过化学热处理可提高材料的耐磨性。高密度的铁基粉末冶金材料经渗碳淬火后，耐磨性能不低于同种工艺处理的钢制件。

粉末冶金材料化学热处理的最大特点是材料密度对处理的深度有很大的影响。由于材料中孔隙的存在，处理时渗层深度大于致密铁基材料。渗碳时，当材料密度低于 6.4g/cm^3 时，渗碳层深度与时间基本无关，经 0.5h 即可渗透；当材料密度大于 7g/cm^3 时，渗碳层深度随时间的延长而增加。

碳、氮、硫等多元共渗时，密度低的材料渗层较深，且渗层硬度的最高值不在材料的表面，而在距表面一定距离处。这主要是由于共渗处理在材料表面形成一层硫化物，而硫化物的硬度较低，多元共渗后材料的硬度峰值提高约 35%，渗层的高显微硬度是材料具有高耐磨性的原因之一。共渗处理后较低密度材料的耐磨性优于高密度材料，这是由于密度过高时材料的渗层浅。另外，密度增大、孔隙率降低，导致材料储油性能下降、减磨作用减弱以及磨损量增加。

铁基粉末冶金材料中采用了一种不完全奥氏体渗碳工艺。其渗碳过程是在不完全奥氏体中进行的。不完全奥氏体渗碳温度在 A_{c1}~A_{cm} 之间（850~920℃），而常规渗碳温度在临界点 A_{c3} 以上。不完全奥氏体渗碳层的含碳量不受在此温度下奥氏体的饱和碳浓度的限制，可实现高浓度渗碳。经处理后渗层表面的含碳量可达 2% 以上，碳化物可达 50% 以上，碳化物呈细小颗粒状均匀分布于渗层的表面，从而得到高硬度和良好的耐磨性能。

3）蒸汽处理

铁基粉末冶金材料不可避免地存在孔隙，材料的表面积增大，表面能增加，并且腐蚀介质容易浸入材料内部，比相同成分的致密材料更易于腐蚀。用一般的防腐方法处理其表面时都会因孔隙的存在而使工艺复杂化。另外，在一些特殊场合要求材料具有密封性能，这时就需要进行过热水蒸气处理，水蒸气处理是粉末冶金材料特有的热处理工艺。

水蒸气处理的主要目的是为了封孔，以及通过封孔的作用来提高材料的力学性能。水蒸气处理后，铁基粉末冶金材料的抗拉性能可提高 40%。由于水蒸气处理所形成的氧化膜可以抑制摩擦、磨损过程中的粘结和咬合现象，水蒸气处理在提高材料的耐磨性方面也是一种大有前途的表面热处理方法。

蒸汽处理是让制品通过过热的水蒸气使其表面发生氧化，在其表面和表面层下一定深度的孔隙中形成氧化膜，改变其表面组织和性能。铁基材料在过热水蒸气中高于 570℃时氧化生成 Fe_2O_3 和 Fe_3O_4 的共析物，该共析物在温度降到 570℃后会分解生成 Fe 和 Fe_3O_4，此时生成的 Fe 具有强烈的腐蚀倾向，应避免产生。在 400~570℃时，通过化学反应：$3Fe + 4H_2O$（蒸汽）→ $Fe_3O_4 + 4H_2$（气体），在材料表面孔隙中形成一层黑色的 Fe_3O_4。蒸汽处理过程中，基体不发生结构变化，第二相即磁性氧化物 Fe_3O_4 在工件表面联通孔处形成并填充了表面孔洞。Fe_3O_4 硬而致密，其硬度约为 50HRC，并且与铁基体牢固结合，使材料的耐磨性有所提高，达到蒸汽处理的最终目的。生产中一般在 550℃进行蒸汽处理，通过蒸汽处理，铁基粉末冶金材料的抗压强度可以提高 30% 左右，表面硬度增加 40%~70%。

蒸汽处理主要的工艺变量是温度、时间和蒸汽压力。处理过程要注意防止氢氧化物和铁的低价氧化物（FeO 和 Fe_2O_3）的形成。蒸汽处理时间和温度对表面氧化物层的附着力有重要影响。蒸汽处理工艺过程一般由以下几道工序组成。

（1）除去先前机加工、精整等过程中吸附在工件孔隙中的油和润滑剂。

（2）将洁净的烧结零件松装在工件筐中，并将装有零件的工装放置到预热至 315℃的炉膛内。

（3）在空气中加热工件直至料箱中心部位的温度达到设定的温度。

（4）将压力为 35~105kPa 的过热蒸汽通入炉内，吹洗炉子约 15min。

（5）将炉温升至设定的蒸汽处理温度并保温，保温时间不超过 4h。

（6）处理完毕后，将炉温降至 315℃，待工件达到这一温度后，关闭蒸汽，取出工件。

经过蒸汽处理的粉末冶金烧结钢零件，由于氧化铁的形成产生了内应力，其塑性会明显下降。含碳量较高的粉末冶金烧结钢进行蒸汽处理时，这个问题尤其突出，内应力可能导致微裂纹的形成，造成严重的塑性损失。个别情况下，经过蒸汽处理的高碳烧结钢零件，不小心掉落地上甚至发生破碎。因此，可进行蒸汽处理的粉末冶金烧结钢零件的最大含碳量不应超过 0.5%。

16.3　硬质合金的热处理

16.3.1　硬质合金概述

硬质合金是以元素周期表中Ⅳ、Ⅴ、Ⅵ族的几种难熔金属的碳合物（如 WC、TiC、NbC、TaC、VC 等）为硬质相，以过渡族金属（Co、Fe 和 Ni）为粘结相，采用粉末冶金方法，即通过制粉、成形、烧结及后续处理等工艺制备的金属陶瓷材料。根据粘结相的不同，硬质合金可分为普通硬质合金（以下简称硬质合金）和钢结硬质合金，两者的制造方法基本相似。

硬质合金被誉为工业的牙齿，作为工具、模具材料，在机械制造、金属加工、采矿、道路施工、国防军工等工业部门得到极为广泛的应用。硬质合金具有硬度高、强度和韧性较好、耐热、耐磨、耐腐蚀等一系列优良性能；在常温下其硬度可达 85~95HRA，在 500℃的温度下也基本保持不变，在 1000℃时仍有很高的硬度。硬质合金刀具，如车刀、铣刀、刨刀、钻头、镗刀等，既可用于切削铸铁、有色金属、塑料、化纤、石墨、玻璃、石材和普通钢材，也可以用来切削耐热钢、不锈钢、高锰钢、工具钢等难加工的材料。图 16-3 为常见硬质合金工具。

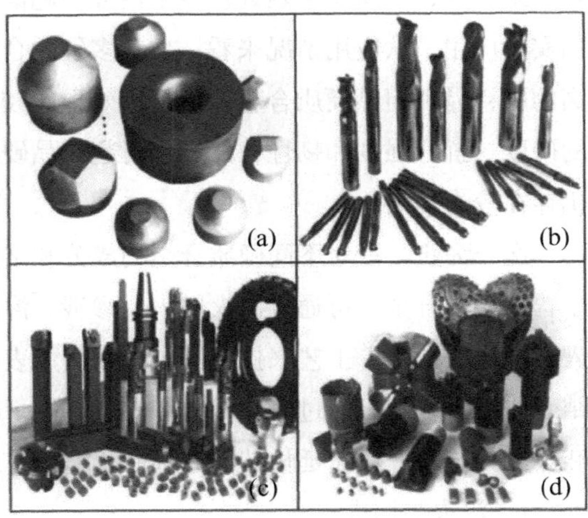

图 16-3　常见硬质合金工具

（a）砧子；（b）端铣刀；（c）切削刀具和可转位刀片；（d）矿用钻头

16.3.2 普通硬质合金材料的分类与牌号

硬质合金中最基本的两种相是硬质相和粘结相。根据硬质相的种类和粘结相的含量，可将商用硬质合金分为三大类。

（1）钨钴类硬质合金：硬质相主要成分是碳化钨(WC)，粘结相是钴(Co)，其牌号由“YG”（“硬”“钴”两字汉语拼音字首）和平均含钴量的百分数组成。例如，牌号YG8表示平均含钴量为8%，其余成分为碳化钨的钨钴类硬质合金。

（2）钨钛钴类硬质合金：硬质相主要成分是碳化钨和碳化钛(TiC)，粘结相是钴；其牌号由“YT”（“硬”“钛”两字汉语拼音字首）和碳化钛平均含量组成。例如，牌号YT15表示TiC含量为15%，其余成分为碳化钨和钴的钨钛钴类硬质合金。

（3）钨钛钽（铌）类硬质合金：硬质相主要成分是碳化钨、碳化钛、碳化钽（或碳化铌），粘结相是钴；这类硬质合金又称通用硬质合金或万能硬质合金。其牌号由“YW”（“硬”“万”两字汉语拼音字首）加顺序号组成，如YW1。

16.3.3 硬质合金的热处理工艺

硬质合金热处理是通过加热和冷却改变粘结相成分、结构及分布状态，进而提高硬质合金整体性能的有效途径。早在20世纪40年代，国外就开始对硬质合金热处理理论与工艺技术进行研究，重点考察了热处理对钴相结构及硬质合金性能的影响。60年代，瑞典人对硬质合金淬火进行了研究，观察到钴粘结相也存在着像铁一样的马氏体转变和碳化物弥散析出现象。90年代末以来，硬质合金热处理技术研究更趋活跃，并在硬质合金工模具制造中得到了一定程度的实际应用。从应用情况来看，在众多硬质合金产品中，矿山凿岩工具、冷镦模具等钴含量较高的中粗晶和粗晶硬质合金的热处理效果比较明显，合适的热处理工艺普遍提高了这一类产品的硬度、抗弯强度和韧性；然而，对超细晶硬质合金热处理的强韧化效果则有不同看法，目前仍存在较大争议。

迄今为止，针对不同硬质合金的成分和结构特点，已开发出相应的热处理技术与装备。对于普通硬质合金，可通过淬火回火、渗碳、渗硼、硼—镧和硼—硫共渗、真空热处理、离子注入、激光热处理等工艺来提高其抗弯强度、表面硬度和耐磨性、断裂韧性等力学性能；对于钢结硬质合金，则可通过淬火回火、渗硼和硼—硫共渗等热处理工艺来提高其表面硬度、耐磨性和热疲劳抗力，从而延长其使用寿命。

1）淬火与回火

有研究表明，WC-Co合金经淬火与回火处理后抗弯强度有所提高，并发现随钴含量的增加热处理后抗弯强度提高效果更显著。例如，WC-11Co合金淬火后抗弯强度提高了70MPa，而WC-20Co合金淬火后抗弯强度提高了164MPa。硬质合金经淬火处理后，存在较大的淬火应力，一般应在适当温度下进行回火处理以消除淬火应力。

淬火和回火对硬质合金强度和韧性的影响可从两个方面来分析。首先，碳化钨在钴相中的溶解度随温度升高而增加，室温下碳化钨在钴中溶解度≤ 1%：加热至 1000℃时，碳化钨在钴中溶解度≥ 4%；加热至 1340℃的共晶温度时，碳化钨在钴中溶解度达到 10%。淬火处理可阻止饱和浓度的溶质钨和碳从钴相中析出，在钴相中产生了固溶强化效果。这种固溶强化的钴相具有较高的层错能，抵抗外部变形能力增强，使合金的硬度和耐磨性得到提高。其次，粘结金属钴存在一个同素异构转变，这个转变的温度是 417℃；硬质合金中的粘结相由于固溶了一定量的钨和碳，其同素异构转变温度一般高于这个温度。有研究报道，随钨和碳在钴中的溶解量的增大，粘结相钴的同素异构转变温度升至 500℃，极端情况下甚至高达 820℃。一般情况下，若加热后缓慢冷却至室温，WC-Co 合金中的钴相主要是密排六方的 ε-Co，若加热到相变点以上淬火冷却，钴的马氏体相变将被抑制，部分面心立方 α-Co 能够保留至室温。因此，理论上可以通过改变淬火冷却速度来调控淬火组织中亚稳的 α-Co 和稳定的 ε-Co 的比例。根据金属变形理论，面心立方晶体有 12 个滑移系，而密排六方晶体只有 3 个，故 α-Co 含量的增加使合金的协调应变能力增强，使淬火态合金的强度和韧性都高于烧结态的合金。事实上，从显微组织和断口形貌可知，淬火的确有效抑制了粘结相钴的 $\alpha \rightarrow \varepsilon$ 转变，使合金中面心立方结构的 α-Co 增多，这是 WC-Co 合金抗弯强度提高的主要原因。

由于淬火冷却速度快，溶解于钴相中碳化钨强化相来不及析出，钴粘结相有较高钨含量。淬火后再进行回火，一方面消除了淬火应力，另一方面 α-Co 过饱和固溶体在回火过程发生分解，析出细小弥散的碳化物粒子，产生了固溶强化和弥散强化双重效果，有效提高了 WC-Co 硬质合金强韧性。

在硬质合金热处理实践中，淬火加热温度应高于 1000℃。因为根据 W-Co-C 系三元相图，高于这一温度，硬质合金中的钨和碳在钴相中的固溶度明显增大。加热介质通常为 $BaCl_2$ 或 $MgCO_3$ 熔盐，它们不仅能防止合金表面层氧化或脱碳，而且能保证粘结相发生结构转化的温度条件。加热温度视成分不同而略有差异。淬火介质通常可采用水、油、硝石等，但在油中淬火的效果比较好。淬火温度是一个重要的热处理工艺参数。较高的淬火温度有利于钴相中保留大量的钨和碳溶质。但是，由于硬质相的线膨胀系数（5.2×10^{-6}/℃）和粘结相的线膨胀系数（13.8×10^{-6}/℃）差异较大，淬火温度不能过高，过高将在两个相中引起较大的内应力。实验表明 1250℃淬火后，合金具有较高的硬度和抗弯强度。在钴含量相同时，超细晶硬质合金的钴相平均自由程低于粗晶硬质合金，热处理引起的钴相成分和结构的变化，对超细晶硬质合金性能影响较弱，热处理的整体效果表现为硬度和抗弯强度降低，晶粒尺寸增大。在中等晶粒和粗晶硬质合金中，钴相平均自由程较大，钴相成分和结构的变化对合金性能的影响更显著，淬火处理后合金的硬度、抗弯强度和韧性都有不同程度的提高。

回火的主要作用是消除快冷产生的内应力，但钴相的马氏体转变也对回火态合金的性能产生影响。在马氏体相变温度回火时，FCC 相转变量较少，较多的 α-Co 相保留下来，在此情况下，钴相塑性高，合金断裂韧性高。

2）化学热处理

（1）渗硼：在硬质合金表面进行渗硼处理能使粘结相强化并在合金表面形成硬度高、耐蚀性和耐磨性好而且抗高温氧化的硼化物层，可以在不降低硬质合金强度的前提下，有效提高工具寿命。渗硼过程中硼原子向金属内扩散，和金属原子形成高硬度、高耐磨性及良好抗腐蚀的硼化物相。渗硼处理后，硬质合金材料表面的硬度和耐磨性能到很大的提高，同时抗腐蚀性、高温红硬性能和抗氧化性能也得到一定的改善。例如，对于 YG8 拉丝模工件进行渗硼及硼镧共渗处理后，其表面硬度、耐磨性和使用寿命都得到明显提升，且硼镧共渗效果更佳。在硼镧共渗中，镧促进硼原子的扩散（在 950~1000℃较明显）；镧的渗入使渗层更加致密，降低了渗层脆性，提高了拉丝模的使用寿命。有研究表明 WC-Co 硬质合金渗硼处理后，生成了 W2C、Co2W2B2 和 CoW3B3 等 Co-W-B 三元化合物。钴相中还生成一种细小的 W-C-Co-B 相，提高了钴相的抗磨损能力，从而提高了硬质合金的耐磨性。还有研究采用气—固渗硼的方法改变了硬质合金的表面状态，处理后合金的耐磨参数提高了 14%~30%，韧性略有提高，但抗弯强度有所下降。

（2）硼—硫共渗：硼—硫共渗方法一般用来处理钢结硬质合金。例如，将 GW50 和 GT35 等钢结硬质合金在 930~940℃进行渗硼处理 4~5h，然后淬火和回火，再进行液态渗硫处理。渗硫介质为 95% 硫 +5% 二硫化钼。渗硫温度 180℃，保温时间 6~8h。结果表明，渗硼模具的使用寿命比未渗硼模具提高 10 倍以上，而硼—硫复合渗模具又比单一渗硼模具的寿命提高 50%~70%。

（3）渗碳淬火：硬质合金经渗碳处理后，表面硬度大幅提高，较烧结态提高 25 % 以上；同时，抗弯强度较烧结态也有提高，合金表面硬而耐磨，心部强韧性好。但渗碳淬火后若进行长时间回火，碳原子将向心部扩散，表层化合物减少，合金表面硬度和耐磨性反而下降。因此渗碳淬火后可以不回火或只进行短时间回火。

3）真空热处理

在空气中，当温度超过 1000℃时，硬质合金刀具材料中的 WC 和 Co 可分别被氧化成 WO_3 或 WO_2 和 Co_3O_4 或 CoO，造成氧化失效。因此，硬质合金类刀具的高温热处理一般在真空中进行。现有的研究结果表明，在 1000℃以下加热淬火并不能使合金的韧性有明显的改善，在盐浴和保护气氛下加热淬火也难以得到显著的效果；只有在真空烧结直接淬火、回火或烧结后二次加热淬火才能取得最佳的处理效果。例如，对于 YJ1(WC-9.5%Co)、YJ2(WC-8.5%Co) 等合金，在真空炉中进行烧结，然后在真空炉加热至 1250℃后油淬并进行 400℃回火处理可获得最佳性能指标。经过真空热处理，YJ1 合金使用寿命提高了 22%，耐磨性提高了 37%；YJ2 合金使用寿命提高 34%，耐磨性提高了 27%。

4）表面热处理

常见的硬质合金表面处理方法有离子注入和激光表面处理。表面处理可使硬质合金表面层的化学、物理力学等方面性能发生改变，同时又可避免尺寸变化和表面质量下降，对提高零件使用寿命及发挥材料潜力起着重要的作用。有研究表明，硬质合金表面注入金属离子与碳离子(Mo^+、Mo^++C^+、Ti^+、$Ti^+ + Y^+$)或氮离子（N^+），均可使表面硬度和耐磨性获得明显提高，并且双元注入比单元注入效果更好。激光表面处理也被用来改变硬质合金的表层组织，提高其抗弯强度和耐磨性。激光表面处理采用高能量脉冲激光束扫描硬质合金零件的表面，激光产生的瞬时高温一方面使其表层晶粒细化，同时使少量 WC-W 或 C 溶入到粘结相中，二者的协同作用使合金的性能得以显著提高。例如，经激光热处理后，制鞋设备——鞋楦机上的硬质合金部件的使用寿命比未经激光处理的工件提高约一倍。

5）深冷处理

深冷处理又称超低温处理，是一种以液氮为制冷剂，在 –130℃以下对材料进行处理的工艺。深冷处理作为传统热处理工艺的扩展和延伸，已经应用于某些钢铁材料的改性，并已拓展到有色金属材料和粉末冶金材料的领域。深冷处理不但可以显著提高材料或工件的力学性能、尺寸稳定性和使用寿命，而且操作简便、成本低廉无污染，具有很大的发展前景。

国内外学者对 WC-Co 硬质合金和钢结硬质合金的深冷处理进行过很多研究，发现深冷处理可以提高硬质合金的摩擦磨损性能、硬度和抗弯强度，延长硬质合金拉丝模、切削刀片的使用寿命。

目前，国内外研究中采用的硬质合金深冷处理工艺主要有两种：一种包含降温和保温两个阶段，即控制硬质合金从室温冷却到处理温度（–130℃以下），此过程中必须注意控制降温速率，防止对工件产生较大的热冲击，然后在深冷处理温度下保温 24h 左右甚至更长时间。另一种除降温和保温之外还伴随着回火处理，即在前一阶段的基础上控制温度回升到室温以上并保温一段时间。

国外几乎所有的工模具、刀剪、量刃具等均采用如图 16-4 所示的工艺进行深冷处理，即以 0.25~0.5℃ /min 的速度降低到 –185℃，降温时间约 12h，然后保温 25~35h，再缓慢地以 0.25~0.5℃ /min 的速度升到室温或更高温度 (+160℃以下)。采用的深冷装置如图 16-5 所示。有实验结果表明，硬质合金刀片经过深冷工艺处理后，其使用寿命提高 2~8 倍；而硬质合金拉丝模，处理后的修整周期从几周延长到几个月。

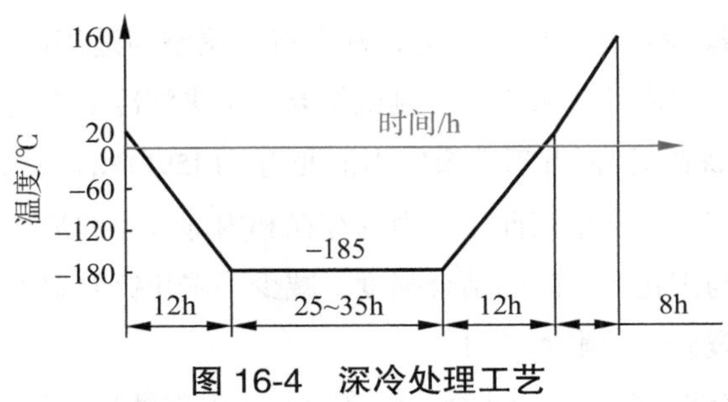

图 16-4　深冷处理工艺

关于深冷处理对硬质合金组织与性能的影响机理，可从 3 个方面来分析。第一，深冷处理引起硬质合金中的钴基粘结相发生立方结构 (α-Co) 向六方结构 (ε-Co) 的转变，并在表层产生一定的残留压应力，引起各种力学性能的变化。一般情况下，烧结后冷却至室温的WC-Co合金中既有ε-Co，又有少量α-Co，液氮深冷处理促进残余的α-Co通过转变成ε-Co，这个转变属于马氏体转变。这一转变提高了钴粘结相的强硬性，钴相与硬质相结合更牢固，对高硬度的碳化钨硬质相形成更好的支撑，合金抗剥落性增强。因此，深冷处理改善了硬质合金显微组织，提高了硬质合金的强韧性与耐磨性。采用X射线衍射对深冷处理前后的硬质合金相结构进行分析，发现碳化钨的晶格常数在深冷处理前后差别不明显。在未经深冷处理的硬质合金中有面心立方α-Co和密排六方的ε-Co，而经深冷处理的硬质合金中只有密排六方的ε-Co，说明深冷处理促使硬质合金中的钴相完全转变为ε-Co，这种转变在24h内可完成，并且随深冷处理时间的增加转变程度得以保持。

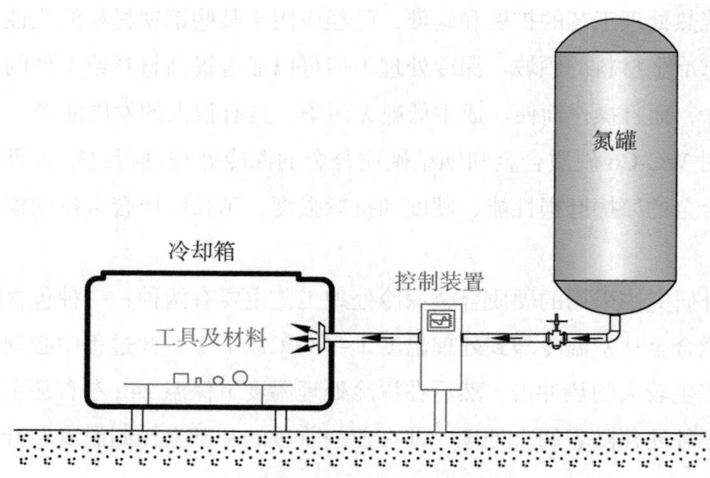

图16-5　深冷装置示意图

第二，深冷处理改变了合金的表面应力状态。WC-Co硬质合金由烧结温度向室温冷却过程中，首先钴相从液相转变为固相并开始收缩；由于钴相的线膨胀系数远大于碳化钨相，随着温度的下降，钴相的收缩程度远大于碳化钨，因此冷却后硬质合金中存在很大的热应力，其中作用于碳化钨相的热应力是压应力，作用于钴粘结相的热应力是拉应力，内应力的存在对硬质合金性能产生不利影响。对硬质合金进行深冷处理，可使合金表层压应力明显增大，还可以将内部应力逆向调整，即减少钴相中的拉应力，甚至将其调整为适当的压缩应力。有人用X射线衍射仪测定了硬质合金表面的残余应力，测试结果显示未深冷处理的硬质合金表面残余应力为压应力（−496MPa），深冷处理2h后残余应力值变为−1459MPa。说明深冷处理2h后显著增加了硬质合金的表面压应力。合金表面压应力的存在和内部应力的消除不但使微裂纹的形成更为困难，还增大了钴相与碳化钨之间的结合强度，减少了碳化钨的剥离，这些变化有利于提高合金的抗疲劳强度、断裂韧性和耐磨能力。

第三，深冷处理使烧结态合金中的残余α-Co转ε-Co，引起钴相点阵畸变和矫顽磁力的变化。在相同温度下，钨在ε-Co相中比在α-Co相中的平衡固溶度低，故深冷处理导致钴相发生相变

后新形成的 ε-Co 相中钨呈过饱和状态，从而引起 ε-Co 相的点阵畸变，二者均会导致矫顽磁力的升高。高碳 WC-Co 硬质合金的矫顽力 H_{sc} 同维氏硬度 HV 间存在关系：

$$H_{sc}=1.16+[(1897/HV)-3.31]^{-1} \quad (16\text{-}1)$$

当合金碳含量变化时，式中系数相应改变。由此可以看出，当材料的维氏硬度升高时，矫顽磁力也会相应地增加。

16.4　钢结硬质合金热处理

16.4.1　钢结硬质合金概述

钢结硬质合金就是以铁、镍为粘结相，以难熔金属碳化物（主要是碳化钛、碳化钨）为硬质相，用粉末冶金方法生产的复合材料。钢结硬质合金是性能介于钢和硬质合金之间的一种材料，其性能特点概括如下：

（1）钢结硬质合金具有比工具钢更高的硬度、耐磨性和较好的刚性；同时，由于存在着钢基体，它比普通硬质合金有着更高的强度和韧性。

（2）由于钢铁粘结相在加热和冷却时可能发生多种类型的固态相变，钢结硬质合金具有显著的热处理强化效果，经一定工艺淬火、回火处理以后，材料可获得优异的综合性能和尺寸稳定性。

（3）钢结硬质合金具有良好的锻造性能和一定的冷塑性变形能力；经退火软化后可承受各种切削加工，以制作形状比较复杂的工、模具零件。

16.4.2　钢结硬质合金分类

按其粘结相的成分及性能可将钢结硬质合金分为三大类：

（1）碳素钢或铬钼钢结硬质合金。它是由 30%~50% 质量的碳化物（TiC 或 WC），其余为钢基粘结相配制烧结而成。这类中应用最多的是铬钼钢结合金，这类合金主要用作各种冷冲模、冷镦模、冷挤压模等各种耐磨模具零件。

（2）高速钢结硬质合金。它是由质量为 30%~50% 的碳化物（WC 或 TiC）作为硬质相和高速钢作胶结相配制烧结而成。其性能优于高速钢，如我国研制生产的高速钢基（TiC）的 G 型和 D-l 型。

（3）奥氏体不锈钢钢结硬质合金。它是由 40%~60% 质量的碳化物（WC 或 TiC）作为硬质相和不锈钢作为胶结相配制烧结而成。这类合金主要用于作抗氧化、耐腐蚀的热挤压模具等。如我国不锈钢基的 R-5、ST60、ST35 型。这类合金只可进行机械加工，不能进行热处理。

16.4.3 钢结硬质合金热处理工艺

适用于淬火硬化的钢结硬质合金有 GT35、R5、T1、D1 以及所有碳化钨钢结硬质合金。此类钢结硬质合金的基体淬火组织为淬火马氏体，而回火态组织则因回火温度的不同而有所不同。它们的热处理包括退火、淬火及回火三种工艺，GT35 钢结硬质合金的常用热处理工艺制度如图 16-6 所示。

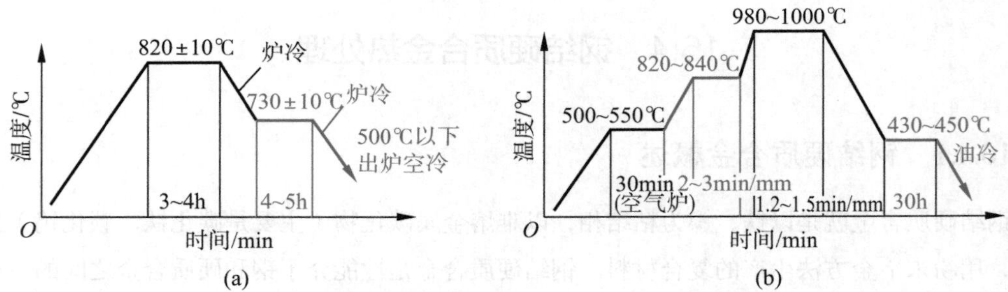

图 16-6　典型钢结硬质合金 GT35 的热处理工艺制度

（a）GT35 钢结硬质合金退火工艺曲线；（b）GT35 钢结硬质合金分级淬火工艺曲线

1）退火

钢结硬质合金烧结态和锻后的组织由细片珠光体和硬质相 WC、TiC 组成，硬度较高，如 50%WC 铬钼钢结硬质合金烧结态的硬度≥ 45HRC，故必须采用退火处理，使其软化，便于切削加工，同时为以后的热处理作好准备。

钢结硬质合金通常采用球化退火工艺，采用连续冷却或等温冷却。正常的退火组织应是索氏体和碳化物。退火温度不宜太高，加热时间不要过长，否则对含有大量碳化物的合金材料来说，会造成碳化物聚集，组织粗大，更为严重的是可能出现大量稳定碳化物相，甚至出现石墨化过程，将显著降低淬火效果与产品质量。

钢结硬质合金采用等温球化退火，其规范可根据钢基体的化学成分来选定，其加热温度为 A_{c3} 或 A_{c1}+30~50℃，保温 2~3h；等温温度为 A_{r1} 以下 10~20℃，保温 3~4h。

钢结硬质合金退火可在普通的箱式炉、井式炉或连续式炉以及真空炉中进行。在使用普通退火炉时，必须注意控制炉内气氛，以防合金表面氧化脱碳，通常采用石墨粒、木炭或铸铁屑等作为保护填料，或者采用还原性气体来保护。如果采用真空退火，则无需采用填料或保护气体，而且退火后产品的外观色泽均匀一致，硬度比在保护环境中退火低 2~3HRC。

2）淬火与回火

钢结硬质合金由于存在孔隙和大量弥散分布于钢基体上的合金碳化物，其导热性比较差，因此淬火加热时，一定要缓慢加热，并要求采用 1~2 次预热。

钢结硬质合金的淬火加热温度一般不宜过低，特别是硬质相含量较高的钢结硬质合金的淬火温度更应适当偏高一些。原因在于：尽管钢结硬质合金中的碳化物能稳定晶界，抑制奥氏体晶粒长大，但是作为硬质相的碳化物颗粒 WC 或 TiC 数量已经很多，退火冷却时粘结相中还会析出二次复合碳化物，如果淬火加热温度偏低，合金中过多的未溶解的二次碳化物将会引起碳化物聚集、连结等现象，使粘结相的粘结作用减弱，从而降低合金的韧性。不过，淬火温度也不宜过高，以减小淬火时的热冲击，使其在淬火时形成裂纹的危险降低。

钢结硬质合金具有较高的淬透性，对于截面较小形状不复杂的模具，用油冷可以获得较好的效果；对于截面较大形状复杂的模具，可采用分级淬火或等温淬火，可以避免开裂和减少变形，淬火加热时必须注意防止氧化和脱碳。具体钢结硬质合金热处理工艺规范见表 16-1。

表 16-1　常用钢结硬质合金的热处理工艺规范

牌号	淬火温度 /℃	淬火后硬度 (HRC)	回火工艺规范	回火后硬度 (HRC)
GT35	960~980	69~72	180~200℃ ×1.5h×2 次	68~69
TLMW35	1020~1050	67~68	180~200℃ ×1.5h×2 次	65~66
GW50	1050~1100	68~72	180~200℃ ×1.5h×2 次	68~69
GJW50	1000~1020	69~70	180~200℃ ×1.5h×2 次	66~67
TLMW50	1020~1050	68~70	180~200℃ ×1.5h×2 次	67~68
R5	1020~1050	71~73	180~200℃ ×1.5h×2 次	68~69
T1	1240~1260	70~73	500℃ ×1h×3 次	70~72
D1	1220~1240	72~74	500℃ ×1h×3 次	66~69

钢结硬质合金模具淬火后应尽快回火，特别是大型复杂模具，为防止开裂、消除应力更应及时回火。同时回火也是为了调整组织得到所需要的力学性能。通常回火温度取 180~200℃，保温时间 1.0~1.5h，一般回火二次较好，要求较高韧性时可用较高的回火温度 (400~500℃)。G 型合金 (高速钢为基体) 的回火温度取 500~560℃，回火 3 次。钢结硬质合金在 250~350℃回火，冲击韧度有明显下降，说明出现低温回火脆性，应予以注意，并尽量避免该现象。

16.4.4　时效硬化型钢结硬质合金的热处理工艺

可时效硬化型钢结硬质合金的热处理包括固溶处理和时效硬化处理两个工艺过程。

Ferro-TiCM-6 型合金属超低碳高镍马氏体时效钢，它是典型时效硬化型钢结硬质合金。这类钢结硬质合金的钢基体一般含有质量分数为 18%~25% 的 Ni，并含有一定量的其他合金元素，如 Mo、Co、Ti、Al 等。这类钢结硬质合金经固溶退火后，能得到可进行各种机械加工的韧性马氏体组织。合金经加工成工件后，再于较低的温度下进行时效处理，金属间化合物的沉淀析出，合金的硬度、强度得到进一步的提高。

时效硬化型钢结硬质合金的热处理工艺非常简单，由于钢基体碳含量很低，无需采用保护气氛以防止脱碳。同时，由于时效温度较低，故工件变形及产生裂纹的倾向性很小，能保证精密的尺寸公差。这类合金经时效处理后，一般仍具有较高的韧性和强度，但其最终硬度通常低于淬火硬化型钢结合金的硬度。

16.4.5 钢结硬质合金的表面化学热处理

为了使钢结硬质合金具有较好的综合性能，利用钢基体本身可进行化学热处理的特点，可采用硬化钢结硬质合金表层钢基体的方法，来进一步提高钢结合金表层的耐磨性，又不降低整个钢结硬质合金的强度、韧性等性能。这种方法就是表面硬化处理或表面化学热处理。

钢结硬质合金的表面热处理与钢类似，将欲处理的工件放在活性介质中一起加热后保温，此时介质在较高的温度下分解出（有时借助于化学反应）待渗入元素的活性原子，这些活性原子在工件表层钢基体进行扩散渗透，从而改变钢基表层的组织，提高工件表层硬度、耐磨性、红硬性、抗疲劳性、抗腐蚀性等性能。目前，钢结硬质合金所用的表面硬化处理方法主要有渗氮处理与渗硼处理两种。

1）渗氮处理

渗氮处理法一般适用于时效硬化型钢结硬质合金，如美国的 Ferro-TiC M-6、MS-5 等牌号，而且渗氮处理可与时效硬化处理同时进行。Ferro-TiC MS-5 合金在 454℃下进行 48h 渗氮处理后，硬度达 72~74HRC，渗氮层厚达 0.1~0.15mm。这时，渗氮层内的碳化钛晶粒被强韧性好且弹性模量较高的基体所支撑，故其表面层具有优异的耐磨性和抗擦伤性。渗氮可在盐浴中或气体中进行。

2）渗硼处理

钢结硬质合金渗硼处理是将钢结硬质合金工件置于含硼介质中，借助于高温下被活化的硼原子与钢结硬质合金表层的钢基体之间的扩散反应，生成 Fe_2B 和 FeB，从而使合金表层硬化。经表面渗硼处理的钢结硬质合金工件，再进行常规热处理，使工件超硬表层内的组织完全硬化。由于 Fe-Fe_2B 共晶温度为 1149℃，因此热处理温度必须限定在该温度以下。经渗硼处理的钢结硬质合金工件表面十分硬且具有特别低的摩擦系数，因而在使用中显示出优异的耐磨性与抗擦伤性。钢结硬质合金渗硼处理可采用固体渗硼和液体（盐浴）渗硼两种方法。

3）硼—硫共渗

硼—硫共渗方法也被用来处理钢结硬质合金。例如，将 GW50 和 GT35 等钢结硬质合金在 930~940℃进行渗硼处理 4~5h，然后淬火和回火，再进行液态渗硫处理。渗硫介质为 95% 硫 +5% 二硫化钼。渗硫温度 180℃，保温时间 6~8h。结果表明，渗硼模具的使用寿命比未渗硼模具提高 10 倍以上，而硼—硫复合渗模具又比单一渗硼模具的寿命提高 50%~70%。

第 5 篇　典型功能合金的热处理

近年来，电子技术、激光技术、能源技术、信息技术以及空间技术等现代技术高速发展，对现代功能材料提出了更高的要求。其中功能材料中的功能合金对科学技术尤其是高技术的发展及新产业的形成具有决定性的作用。

功能合金是具有优良的电学、磁学、光学、声学、力学、化学或生物功能及其相互转化功能的金属和合金材料。它们广泛应用于非结构目的的高技术领域，如现代军事、电子、汽车、能源、机械、宇航、医疗等。特定的功能对应于材料的特定微观结构，如金属结构中由于弹性马氏体相变能产生记忆效应，因此出现了形状记忆合金。功能合金的使用性能与其化学成分和组织结构密切相关，为了获得高性能，从材料的选择，直到最后的加工和改性处理都要进行较严格的控制。热处理是其中的一个非常重要的环节。本篇介绍典型的功能合金：形状记忆合金、电性合金、磁性合金、膨胀合金和弹性合金的热处理工艺。

第 17 章

形状记忆合金的热处理

形状记忆效应是指某些具有热弹性马氏体相变的合金材料在马氏体状态进行一定限度的变形或变形诱发马氏体后，在随后的加热过程中，当温度超过马氏体相消失的温度时，材料能完全恢复到变形前的形状和体积，如图 17-1 所示。具有形状记忆效应的合金称为形状记忆合金。

形状记忆合金的独特性质通常源于其内部发生的一种独特的固态相变——热弹性马氏体相变。热弹性马氏体相变是一些能发生马氏体逆转变的合金，当其母相快冷至 M_s 点以下时，所形成的马氏体晶体随着温度下降而逐渐长大，加热时马氏体又随温度回升而逐渐减小以致消失，再次冷却和加热又重演相同的变化，即马氏体随着温度的变化可以弹性地、反复地形成、长大、缩小、消失的过程，如图 17-2 和图 17-3 所示。

除温度外，塑性变形和应力也会影响热弹性马氏体相变，并具有可逆性。即合金在其 M_s 点以上的某一温度，由于变形而出现的马氏体，随温度的下降而长大和增多；随着温度升高，马氏体逐渐收缩变小，最后完全消失。这种应力诱发形成的马氏体也能呈现热弹性，在 Ti-Ni、Fe-Ni、 Cu-Zn 和 Cu-Al-Ni 等合金中都可观察到应力诱发马氏体的热弹性现象。

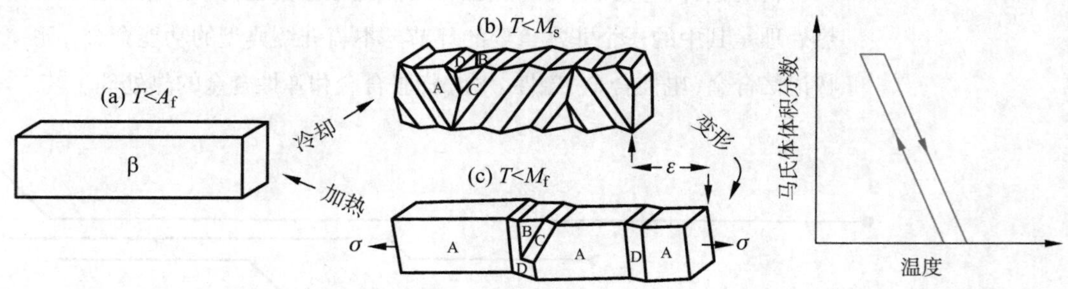

图 17-1　形状记忆合金形状的记忆

M_s 马氏体转变起始温度，M_f 马氏体转变结束温度，A_s 马氏体逆转变起始温度，A_f 马氏体逆转变结束温度

图 17-2　热弹性马氏体体积分数与温度的关系

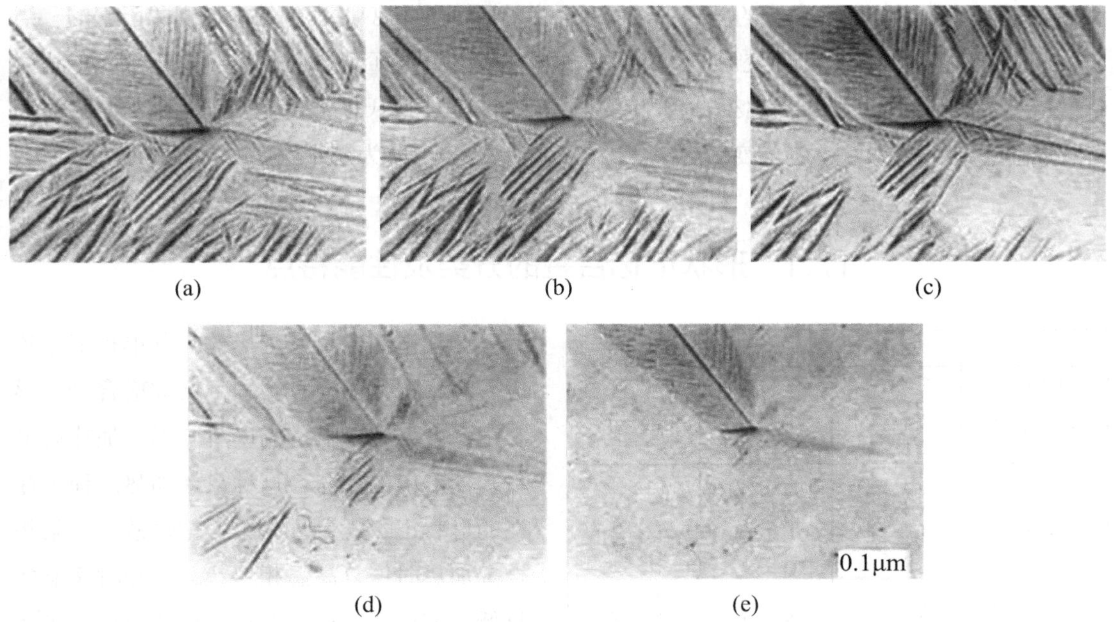

图 17-3　形状记忆合金（Cu-14Al-4.2Ni）热弹性马氏体的变化

（a）由于马氏体转变而产生的表面浮凸；（b）~（e）加温过程中热弹性马氏体逐渐消失

图 17-4 是形状记忆合金在应力 (σ)– 应变 (ε)– 温度 (T) 三维空间中的几种特殊机械行为。当试验温度 $T_d > M_d$(应力诱导马氏体转变的最高温度) 时，合金的 σ–ε 曲线形状与普通金属无本质差别（图 17-4（a））。在温度 $A_f<T_d<M_d$ 范围内，合金的 σ–ε 曲线呈现出超乎寻常非线性超弹性（伪弹性），此弹性是普通金属材料弹性应变的几十倍以至上百倍（图 17-4（b））。非

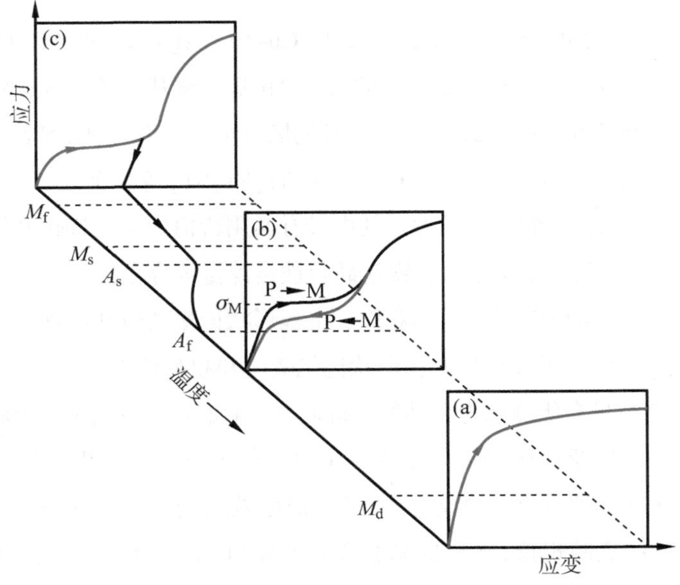

图 17-4　形状记忆合金在不同温度下 σ-ε 曲线特征图

线性超弹性是由形状记忆合金的应力诱发马氏体相变及其逆相变过程中的内耗现象引起的。当$T_d<M_f$时，合金加载产生塑性变形，卸载后加热至A_f温度以上回复原来形状，此现象是形状记忆效应（图 17-4（c））。形状记忆效应产生的原因是加载产生马氏体，卸载后仍残留部分马氏体，此马氏体在A_s~A_f温度发生逆转变，A_f点以上马氏体消失，应变降为零，合金完全恢复原来的形状。

17.1　形状记忆合金的分类及性能特点

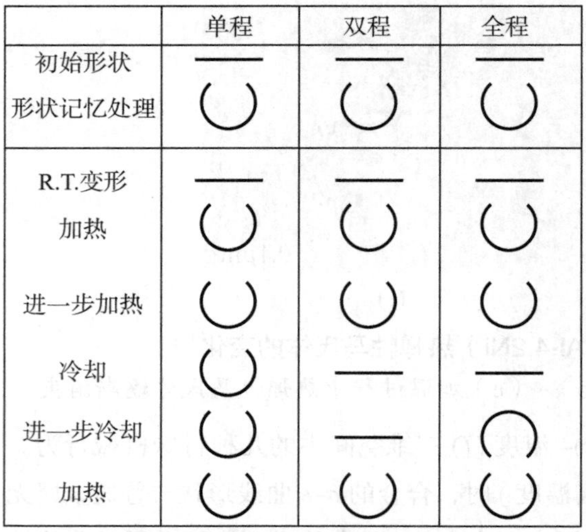

	单程	双程	全程
初始形状			
形状记忆处理			
R.T.变形			
加热			
进一步加热			
冷却			
进一步冷却			
加热			

图 17-5　三种形状记忆效应的示意图

形状记忆合金按记忆效应分单程记忆效应、双程记忆效应和全程记忆效应合金。形状记忆合金在较低的温度下变形，加热后可恢复变形前的形状，这种只在加热过程中存在的形状记忆现象称为单程记忆效应；某些合金加热时恢复高温相形状，冷却时又能恢复低温相形状，称为双程记忆效应；加热时恢复高温相形状，冷却时变为形状相同而取向相反的低温相形状，称为全程记忆效应。这三种形状记忆效应如图 17-5 所示。单程记忆效应的原因是由于有序点阵结构的母相与马氏体相变的孪生结构具有共格性，在母相—马氏体—母相的转变循环中，母相完全恢复形状。双程和全程记忆效应的机理有待进一步研究。

形状记忆合金按成分可分为 Ti-Ni、Au-Cd、Cu-Zn、Ag-Cd、Ni-Al、Co-Ni、Fe-Ni 等十几个系列。其中已开发成功并得到商业应用的有 Ti-Ni 基、铜基和铁基等形状记忆合金。钛镍基形状记忆合金是性能较好、应用最广泛的形状记忆合金。主要为 $Ti_{50}Ni_{50}$、$Ti_{50}Ni_{50-x}Cu_x$（x 为 0~30，实用的 $x\leqslant 10$）、$Ti_{50}Ni_{50-x}Fe_x$（x 为 0~3.5）及 $Ti_{50}Ni_{48}Nb_2$ 等合金。

铜基合金占形状记忆合金的比例最大，其中最有实用价值的是铜锌铝和铜铝镍合金。典型铁基形状记忆合金有铁镍碳、铁镍钴钛、铁锰硅及铁铬镍锰等合金。

钛镍基形状记忆合金可以实现单程、双程、全程形状记忆效应和超弹性功能；部分铜基合金经过适当的处理（训练），可以呈现双程形状记忆效应和超弹性效应。

Ti-Ni 形状记忆合金具有优良的力学性能、抗疲劳、耐磨损、抗腐蚀、形状记忆恢复率高、生物相容性好等优点，广泛应用于人体植入、生物、航天及原子工程，如天线、热敏元件、人工关节、人造肾脏用微型泵等。铜基合金形状记忆效应明显低于 Ti-Ni 合金，而且稳定性较差，表现出记忆性能衰减现象，但 Cu 基合金具有原料充足、价格低廉（仅为 Ti-Ni 合金的 1/10）、易加工成形、转变温度宽、热滞后小、导热性好等优点，在汽车工业、电器、自动控制、医疗等方面已得到广泛应用，如管路连接件、铆钉、螺旋簧等。铁基形状记忆合金由于价格便宜、容易制造、力学性能好，已引起研究人员关注。该合金热滞大，无需采取低温扩管处理，非常适于制造管接头，广泛应用于油田防腐管道的连接、密封、堵漏。

17.2　形状记忆合金的微观结构

具备形状记忆效应的条件为：①具有热弹性马氏体相变；②母相有序；③产生不变点阵切变。实际上，母相有序化、热弹性马氏体相变是形状记忆效应的充分条件，但不是必要条件。如锌钛、锌镉、锰铜、铁铂等合金，相变表现为热弹性马氏体相变，但母相为无序结构；已实用化的铁锰硅合金母相为无序结构，相变为非热弹性，但却具有很好的形状记忆效应。马氏体变体之间自协调的程度高低决定合金记忆效应的好坏，自协调好，在形变时才容易再取向，形成单变体或近似单变体的马氏体，才能引起晶体学的可逆性。

钛镍、铜基系和铁基等合金的形状记忆效应既可通过热弹性马氏体相变获得，也可通过应力诱发马氏体（非热弹性马氏体）相变产生。

形状记忆合金中的微观组织主要有热弹性马氏体、应力诱发马氏体和母相。

17.3　形状记忆合金的热处理

17.3.1　中间退火

中间退火的目的是定形。退火处理一般是对于原始态为冷加工态合金来说的，随着退火温度的升高，冷加工态 Ti-Ni 合金将依次经历回复、再结晶和晶粒长大阶段，不同阶段的合金显微组织存在巨大差异，会对 Ti-Ni 合金的超弹性产生显著影响。

随着退火温度的升高，在 Ti-Ni 合金中诱发马氏体相变的临界应力先减小后增大。值得注意的是，随着退火温度的升高，母相晶粒逐渐长大，故母相屈服强度将减小，而诱发马氏体相变的临界应力反而增大。因此，在应力诱发马氏体相变时，可能还未达到诱发马氏体相变的临界应力，合金就已经发生了塑性变形，产生了不可逆应变，不利于该合金获得完全超弹性。

经轧制、拉拔等冷加工并充分硬化成形的 Ti-Ni 合金，在 400~500℃温度下保温几分钟到数小时，可将既成形状固定下来。图 17-6 是 Ti-49.8Ni 合金，在 500℃经 1h 热处理后，在不同温度下的应力—应变曲线。由图可见，经 500℃热处理，可得到很好的形状记忆效应和超弹性，且热处理后合金在 M_s 点附近的屈服应力最小。经 800℃以上完全退火后、在室温加工成形的 TiNi 合金，在 200~300℃温度下保温数分钟至数十分钟，也可达到定形的目的，但其形状记忆功能，特别是反复作用时的疲劳寿命比 400~500℃处理的低。

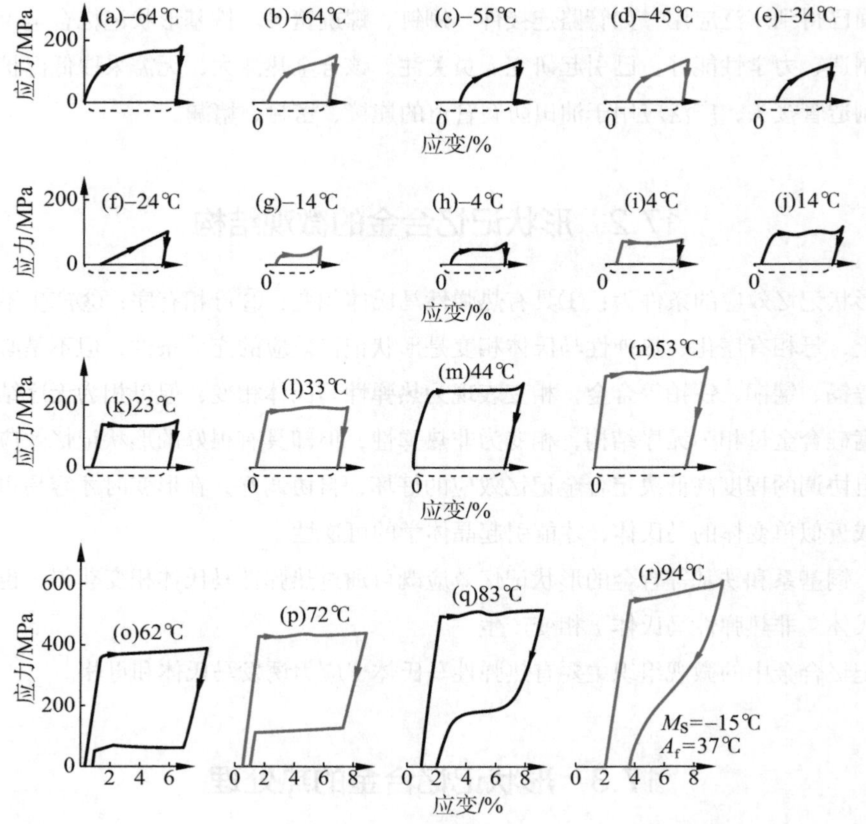

图 17-6　Ti-49.8Ni 合金经 500℃退火后的系列应力－应变曲线

17.3.2　固溶处理 + 时效处理

固溶处理的目的是获得过饱和固溶体。时效处理目的是定形记忆处理。

固溶时效处理一般是对富镍 Ti-Ni 合金来说的，时效态 Ti-Ni 合金的超弹性强烈受析出相的种类和弥散度的影响。如果时效后析出了弥散度很高的细小颗粒，则该析出相对合金就具有强化作用，致使合金在拉伸过程中几乎观察不到应力诱发马氏体相变的屈服平台，呈现出线性超弹性或类线性超弹性现象。同时，如果细小弥散分布的析出相与基体具有良好共格关系，将在其周围的基体中引起共格应变场，而共格应变场在某种程度具有阻滞应力诱发马氏体逆转变的作用，当去除外力后总有部分应力诱发马氏体滞留，使合金呈现部分超弹性。如果析出相聚集长大呈粗片状后，其弥散度大幅度下降，对应力诱发马氏体逆转变的阻滞作用也下降，从而使应力诱发马氏体得以随外力去除而逆转变为母相，呈现出完全超弹性。

对铜合金固溶处理是为获得 β 相组织。较高的固溶温度可以获得较多的 β 相组织，从而获得较好的形状记忆性能，但是过高的固溶温度易引起过热或过烧，使合金的力学性能下降。铜合金一般 800~850℃保温 10min 获得均匀 β 单相组织，然后快速冷却使 β 相保持到室温。若冷却速度不够慢，就会析出 α 相，使合金 β 相含量降低且 β 相中 Al、Zn 含量增大，导致 M_s 点下降，而形状记忆效应降低。具体淬火制度可选用直接淬火和分级淬火。

铜基合金试样直接淬火后产生的马氏体不是稳定的 18R 结构（β'_1），而是具有较高空位密度的 9R（β'_2）马氏体结构。空位对马氏体 / 马氏体界面和马氏体 / 母相界面有钉扎作用，容易阻塞马氏体界面的推移。为消除以上影响需进行时效处理。

850℃淬火后在不同温度时效后试验合金的回复率曲线 (时效时间 15min) 如图 17-7 所示。由图可见，150℃是比较合适的时效温度。时效温度较低时，不利于空位的扩散；时效温度过高，则会析出一些平衡相，同样会降低形状记忆效应。时效时间过短，空位扩散不充分，M9R 向 M18R 转变也不充分；时效时间过长，析出平衡相组织，降低形状记忆回复率。二级时效可以使马氏体由 9R 结构向稳定的 18R 结构的转化更为彻底，形状记忆效果更好。

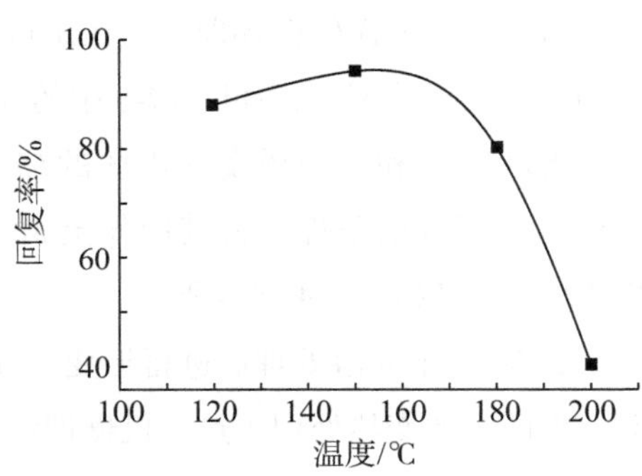

图 17-7　不同时效温度下试验合金的回复率

17.3.3　形变热处理（热—机械训练）

形变热处理（热—机械训练）是使合金在反复多次的升温过程中可逆地发生形状变化，即加热时合金回复高温时的形状，冷却降温时回复低温时的形状。形变热处理（热—机械训练）的目的是使形状记忆合金得到双程记忆效应。它们具体通过形状记忆效应循环训练、应力诱发马氏体循环训练或它们的综合训练来实现，如图 17-8 所示。

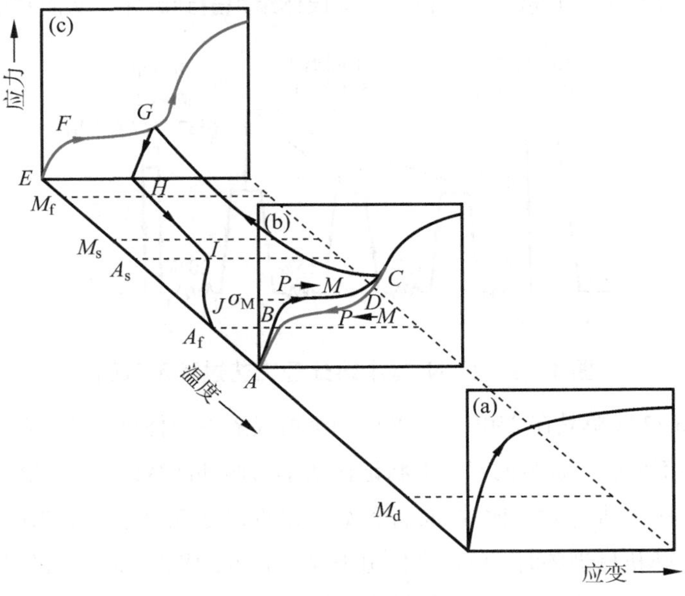

图 17-8　热—机械训练示意图

形状记忆效应循环训练是将合金冷却至 M_f 点以下，对其变形，形成择优取向马氏体，然后加热到 A_f 以上，如图 17-8 中 *AEFGHIJA* 回线所示。此过程重复多次（20 次），合金记忆趋于稳定。

应力诱发马氏体循环训练是在A_f点以上，对合金变形，产生应力诱发马氏体，然后去除应力，应力诱发马氏体消失，如图 17-8 中的 *ABCDA* 回线所示。过程重复多次，记忆位移趋于稳定。

形状记忆和应力诱发马氏体的综合循环训练是在 A_f 点以上，对合金变形，保持已变化了的形状不变的条件下将其冷却至 M_f 点以下，然后逐渐卸载，并加热到 A_f 点以上，过程如图 17-8 中 *ABCGHIJA* 回线所示。

Ti-Ni 合金固溶处理后进行形变热处理，并经 20 次训练，如图 17-9 所示。由图可见，*b* 点到 *c* 点即为形变热处理（热—机械训练）。热—机械处理制度的选择主要考虑热处理对形状记忆合金相变点及形状回复率的影响及训练次数对形状回复率的影响。退火温度对 Ti-Ni 合金双向记忆效应的影响与母相中的位错分布及母相强度不同有关。退火温度较低时，母相中位错密度及材料强度较高，应力诱发马氏体再取向比较困难，双向记忆效应较差；退火温度升高，母相中的位错密度下降，母相强度降低。随后形变时，容易产生应力诱发马氏体的再取向，并引入位错，使内部应力场发生变化，产生较好的双向形状记忆效应。因此，随着热处理温度的升高，形状回复率不断增大。而随着形变量的增加，取向有利的马氏体变体通过吞并取向不利的马氏体变体发生再取向，由于变体间的取向不一致，为了协调形变，在某些区域产生了塑性形变并引入了位错，形成内应力场，在随后的冷却、加热时产生了双向记忆效应。当马氏体再取向基本完成时，形状回复率达到最大值。随着训练次数的增加，其他取向的马氏体取向减少，表现出形状记忆的主要的马氏体取向完成，因而其形状回复率增大。这说明形状回复率最大值与主要的马氏体方向直接相关。但超过某一值后，马氏体组织遭到破坏，从而其形状回复率减小。

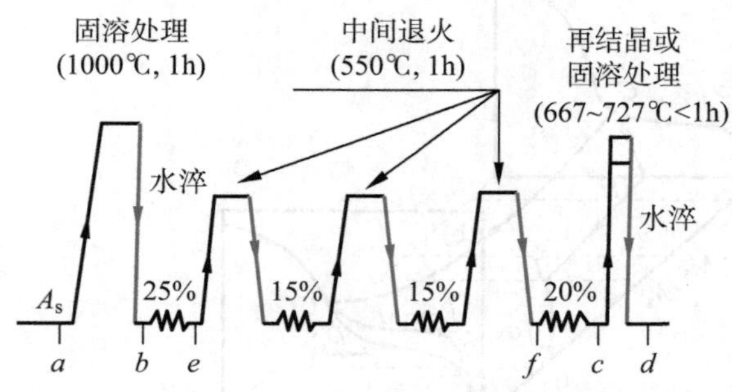

图 17-9　Ti–Ni 基本热处理工艺过程示意图

Cu-14.55Zn-16.72Al 单晶在 250K 和 320K 两个恒温浴中交替热循环，在冷却时施加恒定的拉伸应力，加热时不加载，合金的双程形状记忆效率与循环次数的关系如图 17-10 所示。由图可知，直接空冷试样 A 训练效果比 770K 停留好。出现以上现象是由于 770K 停留时析出细小的共格 γ 相沉淀。热机械训练时，位错沿析出带择优分布，成为“训练”的马氏体变体的位置，且位错包围沉淀形成位错圈，对双程记忆效应有较大的贡献。

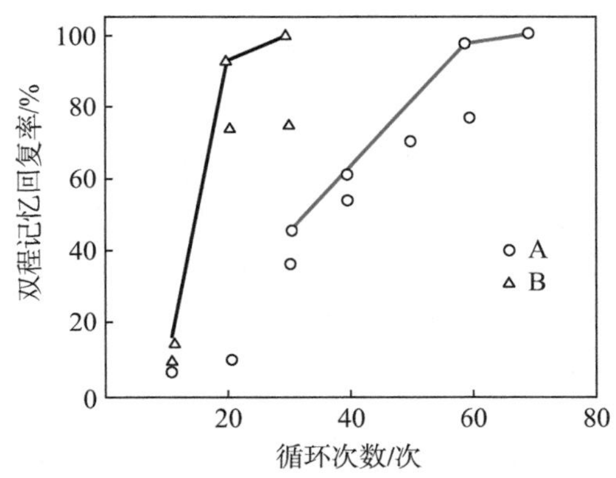

图 17-10　双程形状记忆效应率与循环次数的关系

热机械训练可同时改变相变温度。如 Cu-11.7Zn-4.65Ni-1.7Mn-0.5Ti 合金往复置于 25℃和 150℃油浴中进行热机械循环训练，其相变温度如图 17-11 所示。由图可见，M_s 和 A_s 温度随着循环次数的增加而增加，但 20 次后增加缓慢。相变热则随着循环次数增加而降低，如图 17-12 所示。相变热降低表明热弹性马氏体数量随着循环次数增加而减少。

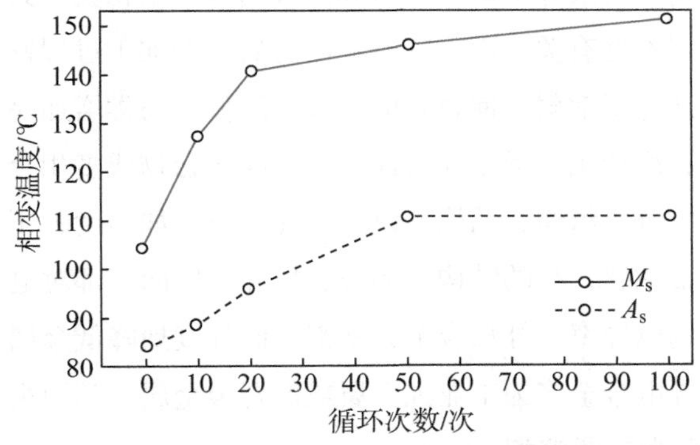

图 17-11　热机械循环对相变温度的影响

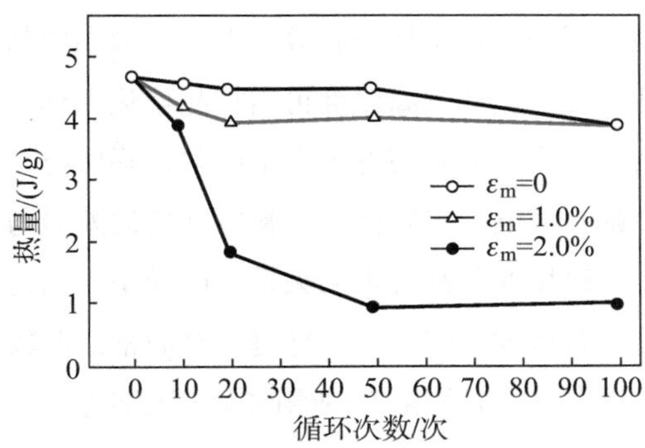

图 17-12　热循环次数与相变热的关系图

第 18 章

电性合金的热处理

电性合金具有几个重要的参数：电导率(σ)、电阻率(ρ)、电阻温度系数(α)、对铜热电势(E_{Cu})等。金属与合金的导电性主要与金属的能带结构、有效导电电子数目和点阵畸变因素相关。其中金属的能带结构和有效导电电子数主要与金属本性有关，而点阵畸变则与后续的加工过程密切相关。例如升高温度可增加晶格热振动，增加电子散射，使金属的电导率降低；通常增加晶格畸变产生缺陷使电子产生散射，降低电导率；冷加工、形成固溶体、金属间化合物或多相合金都会使电导率降低。材料电性能的差异与其成分、组织、结构，以及外界环境（如温度、压力、磁场等）都有很大关系。电导率对结构非常敏感，相的结构、形态、尺寸、取向等都对电导率有重大影响。由于导电合金通常需要较高的电导率，外加合金元素都不同程度地降低金属的导电性，且固溶态的影响大于脱溶态，因此导电合金多为工业纯金属或低合金金属，其微观组织分别为纯金属基体相、固溶体或基体相加弥散的脱溶相。

18.1 电性合金分类

电性合金按其成分体系可分为铜基、铝基、铁基、镍基、金基、银基、铂基等合金体系。按其组织可分为纯金属、固溶体和多相合金。按其功能特性可分为导电合金和电阻合金。

1. 导电合金

导电合金是以导电特性为主要技术特征的合金。导电合金主要包括电触头材料和导电合金两类。

电触头材料具有接触电阻小、化学稳定性好、导热性好、耐磨和易加工等特性，广泛应用于开关、继电器、连接器、换向器等的接点，担负着电能和电信号的接通、切断、转换等任务。根据电载荷大小和用途，电触头材料可分为弱电触头材料、中电触头材料和强电触头材料三类，还可根据工作电压分为高压触头材料和低压触头材料。电触头材料主要有银、金、铂、钯系等材料。

导电合金的基本要求是电导率高和电阻温度系数小，同时还有其他特定的物理、化学或力学性能，以适应不同的用途。导电合金广泛应用于电力工业和电子工业，作为电流载体来输送电流。

根据电导率的大小和强度水平，导电合金大致分为高强高导合金、中强高导合金、高强中导合金、中强中导合金和高强低导合金等五类。高强高导合金主要有微合金化或弥散强化的铜合金，其电导率大于 80%IACS，抗拉强度大于 600MPa，广泛应用于汽车、宇航、冶金、IC 框架引线材料等行业；中强高导合金主要有低合金化的银铜、镉铜、稀土铜、铅铜、铬铜、锆铜、氧化铝铜等合金，其电导率在 80%IACS 以上，强度为 350~600MPa，广泛应用于电接触材料、焊接材料、引线框架材料和铜银合金接触线；高强中导合金主要有铬铜、铍铜、锌铜、铁铜等的多元铜合金，其电导率为 30%~70%IACS（多数为 50%~60%IACS），强度为 600~900MPa，应用于开关零件、强接触和类似的载流元件、电阻焊的夹钳、电极材料和塑料模具、水平连铸机结晶器内套等；中强中导合金主要有铝合金，其电导率为 30%~70%IACS（多数为 50%~60%IACS），强度达 230~600MPa，主要应于长距离输送电能；高强低导合金主要有铍铜、钛铜、镍硅铜合金，其电导率多在 30%IACS 以下，强度达到 900MPa 以上，多用于制作精密的弹性元件和耐磨零件。

仅从导电率看，银是最理想的导电金属，但从实用性和经济性角度看，铜和铝是性价比最为合理的导电金属。应用最广泛的导电合金主要有铜合金、铝合金。

2. 电阻合金

电阻合金是以电阻特性为主要技术特征的合金。电阻合金具有电导率低、电阻温度系数小、性能稳定、强度高、加工性能好、耐蚀性好、对连接材料热电势小等特点，是制造电阻元器件、量测、传感元器件以及发热元件的理想材料。

电阻合金主要包括精密电阻合金、应变电阻合金、电热合金和热敏电阻合金等 4 类。

精密电阻合金在工作温度、环境状态、时间发生变化的条件下，仍能保持其电阻值不变或变化很小，且对铜热电势绝对值较小，多用于仪表工业中制作精密电阻元件和标准电阻。精密电阻合金主要有镍铬合金、铜镍合金、铜锰合金、镍铁合金、纯镍和纯铜等。

应变电阻合金具有电阻应变灵敏系数大、电阻温度系数绝对值小的特点，主要用于各种传感器中的敏感元件应变片。应变电阻合金主要有铜基、镍基、铁基和贵金属系合金。

电热合金是将电能转换为热能，且能在一定高温下长期工作的电阻合金，一般具有电导率小、耐热疲劳、抗腐蚀和高温抗氧化性等特点，主要用作电阻炉的发热元件。电热合金主要有铁素体组织的铁铬铝合金和奥氏体组织的镍铬合金。

热敏电阻合金是电阻温度系数大且在一定温度范围内为定值的电阻合金，它主要用来制作热敏电阻元件、电阻温度计和限流器。热敏电阻合金主要有钴基、镍基和铁基合金。

18.2 电性合金的热处理

1. 再结晶退火

再结晶退火工艺多用于冷加工成形电性合金、有K状态（K状态是固溶体中存在原子的偏聚区域或者短程有序区域）或有序无序转变的电性合金，如导电铜丝、Cu-Mn合金（K状态）、Cu-Au、Cu-Pt、Fe-Pt、Fe-Pd等发生有序无序转变的合金。再结晶退火可消除冷加工影响、形成K状态或形成有序合金，从而达到调整合金的力学性能和电性能的目的。

导电铜丝一般采用冷拔工艺生产，铜丝在冷拔过程中性能变化如图18-1所示。这是由于冷塑性变形将引入大量位错，使材料强度提高而塑性和电导率降低。为了提高塑性和导电率，冷变形后导电铜丝需进行回复、再结晶退火。如图18-2所示，硬铜在350℃，1h再结晶退火，可消除冷加工的影响，电导率达99%IACS。

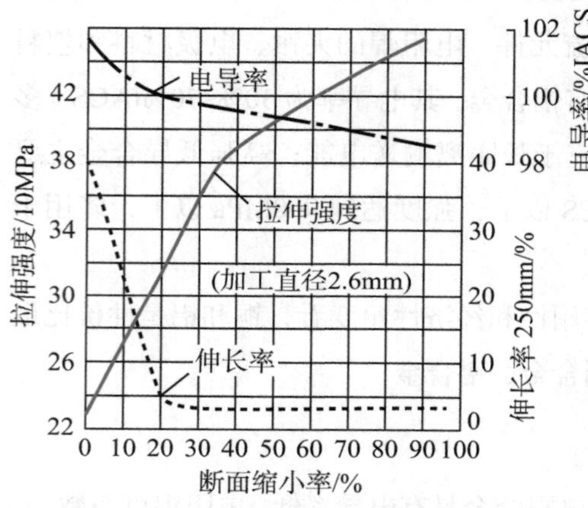

图18-1 铜线在冷拔过程中性能的变化　　图18-2 硬铜线的退火温度和时间与电导率的关系

图18-3为Cu-Au系合金的电阻率变化曲线。当金铜合金400℃退火后，形成有序固溶体时（曲线*b*）电阻率显著下降。特别是形成完全有序固溶体Cu_3Au（*m*点）和CuAu（*n*点）合金处，电阻率降低最为明显。固溶体有序化使晶格势场趋向于更高的周期性，对电阻率有两方面的影响：一方面，有序化减小晶格对电子散射的概率而使合金的电阻率降低；另一方面，有序化使组元间的化学相互作用增强、减少有效电子数使合金的电阻率升高。由于前者的影响大于后者，所以有序化一般都表现为电阻率降低。有序化程度越高

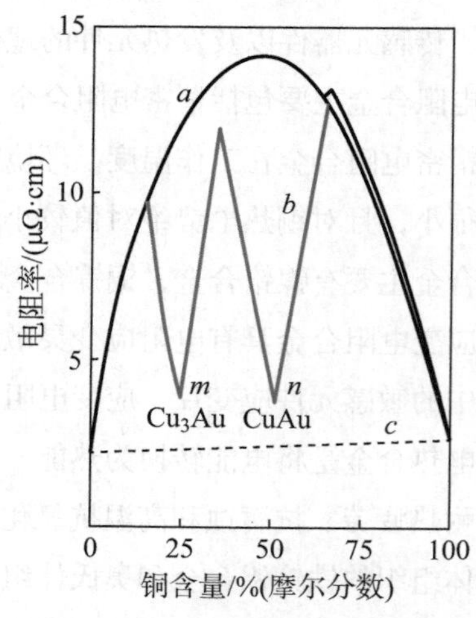

图18-3 Cu-Au系合金的电阻率变化曲线

（a）无序态；（b）有序态

则电阻率越低。

2. 均匀化退火

均匀化退火多用于不可热处理强化或强化作用很弱的铸态电性合金，如低合金化的银铜、镉铜、稀土铜、铁铜和铝镁合金等。均匀化退火的目的在于消除枝晶偏析，使合金的成分组织趋近于平衡态，使材料的电性能稳定。

电性合金的生产过程是将纯金属和合金元素加入电熔炉进行熔炼，经铸造得到坯料（铸件），再加工成各种规格的成品。由于铸造冷却速度较大，合金的凝固偏离平衡过程，铸态合金中出现晶内成分不均匀相和非平衡组织，从而使性能出现各向异性。常见合金元素和杂质对铜和铝的电导率的影响如图 18-4 所示。由图可知，随着合金元素量增加，电导率都不同程度地降低。当铸态电性合金中合金元素分布不均匀时将使电导率产生较大变化。均匀化退火，可使合金中枝晶偏析消除、非平衡相溶解，最终溶质浓度均匀，从而实现电性能稳定的目的。均匀化退火可调整合金的电性能，但退火态合金强度较低。因此此类合金通常先均匀化退火再通过冷加工提高强度。如银铜合金通常用真空中频炉熔炼，铸锭经 800℃，1h 均匀化退火后，再冷加工成板材、片材和丝材。

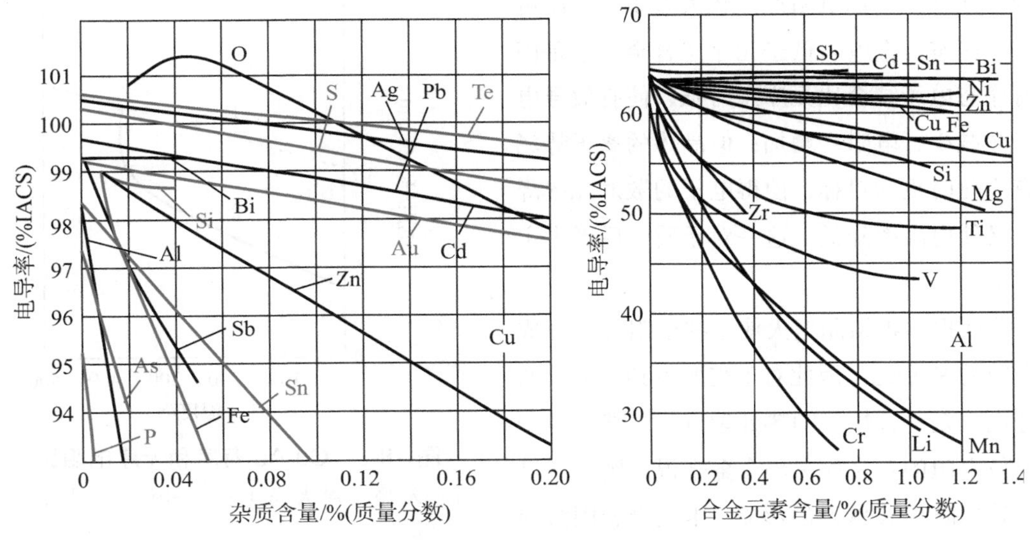

图 18-4　合金元素和杂质元素对铜、铝电导率的影响

3. 固溶处理（淬火）+ 时效处理

固溶处理多用于可热处理强化的电性合金，如铍铜、钛铜、铝镁硅、镍硅铜、镍磷铜、镍铬合金等。固溶处理的目的是形成高浓度过饱和固溶体，为时效热处理作准备；避免合金有序化；防止 K 状态形成。

固溶处理后能形成过饱和固溶体的合金，在相图上具有一个特点，即合金元素在固溶体

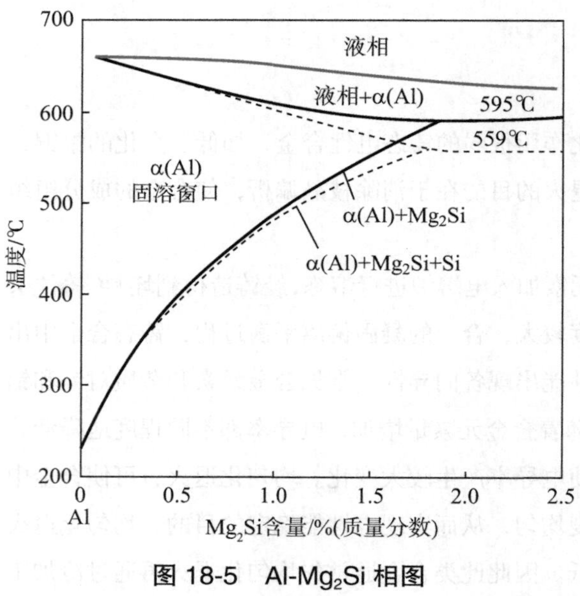

图 18-5　Al-Mg_2Si 相图

中的溶解度随着温度升高而增大。图 18-5 为 Al-Mg_2Si 伪二元合金相图，由图可见，Al-1.5%Mg_2Si 合金室温平衡组织为 α 固溶体 +Mg_2Si 或 α 固溶体 +Mg_2Si+Si，当合金加热至 550℃左右，Mg_2Si+Si 溶入基体形成单相固溶体，快速冷却至室温，Mg、Si 合金元素原子来不及扩散和重新分配，它们将仍固溶于 α 相，形成含 1.5% Mg_2Si 相的亚稳 α 单相过饱和固溶体。随着时间和温度的变化，室温下亚稳的过饱和固溶体将分解，从而影响其性能变化。

固溶处理可避免能发生有序无序转变的合金有序化。如 Cu_3Au 合金退火（慢速冷却）时有序化，但其固溶处理（淬火或快速冷却）时呈无序态。如图 18-6 所示，冷却速度不同将使它们电阻产生较大差别。由图可见，有序态合金电阻低于无序态合金，这是因为有序态电子结合比无序态时强，使有效导电电子数减少，电阻率增加；但晶体的离子势场在有序化时更为对称，使得电子的散射几率降低，又使电阻率降低；这一对矛盾，后者占主导因素。

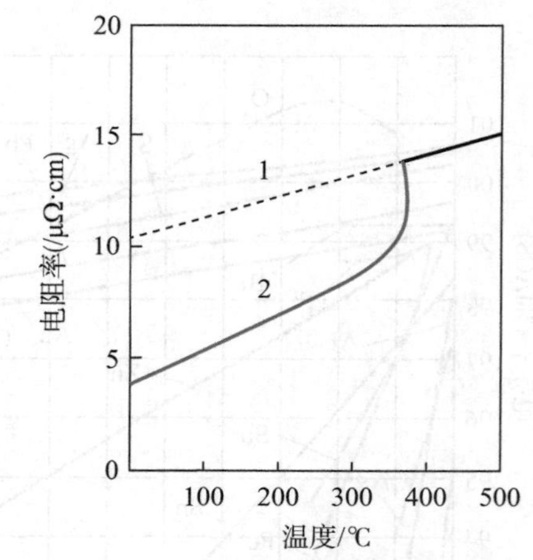

图 18-6　Cu_3Au 有序和无序电阻比较

1—无序（淬火态）；2—有序（退火态）

前面提到再结晶退火使某些电阻合金形成高电阻的 K 状态。因此对于需要得到高电阻的合金而言是一种恰当的热处理方式。然而对于需要低电阻的合金如卡玛合金来说，则要通过固溶处理防止 K 状态的形成。卡玛合金固溶处理后在加热和冷却过程中的电阻变化如图 18-7 所示。由图可知，卡玛合金在 350℃以下的温度区间内加热，电阻随着温度升高平缓地增大；350~450℃温度区间电阻下降，450~630℃温度区间电阻急剧增大，在 630℃左右达到电阻的峰值；在 630~850℃区间，电阻稍有下降。350℃以下区间平缓增加是由于温度增大电阻升高和应力消除电阻下降两种作用同时存在的结果。350~450℃区间急剧下降可能是应力消除作用大于温度影响，电阻下降。450~630℃区间电阻增大除了以上两个因素外，另一个重要原因是不均匀固溶体（K 状态）的形成过程伴随着电阻的显著增大，且在 630℃左右不均匀固溶体量达到最大。630~850℃区间电阻下降是由于不均匀固溶体破坏，再结晶开始，且它们的影响大大超过温度的作用。

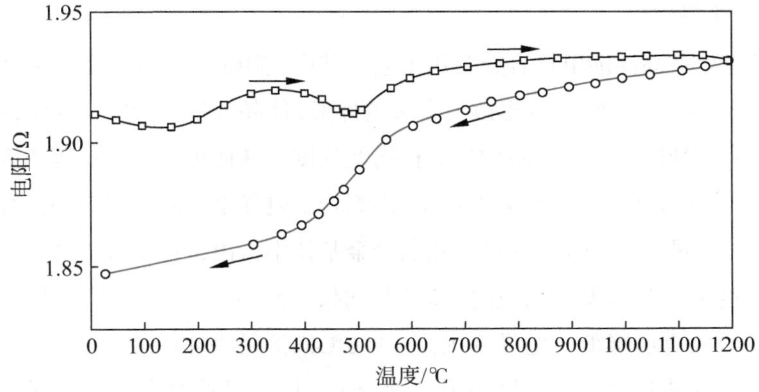

图 18-7　卡玛合金加热和冷却过程中电阻变化

卡玛合金冷却过程中，随着冷却温度的降低，合金电阻下降，且在 400~600℃区间迅速下降。出现以上现象也主要与 K 状态有关。由前面加热过程可知，630℃左右不均匀固溶体量最大，随着温度升高或降低，其值都降低。因此在冷却过程中，400~600℃区间电阻迅速降低主要是与 K 状态的消除有关。

卡玛合金固溶处理温度为 1000℃左右，此时合金为均匀的固溶体，此均匀固溶体快速冷却可形成过饱和固溶体，从而防止中间出现 K 状态。

时效处理的目的是使固溶处理后得到的亚稳过饱和固溶体组织脱溶成相对稳定的组织。过饱和固溶体组织在时效过程中析出弥散分布的第二相，有利于合金的强度和导电性。第二相多为中间过渡相。

根据马西森（Mathiessen）的理论，影响电性合金电导率的主要因素是固溶、析出相和空位。其中影响最大的是固溶，其次为析出相和空位。如 Cu-Ag-Zr 合金固溶处理时，银、锆全部溶入铜基体中，使固溶项增大，且此时空位项也较大，合金电导率很低。Cu-Ag-Zr 合金时效时会发生过饱和固溶体的脱溶，从基体中析出弥散的第二相粒子。时效过程中影响合金电导率变化的主要因素有两个方面：一是过饱和固溶体的分解使基体中固溶元素减少；二是第二相粒子从过饱和固溶体中析出，使合金结构由单相变为复相。

对于稀固溶体，固溶元素对电导率的影响可用马西森定律式（18-1）表示，即

$$\rho = \rho_0 + C\cdot\zeta \tag{18-1}$$

式中，ρ 代表固溶体的电阻率；ρ_0 代表纯金属的电阻率；C 为固溶体中溶质元素的浓度；ζ 是单位溶质元素固溶体残余电阻。

大量实验结果表明，第二相粒子对合金电导率的影响很小，合金电导率几乎接近于基体的电导率。对时效后的 Cu-Ag-Zr 合金而言，析出的粒子直径较小、间距较大，这使得析出的第二相对自由电子的散射较小，合金电导率较高。时效析出，提高了电导率。因此，采用固溶时效处理制度，通过沉淀相的析出，一方面基体固溶体电导率迅速上升，另一方面由于时效析出

相的强化作用，合金保持较高的强度。

4．形变热处理

形变热处理是生产高性能电性合金常用工艺，其中应用最广泛的是低温形变热处理，即固溶处理（淬火）+冷变形+时效。冷变形改变合金的外形，使晶粒的形状发生变化，也可出现孪晶、位错、形变带等组织缺陷。这些缺陷增加晶格畸变程度，从而加速时效过程的沉淀析出，基体得到净化，降低了溶质原子对电子的散射作用，提高合金电导率。控制适当的时效前冷变形程度、时效温度和时间，大量细小、弥散的第二相从合金基体中析出，可显著提高合金的强度。但当时效前冷变形程度大、时效温度高或时效时间长时，合金析出粗大的第二相（过时效），合金强度相对于峰时效有所降低、电导率提高。980℃固溶处理 4h+50% 冷变形处理后，Cu-Ni-Si 合金变形带相互交错形成变形带网络（过渡带），同时晶粒被变形带分割成胞状网络，如图 18-8 所示。合金再经 450℃时效 1h，基体中析出 β-Ni_3Si 和 δ-Ni_2Si 相，尺寸为 6~8nm，如图 18-9 所示。上述形变热处理后，Cu-Ni-Si 合金具有优异的综合性能：硬度 341HV，抗拉强度 1090MPa，屈服强度 940MPa，伸长率 3.5%，电导率 26.5%IACS。

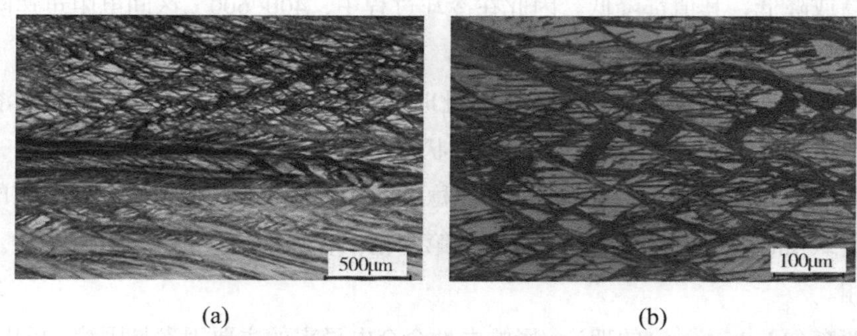

(a) (b)

图 18-8　Cu-Ni-Si 合金冷轧变形 50% 后板材侧面的不同放大倍数的金相显微组织

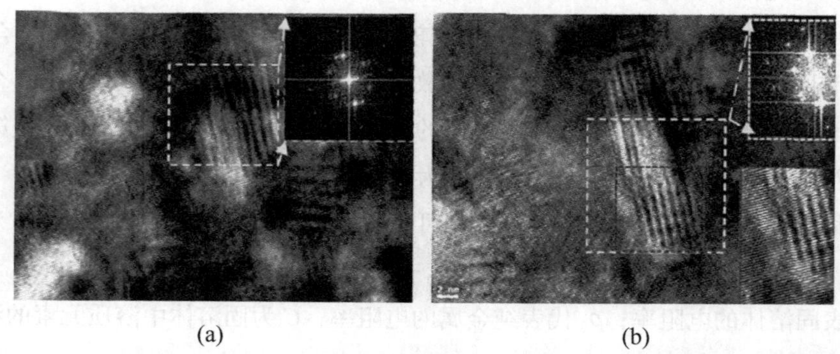

(a) (b)

图 18-9　合金 450℃时效 1h 的高分辨电子显微照片和选区电子衍射分析结果

18.3　典型导电合金及其热处理工艺

1. 钛铜合金

钛铜为沉淀硬化型合金。Ti 在 Cu 中的极限溶解度为 4.7%(896℃)，强化相为 γ 相（Cu_7Ti 或 Cu_3Ti）。含 4%~5%Ti 的钛铜合金强度、塑性和导电性最好。钛铜合金中添加 Fe、Ni、Sn、Mg、Cr、Zr、B 等第三元素，可进一步提高力学性能、导电性和耐蚀性能。钛铜合金热处理工艺一般为淬火—冷变形—时效。通过淬火形成过饱和固溶体，然后通过时效脱溶。时效温度为 450℃，此时组织为 α 基体中弥散析出正方结构的过渡相 γ′，此组织合金具有高强度和导电性。过高的温度下时效则析出平衡相 γ，对材料性能不利，如 460~620℃时效则析出不连续片层状 γ 相，620℃以上则析出连续细片状 γ 相。

2. 铝镁硅合金

铝镁硅合金经淬火、冷变形（轧制和拔丝）和时效处理后，析出细小弥散的 Mg_2Si 相，强度和导电性均显著提高。合金抗拉强度能达 300MPa，电导率高于 53%IACS，耐蚀性好。在较高温度下时效，析出 Mg_2Si 相粗大，强化作用显著减弱，铝镁硅合金的强度降低。在合金中添加少量铁，能阻碍合金的再结晶，使晶粒细化，从而可提高合金的耐热性。添加少量稀土，可以改善合金的加工工艺性能。

3. 银锆铜合金

银锆铜（Cu-Ag-Zr）合金通常进行形变热处理。熔炼过程中锆、银可形成金属间化合物，该化合物在随后的均匀化退火及固溶处理过程中溶解，固溶处理可得过饱和铜基固溶体。Cu-Ag-Zr 合金时效析出铜锆化合物，而没有银的析出，因为此化合物中银的含量只有 0.1%，在室温下已经完全固溶。时效过程中，细小的铜锆化合物的析出，增加了位错的钉扎，提高了合金的屈服强度。合金元素的添加必然会导致材料导电性能的降低，但因为银、锆均是较少降低电导率的微量添加元素，所以银、锆的加入可使铜合金的电导率保持较高水平。

Cu-Ag-Zr 合金经 950℃ ×1h 固溶 +30% 变形 +450℃ ×4h 时效热处理后，合金的抗拉强度为 367MPa，屈服强度为 338MPa，伸长率则为 12%；同一条件下的电导率为 95.2%IACS。

4. 铬锆铜合金

铬锆铜（Cu-Cr-Zr）系高强高导铜合金具有良好的导电、导热性以及较高的强度，被广泛用作集成电路引线框架、电气化接触导线等材料。快速凝固技术、定向凝固技术和复合材料制备技术等新型工艺能够获得强度和电导率均高的 Cu-Cr-Zr 导线，但目前其制备成本过高，不能实现大规模的工业应用。目前经济实用的方法仍以微合金化和形变热处理为主。Cu-Cr-Zr 合金生产工艺为：真空熔铸→浇注→热加工（热挤压、热轧、热锻）→固溶处理→冷加工→时效→冷加工。

高强高导 Cu-Cr-Zr 合金在真空中频感应炉中熔炼后进行半连续水冷铜模铸造。铸态组织为粗大而发达的柱状晶。另外有未固溶的高铬晶内相（如图 18-10（a）所示）、初生晶界相（如

图 18-10（b）、（c）所示）和二次析出的次生相（如图 18-10（d）所示）。这些组织对材料的力学性能和导电性都不利，因此需进行一系列热处理。

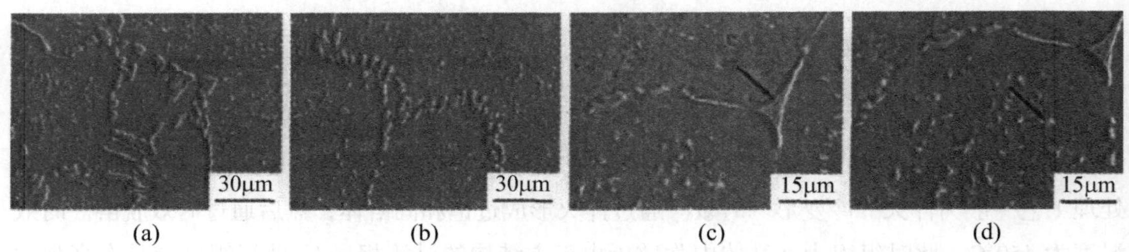

图 18-10　铸态 Cu-Cr-Zr 合金的 SEM 形貌

（a）晶内相；（b）晶界相；（c）三叉晶界相；（d）晶内弥散相

Cu-Cr-Zr 系合金多采用形变热处理（固溶处理 + 形变 + 时效处理）来消除铸态组织的性能不足。

Cu-Cr-Zr 合金的固溶效果将直接影响该合金的时效效果及产品性能。提高固溶温度、延长保温时间虽然可增加 Cr 和 Zr 在铜基体中的含量和析出相的体积分数，提高强度，但过高的加热温度和长时间保温将造成合金的晶粒粗大，Cr 粒子聚集在晶界，产生过烧现象。相反如果固溶温度过低或保温时间过短，则 Cr 和 Zr 在铜基体中的固溶过程不充分，溶质含量就过少，且成分不均匀，随后的时效过程中不易产生不连续脱溶现象，从而会降低合金的强度和导电性。Cu-Cr-Zr 合金 950~980℃固溶，1h 后水淬后得细小、均匀的过饱和固溶体。

采用先进的水封挤压工艺（挤制坯料出模孔后，直接进入低温的水中）取代传统的开坯 + 固溶处理工艺（热加工结束后再加热进行固溶处理），可实现开坯、固溶淬火两道工序合二为一，可避免传统工艺的二次加热、淬火的工艺，降低能源的消耗和金属损耗，缩短工艺流程，提高生产效率。同时水封挤压可获得组织均匀、固溶效果好、表面质量高的优质坯料。如 940℃水封挤压的挤制坯料的晶粒度为 0.015mm，晶粒大小均匀，而 850℃常规挤压后的坯料，再经 950℃，45 min 淬火所得晶粒大小不均匀，如图 18-11 所示。

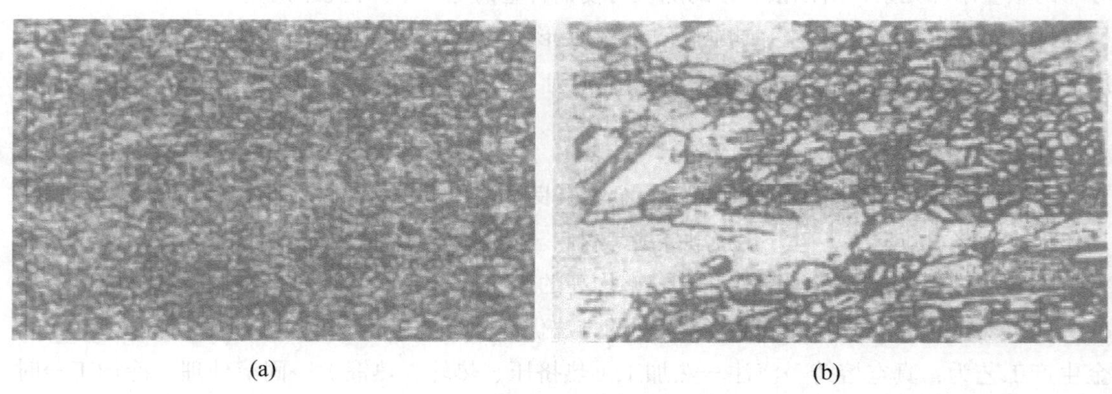

图 18-11　金相照片

（a）940℃水封挤压；（b）850℃常规挤压再经 950℃ 45min 淬火

固溶淬火和时效处理中间的冷变形可造成位错、空位等缺陷，加速合金时效过程，增加时效时的形核率，便于时效时形成细小、共格、弥散的析出物以强化合金。时效前冷变形程度对合金的力学性能和导电性能的影响如图18-12所示。由图可见，在450℃时效4h条件下，随着冷变形量的增加，合金的强度升高，而电导率达到峰值后下降。合金的强度增大是由于时效前冷变形量的增加促使位错、空位的增殖和晶体界面面积的增大，同时大量位错等缺陷增加了合金的变形储能，析出相析出更为充分，强化效应增加。合金电导率先增后降的原因如下：合金时效前冷变形促使合金增加的位错、空位等缺陷，它们对合金的电导率影响不大，但这些缺陷能促进沉淀相形核和析出使得基体固溶体不断贫化，从而使合金的电导率升高，且在变形量为60%时，合金电导率达到峰值82.3%IACS；当变形量进一步提高时，缺陷和界面对电导率的影响超过了溶质原子对电导率的影响，导致电导率下降。因此时效前的冷变形程度选60%，这样既保证合金具有良好的导电性能又具有高强度。

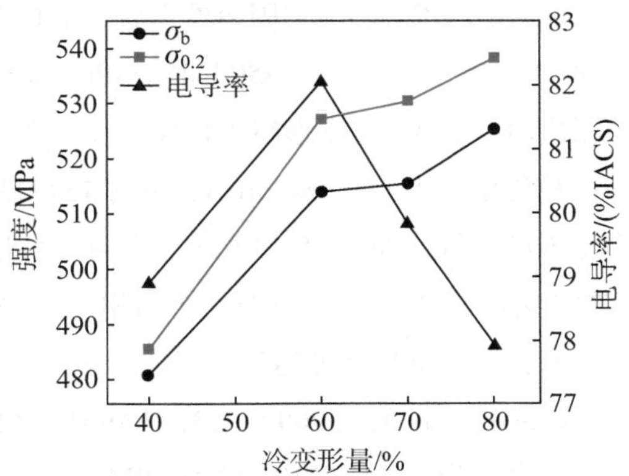

图18-12　时效前冷变形量对450℃时效4h的Cu-1.0Cr-0.2Zr合金性能的影响

固溶后冷变形的Cu-Cr-Zr合金时效温度和时间对合金力学性能和导电性能的影响如图18-13和图18-14所示。由图18-13可知，随着时效温度的升高，合金电导率不断上升，而合金的强度先升后降，在450℃强度达到峰值。出现以上现象的原因是由于温度升高，变形合金出现时效、回复或再结晶过程，时效过程使过饱和固溶体发生分解，回复和再结晶去除冷变形的影响，这些因素都可导致合金电导率升高。由图18-14可知，450℃时效4h为峰时效，此时合金的抗拉强度和屈服强度达到峰值。时效温度低于或高于450℃，抗拉强度和屈服强度都偏低。其中高温阶段下降更快，一方面是过时效第二相粒子球化和粗化影响，另一方面是再结晶软化的作用。

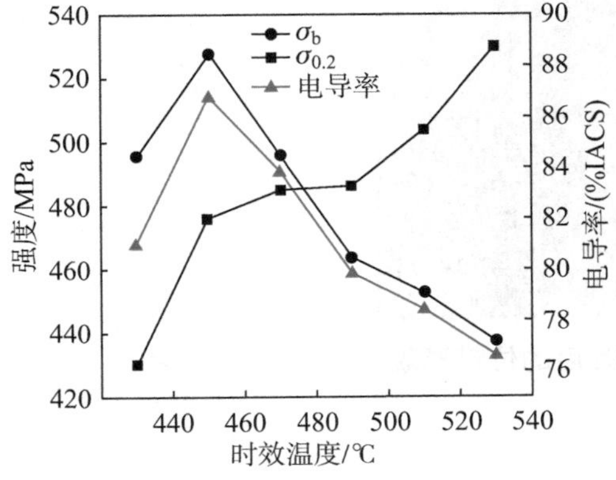

图18-13　时效温度对Cu-1.0Cr-0.2Zr合金性能的影响

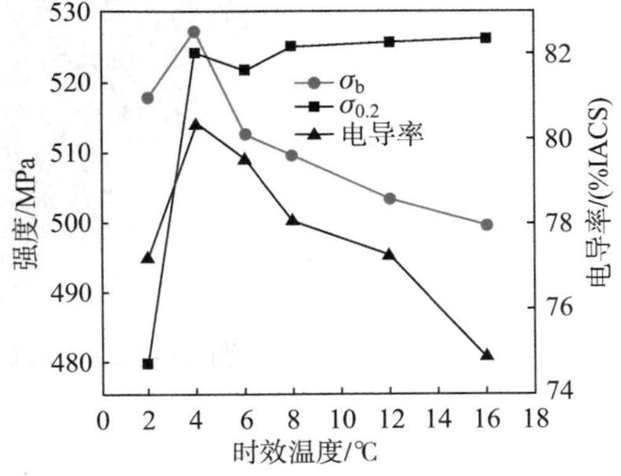

图18-14　时效时间对Cu-1.0Cr-0.2Zr合金性能的影响（450℃）

Cu-Cr-Zr 合金 960℃固溶处理后的金相组织为等轴状组织，晶粒内部还有较粗大的未溶相。经过 60% 冷变形后，在 450℃时效 4h，金相组织中可以清晰看到沿着变形方向拉长了的晶粒 (见图 18-15(a))，即变形组织仍然存在。在 450℃时效 6h 后，变形组织改组为新的等轴晶粒，新晶粒逐渐长大 (图 18-15(b))。说明 450℃时效时，当时效时间超过 4h，出现再结晶，从而使合金强度降低，如图 18-14 所示。经 450℃时效 4h 后，Cu-Cr-Zr 合金中存在大量的位错缠结和许多细小、弥散、均匀分布的析出相（图 18-16）。细小弥散的析出相和位错的相互作用使合金屈服强度和抗拉强度达到峰值。

Cu-Cr-Zr 合金经 960℃固溶 1h+60% 冷变形 +450℃时效 4h 处理后，合金抗拉强度和屈服强度分别达到了 527.0MPa 和 487.0MPa，伸长率为 12.3%，电导率为 82.0%IACS。

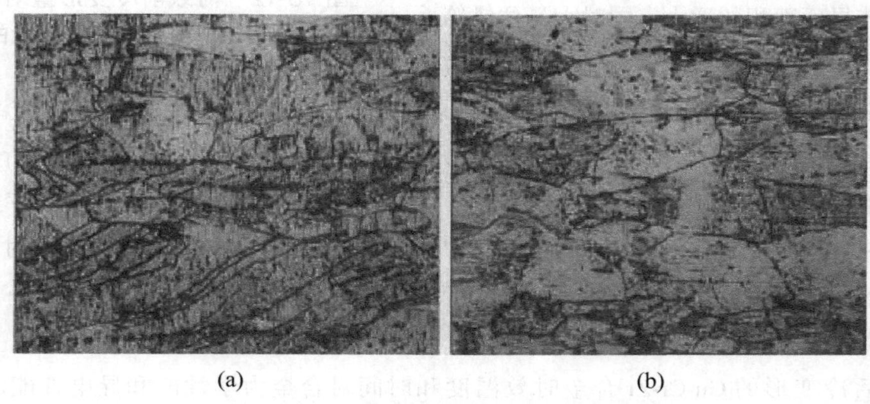

(a)　　(b)

图 18-15　不同处理态合金的显微组织

（a）固溶处理 + 60% 变形 +450℃时效 4h；（b）固溶处理 +60% 变形 +450℃时效 6h

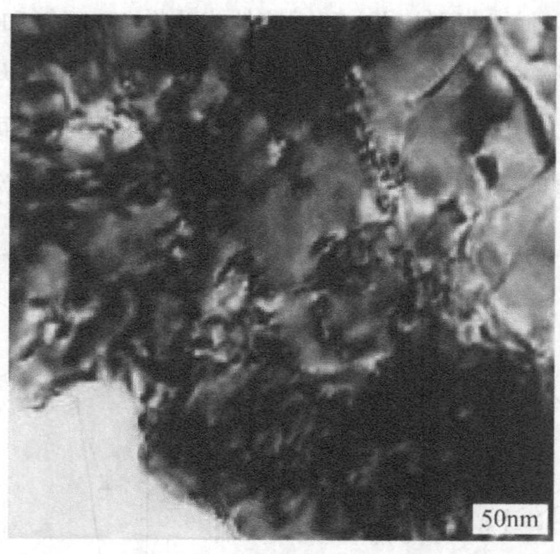

图 18-16　450℃时效 4h 后的位错形貌

第 19 章

磁性合金的热处理

磁性合金主要是以 Fe、Co、Ni 为基的合金。

19.1 磁性合金的分类

根据磁特性和应用特点，磁性合金通常分为软磁合金和永磁合金两大类。

1. 软磁合金

软磁合金是磁化过程接近可逆的合金，即加磁场容易磁化，去除磁场后磁感应强度又基本消失的磁性合金。软磁合金主要有电工纯铁、铁硅合金（硅钢片）、铁铝合金、铁镍合金、其他软磁合金（铁钴、铁硅铝、非晶软磁合金、超微晶软磁合金等）。

软磁合金广泛应用于无线电电子工业、精密仪器仪表、遥控及自动控制系统中，作为能量转换和信息处理重要部件，如发电机、变压器、电动机等。

软磁合金的磁导率、矫顽力和磁滞损耗等对合金中的杂质和非金属夹杂、晶体结构、结构的择优取向、晶体缺陷、内应力等非常敏感，而以上组织特征又取决于合金的成分、加工方法和热处理制度等。为了保证高的软磁性能，必须使合金的组织尽可能地趋近于平衡状态，获得大晶粒，并消除各种晶体缺陷。

2. 永磁合金

永磁合金是磁化过程有大的磁滞的合金，即充磁磁化，去除外磁场仍然保留较强磁性的金属材料。永磁合金区别于软磁合金一个重要的特征是矫顽力高。

永磁合金有淬火马氏体磁钢（碳、钨、铬、钴、铝钢）、沉淀硬化型磁钢（Fe-Ni-Al、Fe-Ni-Al-Co）、时效硬化型磁钢、(α- 铁基、铁锰钛、铁钴钒、铜基、铁铬钴合金)、有序硬化型合金（锰铝、钴铂、锰铝合金）、单畴粉末永磁合金（锰铋、球形微铁粉、铁钴粉、针状铁粉压制而成）、稀土永磁合金（稀土钴系、钕铁硼永磁合金）。永磁合金广泛应用于机电设备和装置、声波换能器、磁力机械、微波装置、传感器和电信号转换器、医用电子仪器和生物工程等，如永磁电动机、永磁发电机、电磁起重机、人工心脏泵等。

永磁体性能的主要指标是最大磁能积（BH）$_{max}$、剩磁 B_r 和矫顽力 H_c，通常希望这三个指标尽可能高。高的剩磁 B_r，对应高的饱和磁化强度 B_s，且矩形比 B_r/B_s 接近于 1。饱和磁感应强度 B_s 是物质的固有属性，由材料的成分决定。对于成分一定的永磁材料，可通过定向结晶、塑性变形、磁场成形、磁场处理等方法提高矩形比 B_r/B_s 从而提高 B_r。

永磁材料内部存在应力、夹杂、位错及成分不均匀等，将增加畴壁位移阻力，或使畴壁钉扎在某一位置，增加钉扎点及钉扎强度可提高合金的 H_c。通常磁各向异性、掺杂、晶界等可起到阻滞畴壁移动或转动的作用，增大材料的矫顽力。

最大磁能积是单位体积存储和可利用的最大磁能量密度，它是由剩磁和矫顽力决定的，因此影响剩磁和矫顽力的组织特性也会影响最大磁能积。

19.2 磁性合金的热处理

1. 中间退火

中间退火的目的是去除应力，调整性能。

中间退火多用于去除冷加工后材料的残余应力。冷加工后的纯铁中间退火工艺制度如图 19-1 所示。整个退火在氢气或真空中进行。如图 19-2 所示，随着中间退火温度的升高，矫顽力下降、剩磁感应强度先升后降，在某一退火温度可达到最大。由此可见，中间退火可改善纯铁的磁性能，这主要是由于中间退火消除加工内应力。

内应力对磁畴的钉扎作用，引起磁性合金的矫顽力大幅提高。中间退火时，晶格畸变减少、内应力水平降低、矫顽力下降。

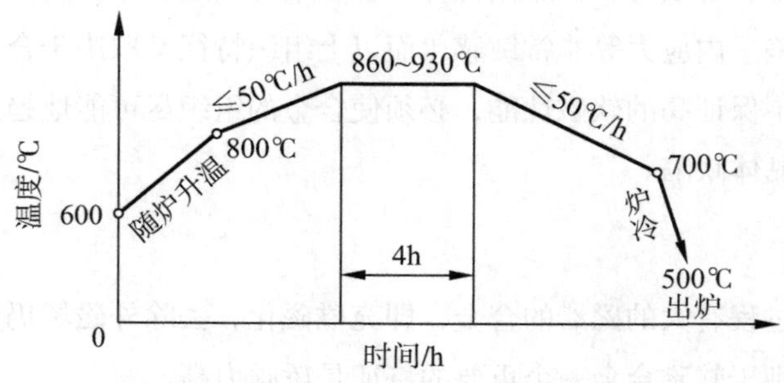

图 19-1 电工纯铁的去应力退火工艺曲线

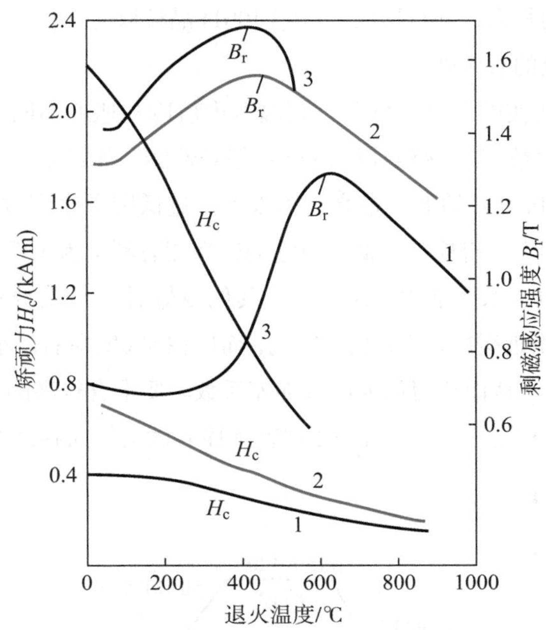

图 19-2　冷加工纯铁的磁性能与退火温度的关系

1—45% 压缩率；2—94% 压缩率；3—99.9% 压缩率

2. 高温退火

高温退火的目的是去除应力、净化成分、粗化晶粒、改变取向和有序度、均匀组织、调整性能。

高温退火提高电工纯铁的纯度并粗化晶粒

合金的纯度将强烈影响磁导率、矫顽力和磁滞损耗等磁性能。欲降低杂质含量，可在冶炼时采用强烈脱氧剂，真空去氧或真空重熔工艺；除此之外还可进行高温净化退火。例如，可在1200~1500℃高温和氢气保护下，长时间保温以达到降低电工纯铁中杂质含量和粗化晶粒的目的，从而使纯铁的最大磁导率 μ_m 由原来 25×10^{-3}H/m 提高到 300×10^{-3}H/m。

高温退火改变材料的择优取向性并可消除加工应力

取向性将影响材料的磁性能。冷轧无取向硅钢的饱和磁感应强度高于取向硅钢。冷轧硅钢片在高于 1100℃氢气或保护气氛中进行退火，由于发生 $\alpha\rightarrow\gamma$ 转变，破坏了晶粒择优取向，用这种方法获取的冷轧无取向硅钢片其磁各向异性降低。

高温退火不仅可破坏材料的择优取向性，同时也可使材料形成一定晶粒取向

例如，二次冷轧硅钢片（w_{Si} 为 3%~5%）经如图 19-3 所示的 1150~1200℃的高温退火工艺后，可获得（110）[001] 高斯织构（单取向）。与冷轧无取向硅钢相比，单取向硅钢铁损低很多，磁性具有强烈的方向性；在易磁化的轧制方向上具有优越的高磁导率与低损耗特性。单取向钢带在轧制方向的铁损仅为横向的 1/3，磁导率之比为 6∶1，其铁损约为热轧带的 1/2，磁导率为后者的2.5倍。这是由于高温退火消除了加工应力，脱除了对软磁性能有害的非金属夹杂，

使晶粒再结晶并充分均匀长大，并且形成（110）[001] 晶粒取向。

高温退火可改变合金的有序度

对存在有序—无序转变的合金，可通过高温退火后冷却速度不同来改变合金的有序度，从而调整磁晶各向异性常数 K_1、磁致伸缩系数 λ_s 等磁性能。如铁铝合金在保护气氛中加热至 1100℃保温 2h 后冷却，快冷开始温度过高应力太大，过低则有序度过高，一般从 600~700℃开始快冷，可保证应力不大，有序度较低，对它的磁性能有利。为了保证淬火速度，可采用冰水作冷却介质，生产中也可采用盐水、水、油或其他冷却剂。而对要求高饱和磁致伸缩系数 λ_s 的合金，可先在 730℃附近缓冷，使 α 相有序化，而后在 520℃左右以小于 250℃ /h 速度冷却，保证有序结构 Fe_3Al 生成，从而获得最大磁致伸缩系数。要求有较高的磁导率和磁感应强度的合金，热处理时，在 470℃左右缓冷，有利于磁性无序 α 固溶体向磁性 Fe_3Al 有序结构转变。

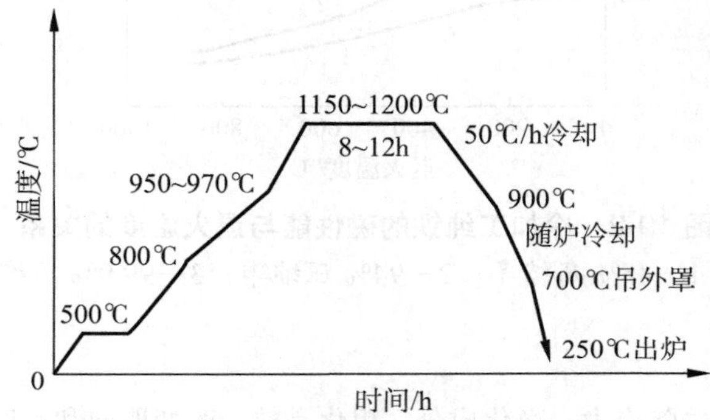

图 19-3　单取向硅钢片的最终退火工艺曲线

3. 磁场热处理

磁场热处理是在磁场中于居里温度附近将材料保温一定时间后冷却，或以一定的速度在磁场中冷却的热处理工艺。磁场处理的目的是使材料择优取向，形成磁织构。

例如，65%Ni-Fe（质量分数）合金，在慢冷条件下磁晶各向异性常数 $K_1 \approx 0$，因此经磁场退火后，当沿外加磁场方向测量磁性时，其磁滞回线为矩形；当沿垂直于外加磁场方向测量时，其磁滞回线为扁平形。磁场退火的工艺制度有两种：一种是将合金重新加热到居里点以上约 50℃（600℃左右），保温一段时间后，在磁场中缓慢冷却；另一种是加热到居里点以下一定温度（400℃左右），加磁场并保温较长时间，再进行冷却，即等温磁场退火。经过上述磁场退火处理后，合金获得了高矩磁比 B_r/B_s 和最大磁导率。这是由于磁场退火合金中的磁畴具有与外磁场方向一致的分布，形成磁织构、显示出外磁场方向上的单轴各向异性，沿磁场方向和垂直磁场方向的磁性产生显著差异。矩磁合金通常进行纵向磁场退火（磁场方向与材料工作过程中的磁化方向一致），使磁导率和剩余磁感应强度 B_r 值提高，矫顽力 H_c 和铁损降低，B_r/μ_m 增大，磁滞回线呈矩形。恒磁合金进行横向磁化（磁场方向与材料工作过程中的磁化方向垂直），合金的磁导率和 B_r 值下降，磁滞回线呈扁平状。在磁场退火前，经高温退火后的合金应处于无序状态，以保证随后在磁场的作用下形成磁织构。同时磁场热处理可提高永磁材料（如铝镍钴永磁合金）的剩磁和矫顽力。

4. 固溶处理 + 时效处理

固溶处理的目的是形成过饱和固溶体。时效处理的作用是使合金发生有序化、稳定组织和性能、脱溶出第二相。

例如，铂钴合金加热到 1000℃左右，获得无序结构，以不同冷却速度冷却至室温后在 600℃左右进行时效，可使合金达到不同要求的有序化程度。图 19-4 为时效处理时间对铂钴合金磁性能的影响曲线图。如图所示，随着时效时间的延长，剩磁感应强度下降，矫顽力和最大磁能积先升后降，在某一时效时间可达到最大值。

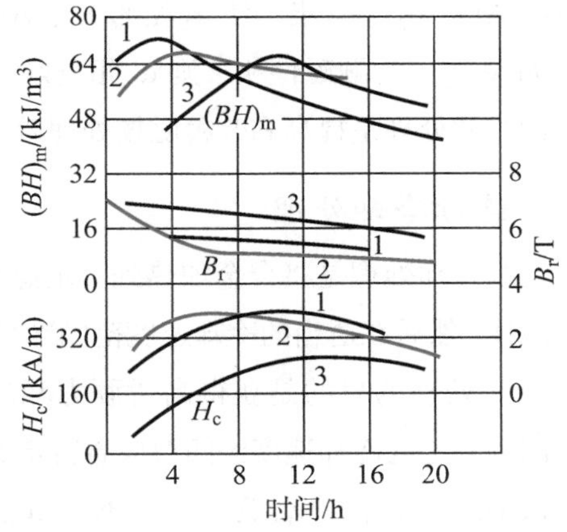

图 19-4　不同钴含量的 PtCo 合金经淬火（1000℃加热，以 78℃ /min 的速度冷却）后在 600℃时效时磁性能与保温时间的关系

1—46.5wt%Co；2—48wt%Co；3—54wt%Co

时效处理可使固溶处理生成的过饱和均匀固溶体发生脱溶。Sm_2Co_{17} 型合金采用如图 19-5 所示的等温时效或分级时效，可使固溶处理后的单相固溶体分解成细小的胞状显微组织，合金的矫顽力大幅提高，最大磁能积可达到 250kJ/m^3 以上。

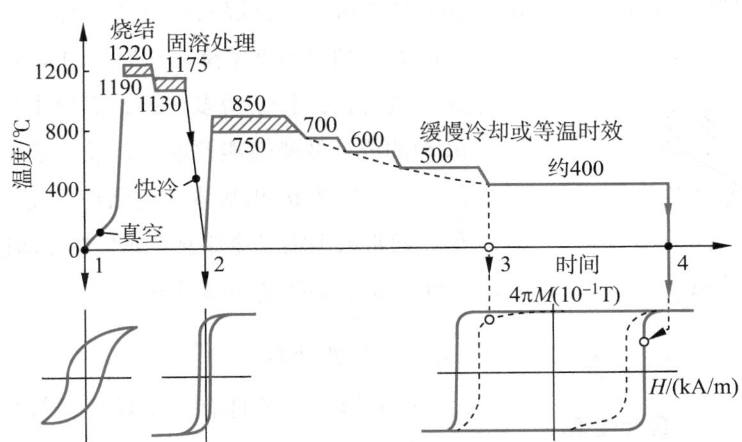

图 19-5　Sm_2Co_{17} 型合金（Sm（Co,Cu,Fe,Zr）z（$7.0 \leqslant z \leqslant 8.5$）合金）的烧结—热处理工艺曲线与磁滞回线

1—粉体；2—固溶态；3—时效态；4—时效态

时效处理可使合金在磁场处理后生成的亚稳相向稳定相转变。例如，磁场处理后 AlNiCo5 永磁合金基本上形成 $\alpha_1+\alpha_2$ 两相状态。由于分解速度快，元素扩散少，α_1 和 α_2 没有达到平衡，两相的成分、磁性差异不太大，矫顽力较小。如果在 600℃左右进行时效处理，保温 10h 以上，则会出现 Fe、Co 向富 Fe、Co 的 α_1 相富集，使 α_1 相 Fe 和 Co 的含量进一步增大；Ni、Al 向富 Ni、Al 的 α_2 相富集，使 α_2 相的 Ni、Al 的含量进一步增大。α_1 和 α_2 的成分和磁性差越来越大。如果 α_2 变为顺磁性相，则 α_1 相更好地发挥单畴特性，使合金矫顽力达到最大值。因此，合适的时效处理是提高和改善磁场处理后永磁合金矫顽力的重要途径。

5. 连续冷却处理

连续冷却处理是将合金加热到一定温度，使其形成单相固溶体，然后在适当的冷却速度范围冷却的热处理过程。连续冷却处理的目的是获得高矫顽力和磁能积的显微组织，因为特定的冷却速度区间对应着特定的相变反应。

铁镍铝合金（w_{Ni} 为 24%~28%，w_{Al} 为 12%~14%，其余为 Fe）在 900~1300℃为体心立方结构的单相 α 固溶体，如图 19-6 所示。α 固溶体冷却到 900℃以下，分解为 $\alpha_1+\alpha_2$ 两相。其中 α_1 为铁基固溶体，具有体心立方结构，原子排列无序，是强磁相；α_2 相是以 NiAl 相为基的有序相，具有体心立方结构，是弱磁相。铁镍铝合金最终组织的高矫顽力来自 α_1 的形状各向异性，磁能积则取决于 α_1 相有序分布的程度。

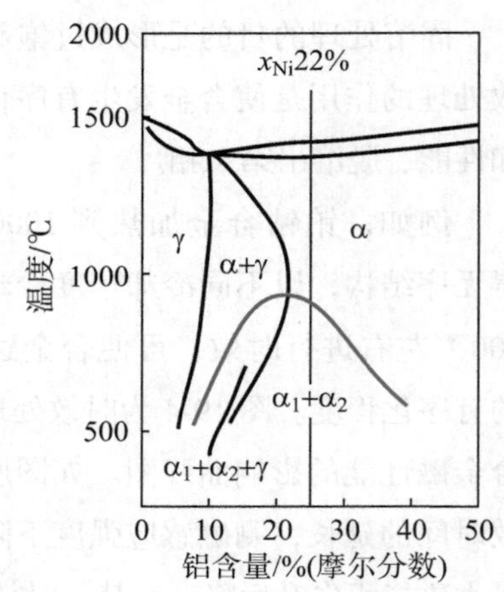

图 19-6　FeNiAl 合金相图的一个垂直截面图（22%Ni）

FeNiAl 合金从 1100℃的 α 单相区以适当的冷速冷却时，在调幅分解温度下分解为 $\alpha_1+\alpha_2$，如图 19-7 所示。分解初期温度较高（800℃），α_1 相量少于 α_2 相。随着温度下降，铁原子向 α_1 相富集，使 α_1 相的铁磁性增强，总量增多；镍、铝原子向 α_2 相富集，α_1 和 α_2 相的成分及磁性能差增大，最后形成单畴 α_1 相片条散布于弱磁性的 α_2 相基体中的结构，使合金具有较高的 H_c 值。通常采用临界冷却速度或自然冷却速度（10℃ /s）冷却可获得最大的 H_c 和磁能积。

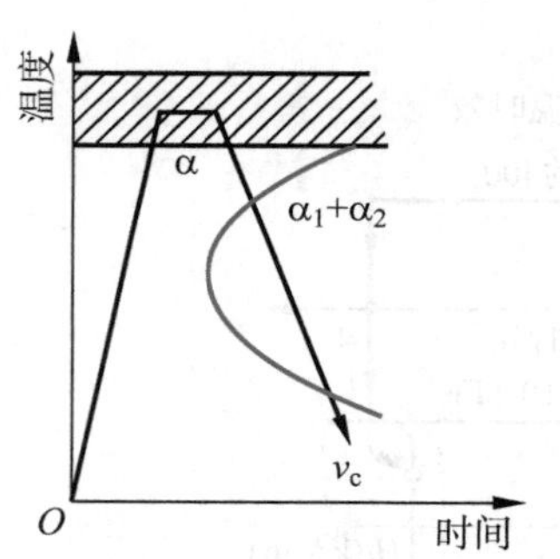

图 19-7　FeNiAl 合金连续冷却处理示意图

6. 形变热处理

合理的形变热处理有利于发挥材料潜力，提高材料的磁性能。例如：FeCrCo 永磁合金高温的 α 相在施加应力过程中发生 α ⟶ $\alpha_1+\alpha_2$ Spinodal 分解，其中 α_1 是富 Fe、Co 的具有单畴尺寸的强磁性相，α_2 是富 Cr 的非磁性基体相。在应力作用下，α_1 相粒子在应力方向取向并优先长大为细长微粒，形成了加工织构。对塑性形变后的铁铬钴永磁合金再进行时效处理，可获得与磁场处理相同的效果，这是由于形成了织构。

19.3　典型永磁合金热处理工艺

铁铬钴合金不仅具有良好的塑性和延展性，而且具有较好的磁性能，是目前使用最广泛的一种可变形永磁材料。其磁性能可与铸造铝镍钴合金相媲美，而且价格比铁钴钒永磁合金便宜。该合金组织均匀致密、性能稳定，可以代替部分铸造铝镍钴钒合金制作形状复杂的航天永磁元件。

Fe-Cr-Co 三元系中组成永磁合金的化学成分如表 19-1 所示。

表 19-1　变形铁铬钴合金化学成分表

牌号	C	Mn	S	P	Cr	Co	Si	Mo	Ti	Fe
	≤									
2J83	0.030	0.20	0.030	0.020	26.0~27.5	19.5~21.0	0.80~1.10	—	—	余量
2J84	0.030	0.20	0.030	0.020	25.5~27.0	14.5~16.0	—	3.00~3.50	0.50~0.80	余量
2J85	0.030	0.20	0.030	0.020	23.5~25.0	11.5~13.0	0.80~1.10	—	—	余量

为了获得高剩磁和高矫顽力，变形铁铬钴合金采用如图 19-8 和表 19-2 所示的热处理制度。

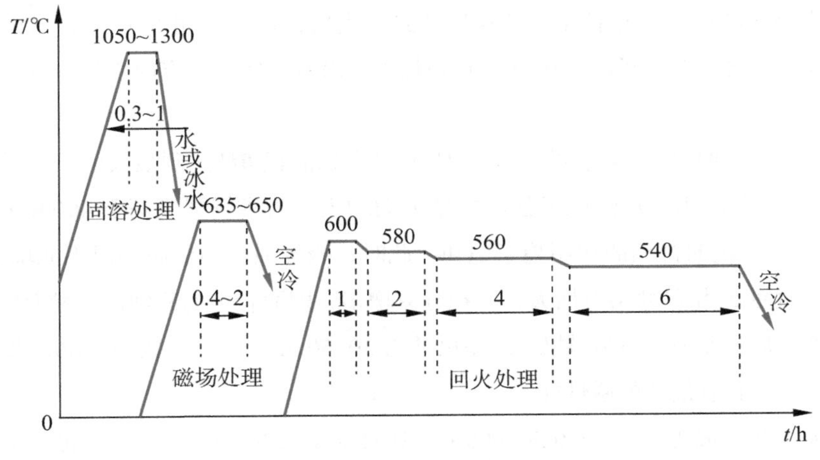

图 19-8　变形铁铬钴合金热处理制度

表 19-2　变形铁铬钴合金热处理制度

牌号	固溶处理			磁场热处理				阶梯回火处理
	T/℃	保温时间/min	冷却方式	B/(kA·m)	T/℃	保温时间/min	冷却方式	
2J83	1300	15~25	冰水淬	>200	640~650	30~60	空冷	610℃×0.5h+600℃×1h+580℃×2h+560℃×3h+540℃×4h 后空冷
2J84	1200	20~30	冰水淬	>200	640~650	40~80	磁场中缓冷 500℃后冷	610℃×0.5h+600℃×1h+580℃×2h+560℃×3h+540℃×4h 后空冷

续表

牌号	固溶处理			磁场热处理				阶梯回火处理
	T/℃	保温时间 /min	冷却方式	B/（kA·m）	T/℃	保温时间 /min	冷却方式	
2J85	1200	20~30	冷水淬	>200	640~650	60~120	空冷	620℃ ×0.5h+610℃ ×1h+590℃ ×2h+570℃ ×3h+560℃ ×4h+540×6h 后空冷

合金在 1200~1300℃高温下形成细小、单一的 α 相，水淬冷却后形成过饱和 α 固溶体，防止慢冷却过程生成非磁性 γ 或 σ 相的析出。

等温磁场处理工艺一般为 630~650℃ ×1h，外磁场的强度为 4000Oe，磁场处理过程中合金内部发生 Spinodal 分解，形成 $\alpha_1+\alpha_2$ 两相的调幅结构。其中 α_1 是富 FeCo 的强磁性相，α_2 是富 Cr 的弱磁性相。Fe-Cr-Co 合金的磁性能主要取决于富 (Fe, Co) 的铁磁性 α_1 相粒子的尺寸大小、体积分数、长径比和取向性，其中铁磁性 α_1 相粒子的长径比最为关键。根据 Cahn 的调幅分解理论，当温度为 635℃时 α_1 相粒子的长径比达到最大值，而且 α_1 相的尺寸、体积分数及长径比达到一个较好配合。在磁场的作用下，α_1 相粒子将沿着外磁场的方向生长，从而获得高矫顽力和剩磁。

磁场强度为 4000Oe 时，合金的矫顽力 H_c 和最大磁能积 BH 达到最大值。当磁场强度小于 4000Oe 时，合金的 H_c 和 BH 随磁场强度的增大而增大；当磁场强度高于 4000Oe 时，外加磁场使铁磁 α_1 相粒子定向排列的作用趋于饱和。此时，磁场强度的提高不但不能增大铁磁 α_1 相的长径比，反而使 α_1 相尺寸略有增大，体积分数增多，因而合金的磁性能会稍有降低。

经磁场处理后，富 (Fe，Co) 铁磁 α_1 相尺寸为 30~50nm，体积分数约 60%，并且具有较大的长径比时，合金具有最佳的磁性能。

分级回火工艺一般为 620℃ × 0.5h+600℃ × 1h+580℃ × 2h+560℃ × 2h+540℃ × 4h。这时，磁场处理时形成的两相 (α_1 和 α_2) 结构通过原子互扩散而进一步发展完善，使得弱磁性的 α_2 相的居里点降低到室温以下，从而使强磁性的 α_1 相的单畴特性得以充分发挥，达到高的永磁性能。

多级回火处理需要附加复杂的设备及工序，也不易进行大批量生产，并且根据成分的不同，对开始分解的温度和时间有严格的限制。因而出现了一种称之为"形变 + 时效"的工艺，如图 19-9 所示，这一工艺可分三个阶段进行：

（1）先从 T_s 温度以上的高温开始缓慢冷却，在冷却过程中发生 Spinodal 分解，以产生近似为球状的大而均匀的颗粒。

（2）进行单轴变形以拉伸颗粒，并减小粒子的直径至最佳状态。

（3）低温回火后连续缓冷，使伸长颗粒出现调幅结构。

形变 + 时效工艺是通过变形的方法使磁性合金产生形状各向异性，因此不需经磁场处理和旋锻加工。这就大大简化了工艺，有利于工业规模生产。工艺要求第一阶段处理后分解成二相的合金具备足够的延展性。形变的方法是多种多样的，可以高速拉拔、拉丝、压延或挤压。近来，还有人对合金的形变机理与机械性质作了一些研究，发现合金在 Spinodal 分解后形变的主要方式为孪晶变形。

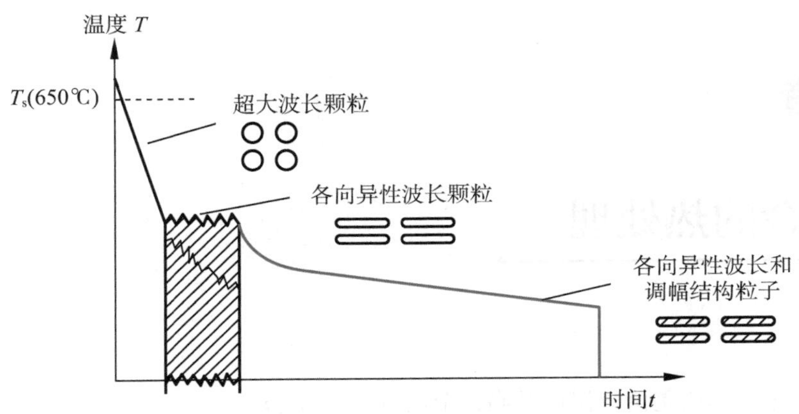

图 19-9　各向异性 FeCrCo 合金的形变时效工艺

经以上热处理后，铁铬钴合金获得高的磁性能，如表 19-3 所示。

表 19-3　铁铬钴合金磁性能

牌号	类别	Br[kGs（mT）]	H_c/（kA/m）(H_r/Oe）	(BH)/[（kJ/m^3）(BH)/（MG·Oe）]
		≥		
2J83	各向异性	1.05（10500）	48（600）	24~32（3.0~4.0）
2J84	各向异性	1.20（12000）	52（650）	32~40（4.0~5.0）
2J85	各向异性	1.30（13000）	44（550）	40~48（5.0~6.0）

第 20 章

膨胀合金的热处理

金属热膨胀的本质是由于温度升高，金属点阵中的原子(或离子)在点阵结点上的热振动加剧，振幅增大，同时由于势能曲线的非对称性，使原子振动中心发生位移，而且随温度的升高，势能的增加，位移逐渐增大，这就导致了金属的热膨胀，如图 20-1 所示。对于纯金属，一般是熔点越高，膨胀系数 α 越小。

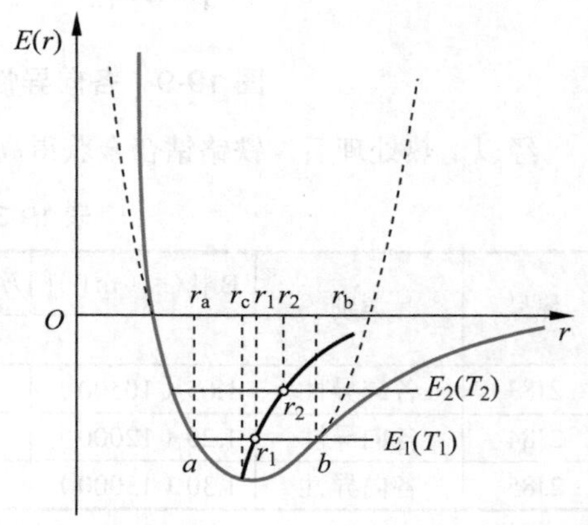

图 20-1　晶体中原子振动非对称性示意图

对绝大多数合金来说，如合金是均一的单相固溶体，则合金的热膨胀系数一定介于两个组元的热膨胀系数之间。二元合金的合金成分和热膨胀系数的关系是一条光滑曲线，其数值比直线规律的略低些。但有些发生有序化转变的合金系，如铜—金、铜—钯等，由于有序化使原子间结合力增强，从而降低了热膨胀系数。如合金是由多相的机械混合物组成，其热膨胀系数也一定介于这些相的热膨胀系数之间，近似地符合直线规律。合金的热膨胀系数主要取决于组成相的性质和其相对含量，而合金的组织状态对合金热膨胀系数影响不大。

绝大多数金属与合金是正常热膨胀。它们的膨胀系数 α 随温度变化的规律如图 20-2 所示。由图可见，随温度升高，膨胀系数先迅速增大，而后增速减缓，膨胀系数 α 随温度连续变化。

对于某些铁磁性金属和合金，膨胀系数随温度变化则出现反常现象，如图 20-3 所示。如镍在居里点附近膨胀系数增大，称为正反常；而 Ni 的质量分数为 35% 的 FeNi35 因瓦合金，在居里点附近膨胀系数明显减小，称为负反常。

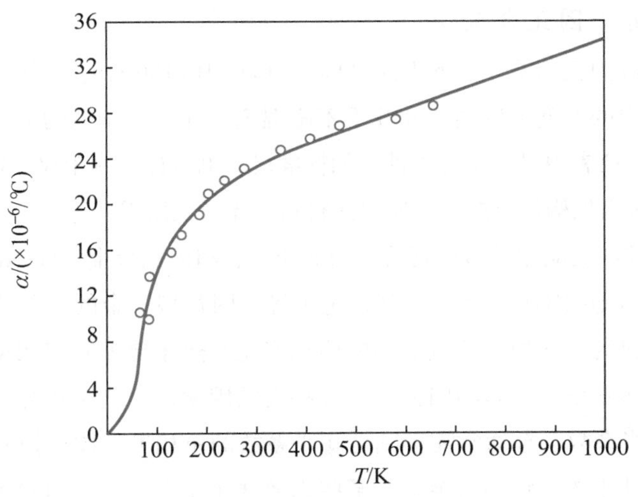

图 20-2 铝的真实膨胀系数

曲线为理论计算值；圈为实测数值

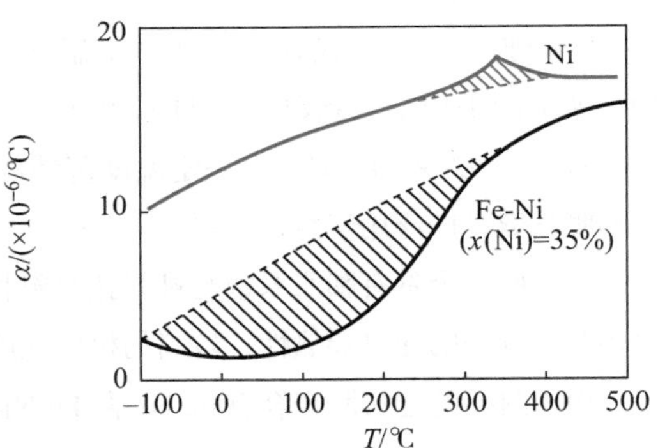

图 20-3 Ni 和 FeNi35 合金的膨胀系数 α 随温度变化曲线

虚线为正常热膨胀时的 α，阴影区表示 α 的反常范围和大小

出现上述反常热膨胀现象通常与合金的铁磁性有密切的关系。如因瓦合金，在居里温度以上，与一般合金的热膨胀相似；但在居里温度以下，出现反常热膨胀。这是由于合金内部产生自发磁化，这一过程将引起原子间距的变化而产生体积磁致伸缩效应。由于因瓦合金具有大且正的体积磁致伸缩，在温度升高时，磁化强度下降，这种大且正的体积磁致伸缩效应急剧降低，使体积收缩，它抵消了由于原子热振动加剧而产生的正常热膨胀的值，从而使因瓦合金在居里温度以下具有很低的热膨胀系数。

各种金属和合金的热膨胀系数在 10^{-6}~10^{-5}（1/℃）数量级。在仪器、仪表及电真空技术中，要求应用具有特殊热膨胀系数的合金。

20.1 膨胀合金的分类及其性能特点

膨胀合金按化学成分分为 Fe-Ni、Fe-Ni-Co、Fe-Ni-Cr、Fe-Ni-Cu、Fe-Cr 系；合金按膨胀系数大小可分为三种：低膨胀合金（因瓦合金）、定膨胀合金（可伐合金）、高膨胀合金。

1. 低膨胀合金（因瓦合金）

低膨胀合金（或因瓦合金）热膨胀系数低，其在10~100℃的平均膨胀系数小于或等于1.8×10^{-6}/℃，在一定的温度范围内尺寸几乎不随温度变化。由于低的膨胀系数，它被广泛用于制造各种精密仪器仪表中尺寸不变零件，如标准尺、测微计、测距仪、钟表摆轮、块规、微波设备的谐振腔、重力仪构件、热双金属组元材料、光学仪器零件等。

低膨胀合金中较广泛应用的有因瓦合金(Fe-Ni）、超因瓦合金（Fe-Ni-Co）、不锈因瓦合金（Fe-Co-Cr）和非磁性因瓦合金（Cr基合金）等。因瓦型合金的反常热膨胀特性是由于本身固有的磁效应引起的。这种磁效应引起的体积变化与热胀冷缩效应相反，结果二者互相抵消而得到很低的热膨胀系数。影响因瓦型合金特性的因素，除化学成分外，还有冷加工和热处理的方法。低膨胀系数合金通常需得到低膨胀系数的单相奥氏体（如FeNi36、Fe-Ni-Co或FeCo54Cr）或单相铁素体（铁铬合金）。某些弥散强化型合金的组织除了基体相外，还有部分第二相。

2. 定膨胀合金（可伐合金）

定膨胀合金（可伐合金）在一定温度范围内，其热膨胀系数接近某一具体值。合金在10~400℃的平均膨胀系数为$4\sim11\times10^{-6}$/℃，如可伐合金Ni29Co18，由室温至400℃间的热膨胀系数约为4.8×10^{-6}/℃，在一定温度范围内，定膨胀合金具有与玻璃陶瓷等封接材料相似的线膨胀系数，广泛用于封接材料。

定膨胀合金具有膨胀系数与被封接材料相匹配、塑性好、易加工、在工作温度范围内不发生相变、良好的导电导热性、较高的机械强度和加工成形性。

用于封接的定膨胀合金有Fe-Ni系、Fe-Ni-Co系、Fe-Ni-Cr系、Ni-Co系等磁性合金和无氧铜、钨、钼等非磁性合金。

3. 高膨胀合金

高膨胀合金热膨胀系数大，其在20~400℃的平均膨胀系数大于或等于12×10^{-6}/℃，如Mn75Ni15Cu10合金，其在20~400℃的平均膨胀系数高达$(23\sim28)\times10^{-6}$/℃。

高膨胀合金具有高的膨胀系数、耐热、延展性、易加工、弹性模量与低膨胀合金组元差别不大等特性。这类合金主要和低膨胀合金焊合在一起轧成热双金属片使用，广泛应用于工程技术领域中的测温元件，绝大部分用来作为热双金属主动层，很少一部分单独用作测温控温元件。

热双金属主动层主要采用铁镍合金、锰基合金和黄铜等。

20.2　膨胀合金的热处理

1. 中间退火（回复再结晶退火）

膨胀合金的生产流程一般是：坯料→热变形→中间退火→冷变形→中间退火→冷变形→成品热处理。冷变形过程中进行的中间退火是为了去除应力、恢复塑性。

例如，Ni29Co18 合金为单相 γ 固溶体，中温退火是为了消除冷加工造成的加工硬化，以有利于进一步冷加工。Ni29Co18 合金中温退火温度为 752~1000℃，氢气保护，保温 1h 缓冷。经以上退火处理的合金具有好的力学性能、深冲性、抗焊料渗透性、抗应力腐蚀开裂性，且合金的晶粒度小于 5 级。

2. 高温退火

高温退火可去除应力、净化成分、均匀化组织，调整和提高性能。

例如，Ni76CrWMn 是耐热膨胀合金，其工作温度可达 1000℃。它通常进行多次退火，使其表面形成致密的保护性氧化膜，首先于 1100℃ ×48h 进行均匀化退火，使组织结构均匀化；然后进行中间退火（在 1100℃真空或氩气中保温 2h，再以 50℃ /h 的冷速冷至 300℃），调整合金性能；最后在 1050℃真空或氩气中保温 30min，用 50℃ /h 的冷速冷至 300℃进行最终退火，以保证合金的膨胀系数稳定不变。

Ni76CrWMn 合金退火后（退火工艺为：在真空中加热至 1050℃，保温 30min，以 50℃ /h 的冷速冷至 200℃）经 1 次和 16 次加热后的膨胀系数见表 20-1，其膨胀系数的重复性较好。

表 20-1　Ni76CrWMn 合金经多次加热后的膨胀系数

加热次数	线膨胀系数 α/（$\times 10^{-6}$/℃）							
	20~100℃	20~200℃	20~300℃	20~400℃	20~500℃	20~600℃	20~700℃	20~800℃
1	13.4	13.8	14.3	14.6	14.9	15.5	16.0	16.4
16	13.5	13.8	14.2	14.6	14.9	15.5	15.9	16.4

3. 稳定化退火

稳定化退火是使膨胀合金组织稳定化，实现性能的稳定。

例如，超因瓦合金先加热到 830℃，保温 20min 后水淬；再在还原气氛或空气中加热到 315℃，保温 60min 后空冷却；最后在 95℃保温 48h。

4. 固溶处理 + 时效处理

低膨胀因瓦合金中，C、O、Mn 等杂质元素都会使其膨胀系数增加，合金元素 Nb 可与 C、O、N 等杂质元素结合以沉淀相粒子形式析出，起净化合金基体，降低合金的膨胀系数的作用，如 FeNi32.5Co4Mn0.2Nb0.1 合金。此合金膨胀系数与固溶温度的关系如图 20-4 所示。由图可见，固溶温度低于 1140℃时，合金的膨胀曲线平缓，膨胀系数在 0.1×10^{-6}/℃附近，随固溶温度升

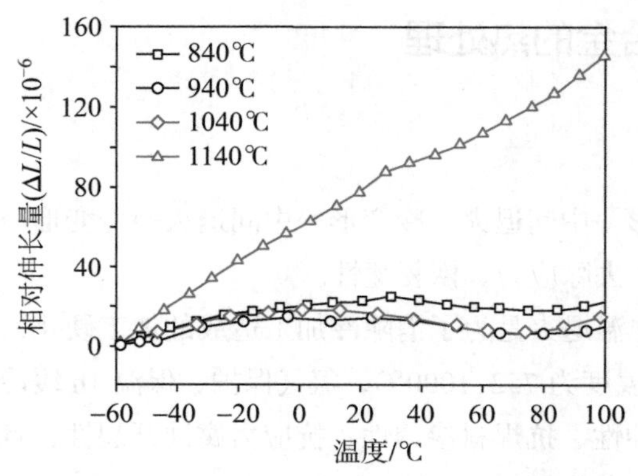

图 20-4 固溶温度对 FeNi32Co4Mn0.2Nb0.1 的膨胀曲线的影响

高略有下降；当固溶温度为 1140℃时合金的膨胀系数升高至 0.91×10^{-6}/℃。这是由于 1140℃固溶时，Nb 析出相完全溶解，合金基体中的杂质元素含量大幅上升，而使膨胀系数大幅上升。

例如，固溶处理后的超因瓦合金样品再加热到 315℃，保温 3~5h，缓冷至室温，可消除固溶处理所产生的应力；再把样品加热到 98℃，保温 48h，使合金组织稳定。经以上热处理后，超因瓦合金的热膨胀系数为 $\alpha_{20℃}\leqslant 0.2\times10^{-6}$/℃。

5. 典型膨胀合金的热处理

因瓦（Invar）合金 4J36 的居里点约为 230℃，低于这一温度合金是铁磁性的，具有很低的膨胀系数，高于这一温度合金是无磁性的，膨胀系数增大。该合金主要用于制造在一定温度变化范围内尺寸近似恒定的元件，广泛用于无线电工业、精密仪器、仪表及其他工业。

因瓦合金的化学成分和膨胀系数如表 20-2 所示。

表 20-2 因瓦合金的化学成分和膨胀系数表

化学成分 /%（质量分数）	C	P	S	Mn	Si	Ni	Fe
	≤ 0.05	≤ 0.02	≤ 0.02	≤ 0.6	≤ 0.3	35.0~37.0	余量
膨胀系数 α/（$\times10^{-6}$/℃）	−129~18℃	−40~21℃	0~21℃	21~100℃	21~200℃	21~300℃	21~400℃
	1.98	1.75	1.58	1.40	2.45	5.16	7.80

该合金的生产流程一般是：坯料→热变形（热轧）→软化热处理→冷变形（冷轧、冷拔、冷拉）→中间热处理→冷变形→成品热处理。因此因瓦合金的热处理主要包括坯料和成品的热处理两方面。

1）坯料的热加工和热处理

铁镍膨胀合金的导热性很差，热加工的加热速度不宜过快，热锻温度一般为 1150~1240℃；热轧温度约 1120℃。加热时间不应过长，以免晶粒长大和晶界粗化，使机械加工性能降低。加热时应控制气氛中硫、碳等有害元素。合金的冷变形抗力不大，很容易加工，但冷变形量不超过 60%~70%，以免形成变形织构或再结晶织构。

为了提高或恢复合金的塑性，冷变形前和两次冷变形间需进行软化退火和中间退火。中间退火可消除合金在冷轧、冷拔、冷冲压过程引起的加工硬化现象，以利于继续加工。中间退火规程为：还原（不含硫）或保护气氛，830~880℃保温，炉冷或空冷。

冷加工或变形后，为了消除应力，在 530~550℃进行退火。

2）成品热处理

如表 20-3 所示，热处理和冷变形都会改变合金的膨胀性能。由表中数据可知，固溶处理和冷变形可降低热膨胀系数，固溶处理后回火，或固溶加热后慢冷时，热膨胀系数甚至增大。以上影响因素中冷变形的作用最强。随着冷变形量的增大，热膨胀系数减小，甚至变为负值。这是由于固溶处理和冷变形的作用带来了晶体缺陷（空位、位错等），破坏了原子的短程有序度，影响了合金的自发磁化强度，因而降低了合金的热膨胀能力。同时，温度升高时内应力松弛或马氏体逆转变，都会导致体积收缩，减小实际热膨胀量。但通常不采用冷变形来获得低膨胀系数，因为随着时间和温度的变化，冷变形合金产生回复，膨胀系数会增大。

表 20-3　热处理和冷变形对 Ni36 因瓦合金热膨胀系数的影响

热处理和冷变形条件		α/（$\times10^{-6}$/℃）	
		17~100℃	17~250℃
热锻后		1.66	3.11
850℃固溶处理		0.64	2.53
850℃固溶处理再时效		1.02	2.43
由 850℃经 19h 冷至室温		2.01	2.89
850℃退火		1.709	
冷拔	变形量 30%	0.126	
	变形量 47.2%	−0.233	
	变形量 57.2%	−0.33	
	变形量 65.5%	−0.36	

成品稳定化处理的目的是获得较低的膨胀系数且性能稳定。稳定化处理一般采用均匀化固溶、去应力回火和稳定化时效等三段处理。均匀化固溶：在加热中，合金中的杂质充分固溶和合金化元素趋于均匀。工件在保护气氛中，加热到 830℃，保温 20min~1h，淬火。去应力回火：在回火过程中能够部分消除由于淬火产生的应力，工件加热到 315℃，保温 1~4h，炉冷。稳定化时效：使合金的尺寸稳定，工件加热到 95℃，保温 48h。对于冷加工或机械加工后的高精度零件，不宜采用高温处理时，可采用去应力稳定化处理：工件加热到 315~370℃，保温 1~4h 或多次回火。

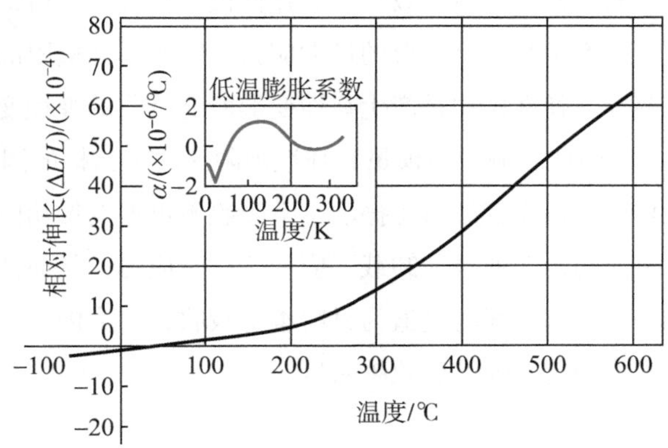

图 20-5　因瓦合金的膨胀曲线图

合金试样经稳定化处理后，其平均线膨胀曲线如图 20-5 所示。由图可见合金在低于居里温度 230℃以下，膨胀系数小于 1×10^{-8}；高于此温度膨胀系数迅速增加。

第 21 章

弹性合金的热处理

弹性的重要性能指标为弹性模量、弹性极限、弹性比功、循环韧性（内耗）等。弹性模量是材料的抵抗弹性变形难易程度的指标。从宏观角度来说，弹性模量是衡量物体抵抗弹性变形能力大小的尺度；从微观角度来说，则是原子、离子或分子之间键合强度的反映。凡是影响键合强度的因素如键合方式、晶体结构、化学成分、微观组织、温度等均能影响材料的弹性模量。通常金属与合金的弹性模量均随温度的升高而降低。但有些物理过程会使弹性模量随温度出现反常的变化。如 α-Fe 转变成 γ-Fe 的相变，由于晶体结构变化导致密度的增加，会使弹性模量提高；合金中的有序—无序转变及铁磁性和反常磁性转变点附近的变化，也都能导致弹性模量的反常（埃林瓦效应）。弹性模量反常是获得恒弹性合金的必要条件。弹性极限是去掉外力后，不引起残余变形的最大应力。影响弹性极限的因素有合金元素、晶粒大小、位错密度、相变等。弹性比功是产生弹性变形所能吸收的弹性变形能，它由弹性模量和弹性极限两个因素决定，因此影响弹性模量和弹性极限这两个指标的因素都影响弹性比功的大小。循环韧性（内耗）是材料在交变载荷（振动）下吸收不可逆变形功的能力。循环韧性是由于弹性后效（滞弹性）引起的，即加载和卸载下应变落后于应力，从而使加载时消耗的变形功大于卸载时放出的变形功，它们之间的差值为材料本身吸收，即为内耗。弹性后效与材料成分和组织有关，通常组织越不均匀，弹性后效越明显。

21.1 弹性合金的分类及其性能特点

弹性合金按强化方式可分为形变强化型、马氏体相变强化型、沉淀强化型、不均匀有序强化型和氧化物强化型等；按化学成分分为铁基、镍基、钴基、铜基、铌基等；按性能特点分为高弹性、恒弹性和阻尼合金（减振合金）等。通常按性能特点将弹性合金分为以下三类。

1. 高弹性合金

高弹性合金具有高的弹性模量（E=181.3~215.6GPa）、高的弹性极限 (σ_e=1180MPa 以上)、高强度（σ_b = 1176~2450MPa）、高硬度（30~60HRC）、高的疲劳强度、小的弹性后效、低的线膨胀系数及良好的加工和焊接性能。高弹性合金弹性与强度相一致。强化方式主要有形变强化、马氏体相变强化、沉淀强化、不均匀有序强化和氧化强化。具有以上特点的高弹性合金主要有铁基、镍基、钴基、铌基和铜基合金等。它主要用于航空仪表、精密机械中各种弹性元件，如波纹管、膜盒、膜片、螺旋弹簧、板簧、钟表发条、轴尖等。

2. 恒弹性合金

在一定温度范围内，合金的弹性模量不随温度变化或变化很小，在常温附近基本保持恒定值的合金叫做恒弹性合金或称埃林瓦 (Elinvar) 合金。恒弹性合金具有较高的强度和弹性模量、较低的弹性后效及较好的耐蚀性，低的弹性模量温度系数 β。一般要求 −60~100℃范围内，$\beta \leqslant 120 \times 10^{-6}$/℃。强化方式主要有碳化物强化、金属间化合物强化。

恒弹性合金有铁磁性合金（铁—镍系、钴—铁系）、无磁性合金（Nb-Zr、Nb-Ti 系顺磁性合金和 Fe-Mn、Mn-Ni、Mn-Cu 系等反铁磁性合金）和非晶态（Fe-B、Fe-Si-B、Fe-Zr、Ni-Si-B 系等）恒弹性合金。

恒弹性合金的应用范围很广，可用作电气设备和精密仪器中的机械零件，如弹性敏感元件（压力传感器膜片、精密弹簧等）、频率元件（机械滤波器振子、钟表游丝、延迟线、传感器中的振动筒、振弦等）。

3. 阻尼合金

阻尼合金是一种能将机械振动能转化为热能而耗散掉的新型金属功能材料。阻尼合金是通过材料本身内部结构将振动能转化为热能而耗散，从而在根本上达到减小振动和噪声的目的。阻尼合金具有高的弹性后效、高内耗和强的机械振动衰减能力。阻尼合金共振曲线趋于扁平，振动衰减快，共振振幅小。阻尼合金广泛用于航空航天工业、航海工业、汽车工业、建筑工业、家电行业等，对降低环境噪声、提高机器零件寿命、改善人们生活环境有着重要的作用。

按照阻尼机制的不同，阻尼合金分为复相型（灰口铸铁）、超塑性型（Zn-Al 合金）、铁磁型（Fe-Cr 基、Fe-Al 基、Co-Ni 基等合金）、位错型（Mg-Zr、Mg-Si、Mg-Cu、Mg-Al 等）、孪晶型（Mn-Cu、Ni-Ti、Cu-Al-Mn 和 Cu-Zn-Al 等）和其他型阻尼合金（Fe-Mn、Fe-Ni-Mn、Fe-Ru）等 6 大类。

1）复相型

复相合金中强度较高的基体相会发生弹性形变，较软的第二相则发生塑性形变，从而产生内耗使振动的能量得以耗散。影响阻尼性能的微观组织为强韧基体相和软的第二相，见图 21-1 灰口铸铁中片状石墨。

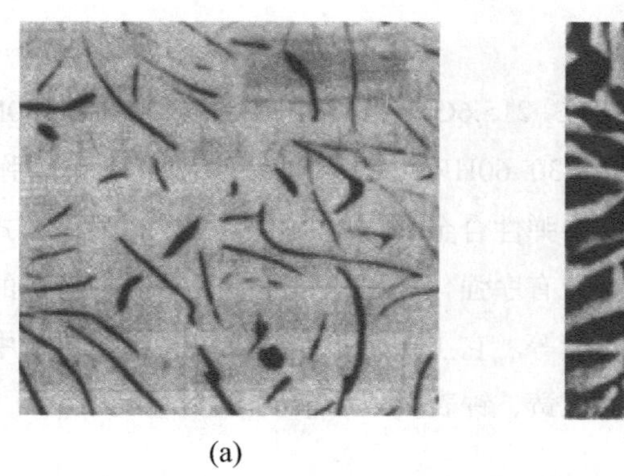

(a)

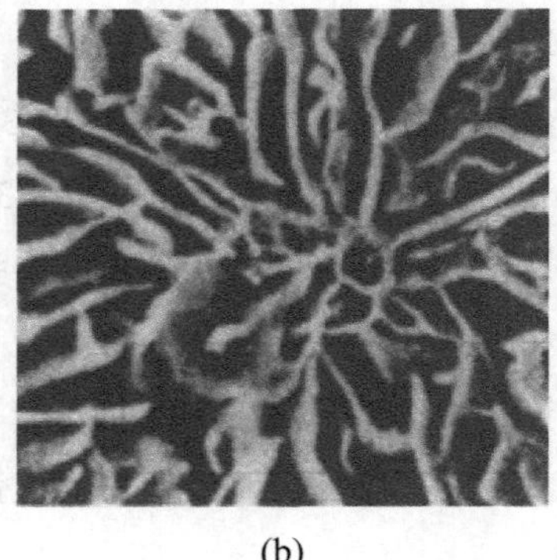

(b)

图 21-1　灰口铸铁中石墨分布

（a）金相照片；（b）扫描电镜照片

2）超塑性型

在周期应力的作用下，合金的晶界和相界面会发生塑性流动，产生内耗使振动的能量得以耗散。影响阻尼性能的微观组织为晶界和相界面。

3）铁磁型

合金中相当部分的磁畴界面因磁机械效应的逆效应而发生不可逆移动，在应力—应变曲线上就会产生应变滞后于应力的现象，进而产生内耗将振动能耗散。影响阻尼性能的微观因素主要有磁性相、磁畴运动（位错、杂质、晶粒大小、内应力）等。

4）位错型

合金中的位错脱离点缺陷（杂质原子或空位）的钉扎而向前运动，这一过程在弹性应变范围内产生附加的位错应变，从而产生内耗将外界振动能耗散。如图 21-2 中由于脱离位错钉扎作用，阴影部分能量（内耗）转变成热能散逸出去。影响阻尼性能的微观组织为点缺陷和位错。

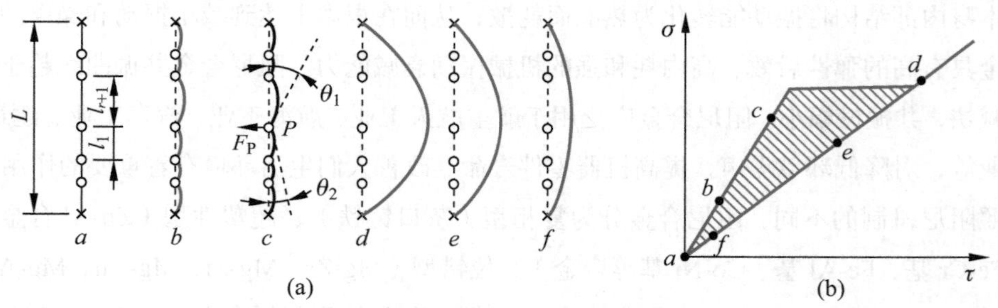

图 21-2　位错阻尼的钉扎模型

（a）被杂质钉扎的位错在应力下的脱离；（b）位错应力应变途径

5）孪晶型

与热弹性马氏体相变有关的共格孪晶界面（马氏体 / 马氏体、母相 / 马氏体）将发生重新排列运动，产生非弹性应变而使应力松弛，从而将外加振动能耗散，形成对振动的阻尼衰减。孪晶面在外力作用下的易动性和弛豫过程，造成振动能的吸收。影响阻尼性能的微观组织为孪晶。

6）其他型合金

除了上述五类阻尼合金以外，近年来人们又发现 Fe-Mn、Fe-Ni-Mn 和 Fe-Ru 等合金也具有高阻尼性能，但其阻尼机制尚不明了。这类合金具有一个共同特征：层错能低，具有 γ(fcc)↔ε(hcp) 相变过程，所以研究学者普遍认为其阻尼机制同 ε 马氏体以及层错有关。目前这类阻尼合金基本都处于研究阶段，还未见其有关应用方面的报道。

21.2　弹性合金的热处理

1. 均匀化退火

均匀化退火热处理是为了降低或消除弹性合金铸锭或铸件的化学成分的偏析和组织的不均匀性。由于锡原子在铜中的扩散较困难，铸态锡青铜中 α 相通常呈现严重晶内偏析现象，还可能出现硬而脆的 δ 相。此合金经 625~725℃，1~6h 均匀化处理后，Sn 偏析消除，δ 相减少或消失，成分、组织和性能均匀化，有利于后续加工和热处理。

2. 中间退火

中间退火可使合金产生回复和再结晶。加工硬化型铜基弹性合金主要通过低温回复退火处理，可达到合金硬化的目的。具体的热处理制度和力学性能见表 21-1。

中间退火还能起到去除应力的作用。冷变形后，试样中残存了很大的内应力，内耗值较低。冷变形后试样需进行退火，随退火温度的升高，阻碍磁畴壁不可逆移动的内应力逐渐减小或消失，加之位错组态的变化和再结晶晶粒的长大，均使合金的矫顽力 H_c 降低、内耗升高。

3. 固溶处理 + 时效处理

固溶处理的目的是通过获得单相过饱和固溶体，使合金具有较低的强度和硬度，良好的塑性，使合金便于冷加工或加工成形各种弹性元件。时效处理是使过饱和固溶体析出第二相，使合金强化。

Ni36CrTiAl 合金性能与固溶温度的关系如图 21-3 所示。由图可见，随淬火温度的升高，合金的强度 σ_b、硬度先升高后降低，其中 850℃达到峰值。这是由于淬火温度低于 850℃时，合金存在着析出相 γ′，起析出强化作用；淬火温度为 850~900℃时，γ′相开始溶解，且部分 γ′相向 η 相转变，合金的 σ_b、硬度急剧下降；当淬火温度在 900~1000℃时，合金中 γ′相和 η 相充分溶解，固溶体的浓度达到饱和，σ_b、硬度下降缓慢。淬火温度高于 1000℃后，晶粒急剧长大，强化效果降低。因此在有利于冷加工的前提下，应尽可能采用较低的淬火温度，以保证时效过程中合金的强化效果。Ni36CrTiAl 合金经 900~950℃，30min 固溶处理后金属间化合物充分溶解到基体奥氏体中，快速冷却可获得细小的过饱和单相奥氏体。

表 21-1　加工硬化型铜基弹性合金的热处理和力学性能

合金	热处理制度和合金状态	抗拉强度 σ_b/MPa	弹性极限 σ_e/MPa	弹性模量 E/GPa	伸长率 δ/%	硬度（HV）
锡青铜 QSn6.5~0.1	软化：600~650℃，空冷	>300			>38	70~90
	硬态	>550	350①	95	>8	160~200
	特硬态	>680	400①	115	>2	
	60% 冷变形					
	60% 冷变形，260℃，1h 回复退火		550			
锡青铜 QSn6.5~0.4	软化：600~650℃，空冷	>300		112		80
	硬态	>550				180
	特硬态	>680				
锡青铜 QSn4~3	软化：600℃，空冷	>300				60
	硬态	>550		124		160
	特硬态	>680				
	60% 冷变形		440			
	60% 冷变形，150℃，30min 回复退火		530			
硅青铜 QSn13~1	软化：700~750℃，空冷	>300				
	硬态	>550		120		
	特硬态	>680				
	60% 冷变形		380			
	60% 冷变形，275℃，1h 回复退火		540			
锌白铜 BZn15~20	软化：700~750℃，空冷	>300		126		77
	硬态	>550		140		183
	特硬态	>680				
	60% 冷变形		500			
	60% 冷变形，300℃，4h 回复退火		620			

①弯曲弹性极限。

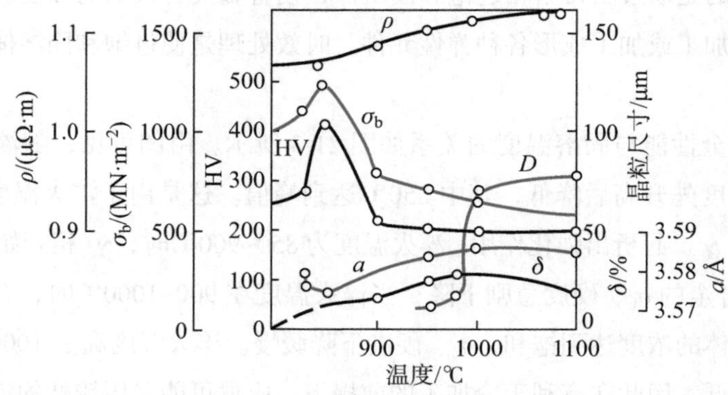

图 21-3　Ni36CrTiAl 合金性能与固溶温度的关系曲线

保温 20min，水淬，D—晶粒尺寸；a—点阵常数；ρ—电阻率

时效处理温度通过对合金脱溶的序列和过程的影响来影响合金的组织和性能。Ni36CrTiAl 合金时效温度对性能的影响如图 21-4 所示。由图可见，合金的力学性能从 550℃左右开始明

显变化，σ_b 和硬度迅速提高，伸长率则显著下降；在 650℃左右，合金的强度和硬度均达到极大值，而伸长率接近最低值。时效温度超过 700℃以后，σ_b 和硬度开始迅速下降，δ 略有回升。实践表明，合金最佳的时效温度是 600~700℃。这一结果完全可以和时效过程中组织结构的变化相联系。在低于 550℃时效后，未发现合金组织结构有明显变化。在 600~650℃时效后，在电子显微镜下可以观察到在单相固溶体中有第二相析出。首先沿晶界开始析出，析出相为 Ni3（Ti，Al）质点，其大小为 15~30nm，随着时效温度的提高，析出相的数量和尺寸增加。时效温度达 750~800℃时，除大小为 30~45nm 的 Ni3（Ti，Al）外，还有一部分 Ni3（Ti，Al）析出相已转变成稳定的 η 相（Ni3Ti）。在 850℃时，析出相开始溶入奥氏体，在 900℃以上时，是单相固溶体。

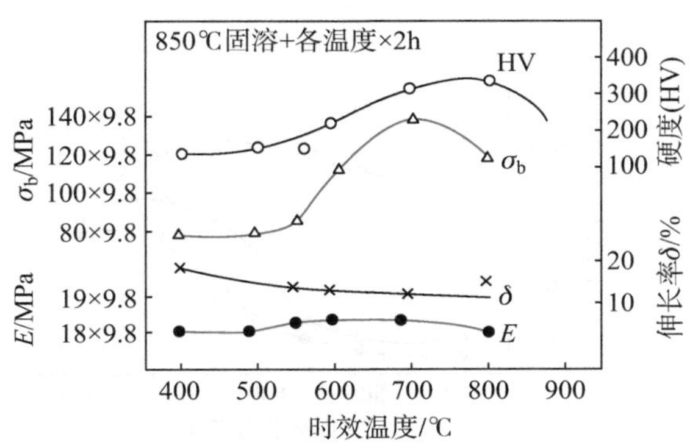

图 21-4　时效温度对 Ni36CrTiAl 合金性能的影响

时效温度为 700℃时，析出相弥散分布于合金基体，此时合金的 σ_b 最大，即合金达到最大强化效果。时效温度高于 700℃后，γ′相开始聚集长大，数量减少。由于 γ′相是不稳定的，此时将有部分 γ′相向密排六方的 η 相（Ni3Ti）转变，使 σ_b 下降，合金开始软化。温度进一步提高，γ′相溶解并有大量的 η 相析出，合金进一步软化。实践证明，Ni36CrTiAl 合金的最佳时效温度为 600~700℃。

4. 形变热处理

淬火后进行冷塑性变形（冷轧、冷拔等）是合金成材的重要工序，也是合金强化的重要手段。冷变形有利于合金的强化。由图 21-5 可知，经 50% 冷变形后，再在各温度下时效的强度均比固溶处理后再时效的强度高。这是形变热处理使强化相均匀且弥散析出所致。通常随变形量的增加，合金的强度和硬度均提高。图 21-6 为 N36CrTiAl 合金经 900℃水淬后，冷变形量和时效温度对其硬度的影响。由图可知，时效温度相同时，随变形量的增加，硬度增加；冷变形量相同时，硬度值在某一时效温度出现峰值。峰值所对应的时效温度随冷变形量的增加向低温方向移动。当超过 70% 变形量后，硬度不再提高，塑性却显著下降。

另外还可进行二次淬火形变热处理，即固溶处理 + 冷变形 + 二次淬火 + 时效。二次快速淬火（3s）可使冷变形过程产生的大量位错进行重新排列，形成稳定的多边化结构。为保证二次淬火过程中第二相来不及析出，仍是过饱和固溶体，一般要求二次淬火时快速加热，短时保温，从而保证在随后的时效过程中 γ′相沿分布均匀的多边化位错网均匀析出。二次淬火工艺不仅能显著提高合金的弹性极限，而且保持较好的塑性，克服了一般形变热处理使塑性下降的缺点。此工艺对小截面元件或半成品片、丝材特别适用。

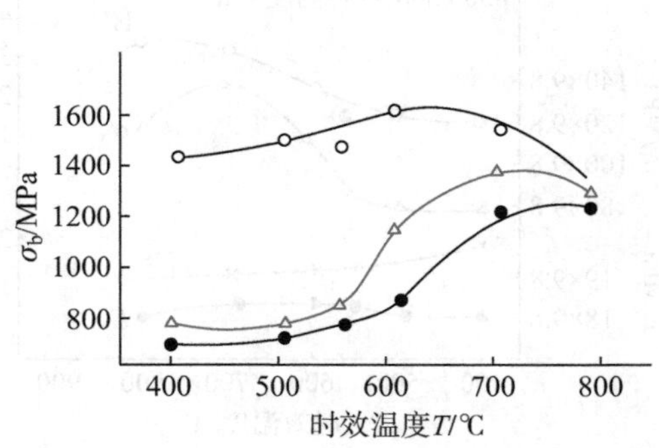

图 21-5　强度与时效温度及时效前的状态之间的关系

○—50% 变形率；△—950℃固溶；●—1050℃固溶

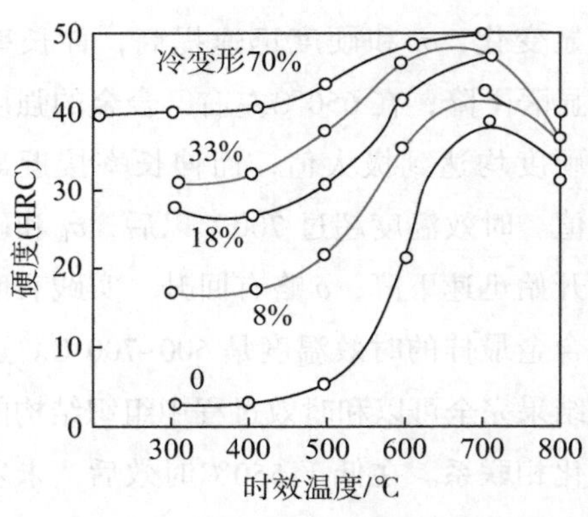

图 21-6　冷变形量和时效温度对 Ni36CrTiAl 合金硬度的影响

5. 淬火 + 回火（马氏体时效钢）

为了进一步提高强度和弹性，淬火状态的合金须进行回火处理，使马氏体中析出金属间化合物，并使残留奥氏体分解。回火温度对淬火和冷处理之后的 Cr15Ni9Al 钢力学性能的影响见图 21-7。较佳的回火温度在 450~500℃范围内。弹性和硬度与回火时间之间的关系如图 21-8 所示。

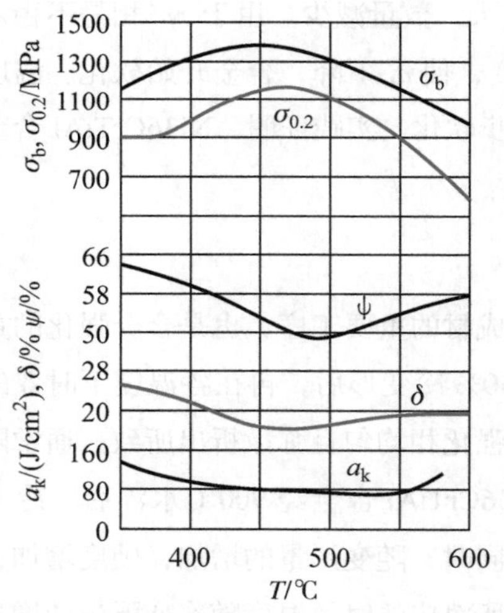

图 21-7　回火温度对 Cr15Ni9Al 不锈钢力学性能的影响（钢经 975℃淬火，-70℃、3h 冷处理）

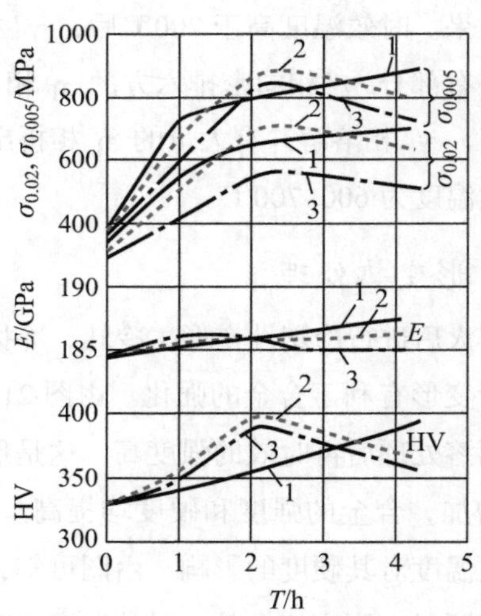

图 21-8　Cr15Ni9Al 不锈钢在不同温度下回火时弹性和硬度随时间的变化（钢经 1000℃淬火，-70℃、4h 冷处理）

1—25℃；2—450℃；3—475℃

另还可在淬火与回火之间加入调整处理，可通过深冷处理或冷变形来促进马氏体形成，并调整其数量，以满足性能的要求。

21.3　典型弹性合金热处理工艺

1. 铜基弹性合金的热处理工艺

Cu-Ni-Sn 铜基弹性合金具有高强度、高硬度、耐磨、无磁性、导电导热性好、冲击无火花、抗热应力松弛性能好、元件变形小等优异性能，广泛应用于医疗、航天航海导航仪器、机械制造、电子电力和仪表制造等行业。

由于 Cu-Ni-Sn 合金铸态组织（图 21-9（a））存在严重枝晶偏析，合金铸锭需均匀化退火处理。850℃ ×6h 均匀化处理后，合金中的非平衡结晶第二相溶解，枝晶偏析消失（图 21-9（b））。

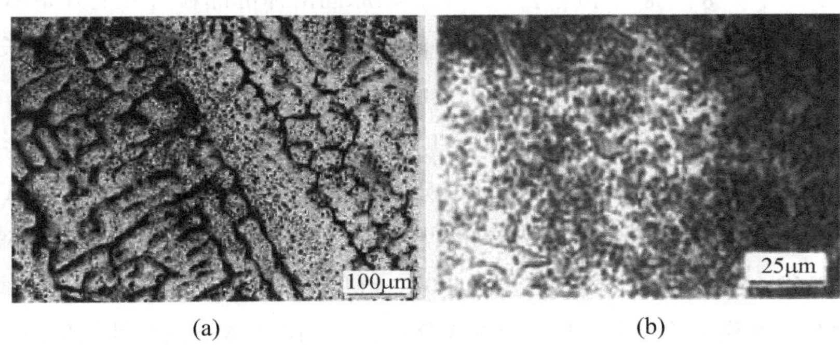

图 21-9　Cu-Ni-Sn 合金不同情况下的组织形貌

（a）铸态组织；（b）均匀化退火后组织

均匀化退火合金可通过形变热处理来提高合金的强度、硬度等性能。当固溶温度为 700℃，晶粒尺寸细小，但可能有的合金元素溶解不充分，如图 21-10（a）所示。固溶温度高于 900℃，合金晶粒长大，如图 21-10（c）、（d）所示。因此固溶处理工艺定为 900℃ ×0.5h。此时溶质原子基本溶解于铜基体中，且晶粒尺寸不大，合金电导率较低。

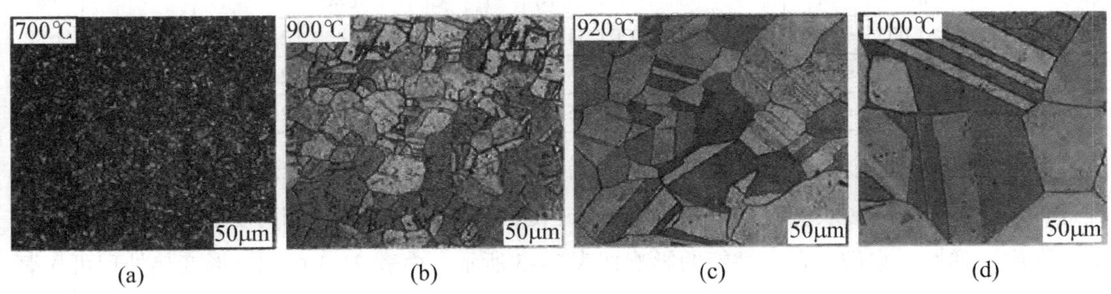

图 21-10　不同固溶温度处理后合金的显微组织

时效前冷轧的主要作用是降低厚度并获得精确的产品尺寸，并配合热处理工序获得最终的性能。将固溶处理后的板坯冷轧，总变形量分别取 70% 和 90%。

图 21-11 分别为 70%、90% 冷轧变形后 390℃时效的 Cu-9Ni-6Sn 合金弹性极限与时间关系曲线。由图 21-11 可知，70% 冷轧变形合金以及 90% 冷轧变形合金在 390℃温度下时效后的弹性

极限曲线变化趋势类似，都呈单峰硬化曲线状。曲线分为 4 个阶段：第一阶段开始后约 0.5h，Cu-9Ni-6Sn 调幅分解形成富 Sn 区和贫 Sn 区交替排列的调幅组织，该组织强烈地阻碍位错线的移动，使得强度陡增；第二阶段 0.5~4h，调幅组织逐渐粗化，富 Sn 区形成大量极细小、亚稳态 γ′ 沉淀物，强度在逐渐增加；第三阶段 4~5h，再结晶晶粒开始形成，再结晶软化与 γ′ 相强化作用相互抵消，强度基本趋于稳定；第四阶段 5h 以后，在原固溶体的晶粒边界上开始形成层片状的 α+β 不连续沉淀物，并随时间的延长，α+β 不连续沉淀物自晶界向晶内生长、发展，数量不断增加，强度急剧降低。如 90% 冷轧变形合金时效约 0.5h，弹性极限值从冷轧态的 670MPa 急剧增加到 730MPa，时效 5h 后，合金弹性极限为 775MPa，显微硬度为 390HV，电导率为 17.5% IACS，抗拉强度可达 990MPa。因此合金的时效工艺为 390℃ ×(4~5)h，此时能够获得较大的弹性极限值。Cu-9Ni-6Sn 合金弹性模量的大小只与合金的成分有关，Cu-9Ni-6Sn 的弹性模量约为 74GPa。

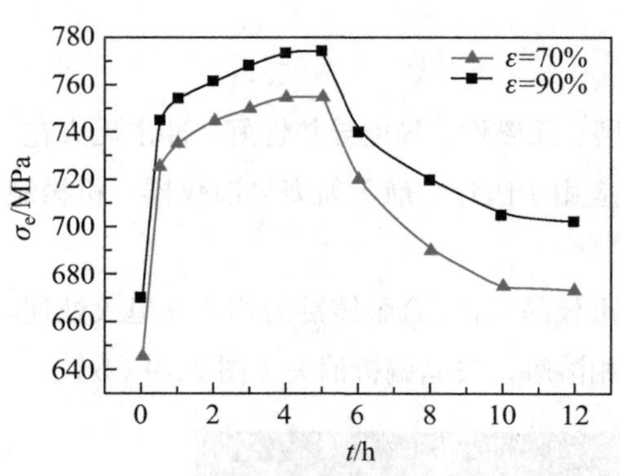

图 21-11　冷轧变形后 390℃时效的 Cu-9Ni-6Sn 合金弹性极限与时间的关系曲线

2. 铁镍铬高弹性合金热处理

铁镍铬系合金具有较高的强度、高的弹性模量、较小的弹性后效和滞后、弱磁性、良好的耐蚀性和热稳定性等特点，能在较高的温度、较大的应力或腐蚀性介质条件下工作。其成分如表 21-2 所示。

表 21-2　铁镍铬弹性合金成分表　%

牌号	C	Mn	Si	P	S	Ni	Cr	tMo	Ti	Al	Fe
3J1	≤ 0.05	≤ 1.00	≤ 0.80	≤ 0.020	≤ 0.020	34.5~36.5	11.5~13.0	—	2.70~3.20	1.00~1.80	余量
3J2	≤ 0.05	0.80~1.20	≤ 0.50	≤ 0.010	≤ 0.020	35.0~37.0	12.5~13.5	4.0~6.0	2.70~3.20	1.00~1.30	余量
3J3	≤ 0.05	0.80~1.20	≤ 0.50	≤ 0.010	≤ 0.020	35.0~37.0	12.0~13.0	7.5~8.5	2.70~3.20	1.00~1.30	余量

高弹性铁镍铬合金一般采用常规热处理（淬火 + 回火）、形变热处理和二次淬火形变热处理三种热处理形式。时效前进行冷变形，能促进随后回火过程中强化相高度弥散析出，提高合金的强度和弹性。它们对合金性能的影响如表 21-3 所示。由表 21-3 可知，形变热处理可显著提高合金的强度和硬度；二次淬火形变热处理，与一次淬火形变热处理具有相近的弹性极限，但伸长率成倍提高。二次淬火形变热处理中，快速淬火的加热时间对合金性能影响极大，也最敏感。加热时间增长时，强度降低而塑性提高。合金形变热处理后再进行电化学抛光，能显著提高合金弹性极限。

表 21-3　铁镍铬合金经各种热处理后的性能

合金	热处理规范		$\sigma_{0.002}$/MPa	δ/%	硬度 (HV)
Ni36CrTiAl	常规热处理	950℃，2min 水淬	350	38	180
		700℃，2h 回火	800	15	380
	形变热处理	950℃，2min 水淬	350	38	180
		50% 冷变形	580	8	330
		700℃，0.25h 回火	1150	2	435
	二次淬火形变热处理	950℃，2min 水淬	350	38	180
		50% 冷变形	580	8	330
		950℃，3s 快速淬火	820	25	345
		700℃，0.25h 回火	1120	8	430
Ni36CrTiAlMo8	常规热处理	1000℃，2min 水淬	500	22	220
		700℃，2h 回火	1000	4	430
	形变热处理	1000℃，2min 水淬	500	22	220
		50% 冷变形	830	4	380
		700℃，0.25h 回火	1300	3	540
	二次淬火形变热处理	1000℃，2min 水淬	500	22	220
		50% 冷变形	830	4	380
		1000℃，3s 快速淬火	920	22	450
		700℃，0.25h 回火	1240	8	560

参考文献

[1] 徐洲，赵连城 . 金属固态相变原理 [M]. 北京：科学出版社，2004.

[2] 刘宗昌，等 . 金属固态相变教程 [M]. 2 版 . 北京：冶金工业出版社，2011.

[3] 费豪文，卢光熙，赵子伟 . 物理冶金学基础 [M]. 上海：上海科学技术出版社，1981.

[4] 康煜平 . 金属固态相变及应用 [M]. 北京：化学工业出版社，2007.

[5] 戚正风 . 固态金属中的扩散与相变 [M]. 北京：机械工业出版社，1998.

[6] Zhang Y D, Esling C, Lecomte J S, et al. Grain boundary characteristics and texture formation in a medium carbon steel during its austenitic decomposition in a high magnetic field. Acta Materialia[J], 2005(53): 5213-5221.

[7] 郝士明，等 . 材料热力学 [M]. 2 版 . 北京：化学工业出版社，2010.

[8] 李松瑞，周善初 . 金属热处理 [M]. 长沙：中南大学出版社，2003.

[9] 朱景川 . 固态相变原理 [M]. 北京：科学出版社，2010.

[10] 肖纪美 . 合金相与相变 [M]. 北京：冶金工业出版社，1987.

[11] 田荣璋 . 金属热处理 [M]. 北京：冶金工业出版社，1985.

[12] 赵乃勤 . 合金固态相变 [M]. 长沙：中南大学出版社，2008.

[13] 刘宗昌 . 珠光体转变理论研究的新进展 [J]. 金属热处理，2008，33(4)：1-8.

[14] 崔振铎，刘华山 . 金属材料及热处理 [M]. 长沙：中南大学出版社，2010.

[15] 宫秀敏 . 相变理论基础及应用 [M]. 武汉：武汉理工大学出版社，2004.

[16] 胡赓祥，蔡珣，戎咏华 . 材料科学基础 [M]. 上海：上海交通大学出版社，2010.

[17] 郑子樵 . 材料科学基础 [M]. 长沙：中南大学出版社，2005.

[18] H K D K Bhadeshia, R W K Honeycombe[M]. 3rd ed. Amsterdam: Elsevier, 2006: 344.

[19] Papon. The Physics of Phase Transitions[M]. Berlin: Springer, 2002.

[20] J W Martin, R D Doherty, B Cantor. Stability of Microstructure in Metallic Systems[J]. 2nd ed. London: Cambridge University Press, 1997.

[21] Lopez G, Zieba P, Gust W, et al. Discontinuous precipitation in a Cu-4.5at-% In alloy[J]. Metal Science Journal, 2013, 19(11): 1539-1545.

[22] Zhao J C, Notis M R. Spinodal decomposition, ordering transformation, and discontinuous precipitation in a Cu-15Ni-8Snalloy[J]. ActaMaterialia, 1998, 46(12): 4203-4218.

[23] Schwartz L H, Plewes J T. Spinodal decomposition in Cu-9wt%Ni-6wt%Sn—II. Acritical examination of mechanical strength of spinodal alloys[J]. ActaMetallurgica, 1974, 22(7): 911-921.

[24] Novickcohen A. The nonlinear Cahn-Hilliardequation: Transition from spinodal decomposition to nucleation behavior[J]. Journal of Statistical Physics, 1985, 38(3-4): 707-723.

[25] Hillert M. A model-based continuum treatment of ordering and spinodal decomposition[J]. ActaMaterialia,

2001, 49(13): 2491-2497.

[26] Grujicic M, Olson G B. Dynamics of Martensitic Interfaces[J]. Interface Science, 1998, 6(1-2): 155-164.

[27] K Nakai, Y Ohmori. Pearlite to austenite transformation in MFe-2.6Cr-1C alloy[J]. ActaMaterialia, 1999, 47: 2619-2632.

[28] 刘宗昌 , 王海燕 . 奥氏体形成机制 [J]. 热处理 , 2009, 24(6): 13.

[29] Melander M, Nicolov J. Heating and cooling transformation diagrams for the rapid heat treatment of two alloys teels[J]. Journal of Heat Treating, 1985, 4(1): 32-38.

[30] Huang J, Poole W J, Militzer M. Austenite formation during intercritical annealing[J]. Metallurgical and Materials Transactions A(Physical Metallurgy and, Materials Science), 2004, 35(11): 3363-3375.

[31] G.R.Speich and A.Szirmae, with Appendix by G.R.Speich and M.J.Richards. TransTMS-AIME, 1969, vol.245, pp.1063-1074.

[32] Savran V I, Leeuwen Y V, Hanlon D N, et al. Microstructural Features of Austenite Formation in C35 and C45 alloys[J]. Metallurgical & Materials Transactions A, 2007, 38(5): 946-955.

[33] Vasilyev A. Carbon Diffusion Coefficient in Complexly Alloyed A ustenite[M]. Detroit: ProcMS&T, 2007: 537.

[34] E C Bain, H W Paxto. Alloying Elements in Steel[J]. American Society for Metals, 1961.

[35] F G Caballero, C Capdevila, C GarcíadeAndrés. Influence of scale parameters of pearlite on the kinetics of anisotermal pearlite to austenite transformation in aeutectoid steel[J]. Scriptamater, 2000(42): 1159-1165.

[36] 赵连城 . 金属热处理原理 [M]. 哈尔滨：哈尔滨工业大学出版社，1987.

[37] 李光，杜诗文，巨丽，等 . 热处理对 Q235B 钢法兰的组织和性能的影响 [J]. 金属热处理，2017(2).

[38] 巢昺轩，蒋克全，王宝龙，等 . W18Cr4V 高速钢热处理工艺和性能研究 [J]. 热处理技术与装备，2018，39(5)：46-50.

[39] 刘云旭 . 金属热处理原理 [M]. 北京：机械工业出版社，1981.

[40] 周荣锋，杨王明，孙祖庆 . 碳锰含量对低碳 (锰) 钢过冷奥氏体形变过程转变动力学的影响 [J]. 金属学报，2004，40(10)：1055-1063.

[41] 哈森 . 物理金属学 [M]. 北京：科学出版社，1984.

[42] 胡光立 . 钢的热处理 (原理和工艺)[M]. 西安：西北工业大学出版社，1993.

[43] 李成侣 . 2124 铝合金的均匀化热处理 [J]. 中国有色金属学报，2010，20(2)：210-216.

[44] 刘晓涛，董杰 . 高强铝合金均匀化热处理 [J]. 中国有色金属学报，2003，13(4)：910-913.

[45] 刘红卫，陈康华 . 强化固溶对 7075 铝合金组织与性能的影响 [J]. 金属热处理，2000(9)：16-17.

[46] 张建新 . 提高 6063 铝合金表面耐蚀性能的途径研究 [J]. 航空材料学报，2011，31(2)：85-88.

[47] 何庆兵，吴护林 . 均匀化退火 32Cr2M02NiVNb 钢组织和性能的影响 [J]. 金属热处理，2008，33(8)：124-126.

[48] 刘俞铭 . 金属热处理工艺常见工艺 500 种 [M]. 北京：北方工业出版社，2006.

[49] 李松瑞，周善初 . 金属热处理 [M]. 2 版 . 长沙：中南大学出版社，2005.

[50] 张丁非，刘荣燊，袁炜，et al. AZ61 镁合金的均匀化处理 [J]. 材料导报，2007，21(5A)：380-381.

[51] 杜鹏，李彦利 . 高品质 6061 铝合金的均匀化工艺研究 [J]. 热加工工艺，2010，39(14)：161-165.

[52] 张新明，李飞庆 . 3104 铝合金铸锭均匀化过程中的溶解析出行为 [J]. 中南大学学报 (自然科学版)，2009，40(4)：910-914.

[53] 郭强，严红革 . 均匀化退火工艺对铸态 AZ80 镁合金组织与性能的影响 [J]. 金属热处理，2006，31(7)：77-80.

[54] 彭建，张丁非 . ZK60 镁合金铸坯均匀化退火研究 [J]. 材料工程，2004，(8)：32-35.

[55] 王林山，陈康华 . 强化处理和快速再结晶对 2014 铝合金组织与性能的影响 [J]. 有色金属，2001，53(1)：52-55.

[56] 陈翼 . 冷变形及热处理对 Cu-12%Fe 合金组织与性能的影响 [D]. 杭州：浙江大学材料科学与工程学系，2010：71.

[57] 曲家惠，李四军，张正贵，等 . 挤出和退火工艺对 AZ31 镁合金组织和织构的影响 [J]. 中国有色金属学报，2007，17(3)：434-440.

[58] 蒋建华，丁毅，单爱党 . 冷轧工业纯钛的微观组织及力学性能 [J]. 中国有色金属学报，2010，20(1)：58-61.

[59] 侯增寿，卢光熙 . 金属学原理 [M]. 上海：上海科学技术出版社，1990：197.

[60] 惠树人 . 9SiCr 钢的两种退火组织 [J]. 热处理，2006，21(4)：52-54.

[61] 刘建文 . 铸轧 AA3003/AA1200 变形铝合金的再结晶过程研究 [D]. [学校不详], 2010.

[62] 胡赓祥，蔡珣 . 材料科学基础 [M]. 上海：上海交通大学出版社，2000.

[63] 肖盼 . AZ31 镁合金压缩变形及退火再结晶的研究 [D]. 重庆：重庆大学，2006.

[64] 任文达 . 5052 铝合金变形行为及退火处理对其微观组织与性能的影响 [D]. 2007.

[65] 李志超，杨平，崔凤娥，等 . 取向硅钢二次再结晶行为分析 [J]. 电子显微学报，2010，29(1)：48-54.

[66] 刘国勋 . 金属学原理 [M]. 北京：冶金工业出版社，1979.

[67] 张旺峰，李兴无，马济民，等 . 热变形参数对 TAl5 再结晶晶粒尺寸的影响 [J]. 金属学报，2002，38(增刊)：158-160.

[68] 王秋娜，刘新华，刘雪峰 . 退火温度对冷静液挤压铜包铝线材组织和力学性能的影响 [J]. 金属学报，2008，44(6)：675-680.

[69] 叶卫平，张覃轶 . 热处理实用数据速查手册 [M]. 北京：机械工业出版社，2005.

[70] 赵忠，丁仁亮，周而康 . 金属材料及热处理 [M]. 北京：机械工业出版社，2004.

[71] 雷廷权，傅家骐 . 金属热处理工艺方法 500 种 [M]. 北京：机械工业出版社，2005.

[72] 齐宝森，陈路宝，王忠诚 . 化学热处理技术 [M]. 北京：化学工业出版社，2006.

[73] 唐殿福 . 钢的化学热处理 [M]. 沈阳：辽宁科学技术出版社，2009.

[74] 夏立芳 . 金属热处理工艺 [M]. 哈尔滨：哈尔滨工业大学出版社，2007.

[75] 潘邻 . 化学热处理应用技术 [M]. 北京：机械工业出版社，2004.

[76] 中国机械工程学会热处理学会 . 热处理手册 [M]. 北京：机械工业出版社，2007.

[77] 王祝堂，田荣璋 . 铝合金及其加工手册 [M]. 长沙：中南大学出版社，1988.

[78] 翁宇庆 . 超细晶钢 [M]. 北京：冶金工业出版社，2003.

[79] 夏立芳 . 金属热处理工艺学 [M]. 哈尔滨：哈尔滨工业大学出版社，2008.

[80] 刘光明 . 表面处理技术概论 [M]. 北京：化学工业出版社，2011.

[81] G 克劳斯 . 钢的热处理原理 [M]. 谢希文，等译 . 北京：冶金工业出版社，1984.

[82] 中国机械学会热处理学会 . 热处理手册工艺基础 [M]. 北京：机械工业出版社，2007.

[83] 薛滔 . 激光表面淬火与常规表面淬火在模具应用上的研究分析 [J]. [期刊名不详]，2012.

[84] 薄鑫涛 . 实用热处理手册 - 典型零件热处理 [M]. 上海：上海科学技术出版社，2009.

[85] 赵步青 . 模具热处理工艺 500 例 [M]. 北京：机械工业出版社，2008.

[86] 株洲硬质合金厂 . 钢结硬质合金 [M]. 北京：冶金工业出版社，1982.

[87] 李书堂，等 . 简明典型金属材料热处理实用手册 [M]. 北京：机械工业出版社，2010.

[88] 才鸿年，等 . 现代热处理手册 [M]. 北京：化学工业出版社，2009.

[89] 丁厚福，等 . 铁基粉末冶金材料的热处理 [J]. 国外金属热处理 . 2002(3)：39-41.

[90] 沈利群 . 硬质合金热处理研究进展 [J]. 热处理 . 2002(2)：1-6.

[91] 韩凤麟 . 铁基粉末冶金零件化学热处理 [J]. 粉末冶金工业，2007，5(17).

[92] 张忠健，林国标，邱智海，等 . 硬质合金渗硼层组织及厚度的研究 [J]. 硬质合金，2012(29)，2.

[93] 周建华，孙宝琦，顾敏，等 . 真空热处理对矿用硬质合金组织和性能的影响 [J]. 金属热处理，1998(5)：19-20.

[94] 龚伟，李华，朱勇，等 . 淬火对 (Ti，V)C 钢结硬质合金组织及硬度的影响 [J]. 材料热处理技术，2009，3.

[95] 潘复生，张丁非 . 铝合金及应用 [M]. 北京：化学工业出版社，2006.

[96] 王祝堂 . 铝合金及其加工手册 [M]. 长沙：中南工业大学出版社，2000.

[97] 肖亚庆 . 铝加工技术实用手册 [M]. 北京：冶金工业出版社，2005.

[98] 黄伯云 . 中国材料工程大典：有色金属材料工程 [M]. 北京：化学工业出版社，2006.

[99] 赵志远 . 铝和铝合金牌号与金相图谱速用速查及金相检验技术创新应用指导手册 [M]. 北京：中国知识出版社，2005.

[100] 陈振华 . 耐热镁合金 [M]. 北京：化学工业出版社，2006.

[101] K H 马图哈 . 材料科学与技术丛书 - 非铁合金的结构与性能 [M]. 丁道云，等译 . 北京：科学出版社，1999.

[102] 黎文献 . 镁及镁合金 [M]. 长沙：中南大学出版社，2005.

[103] 陈振华 . 变形镁合金 [M]. 北京：化学工业出版社，2005.

[104] 时惠英，陈梓山，张菊梅，et al. β -Mg(17)Al(12) 相析出形态对 AZ91 镁合金力学性能的影响 [J]. 金属热处理，2010，35(1)：42-46.
[105] 郑从吉 . ZK60 变形镁合金的合金相研究 [D]. 重庆：重庆大学，2009.
[106] 吴承建，陈国良，强文江 . 金属材料学 [M]. 2 版 . 北京：冶金工业出版社，2009.
[107] 刘平，任凤章，贾淑果 . 铜合金及其应用 [M]. 北京：化学工业出版社，2007.
[108] 钟卫佳 . 铜加工技术实用手册 [M]. 北京：冶金工业出版社，2007.
[109] 田荣璋，王祝堂 . 铜合金及其加工手册 [M]. 长沙：中南大学出版社，2002.
[110] 赵品 . 材料科学基础教程 [M]. 哈尔滨：哈尔滨工业大学出版社，2002.
[111] 中国机械工程学会热处理学会 . 热处理手册 [M]. 4 版 . 北京：机械工业出版社，2008.
[112] 刘淑云 . 铜及铜合金热处理 [M]. 北京：机械工业出版社，1990.
[113] 才鸿年，马建平 . 现代热处理手册 [M]. 北京：化学工业出版社，2010.
[114] 上海市热处理协会 . 实用热处理手册 [M]. 上海：上海科学技术出版社，2009.
[115] D J 戴维斯，陈行康 . 金属组织性能和热处理 [M]. 北京：中国科学技术出版社，1990.
[116] 李周，汪明朴，徐根应 . 铜基形状记忆合金材料 [M]. 长沙：中南大学出版社，2010.
[117] ASM Handbook Volume 04 HeatTreating[M].10th ed.[出版项不详].
[118] 何开元 . 功能材料导论 [M]. 北京：冶金工业出版社，2005.
[119] 马永杰 . 热处理工艺方法 600 种 [M]. 北京：化学工业出版社，2008.
[120] 中国航空材料手册委员会 . 中国航空材料手册第 5 卷 [M]. 粉末冶金材料、精密合金与功能材料 [M]. 北京：中国标准出版社，2001.
[121] 姜伟，甘卫平，向锋 . 热处理工艺对 Cu-3.0Ni-0.52Si-0.15P 合金组织和性能的影响 [J]. 热加工工艺，2009，38(4)：101-104.
[122] 李腾，董生智，金瑞湘，等 . Fe-Cr-Co 系永磁合金结构与性能 [J]. 金属功能材料，2002，9(5)：13-17.
[123] 王鑫，张建福，张羊换，等 . NbC 析出对超因瓦合金膨胀性能影响 [J]. 稀有金属，2009，33(5)：670-674.
[124] 李腾，陈敏勤，金瑞湘，等 . 热处理对高矫顽力型 FeCrCo 合金性能的影响 [J]. 电工材料，2002，27(3)：3-5.
[125] 钟建伟，周海涛，赵仲恺，等 . 形变热处理对 Cu-Cr-Zr 合金时效组织和性能的影响 [J]. 中国有色金属学报，2008，18(6).
[126] 刘永平 . Cu-9Ni-6Sn 弹性铜合金的组织及性能研究 [J]. 江西理工大学学报，2009，30(3)：74-78.
[127] 李文兵 . 高强高导铜合金的生产工艺及性能研究 [D]. 成都：四川大学，2007.
[128] 严密，彭晓领 . 磁学基础与磁性材料 [M]. 杭州：浙江大学出版社，2006.
[129] 徐祖耀 . 马氏体相变与马氏体 [M]. 2 版 . 北京：科学出版社，1999.
[130] 宋国旸，穆龙 . 阻尼合金的种类和特点 [J]. 噪声与振动控制，2010，30(4)：97-99.

[131] 孙岩梅，林大为，邱伍华 . 微合金化磁极钢板化学成分与磁性能的关系分析 [J]. 上海金属，2003，25(5)：21-24.

[132] 周志敏，孙本哲 . 计算材料科学数理模型及计算机模拟 [M]. 北京：科学出版社，2013.

[133] 雷前 . 超高强 CuNiSi 系弹性导电铜合金制备及基础研究 [D]. 长沙：中南大学，2014.